Auto CAD 2010 绘图基础

何改云　主　编
刘福华　副主编
曾维川　主　审

内容提要

本书以初学计算机绘图者为对象，主要介绍 AutoCAD 2010 简体中文版的基础内容。书中围绕绘制机械工程图样这一主题展开讨论，详细叙述了绘图方法和步骤。主要内容有 AutoCAD 的基本知识、初始绘图环境设置、基本绘图方法、特殊对象的绘制、绘图辅助工具、构造图形的方法、文字和表格、尺寸标注、图快、属性及参数化、绘制机械工程图、绘图空间与打印以及三维建模等。命令介绍均有具体实例说明。每章后附有练习题，供读者上机操作。

本书通俗易懂，由浅入深，实用性强，便于读者自学。既可作为大中专院校 AutoCAD 培训教材，也可作为计算机工作人员的参考书。

图书在版编目（CIP）数据

AutoCAD 2010 绘图基础/何改云主编. —天津：天津大学出版社，2013. 2

ISBN 978-7-5618-4573-8

Ⅰ. ①A… Ⅱ. ①何… Ⅲ. ①AutoCAD 软件 Ⅳ. ①TP391. 72

中国版本图书馆 CIP 数据核字（2012）第 316840 号

出版发行 天津大学出版社
出 版 人 杨欢
地　　址 天津市卫津路 92 号天津大学内（邮编：300072）
电　　话 发行部：022-27403647
网　　址 publish. tju. edu. cn
印　　刷 天津泰宇印务有限公司
经　　销 全国各地新华书店
开　　本 185mm × 260mm
印　　张 23. 75
字　　数 593 千
版　　次 2013 年 2 月第 1 版
印　　次 2013 年 2 月第 1 次
定　　价 45. 00 元

前　言

由美国 AutoDesk 公司开发的 AutoCAD 是当前应用最普及的计算机辅助设计和绘图软件之一。它集图形处理、产品设计、图形数据管理以及网络技术于一体，在机械、电子、建筑、化工等领域得到广泛应用。由于软件在全球的广泛使用，也促进了 AutoCAD 版本的不断增强和完善。AutoCAD 2010 较之以前的版本，在设计和绘图功能及运行性能上都有很大改进。特别是在三维建模方面的功能与其他三维设计软件更加接近。随着 AutoCAD 的完善和普及，AutoCAD 已成为国内许多大中专院校工程类专业的必修课程，也是工程技术人员必备的绘图技能。

AutoCAD 的内容极为丰富，涉及的知识面非常广泛。书中主要介绍其基础知识，包括绘制二维图形及其相关内容以及构造三维模型。较之以前版本，二维图形方面增加了创建表格和参数化图形的内容。三维建模方面以创建实体模型为主，删除了表面模型的内容。附录中列出了常用命令的名称、别名及功能，还有功能区面板中各按钮及名称。

本书具有以下特点。

①以初学者为主要对象，内容通俗易懂，以实例说明各命令的使用和操作方法。实例中以操作为主，辅之以命令提示及解释说明。

②以绘制机械工程图样为主线，逐一叙述了绘图的方法和步骤。使读者能够从零开始，逐步学会使用 AutoCAD 绘制一张完整工程图样的方法，并掌握绘图的基本技能和技巧。

③在创建样板、设置文字样式和尺寸样式、绘制二维图形、创建三维模型等方面有所创新。

④介绍了全新的 AutoCAD 功能区面板界面，取代了经典的菜单、工具栏，更易于入门者学习。

本书由何该云任主编，刘福华任副主编，曾维川任主审。参加编写的人员有：郑惠江（第 1、2 章）、田颖（第 4、6 章）、丁伯慧（第 5、7 章）、喻宏波（第 8 章）、何改云与窦一喜（第 12 章）、刘福华（第 11 章、附录）、谷莉（第 3 章）、曾宏攸（第 9、10 章）。全书由曾维川统稿。

由于时间仓促及编者水平有限，书中难免出现错误和不妥之处，敬请广大读者批评指正。编者电子邮箱：zengwc@163.com。

目　录

第1章　AutoCAD入门

计算机辅助设计及辅助绘图技术的飞速发展,使传统设计方法发生了巨大变革。本章介绍在微机上广泛使用的AutoCAD软件发展概况,并对AutoCAD的功能进行讨论。除此之外,本章还介绍了AutoCAD 2010用户界面上各个组成部分及使用方法,并阐述AutoCAD的基本操作(如命令的执行、点的输入)等方法。

1.1　AutoCAD概述

AutoCAD作为一种绘图及设计软件,于1982年由美国Autodesk公司推出,是目前市场上使用率极高的辅助设计软件。随着计算机硬件和软件技术的不断发展和提高,AutoCAD也在不断推出新的版本,基本每年更新一次。每一个新的版本比旧版本在各方面都有所改进,如界面变化、功能的完善和增强、操作的方便等。目前,AutoCAD的最新版本已是2012。AutoCAD软件已从当初具有相对简单的二维绘图功能发展到今天已经具备大型的计算机辅助设计和辅助绘图系统所必需的功能。

AutoCAD集成了计算机辅助设计、真实感显示、通用数据库管理和Internet通信为一体,构成了友好的设计环境,并可以与3D Studio、Lightscape、Photoshop等软件相结合,制作出具有真实感的三维透视效果和动画。AutoCAD可广泛应用于需要绘图及工程设计的各个领域,如机械、电子、土木建筑、地质勘探、设施规划和装潢设计等。AutoCAD在全世界拥有众多的用户,是目前在微机上运行的功能最强的CAD软件之一。

2009年,Autodesk公司推出了AutoCAD 2010。与以前的版本相比,AutoCAD 2010主要对用户界面进行了重新的设计,采用了与微软的主流软件Office 2007风格一致的Windows Ribbon功能区界面,跟传统的菜单式用户界面相比较,Ribbon界面的优势主要体现在以下方面:①所有功能有组织地集中存放,不需要用户查找级联菜单、工具栏等等;②提供足够显示更多命令的空间,能够更好地在AutoCAD中组织命令;③丰富的命令布局可以帮助用户更容易地找到重要的、常用的功能,以更少的操作更快地完成常规CAD工作。

除了采用新的优化界面外,AutoCAD 2010还在软件速度、功能和使用简便性等方面都有相当大的优化与提高。为了避免使传统用户从菜单式界面到Windows Ribbon界面可能会感到不适应,AutoCAD 2010还提供了AutoCAD经典工作空间,其界面风格与传统的AutoCAD界面保持了一致,保证了用户能够从传统界面到Windows Ribbon界面的顺利过渡。同时,新的Windows Ribbon界面风格可以顺利地被更多的AutoCAD初学者特别是计算机的初学者更加容易接受。

AutoCAD 2010的主要功能包括以下方面。

(1)方便定制的用户界面

AutoCAD提供的用户界面符合Windows风格。它包括了AutoCAD的大多数命令和选择项以及对系统变量的操作。新的优化界面使用户更容易找到常用的命令。用户界面上有绘图窗口、命令窗口、功能区、状态栏、快速访问工具栏、信息中心栏、屏幕菜单、对话框和工具选项板等。由于有了这些丰富的界面,使用户的操作变得更加简单、直观、迅速。AutoCAD 是通用的绘图软件,它并不是针对某个行业、某个专业或某个领域而设计的。但 AutoCAD 提供了多种定制途径和工具,使用户可以方便地改变 AutoCAD 的许多内容。例如,修改系统变量,重定义命令,设计用户自己的面板、工具栏、菜单、选项板、线型、填充图案、图形和字体,建立用户自己的样板等。AutoCAD 可以随用户的意愿和兴趣设计自己要求的绘图环境和各种文件,实现满足用户个性化、专业化的专用设计和绘图系统。

(2)灵活丰富的平面图形绘制功能

AutoCAD 提供了丰富的二维绘图命令与功能,不仅方便用户采用多种方式绘制直线、圆弧、多边形、样条曲线、区域填充等二维的图形对象,而且还提供了如移动、缩放、旋转、剪切、延长、阵列等强大的图形编辑功能,方便用户对图形进行编辑和修改。AutoCAD 还具有完善的尺寸及形位公差标注功能,使用户可以方便地完成工程图的绘制。

(3)方便实用的三维图形绘制功能

AutoCAD 提供了许多三维的绘图命令和相关的编辑命令,用户可以绘制出线框模型、表面模型和实体模型。三维图形既可显示消隐或不消隐的网格图,又可以显示出经过着色和渲染的、具有明暗色彩和真实感的立体图。AutoCAD 既可实时地旋转或缩放三维模型,也可以给三维实体添加场景、光源、材质,进行质量、体积、重心和惯性矩等物理特性的查询和工程分析,提取工艺数据,还可用三维模型创建动画。

(4)全面支持 Internet 的功能

AutoCAD 配备了相应的工具以便用户通过 Internet 与他人共享图形与设计,为异地设计小组的网上协同工作提供了强大的支持。用户可以方便地将图形与数据库和其他基于网络的信息连接,通过"打开"、"保存"和"选择文件"对话框中的"搜索 Web"按钮,用户可以直接对 Internet 上的 AutoCAD 图形文件进行操作。

(5)强大开放的二次开发工具

AutoCAD 具有开放式体系结构和多种编程接口,用户可以根据自己的需要来扩充软件的功能。目前,开放性已成为软件发展的总趋势,也是评价软件性能的标准之一。AutoCAD 提供了内嵌语言 AutoLISP 和 Visual LISP,从而使用户以 AutoCAD 为平台开发出自己的应用功能。为了与其他高级语言程序进行图形数据交换,AutoCAD 还提供了可用于控制图形和数据库的应用程序编程接口,如 ObjectARX(AutoCAD Runtime Extension)、ActiveX 和 VBA(Micorsoft Visual Basic for Application)等。

(6)参数化绘图功能

参数化绘图功能是对对象进行基于设计意图的约束控制,它能极大地提高用户的工作效率,缩短设计和修改时间。按照设计意图定义对象几何及尺寸的约束关系,即使对象发生改变,也能够使对象间的特定关系和尺寸保持不变。

1.2 启动和退出 AutoCAD

使用 AutoCAD 2010 绘图的第一步是启动 AutoCAD。用户只需双击 Windows 桌面上的

AutoCAD 2010 快捷图标(图 1-1)或选择“开始”→“程序”(或“所有程序”)→Autodesk→AutoCAD 2010-Simplified Chinese→AutoCAD 2010 选项就可完成这一步骤。首次启动 AutoCAD 2010 后,显示“新功能研习专题”画面,要求确定“是否要立即查看新功能研习专题”,选择“是”或“以后再说”或“不,不再显示此消息”。对于新用户,一般选择“不,不再显示此消息”,然后单击“确定”按钮,显示如图 1-2(a)所示的应用程序界面。第一次运行 AutoCAD 2010 时,还要求用户对软件作初始设置:选择一种行业和默认的工作空间,指定图形样板文件。图 1-2(a)所示界面是对上述初始设置均使用默认状态的情况。

图 1-1 AutoCAD 2010 快捷图标

结束 AutoCAD 绘图必须退出 AutoCAD。用户只需双击 AutoCAD 用户界面左上角的 AutoCAD 应用程序按钮(),或单击右上角的关闭按钮(),并在弹出的应用程序菜单中单击“退出 AutoCAD”按钮(退出 AutoCAD)或输入 QUIT 命令,就可完成这一步骤。退出 AutoCAD 时,如果当前图形已存储,则直接关闭 AutoCAD;如果当前图形已改变但未存储,用户将看到图 1-3 所示的“AutoCAD”对话框。这时单击“是(Y)”按钮,便将图形保存到当前文件夹的默认文件(如 Drawing1. dwg)中,而单击“否(N)”按钮,则不存储图形并直接退出 AutoCAD。

1.3 用户界面

AutoCAD 2010 用户界面的具体构成和布局随计算机硬件配置、操作系统及不同用户的喜好而发生变化。AutoCAD 2010 提供了四种工作空间显示模式,包括“初始设置工作空间”、“二维草图与注释”工作空间、“AutoCAD 经典”工作空间和“三维建模”工作空间。其中,AutoCAD 2010 默认情况下为图 1-2(a)所示的“初始设置工作空间”,图 1-2(b)所示为“二维草图与注释”工作空间,图 1-2(c)所示为“AutoCAD 经典”工作空间,图 1-2(d)所示为“三维建模”工作空间。上述四种工作空间之间是可以进行切换的。以从默认显示的工作空间切换到“二维草图与注释”工作空间为例,说明工作空间的切换方法:在状态栏右端,单击“切换工作空间”(初始设置工作空间)按钮,在弹出的工作空间列表(如图 1-2(e)所示)中选择“二维草图与注释”,则显示界面切换到如图 1-2(b)所示的“二维草图与注释”工作空间。用户绘制二维图形一般在“二维草图与注释”工作空间中进行,而创建三维模型一般要在“三维建模”工作空间中操作。

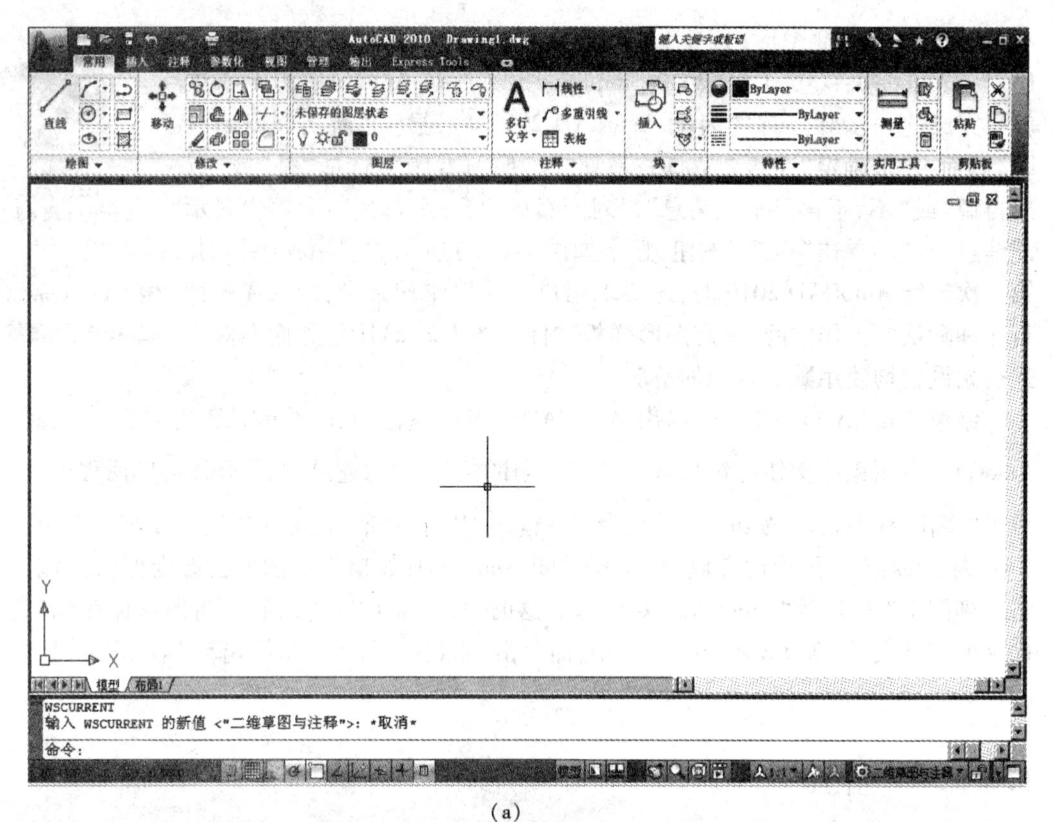
AutoCAD 2010 Drawing1.dwg
常用
插入
注释
参数化
视图
管理
输出
Express Tools
直线
移动
未保存的图层状态
多行文字
线性
多重引线
表格
插入
ByLayer
测量
粘贴
绘图
修改
图层
注释
块
特性
实用工具
剪贴板
模型
布局1
WSCURRENT
输入 WSCURRENT 的新值 <"二维草图与注释">: *取消*
命令:

(a)

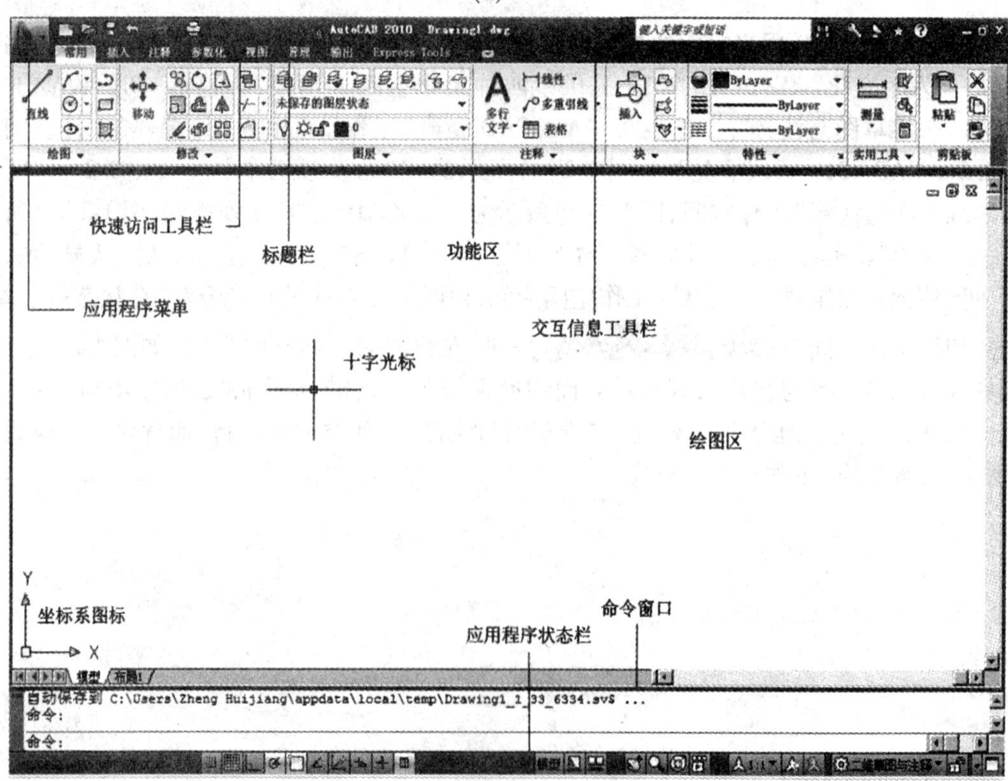
快速访问工具栏
标题栏
功能区
应用程序菜单
交互信息工具栏
十字光标
绘图区
坐标系图标
命令窗口
应用程序状态栏
自动保存到 C:\Users\Zheng Huijiang\appdata\local\temp\Drawing1_1_33_6334.sv$ ...
命令:
命令:

(b)

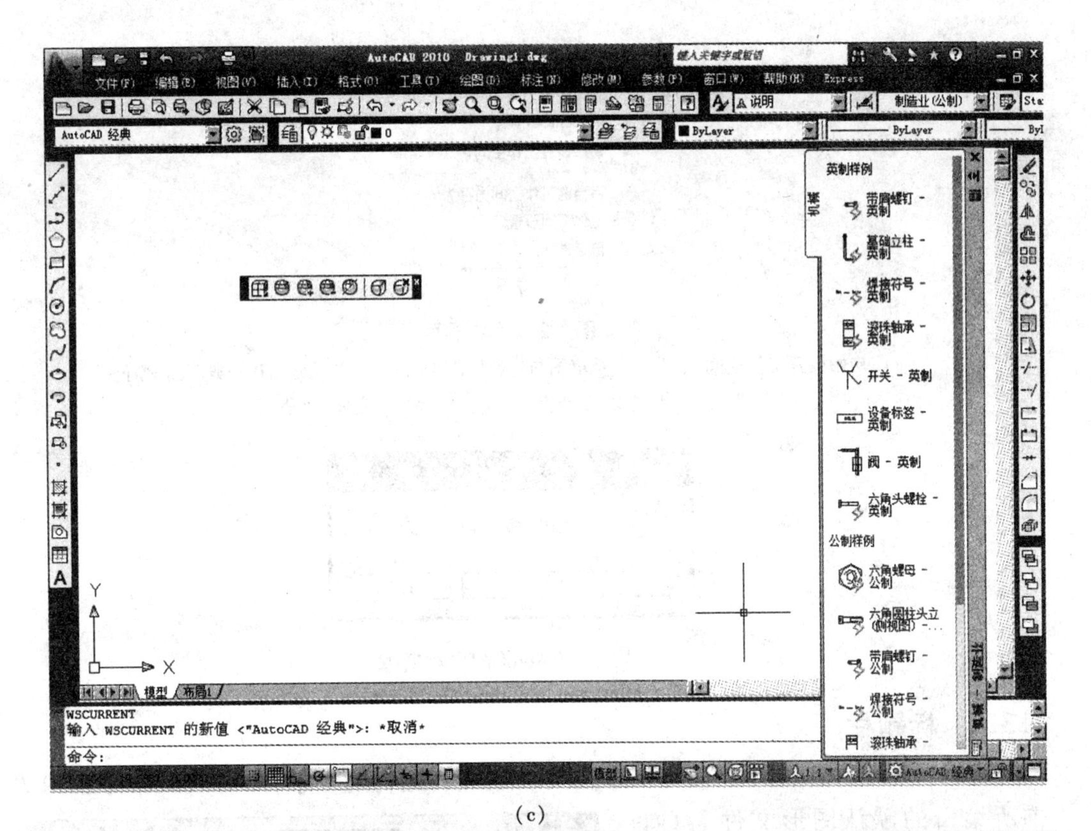
AutoCAD 2010 Drawing1.dwg
AutoCAD 经典
英制样例
公制样例
WSCURRENT
输入 WSCURRENT 的新值 <"AutoCAD 经典">: *取消*
命令:

(c)

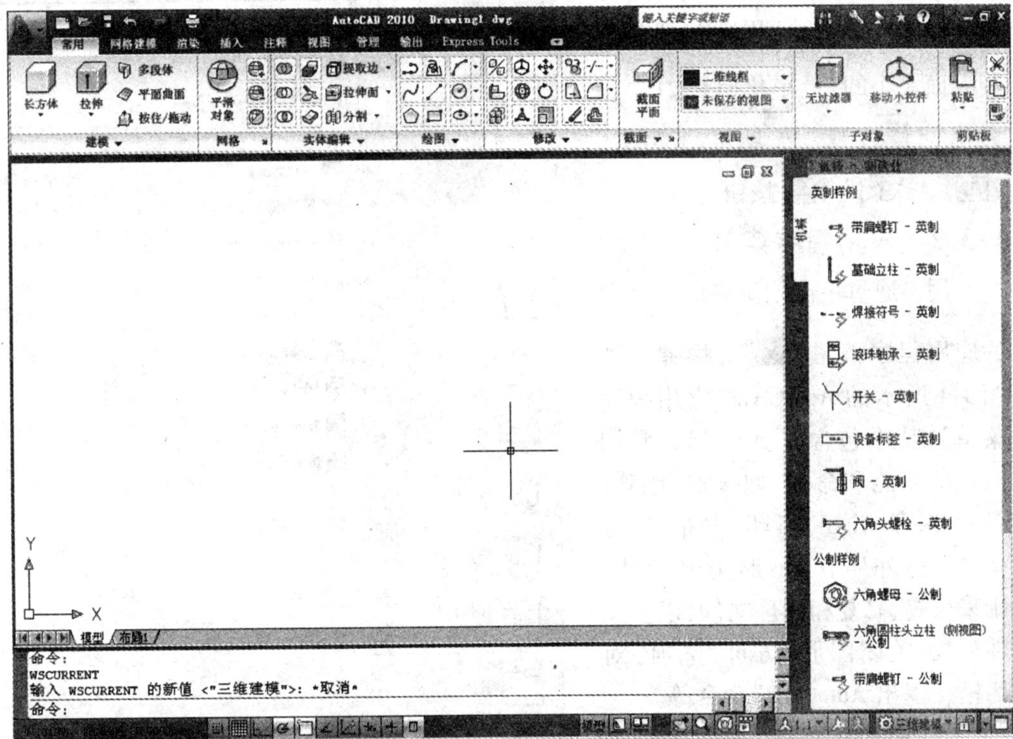
AutoCAD 2010 Drawing1.dwg
英制样例
带肩螺钉 - 英制
基础立柱 - 英制
焊接符号 - 英制
滚珠轴承 - 英制
开关 - 英制
设备标签 - 英制
阀 - 英制
六角头螺栓 - 英制
公制样例
六角螺母 - 公制
带肩螺钉 - 公制
命令:
WSCURRENT
输入 WSCURRENT 的新值 <"三维建模">: *取消*
命令:

(d)

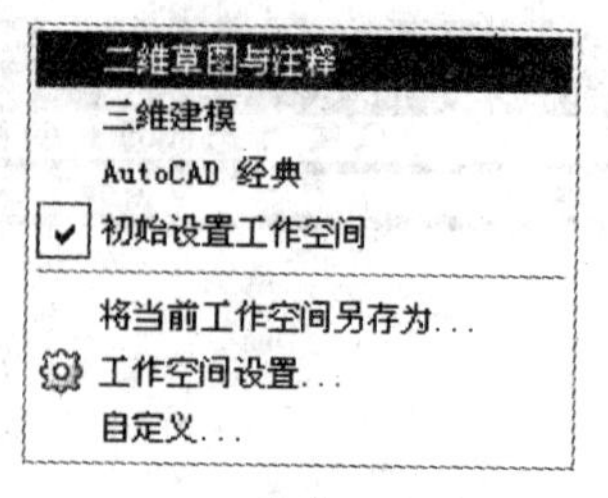

(e)

图 1-2　用户界面

(a)“初始设置工作空间”;(b)“二维草图与注释”工作空间;(c)“AutoCAD 经典”工作空间;
(d)“三维建模”工作空间;(e)“切换工作空间”列表

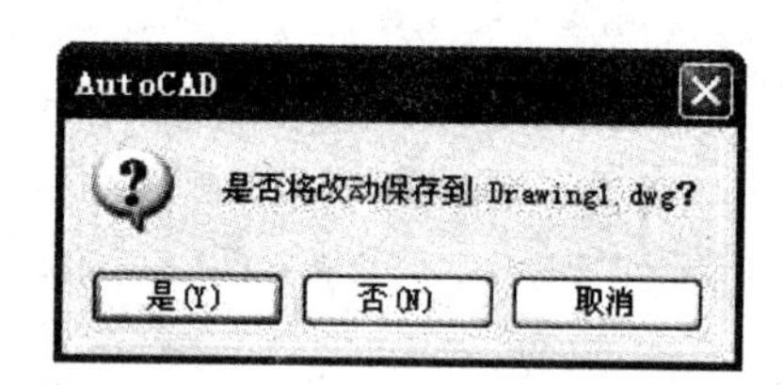

图 1-3　“AutoCAD”对话框

1.3.1　标题栏

标题栏位于 AutoCAD 界面的顶部,显示当前正在运行的程序名——AutoCAD 2010 及当前所编辑的默认图形文件名(如 Drawing1.dwg)。标题栏右端是控制界面大小的“最小化”(　)、“最大化”(　)或“恢复窗口大小”(　)、“关闭”(　)按钮。

1.3.2　应用程序菜单

用户通过单击位于界面左上角的应用程序按钮(　),将弹出如图 1-4 所示的 AutoCAD“应用程序菜单”,其中包含了 AutoCAD 常用的一些功能和命令,如搜索、创建、打开、保存、输出、打印、发布、发送文件。另外还有“图形实用工具”用来核查、修复和清理文件,以及文件列表、关闭图形、访问“选项”对话框、“退出 AutoCAD”命令等。

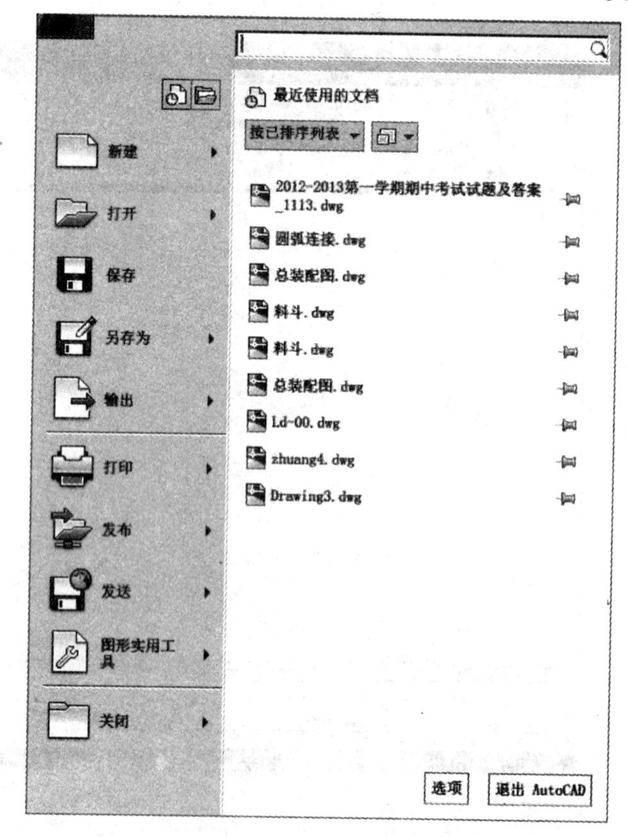

图 1-4　应用程序菜单

“应用程序菜单”中右侧的文件列表内容由其上方的“最近使用的文档”按钮(　)和“打开文档”

按钮( )决定。默认情况下显示“最近使用的文档”列表。单击“最近使用的文档”控件，可选择按照访问日期、文件大小或文件类型对文件进行排序。文件名右侧的图钉按钮可使该文件一直保持在“最近使用的文档”列表中。单击“打开文档”按钮( )，将显示当前绘图区域内已加载的文件列表。

1.3.3 快速访问工具栏

AutoCAD 2010 将一些最常用操作命令按钮集中放置在“快速访问工具栏”( )中，方便用户直接访问。由图1-2(a)～(d)可见，“快速访问工具栏”位于应用程序窗口左上方。默认情况下，快速访问工具栏中包含6个按钮，分别为“新建”按钮( )、“打开”按钮( )、“保存”按钮( )、“放弃”按钮( )、“重做”( )按钮和“打印”( )按钮。

其中，在“放弃”按钮( )和“重做”( )按钮的右侧均有一个展开按钮，单击该按钮，显示可放弃或重做的操作记录列表，如图1-5所示。根据需要可放弃多个绘图操作或恢复多个已经放弃的绘图操作。

另外，用户可以重新定义“快速访问工具栏”，向工具栏中添加或隐藏命令。单击“快速访问工具栏”最右侧向下的箭头按钮( )，弹出“自定义快速访问工具栏”菜单(图1-6)。可以将列表中未加标记的命令加入“快速访问工具栏”中。

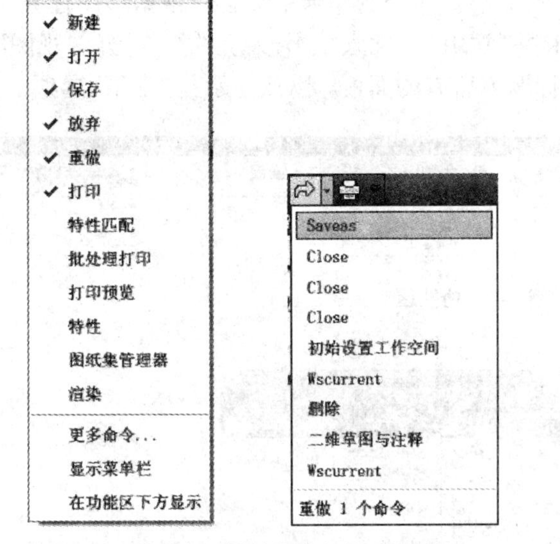

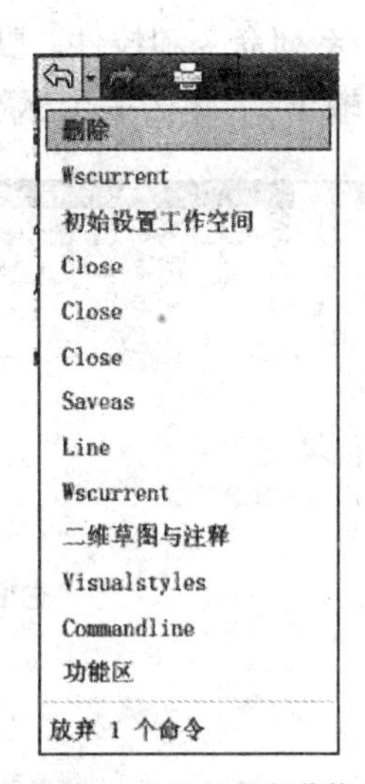

图1-5 放弃和重做的操作记录列表　　图1-6 “自定义快速访问工具栏”菜单

用户可以通过单击“自定义快速访问工具栏”菜单中“在功能区下方显示”或“在功能区上方显示”菜单命令将“快速访问工具栏”放置在功能区的下方或者上方显示。

若用户需要将功能区中的按钮添加到“快速访问工具栏”中，可在该按钮上单击鼠标右键，然后在弹出的菜单中单击“添加到快速访问工具栏”命令即可。用户也可以通过右击“快速访问工具栏”，在弹出的快捷菜单中选择“自定义快速访问工具栏”选项，或在图1-6所示的“自定义快速访问工具栏”菜单上选择“更多命令…”选项，在弹出的“自定义用户界面”对话框中进行设置。所要添加的命令按钮会自动添加到“快速访问工具栏”中所有命令按钮的右侧。

1.3.4 信息中心工具栏

“信息中心工具栏”位于应用程序窗口的标题栏右侧（ ）。默认情况下，“信息中心工具栏”中包含一个文字输入框和5个按钮。5个按钮分别为：“搜索”按钮（ ），按输入框中所键入的关键字（或短语）来搜索信息；“速博应用（Subsciption）中心”按钮（ ），可以帮助用户访问速博应用服务；“通讯中心”按钮（ ），帮助用户访问与AutoCAD产品相关的更新和通告；“收藏夹”按钮（ ），帮助用户访问曾经访问并保存的主题内容；“帮助”按钮（ ），可以帮助用户访问AutoCAD软件“帮助”中心的内容。

1.3.5 功能区

功能区（图1-7）是集成了与当前工作空间相关的一系列操作的工具、按钮和控件的单个窗口。应用程序窗口内无需显示多个工具栏，使得应用程序窗口更加整洁，可进行操作的绘图区域更大，绘图操作更简便，效率更高。

如图1-8所示，功能区由一系列的选项卡和面板组成。每个面板中又均包含相关的工具和控件，这些面板被组织到依任务进行标记的选项卡中。面板能够显示或隐藏。

1. 选项卡

在功能区上方显示选项卡标题栏（图1-7）。每个选项卡中集合了依据绘图任务所要使用的一系列命令和控件。默认的选项卡是“常用”、“插入”、“注释”、“参数化”、“视图”、“管理”、“输出”。单击一个标题即显示该标题下所有的面板。默认显示是“常用”选项卡。

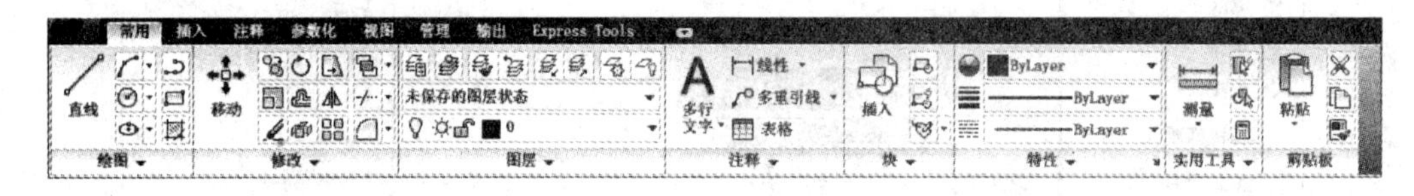

图1-7 功能区

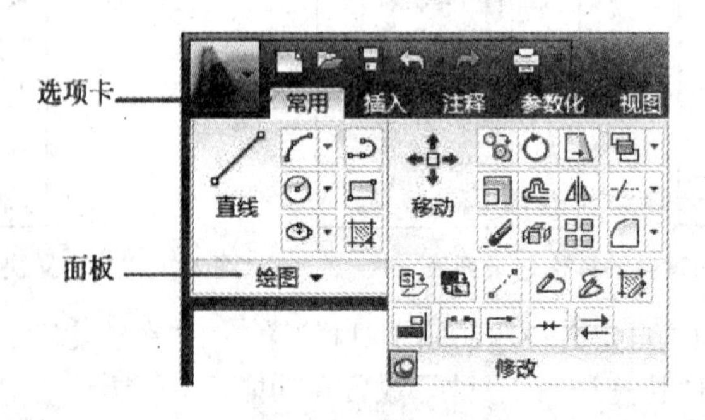

图1-8 功能区选项卡和面板

选项卡标题栏最右端是功能区控制按钮（ ），用来控制选项卡和面板的显示。连续单击该按钮，功能区将在“最小化为面板标题”、“最小化为选项卡”、“显示完整的功能区”

之间轮流变化显示。

2. 面板

面板标题位于每个面板的下方。AutoCAD 将大多数命令分门别类地放置在各个面板中，所以每个面板都由多个命令按钮和控件组成。单击某一个按钮就将执行 AutoCAD 的一个命令。当箭头光标悬停于某一个按钮或控件上时，首先显示按钮的简单工具提示（图 1-9(a)），说明按钮的名称、命令名和对命令功能的简要叙述。箭头光标如继续悬停 2 秒以上，则工具提示将展开以显示更多信息（图 1-9(b)）。例如画圆命令按钮（用圆心和半径画圆），单击其左侧按钮，是执行用圆心和半径画圆的命令，单击右侧展开按钮（），弹出的一组按钮称为展开工具栏（图 1-10）。展开工具栏中的每个按钮就是用一种方法画圆。单击展开工具栏上的按钮后，展开工具栏自动收回，同时该按钮作为当前按钮显示在面板上。如没有单击按钮，用户进行任何操作都会使展开的工具栏收回。

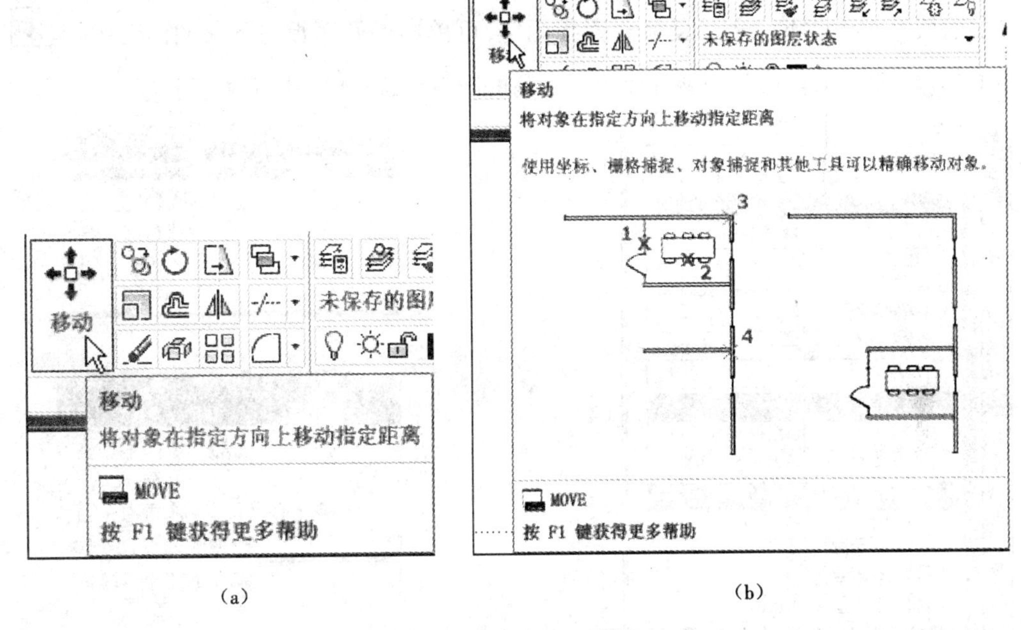

(a)　　(b)

图 1-9　命令按钮工具提示

(a)简单工具提示；(b)展开工具提示

面板中具有较长矩形框、右端有箭头的选项称控件，如图 1-7 中“特性”面板的“颜色”控件（ByLayer）。单击控件将弹出展开列表（图 1-11），显示多个选项。选择一个选项，该选项显示在控件中，展开列表收回。如没有单击选项就要收回列表，只要作任何一次操作即可。

面板标题右端的按钮（）称对话框按钮，单击它即可显示与面板标题相关的对话框。例如单击图 1-7 中“特性”面板的按钮，即显示“特性”选项板（图 1-12）。

3. 展开面板

面板标题右侧有箭头，例如图 1-13(a) 中的 修改▾ ，表明用户可单击面板

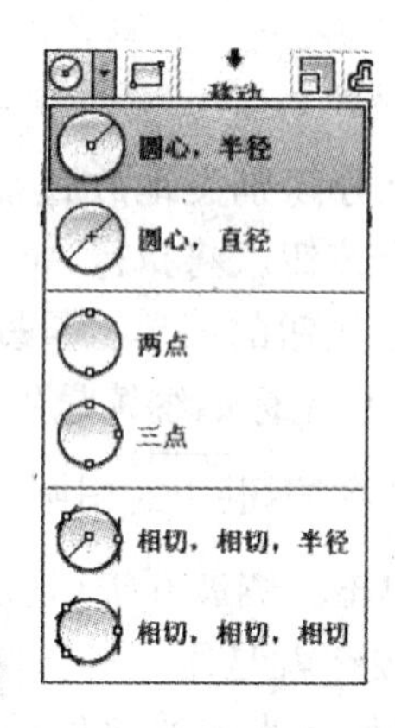

图 1-10　画圆的展开工具栏

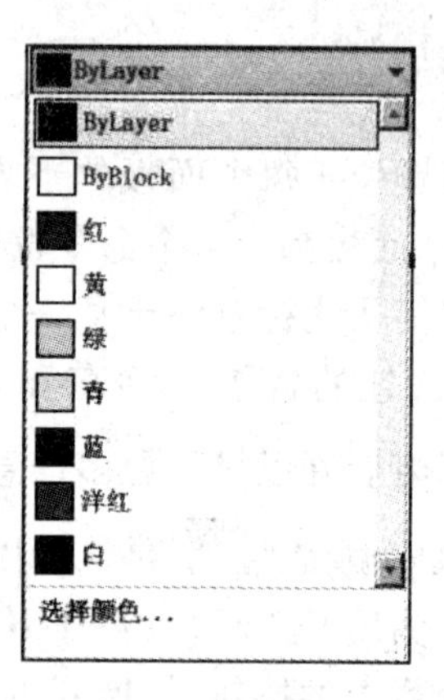

图 1-11　控件展开列表

以展开该面板，显示其他工具和控件。图 1-13(b)是“修改”展开面板。当鼠标离开面板时，展开的面板会自动收起。若要使展开面板固定，可单击展开面板左下角的图钉图标( )，如图 1-13(c)所示。再次单击展开面板左下角的图钉图标( )，展开面板将收起。

图 1-12　“特性”选项板

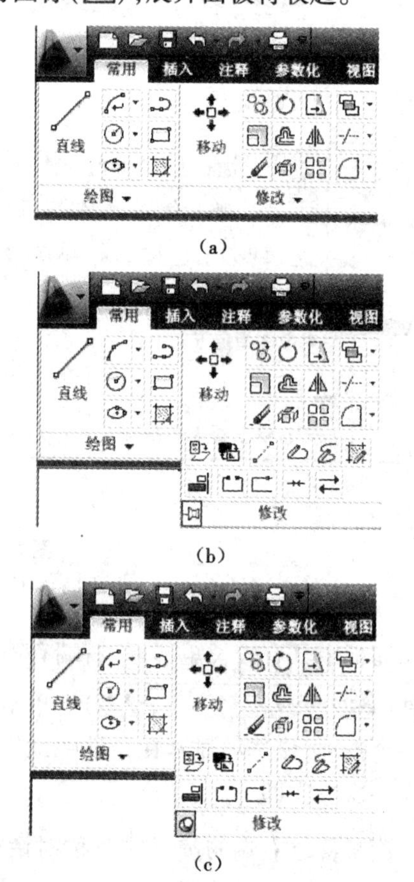

图 1-13　未展开和展开的面板

(a)未展开的“修改”面板；(b)展开的“修改”面板；(c)固定的“修改”面板

4. 浮动面板

用户可以用鼠标左键按住面板标题区域，将面板从功能区选项卡中拉出，放入绘图区域，即为浮动面板。如图 1-14 所示为浮动的图层面板。浮动面板一直处于打开状态，直到被拖动放回功能区。将浮动面板放回功能区，还可用光标滑过面板标题，单击右侧“将面板返回到功能区”按钮

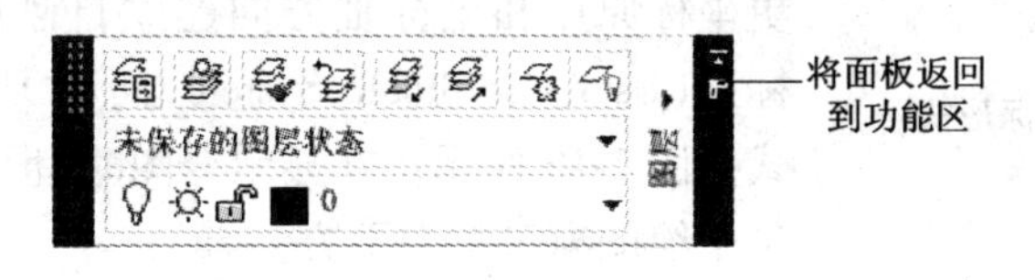

图 1-14　浮动面板

1.3.6　绘图区域

绘图区域也称绘图窗口，是用户显示、绘制及编辑图形的地方。它占据了屏幕中央大部分区域。绘图区域处于非最大化状态时，拥有自己的标题栏、选项卡、控制按钮和滚动条。绘图区域内可显示一个或多个窗口。通常，绘图区域内显示一个窗口并处于最大化状态不显示标题栏。标题栏名称显示在应用程序标题栏中，窗口大小控制按钮位于绘图区域右上角。单击控制按钮中的“恢复窗口大小”按钮( )，将显示图 1-15 所示的非最大化绘图区域。

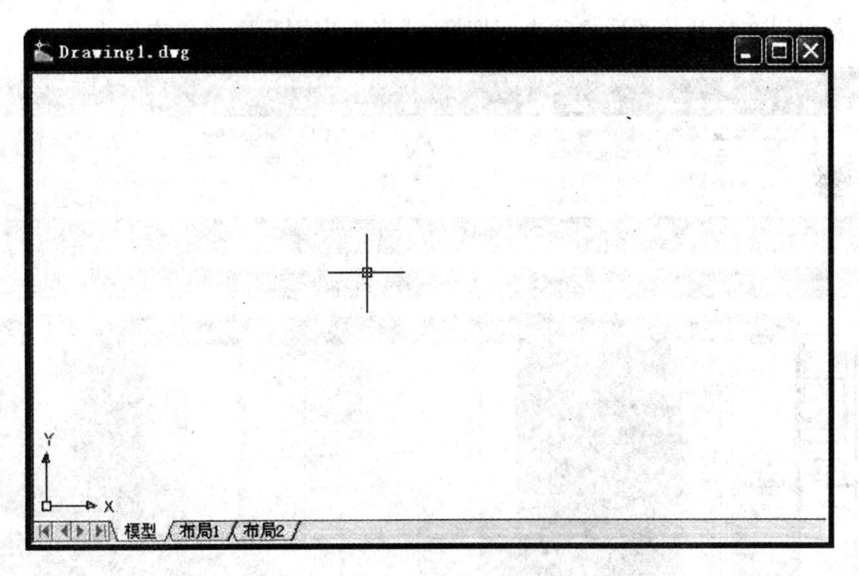

图 1-15　非最大化绘图区域

绘图区域的大小用绘图单位度量。绘图单位由用户选定（毫米或英寸），本书用毫米表示。默认的显示范围很大，可以用“缩放”命令中的“全部（A）”选项（光标在绘图区单击右键→单击“缩放（Z）”→单击右键→单击“范围缩放”→单击右键→单击“退出”），使显示范围成 A3 图纸大小。用户可以随时改变绘图区域的大小。绘图区域就像一张图纸，在绘图窗口内可以显示整张图纸，也可以显示图纸上的某一部分。绘图区域中的十字光标（也称绘图光标）交点处指示出当前点的位置。当前点的坐标随时显示在应用程序状态栏左端。

十字光标上的小方框是对象选择框,用于选择要操作的对象。

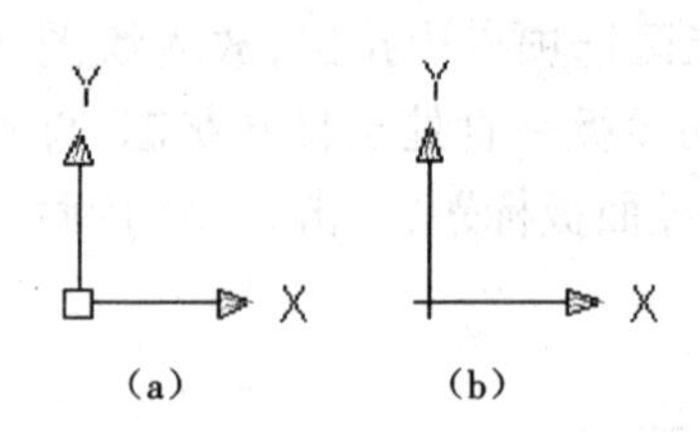

图 1-16　坐标系图标形式

(a)WCS;(b)UCS

绘图区域的左下方有一坐标系图标。它表示当前绘图所采用的坐标系,并指明 X、Y 轴的方向。AutoCAD 的默认设置是一个被称为世界坐标系(World Coordinate System,简称 WCS)的笛卡儿直角坐标系。用户也可以通过变更坐标原点和坐标轴方向建立自己的坐标系——用户坐标系(User Coordinate System,简称 UCS)。坐标系图标形式如图 1-16 所示。在显示全图时,世界坐标系的原点一般位于绘图窗口的左下方。

在绘图区域底部的“模型”、“布局 1”、“布局 2”选项卡可使用户方便快捷地在模型空间和图纸(布局)空间之间进行转换。

水平滚动条和垂直滚动条用于左右或上下移动绘图区域,以便显示绘图区域的不同部分。在单个任务的绘图区域内可同时打开多个图形(图 1-17),它们可以按“层叠”(按钮为)、“水平平铺”(按钮为)、“垂直平铺”(按钮为)形式排列。这些按钮位于功能区“视图”选项卡的“窗口”面板中,可以控制绘图区域中显示多个图形的排列方式。多个图形中只有一个图形是激活的,即当前图形,用户可对它进行操作。如果要激活某一个图形为当前图形,只要在该图形的任意位置单击左键即可;或者单击功能区“视图”选项卡→“窗口”面板中的“切换窗口”按钮→在展开列表中单击图名;或者使用【Ctrl】+【F6】键或【Ctrl】+【Tab】键,都可以在打开的图形之间来回切换;或者在应用程序菜单中单击某一个图名。绘

图 1-17　打开多个图形

图时，用户可在多个图形间进行复制、粘贴和拖放等操作。要关闭某一个图形，先激活它，图形显示在当前窗口内，再执行 CLOSE（关闭）命令，或者单击右上角“关闭”按钮；或者从应用程序菜单中单击“关闭”→“当前图形”选项。新版本在应用程序状态栏（位于用户界面最下方（图 1-17））增加了“快速查看图形”按钮（）。使用该按钮可以方便快捷地实现上述查看多个图形的操作。

1.3.7 命令窗口

命令窗口一般位于绘图区域下方。在命令窗口中用户可以输入 AutoCAD 命令并可看到 AutoCAD 对用户输入的响应及提示信息。命令窗口的最下面一行是命令行。当命令行显示“命令:”时，表示 AutoCAD 正在等待输入命令。命令行以上各行显示以前的命令及提示，可以用滚动条向前翻阅。用户可以像处理其他窗口一样对命令窗口进行移动和改变其大小。默认状态时命令窗口处于固定状态，不显示标题栏。拖动命令窗口到屏幕的其他位置，将显示图 1-18 所示的浮动命令窗口。

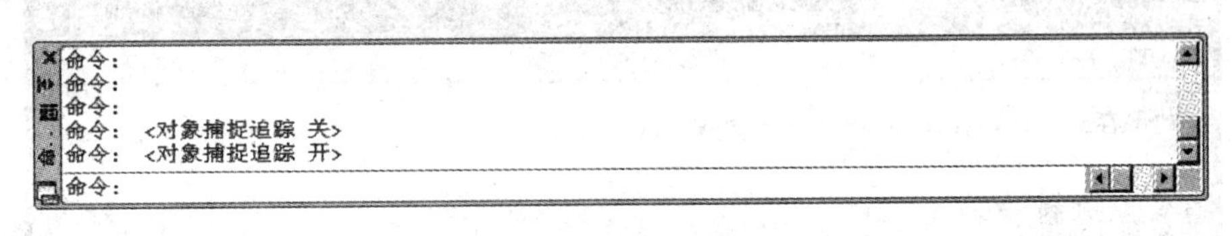

图 1-18 浮动命令窗口

1.3.8 应用程序状态栏

应用程序状态栏位于 AutoCAD 用户界面的最底部（图 1-17）。它包括光标位置的坐标显示、绘图工具、查看工具、注释工具、切换工作空间按钮等状态栏（图 1-19）。

状态栏左端显示当前绘图光标的坐标。它有 3 种方式，即“绝对”（动态直角坐标（默认方式））、“相对”（动态相对极坐标即“距离 < 角度”）、“关”（不显示）。在该区域单击左键或者右键，可在“绝对”和“关”方式之间切换。直角坐标以“x,y,z”格式显示。动态直角坐标方式随时显示出移动光标的当前位置。相对极坐标是指当前点相对于前一点的距离和倾角，以“距离 < 角度”格式显示。动态相对极坐标方式是在绘图区域内出现橡皮筋线时才显示橡皮筋线的长度和角度。

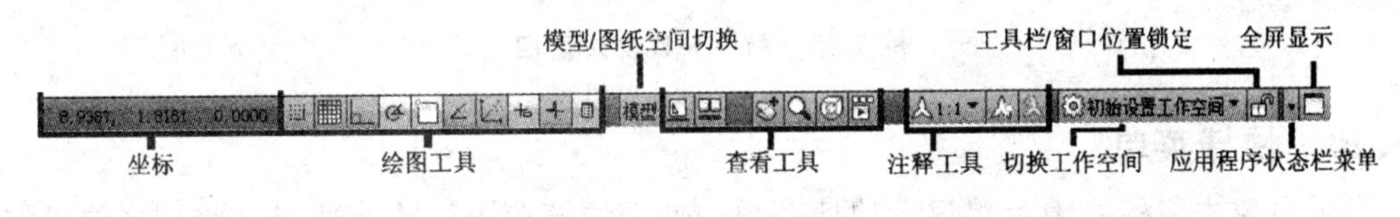

图 1-19 状态栏

状态栏中部是绘图工具按钮。它们是“捕捉模式”（）、“栅格显示”（）、“正交模式”（）、“极轴追踪”（）、“对象捕捉”（）、“对象捕捉追踪”（）、“允许/禁止动态 UCS”（）、“动态输入”（）、“显示/隐藏线宽”（）、“快捷特性”（）按钮。用户若想改变某种状态或模式，只需单击该状态或模式的名称按钮即可。当状态或模式打开时，其按钮为亮显状态；否则，其按钮为灰色显示。若想改变某一工具的设置，只需在该按钮上单击右键,在弹出菜单中选择选项来操作。

状态栏中部还有:模型空间与图纸空间切换按钮;查看工具包括"快速查看布局"、"快速查看图形"()、"平移"视图()、"缩放"视图()等按钮;注释工具是对图纸空间中注释性文字的显示比例及可见性进行操作;"工具栏/窗口位置锁定"图标控制工具栏和"设计中心"、各选项板窗口的大小和位置是否锁定;"切换工作空间"按钮用展开列表来选择工作空间;"状态栏菜单"用来对状态栏中各项目和状态托盘进行设置。"全屏显示"按钮可以扩展图形显示区域,不显示工具栏。

1.3.9 文本窗口

AutoCAD 的文本窗口记录了本次绘图操作的全部过程,就像是扩大了的命令窗口,如图 1-20 所示。用户也可以在文本窗口输入命令,并获得 AutoCAD 的信息和提示。一般情况下,文本窗口总是处于关闭状态,用户可按【F2】键打开或关闭文本窗口。

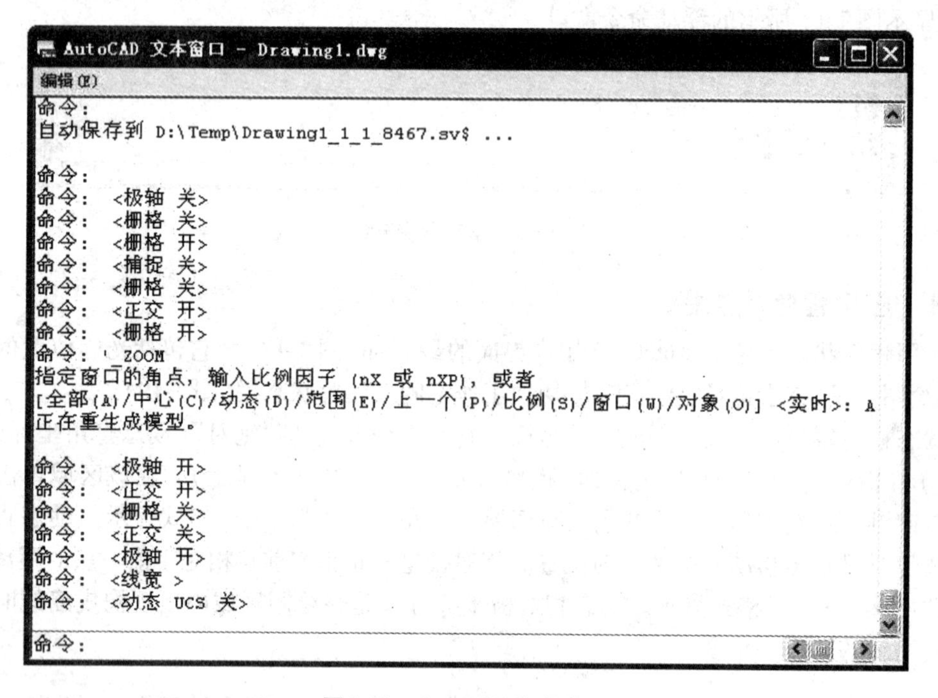

图 1-20 AutoCAD 文本窗口

1.3.10 快捷菜单

当用户单击鼠标右键时将显示快捷菜单。使用快捷菜单可快速选择一些与当前操作相关的选项。快捷菜单的内容取决于光标所处位置和其他一些情况,如目标是否被选中或是否正在执行某个命令。快捷菜单可在 AutoCAD 窗口的所有区域中使用。

在 AutoCAD 绘图区中常用的快捷菜单有"默认"、"编辑"和"命令"(图 1-21)。若在绘图区空白处单击鼠标右键且此时又没有执行命令,则将显示"默认"快捷菜单,如图 1-21(a)所示。若选择某些目标且此时又没有执行命令时单击鼠标右键,则将显示"编辑"快捷菜单,如图 1-21(b)所示。"编辑"快捷菜单的内容与所选目标的种类有关。若在执行某一命令(如 CIRCLE(圆)命令)时单击鼠标右键,则将显示画圆"命令"快捷菜单,如图 1-21(c)所示。"命令"快捷菜单的内容为所执行 AutoCAD 命令的所有选项。

其他快捷菜单有:在功能区单击鼠标右键将显示功能区快捷菜单,可快速隐藏或显示某些选项卡、面板;在命令窗口或文本窗口中单击鼠标右键,可获得 6 个最近使用过的命令以及在命令行工作时要用到的复制、粘贴等选项;在大部分对话框的选项(如列表框、编辑框)上单击鼠标右键,一般会提供重命名、删除、复制、粘贴、与上下文相关等选项的快捷菜单等等。

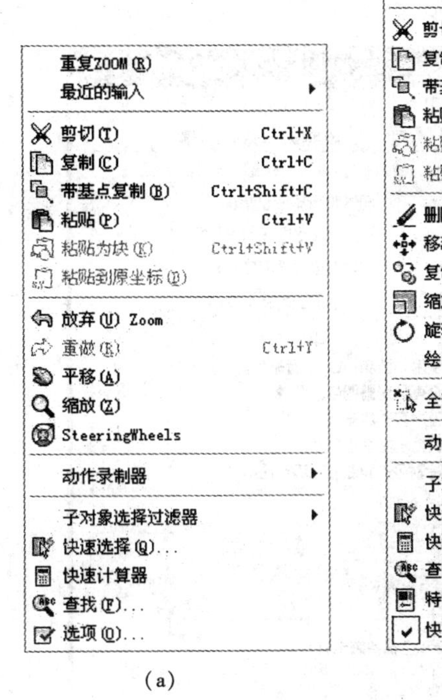

(a)

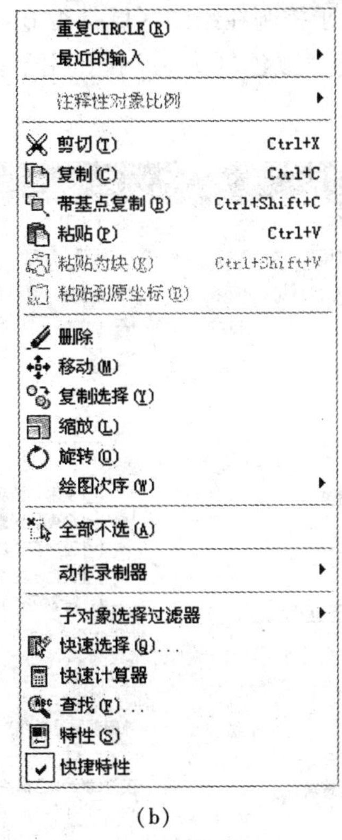

(b)

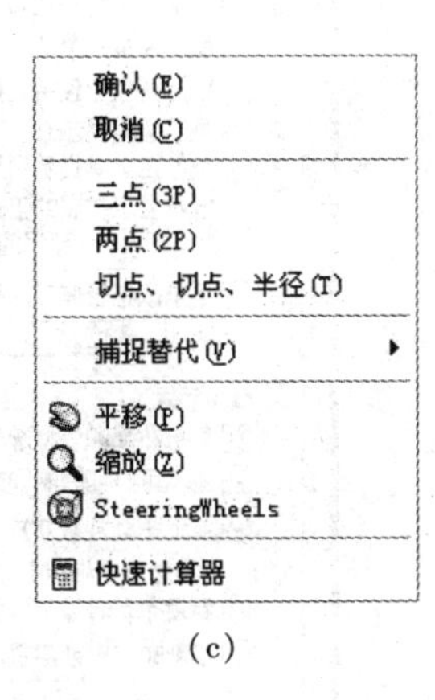

(c)

图 1-21 快捷菜单

(a)"默认"快捷菜单;(b)"编辑"快捷菜单;(c)画圆"命令"快捷菜单

1.3.11 用户界面设置

为了便于使用并照顾个人爱好,用户可对 AutoCAD 的用户界面进行自定义设置。前面对用户界面的各部分内容及操作已作了说明。这里主要是对绘图光标、窗口背景色、自动保存、保存文件格式等项目进行重新设置。

修改设置的命令是 OPTIONS(选项)。

执行 OPTIONS(选项)命令的方式如下。

键盘输入:OPTIONS 或 OP

应用程序菜单:

快捷菜单:在命令窗口中单击右键,或者在绘图区域中(在不运行任何命令也不选择任何对象的情况下)单击右键,然后选择"选项(O)..."。

执行该命令后将弹出"选项"对话框,如图 1-22 所示。

(1)设置绘图光标大小

在图 1-22 所示“显示”选项卡中,改变“十字光标大小(Z)”区中的数值来控制绘图光标十字线的大小。此数值是相对于屏幕大小的百分比。默认的绘图光标是屏幕大小的 5%。如果将它改为 100%,绘图光标会充满绘图区域,这对作图十分有利。

(2)设置屏幕显示内容

在图 1-22 所示“显示”选项卡中还可对屏幕显示进行设置。“窗口元素”区中的“图形窗口中显示滚动条(S)”选项用于控制在绘图区域是否显示滚动条;“显示屏幕菜单(U)”选项用于控制是否显示屏幕菜单。“颜色(C)...”按钮用于在“颜色选项”对话框中指定用户界面上各元素的颜色。

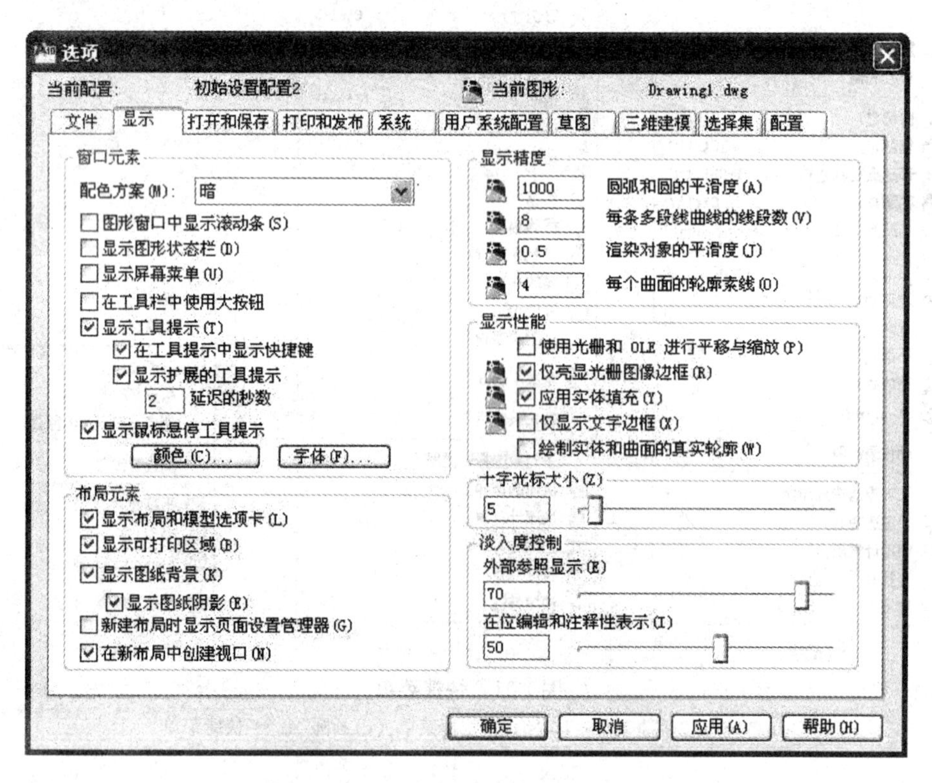

图 1-22 “选项”对话框的“显示”选项卡

单击“颜色(C)...”按钮,弹出图 1-23 所示的“图形窗口颜色”对话框。在“上下文(X)”列表框中选择某一项,如“二维模型空间”;在“界面元素(E)”列表框中选择某一项,如“统一背景”;再从“颜色(C)”控件中选择喜爱的颜色,一般选默认颜色或黑色。单击“应用并关闭(A)”按钮,返回“选项”对话框。这种操作将改变绘图区域的背景颜色。

(3)设置自动保存的间隔时间

用户可通过“打开和保存”选项卡(图 1-24)中“文件安全措施”区“自动保存(U)”选项来确定是否让系统自动将图形保存到自动保存文件中。如果确定为自动保存,应在“保存间隔分钟数(M)”编辑框中输入数值,用来确定经过多少分钟后系统自动保存图形。

AutoCAD 的自动保存功能最大限度地防止了用户图形的丢失,而且不妨碍用户的操作过程。万一系统发生故障或突然断电,用户未能保存图形时,还可以恢复最近一次自动保存

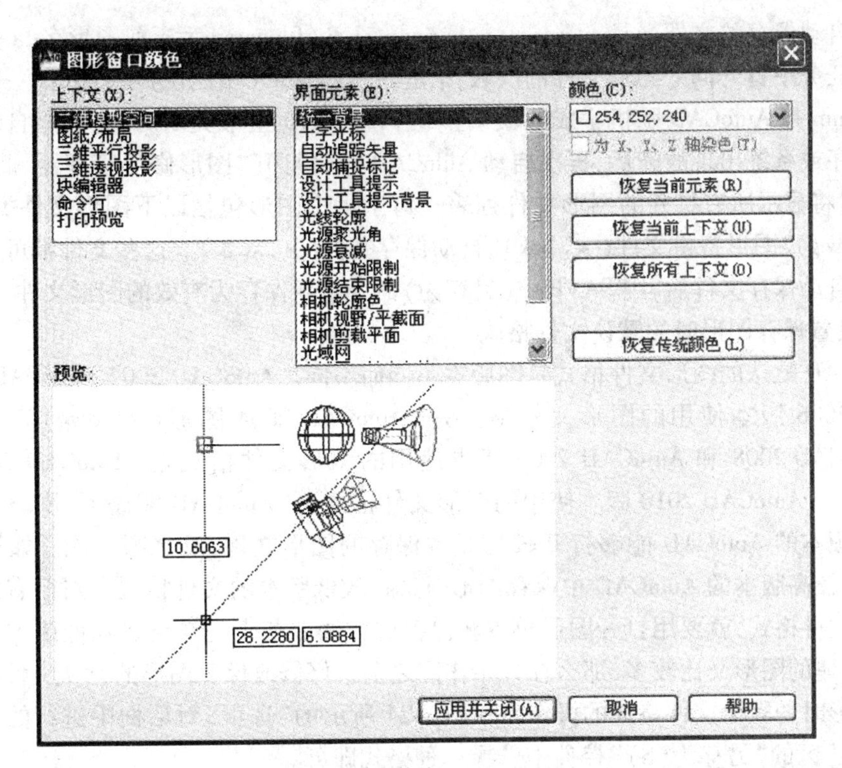

图 1-23　“图形窗口颜色”对话框

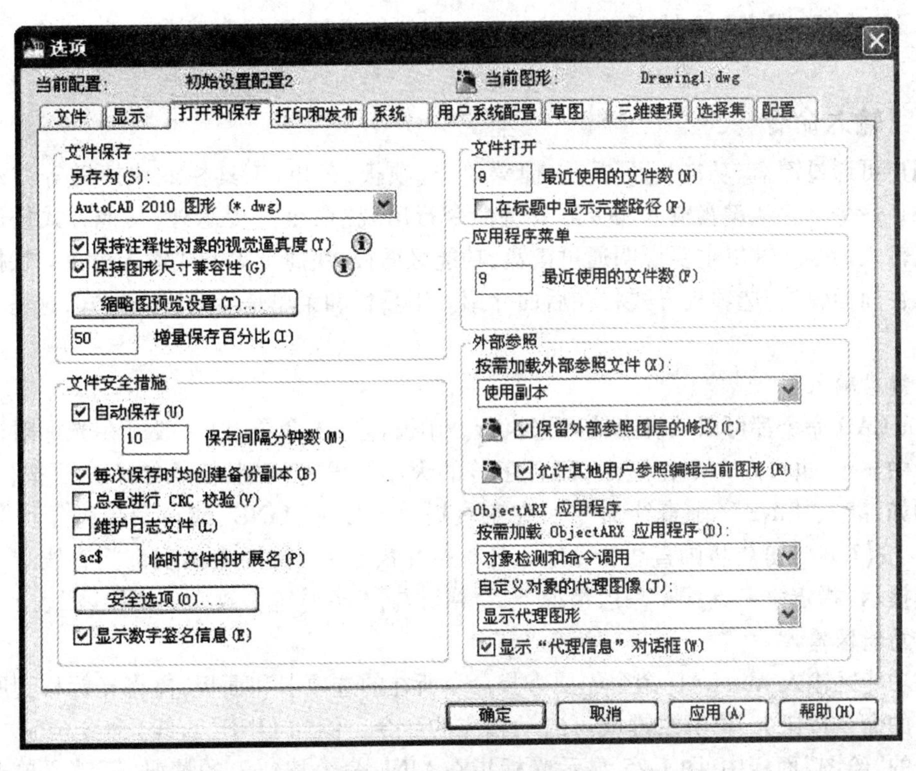

图 1-24　“选项”对话框的“打开和保存”选项卡

的结果。自动保存的文件名是 filename_a_b_nnnn. sv $(filename 为当前图形名,a 是在同一 AutoCAD 任务中打开同一图形文件的次数,b 是在不同 AutoCAD 任务中打开同一图形文件的次数,nnnn 是 AutoCAD 随机生成的数字)。当 AutoCAD 正常关闭时,会删除自动保存的文件。程序或系统出现故障后,再次启动 AutoCAD 时将打开"图形修复管理器"。"图形修复管理器"将显示所有打开的图形文件列表。对于每个图形包括以下图形文件类型:图形文件(*.dwg)、图形备份文件(*.bak)、自动保存文件(*.sv $)。这些文件都可以单击打开。打开自动保存文件后,用 SAVEAS(另存为)命令重新保存为有效的图形文件。

(4)设置保存图形时的默认文件格式

AutoCAD 默认的图形文件格式是随版本不同而不同。AutoCAD 2004、AutoCAD 2005 和 AutoCAD 2006 版本使用的图形文件格式是"AutoCAD 2004 图形(*.dwg)"。AutoCAD 2007、AutoCAD 2008 和 AutoCAD 2009 版本使用的图形文件格式是"AutoCAD 2007 图形(*.dwg)"。AutoCAD 2010 版本使用的图形文件格式是"AutoCAD 2010 图形(*.dwg)"。使用较高版本的 AutoCAD 能够打开较低版本保存的图形文件,反之则不能。如果必须如此,则应在较高版本的 AutoCAD 中保存图形时选择较低版本的文件格式。对已有的图形文件要改变文件格式,就要用打开图形再重新保存的方法。若事先知道要在低版本上打开图形,需要创建的图形又比较多,那么在开始作图之前最好修改保存图形的默认文件格式。设置保存图形时的默认文件格式的操作是在图 1-24 所示的"选项"对话框中进行的。只要在"文件保存"区的"另存为(S)"控件中选择一种格式即可。

1.4 命令和数据的输入

1.4.1 输入命令

用户可通过键盘、功能区面板、快捷菜单、选项板、菜单、工具栏或快捷键等方式输入 AutoCAD 命令。除从键盘输入命令需要待命令行出现"命令:"提示外,其他方式任何时候都可以输入命令。这里主要说明通过键盘、功能区面板、快捷键等方式输入命令。快捷菜单方式已在前面叙述,选项板方式将在后面介绍。工具栏和菜单是经典输入方式,这里不再赘述。

1. 键盘输入

AutoCAD 命令都可以从键盘输入来执行。用键盘输入命令时,一般可在光标附近的工具提示中显示,也可在命令行显示,而且字符的大小写没有区别,输入结束时要按【Enter】键。例如,键入"LINE"(画直线命令),在工具提示中显示"LINE"或在命令行显示"命令:Line"。按【Enter】键就将画直线命令输入计算机并执行它。此时会出现询问直线端点坐标的相应提示"指定第一点:"。一般情况下,空格键与【Enter】键等效,本书用"↙"表示。

2. 功能区输入

在功能区输入 AutoCAD 命令先要查找命令所在的选项卡和面板,再将光标移到所要执行命令的命令按钮上,单击左键就可启动相应的命令。例如 LINE(直线)命令位于"常用"选项卡的"绘图"面板中,图 1-25 显示光标指在 LINE 命令按钮上的情况,还需要单击左键才能输入命令。

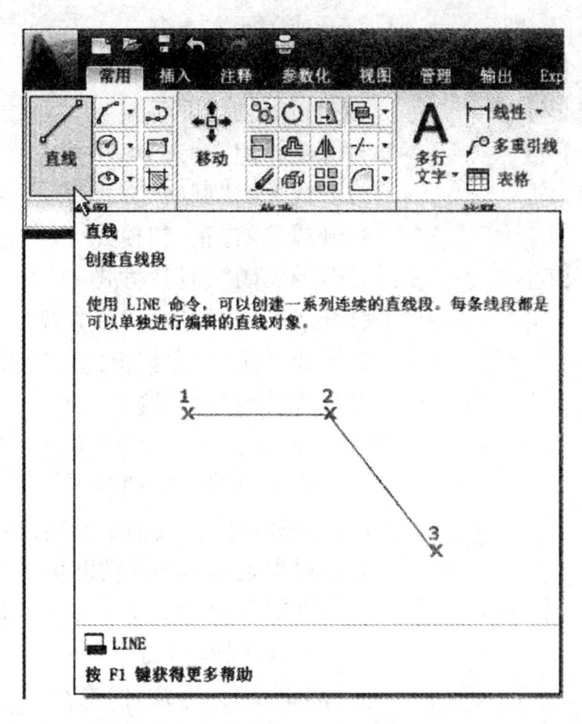

图 1-25　在功能区中输入 LINE(直线)命令

3. 命令的重复输入

如果要将某个 AutoCAD 命令重复执行，可通过按【Enter】键或单击右键从快捷菜单中点取第一个选项“重复×××”实现。×××是执行过的命令名称。

AutoCAD 命令重复输入的另外一种方法是执行 MULTIPLE 命令，例如进行如下操作。

命令：MULTIPLE ↙

输入要重复的命令名：LINE ↙

就可使计算机重复执行直线命令，直至用【Esc】键取消此命令为止。

4. 命令别名

AutoCAD 允许从键盘输入某些命令的第一个或某几个字符来启动相关命令，这样的字符称为命令别名。例如，LINE(直线)命令的别名是 L。当在“命令：”提示符下输入 L，AutoCAD，就会向命令输入缓冲区提供完整的 LINE(直线)输入，从而使 LINE(直线)命令就可以正常执行了。AutoCAD 的命令别名使键盘输入更为简单快捷。凡是具有命令别名的，本书将在介绍每个命令时给出，同时在书后附录中列出常用命令及其别名。

用户也可以通过编辑 Acad. pgp 文件来生成自己的命令别名。Acad. pgp 文件通常位于 AutoCAD 支持文件搜索路径中的 Support 子文件夹中。

5. 快捷键

AutoCAD 允许使用某些特殊的键及其组合键快速启动一些命令和功能，这些键就是快捷键。下面列出了常用的快捷键及其功能。

快 捷 键	功 能
【F1】	打开或关闭帮助窗口

【F2】　打开或关闭文本窗口

【F3】或【Ctrl】+【F】　打开或关闭“对象捕捉”功能

【F5】或【Ctrl】+【E】　转换正等轴测平面

【F6】或【Ctrl】+【D】　打开或关闭“动态 UCS”方式

【F7】或【Ctrl】+【G】　打开或关闭“栅格”方式

【F8】或【Ctrl】+【L】　打开或关闭“正交”模式

【F9】或【Ctrl】+【B】　打开或关闭“捕捉”方式

【F10】　打开或关闭“极轴追踪”方式

【F11】　打开或关闭“对象捕捉追踪”功能

【F12】　打开或关闭“动态输入”功能

【Ctrl】+【0】(零)　打开或关闭“全屏显示”方式

【Ctrl】+【1】　打开或关闭“特性”选项板

【Ctrl】+【A】　选择除冻结图层或锁定图层以外的所有对象

【Ctrl】+【C】　复制对象到 Windows 剪贴板

【Ctrl】+【Shift】+【C】　复制带基点的对象到 Windows 剪贴板

【Ctrl】+【N】　执行 NEW(新建)命令

【Ctrl】+【O】　执行 OPEN(打开文件)命令

【Ctrl】+【P】　执行 PLOT(图形打印)命令

【Ctrl】+【Q】　退出 AutoCAD(QUIT)命令

【Ctrl】+【S】　快速保存图形文件(QSAVE)命令

【Ctrl】+【V】　从 Windows 剪贴板插入对象

【Ctrl】+【Shift】+【V】　从 Windows 剪贴板插入对象并且为图块

【Ctrl】+【X】　复制对象到 Windows 剪贴板并从图形中删去此对象

【Ctrl】+【F6】或【Ctrl】+【Tab】　在打开的多个图形之间来回切换

【Del】　删除对象

【Esc】或【Ctrl】+【\】　取消当前命令

1.4.2 输入数据

当启动一个 AutoCAD 命令后,往往还需用户提供执行此命令所需要的信息。这些信息包括点坐标、数值、角度、位移量等。

1. 点的输入方法

点是 AutoCAD 中最基本的图素之一。它既可从键盘输入,又可借助鼠标等定点设备在绘图区域内拾取点输入。无论采用何种方式输入点,本质都是输入点的坐标值。

(1)键盘输入

用键盘输入坐标值有绝对坐标和相对坐标两种形式。由于新增加了“动态输入”功能,所以这两种坐标在命令行输入与在工具提示中输入有所不同。下面举例的叙述都是在命令行进行的。关于在工具提示中输入请见 5.1 节的说明。

1)绝对坐标形式　绝对坐标是指相对于坐标系原点的坐标。点的绝对直角坐标输入形式为“x,y,z”,其中,x 和 y、y 和 z 坐标值之间用逗号隔开,x 前、z 后无括号。x、y、z 分别代表点的 X、Y、Z 坐标轴上的坐标。例如,图 1-26 中点 A 应输入“20,10,0”。对于二维图形上

的点可仅输入 x、y 坐标值,而无须考虑 z 坐标值。二维图形上点的绝对极坐标形式为“距离 < 角度”。极坐标形式中的角度以 X 轴的正向为 0°方向,逆时针方向为正值,顺时针方向为负值。

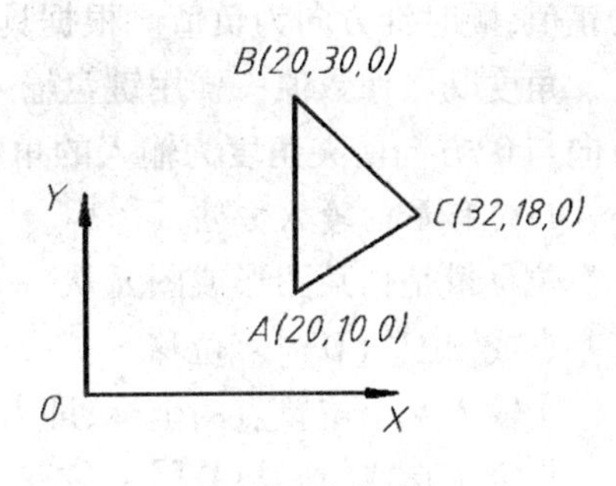

图 1-26　点的输入

2)相对坐标形式　相对坐标形式是指当前点相对上一次所选点的坐标增量或距离和角度。相对于前一点的坐标增量为相对直角坐标。相对于前一点的距离和角度为相对极坐标。在 AutoCAD 中,为了区别绝对坐标和相对坐标,在所有相对坐标前都添加一个“@”符号。相对坐标点的输入形式为“@ x,y,z”或“@距离 < 角度”。例如,图 1-26 中点 C 相对于点 B 的坐标应为“@12, -12”。点 B 相对于点 A 的极坐标是“@20 <90”。

例　使用绝对坐标和相对坐标确定点,画出图 1-26 所示三角形 ABC。

命令:LINE↙　　＊启动画直线命令

指定第一点:20,10↙　　＊输入 A 点绝对坐标值

指定下一点或[放弃(U)]:@20 <90↙　　＊输入 B 点相对极坐标值

指定下一点或[放弃(U)]:@12, -12↙　　＊输入 C 点相对坐标值

指定下一点或[闭合(C)/放弃(U)]:C↙　　＊使用“闭合(C)”选项,封闭三角形以完成绘图

3)直接输入距离形式　当执行某一命令需要指定两个或多个点时,除了用绝对坐标或相对坐标指定点外,还可用输入距离的形式来确定下一点。在指定了一点后,可以移动光标来给定下一点的方向,然后输入前一点的距离便可确定下一点。这实际上是相对极坐标的另一种输入方式。它只需要输入距离,而角度由光标的位置确定。另一种方法是先输入角度(角度数前加小于号),以锁定光标移动方向,再输入距离。

(2)光标输入

绘图时,用户可通过移动绘图光标来输入点即光标定点。当移动鼠标时,AutoCAD 图形窗口上的绘图光标也随之移动,其坐标显示在应用程序状态栏中。如果应用程序状态栏中的按钮“动态输入”( )是亮显的,那么在光标附近的工具提示中也有坐标显示。当光标移到所需位置后单击鼠标左键,则此点即被输入。

除上述方式外,点的输入还可借助 AutoCAD 的对象捕捉方式来进行(见 5.5 节)。

2. 数值的输入方法

在使用 AutoCAD 绘图时,许多提示要求输入数值,如高度、半径、距离等。这些数值可由键盘直接输入,如“高度:10↙”。

某些数值也可通过输入两点来确定。此时,应先输入一点作为基点,然后在提示“指定第二点:”时,再输入第二点。AutoCAD 自动将这两点间的距离作为输入数值。例如画圆时,在给出圆心后会询问半径,这时可输入半径值,也可输入一点。如输入一点,就通过该点画圆,半径就是该点与圆心间的距离。

3. 角度的输入方法

AutoCAD 中的角度通常以度为单位,以从左向右的水平方向(正东)为 0°,逆时针方向

为正值，顺时针方向为负值。根据具体需求，角度也可设置为弧度或度、分、秒等。

角度既可像数值一样用键盘输入，又可通过输入两点来确定，即由第一点和第二点连线方向与0°方向所夹角度为输入的角度。

4. 位移量的输入方法

位移量是指某图形或图元从一个位置平行移动到另外一个位置的距离，其提示为“指定基点或[位移(D)] <位移>:”。位移量的输入方式有以下两种。

①输入两个位置点的坐标，即由两点间的距离确定位移量，它的输入过程为：

指定基点或[位移(D)] <位移>:(输入第一点)

指定第二个点或 <使用第一个点作为位移>:(输入第二点)

②输入两个位置点的坐标增量即位移量，操作如下：

指定基点或[位移(D)] <位移>:(输入坐标增量 x,y,z)

指定第二个点或 <使用第一个点作为位移>:(按【Enter】键)

1.4.3 输入错误的修正

用户在使用 AutoCAD 绘图时，可能会键入或输入不正确的命令和数据。纠正这类错误可采用以下方法。

1)修正　用户在按【Enter】键前，如果键入了一个错误字符，则可用【Backspace←】键删除不正确的部分，然后再键入正确字符。如果错误字符不是最后一个，则可用光标指定位置，再用【Delete】键或【Backspace←】键删除错误字符，然后输入正确字符。

2)终止　当选错命令时，可按【Esc】键来终止或取消命令，使命令行恢复“命令:”提示符。如果采用命令按钮操作，可以直接点取一个命令，前一个命令即被取消，从而执行新点取的命令。

1.5 开始绘图和保存图形

1.5.1 创建新图

绘制一个新图，一般要使用 NEW(新建)或 QNEW(快速新建)命令加载样板。关于样板的概念请见第2章。开始绘图前最好能准备好用户样板，然后在此样板中绘图。这样能简化重复操作，提高效率。NEW(新建)或 QNEW(快速新建)命令的输入方式如下。

键盘输入:NEW 或 QNEW

命令按钮:快速访问工具栏→

应用程序菜单:→

执行 NEW(新建)或 QNEW(快速新建)命令后，在默认状态下将弹出“选择样板”对话框(图1-27)。

对话框中的“查找范围(I)”控件用于查找样板文件所在的驱动器盘符和文件夹。文件列表框中显示指定文件夹内的下层文件夹名和样板文件名。“文件名(N)”编辑框由用户键入要打开的文件名，或显示从文件列表框中选择的文件名。“文件类型(T)”控件用于选择要打开文件的类型。默认的类型是“图形样板(*.dwt)”。

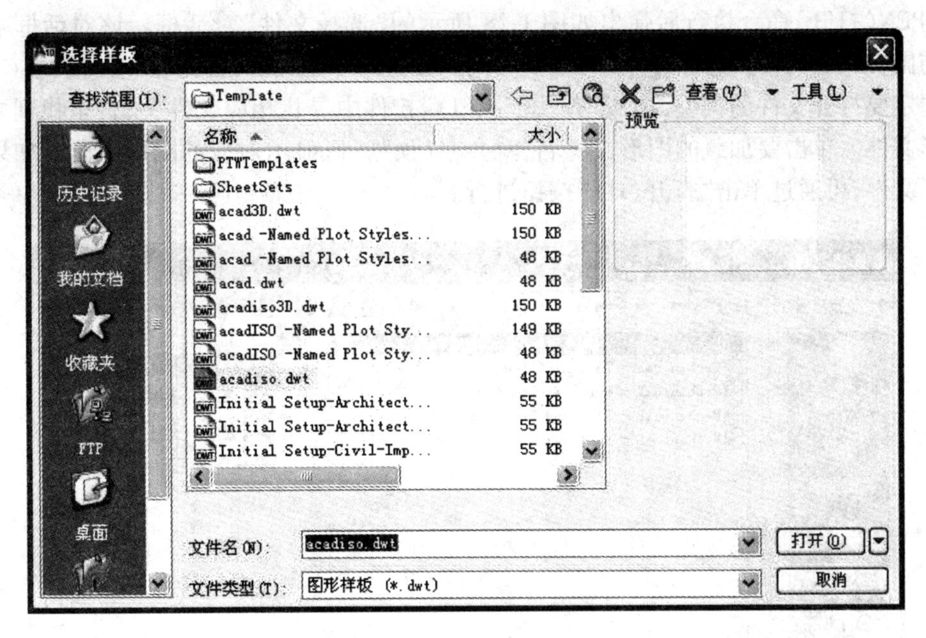

图 1-27 “选择样板”对话框

在“查找范围(I)”控件的右方还有7个按钮,依次是:“返回×××(Alt+1)”( )按钮用于返回上一个文件的位置;“上一级(Alt+2)”( )按钮用于返回上一级文件夹;“搜索Web(Alt+3)”( )按钮用于显示“浏览Web-打开”窗口,在此可以访问存储在Internet上的AutoCAD文件,并把AutoCAD文件保存到Internet;“删除(Del)”( )按钮用于删除选定的文件或文件夹;“创建新文件夹(Alt+5)”( )按钮用于在当前文件夹下创建新的文件夹;“查看(V)”( )控件用于控制文件列表框中的列表格式,其中“列表(L)”选项用于以多列的列表格式列出文件夹名和文件名,“详细资料(D)”选项用于详细列出文件的大小、类型、修改时间等内容,“略图(T)”选项用于在文件列表框中显示文件名及其位图;“工具(L)”( )按钮提供选择文件的方法,如查找、定位等。

对话框的左侧是文件位置列表,提供对预定义文件位置的快速访问。单击一个图标即在文件列表框中显示该位置下的所有文件。默认的文件位置有“历史记录”、“我的文档”、“收藏夹”、“FTP”、“桌面”等。

加载用户样板时,首先在“搜索(I)”控件中查找用户文件夹,点取用户样板文件名,再单击“打开(O)”按钮。

1.5.2 加载旧图

要加载或打开一幅已存在的图形,应使用OPEN(打开)命令。OPEN(打开)命令的执行方法如下。

键盘输入:OPEN

命令按钮:快速访问工具栏→

应用程序菜单:→打开

OPEN(打开)命令执行后弹出如图 1-28 所示的“选择文件”对话框。该对话框中多数选项与图 1-27 所示的“选择样板”对话框相同。要打开一个文件,首先在“文件类型(T)”控件中选定要打开文件的类型,再从“查找范围(I)”控件中寻找相应文件夹,直至找到要加载的图形文件。单击要加载的图形文件名,就会在“预览”区显示对应的图形。此时如果要加载图形文件,可通过单击“打开(O)”按钮进行。

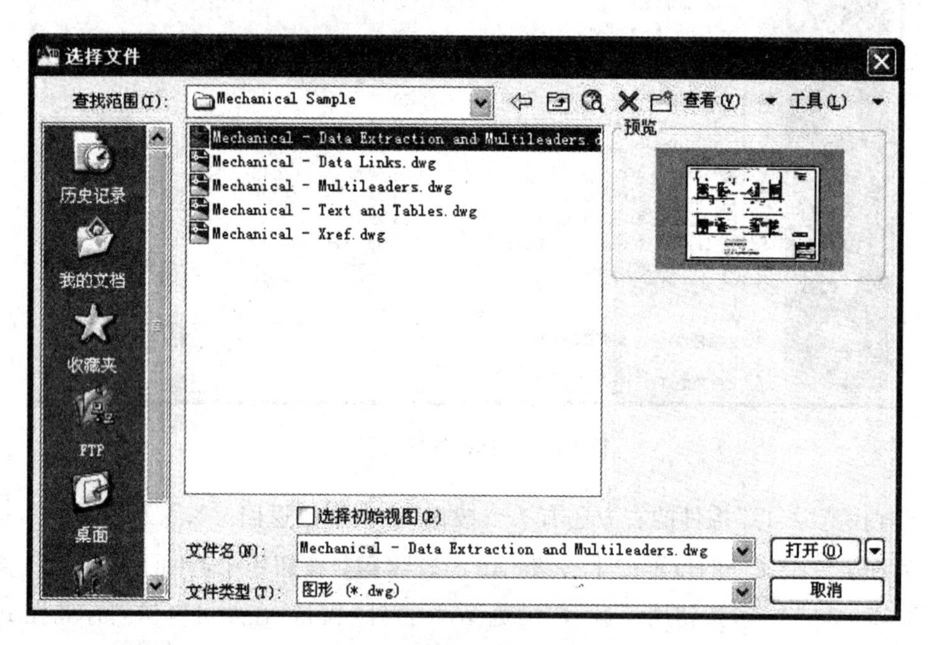

图 1-28 **“选择文件”对话框**

1.5.3 保存图形

AutoCAD 提供了以下两种命令来保存图形。

1. SAVEAS (另存为) 命令

SAVEAS(另存为)命令将当前图形存储在另一图形文件中。SAVEAS(另存为)命令的输入方式如下。

键盘输入:SAVEAS

应用程序菜单: → 另存为

执行 SAVEAS(另存为)命令后,显示“图形另存为”对话框,如图 1-29 所示。

在对话框的“保存于(I)”控件中,由用户查找保存文件的驱动器盘符和文件夹。文件列表框中显示指定文件夹内的文件夹名和文件名。“文件名(N)”编辑框由用户键入要保存文件的文件名,或者显示从文件名列表框中选择的文件名。“文件类型(T)”控件中有下列各项:

AutoCAD 2010 图形 (*.dwg)

AutoCAD 2007/LT2007 图形 (*.dwg)

AutoCAD 2004/LT2004 图形 (*.dwg)

AutoCAD 2000/LT2000 图形 (*.dwg)

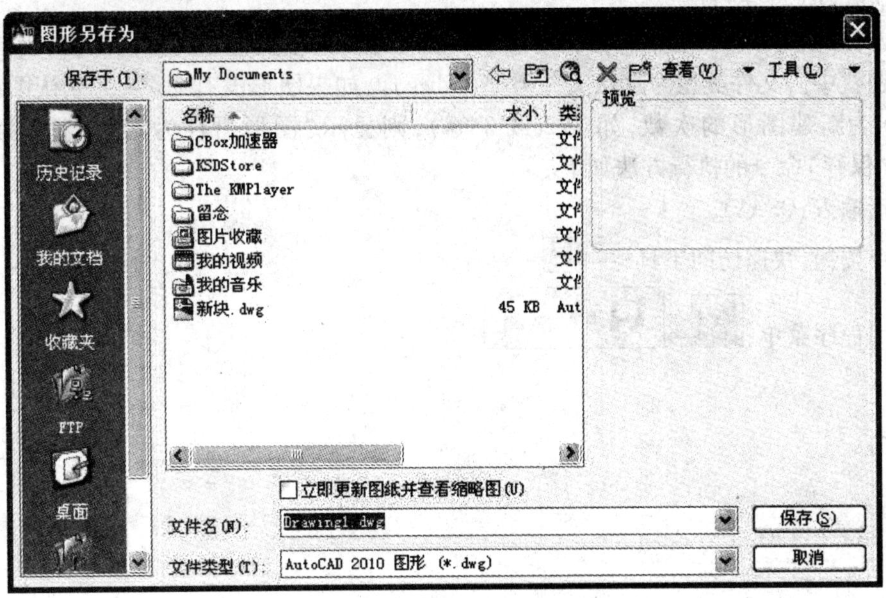

图 1-29 “图形另存为”对话框

AutoCAD R14/LT98/LT97 图形（＊.dwg）
AutoCAD 图形标准（＊.dws）
AutoCAD 图形样板（＊.dwt）
AutoCAD 2010 DXF（＊.dxf）
AutoCAD 2007/LT2007 DXF（＊.dxf）
AutoCAD 2004/LT2004 DXF（＊.dxf）
AutoCAD 2000/LT2000 DXF（＊.dxf）
AutoCAD R12/LT2 DXF（＊.dxf）

用户可由此选择一种要保存文件的类型。“保存(S)”按钮执行保存图形操作。“取消”按钮不进行存图而关闭对话框。其他按钮与图 1-27 所示对话框中的按钮作用相同。

操作该对话框时，首先要确定保存文件的类型，再查找盘符、文件夹，输入文件名，然后单击“保存(S)”按钮。

如果要保存的文件名已经存在，将显示“图形另存为”提示对话框（图 1-30）。对话框中说明“＊＊＊.dwg 已经存在。是否替换它？”，下方有“是(Y)”、“否(N)”和“取消”三个按钮，单击其中一个按钮结束操作。

图 1-30 “图形另存为”提示对话框

2. QSAVE(保存)命令

QSAVE(保存)命令可用来将当前图形快速存盘。图形文件名为当前图名,当前图名显示在标题栏中。文件类型为默认文件类型(.dwg)。如果图形没有命名(为默认图名 Drawing*,*为新建图形的次数,如1,2或3等),则显示"图形另存为"对话框(图1-29)。QSAVE(保存)命令的执行方法如下。

键盘输入:QSAVE

命令按钮:快速访问工具栏→

应用程序菜单:→保存

第 2 章　初始绘图环境设置

利用 AutoCAD 在屏幕上绘图就如同用工具在图纸上作图一样，要根据所画图形大小选择图纸的幅面，并设置图层以确定线型及其颜色、线宽以及设置文字样式、尺寸样式、各种符号、表格样式等。这些内容构成了一个初始的绘图环境，称为样板或模板（Template）。AutoCAD 提供了两个标准样板，即英制样板 acad. dwt 和公制样板 acadiso. dwt。它们设置的绘图区域分别为 12 ×9 绘图单位和 420 ×297 绘图单位。设置的图层只有一个 0 层，线型为实线（Continuous），颜色为白色，线宽为默认值。设置的文字样式为 Standard，尺寸样式为 Standard 和 ISO-25，表格样式为 Standard。另外还有各个系统变量的初始值。这两个样板对于用户很不适用，必须重新设置自己的样板。本章将介绍有关样板设置的图层、线型、颜色、线宽、图形单位及图形界限等内容。

2.1　图层

2.1.1　图层的概念与特征

1. 图层的概念

一幅工程图样由粗实线、细实线、细点画线等不同线型组成。假若把同一种线型画在一张透明的纸上，再把这些画着不同线型的透明纸重叠在一起。如每一张纸上的图形都严格按照同一坐标系的坐标绘制，那么当它们重叠时，就构成一幅完整的图形。这些假想的透明纸叫做图层，如图 2-1 所示。通过创建图层，将具有相同类型的对象放置在同一图层上，以便于操作、查看。例如，按线型创建图层，也可将尺寸、文字、剖面线、明细栏、标题栏等内容分别放置在各自的图层上。

2. 图层的特征

用户应根据需要设置几个图层。为了记忆，要给每一个图层起一个有意义的名称。一个图层上设置一种线型，并赋给这种线型一种颜色和一种线宽。用户可以显示一层、几层或所有层上的图形。一幅图的层数不受限制，每一层上的对象数也不限。图层的特征、状态作为图形的一部分与图形一起存储。图层有以下特征。

（1）名称

每个图层都有一个名称。名称由字母、数字、汉字及“ $ ”、“—”、空格、下画线等组成，最多可用 255 个字符。名称中不能含有 < > / \ ，“ ” : ; ? * | = ` 等字符，字母不分大、小写。

（2）颜色

颜色是指所绘对象的颜色。每一图层设置一种颜色，用于区分不同的图层和线型。颜色也可用作颜色相关打印样式中为对象指定打印线宽。用户可以使用“索引颜色”、“真彩色”或“配色系统”来设置颜色。对于二维绘图来说，使用“索引颜色”就足够了。

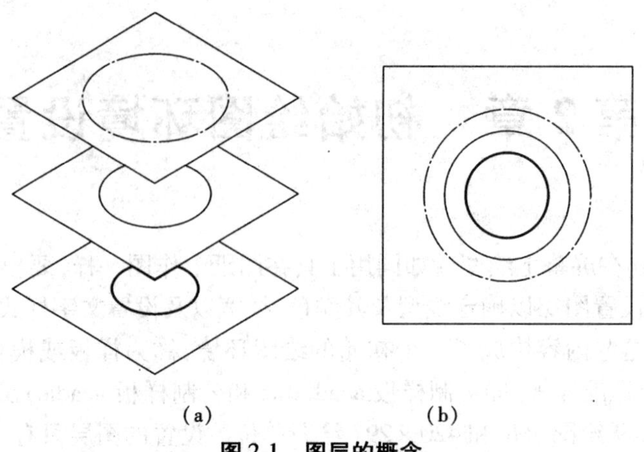

图 2-1　图层的概念

(a)理想图层;(b)实际图形

AutoCAD 颜色索引(ACI)用颜色名或颜色号表示,颜色号用 0 到 255 之间的整数表示。0 到 7 号颜色为标准颜色,每个颜色还有一个名字,它们是:

0——black(黑)　　1——red(红)　　2——yellow(黄)　　3——green(绿)

4——cyan(青)　　5——blue(蓝)　　6——magenta(洋红)　7——white(白)

其余颜色只有颜色号。另外还有两种逻辑色 ByLayer(随层)和 ByBlock(随块)。ByLayer(随层)是指对象的颜色为其创建时所在图层的颜色。ByBlock(随块)是指对象的颜色为 7 号颜色(白色或黑色,取决于背景色)。如果将具有 ByBlock(随块)颜色的对象组成图块并插入图形中,那么这些对象将继承当前颜色设置。下面将要说明的线型和线宽也有 ByLayer(随层)和 ByBlock(随块)的种类,其含义与颜色的 ByLayer(随层)和 ByBlock(随块)类似。一般都使用 ByLayer(随层),ByBlock(随块)只在创建图块时使用。

0 号颜色一般用于背景色,而不用于对象颜色。7 号颜色虽然是白色,但当它赋予对象时将显示为黑色。

(3)线型

每一个层上设置一种线型。每种线型都有自己的名称。除 Continuous(实线)以外,AutoCAD 提供的线型都存放在线型文件 acad. lin 和 acadiso. lin 中。acad. lin 中除 ISO 线型以外的线型用于英制测量单位,acadiso. lin 中全部线型和 acad. lin 中的 ISO 线型则用于公制测量单位。可在机械工程图样上使用的线型如下。

ACAD ISO02W100(虚线)　　Dashed(虚线)　　Continuous(实线)

用于旧标准的线型如下。

ACAD_ISO08W100(点画线)　　Center(点画线)

ACAD ISO09W100(双点画线)　　Phantom(双点画线)

用于新标准的线型如下。

ACAD ISO04W100(点画线)　　Dashdot(点画线)

ACAD ISO05W100(双点画线)　　Divide(双点画线)

各种线型无粗细之分。如要区分线型的粗细,请使用下述“线宽”特性设置。

(4)线宽

图线的宽度一般设置为标准值或任意值。线宽的单位可以为毫米或英寸。每个图层上线宽的默认值是“默认”,默认值为0.25毫米或0.01英寸。设置的线宽在屏幕上显示是不准确的,小于或等于默认值的线宽仍以最细(一个像素单位)的线显示。可以调整显示线宽的比例,也可以不显示线宽。线宽可以被打印出来。线宽的这些特性可以通过LWEIGHT(线宽)命令下的“线宽设置”对话框进行设置。是否显示线宽还可以通过选择状态栏中的“线宽”按钮来实现。线宽的显示在模型空间和图纸空间布局中是不同的。在模型空间中,按像素显示线宽。而在图纸空间布局中,以实际打印宽度显示线宽。

(5)状态

图层有下列状态。

1)打开( ) 打开图层上的对象可见。

2)关闭( ) 关闭图层上的对象不可见,且不能打印。关闭的图层必须经打开操作。

3)冻结( ) 被冻结图层上的对象不可见,也不能打印,且不随ZOOM(缩放)等命令的操作而变化。

4)解冻( ) 使冻结的图层解冻,且对冻结期间所执行的ZOOM(缩放)等命令操作进行重新生成计算,使解冻的对象与未被冻结的对象一致。

5)锁定( ) 锁定图层的对象不能修改,但可添加对象。

6)解锁( ) 给锁定图层解锁。

(6)当前层

在“图层”工具栏中显示的图层名称是当前层。由各种绘图命令所建立的对象均被绘制在当前层上,即以该层的线型和颜色显示。

(7)初始层

由AutoCAD定义的0层称为初始层。在绘图区域的初始状态中,0层为当前层。0层上的线型是Continuous,颜色为白色,线宽是“默认”。0层的初始状态为“打开”、“解冻”、“解锁”。不改变0层的名称、线型和颜色。

2.1.2 LAYER(图层)命令

LAYER(图层)命令使用“图层特性管理器”(图2-2)对话框显示图层,创建新层,删除图层,设置当前层,改变图层的名称、颜色、线型、线宽和状态等特性,保存和恢复图层的状态及特性,控制在列表中显示哪些图层,还可同时对多个图层进行修改等。

1.命令输入方式

键盘输入:LAYER或LA

功能区:“常用”选项卡→“图层”面板→

2.对话框说明

下面仅对常用的一些选项作说明。

(1)“新建图层(Alt+N)”( )按钮

该按钮用于创建新层。单击一次,在图层列表视图中增加一个名为“图层1”的新层(图2-3),同时可以立即对它重新命名。新层上的状态、颜色、线型和线宽继承选定层上的状态、

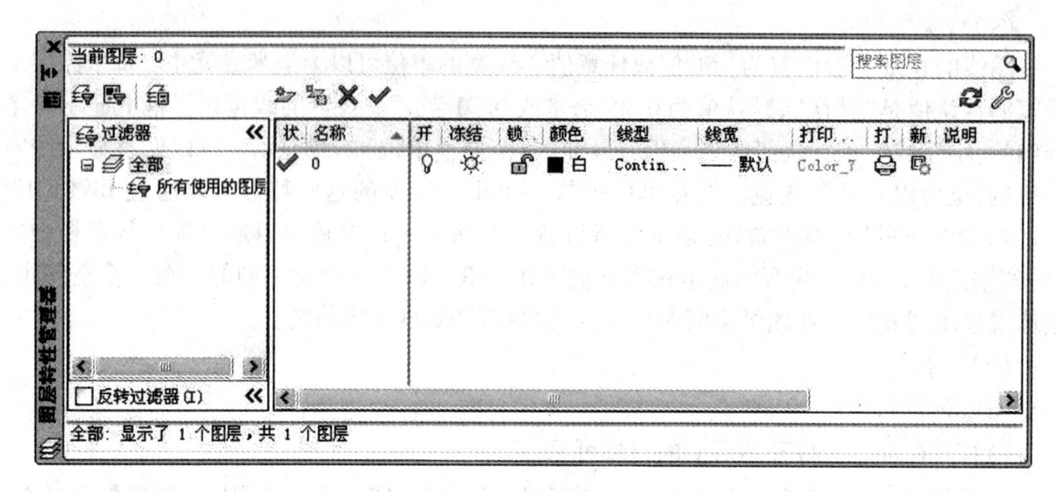

图 2-2 “图层特性管理器”对话框

颜色、线型和线宽。如未选定层,则新层上的这些特性继承 0 层上的特性。

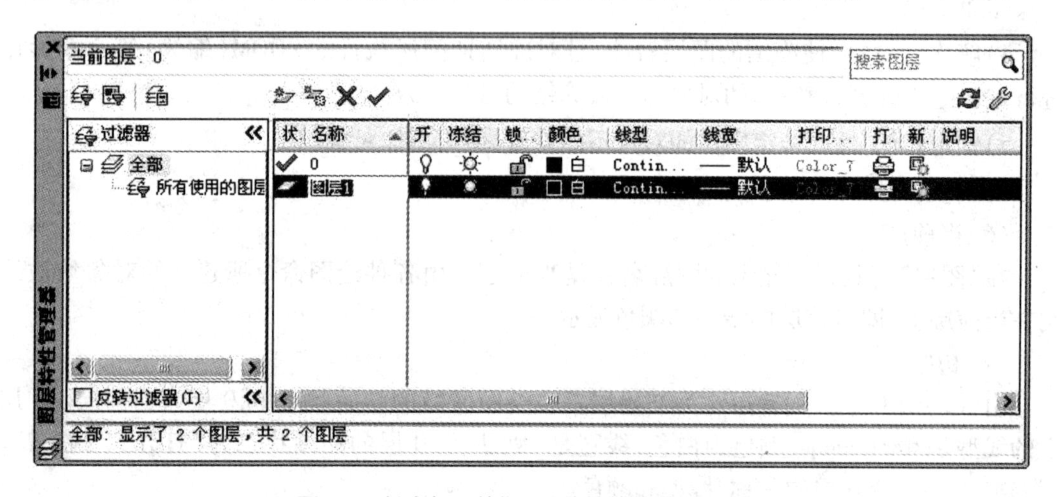

图 2-3 创建新层的“图层特性管理器”对话框

(2)“删除图层(Alt + D)”(☒)按钮

该按钮用于删除标记图层列表视图中所选定的层。没有任何对象的非当前图层才能被删除。图层 0 和 DEFPOINTS、包含对象(包括块定义中的对象)的图层、当前图层和依赖外部参照的图层都不能被删除。

(3)“置为当前(Alt + C)”(☑)按钮

选用该按钮使图层列表视图中所选定的层为当前层。当前层名称显示在“图层特性管理器”最上面的“当前图层:”栏中。在图层列表视图中,当前层名称的左方有当前层标记(☑)。在绘图区域绘制的对象都放置在当前层上,并继承当前层的所有特性。

(4)图层列表视图

该窗格位于“图层特性管理器”的中间。图层列表视图中显示图层的“状”(状态,指明图层的状态是当前层、使用的图层、空图层等)、“名称”、“开”(打开或关闭)、“冻结”(在所有视口冻结或解冻)、“锁定”(锁定或解锁)、“颜色”、“线型”、“线宽”、“打印...”(打印样式)、"打."(打印或不可打印)、"新."(新视口冻结)、"说明"。要改变某图层的某一特性,移动光标到该层的某特性上,单击左键即可。如果单击右键将显示快捷菜单,可以快速设置当前层、创建新层、重命名图层、删除图层、选择全部图层或清除全部选择、是否显示过滤器树等。用户在未创建新层之前,只显示一个初始图层——0 层。

(5)状态行

状态行显示相应的状态内容,如图 2-2 和图 2-3 所示。

2.1.3 创建新层

1. 建新层和修改名称

在"图层特性管理器"中,单击"新建图层(Alt + N)"()按钮,在图层列表视图中增加一个名为"图层 1"的新层(图 2-3)。名称是加亮显示的,且有文字光标在其上闪烁,外围有矩形框,表明该名称可即时修改。名称"图层 1"也可先不改,再单击"新建图层(Alt + N)"()按钮,又增加一个名为"图层 2"的新层。如此连续操作,可增加多个新层。然后再对每一层修改名称、颜色、线型和线宽。要修改图层列表视图中的某一个名称,双击其名称即可修改。

2. 修改图层的颜色、线型和线宽

(1)修改图层的颜色

在图层列表视图中修改某图层颜色时,单击要修改图层的颜色块和名,显示图 2-4 所示"选择颜色"对话框。点取对话框中的某一种颜色,再单击"确定"按钮,对话框关闭,颜色修改成功,仍显示前一个对话框。

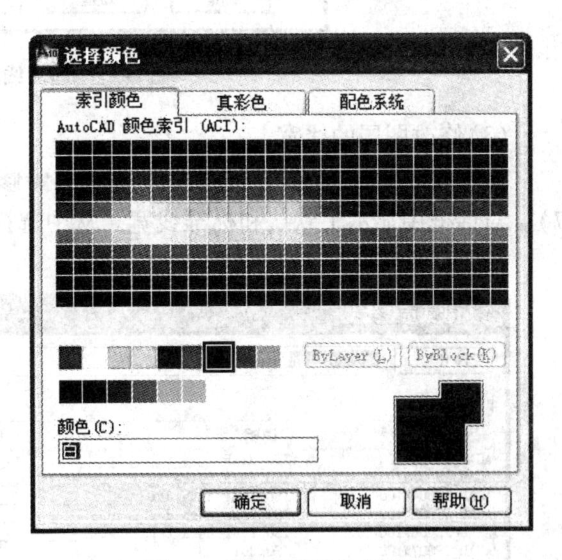

图 2-4 "选择颜色"对话框

在"选择颜色"对话框中,有"索引颜色"、"真彩色"、"配色系统"3 个选项卡。这里仅说明"索引颜色"选项卡。在"索引颜色"选项卡里有 255 种颜色可供选择。第一部分显示 10 到 249 号颜色。第二部分显示 1 到 9 号颜色,前 7 种为标准颜色。第三部分显示逻辑色 ByLayer(随层)和 ByBlock(随块)。第四部分显示不同深浅的灰度,颜色号从 250 到 255。对话框下部"颜色(C)"输入框中可显示或键入颜色号或颜色名。

(2)修改图层的线型

要修改线型时,在图层列表视图中单击要改图层的线型名,显示图 2-5 所示"选择线型"对话框。对话框中的"已加载的线型"列表框中显示了默认的和已装入线型的"线型"、"外观"和"说明"。其中 Continuous(实线)是默认线型。点取线型列表框中的一种线型,再单击"确定"按钮,线型便设置完成。如线型列表框中未列出这种线型,就要用"加载(L)..."按钮从线型文件中装入该线型到线型列表框中。加载线型的方法如下。

在“选择线型”对话框中单击“加载(L)...”按钮,将弹出“加载或重载线型”对话框(图2-6)。该对话框中的“文件(F)...”按钮用于选择线型文件,输入框中显示当前线型文件名。如果当初选用公制样板文件,则显示公制线型文件 acadiso. lin;如果当初选用英制样板文件,则显示英制线型文件 acad. lin。单击“文件(F)...”按钮,弹出与普通选择文件对话框相似的“选择线型文件”对话框,其中有两个线型文件 acad. lin 和 acadiso. lin 供用户选择。在“加载或重载线型”对话框的“可用线型”列表视图中,按字母顺序列出“线型”及“说明”。前 14 种是 ISO 线型。点取所要装入的一种或几种线型后,再单击“确定”按钮,线型即被装入并显示在“选择线型”对话框中。

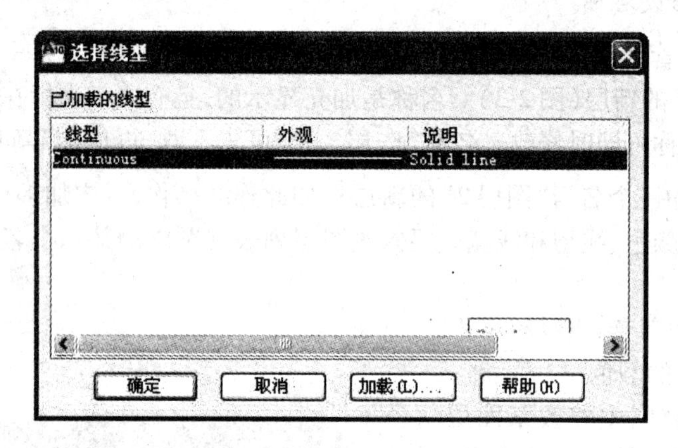

图 2-5 “选择线型”对话框

(3)修改图层的线宽

要修改线宽时,在图层列表视图中单击要修改图层的线宽,显示“线宽”对话框(图2-7)。对话框中显示了默认和标准线宽。从中选择一种,再单击“确定”按钮,线宽设置完成。

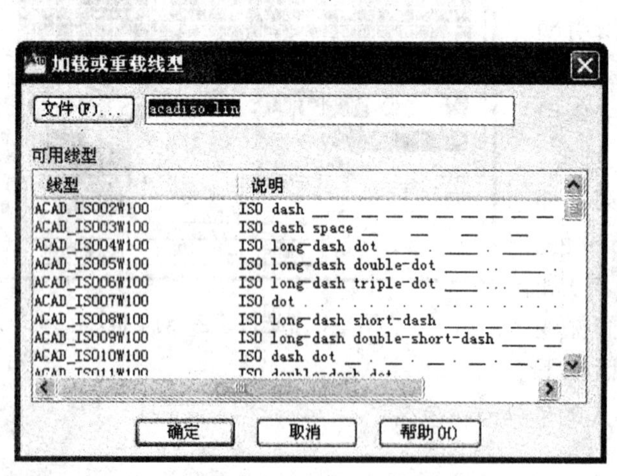

图 2-6 “加载或重载线型”对话框

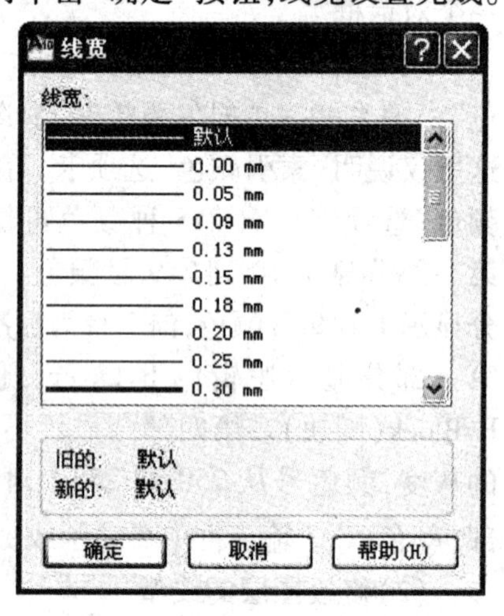

图 2-7 “线宽”对话框

3. 设置当前层

绘制对象应该按图层进行。要在哪一层上作图,应先将该层设置为当前层。设置当前层可以在“图层特性管理器”中进行。在图层列表视图中先单击图层名称,再单击“置为当前(Alt+C)”(☑)按钮即可。

另一种设置当前层的操作更方便，即在“常用”选项卡的“图层”面板的图层控件（图2-8）中进行。单击控件后再点取某一图层名称即可。

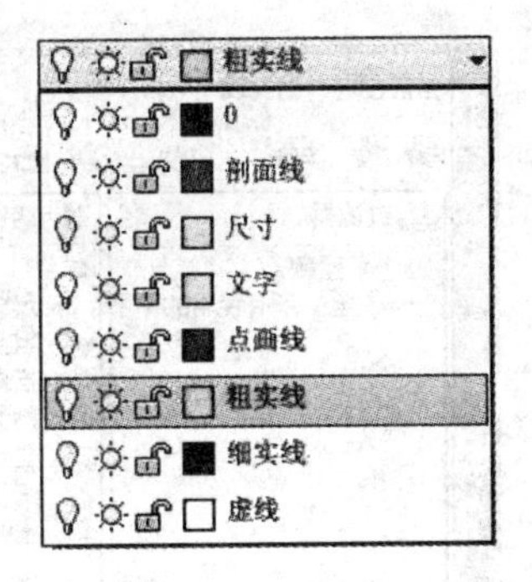

图2-8　图层控件

4. 设置线型比例因子

线型文件 acad. lin 中的 ISO 线型和 acadiso. lin 中的全部线型都是以公制图形单位来设置线型中长、短画及间隔的大小，而 acad. lin 中除 ISO 线型以外的线型则是以英制图形单位设置的。但所有线型中长、短画及间隔的大小与我国标准要求都不同，需要对它们进行放大或缩小处理，才能与我国标准接近。如使用英制图形单位的线型，线型比例因子应为8～10之间的某一整数。如使用公制图形单位的线型，线型比例因子应为0.25～0.5。修改线型比例的操作在显示细节的“线型管理器”对话框（图2-9）右下部的“全局比例因子(G)”输入框中进行（见2.1.4节）。单击功能区的“常用”选项卡→“特性”面板→  ByLayer →“其他…”即可打开“线型管理器”对话框。

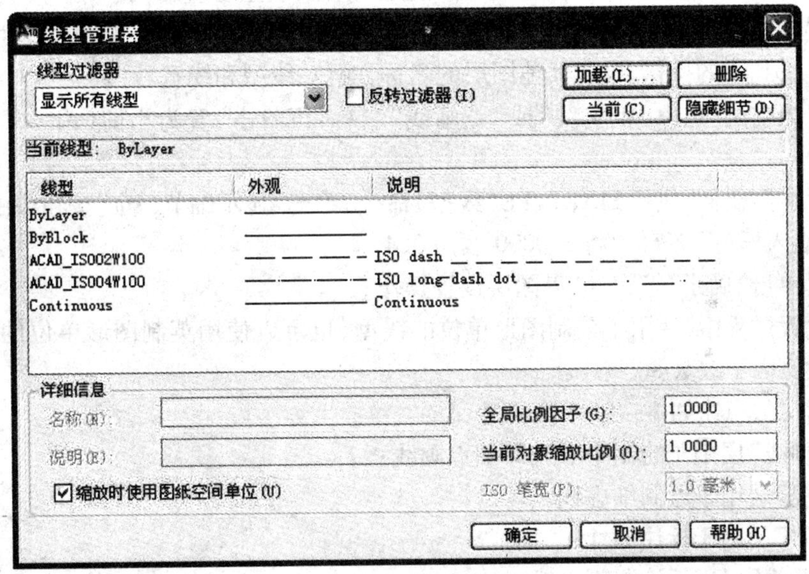

图2-9　显示细节的“线型管理器”对话框

5. 图层设置举例

本书中举例使用的图层如图2-10所示。设置这些图层的操作如下。

①执行 LAYER（图层）命令，显示“图层特性管理器”。

②创建新层并改名称：单击“新建图层（Alt + N）”（ ）按钮，建立一个新层，从键盘键入点画线后按【Enter】键，名称改为点画线。

③设置颜色：单击点画线层上的颜色块，显示“选择颜色”对话框，然后点取红色，再单击“确定”按钮，颜色设置结束。

④设置线型：单击点画线层上的 Continuous 线型，显示“选择线型”对话框。如对话框中没有需要的线型，则单击“加载(L)...”按钮，显示“加载或重载线型”对话框。在该对话框

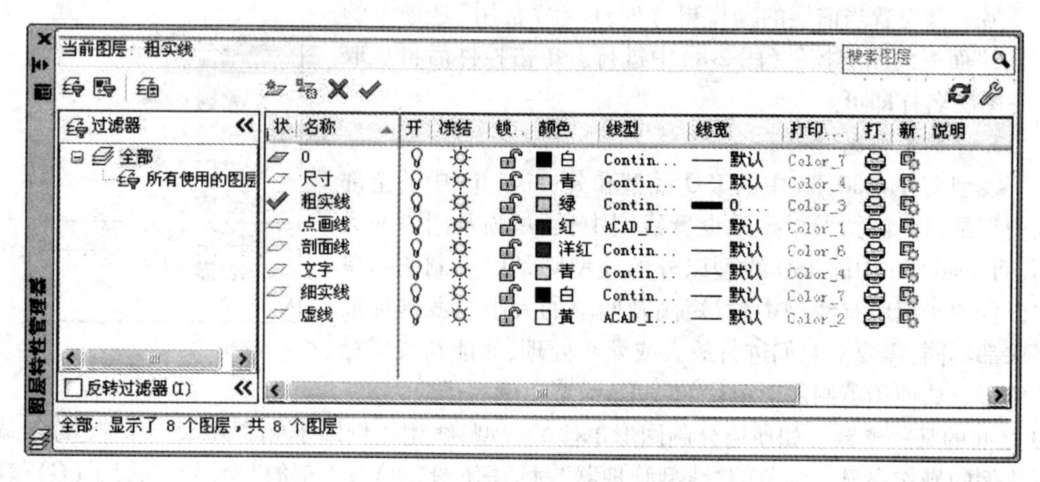

图 2-10　本书中举例使用的图层

中点取 ACAD_ISO04W100 线型，然后单击“确定”按钮，将该线型装入到“选择线型”对话框中。再点取 ACAD_ISO04W100 线型，单击“确定”按钮，线型设置结束。

⑤设置线宽：只有“粗实线”层上的线宽需要设置为 0.5，其他层上的线宽均用默认值。

⑥重复②到④的操作，设置其他图层的名称、颜色、线型和线宽。

⑦设置当前层：点取“粗实线”或“点画线”名称，再单击“置为当前（Alt + C）”（☑）按钮。

⑧设置线型比例：执行 LINETYPE（线型）命令，单击“显示细节（D）”按钮，在“全局比例因子（G）”输入框（图 2-9）中将 1.0000 改为 0.4。

⑨最后单击“确定”按钮，结束图层设置操作。

上述设置过程中，使用了公制图形单位的线型，也可以使用英制图形单位的线型，不过要将线型比例因子改为 8。

上述图层的用途如下：

①“点画线”层用于绘制中心线即细点画线；

②“虚线”层用于绘制细虚线；

③“尺寸”层用于标注尺寸；

④“剖面线”层用于绘制剖面线；

⑤“粗实线”层用于绘制轮廓线即粗实线；

⑥“细实线”层用于绘制除尺寸、剖面线以外的其他细实线；

⑦“文字”层用于书写除尺寸数字以外的其他文字。

2.1.4　LINETYPE（线型）命令

LINETYPE（线型）命令使用“线型管理器”对话框（图 2-11）列出已加载的线型、设置当前线型、加载其他线型和修改线型比例等。

1. 命令输入方式

键盘输入：LINETYPE 或 LT 或 LTYPE

功能区：“常用”选项卡→“特性”面板→☰ [———ByLayer ▾]→“其他…”

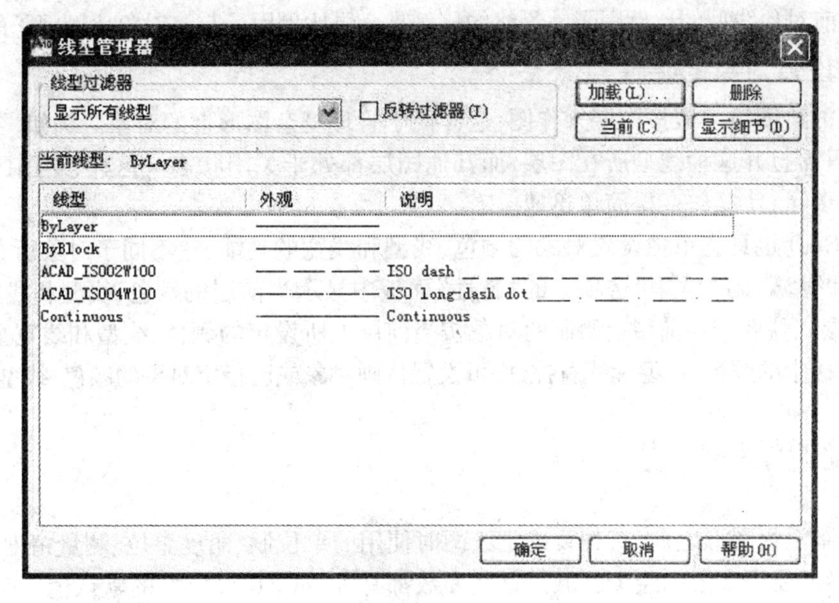

图 2-11 “线型管理器”对话框

2. 对话框说明

(1)“线型过滤器”区

该区可确定在线型列表中显示哪些线型。控件中的“显示所有线型”项为显示当前图中所有默认的和已装入的线型。“反向过滤器(I)”复选框确定是否根据与选定的过滤规则相反的规则显示线型。

(2)线型列表框

列表框中显示了默认的和已装入线型的“线型”、“外观”和“说明”。其中 ByLayer(随层)、ByBlock(随块)和 Continuous(实线)三种线型是默认的,其他线型是由用户从线型文件中装入的。

(3)“当前(C)”按钮

选择该按钮使线型列表框中选定的线型为当前线型。默认的当前线型是 ByLayer(随层),它表示随图层上所设置的线型来显示该图层上的对象。若当前线型是其他线型,那么在当前层上建立的对象按当前线型显示,而与当前层的线型就不一致了。

(4)“加载(L)...”按钮

选择该按钮可使用户从线型文件中装入需要的线型。该按钮与 2.1.3 节中修改线型时所用到的“加载(L)...”按钮(图 2-5)完全相同,不再重述。

(5)“删除”按钮

该按钮用于删除指定的线型。没有对象使用的线型才能被删除。

(6)“显示细节(D)”按钮

单击该按钮将弹出图 2-9 所示的显示细节的“线型管理器”对话框,“显示细节(D)”按钮变成“隐藏细节(D)”按钮。再单击该按钮,则取消其细节部分。细节部分左边显示指定线型的“名称(N)”和“说明(E)”。右边的“全局比例因子(G)”文本框显示所有线型的全局比例因子,用于对线型的长画、短画及间隔的放大与缩小。“当前对象缩放比例(O)”文本框显示当前对象线型的比例因子。最终的比例是全局比例因子与该对象比例因子的乘积。

2.1.5 设置对象的特性

熟练的绘图员一般按图层来作图，这样便于管理复杂图形上的对象。例如，要修改某一种线型，只需打开这种线型所在图层，而其他图层都处于关闭状态。这样，绘图区域内的图形就简单多了，使操作变得简单迅速。

AutoCAD 也具有单独设置对象的颜色、线型和线宽的功能，它不同于对象所在层上的颜色、线型和线宽。在“常用”选项卡的“特性”面板中显示当前层的颜色、线型和线宽都是 ByLayer(随层)，说明在当前层上绘制的对象按当前层上所设定的颜色、线型和线宽显示。利用“特性”面板中的颜色、线型和线宽控件，可设置待画对象或已指定对象的颜色、线型和线宽。

2.2 设置绘图环境

在绘制一幅图形之前，首先要确定绘图时使用的单位制、角度单位、测量精度、测量角度的方向，以及要用多大的绘图区域。这些参数都有 AutoCAD 设定好的默认值。默认的单位制是十进制，精度为保留 4 位小数；角度单位为十进制，精度为整数。绘图区域有两种，一种是公制 420×297，另一种是英制 12×9，它们都保存在标准样板 Acadiso. dwt 和 Acad. dwt 文件中。除绘图区域需要随所绘图形大小实时改变外，其他参数一般不变。改变这些参数可以用本节介绍的命令。此外，本节中还要介绍如何在绘图区域内显示图形。

2.2.1 UNITS(单位)命令

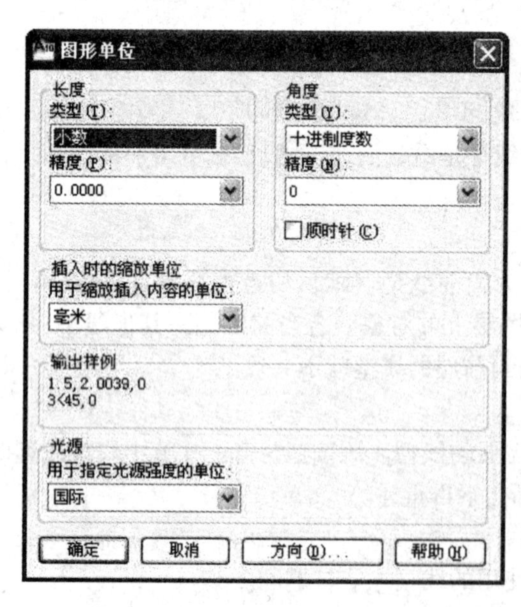

图 2-12 “图形单位”对话框

UNITS(单位)命令使用“图形单位”对话框(图 2-12)设置单位类型、角度单位、测量精度和测量角度方向。

1. 命令输入方式

键盘输入：UNITS 或 UN

2. 对话框说明

(1)“长度”区

在该区指定测量的当前单位及当前单位的精度。

1)“类型(T)”控件　在控件中选定测量单位的当前格式。控件中包括下列单位格式：

①分数，即分数制，以 0 1/16 方式显示；

②工程，即工程单位，以 0′-0.0000″方式显示；

③建筑，即建筑单位，以 0′-0 1/16″方式显示；

④科学，即科学记数法，以 0.0000E+01 方式显示；

⑤小数，即十进制小数，以 0.0000 方式显示，这是默认单位类型。

2)“精度(P)”控件　设置当前单位格式的小数位数。用其控件来选择测量精度。在上面选择某一种单位类型,这里就显示这种单位类型的默认测量精度。

(2)“角度”区

指定当前角度的格式和精度。

1)“类型(Y)”控件　在控件中选定测量角度的当前格式。控件中包括下列格式:

①百分度,以0.00g方式显示;

②度/分/秒,以0d00′00″方式显示;

③弧度,以0.00r方式显示;

④勘测单位,以N0d00′00″E方式显示;

⑤十进制数,以0.00方式显示,这是默认角度单位。

2)“精度(N)”控件　指定当前角度单位精度,用其控件选择测量角度的精度。在前面选择某一角度单位,这里就显示这一单位下的默认精度。

3)“顺时针(C)”复选框　复选框关闭(默认)时,按逆时针方向测量角度为正角度;复选框打开时,按顺时针方向测量角度为正角度。

(3)“插入比例”区

在该区使用“用于缩放插入内容的单位”控件设置插入到当前图形中的图块或图形时使用的测量单位。插入比例是源块或图形使用的单位与目标图形使用的单位之比。如果块或图形创建时使用的单位与该选项指定的单位不同,则在插入这些块或图形时,将对其按比例缩放。

(4)“输出样例”区

显示当前单位和角度设置下的样例。

(5)“光源”区

在该区设置当前图形中控制光源强度的测量单位。在“用于指定光源强度的单位”控件中选择一种单位(国际、美国或常规)。

(6)“方向(D)...”按钮

单击该按钮将弹出“方向控制”对话框,在对话框中设置角度测量的起始位置,默认状态是水平向右为角度测量的起始位置,即0°。

2.2.2 LIMITS(图形界限)命令

LIMITS(图形界限)命令用于确定绘图区域大小,即所用图纸大小。绘图窗口内显示范围不等于绘图区域,可能比绘图区域大,也可能比绘图区域小。图形界限是用左下角点和右上角点来限定的矩形区域。一般左下角点总设在世界坐标系(WCS)的原点(0,0)处,右上角点则用图纸的长和宽作为点坐标。图形界限也控制栅格点的显示范围。LIMITS(图形界限)命令还控制边界检查功能。打开此功能时,超出界限的点坐标将被拒绝接受。默认状态下,该功能关闭。

使用LIMITS(图形界限)命令改变了绘图区域的大小,但绘图窗口内显示的范围并不改变,仍保持原来的显示状态。若要使改变后的绘图区域充满绘图窗口,必须使用ZOOM(缩放)命令来操作。

1. 命令输入方式

键盘输入:LIMITS

2. 命令使用举例

例　设置图形界限为 A2 图幅(594 ×420)。

命令:LIMITS↙

重新设置模型空间界限:

指定左下角点或[开(ON)/关(OFF)] <0.0000,0.0000 >:↙　　　* 左下角点用默认值

指定右上角点 <420.0000,297.0000 >:594,420↙　　　* 输入右上角点坐标

2.2.3　ZOOM(缩放)命令

ZOOM(缩放)命令用于在绘图区域内显示所绘制图形的全部或局部。使用滚轮鼠标也可在不执行 ZOOM(缩放)命令的情况下随时转动滚轮作缩放图形的操作。

1. 命令输入方式

键盘输入:ZOOM 或 Z

应用程序状态栏:

功能区:"视图"选项卡→"导航"面板→ 范围 →图 2-13 所示的命令按钮

快捷菜单:没有选定对象时,在绘图区单击右键,选择"缩放(Z)"选项进行实时缩放。图形以光标点为中心向周围缩放。

范围
窗口
上一个
实时
全部
动态
缩放
中心
对象
放大
缩小

图 2-13　ZOOM(缩放)命令按钮

2. 命令提示及选择项说明

指定窗口的角点,输入比例因子(nX 或 nXP),或者[全部(A)/中心(C)/动态(D)/范围(E)/上一个(P)/比例(S)/窗口(W)/对象(O)] <实时>:　输入一点或一个数或选择项,或者按【Enter】键使用默认项。如指定,一点则为窗口的一个角点,然后提示"指定对角点:",再指定另一点则确定窗口大小,将窗口内的图形缩放为充满绘图区域。如输入一个数则为图形界限的缩放倍数;如数后加 X 则表示相对于当前显示图形的缩放倍数;如数后加 XP 则表示相对于图纸空间的缩放倍数。

1)全部(A)　全部缩放,命令按钮为 全部 。将绘制的全部图形显示在绘图区域内,一般按设定的图形界限显示。若图形已超过图形界限,则按超出的范围显示。例如,图 2-14 所示是打开的 AutoCAD 例图 attrib.dwg,它位于 AutoCAD 2010 的\Sample\ActiveX\ExtAttr\文件夹下。图 2-15 所示是经过全部缩放操作的图形。由于图形范围大于图形界限,所以按设定的图形范围显示。

2)中心(C)　中心缩放,命令按钮为 中心 。按指定点为绘图区域中心输入一个数加 X 为缩放倍数或指定高度来缩放图形。指定高度比窗口内显示高度大时缩小图形;指定高度比窗口内显示高度小时放大图形。图 2-16 所示是以左下方一点为中心、高度为 10 作中心缩放后的图形。

3)动态(D)　动态缩放,命令按钮为 动态 。进入这种方式后,显示动态缩放的选择状态(图 2-17)。图中大虚线框(屏幕显示为蓝色)表示图形界限大小,小虚线框(屏幕显示为绿色)是上一次缩放的区域。另一个可随鼠标移动的小实线框(屏幕显示为白色或黑色,视

背景色而定)是一个视图框,内有叉号(图 2-17 左上方)。视图框的初始大小是上一次缩放区域大小,可以改变视图框的大小和位置,确定要缩放的区域。单击左键,视图框内的叉号改为指向右边框的箭头(图 2-18),移动鼠标即可改变视图框大小。再单击左键,固定视图框大小,视图框内的箭头又改为叉号。移动视图框到要缩放的位置,例如图 2-18 中图形左下方。单击右键或按【Enter】键,视图框内的图形充满绘图区域,如图 2-19 所示。

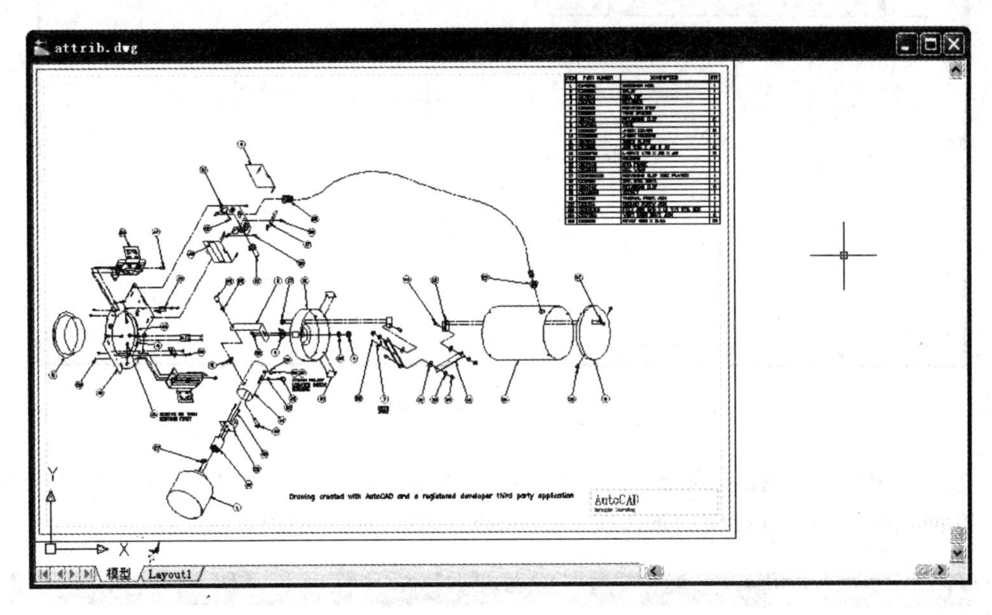

图 2-14　AutoCAD 例图

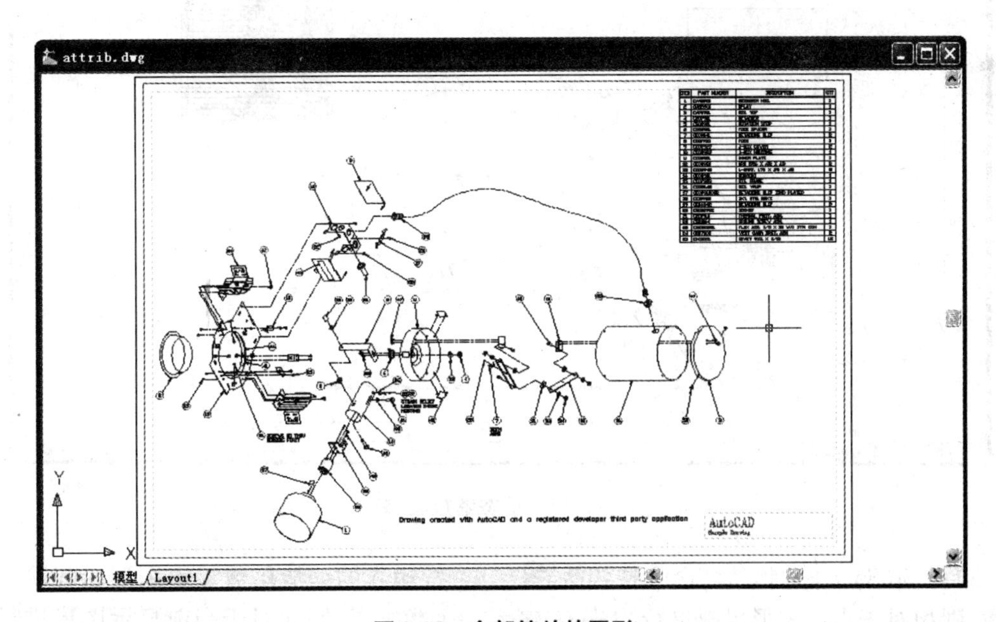

图 2-15　全部缩放的图形

4)范围(E)　最大缩放,命令按钮为。将图形所占有的区域充满绘图区域,不考虑图形界限,如图 2-20 所示。

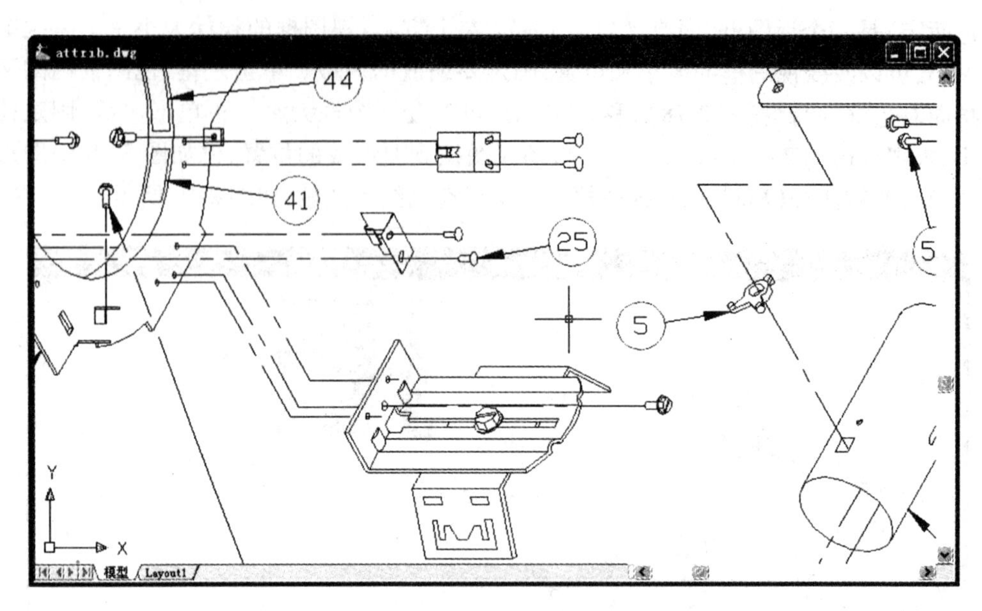

图 2-16　中心缩放的图形

上一个(P)　命令按钮为[上一个]。恢复前一幅显示的图形。例如,使用该选择项可使图 2-20 回到图 2-19。连续使用该选项,最多可恢复显示前 10 幅图形。

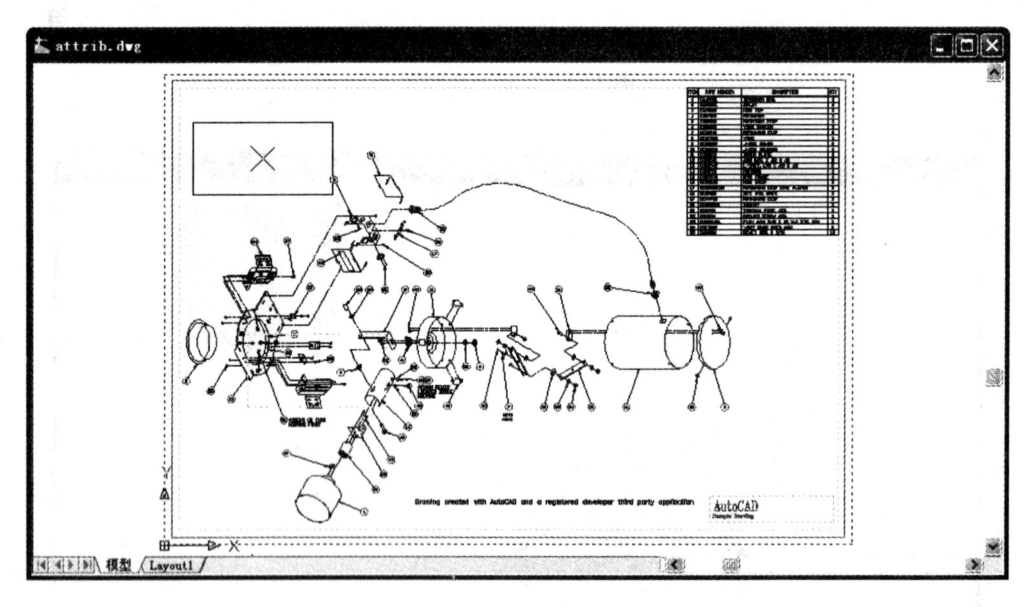

图 2-17　动态缩放状态

5)比例(S)　比例缩放,命令按钮为[缩放]。按输入的缩放倍数显示图形。若输入一个数,则相对于当前图形界限进行缩放;若输入一个数加 X,则相对于当前显示图形进行缩放;若输入一个数加 XP,则相对于图纸空间进行缩放。该项也是默认选项,可以在执行 ZOOM(缩放)命令后立即输入缩放倍数,也可选择该项后再输入。

6)窗口(W)　窗口缩放,命令按钮为[窗口]。用输入一矩形窗口的两个对角点确定要

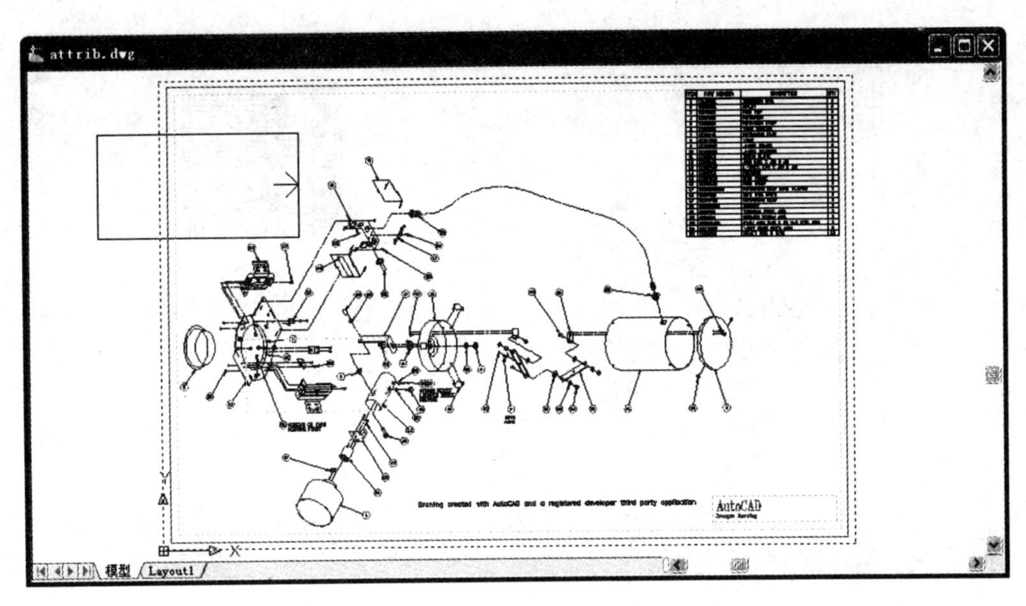

图 2-18　改变窗口大小

显示的范围。窗口内的图形被缩放，并充满绘图区域。该选择项也是默认项，可以直接点取一点，移动光标即显示一矩形窗口，再点取另一点确定窗口大小。

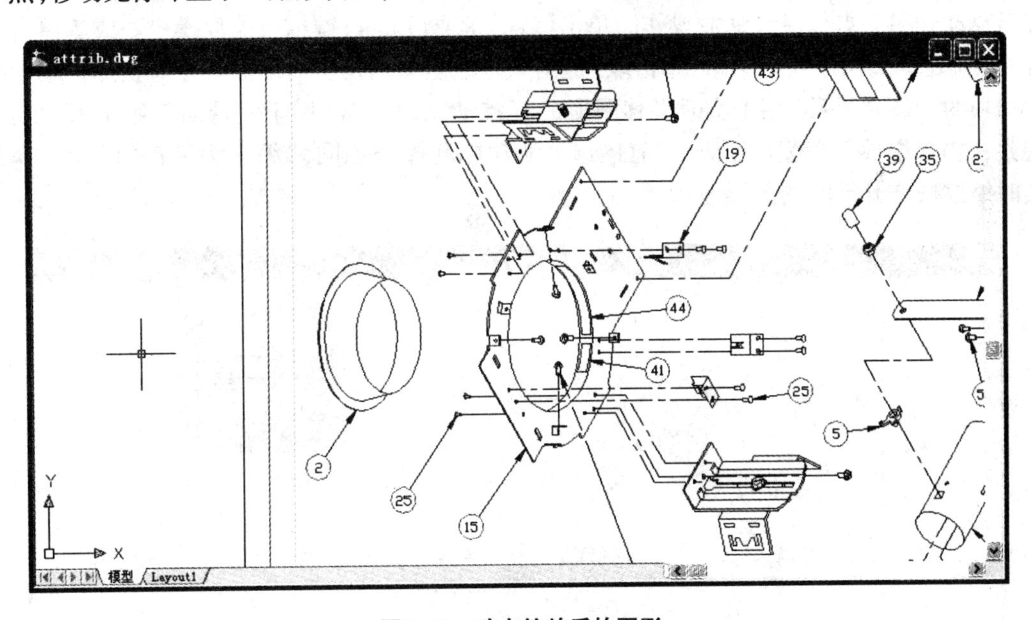

图 2-19　动态缩放后的图形

7) 对象(O)　缩放指定对象，命令按钮为对象。可以指定一个或多个对象，将其尽可能大地显示在绘图区域的中心。

8) <实时>　实时缩放或连续缩放，命令按钮为实时。这是默认选项。选择该项后，绘图区域内显示一个放大镜似的光标(图 2-21)。按住左键不放，向上移动光标，图形逐渐变大；向下移动光标，图形逐渐变小。这种缩放操作保持绘图区域中心点不动。如使用带滚

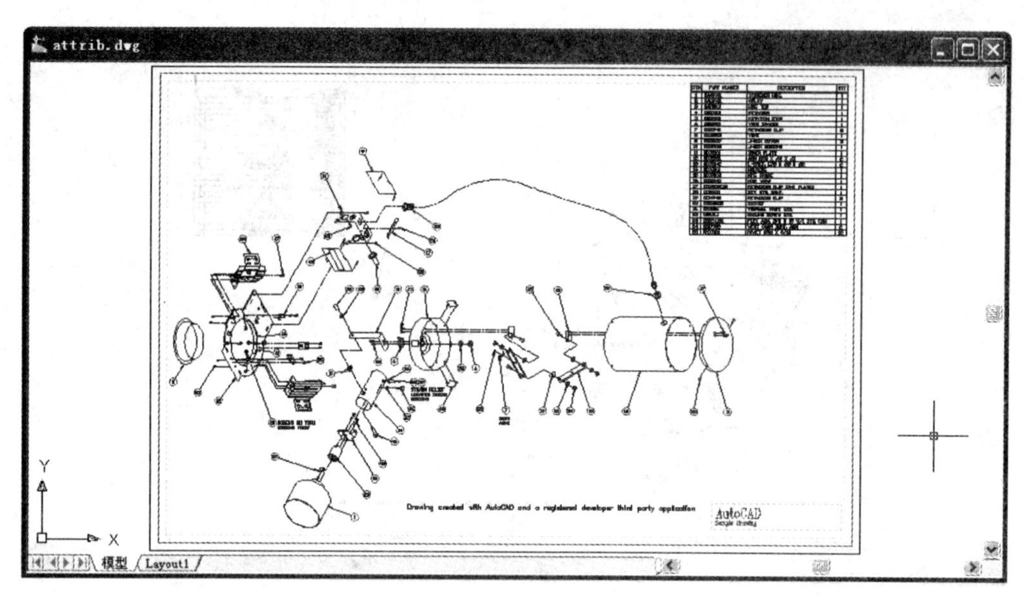

图 2-20　最大显示图形

轮的鼠标,向前转动滚轮时以光标点为准图形逐渐变大,向后转动滚轮时以光标点为准图形逐渐变小。当缩放达到极限时,光标上的“ - ”或“ + ”消失,表示不能再进行缩放。释放鼠标后移动到另一点可继续缩放操作。单击【Esc】键或【Enter】键结束缩放操作。或者单击右键,弹出图 2-22 所示快捷菜单,单击取“退出”选项,也可退出实时缩放操作。快捷菜单中其他选项的功能:“平移”用于实时平移图形;“三维动态观察器”用于实现对三维图形的动态观察;“窗口缩放”、“范围缩放”与前述选项的功能和操作相同;“缩放为原窗口”用于恢复实时缩放操作开始时的图形显示。

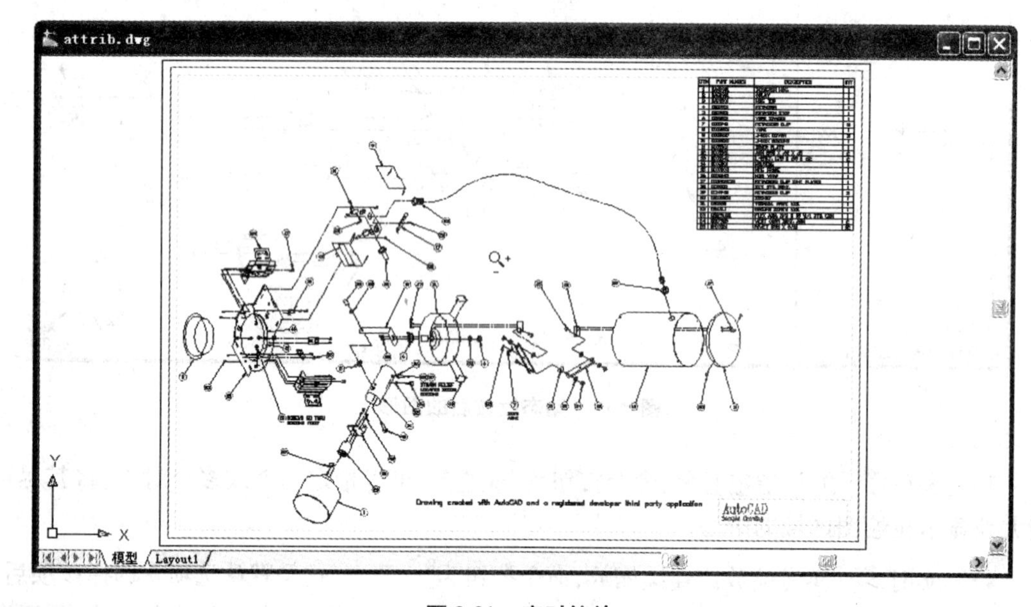

图 2-21　实时缩放

3. 其他选项

在图2-13所示的命令按钮中，还有[放大]与[缩小]两个按钮。放大按钮使图形放大一倍，与在“比例(S)”选择项下输入2X的效果相同。缩小按钮使图形缩小一半，与在“比例(S)”选择项下输入0.5X的效果相同。

2.2.4 PAN(平移)命令

PAN(平移)命令用于在绘图区域内随意平移所绘制的图形，就像用手在桌面上移动图纸一样。执行PAN(平移)命令后，在绘图区域内显示一个手形光标。按住左键拖动光标，图形随着光标向同一方向移动，释放左键平移停止。移动光标到另一位置，再按住左键拖动光标，可继续平移图形。使用滚轮鼠标也可在不执行PAN(平移)命令的情况下，随时按住滚轮来拖动图形。命令输入方式如下。

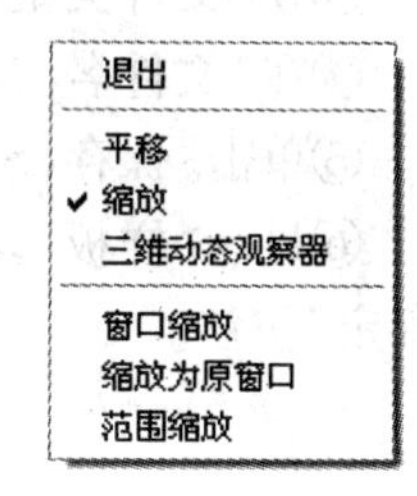

图2-22 实时缩放快捷菜单

键盘输入：PAN或P

应用程序状态栏：

功能区：“视图”选项卡→“导航”面板→[平移]

快捷菜单：没有选定对象时，在绘图区域单击右键选择“ 平移(A)“选项，进行实时平移。

2.3 创建用户样板

创建一个适当的初始绘图环境，可为今后完成频繁的绘图工作奠定基础，并带来方便。每当开始绘制一幅新图时，只要装入自己的样板，即创建了绘图环境，不再需要作重复的设置操作，这样可节省时间，加快绘图速度。通常存储在样板图形文件中的惯例和设置包括：单位类型和精度(一般使用默认值)；图形界限、图层、线型、颜色、线宽、文字样式、标注样式、表格样式、各种符号(均由用户根据需要设置)；标题栏、图框、边框和徽标(可以在绘图完成后添加)。关于文字样式、标注样式、表格样式、符号、标题栏、边框和徽标等将在以后逐步介绍。这里先介绍初始绘图环境的设置。

2.3.1 创建用户样板的步骤

创建用户样板的步骤如下。

如要创建A3图幅的样板，只需用ZOOM(缩放)命令中的“全部(A)”([全部])选项将图纸缩放到绘图窗口内。如设置其他图幅，需要使用LIMITS(图形界限)命令设置绘图界限(默认值为A3图幅)。改变绘图界限后，需用ZOOM(缩放)命令中的“全部(A)”([全部])选项将图纸缩放到绘图窗口内。

使用LAYER(图层)命令设置图层、线型、颜色、线宽及线型比例，这些可按自己的专业要求来设置。本书按2.1.3节中的“图层设置举例”进行设置。

2.3.2 保存用户样板

用SAVEAS(另存为)命令将样板保存在自己的文件夹下，图名由用户命名。本书所用样板图名为A3.dwt。样板必须始终保留着，其他图形文件不能与其同名，否则会丢失。

“.dwt”是样板文件类型。样板文件也可用“.dwg”为文件类型，但应注意与图形文件区分。

保存样板的操作步骤如下：

①执行 SAVEAS（另存为）命令，显示“图形另存为”对话框；

②在“保存于(I)”控件中，查找自己的文件夹名，并双击之；

③在“文件类型(T)”控件中，选取“AutoCAD 图形样板（*.dwt）”文件类型；

④在“文件名(N)”输入框中键入 A3；

⑤单击“保存(S)”按钮；

⑥显示“样板选项”对话框（图 2-24），可输入对样板的说明，也可用已有的说明，单击“确定”按钮。

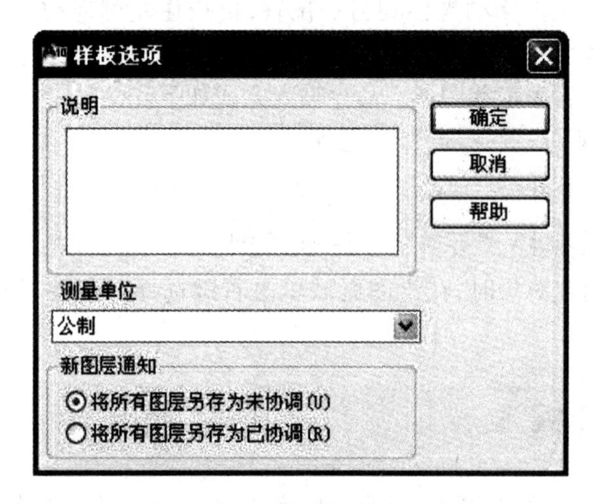

图 2-24 “样板选项”对话框

用户可以将自己常用的图幅设置为几个样板，用不同的图名存储，以后要使用哪种图幅就装入哪个样板。用户样板也可以用图形文件（*.dwg）来存储。

2.3.3 装入用户样板

装入样板用 NEW（新建）或 QNEW（快速新建）命令，在“选择样板”对话框中查找所在的文件夹和样板文件，再单击“打开(O)”按钮。

练习题

2.1 新建用户文件夹。

2.2 按 2.3 节中的说明创建用户样板并保存。

2.3 在各图层上画直线或圆，校核线型、颜色等设置是否正确。

2.4 练习如何装入样板。

2.5 打开 AutoCAD 的例图\AutoCAD2010\Sample\ActiveX\ExtAttr\Attrib.dwg 等。用 ZOOM（缩放）命令作各种缩放操作，观看图的细节。

2.6 将 1 ~2 个例图保存在用户文件夹下。

第3章　基本绘图方法

本章将系统地介绍基本绘图命令和基本图形编辑命令，并举例说明使用坐标点准确作图的方法。这种方法是学习 AutoCAD 的基础。本章实例中坐标点的输入使用系统默认的动态输入方式，并附有命令窗口显示序列。

3.1　基本绘图命令

3.1.1　LINE(直线)命令

LINE(直线)命令用于绘制一段或几段直线，或绘制任意多边形。在绘制直线过程中，还可以随时取消前一段或几段直线。

1. 命令输入方式

功能区："常用"选项卡→"绘图"面板→直线

键盘输入：LINE 或 L

2. 命令使用举例

例1　绘制图3-1所示的四边形。

【第一种操作方法】点坐标输入

单击：直线　　* 启动直线命令

输入：10,30　　* 输入绝对坐标

输入：20,0　　* 输入相对坐标

输入：0，-10　　* 输入相对坐标

输入：10 < 135　　* 输入点的极坐标

输入：U　　* 删除虚线段

输入：10 < 225　　* 输入点的极坐标

输入：C　　* 闭合四边形

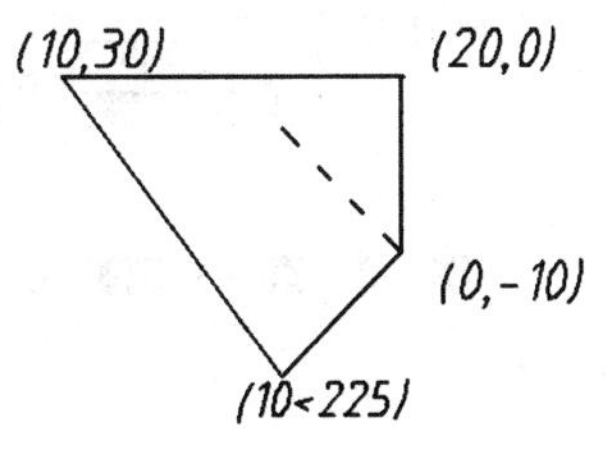

图3-1　画四边形

命令窗口显示如下。

命令：_line　指定第一点：10,30　　* 系统默认绝对坐标输入

指定下一点或[放弃(U)]：@20,0　　* 系统默认相对坐标输入

指定下一点或[放弃(U)]：@0，-10

指定下一点或[闭合(C)/放弃(U)]：@10 < 135　　* 相对极坐标输入

指定下一点或[闭合(C)/放弃(U)]：U　　* 删除虚线段

指定下一点或[闭合(C)/放弃(U)]：@10 < 225　　* 相对上一条竖直直线的夹角

指定下一点或[闭合(C)/放弃(U)]:C

当首次选定直线命令时,未给出任何位置信息。因此输入的第一点坐标是相对于左下角坐标原点的绝对坐标值。当第一点坐标确定后,再移动光标,会显示一条光标牵引着与前一点相连的“橡皮筋线”(也称极轴)。随着光标的移动,附近便会以极坐标的形式显示当前点相对于前一点的位移量和角度增量,并提示下一步的操作指令(动态输入功能)。因此,第二次输入的点坐标值默认为对应于上一点的相对坐标输入。观察屏幕下方的命令行提示可以看到:在输入的数值前增加了@符号,表示输入的是相对坐标。

其实,“橡皮筋线”即指示着直线的长短和走向。此时,如果调整直线到合适方向上可直接从键盘上输入长度,或按左键输入显示的长度,就能画出直线。这就是直接距离输入。

【第二种操作方法】直接距离输入法,如图 3-2 所示。

单击: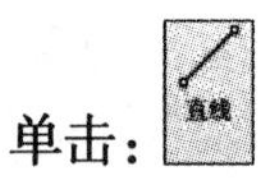

输入:10,30

向右拖动鼠标,当屏幕显示水平向右线段时输入:20

向下拖动鼠标,当屏幕显示垂直向下线段时输入:10

闭合图形:C

命令窗口显示如下。

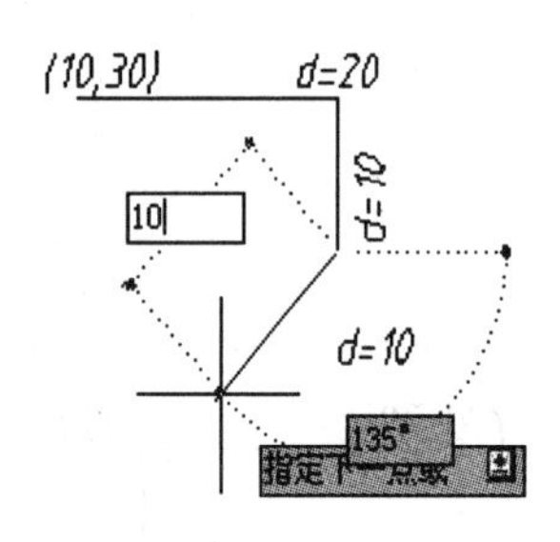

图 3-2　直接距离输入

命令:_line　指定第一点:10,30

指定下一点或[放弃(U)]:20

指定下一点或[放弃(U)]:10

指定下一点或[闭合(C)/放弃(U)]:10

指定下一点或[闭合(C)/放弃(U)]:C

光标点的角度显示以前一点的水平向右方向作为极轴的0°起始位置,数值显示为光标位置直线与极轴所夹角度,无正负之分,如图 3-2 中的 135°。光标位置确定后,注意鼠标要悬停住,直接从键盘输入长度数值,或按左键输入显示的长度。

例 2　绘制一段或几段直线。

单击: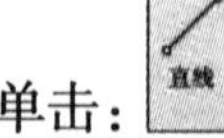

输入:(第一点)

输入:(第二点)

输入:(第三点,或按【Enter】键结束命令,只画一段线)

输入:(第四点,或按【Enter】键结束命令,只画二段线)

⋮

例 3　画直线与刚刚绘制的圆弧相切于弧的终点,如图 3-3 所示。

单击:

输入:

向右拖动鼠标，当屏幕显示水平向右线段时输入:10

输入:10,10

输入:

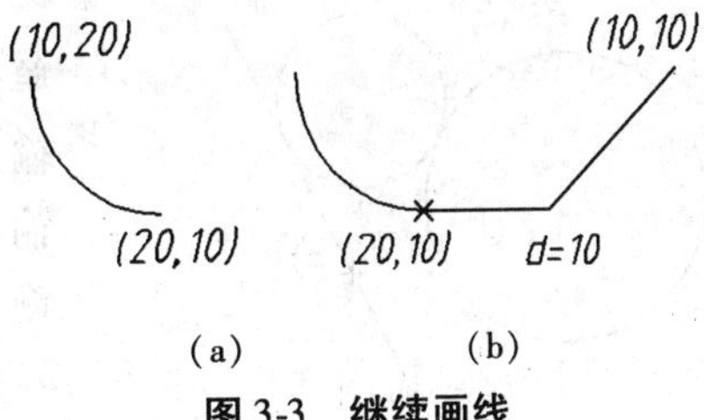

图 3-3　继续画线

(a)原图;(b)结果

3.1.2　CIRCLE(圆)命令

CIRCLE(圆)命令使用各种方法来绘制圆。这些方法是过三点或两点画圆，已知圆心、半径或直径画圆，画与两个或三个对象相切的公切圆等。

1. 命令输入方式

功能区:“常用”选项卡→“绘图”面板→

键盘输入:CIRCLE 或 C

2. 命令使用举例

例 1　已知圆心、半径画圆。

单击:　　* 确定画圆命令

输入:50,60　　* 圆心坐标

输入:20　　* 输入半径

命令窗口显示如下。

命令:_ circle　指定圆的圆心或[三点(3P)/两点(2P)/切点、切点、半径(T)]:50,60

指定圆的半径或[直径(D)]:20

例 2　已知圆心、直径画圆。

单击:　　* 确定画圆命令

输入:50,60　　* 圆心坐标

输入:D　　* 转换成直径输入模式

输入:25　　* 输入直径

例 3　已知三点画圆，如图 3-4 所示。

单击:　　* 确定画圆命令

输入:3P　　* 转换成三点画圆模式

输入:50,20　　* 指定圆上的第一点(绝对坐标)

输入:10,10　　* 指定圆上的第二点(相对坐标)

输入:-10,10　　* 指定圆上的第三点(相对坐标)

(-10,10)

(10,10)

(50,20)

图 3-4　三点画圆

例 4　作半径为 10 的圆，使其与已知圆和直线都相切，如图 3-5 所示。

单击:　　* 确定画圆命令

输入:T　　* 转换成切点、半径画圆模式

单击:(P1)　　* 指定第一个目标

单击:(P2)　　* 指定第二个目标

输入:10　　* 指定圆的半径

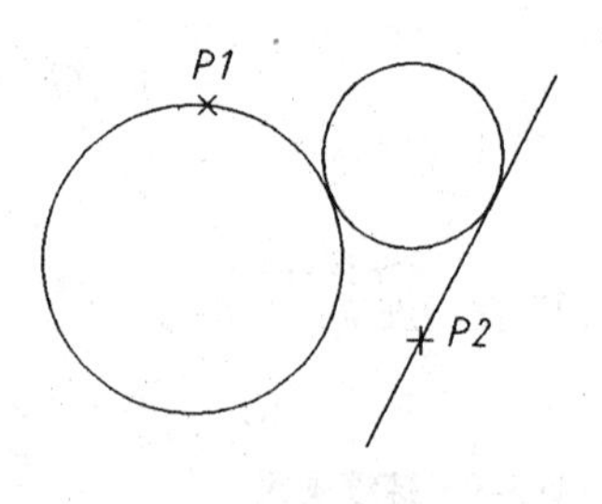

图 3-5　画公切圆

例 5　已知两点画圆。

单击：[圆按钮]　　* 确定画圆命令

输入：2P　　* 转换成两点画圆模式

输入：（第一点）　　* 指定圆直径的第一个端点

输入：（第二点）　　* 指定圆直径的第二个端点

3. 说明

①图 3-6 示出了 CIRCLE（圆）命令按钮（[圆按钮▾]）展开菜单的各选项。展开菜单上每一个选项就是一种画圆的方法，所以从展开菜单上点取选项画圆，就可以不用转换画圆模式而直接输入所需数据即可。

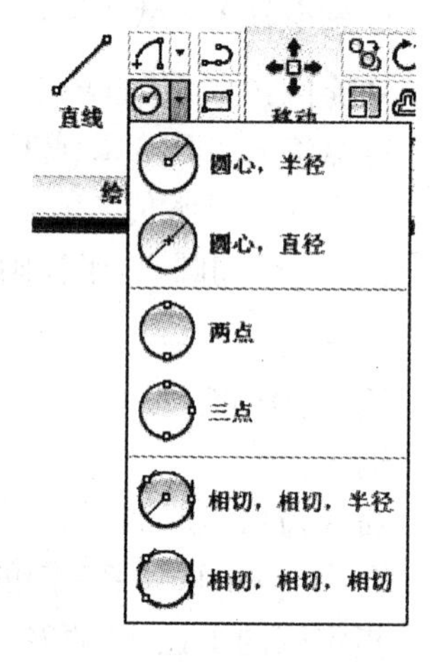

图 3-6　CIRCLE（圆）命令展开菜单

②菜单上“相切、相切、相切”选项用于画一个圆与指定的三个目标相切。目标可为直线、圆或圆弧。这种画圆的方法实际上是过三点画圆，只是这三点为圆与三个目标相切的切点。

③当画圆需要输入最后一个条件时，绘图区显示随光标移动而变化的圆，按左键可确定圆的大小，不必从键盘输入数值。

3.1.3　ARC（圆弧）命令

ARC（圆弧）命令用于绘制圆弧。根据画弧的已知条件不同，AutoCAD 提供了 11 种方法，如图 3-7 所示。画弧的已知条件包括：起点、中间点（第二点）、终点（端点）、圆心、圆心角（角度、包含角）、弦长（长度）、方向（起点切向）、半径。

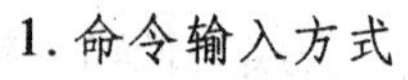

1. 命令输入方式

功能区：“常用”选项卡→“绘图”面板→[圆弧按钮▾]

键盘输入：ARC 或 A

2. 选择项说明

下面仅说明绘制圆弧的各种方法。

1）[三点]画弧　顺序连接起点、中间点、终点的一段圆弧。

2）[起点，圆心，端点]画弧　第一次输入的点为圆弧起点，第二次输入的点是圆心位置，第三次输入的点为圆弧终点。此时按逆时针方向画弧。

3）[起点，圆心，角度]画弧　第一次输入的点为圆弧起点，第二次输入的点是圆心位置，第三次输入“包含角”即圆弧所在的圆心角。角度以逆时针方向为正。

4）[起点，圆心，长度]画弧　第一次输入的点为圆弧起点，第二次输入的点是圆心位置，第三次输入弦长值。弦长为正时，画小于 180°的弧（劣弧）；弦长为负时，画大于 180°的弧（优弧）。

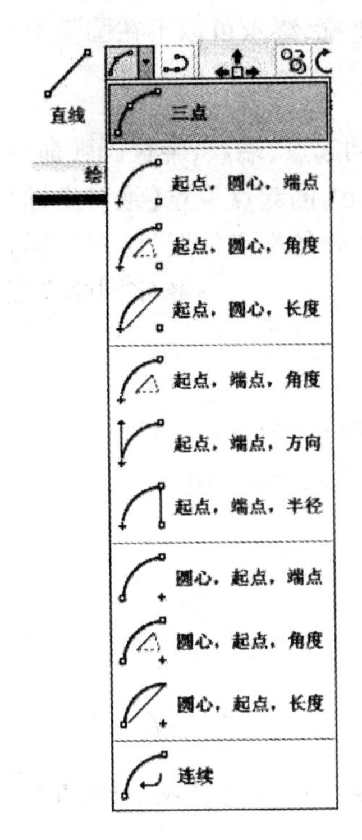

图 3-7　ARC(圆弧)命令展开菜单

5) [起点，端点，角度]画弧　第一次输入的点为圆弧起点，第二次输入的点为圆弧终点，第三次输入“包含角”即圆弧所在的圆心角。角度以逆时针方向为正。

6) [起点，端点，方向]画弧　第一次输入的点为圆弧起点，第二次输入的点为圆弧终点，第三次输入“圆弧的起点切向”，即圆弧起始的切线方向。可以输入角度或指定一点来确定切线的方向。

7) [起点，端点，半径]画弧　第一次输入的点为圆弧起点，第二次输入的点为终点位置，第三次输入圆弧半径。

8) [圆心，起点，端点]画弧　第一次输入的点为圆心位置，第二次输入的点为圆弧起点，第三次输入的点为圆弧终点。

9) [圆心，起点，角度]画弧　第一次输入的点为圆心位置，第二次输入的点为圆弧起点，第三次输入“包含角”即圆弧所在的圆心角。角度以逆时针方向为正。

10) [圆心，起点，长度]画弧　第一次输入的点为圆心位置，第二次输入的点为圆弧起点，第三次输入弦长值。弦长为正时，画小于 180°的弧(劣弧)；弦长为负时，画大于 180°的弧(优弧)。

11) [连续]画弧　以前一段直线或圆弧的终点为起点，继续画下一段圆弧与之相切。只要输入一点作为圆弧的终点即可。

3. 命令使用举例

例 1　已知三点画弧，如图 3-8 所示。

单击：[三点]　　＊启动三点画弧命令
输入：70，40　　＊指定圆弧的起点(绝对坐标)
输入：－10，10　　＊指定圆弧的第二点(相对坐标)
输入：0，－20　　＊指定圆弧的端点(相对坐标)

命令窗口显示如下。

命令：_ arc　指定圆弧的起点或[圆心(C)]：70，40
指定圆弧的第二点或[圆心(C)/端点(E)]：@ －10，10
指定圆弧的端点：@0，－20

例 2　已知起点、圆心、终点画弧，如图 3-9 所示。

单击：[圆心，起点，端点]　　＊启动起点、圆心、端点画弧命令
输入：20，10　　＊指定圆弧的起点位置(绝对坐标)
输入：－10，0　　＊指定圆弧的圆心位置(相对坐标)

输入:0,12　　　　　　　　　* 指定圆弧的端点位置(相对坐标,终点可以不在圆弧上)

例 3　已知起点、终点、半径画弧,如图 3-10 所示。

单击:起点，端点，半径　　　　　　　　* 启动起点、端点、半径画弧命令

输入:20,10　　　　　　　　　　　* 指定圆弧的起点位置(绝对坐标)

输入:10,20　　　　　　　　　　　* 指定圆弧的端点位置(绝对坐标)

输入:10　　　　　　　　　　　　　　　　* 指定圆弧半径

命令窗口显示如下。

命令:_ arc　指定圆弧的起点或[圆心(C)]:20,10

指定圆弧的第二点或[圆心(C)/端点(E)]:e　指定圆弧的端点:10,20

指定圆弧的圆心或[角度(A)/方向(D)/半径(R)]:r　指定圆弧半径:10

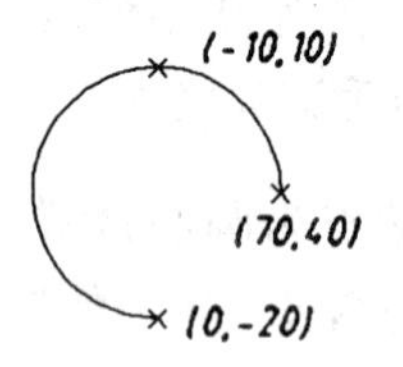

图 3-8　三点画弧

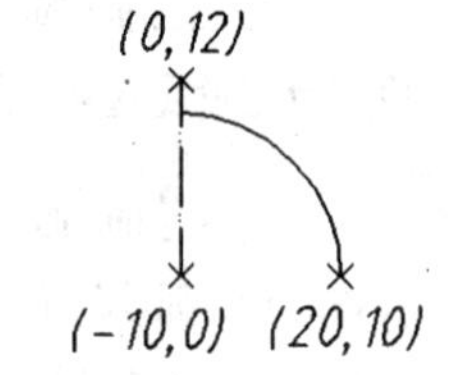

图 3-9　起点、圆心、终点画弧

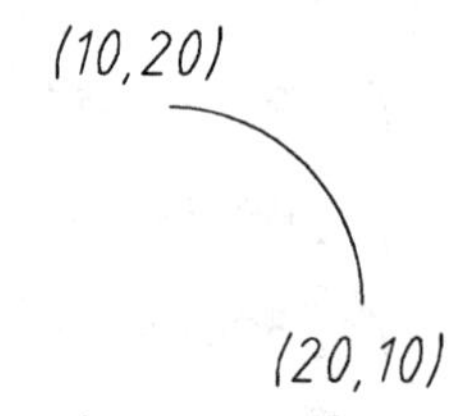

图 3-10　始点、终点、半径画弧

例 4　已知圆心、半径、始角、终角画弧,如图 3-11 所示。

单击:圆心，起点，端点　　　　　　　　* 启动圆心、起点、端点画弧命令

输入:10,10　　　　　　　　　　　　* 指定圆弧圆心坐标(绝对坐标)

输入:10 <30　　　　　　　　　　　　* 指定圆弧的起点(相对极坐标)

输入:10 <120　　　　　　　　　　　* 指定圆弧的端点(相对极坐标)

例 5　以前一段直线或圆弧的终点为圆弧的起点,画圆弧与其相切,如图 3-12 所示。ARC(圆弧)命令必须紧跟着 LINE(命令)执行。

单击:连续　　　　　　　　　　* 启动连续画弧命令,同时自动捕捉起点

输入:0,10　　　　　　　　　　　　　　* 按相对坐标指定圆弧终点

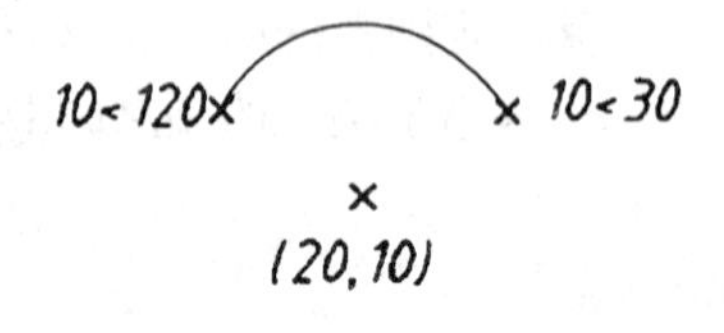

图 3-11　圆心、半径、始角、终角画弧

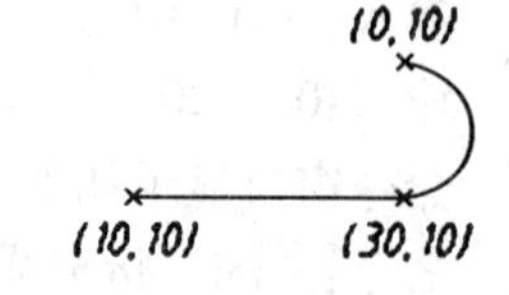

图 3-12　继续画弧

4. 说明

①在上述各种画弧的方法中,除了已规定按逆时针方向或顺时针方向画弧外,一般都按逆时针方向画弧。

②当画圆弧需要输入最后一个条件时,绘图区显示随光标移动而变化的圆弧,按左键可确定圆弧的大小,不必从键盘输入数值。

3.2 基本编辑命令

3.2.1 U(放弃)命令

U(放弃)命令的默认位置在屏幕顶部"快速访问工具栏"内( )。U(放弃)命令用来撤销最近一次执行过的命令,同时取消执行命令的结果。由于U(放弃)命令操作非常简便,所以绘图过程中常用它取消错误的操作结果。U(放弃)命令还可以连续执行,按相反的命令执行顺序取消一个个已执行过的命令,直至一幅图的开始。单击"放弃"按钮( )右侧箭头,在显示的展开列表中可以选择多个要取消的命令。

U(放弃)命令输入方式如下。

快速访问工具栏:

键盘输入:U

快捷菜单:在无命令运行和无对象选定的情况下,在绘图区域单击右键,然后选择" 放弃(U)xxx"。xxx是执行过的命令名称。

3.2.2 REDO(重做)命令

REDO(重做)命令恢复被最近一次U(放弃)命令撤销的命令,同时显示出被取消的图形,就像重画一样。REDO(重做)命令必须紧跟U(放弃)命令来执行,否则无效。单击"重做"按钮( )右侧箭头,在显示的展开列表中可以选择多个要重做的命令。

REDO(重做)命令输入方式如下。

快速访问工具栏:

键盘输入:REDO

快捷菜单:没有命令正在执行和未选定对象时,用右键单击绘图区域,然后选择" 重做(R)"。

3.2.3 对象选择

图形由各种对象构成,对图形作编辑操作是针对某一个或一组对象进行处理。这些对象就是被选择的目标。这些目标的集合称为选择集。用户可以通过交互方式将对象加入到选择集或从选择集中删除。交互方式就是对象选择方式,也称目标选择方式。为区别图中已加入选择集的对象,这些对象被"加亮"(或称"醒目")显示。当执行某个命令需要选择集时,便显示选择对象提示符"选择对象:"。同时屏幕上的光标显示为一小方格,此小方格称为拾取框,亦称对象选择框。拾取框的大小由系统变量PICKBOX确定。移动拾取框到对象上,对象变粗,即刻按左键,该对象即被选中并亮显。通常一个命令下的选择对象提示符"选择对象:"是重复出现的,也就是可以多次连续选择对象。当要结束对象选择时,在最后一个"选择对象:"提示符下按空格键或按【Enter】键或按右键,退出对象选择状态。在一个命令下选中的所有目标构成一个选择集。如何选择对象,请使用下列方式。

1. 对象选择方式

对象选择有很多方式,这里介绍一些较常使用的方式。要想了解所有方式,请在命令行"选择对象:"提示下输入? 即可查看。

(1)直接点取方式

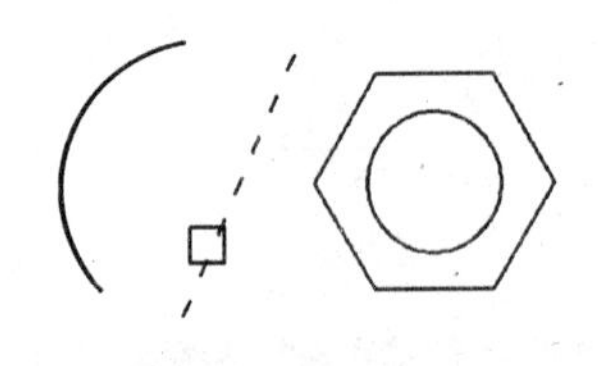

图 3-13　点取对象

移动拾取框到待选的对象上,有对象变粗,按下左键该对象即被选中,如图 3-13 中的虚线所示。这种方式每次只能选中一个变粗的目标。这种方式是默认方式。

(2)"窗口(W)"方式

用两点作为矩形的两对角点所确定的范围称窗口。窗口范围内的背景颜色改变,围在窗口范围内的所有对象均被选中(图 3-14),但与窗口交叉的对象不包括在内。这种方式的操作如下:

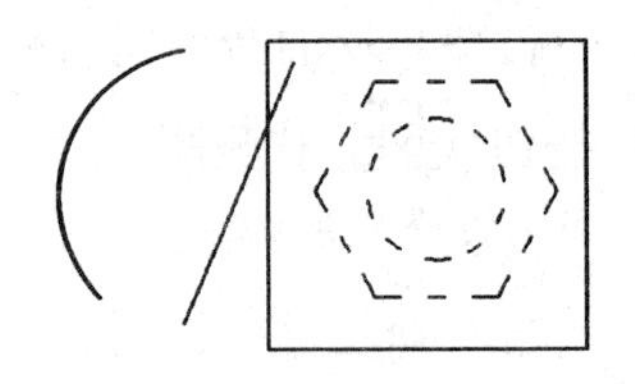

图 3-14　窗口方式选对象

键盘输入:W　　* 启动窗口方式选择对象

单击:(一点)　　* 指定第一个角点

单击:(另一点)　　* 指定对角点

拾取第一点后,显示"指定对角点:"提示。移动鼠标时,AutoCAD 将动态显示一个实线矩形框。该框随鼠标的移动可改变大小,帮助用户确定窗口的范围。定好范围后,按下左键,窗口方式操作结束,选中的对象"醒目"显示。

(3)"窗交(C)"方式

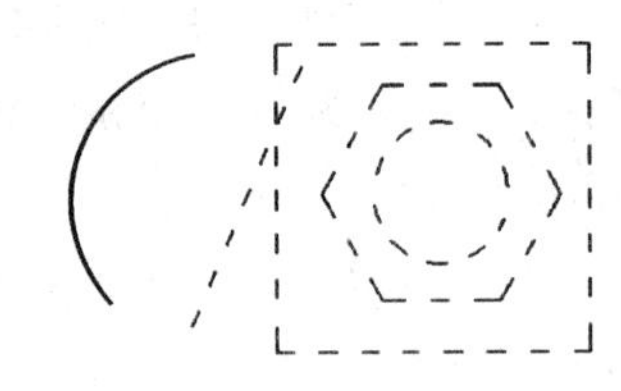

图 3-15　窗交方式选对象

这是一种窗口交叉方式,与窗口方式相似。它们的提示、操作相同,只是窗口用虚线表示,选中的对象不仅包括窗口内的全部对象,而且还包括与窗口边界交叉的对象,如图 3-15 所示。

(4)"自动(AU)"方式

自动方式是默认方式,它把直接点取方式、窗口方式和窗交方式集成一体。操作方法是移动拾取框到图形的某一点处,单击左键。如有对象与拾取框相交,则对象被选中;如此点处无对象,则该点就成为窗口的第一角点,同时显示"指定对角点:",要求输入窗口对角的另一点。若另一点在第一点的右侧,则为窗口方式,窗口为实线;若另一点在第一点的左侧,则为窗交方式,窗口为虚线。

(5)"圈围(WP)"方式

这种方式是多边形窗口,与窗口方式类似。包括在多边形窗口内的对象均被选中。执行此方式的操作如下:

键盘输入:WP　　* 启动圈围方式选择对象

单击:(一点)　　* 指定第一个圈围点

单击:(另一点)　　* 指定下一个圈围点或放弃[(U)]

⋮

单击:(右键)　　* 闭合多边形结束对象选择

在最后一行提示下给出空格或按【Enter】键,自动将最后一点与第一点连接,形成封闭多边形。多边形按输入点的顺序产生。多边形可以为任意形状,但不能与自身相交。"放弃(U)"选择项可取消最近一次输入的点。例如图 3-16 中选取正六边形和圆就是通过一个五边形来实现的。多边形窗口的边界用实线显示。

(6)“圈交(CP)”方式

这是一种多边形窗口交叉方式,它类似于窗交和圈围方式。圈交方式的提示、操作与圈围方式相同。应用这种方式不仅包含在多边形窗口范围内的对象被选中,而且与多边形窗口边界相交的对象也被选中。多边形窗口的边界用虚线显示。

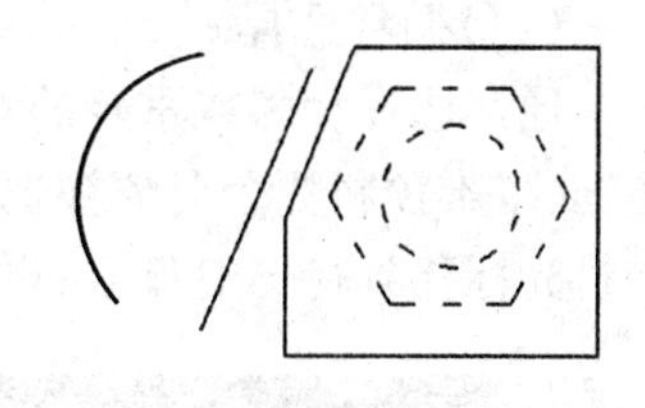

图 3-16 圈围方式选取对象

(7)“栏选(F)”方式

这是一种栏线方式。它与圈交方式类似,不同的是栏选方式不构成封闭多边形。应用这种方式时,凡是与栏线相交的对象均被选中。它的操作如下:

键盘输入:F　　＊启动栏选方式选择对象

单击:(一点)　　＊指定第一个栏选点

单击:(另一点)　　＊指定下一个栏选点或放弃[(U)]

⋮

单击:(右键)　　＊结束栏线

最后用空格或按【Enter】键来结束栏线。“放弃(U)”取消最近一次输入的点。栏线是一条任意的折线,可以互相跨越。

圈围、圈交和栏选方式一般在图形较复杂的情况下使用。

(8)“全部(ALL)”方式

全部方式用于选取已绘制的除冻结层或锁定层以外的所有对象,包括绘图窗口以外的和关闭层中的对象。全部方式的按钮是,位于“常用”选项卡的“实用工具”面板上。快捷键是【Ctrl】+A。

(9)“最后一个(L)”方式

这种方式选取的对象是在当前屏幕上最后生成的一个,而且是可见的。

(10)“上一个(P)”方式

这是上一个选择集方式。若要对同一个选择集进行多次编辑操作,就可用上一个选择集方式再次选取前一个选择集。

(11)“删除(R)”方式

选用删除方式时,“选择对象:”提示符将改变为“删除对象:”,可以将选择集中的某些对象删除。删除对象的选择同样可以使用前面介绍的各种对象选择方式。选中的对象将恢复正常显示。在“选择对象:”提示符下按着【Shift】键再点取已选对象,同样能从选择集中删除它们。

(12)“添加(A)”方式

这是对象选择的默认方式。如已进入删除方式,若删除选择集中的对象,必须通过添加方式回到添加状态,才能选择其他目标加入选择集,同时提示符由“删除对象:”变为“选择对象:”。

(13)“放弃(U)”方式

这种方式可取消最后一次加入选择集中的对象,使其恢复正常显示。若重复使用放弃方式,可一步步取消被选中的对象。

(14)循环选择

通常选择相邻或重叠的对象很困难。当图形比较密集时,同时有几个对象穿过对象选择框,很难预料哪个对象被选中。利用【Shift】+空格键可以实现循环选择对象。这时可以先将光标移到待选对象上,再按下【Shift】+空格键,有一个对象待选变粗。再按下【Shift】+空格键,换另一对象待选变粗。如此操作,几个对象轮换待选。若某一待选的对象是要选的目标,则按左键结束循环选择,该对象被选中。

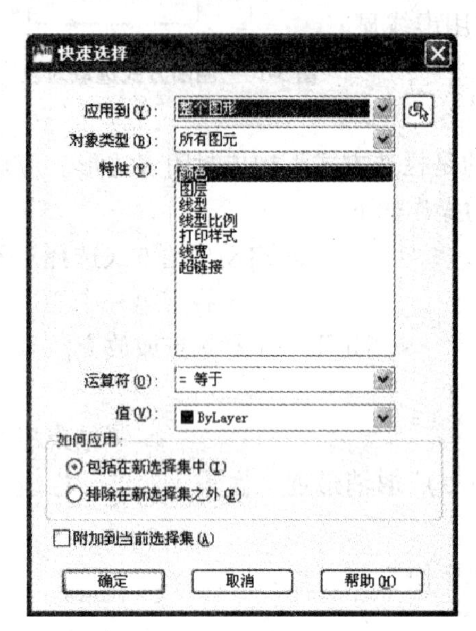

图 3-17 “快速选择”对话框

2. QSELECT(快速选择)命令

QSELECT(快速选择)命令是基于某些对象的类型和公共特性快速创建选择集的一种对象选择方法。它通过在“快速选择”对话框(图 3-17)中指定对象的类型或特性来选择对象。选择集中可以包括符合指定对象类型和对象特性条件的所有对象,或者包括除符合指定对象类型和对象特性条件以外的所有对象。用户需要确定的是将 QSELECT(快速选择)命令应用于整个图形还是应用于现有选择集,可以指定创建的选择集是替换当前选择集还是将其添加到当前选择集。上述符合某些指定的条件称为过滤条件。

(1)命令输入方式

功能区:“常用”选项卡→“实用工具”面板→

键盘输入:QSELECT

快捷菜单:终止任何活动命令,右键单击绘图区域,选择“快速选择(Q)...”。

(2)对话框说明

1)“应用到(Y)”控件　该控件要求用户指定是将过滤条件应用到整个图形还是当前选择集。如果存在当前选择集,“当前选择”为默认设置。如果不存在当前选择集,“整个图形”为默认设置。

2)“选择对象”按钮()　该按钮位于“应用到(Y)”控件右侧。使用该按钮将临时关闭“快速选择”对话框,以便在绘图区域内选择符合过滤条件的对象。按【Enter】键或右键又将返回“快速选择”对话框。AutoCAD 将“应用到(Y)”设置为“当前选择”。只有选择了“包括在新选择集中(I)”选项时,“选择对象”按钮才可用。

3)“对象类型(B)”控件　在该控件中指定过滤的对象类型。默认值为“所有图元”。如果不存在选择集,控件中将包括 AutoCAD 中的所有可用对象类型。如果存在选择集,此列表中只显示选定对象的类型。

4)“特性(P)”列表框　在该列表框中指定要过滤对象的特性。此列表包括选定对象类型的所有可搜索特性。选定的特性将确定“运算符(O)”和“值(V)”中的可用选项。需要注意的是,对象的某个特性原设置为 ByLayer(随层)时不能作为过滤条件,而要按“图层”进行快速选择。

5)“运算符(O)”控件　在该控件中指定过滤条件的范围。它依赖于选定的特性,控件中可能包括“=等于”、“< >不等于”、“>大于”、“<小于”和“全部选择”。对于某些特性大于和小于选项不可用。

6)“值(V)”控件　在该控件中指定过滤条件的特性值。如果选定对象有特性值,则“值(V)”将成为一个列表,可以从中选择一个值。否则,需要输入一个值。

7)“如何应用”区　在该区指定是将符合给定过滤条件的所有对象包括在新选择集中还是排除在新选择集之外。若选择了“包括在新选择集中(I)”将创建一个新的选择集,其中只有符合过滤条件的对象。若选择了“排除在新选择集之外(E)”也将创建一个新的选择集,但其中只包括除符合过滤条件以外的对象。

8)“附加到当前选择集(A)”复选框　复选框关闭时,用 QSELECT(快速选择)命令创建的选择集替换当前选择集。打开复选框时,用 QSELECT(快速选择)命令创建的选择集附加到当前选择集。

(3)命令使用举例

例　快速选择“粗实线”层上的所有对象。

快速选择“粗实线”层上的所有对象的步骤如下:

①执行 QSELECT(快速选择)命令;

②在“快速选择”对话框的“应用到(Y)”控件中选择“整个图形”;

③在“对象类型(B)”控件中选择“所有图元”;

④在“特性(P)”列表框中选择“图层”;

⑤在“运算符(O)”控件中选择“=等于”;

⑥在“值(V)”控件中选择“粗实线”;

⑦在“如何应用”区选择“包括在新选择集中(I)”;

⑧单击“确定”按钮。

关闭对话框后,当前图形中“粗实线”层上的所有对象被选中。

3.2.4　ERASE(删除)命令

ERASE(删除)命令用于擦除绘图区域内指定的对象。

1. 命令输入方式

功能区:“常用”选项卡→“修改”面板→

键盘输入:ERASE 或 E

快捷菜单:选择要删除的对象,然后在绘图区域单击右键并选择“删除”。

2. 命令使用举例

例1　擦除图 3-18(a)中最后画的圆,结果为图 3-18(b)所示。

单击:　　* 重复 ERASE 命令

单击:(圆上任一点)　　* 命令行提示:找到 1 个对象

单击:↙　　* 完成删除命令

例2　擦除图 3-18(b)中的折线,结果为图 3-18(c)所示。

单击:↙　　* 重复 ERASE 命令

单击:(P1 点)　　* 选择对象(默认 W 方式,指定第一个角点)

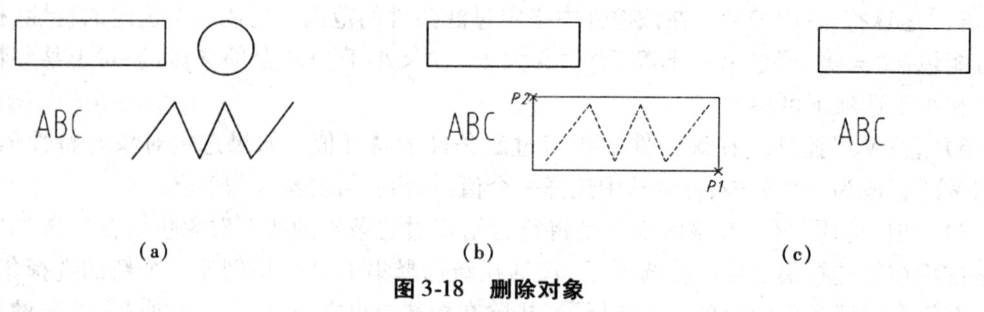

(a) (b) (c)

图 3-18 删除对象

(a)原图;(b)擦除圆;(c)擦除折线

单击:(P2 点) * 选择对象(指定对角点)。命令行提示:找到 5 个对象

单击:↙ * 完成删除命令

命令窗口显示如下。

命令:

ERASE

选择对象:指定对角点: 找到 5 个

选择对象:

3.2.5 COPY(复制)命令

COPY(复制)命令用来对原图作一次或多次复制,并复制到指定位置。默认模式是多次复制,可以用该命令中的“模式(O)”选项来设置。

1. 命令输入方式

功能区:“常用”选项卡→“修改”面板→

键盘输入:COPY 或 CO 或 CP

快捷菜单:选定要复制的对象,在绘图区域单击右键,选择“复制选择(Y)”。

2. 命令使用举例

例 1 将原图从 P3 点复制到 P4 点,如图 3-19 所示。

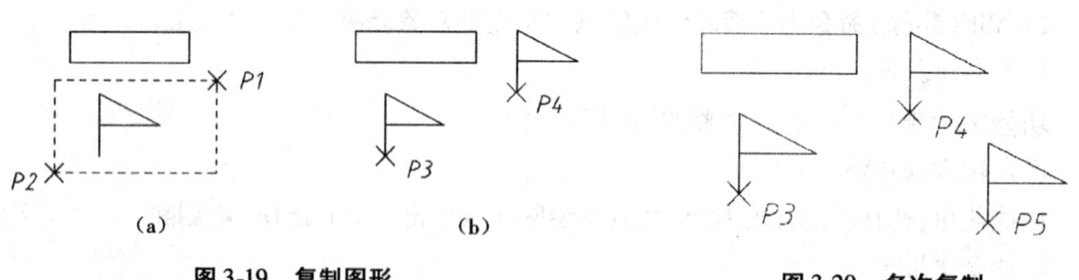

(a) (b)

图 3-19 复制图形

(a)原图;(b)结果

图 3-20 多次复制

单击: * 启动复制命令

单击:(P1 点) * 选择对象(默认 W 方式,指定第一个角点)

单击:(P2 点) * 选择对象(指定对角点)。命令行提示:找到 3 个对象

单击:(右键) * 结束对象选择

* 命令行提示:当前设置:复制模式 = 多个

单击:(P3 点)　　* 指定基准点位置

单击:(P4 点)　　* 指定第一个目标位置

单击:↙　　* 完成复制操作

命令窗口显示如下。

命令:_ copy 选择对象:指定对角点:　找到 3 个

选择对象:

当前设置:复制模式 = 多个

指定基点或[位移(D)/模式(O)] <位移>:指定第二个点或 <使用第一个点作为位移>:

指定第二个点或[退出(E)/放弃(U)] <退出>:

例 2　在例 1 中,如 P4 与 P3 间的坐标差为(10,15),选择对象后,可在屏幕下方命令行提示下进行如下操作。

指定基点或[位移(D)/模式(O)] <位移>:10,15↙　　* 位移量

指定第二个点或 <使用第一个点作为位移>:↙

或者进行如下操作。

指定基点或[位移(D)/模式(O)] <位移>:↙

指定位移 <10.0000,15.0000,0.0000>:10,15↙　　* 位移量

例 3　在例 1 中,如要作二次复制,结果如图 3-20 所示。选择对象后的操作如下。

单击:(P3 点)　　* 指定基准点位置

单击:(P4 点)　　* 指定第一个目标位置

单击:(P5 点)　　* 指定第二个目标位置

单击:↙　　* 完成复制操作

3.2.6　ARRAY(阵列)命令

ARRAY(阵列)命令用于对指定图形按矩形或环形排列方式作多次拷贝,复制的每个图形都可以单独处理。矩形阵列按指定的行数和列数复制选定图形来创建阵列。环形阵列通过围绕某一中心点复制选定图形来创建阵列。环形阵列复制的每个图形绕阵列中心旋转,同时可以绕自身的基点旋转,也可不绕自身的基点旋转。不绕自身的基点旋转时,将以自身的基点位于环形阵列的圆周上来排列图形。但是用户可以对指定图形重新指定一个基点。执行 ARRAY(阵列)命令后,将显示图 3-21(a)所示的"阵列"对话框。

1. 命令输入方式

功能区:"常用"选项卡→"修改"面板→

键盘输入:ARRAY 或 AR

2. 对话框说明

图 3-21(a)为矩形阵列方式选项的"阵列"对话框。

(1)"矩形阵列(R)"和"环形阵列(P)"按钮

"矩形阵列(R)"和"环形阵列(P)"按钮用于选择一种阵列方式。

(2)"选择对象(S)"按钮

"选择对象(S)"按钮( )用于指定构造阵列的对象,可以在"阵列"对话框显示之前或之后选择对象。要在"阵列"对话框显示之后选择对象,请选择该按钮,"阵列"对话框将暂

时关闭。完成对象选择后按【Enter】键，“阵列”对话框将重新显示，并且选定对象数量将显示在该按钮下面。

(3)“预览”区

在该区域内显示选中的某一种阵列方式的图像。这种图像不显示选定对象，而显示阵列方式的效果。

(4)“矩形阵列(R)”方式选项(图3-21(a))

1)“行(W)”输入框　在输入框内指定阵列中的行数。

2)“列(O)”输入框　在输入框内指定阵列中的列数。

3)“偏移距离和方向”区　该区用于指定阵列的偏移距离和偏移方向。用户可以在输入框中键入数值，或使用拾取按钮临时关闭“阵列”对话框，在屏幕上用光标拾取点来确定这些参数。

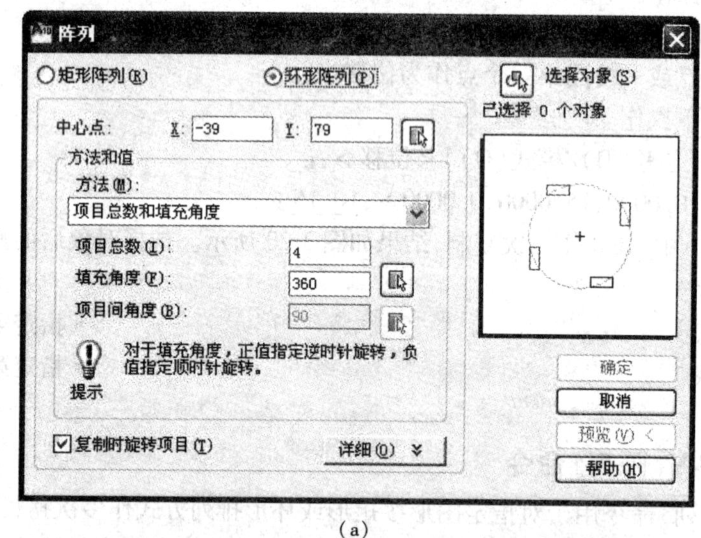

(a)

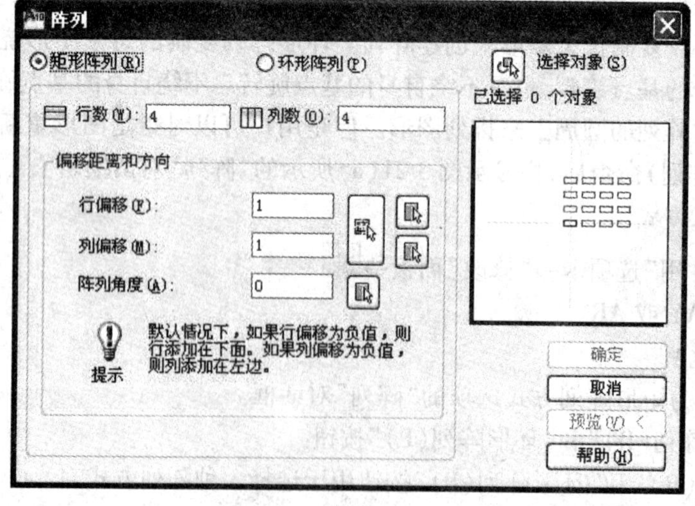

(b)

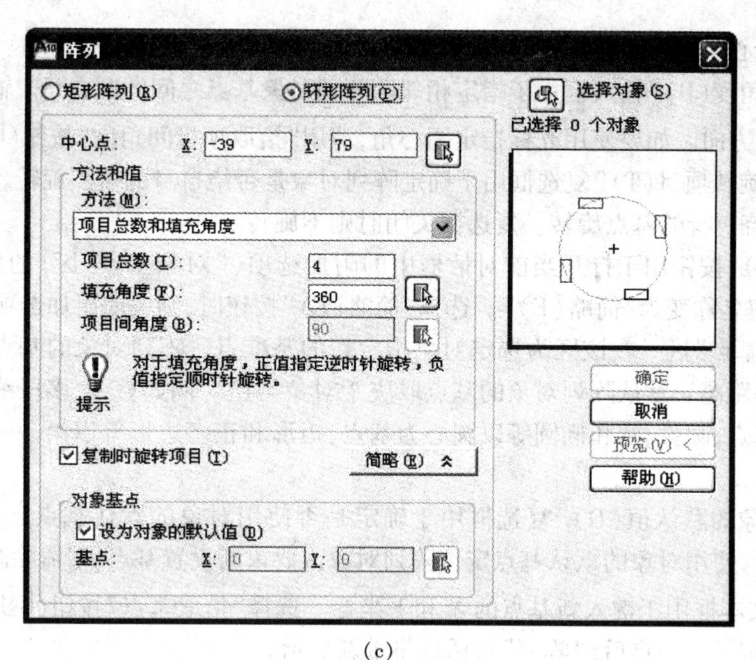

(c)

图 3-21 “阵列”对话框

(a)“矩形阵列(R)”方式选项;(b)“环形阵列(P)”方式选项;(c)“环形阵列(P)”方式详细选项

“行偏移(F)”输入框用于指定行间距。正值向上添加行,负值向下添加行。要使用光标指定行间距,请用“拾取两者偏移”按钮( )或“拾取行偏移”按钮( )。“拾取两者偏移”按钮要求指定两对角点确定矩形框,矩形框称“单位单元”。矩形的高为行间距,矩形的宽为列间距。“拾取行偏移”按钮则用两点指定行间距。

“列偏移(M)”输入框用于指定列间距。正值向右边添加列,负值向左边添加列。要使用光标指定列间距,请用“拾取列偏移”按钮( )。“拾取列偏移”按钮则用两点指定列间距。

“阵列角度(A)”输入框用于指定矩形阵列的旋转角度。通常角度为0°,因此行和列与当前 UCS 的 *X* 和 *Y* 轴平行。要使用光标指定两个点从而指定旋转角度,请用“拾取阵列的角度”按钮( )。

(5)“环形阵列(P)”方式选项(图 3-21(b))

1)“中心点”选项　指定环形阵列的中心点。在文本框内键入 *X* 和 *Y* 坐标值,或选择“拾取中心点”按钮( ),使用光标指定位置。拾取中心点时,将临时关闭“阵列”对话框,使用光标在 AutoCAD 绘图区域中指定一点。

2)“方法和值”区　该区用于指定环形阵列中对象的定位方法及其数值。

“方法(M)”控件用于设置复制对象时所用的定位方法。这些方法是:“项目总数和填充角度”、“项目总数和项目间的角度”及“填充角度和项目间的角度”。

“项目总数(I)”输入框用于指定环形阵列中显示的所有对象数目。

“填充角度(F)”输入框用于指定阵列中第一个和最后一个元素的基点之间的圆心角。正值按逆时针方向旋转,负值按顺时针方向旋转。默认值为360°,不允许值为0°。如要使用光标指定圆心角,请用“拾取要填充的角度”按钮()。

“项目间角度(B)”输入框用于指定相邻两阵列对象基点之间的圆心角。输入正值或负值指示阵列的方向。如要使用光标指定圆心角,请用“拾取项目间角度”按钮()。

“复制时旋转项目(T)”复选框用于确定阵列对象是否绕自身的基点旋转。复选框打开时,阵列对象绕自身的基点旋转。复选框关闭时则不旋转。

“详细(O)”按钮用于打开当前对话框中的附加选项(“对象基点”区)的显示(图3-21(c))。此按钮名称变为“简略(E)”。选择“简略(E)”按钮时,则关闭附加选项的显示。

3)“对象基点”区　在该区为选定对象指定新的基准点。阵列对象的基点将与阵列中心保持不变的距离。默认阵列对象的基点取决于对象类型。例如直线、多段线及样条曲线等以起点为基点,圆弧、圆和椭圆等以圆心为基点,矩形和正多边形等以第一个角点为基点等。

“设为对象的默认值(D)”复选框用于确定是否使用对象的默认基点定位阵列对象。复选框打开时,使用对象的默认基点定位阵列对象。要重新设置基点,请清除此选项。

“基点”文本框用于键入新基点的 X 和 Y 坐标。选择“拾取基点”按钮()将临时关闭对话框,在指定了一个点后,“阵列”对话框将重新显示。

(6)“预览(V)”按钮

选择该按钮时关闭“阵列”对话框,显示当前图形中的阵列。按左键或【Esc】键,返回“阵列”对话框进行修改。按右键完成阵列复制。

3. 命令使用举例

例1　对一三角形作矩形阵列,如图3-22所示。图中虚线三角形表示构成阵列的原图。

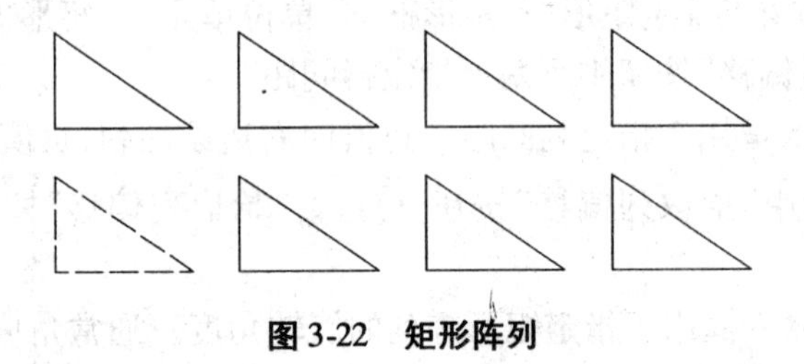

图3-22　矩形阵列

创建矩形阵列的步骤如下。

①执行ARRAY(阵列)命令,显示“阵列”对话框。

②单击“选择对象(S)”按钮(),选中三角形后按【Enter】键或右键。

③在“行(W)”输入框内键入2,在“列(O)”输入框内键入4。

④在“行偏移(F)”输入框内键入20,在“列偏移(M)”输入框内键入30。

⑤可以单击“预览(V)”按钮,预览矩形阵列效果,然后单击右键,完成阵列操作。

例2　对图3-23(a)中的小圆作180°环形阵列,结果如图3-23(b)所示。

创建环形阵列的步骤如下。

①执行ARRAY(阵列)命令,显示“阵列”对话框。

②单击“环形阵列(P)”按钮。

③单击“选择对象(S)”按钮(),用窗口方式选中小圆与十字中心线后按【Enter】键

或右键。

④单击右端的“拾取中心点”按钮(![icon]),捕捉大圆弧圆心。

⑤在“项目总数(I)”输入框内键入5,在“填充角度(F)”输入框内键入180。

⑥可以单击“预览(V)”按钮,预览环形阵列效果,然后单击右键,完成阵列操作。

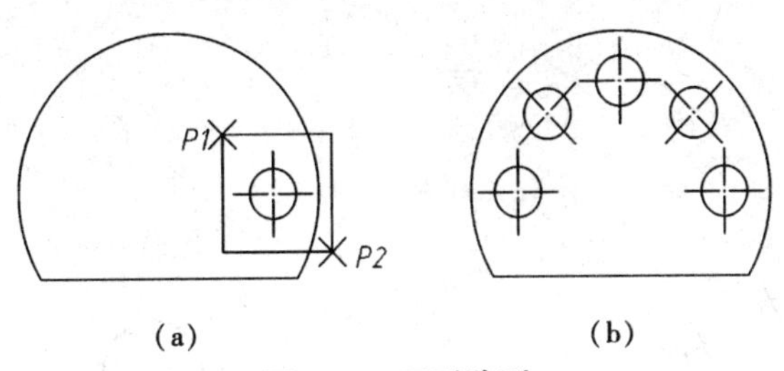

图3-23　环形阵列

(a)原图;(b)结果

在上述操作中使用了输入项目总数和填充角度的方法。当然也可以使用输入项目总数和项目间的角度或者输入填充角度和项目间的角度的方法,其结果都一样。

3.2.7　OFFSET(偏移)命令

OFFSET(偏移)命令用于构造一个新对象与原对象保持等距离。作偏移复制时,可以输入偏移距离,或者指定通过点。原对象可以是直线、圆弧、圆、椭圆、椭圆弧、样条曲线和二维多段线等。原对象可以不被保留。对一个对象作偏移后,还可对新对象再作另一偏移。在一个命令下,可以对多个对象作多次偏移复制,也可以对一个对象连续作多次复制,复制的对象间距离相等,最后按【Enter】键或右键结束。

1. 命令输入方式

功能区:“常用”选项卡→“修改”面板→![icon]

键盘输入:OFFSET 或 O

2. 命令使用举例

例1　用通过点方式画已知直线的平行线,如图3-24所示。

画已知直线平行线的操作过程如下。

单击:![icon]　　＊启动偏移命令

输入:T　　＊设置“通过点”偏移模式

单击:(P1 点)　　＊选择要偏移的对象

单击:(P2 点)　　＊指定通过点

单击:↙　　＊完成偏移命令

命令窗口显示如下。

命令:_offset

当前设置:删除源 = 否　图层 = 源　OFFSETGAPTYPE = 0

指定偏移距离或[通过(T)/删除(E)/图层(L)] <通过>:T

选择要偏移的对象,或[退出(E)/放弃(U)] <退出>:

指定通过点或[退出(E)/多个(M)/放弃(U)] <退出>:

选择要偏移的对象,或[退出(E)/放弃(U)] <退出>:

例 2　用设置偏移距离方式画同心圆,如图 3-25 所示。

画同心圆的操作过程如下。

单击:　　　　　　　　　　　　　　　　　　* 启动偏移命令
输入:10　　　　　　　　　　　　　　　　　* 指定偏移距离
单击:(P1 点)　　　　　　　　　　　　　　 * 选择要偏移的对象
单击:(P2 点)　　　　　　　　　　　　　　 * 在圆外指定一点
单击:↙　　　　　　　　　　　　　　　　　 * 完成偏移命令

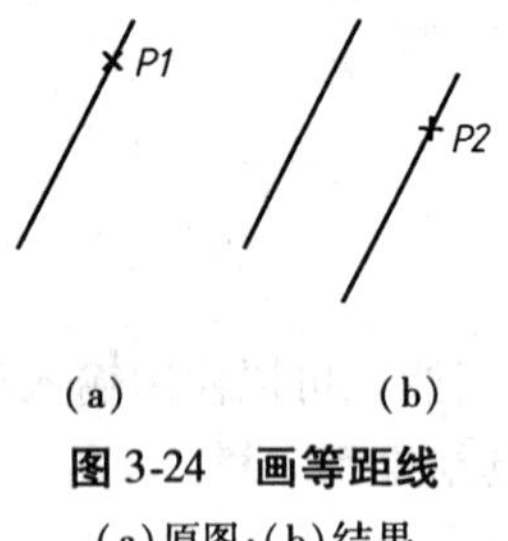

(a)　(b)

图 3-24　画等距线

(a)原图;(b)结果

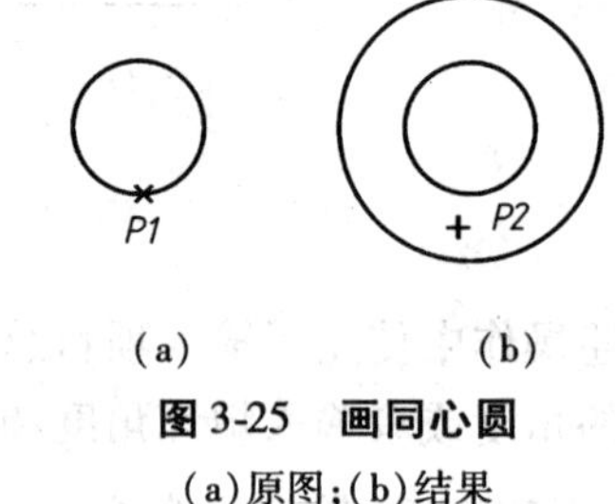

(a)　(b)

图 3-25　画同心圆

(a)原图;(b)结果

3. 说明

"删除(E)"选项确定是否删除要偏移的对象(删除源)。"图层(L)"选项确定将新对象放置在原来的图层(源)上还是当前层上。"多个(M)"选项可以对同一个指定对象连续复制多个新对象,按【Enter】键或右键结束该选项的操作。在偏移距离方式的"多个(M)"选项下复制的多个新对象之间距离相等。

3.2.8　TRIM(修剪)命令

TRIM(修剪)命令可以修剪掉剪切边以外的部分对象,也可以将对象延伸到剪切边。该命令要求先选择作为剪切边的对象,再指定要剪去的部分,或者按住【Shift】键选择要延伸的对象。AutoCAD 的绝大多数对象都可作为剪切边,能够被修剪的对象是直线、圆弧、圆、椭圆、多段线、辅助线以及样条曲线等。如果要剪去的部分与剪切边不相交,就需要将剪切边设置为"延伸"模式才能做修剪操作。剪切边默认的模式为"不延伸"模式。选择作为剪切边的对象时,可以选择一个或多个对象或按【Enter】键或右键选择全部对象。该命令在修建过程中还可删除对象。

1. 命令输入方式

功能区:"常用"选项卡→"修改"面板→　或　→　修剪

键盘输入:TRIM 或 TR

2. 命令使用举例

例 1　修剪键槽剖面轮廓,如图 3-26 所示。

修剪键槽剖面轮廓的操作过程如下。

单击:　　　　　　　　　　　　　　　　　　* 启动修剪命令
输入:C　　　　　　　　　　　　　　　　　 * 选择对象(指定为"窗交"方式)
单击:(P1 点)　　　　　　　　　　　　　　 * 指定第一个角点

单击:(P2 点)　　* 指定对角点
单击:↙　　* 结束剪切边选择

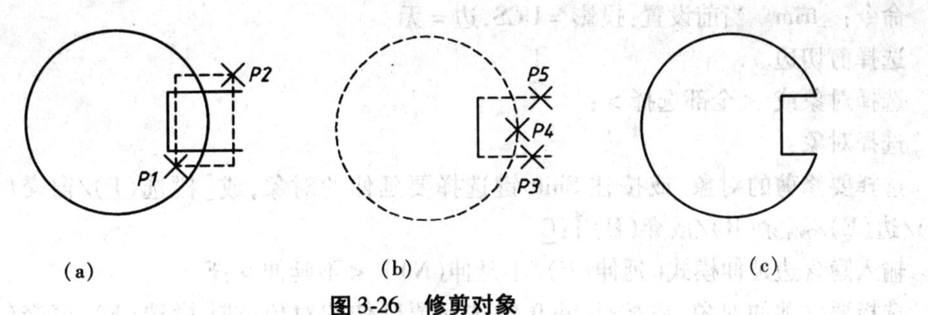

图 3-26　修剪对象
(a)原图及选剪切边;(b)选要修剪的部分;(c)结果

单击:(P3 点)　　* 选择要修剪的对象
单击:(P4 点)　　* 继续选择要修剪的对象
单击:(P5 点)　　* 继续选择要修剪的对象
单击:↙　　* 完成修剪命令

命令窗口显示如下。

命令: _trim　当前设置:投影 = UCS,边 = 无
选择剪切边...
选择对象或 <全部选择>:c
指定第一个角点: 指定对角点: 找到 4 个
选择对象:
选择要修剪的对象,或按住 Shift 键选择要延伸的对象,或
[栏选(F)/窗交(C)/投影(P)/边(E)/删除(R)/放弃(U)]:
选择要修剪的对象,或按住 Shift 键选择要延伸的对象,或
[栏选(F)/窗交(C)/投影(P)/边(E)/删除(R)/放弃(U)]:
选择要修剪的对象,或按住 Shift 键选择要延伸的对象,或
[栏选(F)/窗交(C)/投影(P)/边(E)/删除(R)/放弃(U)]:
选择要修剪的对象,或按住 Shift 键选择要延伸的对象,或
[栏选(F)/窗交(C)/投影(P)/边(E)/删除(R)/放弃(U)]:

例 2　如果需要修剪的对象与剪切边不相交,操作如下。

单击:[图标]　　* 启动修剪命令
　　* 命令行提示: 当前设置:投影 = UCS　边 = 无
　　选择剪切边...
单击:(选择对象)
单击:↙　　* 结束剪切边选择
输入:E　　* 设置"边"的模式
输入:E　　* 设置隐含边延伸模式(E 为延伸;N 为不延伸)
单击:(要修剪的对象)

单击:↙ *完成修剪命令

命令窗口显示如下。

命令: _trim　当前设置:投影 = UCS,边 = 无

选择剪切边...

选择对象或 <全部选择>:

选择对象:

选择要修剪的对象,或按住 Shift 键选择要延伸的对象,或[栏选(F)/窗交(C)/投影(P)/边(E)/删除(R)/放弃(U)]:E

输入隐含边延伸模式[延伸(E)/不延伸(N)] <不延伸>:E

选择要修剪的对象,或按住 Shift 键选择要延伸的对象,或[栏选(F)/窗交(C)/投影(P)/边(E)/删除(R)/放弃(U)]:

选择要修剪的对象,或按住 Shift 键选择要延伸的对象,或[栏选(F)/窗交(C)/投影(P)/边(E)/删除(R)/放弃(U)]:

3. 说明

①如果要修剪的对象比较多时,可以使用“栏选(F)”或“窗交(C)”选项指定要修剪的对象。

②剪切边也可被修剪。修剪后不再“醒目”显示,但仍是剪切边,如图 3-26 中被修剪后的圆弧或直线。

③如选中的要修剪的对象与剪切边不相交,当剪切边为不延伸模式时则显示提示:“对象未与边相交”。

④“删除(R)”选项用于在 TRIM(修剪)命令中删除指定对象。

⑤“投影(P)”选项用于在三维空间中修剪图形时设置投影模式。其中“无(N)”选项不用投影方式,对象与剪切边在空间相交时才能被修剪;“Ucs(U)”选项用于对象与剪切边在当前 UCS 的 *XY* 平面内相交时可被修剪;“视图(V)”选项用于多视口操作时,对象与剪切边在当前视口内相交就可被修剪。

3.2.9 PROPERTIES(特性)命令

PROPERTIES(特性)命令用“特性”选项板显示指定对象的所有特性。这些特性包括颜色、所在图层、线型和各种数据等。选项板根据不同的指定对象用表格形式显示出相应特性。如图 3-27 示出一直线的特性,图 3-28 示出一圆的特性,图 3-29 示出多个对象的公共特性。用户可以修改这些特性。要修改某一特性,首先选择它。修改特性值的方法如下:若是数值可直接修改;若有向下的箭头按钮( ),可从展开列表中选择;若有“快速计算”( )按钮,可用来计算新值;若有“拾取点”按钮( ),可在屏幕上拾取点来修改坐标值;若有向左或向右的箭头按钮( ),可增大或减小该值;若有“浏览”按钮( ),可在弹出的对话框中修改特性值。

“特性”选项板可以关闭或打开,也可以移动或固定,还可以设置为自动隐藏。这些操作通过右击选项板标题栏而显示的菜单来进行。要关闭选项板,单击关闭按钮即可。用鼠标可以将“特性”选项板拖动到任意位置。当将选项板拖动到绘图区域左右边缘时,选项板就固定下来。

1. 命令输入方式

功能区："常用"选项卡→"特性"面板→

"视图"选项卡→"选项板"面板→特性

键盘输入：PROPERTIES 或 PR 或 PROPS 或 CH 或 MO

快捷方式：选择对象后右击图形区域，单击"特性(S)"，或者双击对象。

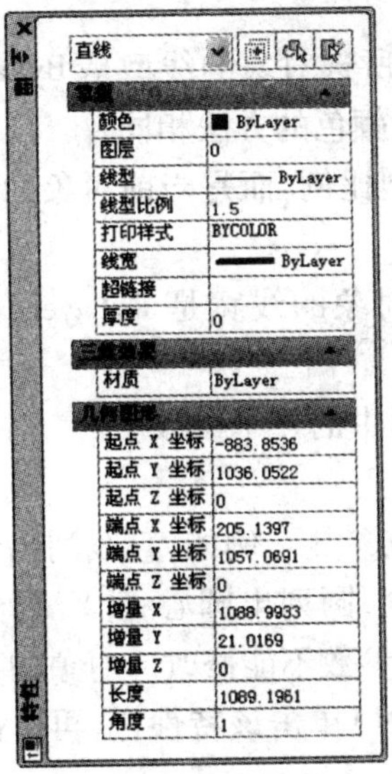

图 3-27　显示直线的"特性"选项板

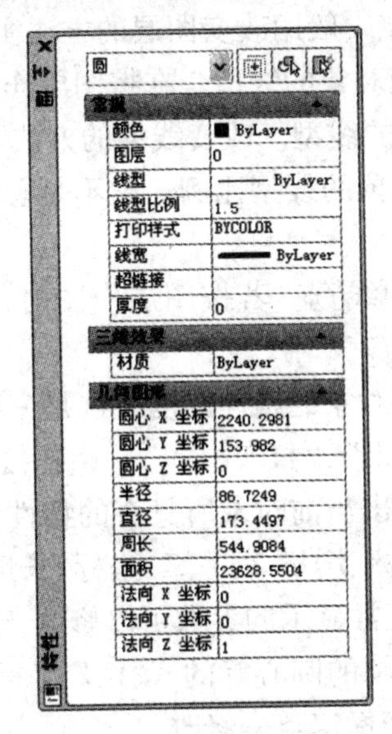

图 3-28　显示圆的"特性"选项板

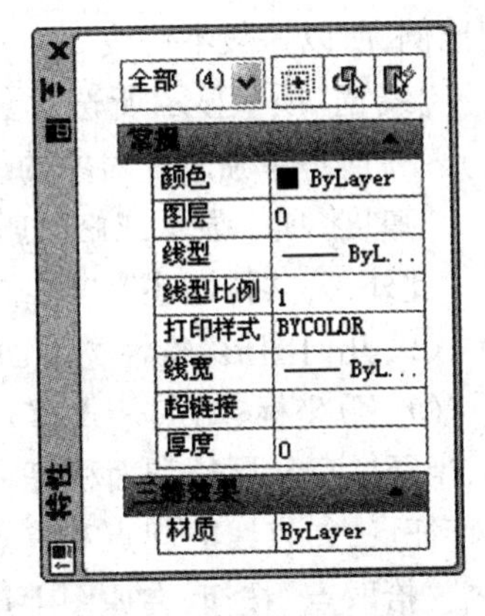

图 3-29　显示全部的"特性"选项板

2. 选项板说明

选项板中第一项是对象类型控件。展开列表中列出已选对象的名称或"全部"，名称后的括号里是此对象的数量。在展开列表中点取一项为当前对象，窗口中将列出该对象的所有特性。如还未选对象，则显示"无选择"，窗口中将列出当前图形的特性。

控件的右端还有三个按钮，第一个是"切换 PICKADD 系统变量的值"按钮( )。该按钮控制后续选定对象是替换还是添加到当前选择集。最初(值为 1)每次选定的对象都将添加到当前选择集。如果单击了该按钮(值为 0)，则最新选定的对象将替换前一次选定的对象。第二个是"选择对象"按钮( )，也是用来选择要编辑的对象。也可以不用选择按钮而直接用光标在图上选取对象。选中对象的名称显示在上述列表框中。第三个是"快速选择"按钮( )。该按钮使用"快速选择"对话框(图 3-17)根据过滤条件来选择要编辑的对象。

选项板中的列表是按特性分类，用表格形式列出当前对象的所有特性。选定对象不同，列出的特性也不尽相同。下面分别说明在选了单个对象、多个对象或未选对象时所列出的特性。

(1)单个对象的特性

单个对象的“特性”选项板如图 3-27、图 3-28 所示。

①“常规”特性类下面列出对象的公共特性。

“颜色”项　显示或改变所选对象的颜色。若按图层作图时，所选对象的颜色是 ByLayer（随层）。一般不单独改变对象的颜色。若要改变颜色，则单击该特性栏，在右端显示一向下的箭头。再单击箭头，在控件中选取某一颜色。

“图层”项　显示或改变所选对象所在图层。改变对象所在图层的方法与改变颜色一样。修改对象的颜色、线型和线宽一般用改变图层的方法实现。

“线型”项　显示或改变所选对象的线型。在按图层作图时，所选对象的线型是 ByLayer（随层）。一般不单独改变对象的线型。改变线型的方法与改变颜色的方法相同。

“线型比例”项　显示所选对象的线型比例。它不是总的线型比例，而是当前对象的线型比例，所以一般不修改。

“线宽”项　显示所选对象的线宽。若按图层作图时，所选对象的线宽是 ByLayer（随层）。一般不单独改变对象的线宽。

“厚度”项　显示或修改所选对象的延伸厚度。这是三维图形中的一个参数。

此外，公共特性还有“三维效果”、“打印样式”、“超链接”等项。

②“几何图形”特性类下面列出当前对象所具有的特性和相应参数。例如，直线列出起点 $X(Y、Z)$ 坐标、端点 $X(Y、Z)$ 坐标、增量 $X(Y、Z)$ 坐标、长度、角度；圆列出圆心 $X(Y、Z)$ 坐标、半径、直径、周长和面积等。正常显示的参数可以修改，暗显的参数不能修改。对象的某些特征点，如直线的起点和终点，圆的圆心等的 X、Y、Z 坐标，也可以单击该特性栏，再单击右端“拾取点”按钮，在原图上用光标定点来修改。

(2)多个对象的特性

多个对象的“特性”选项板如图 3-29 所示。对象类型控件中“全部”表示全部选中的对象，即多个对象。对于多个对象只能列出它们的公共特性，如同单个对象的“特性”选项板中“常规”特性类下面列出对象的公共特性一样。

(3)未选对象的特性

未选对象的“特性”选项板如图 3-30 所示。在对象类型控件中，当前对象为“无选择”。窗口中列出当前图形的一些特性。

①“常规”特性类下面列出图形中所有对象的公共特性。这些特性与单个对象的基本特性相同。

②“打印样式”特性类下面列出有关图形打印的一些特性。

③“视图”特性类下面列出当前视口的一些数据，如当前视口中心点的 $X(Y、Z)$ 坐标、当前视口的高度和宽度。

④“其他”特性类下面列出坐标系图标的一些特性，如是否显示 UCS 图标、UCS 图标是否在原点处显示、是否在每个视口都显示 UCS 图标等。

3. 命令使用举例

例 1　修改图 3-31(a)中的直线、圆和文字，结果如图 3-31(d)所示。

①执行 PROPERTIES（特性）命令，显示未选对象的“特性”选项板。

②修改圆的半径：点取圆（如图 3-31(a)中 $P1$ 点），在“特性”选项板内显示圆的特性。

图 3-30　未选对象的“特性”选项板

在“特性”选项板内单击“半径”值并输入新值。移动光标到绘图区域，单击【Esc】键，结果如图 3-31(b)所示。

③修改端点：点取直线（如图 3-31(b)中 *P*3 点），在“特性”选项板内显示直线的特性。在“特性”选项板内单击“端点 *X* 坐标”值，再单击右端“拾取点”按钮。移动光标到绘图区域，在圆上拾取 *P*4 点（如图 3-31(b)），单击【Esc】键，结果如图 3-31(c)所示。

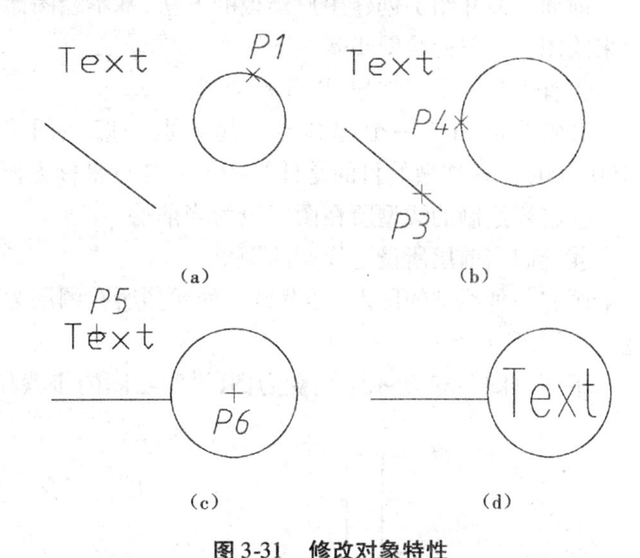

图 3-31　修改对象特性

(a)原图及修改；(b)修改直线；(c)改变文字；(d)结果

④修改文字特性：点取文字（如图 3-31(c)中 *P*5 点），在“特性”选项板内显示文字的特性。在“特性”选项板内单击“位置 *X* 坐标”值，再单击右端“拾取点”按钮。移动光标到绘图区域，在圆上拾取 *P*6 点（图 3-31(c)）。在“特性”选项板内单击“高度”值并输入新值。在“特性”选项板内单击“文字样式”，再单击右端箭头按钮，在控件中点取 ROMANS 样式。移动光标到绘图区域，单击【Esc】键，结果如图 3-31(d)所示。如控件中没有 ROMANS 文字样式，则应先设置好该样式。关于设置文字样式将在 7.1 节中介绍。

最后关闭“特性”选项板。

例 2　利用“特性”选项板修改对象的图层、线型和颜色等特性。

在“特性”选项板中修改对象的图层、线型和颜色等特性时，一般只修改对象所在的图层。把对象从一个图层移到另一图层，其线型和颜色随图层改变，而不是单独修改某一对象的线型或颜色。建议用户养成按图层作图的习惯。

3.“快捷特性”选项板

AutoCAD2010 还提供了“快捷特性”功能。在未执行命令的状态下，选择对象时即在光标处显示“快捷特性”选项板。该选项板可以显示所选中的一个或一组对象的最常用特性，如颜色、图层、线型以及对象特征等数据，以便查看和更改所选对象的现有特性。“快捷特性”选项板是简化了的“特性”选项板，它只列出“特性”选项板中的部分信息，用户可以通过设置来确定快捷特性中显示哪些特性。是否显示该选项板，可使用屏幕底部的应用程序状态栏中“快捷特性”按钮( )控制(默认状态是开启的)，或者使用选择对象后的右键快捷菜单中“☑快捷特性”选项确定。

3.3 绘图举例

前面已经介绍了创建用户样板的方法、基本绘图命令和基本编辑命令，现在利用这些知识来绘图。一般的绘图步骤如下。

①首先装入用户样板，再开始绘图。

②给图形确定一个起画点。起画点一般在图形的左下角。例如起画点的坐标为(100,100)。这样做的目的是计算图形上各点坐标方便。

③将要绘制的线型所在图层设为当前层。

④绘制当前层所设定线型的图形。

画完一种线型的图形，再设另一种线型所在图层为当前层，并画出这种线型的图形。画完一个视图，再画另一个视图。

下面以图3-32所示法兰盘为例，说明绘图的步骤和方法。

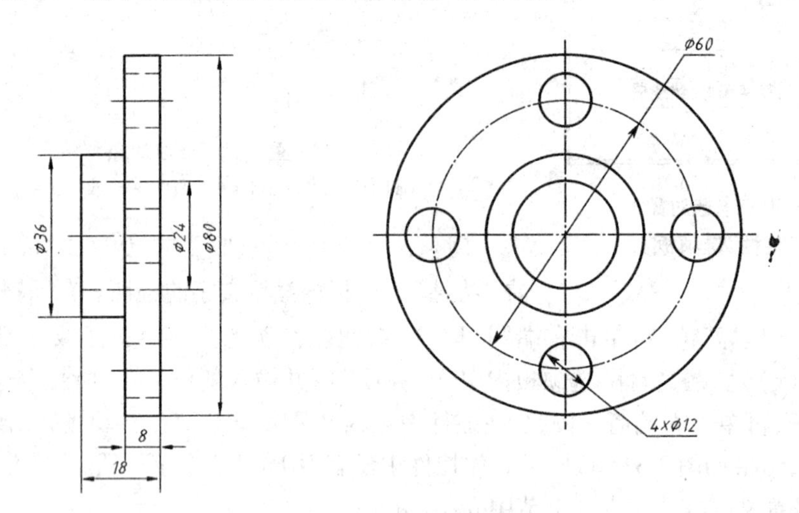

图3-32　法兰盘两视图

1. 装入用户样板

使用QNEW(快速新建)或NEW(新建)命令装入用户样板。操作方法详见2.3.3节。

2. 画主视图

选定好主视图位置，其左下角为(100,100)。画图前要考虑画什么线型，在哪一层上画，也就是要先设置好当前层。下面的操作顺序是：先画可见轮廓线，再画虚线，最后画点画线。其操作过程中相对坐标都是输入坐标值，如作直接距离输入则更方便。

单击“图层”面板中图层控件，再单击图层名称“粗实线”。

画右侧矩形。

单击：[直线]

输入：100，100　　＊指定第一点

向右拖动鼠标，当极轴追踪显示0°时输入：8

向上拖动鼠标，当极轴追踪显示90°时输入：80

向左拖动鼠标，当极轴追踪显示180°时输入：8

输入：C　　＊闭合图形

画左侧开口矩形。

单击：↙　　＊重复直线命令

输入：100，122

向左拖动鼠标，当极轴追踪显示180°时输入：10

向上拖动鼠标，当极轴追踪显示90°时输入：36

向右拖动鼠标，当极轴追踪显示0°时输入：10

单击：↙

单击“图层”面板中图层控件，再单击图层名称“虚线”。

画下边小孔虚线。

单击：↙　　＊启动直线命令

输入：100，104

向右拖动鼠标，当极轴追踪显示0°时输入：8

单击：↙

单击：↙　　＊重复直线命令（相对于上条命令结束点位置）

输入：@0，12　　＊指定第一点位置

向左拖动鼠标，当极轴追踪显示180°时输入：8

单击：↙

画大孔虚线。

单击：↙　　＊重复直线命令

输入：90，128

向右拖动鼠标，当极轴追踪显示0°时输入：18

单击：↙

单击：↙　　＊重复直线命令

输入：@0，24

向左拖动鼠标，当极轴追踪显示180°时输入：18

单击：↙

单击：↙　　＊重复直线命令

输入：@10，－6

向右拖动鼠标，当极轴追踪显示0°时输入：8

单击：↙

单击：↙　　＊重复直线命令

输入：@0，－12

向左拖动鼠标，当极轴追踪显示180°时输入:8
单击:↙
单击:↙ ＊重复直线命令
输入:100,164
向右拖动鼠标，当极轴追踪显示0°时输入:8
单击:↙
单击:↙ ＊重复直线命令
输入:@0,12
向左拖动鼠标，当极轴追踪显示180°时输入:8
单击:↙
单击"图层"面板中图层控件，再单击图层名称"点画线"。
画上边小孔轴线。
单击:↙ ＊启动直线命令
输入:@ -3, -6
向右拖动鼠标，当极轴追踪显示0°时输入:14
单击:↙
画大孔轴线。
单击:↙ ＊重复直线命令
输入:@0, -30
向左拖动鼠标，当极轴追踪显示180°时输入:24
单击:↙
画下边小孔轴线。
单击:↙ ＊重复直线命令
输入:@10, -30
向右拖动鼠标，当极轴追踪显示0°时输入:14
单击:↙

3. 画左视图

左视图的圆心在(200,140)处。因为前面画的是点画线，所以接下来仍先画点画线，再画轮廓线。

画水平中心线。
单击:↙ ＊重复直线命令
输入:157,140
输入:86,0
单击:↙
画垂直中心线:
单击:↙ ＊重复直线命令
输入:200,183
输入:0, -86
单击:↙

画点画线圆。

单击: * 启动画圆命令

输入:200,140 * 指定圆心坐标

输入:30 * 指定圆的半径

单击“图层”面板中图层控件,再单击图层名称粗实线。

画 3 个同心圆。

单击:↙ * 重复画圆命令

输入:@ * 与上一个圆同心

输入:18 * 指定圆的半径

单击:↙ * 重复画圆命令

输入:@

输入:12

单击:↙ * 重复画圆命令

输入:@

输入:40

画 4 个小圆。

单击:↙ * 重复画圆命令

输入:@ -30,0 * 指定圆心位置(相对于上条命令结束点位置)

输入:6

单击:↙ * 重复画圆命令

输入:@60,0

单击:↙ * 与上一个圆半径相同

单击:↙ * 重复画圆命令

输入:@ -30,30

单击:↙

单击:↙ * 重复画圆命令

输入:@0, -60

单击:↙

用 SAVEAS(另存为)命令保存图形,绘图结束。

主视图上表示小孔的虚线长短一致、间距相等,故可以用 COPY(复制)和 OFFSET(偏移)命令画出。操作过程如下。

画最下边一条虚线。

单击: * 启动直线命令

输入:100,104 * 指定第一点

输入:8,0 * 指定下一点

单击:↙ * 完成直线命令

复制第二条虚线。

单击: [图标]　　　　*启动偏移命令

*命令行显示：　当前设置：删除源 = 否　图层 = 源　OFFSETGAPTYPE = 0

输入:12　　　　*指定偏移距

单击:(点取刚画的虚线)　　　　*选择要偏移的对象

单击:(在虚线上方任给一点)　　　　*指定要偏移的那一侧上的点

单击:↙　　　　*结束偏移命令

复制另两小孔的虚线。

命令: [图标]　　　　*启动复制命令

单击:(刚画的两条虚线)　　　　*选择对象(找到 2 个)

单击:↙　　　　*结束对象选择

*命令行提示:当前设置:复制模式 = 多个

输入:100,104　　　　*指定基点

向上拖动鼠标,当极轴追踪显示 90°时输入:30　　　　*指定目标位置

输入:60　　　　*继续指定目标位置

单击:↙　　　　*结束复制命令

3.4　其他绘图命令

本节介绍其他绘图命令,这些命令能够绘制特定图形。

3.4.1　RECTANG(矩形)命令

RECTANG(矩形)命令通过两对角点或指定长和宽画出矩形。这样的矩形是闭合的多段线,并且是一个对象。矩形可以有倒角或圆角,边还可以有粗细之分,等等。

1. 命令输入方式

功能区:"常用"选项卡→"绘图"面板→[图标]

键盘输入:RECTANG 或 REC

2. 命令使用举例

例 1　过两点(100,100)、(180,160)画矩形,并有半径为 10 的圆角(图 3-33)。

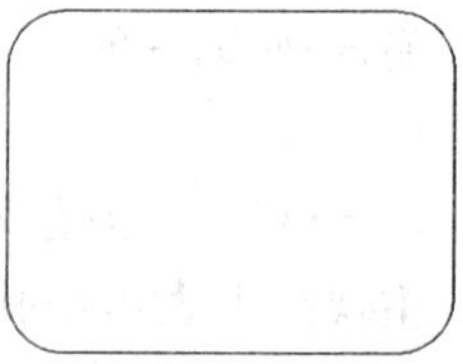

图 3-33　矩形

画矩形的操作过程如下。

单击: [图标]　　　　*启动绘制矩形命令

输入:F　　　　*设置"圆角"模式

输入:10　　　　*指定圆角半径

输入:100,100　　　　*指定第一个角点

输入:180,160　　　　*指定另一个角点

例 2　画一矩形,使其长为 100,宽为 60,线宽为 1。

画矩形的操作过程如下。

单击: [图标]　　　　*启动绘制矩形命令

输入:W　　　　　　　　　　　　　　　　　　　　　* 设置“宽度”模式
输入:1　　　　　　　　　　　　　　　　　　　　　* 指定矩形的线宽
单击:(一点)　　　　　　　　　　　　　　　　　　* 指定第一个角点
输入:D　　　　　　　　　　　　　　　　　　　　　* 设置大小输入模式
输入:100　　　　　　　　　　　　　　　　　　　　* 指定矩形的长度
输入:60　　　　　　　　　　　　　　　　　　　　 * 指定矩形的宽度
单击:(一点)　　　　　　　　　　　　　　　　　　* 指定矩形的位置

命令窗口显示如下。

命令:_ rectang

指定第一个角点或[倒角(C)/标高(E)/圆角(F)/厚度(T)/宽度(W)]:W

指定矩形的线宽 <0.0000 >:1

指定第一个角点或[倒角(C)/标高(E)/圆角(F)/厚度(T)/宽度(W)]: 指定另一个角点或[面积(A)/尺寸(D)/旋转(R)]:D

指定矩形的长度 <0.0000 >:100

指定矩形的宽度 <0.0000 >:60

指定另一个角点或[面积(A)/尺寸(D)/旋转(R)]:

3. 说明

①“标高(E)”和“厚度(T)”两个选项用于绘制三维图形,将在第 12 章中介绍。

②“面积(A)”选项根据面积和一边长绘制矩形。“旋转(R)”选项可使矩形倾斜一指定角度。

3.4.2 POLYGON(正多边形)命令

POLYGON(正多边形)命令用来绘制边数 3 ~ 1024 的正多边形。所画的正多边形实际上是一条封闭的多段线,其线宽总为零。若要改变宽度,可用 PEDIT(多段线编辑)命令(见 4.1.2 节)修改。正多边形的大小可由边长来确定,也可由内切圆或外接圆的半径来确定。

1. 命令输入方式

功能区:“常用”选项卡→“绘图”面板→ 绘图 ▾ →

键盘输入:POLYGON 或 POL

2. 命令使用举例

例 1　用给定边长画正六边形,如图 3-34 所示。

用给定边长画正六边形的操作过程如下。

单击:　　　　　　　　　　　　* 启动绘制多边形命令
输入:6　　　　　　　　　　　　* 输入边的数目
输入:E　　　　　　　　　　　　* 设置“边”模式画多边形
输入:50,20　　　　　　　　　　* 指定边的第一个端点
输入:100,20　　　　　　　　　 * 指定边的第二个端点

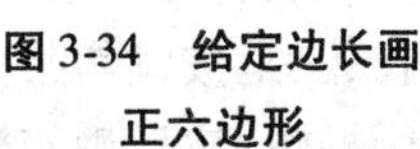

图 3-34　给定边长画正六边形

命令窗口显示如下。

命令:_ polygon

输入边的数目 <4 >:6

指定多边形的中心点或[边(E)]:E

指定边的第一个端点:50,20

指定边的第二个端点:100,20

例2　用外接圆方式画正六边形,如图3-35所示。

用外接圆方式画正六边形的操作过程如下。

单击:⬠　　＊启动绘制多边形命令

输入:6　　＊输入边的数目

输入:100,100　　＊指定多边形的中心点

单击:↙　　＊默认多边形"内接于圆(I)"

输入:50　　＊指定内接圆的半径

命令窗口显示如下。

命令:_ polygon

输入边的数目 <4 >:6

指定多边形的中心点或[边(E)]:100,100

输入选项[内接于圆(I)/外切于圆(C)] <I>:

指定圆的半径:50

3. 说明

用光标在屏幕上定点给出外接圆或内切圆半径,可使用拖动功能。正多边形中心为第一点($P1$),外接圆或内切圆过第二点($P2$)。第二点确定正多边形一边的位置。当采用外接圆方式时,第二点为正多边形一边的端点,如图3-36(a)所示;当采用内切圆方式时,第二点为正多边形一边的中点,如图3-36(b)所示。当采用键盘输入半径时,正多边形最下面的一边为水平。

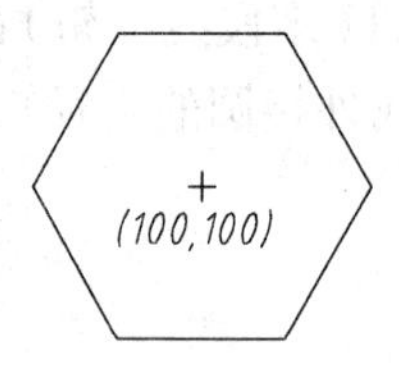

图3-35　用外接圆方式画正六边形

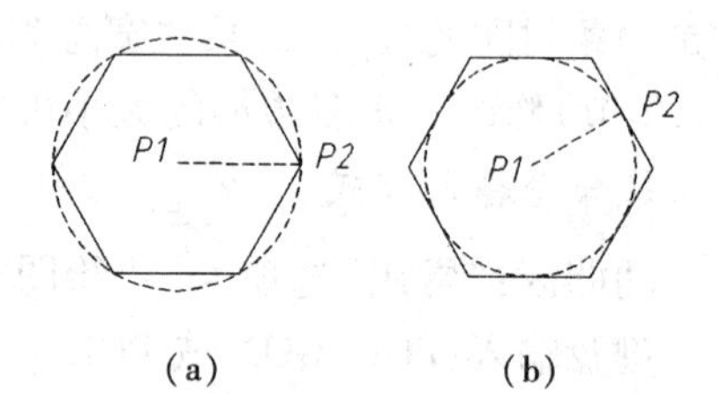

图3-36　确定正多边形位置

(a)外接圆方式;(b)内切圆方式

3.4.3　ELLIPSE(椭圆)命令

ELLIPSE(椭圆)命令用于绘制椭圆和椭圆弧。绘制椭圆的方法有三种:一是指定一轴线两端点和另一轴线的半轴长;二是指定椭圆中心和一根轴线的一个端点及另一轴线的半轴长;三是按倾斜某一角度的圆的投影画椭圆,倾斜角度从0°到89.4°。画椭圆弧的方法是先画椭圆,然后确定椭圆弧的起始角和终止角,或者确定起始角和夹角。

1. 命令输入方式

功能区:"常用"选项卡→"绘图"面板→[椭圆]→[圆心]、[轴,端点]

键盘输入: ELLIPSE 或 EL

2. 命令使用举例

例1　过一轴线两端点和另一轴线的半轴长画椭圆，如图3-37所示。

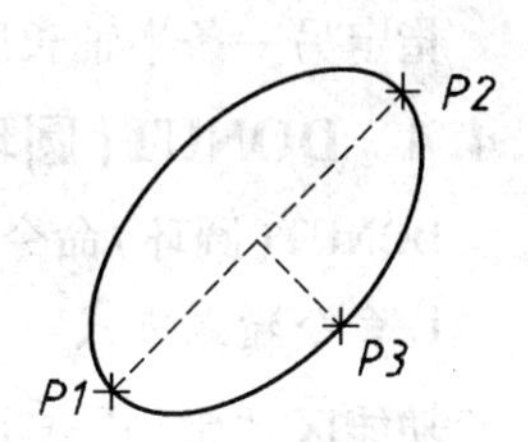

图3-37　三点定椭圆

三点定椭圆的操作过程如下。

单击：轴，端点　　* 启动绘制椭圆命令
单击：(P1点)　　* 指定椭圆的轴端点
单击：(P2点)　　* 指定轴的另一个端点
单击：(P3点)　　* 指定另一条半轴长度

命令窗口显示如下。

命令：_ ellipse
指定椭圆的轴端点或[圆弧(A)/中心点(C)]：
指定轴的另一个端点：
指定另一条半轴长度或[旋转(R)]：

例2　绕主轴旋转60°画椭圆，如图3-38所示。

绕主轴旋转60°画椭圆的操作过程如下。

单击：轴，端点　　* 启动绘制椭圆命令
单击：(P1点)　　* 指定椭圆的轴端点
单击：(P2点)　　* 指定轴的另一个端点
输入：R　　* 设置"旋转(R)"模式
输入：60　　* 指定绕主轴旋转角度

例3　过中心和一根轴线的一个端点及另一轴线的半轴长画椭圆，如图3-39所示。

根据两半轴长画椭圆的操作过程如下。

单击：圆心　　* 启动绘制椭圆命令
单击：(P1点)　　* 指定椭圆轴的中心点
单击：(P2点)　　* 指定轴的端点
单击：(P3点)　　* 指定另一条半轴长度

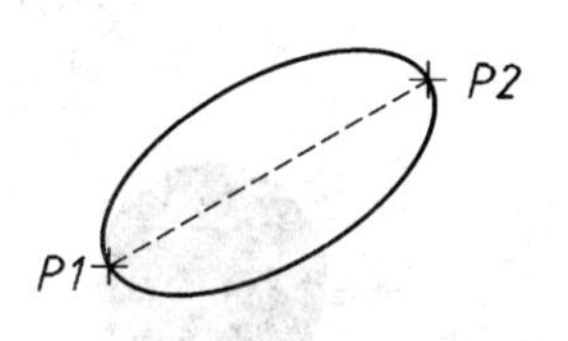

图3-38　绕轴线旋转60°定椭圆

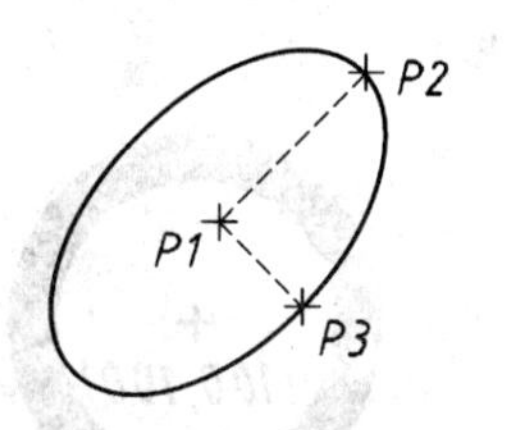

图3-39　根据两半轴长画椭圆

命令窗口显示如下。

命令：_ ellipse
指定椭圆的轴端点或[圆弧(A)/中心点(C)]：_ c
指定椭圆的中心点：

指定轴的端点：
指定另一条半轴长度或[旋转(R)]：

3.4.4 DONUT(圆环)命令

DONUT(圆环)命令用于绘制填充的圆环或实心圆。该对象是多段线。

1. 命令输入方式

功能区："常用"选项卡→"绘图"面板→ 绘图 ▾ →

键盘输入：DONUT 或 DO

2. 命令使用举例

例1　在点(100,100)处绘制内径为30、外径为40的圆环(图3-40)。

画圆环的操作过程如下。

单击：　　＊启动绘制圆环命令
输入：30　　＊指定圆环的内径
输入：40　　＊指定圆环的外径
输入：100,100　　＊指定圆环的中心点
单击：↙　　＊完成圆环命令

命令窗口显示如下。

命令：_ donut
指定圆环的内径 <0.5000>：30
指定圆环的外径 <1.0000>：40
指定圆环的中心点或 <退出>：100,100
指定圆环的中心点或 <退出>：

例2　在点(200,100)处绘制外径为50的实心圆(图3-41)。

画实心圆的操作过程如下。

单击：　　＊启动绘制圆环命令
输入：0　　＊指定圆环的内径
输入：50　　＊指定圆环的外径
输入：200,100　　＊指定圆环的中心点
单击：↙　　＊完成圆环命令

图3-40　圆环

图3-41　实心圆

3.4.5 POINT(点)命令

POINT(点)命令用于在指定位置放置一个点的符号。点符号是对象。点符号有20个，

默认为一个很小的点。如使用另一个符号，则画点之前应先用 DDPTYPE（点样式）命令设置一种符号及符号的大小。

1. DDPTYPE（点样式）命令

输入 DDPTYPE（点样式）命令的方式如下。

功能区："常用"选项卡→ 实用工具 ▾ → 点样式...

键盘输入：DDPTYPE

执行 DDPTYPE（点样式）命令后显示图 3-42 所示的"点样式"对话框。对话框上部排列 20 种点符号，点取一种即可。对话框下部有"点大小（S）"输入框，用于设置点符号的大小。"相对于屏幕设置大小（R）"单选按钮控制是否用相对于屏幕大小的百分比来设置点符号的大小。当选中该按钮并执行显示缩放时，点的大小并不改变。"按绝对单位设置大小（A）"单选按钮控制是否用相对于绘图单位来设置点符号的大小。当选中该按钮并执行显示缩放时，显示出的点的大小随之改变。默认值是用相对于屏幕大小的百分比。通常，使用点符号时希望它有固定的大小使之与图形一致，因此要打开"按绝对单位设置尺寸（A）"。

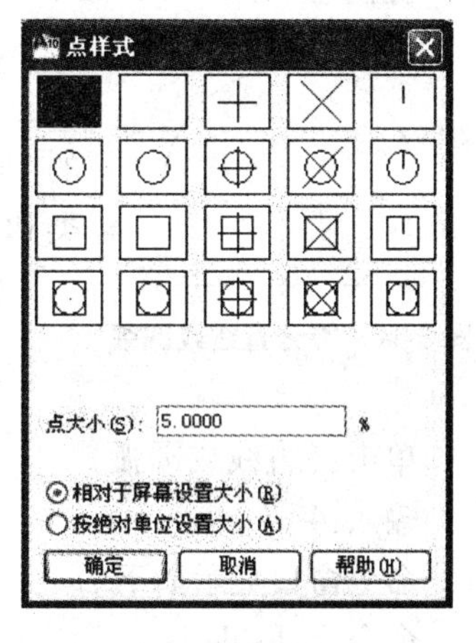

图 3-42 "点样式"对话框

2. POINT（点）命令

输入 POINT（点）命令的方式如下。

功能区：常用"选项卡→ 绘图 ▾ →

键盘输入：POINT 或 PO

执行 POINT（点）命令后提示如下：

当前点模式：PDMODE = 0 PDSIZE = 0.0000

指定点：

从键盘输入 POINT（点）命令时只画一个点，而用点命令按钮执行 POINT（点）命令就能连续画若干个点，最后按【Esc】键结束命令。

(100,100)

图 3-43 点符号

3. 命令使用举例

例 在点（100,100）处画一个"×"符号（图 3-43）。

画一个"×"符号的操作过程如下。

单击：点样式... ＊启动点样式命令

在"点样式"对话框中点取"×"符号，打开"按绝对单位设置尺寸（A）"项，在"点大小（S）"文本框中键入 20，单击"确定"按钮，结束 DDPTYPE（点样式）命令。

单击： ＊启动绘制多点命令

＊命令行显示： 当前点模式：PDMODE = 3 PDSIZE = 20.0000

输入：100,100 ＊指定点坐标

单击：【Esc】

3.4.6 DIVIDE（定数等分）命令

DIVIDE（定数等分）命令用来将指定目标等分成给定的份数，并在等分点处放置点符号或图块。关于图块将在9.1节介绍。点符号或图块应事先设置好。实际上目标并没有被划分成断开的若干段,但可用“节点”来捕捉各等分点。关于对象捕捉将在5.4节介绍。指定的目标可以是直线、圆弧、圆、椭圆、椭圆弧、多段线和样条曲线。圆的等分从0°开始。

1. 命令输入方式

功能区:“常用”选项卡→ 绘图 ▼ → ∘ ▾ → 定数等分

键盘输入:DIVIDE 或 DIV

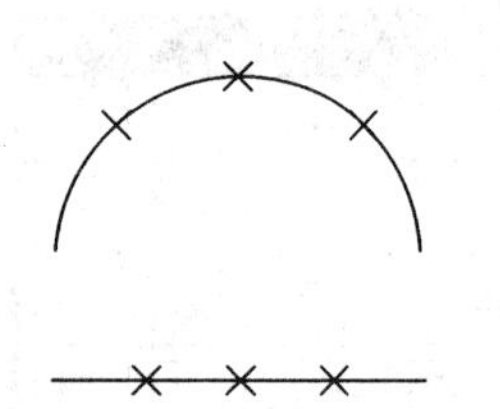

图3-44 等分直线或圆弧

2. 命令使用举例

例1 将一直线或圆弧等分为四等份,如图3-44所示。图中的“×”为点符号。点符号必须用DDPTYPE(点样式)命令设置种类和大小。

定数等分的操作过程如下。

单击: 定数等分 * 启用定数等分命令

单击:(直线或圆弧) * 选择要定数等分的对象

输入:4 * 分段数目

命令窗口显示如下。

命令:_ divide

选择要定数等分的对象:

输入线段数目或[块(B)]:4

例2 等分对象时,在各等分点处放置已定义好的图块。

定数等分的操作过程如下。

单击: 定数等分 * 启用定数等分命令

单击:(对象) * 选择要定数等分的对象

输入:B * 设置“块”模式

输入:(块名) * 要插入的块名

输入: Y(或N) * 是否对齐块和对象

输入:(段数) * 分段数目

命令窗口显示如下。

命令:_ divide

选择要定数等分的对象:

输入线段数目或[块(B)]:B

输入要插入的块名:(块名)

是否对齐块和对象?[是(Y)/否(N)]<Y>: Y(或N)

输入线段数目:(段数)

3.4.7 MEASURE(定距等分)命令

MEASURE(定距等分)命令与DIVIDE(定数等分)命令类似。MEASURE(定距等分)命令用给定的长度,从最靠近对象选择点的端点开始对目标作逐段测量,并在每两段之间加上点符号或图块。点符号或图块应事先设置好。目标不是被切成若干段,各分点可以用"节点"来捕捉。指定的目标可以是直线、圆弧、圆、椭圆、椭圆弧、多段线和样条曲线。圆的测量从0°开始。

1. 命令输入方式

功能区:"常用"选项卡→ 绘图 ▼ → · ▼ → 定距等分

键盘输入:MEASURE 或 ME

2. 命令使用举例

例　将一直线按定长分段,如图3-45所示。图中的"×"为点符号。点符号必须用DDPTYPE(点样式)命令设置其种类和大小。

图3-45　定距等分线段

定距等分的操作过程如下。

单击:

　　* 启用定距等分命令

单击:(直线)　　* 选择要定距等分的对象

输入:10　　* 指定线段长度

命令窗口显示如下。

命令:_ measure

选择要定距等分的对象:

指定线段长度或[块(B)]:10

练习题

3.1　绘制图3-32所示法兰盘的两视图。

3.2　绘制图3-46所示平面图形。

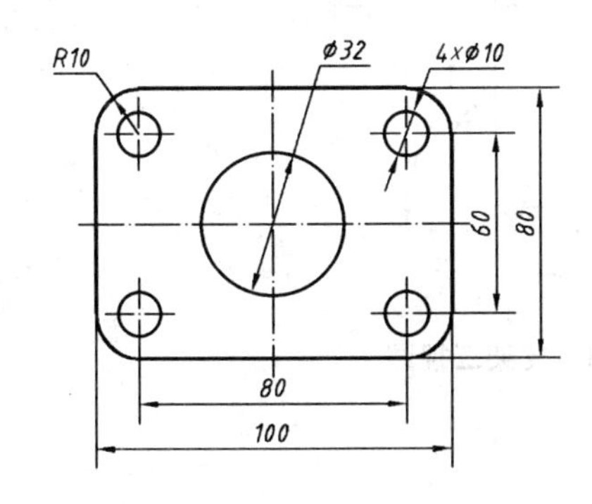

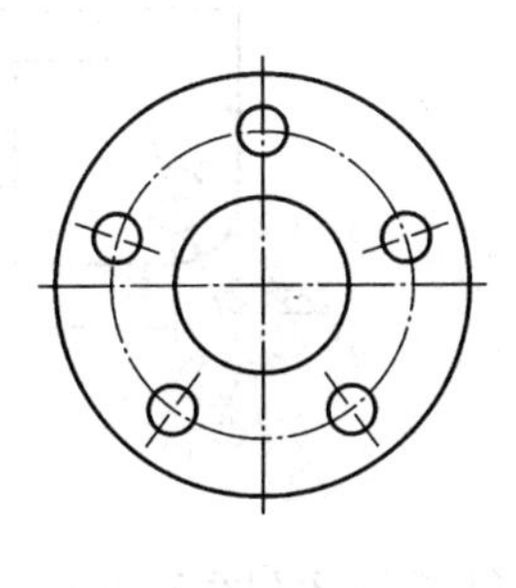

图3-46　平面图形

3.3　绘制齿轮零件图(图3-47)。

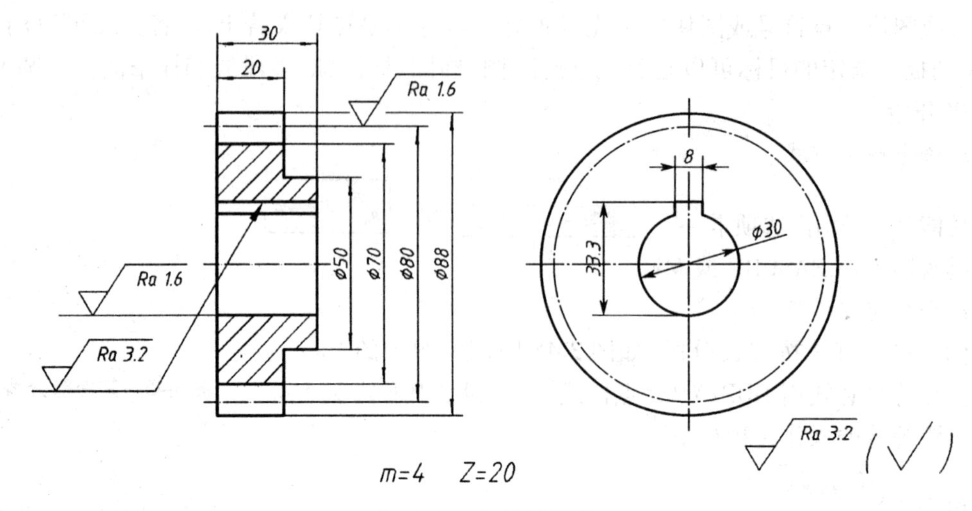

图 3-47 齿轮零件图

3.4 绘制图 3-48 所示支架三视图。

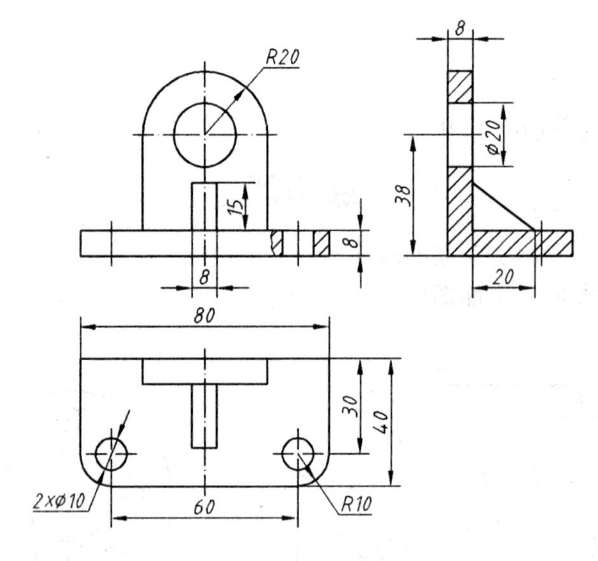

图 3-48 支架三视图

3.5* 绘制轴零件图(图 3-49)。

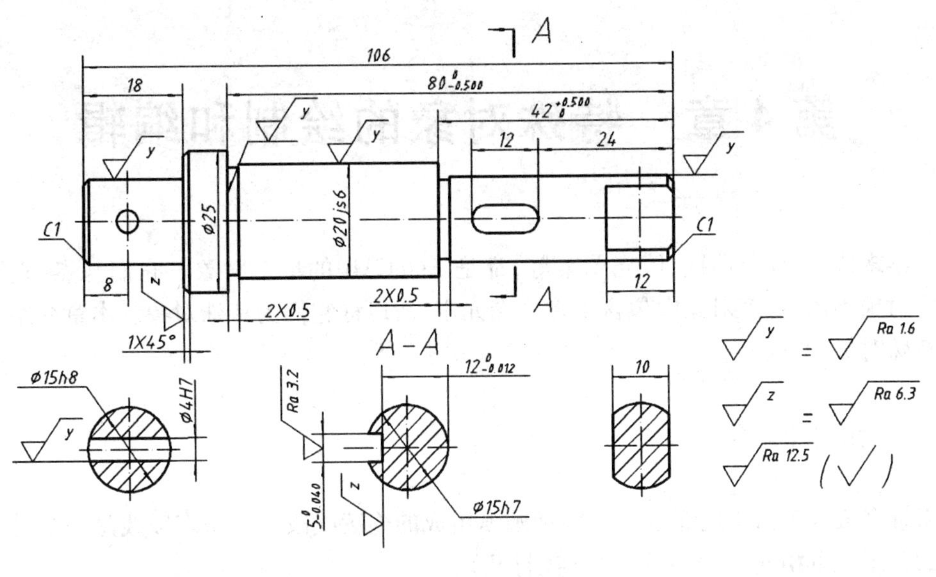

图 3-49　轴零件图

3.6　绘制模板图形(图 3-50)。

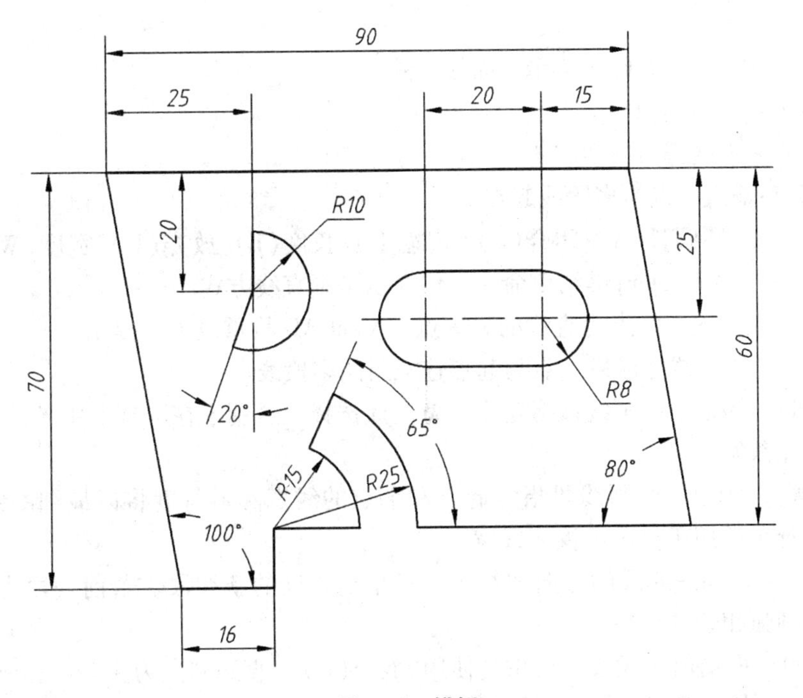

图 3-50　模板

第 4 章　特殊对象的绘制和编辑

二维多段线、样条曲线、填充图案等，都是 AutoCAD 的单个对象。它们与点、直线、圆、圆弧等对象不同，每个对象中包含了多个图元素，所以称它们为特殊对象。本章介绍绘制和编辑特殊对象的方法。

4.1　二维多段线

二维多段线是由不同宽度的直线和圆弧组成的连续线段。一条多段线是一个对象。多段线的首尾可以相连（闭合）或不相连（打开）。

4.1.1　PLINE（多段线）命令

PLINE（多段线）命令用来绘制二维多段线。

1. 命令输入方式

功能区："常用"选项卡→"绘图"面板→

键盘输入：PLINE 或 PL

2. 命令提示及选择项说明

指定起点：输入一点为多段线起点。

指定下一点或[圆弧(A)/闭合(C)/半宽(H)/长度(L)/放弃(U)/宽度(W)]：　输入一点或选择项，或按【Enter】键结束命令。该提示是画直线方式。

指定下一点　输入的点为直线的另一点。AutoCAD 将重复上一提示。

闭合(C)　用直线把最后一点与起点连成封闭多段线。

半宽(H)　为以下所画线段指定半线宽。此选择项适用于在屏幕上用光标定点给出起点和端点的半线宽。

宽度(W)　为以下所画线段指定起点和端点的线宽。零宽度将以最细的线条显示多段线。此选择项适用于从键盘输入线宽。

长度(L)　以前一线段的方向继续画一条指定长度的新线段。若前一段为圆弧，就会产生一条与圆弧相切的线段。

放弃(U)　取消前一线段。可重复使用"放弃(U)"，直到起点为止。

圆弧(A)　转入画圆弧方式。提示如下。

指定圆弧的端点或[角度(A)/圆心(CE)/闭合(CL)/方向(D)/半宽(H)/直线(L)/半径(R)/第二个点(S)/放弃(U)/宽度(W)]：　输入一点或选择项，或者按【Enter】键结束命令。

指定圆弧的端点　输入的点为圆弧的终点。

直线(L)　画直线方式。PLINE（多段线）命令开始时显示的选择项提示就是画直线方式。

角度(A)　所画圆弧的圆心角。正角度按逆时针方向画弧,负角度按顺时针方向画弧。指定圆心角后,还需指定圆弧的终点或圆心或半径。

圆心(CE)　为所画圆弧指定圆心。指定圆心后,还需指定圆弧的终点或圆心角或弦长。

方向(D)　为所画圆弧重新指定一个起始方向。指定圆弧的起点切向后,还需指定圆弧的终点。

半径(R)　为所画圆弧指定半径。指定半径后,还需指定圆弧的终点或角度。

第二个点(S)　为所画弧指定第二点,再提示指定圆弧的终点。

闭合(CL)　用圆弧把最后一点与起点连成封闭的多段线。

半宽(H)、宽度(W)、放弃(U)　与直线方式下的含义相同。

3. 命令使用举例

例1　用多段线绘制图4-1所示图形。

画多段线的操作过程如下。

单击: 　　* 启动绘制多段线命令

输入:30,30　　* 指定起点坐标

拖动鼠标向右上移动,当极轴追踪显示30°时输入:10

输入:A　　* 设置"圆弧"输入模式

输入:R　　* 设置"半径"输入模式

输入:10　　* 指定圆弧半径

输入:A　　* 设置"角度"输入模式

输入:-225　　* 指定包含角

单击:↙　　* 指定圆弧的弦方向保持30度

输入:L　　* 转换"直线"模式

拖动鼠标向右上移动,当极轴追踪显示30°时输入:10　　* 指定下一点坐标

单击:↙　　* 完成绘制多段线命令

命令窗口显示如下。

命令:_ pline

指定起点:30,30

当前线宽为0.0000

指定下一点或[圆弧(A)/半宽(H)/长度(L)/放弃(U)/宽度(W)]:@10 <30

指定下一点或[圆弧(A)/闭合(C)/半宽(H)/长度(L)/放弃(U)/宽度(W)]:A

指定圆弧的端点或[角度(A)/圆心(CE)/方向(D)/半宽(H)/直线(L)/半径(R)/第二个点(S)/放弃(U)/宽度(W)]:R

指定圆弧的半径:10

指定圆弧的端点或[角度(A)]:A

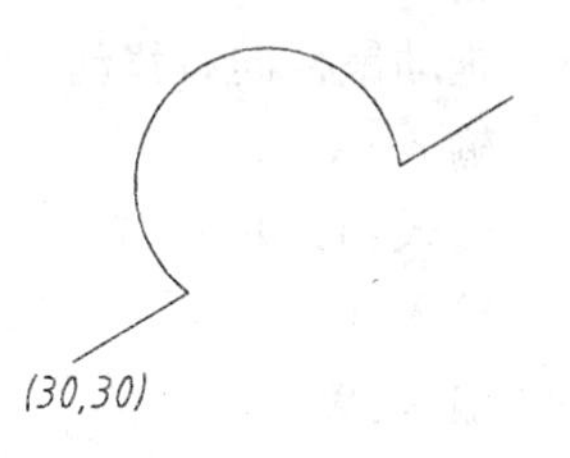

图4-1　例1图

指定包含角：-225

指定圆弧的弦方向<30>：

指定圆弧的端点或[角度(A)/圆心(CE)/闭合(CL)/方向(D)/半宽(H)/直线(L)/半径(R)/第二个点(S)/放弃(U)/宽度(W)]：L

指定下一点或[圆弧(A)/闭合(C)/半宽(H)/长度(L)/放弃(U)/宽度(W)]：@10 < 30

指定下一点或[圆弧(A)/闭合(C)/半宽(H)/长度(L)/放弃(U)/宽度(W)]：

例 2　用多段线绘制图 4-2 所示粗实线圆。

画粗实线圆的操作过程如下。

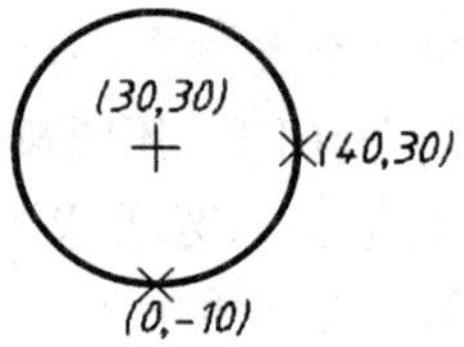

单击：　＊启动绘制多段线命令

输入：40,30　＊指定起点坐标(绝对坐标)

输入：W　＊设置多段线的“线宽”

输入：0.5　＊指定起点宽度

单击：↙　＊指定端点宽度，与起点相同

图 4-2　粗实线圆

输入：A　＊设置“圆弧”模式

输入：CE　＊设置“圆心”输入模式

输入：30,30　＊指定圆弧的圆心(绝对坐标)

输入：0,-10　＊指定圆弧的端点(相对坐标)

输入：CL　＊闭合图形

例 3　用多段线绘制图 4-3 所示图形。

画图 4-3 所示图形的操作过程如下。

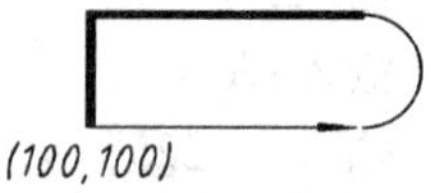

单击：　＊启动绘制多段线命令

输入：100,100　＊指定起点坐标

图 4-3　例 3 图

拖动鼠标向右移动，当极轴追踪显示 0°时输入：20

输入：W　＊设置多段线的“线宽”

输入：0.5　＊指定起点宽度

输入：0　＊指定端点宽度

拖动鼠标向右移动，当极轴追踪显示 0°时输入：4

输入：A　＊转换“圆弧”模式

输入：0,10　＊指定圆弧的终点对上一点的相对坐标

输入：L　＊转换“直线”模式

输入：W　＊设置多段线的“线宽”

输入：0.5　＊指定起点宽度

单击：↙　＊指定端点宽度，与起点相同

拖动鼠标向左移动，当极轴追踪显示 180°时输入：24

输入：C　＊闭合图形

4.1.2　PEDIT(多段线编辑)命令

PEDIT(多段线编辑)命令不仅可以编辑二维多段线，而且还可以编辑三维多段线和多

边形网格曲面。这里先介绍二维多段线编辑功能,其他功能在以后相应的章节里介绍。

二维多段线的编辑功能如下:

①把整条多段线改为具有新的统一宽度的多段线,或者改变其中某一段的宽度;

②闭合一条非封闭的多段线,或者打开一条封闭的多段线;

③使任意两点之间的多段线拉成一直线(删除顶点);移动多段线的顶点,或增加新顶点;

④把一条多段线切为两条,或把一条多段线与其他若干相邻的线连接成一条多段线;

⑤使不连续线型在顶点处有交点;

⑥用圆弧曲线或 B 样条曲线拟合多段线。

1. 命令输入方式

功能区:"常用"选项卡→修改▾→

键盘输入:PEDIT 或 PE

快捷菜单:选择要编辑的多段线,在绘图区域单击右键,选择"编辑多段线(I)"。

2. 命令提示及选择项说明

选择多段线或[多条(M)]: 选择一条多段线或输入 M 去选择多个对象。如果选定对象是直线或圆弧,则显示:

选定的对象不是多段线

是否将其转换为多段线? <Y> 如果输入 Y 或按【Enter】键,则对象被转换为单段二维多段线,否则原对象不变。

输入选项[闭合(C)/合并(J)/宽度(W)/编辑顶点(E)/拟合(F)/样条曲线(S)/非曲线化(D)/线型生成(L)/反转(R)/放弃(U)]: 输入选择项或按【Enter】键结束命令。

闭合(C) 将打开的多段线的最后一点与起点相连,成为闭合多段线。如果所选多段线是闭合的,"闭合(C)"选项则为"打开(O)"。"打开(O)"选项使闭合多段线变为打开多段线,即删除多段线的闭合线段。

合并(J) 将一条多段线与其相邻的直线、圆弧或多段线连成一条新的多段线。所有线段必须首尾相连。如果开始时使用"多条(M)"选项选择了多个对象,则可以将不相接的多段线合并,但邻近两端点不能相距太远,需将模糊距离设置得足以包括两端点,而且 AutoCAD 将显示下列提示:

合并类型 = 延伸

输入模糊距离或[合并类型(J)] <0.0000>: 输入一个数或输入 J。如输入 J 则提示:

输入合并类型 [延伸(E)/添加(A)/两者都(B)] <延伸>: 输入一个选项。

延伸(E) 通过将线段延伸或剪切至最接近的端点来合并选定的多段线。

添加(A) 通过在最接近的端点之间添加直线段来合并选定的多段线。

两者都(B) 如有可能,通过延伸或剪切来合并选定的多段线。否则,通过在最接近的端点之间添加直线段来合并选定的多段线。

宽度(W) 为多段线指定一个新的统一宽度。

拟合(F) 圆弧曲线拟合。通过多段线的各顶点生成一条圆弧拟合曲线,每两圆弧之间都相切。

样条曲线(S)　B 样条曲线拟合。以多段线为控制多边形,生成一条 B 样条曲线来逼近多段线。多段线非闭合时,曲线通过起点和最后一点。B 样条曲线可以是三次或二次曲线,由系统变量 SPLINETYPE 控制。当 SPLINETYPE 的值为 5 时是二次 B 样条曲线,为 6 时是三次 B 样条曲线,6 是默认值。系统变量 SPLINESEGS 控制样条曲线的精度,默认值为 8。它表示每对顶点之间显示的逼近曲线是由 8 段直线组成。这个值越大,则样条曲线的精度越高,在图形文件中所占空间越大,生成样条曲线的时间越长。

非曲线化(D)　删去曲线,即取消圆弧曲线或 B 样条曲线,还原为多段线,但圆弧段不再保留,而变为直线。

线型生成(L)　用于非连续线型。该选项为一开关。它打开时多段线的顶点处以线段过渡,否则以点或空白隔开。该选项不能用于带变宽度的多段线。

反转(R)　可将多段线顶点的顺序颠倒过来,以便于编辑。

放弃(U)　取消前一次所做的多段线编辑操作。可以重复使用"放弃(U)",使图形一步步复原。

编辑顶点(E)　进入顶点编辑。AutoCAD 用" × "光标标出多段线的第一个顶点,并显示顶点编辑的各选择项提示。

输入顶点编辑选项[下一个(N)/上一个(P)/打断(B)/插入(I)/移动(M)/重生成(R)/拉直(S)/切向(T)/宽度(W)/退出(X)] <N>：　输入选择项或按【Enter】键使用默认项。

下一个(N)和上一个(P)　移动光标到下一个或前一个顶点处。顶点编辑提示的默认值是上次选择的 N 或 P,因此在选择一次 N 或 P 后,用空格或【Enter】键就能移动光标。

打断(B)　删除指定两顶点间的多段线,或从一个顶点处切断多段线。光标所在点为第一个打断点,并提示:

输入选项[下一个(N)/上一个(P)/转至(G)/退出(X)] <N>：　输入选择项或按【Enter】键。

下一个(N)和上一个(P)　移动光标到下一个顶点或上一个顶点。

转至(G)　执行打断操作。

退出(X)　退出打断操作,返回顶点编辑。

插入(I)　在" × "光标后面插入新顶点。

移动(M)　将光标所在的顶点移到一个新位置。

重生成(R)　重新生成多段线,常与"宽度(W)"选择项连用。

拉直(S)　将指定两顶点间的多段线拉成一直线。选择该项的提示及操作与"打断(B)"选择项类似。

切向(T)　为光标所在顶点指定一个切线方向,用于曲线拟合。

宽度(W)　改变光标后面一条线段的起始和结束宽度。但屏幕上的线宽并不改变,须执行"重生成(R)"选择项后才改变。

退出(X)　退出顶点编辑,回到多段线编辑的提示。

3. 命令使用举例

例 1　画一条全由直线段组成的二维多段线,再编辑为 B 样条曲线,如图 4-4 所示。这条曲线就像一条波浪线。

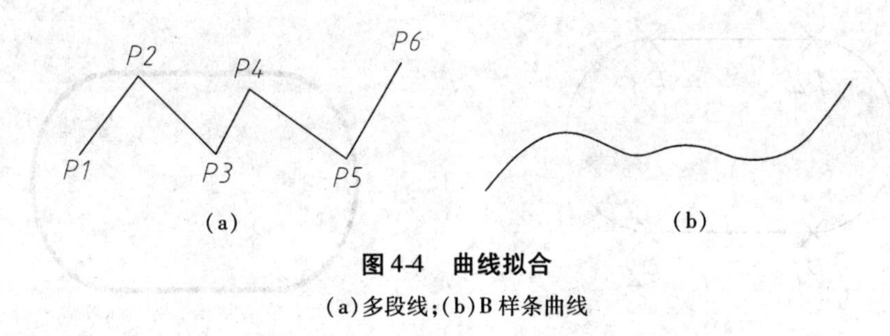

图 4-4 曲线拟合

(a)多段线;(b)B 样条曲线

画曲线的操作过程如下。

单击:[图标] * 启动绘制多段线命令
单击:(P1 点) * 指定起点
单击:(P2 点) * 指定下一点
单击:(P3 点) * 指定下一点
单击:(P4 点) * 指定下一点
单击:(P5 点) * 指定下一点
单击:(P6 点) * 指定下一点
单击:↙ * 完成绘制多段线命令
单击:[图标] * 启动编辑多段线命令
输入:L * 选刚画的多段线
输入:S * 拟合为样条曲线
单击:↙ * 结束命令

命令窗口显示如下。

命令:_ pline
指定起点:
当前线宽为 0.0000
指定下一点或[圆弧(A)/半宽(H)/长度(L)/放弃(U)/宽度(W)]:
指定下一点或[圆弧(A)/闭合(C)/半宽(H)/长度(L)/放弃(U)/宽度(W)]:
指定下一点或[圆弧(A)/闭合(C)/半宽(H)/长度(L)/放弃(U)/宽度(W)]:
指定下一点或[圆弧(A)/闭合(C)/半宽(H)/长度(L)/放弃(U)/宽度(W)]:
指定下一点或[圆弧(A)/闭合(C)/半宽(H)/长度(L)/放弃(U)/宽度(W)]:
指定下一点或[圆弧(A)/闭合(C)/半宽(H)/长度(L)/放弃(U)/宽度(W)]:
命令:_ pedit
选择多段线或 [多条(M)]:<u>L</u>

输入选项[闭合(C)/合并(J)/宽度(W)/编辑顶点(E)/拟合(F)/样条曲线(S)/非曲线化(D)/线型生成(L)/放弃(U)]:<u>S</u>

输入选项[闭合(C)/合并(J)/宽度(W)/编辑顶点(E)/拟合(F)/样条曲线(S)/非曲线化(D)/线型生成(L)/放弃(U)]:

例 2 先用 LINE(直线)、ARC(圆弧)命令绘制图 4-5(a)所示图形,再用 PEDIT(多段线编辑)命令编辑,得到图 4-5(b)所示图形。

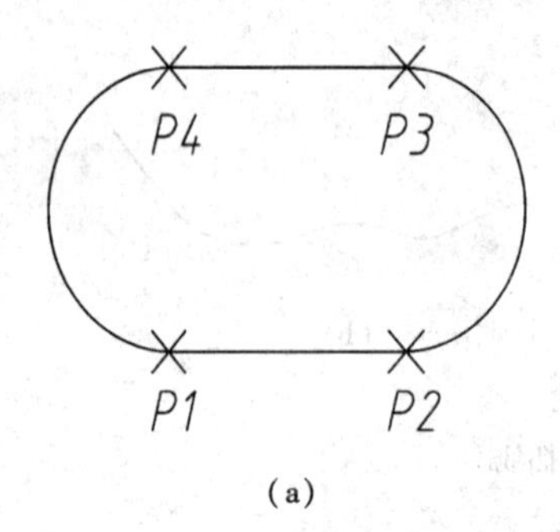

(a)

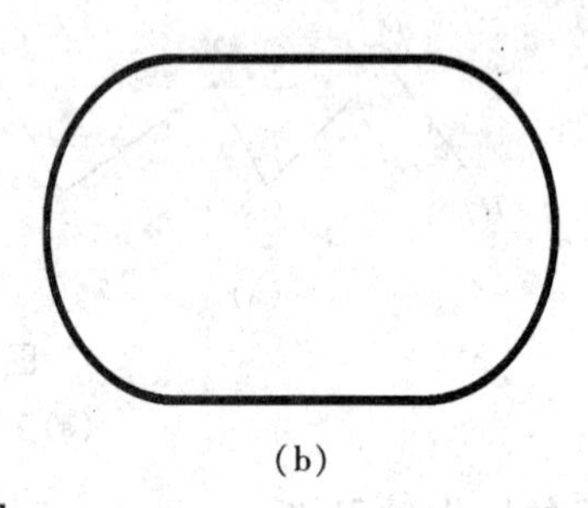

(b)

图 4-5　例 2 图

(a)用 LINE(直线)、ARC(圆弧)命令绘制的图形;(b)用 PEDIT(多段线编辑)命令编辑后的图形

画图 4-5(b)所示图形的操作过程如下。

单击:　＊启动画直线命令
单击:(P1 点)　＊指定第一点
单击:(P2 点)　＊指定下一点
单击:↙　＊结束命令
单击:　＊启动画圆弧命令
单击:↙　＊指定上一点为圆弧起点
单击:(P3 点)　＊指定圆弧端点
单击:　＊启动画直线命令
单击:↙　＊指定上一点为直线的第一点
单击:(P4 点)　＊确定直线长度
单击:↙　＊结束命令
单击:　＊启动画圆弧命令
单击:↙　＊指定圆弧起点
单击:(P1 点)　＊指定圆弧端点
单击:↙　＊结束命令
单击:　＊启动编辑多段线命令
单击:(左端半圆)
单击:↙　＊选定的对象自动转换为多段线
输入:J　＊设置“合并”模式
单击:↙
单击:(上面直线)　＊选择对象找到 1 个
单击:(下面直线)　＊选择对象总计 2 个
单击:(右端半圆)　＊选择对象总计 3 个
单击:↙　＊结束选择对象
输入:W　＊设置多段线的“线宽”
输入:0.5　＊指定所有线段新宽度

单击:↙ * 结束命令

单击:↙

4.2 样条曲线

4.2.1 SPLINE(样条曲线)命令

SPLINE(样条曲线)命令绘制真正的二次或三次样条曲线,即非均匀有理B样条(NURBS)曲线。样条曲线不像多段线的拟合样条曲线那样用逼近多段线的方法产生,而是通过或接近各数据点画出曲线。该命令还可以将多段线的拟合样条曲线转换为样条曲线。

1. 命令输入方式

功能区:"常用"选项卡→ 绘图 ▾ →

键盘输入:SPLINE 或 SPL

2. 命令提示及选择项说明

指定第一个点或[对象(O)]:输入点或O。

指定第一个点　样条曲线通过的第一点。

指定下一点:　输入样条曲线通过的第二点。

指定下一点或[闭合(C)/拟合公差(F)] <起点切向>:　输入点或C或F或【Enter】键。该项提示将重复显示。

指定下一点　输入样条曲线通过的下一点。

闭合(C)　将样条曲线的终点和第一点相连,构成光滑的闭合样条曲线。

拟合公差(F)　即控制样条曲线与数据点之间偏差大小。

指定拟合公差 <当前值>:输入偏差值或【Enter】键。如果偏差为0,则样条曲线通过数据点;如果偏差大于0,则样条曲线不一定通过数据点,数据点到曲线的距离在偏差范围内。

<起点切向>　按【Enter】键选择该项后将显示下列提示。

指定起点切向:指定一点,用以确定样条曲线第一点的切线方向,或者按【Enter】键使用默认的切线方向。

指定端点切向:指定一点,用以确定样条曲线终点的切线方向,或者按【Enter】键使用默认的切线方向。

对象(O)　将多段线的拟合样条曲线转换为样条曲线。

3. 命令使用举例

例　绘制图4-6所示的样条曲线。

画样条曲线的操作过程如下。

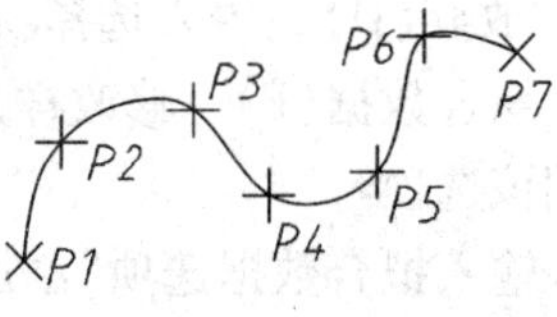

P6 P7 P3 P2 P5 P4 P1

图4-6　样条曲线

单击: * 启动绘制样条曲线命令

单击:(P1点) * 指定第一个点

单击:(P2点) * 指定下一点

单击:(P3点) * 指定下一点

单击:(P4点) * 指定下一点

单击:(P5 点)　　　　　　　　　　　　　　　　　　　　* 指定下一点
单击:(P6 点)　　　　　　　　　　　　　　　　　　　　* 指定下一点
单击:(P7 点)　　　　　　　　　　　　　　　　　　　　* 指定下一点
单击:↙　　　　　　　　　　　　　　　　　　　　　　* 结束选点
单击:↙　　　　　　　　　　　　　　　　　　　　　　* 指定起点切向
单击:↙　　　　　　　　　　　　　　　　　　　　　　* 指定端点切向

命令窗口显示如下。

命令:_ spline
指定第一个点或[对象(O)]:
指定下一点:
指定下一点或[闭合(C)/拟合公差(F)] <起点切向>:
指定下一点或[闭合(C)/拟合公差(F)] <起点切向>:
指定下一点或[闭合(C)/拟合公差(F)] <起点切向>:
指定下一点或[闭合(C)/拟合公差(F)] <起点切向>:
指定下一点或[闭合(C)/拟合公差(F)] <起点切向>:
指定下一点或[闭合(C)/拟合公差(F)] <起点切向>:
指定起点切向:
指定端点切向:

4.2.2 SPLINEDIT(样条曲线编辑)命令

SPLINEDIT(样条曲线编辑)命令编辑由 SPLINE(样条曲线)命令或由 PLINE(多段线)和 PEDIT(多段线编辑)命令建立的样条曲线。该命令可以对样条曲线进行闭合或打开、移动顶点、修改精度等操作。编辑时在控制点上将显示蓝色小方格。

1. 命令输入方式

功能区:“常用”选项卡→ 修改 ▾ →

键盘输入: SPLINEDIT 或 SPE

快捷菜单:选择要编辑的样条曲线,在绘图区域单击右键并选择“编辑样条曲线(S)”。

2. 命令提示及选择项说明

选择样条曲线:　选择一条样条曲线。曲线被选中后,在控制点上显示蓝色小方格。

输入选项[拟合数据(F)/闭合(C)/移动顶点(M)/优化(R)/反转(E)/转换为多段线(P)/放弃(U)]:输入选择项或按【Enter】键结束。

拟合数据(F)　修改样条曲线的拟合数据。如果选定的样条曲线无拟合数据,则不能使用该选项。

输入拟合数据选项[添加(A)/闭合(C)/删除(D)/移动(M)/清理(P)/相切(T)/公差(L)/退出(X)] <退出>:输入选择项或按【Enter】键。

添加(A)　在两个数据点之间增加点。

指定控制点 <退出>:点取一个数据点,该点和下一点变为红色方块,或按【Enter】键结束“添加(A)”选择项。

指定新点<退出>:输入新点,加入到两点之间。可连续加入多个新点,最后以【Enter】键结束,还可在其他点之间加入新点。

闭合(C) 使打开的样条曲线封闭,并使端点处光滑连接。如果选中了一封闭的样条曲线,这里的选择项便是"打开(O)"。"打开(O)"选择项打开封闭的样条曲线,恢复闭合前的状态。

删除(D) 删除样条曲线上指定的拟合数据点。

移动(M) 移动某一数据点到新位置。

清理(P) 从图形数据库中移去样条曲线的拟合数据,拟合数据没有了,"拟合数据(F)"选择项也就不见了。

相切(T) 改变样条曲线起点和终点的切线方向。

公差(L) 改变样条曲线的拟合公差。

退出(X) 退出拟合数据编辑。

闭合(C) 闭合打开的样条曲线。如果所选样条曲线是闭合的,则"闭合(C)"被"打开(O)"代替。"打开(O)"使闭合样条曲线成为打开的。

移动顶点(M) 移动样条曲线上的某一控制点到新位置。

指定新位置或[下一个(N)/上一个(P)/选择点(S)/退出(X)] <下一个>:输入一点或输入选择项或按【Enter】键。此时样条曲线的第一个控制点为红色方块。红色方块表明该控制点是要改变位置的点。可以用"选择点(S)"选项选择另一个控制点。红色方块又像光标,可以用"下一个(N)"或"上一个(P)"在各控制点上移动它。

优化(R) 改进样条曲线。

输入精度选项[添加控制点(A)/提高阶数(E)/权值(W)/退出(X)] <退出>:输入选择项或按【Enter】键。

添加控制点(A) 增加新的控制点。

提高阶数(E) 提高样条拟合多项式的阶数。阶数从 4 到 26,默认阶数为 4。提高阶数能增加样条曲线的控制点,但不会改变样条曲线的形状。阶数提高后不能再降低。

权值(W) 改变某个控制点的权值,用以改变样条曲线的弯曲程度。

退出(X) 退出改进样条曲线的操作。

反转(E) 将曲线的起点和终点对换,改变曲线方向。

转换为多段线(P) 将样条曲线转换为多段线。

放弃(U) 取消前一次的编辑操作。

4.3 图案填充

在许多图形中,常常要对图中的某些区域或者剖面填入各种图案,以表示构成这类物体的材料,或者区分它的各个组成部分。这个过程称为图案填充。在绘制机械或土木建筑工程图中,称为绘制剖面符号。从 AutoCAD 2004 起增加了渐变色填充。渐变色是一种由深到浅、由浅到深逐渐变化的颜色,或者是由一种颜色逐渐过渡到另一种颜色。渐变色填充可用于立体表面,使之更富立体感。渐变色填充也可用于背景色。

AutoCAD 有一个预定义图案库(库文件名:acad. pat, acadiso. pat)供用户选择要使用的图案。通常使用的金属材料和非金属材料的剖面符号,即俗称剖面线是由 AutoCAD 定义的一组间隔相等的平行线,称"用户定义"。

图案绘制在由直线、圆、圆弧或多段线等对象构成的封闭区域内。封闭区域的边界必须真正相交,不应是看起来相交而实际上不相交。

填充图案的命令是 BHATCH(图案填充)、GRADIENT(渐变色填充)和 HATCH(图案填充)。这三个命令操作形式完全相同。填充的图案还可以用 HATCHEDIT(图案编辑)命令进行编辑。

4.3.1 HATCH(图案填充)命令

HATCH(图案填充)命令使用对话框操作来定义边界、图案类型、图案特性和填充对象属性。该命令能自动寻找封闭边界,只需在封闭区域内指定一点即可。当然也可由用户指定边界。该命令具有试画功能,如填充的图案不理想,可调整参数,而无须退出。执行命令将弹出"图案填充和渐变色"对话框(图 4-7)。

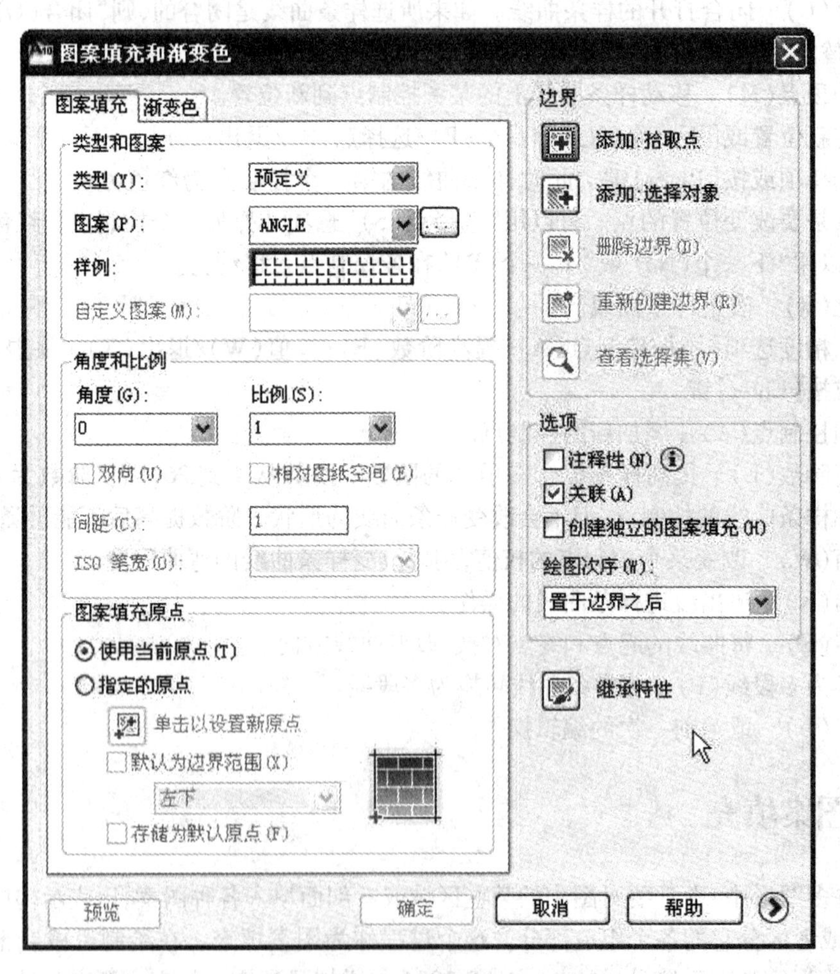

图 4-7 "图案填充和渐变色"对话框

1. 命令输入方式

功能区:"常用"选项卡→"绘图"面板→

键盘输入:HATCH 或 BHATCH 或 BH 或 H 或 GRADIENT

2. 对话框说明

(1)“图案填充”选项卡

“图案填充”选项卡(图 4-7)用于选择图案类型和参数,确定要填充图案的区域。

1)“类型和图案”区　在该区选择图案类型和图案名称。

①“类型(Y)”控件中有三个选项:“预定义”选项使用预定义图案;“用户定义”选项使用一组间隔相等的平行线;“自定义”选项使用用户定制的图案。

②“图案(P)”控件,当图案类型为“预定义”时,该选项才可用。可在展开列表中选择一预定义图案名;或者单击控件右面的“…”按钮,显示“填充图案选项板”对话框(图 4-8),从中点取一种图案,再单击“确定”按钮,便选中一种图案。选中的图案显示在前一对话框的“样例”框中,图案名显示在前一对话框的“图案(P)”控件中。“填充图案选项板”对话框中列出各种定义好的图案,分别位于 ANSI、ISO、“其他预定义”和“自定义”选项卡中。

③“样例”框中显示所选图案的预览图像。单击该框也将显示“填充图案选项板”对话框(图 4-8)。

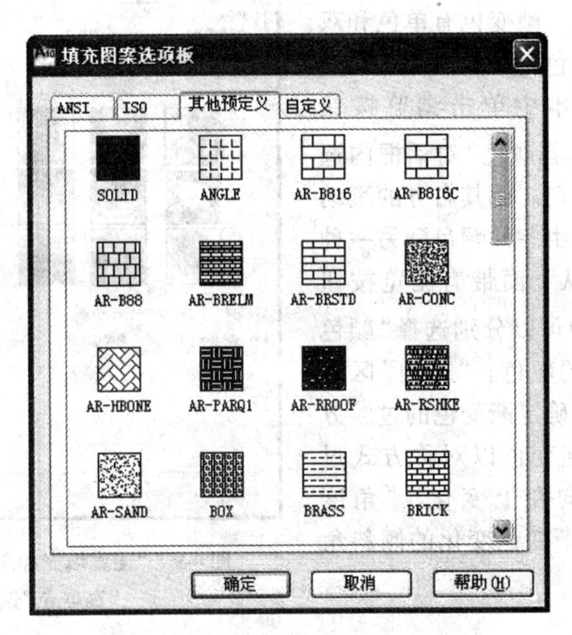

图 4-8　“填充图案选项板”对话框

④“自定义图案(T)”控件用于指定用户定制的图案名。该项仅适用于“自定义”图案。

2)“角度和比例”区　在该区设置图案的各项参数。

①“角度(G)”控件用于设置图案的倾斜角度。

②“比例(S)”控件用于设置图案的比例因子。比例因子可在列表中选择,也可从键盘输入。该项对“用户定义”图案不适用。

③“双向(D)”复选框用于确定“用户定义”图案是否画两组互相垂直的剖面线。复选框关闭时不画,打开时画。

④“相对图纸空间(E)”复选框打开时将相对于图纸空间单位缩放填充图案。使用该选

项,很容易做到以适合于布局的比例显示填充图案。该选项仅适用于布局。

⑤“间距(C)”文本框用于设置“用户定义”图案中平行线间的距离。

⑥“ISO 笔宽(O)”控件只有在选择了 ISO 图案后该项才可用。在选定笔宽后按比例缩放 ISO 预定义图案。

3)“图案填充原点”区　该区确定在多个填充区域作多次填充时图案对齐的点,即图案每次生成的起点。默认原点是当前 UCS 的原点。

“使用当前原点”按钮是指打开图形(包括样板图)时 UCS 的原点为图案填充的起点。“指定的原点”按钮用于设置图案填充的新原点。用“单击以设置新原点”按钮在图中指定一点为新原点,或者打开“默认为边界范围”复选框用填充边界的矩形范围的四个角点和中心点之一为新原点(从控件中点选,结果将显示在右侧预览图中)。“存储为默认原点”复选框确定是否将新设置的原点保存在当前图中。

(2)“渐变色”选项卡

“渐变色”选项卡(图 4-9)用于选择渐变填充所使用的渐变色。其中有 9 种渐变色图案作为按钮可选。渐变色有单色和双色。单色是某一种颜色由深到浅的平滑过渡。从下面颜色样本中单击浏览按钮“...”,在显示的“选择颜色”对话框内选择一种颜色作为渐变色。用其右方的滚动条调整深浅。双色是由一种颜色到另一种颜色的平滑过渡。从下面带有浏览按钮“...”的颜色样本中可以分别选择“颜色 1”和“颜色 2”所用的颜色。“方向”区中“居中(C)”按钮用于确定渐变色的过渡方式。复选框选中时渐变色以对称方式过渡,否则渐变色将向左上变化。“角度(L)”控件用于选择渐变色变化的倾斜角度。

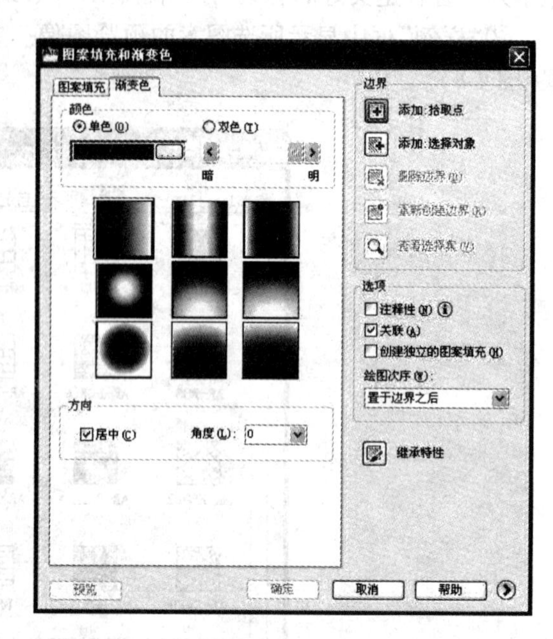

图 4-9　“图案填充和渐变色”对话框的“渐变色”选项卡

(3)“边界”区

在“图案填充和渐变色”对话框的“边界”区确定图案填充的边界。

①“添加:拾取点”( )按钮用于选择将要填充图案的封闭区域。单击该按钮,将临时关闭对话框并提示以下内容。

选择内部点或[选择对象(S)/删除边界(B)]:选择封闭边界内部的点。用户在封闭边界内部指定一点,AutoCAD 自动寻找该点周围的边界,并以虚线显示。如果显示的虚线边界不对,说明需要的边界不封闭。如果没有显示,则弹出“边界定义错误”对话框,根据错误提示再进行适当操作。用户可以连续指定多个封闭区域。输入 U 可取消前一个选择。最后按【Enter】或【Esc】键或右键结束选择,返回对话框,或者单击右键将显示一个快捷菜单。可以利用此快捷菜单结束选择、放弃最后一次选择、改变选择方式、重新设置图案填充的原点、修改孤岛检测样式、预览填充图案等操作。

②"添加:选择对象"( )按钮由用户指定封闭边界。单击该按钮,将临时关闭对话框并提示"选择对象或[拾取内部点(K)/删除边界(B)]:"。由用户使用各种对象选择方式指定封闭边界。用这种方法指定的边界必须是首尾相连,否则无效。最后按【Enter】键结束选择,并返回对话框。这里同样可以使用上述快捷菜单。

③"删除边界(D)"( )按钮是从已选的边界和以前添加的边界中删除一些对象。单击该按钮,将临时关闭对话框并提示"选择对象或[添加边界(A)]:"。如果用户作了一次选择对象的操作,则提示"选择对象或[添加边界(A)/放弃(U)]:"。

④"重新创建边界(R)"( )按钮在填充图案时无效,而在编辑填充图案时可用。

⑤"查看选择集(V)"( )按钮可以查看已选的边界。

(4)"选项"区

在该区确定图案填充的几个选项。

①"注释性(N)"复选框控制图案填充是否具有注释性。

②"关联(A)"复选框控制图案与边界的关联特性。打开该项时,如改变了边界,图案也随着改变,否则图案不随着改变。

③"创建独立的图案填充(H)"复选框,当选择了几个独立的封闭边界时,控制填充图案成为几个对象还是一个对象。默认状态时复选框关闭,一次填充所有边界内的图案为一个对象。打开复选框时,一个封闭边界内的图案为一个对象。

④"绘图次序(W)"控件用于选择填充图案与其他对象的绘图次序:置于边界之后、置于边界之前、后置(置于所有对象之后)、前置(置于所有对象之前)、不指定。

(5)"继承特性"( )按钮

"继承特性"按钮用来复制已有图案的类型和特性。单击该按钮,将关闭对话框并提示用户选择一个图案。按【Enter】键或右键后返回对话框,所选图案的类型和特性便复制到对话框中。继续指定其他边界,便可填充相同的图案。

(6)扩展的选项区

单击"图案填充和渐变色"对话框右下角的"更多选项(Alt + >)"( )按钮,将显示扩展的选项区(图4-10)。再单击该对话框右下角的"更少选项(Alt + <)"( )按钮,将隐藏扩展的选项区。扩展的选项区用于设置图案绘制方法和控制边界类型等。这里主要说明"孤岛"区里三个"孤岛显示样式":"普通"、"外部"和"忽略(I)"。孤岛是最外层边界内的其他封闭边界。填充图案的过程是从每条填充线的最外两端开始向内填充。"普通"样式如对话框中样例所示。它是从最外层边界向内填充,当遇到内部边界与之相交时,将停止填充,直至遇到下一边界为止。这样,由奇数次交点到偶数次交点之间的区域被填充,而由偶数次交点到奇数次交点之间的区域不被填充。"外部"样式如对话框中样例所示。它也是从最外层边界向内填充,当遇到内部边界与之相交时,即终止填充。这样只有最外层区域被填充,而内部仍然为空白。"忽略(I)"样式如对话框中样例所示。它将在最外层边界内全部填充图案,而忽略所有内部边界。一般情况下都使用"普通"样式。当指定点或选择对象定义填充边界时,在绘图区域单击右键,也可以从快捷菜单中选择"普通孤岛检测(N)"、

“外部孤岛检测(O)”和“忽略孤岛检测(G)”选项。

图 4-10 “图案填充和渐变色”对话框的扩展选项区

(7)“预览”按钮

“预览”按钮用来预览图案填充的效果。单击该按钮，暂时关闭对话框，在图上显示出将要绘制的图案，在命令行显示“拾取或按 Esc 键返回到对话框或 <单击右键接受图案填充>:”。看后按【Enter】键或单击右键完成图案的绘制。单击左键或按【Esc】键返回对话框，还可以修改图案的特性或边界。该按钮只有在选定了图案和边界后才能使用。

3. 命令使用举例

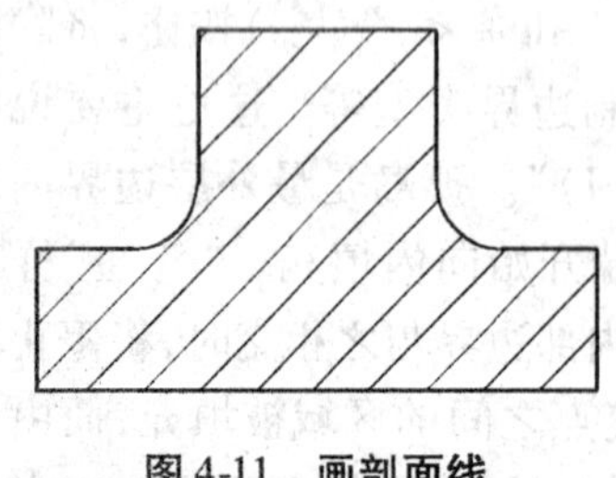

图 4-11 画剖面线

例 1 绘制图 4-11 中的剖面线。图中的剖面轮廓已画好，绘制剖面线的操作过程如下。

①设置“剖面线”层为当前层。

②执行 BHATCH(图案填充)命令，打开“图案填充和渐变色”对话框。

③单击“类型(Y)”控件，点取“用户定义”。

④在“角度(G)”控件中选择 45 或 135 或输入 -45。

⑤在“间距(C)”框中键入剖面线间距 3 ~ 5。要根据剖面线区域的大小来定。

⑥如果画两组互相垂直的剖面线，则打开“双向(D)”复选框。

⑦单击“添加:拾取点”( )按钮,回到图中点取要画剖面线的封闭区域。可连续点几个封闭区域,最后按【Enter】键结束;或者单击“添加:选择对象”( )按钮,由用户在图中指定边界。

⑧单击“预览(W)”按钮,满意后按【Enter】键,完成剖面线绘制。

例2　绘制图4-12中GRASS图案。图中的剖面轮廓已画好,绘制图案的操作过程如下。

①设置“剖面线”层为当前层。

②执行BHATCH(图案填充)命令,打开“图案填充和渐变色”对话框。

③单击“图案(P)”控件,选择GRASS图案。或者单击“图案(P)”选项右侧的“...”按钮,弹出“填充图案选项板”对话框,选择“其他预定义”选项卡,点取一种图案GRASS,单击“确定”按钮,结束该对话框。如“图案(P)”选项不可用,则单击上一行“类型(Y)”控件,点取“预定义”,“图案(P)”选项即可操作。

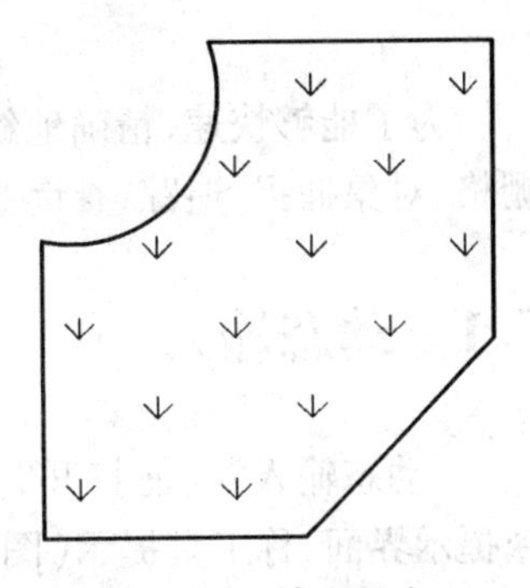

图4-12　填充图案

④在“比例(S)”框中键入缩放图案的比例因子。

⑤在“角度(L)”文本框中键入图案的旋转角度。

以下操作过程与例1中的⑦、⑧相同。

4.3.2　HATCHEDIT(图案填充编辑)命令

HATCHEDIT(图案填充编辑)命令用来修改图案的名称及其特性。执行该命令,选择要编辑的图案,弹出“图案填充编辑”对话框。这个对话框与“图案填充和渐变色”对话框基本相同,不同的是标题以及有关边界选择的某些选项不可用。

命令输入方式如下。

功能区:“常用”选项卡→ 修改 ▾ →

键盘输入:HATCHEDIT或HE

快捷菜单:选择要编辑的图案填充对象,在绘图区域单击右键并选择“图案填充编辑...”。

练习题

4.1　在已画好的视图(例如图3-47、图3-48)上添加剖面线。

第 5 章　绘图辅助工具

为了能够快速、精确地绘制图形，AutoCAD 提供了多种工具，包括动态输入、正交、捕捉、栅格、对象捕捉、追踪、查询数据等。本章将详细介绍这些工具的功能和操作。

5.1　动态输入

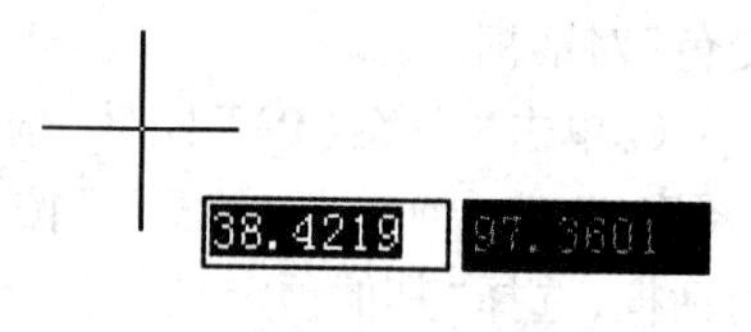

图 5-1　工具提示

“动态输入”功能打开时在光标附近提供了一个命令提示界面，称工具提示（图 5-1），可显示命令提示、输入数据或选项，以帮助用户专注于绘图区域。工具提示中显示的信息随着光标移动不断更新。当执行某条命令时，工具提示为用户提供命令提示和数据输入的位置。

“动态输入”功能可以使用状态栏的“动态输入”按钮或【F12】键随时关闭和打开。在 AutoCAD 2010 默认状态下“动态输入”功能是打开的。

“动态输入”功能包括“指针输入”、“标注输入”和“动态提示”三项内容。“指针输入”是在工具提示中显示光标位置的坐标，也可输入坐标。“标注输入”是在命令需要后续点或距离时，显示光标与前一点之间的距离和角度，也可在此输入距离或相对坐标。“动态提示”是在工具中显示命令提示，也可在此输入选项或数据。

“动态输入”的各种选项用“草图设置”对话框的“动态输入”选项卡（图 5-2）设置。下

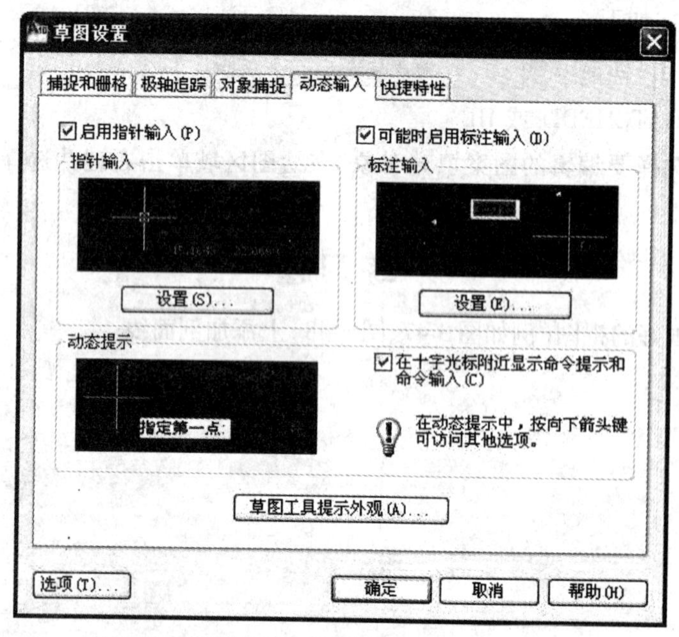

图 5-2　“草图设置”对话框的“动态输入”选项卡

面简单介绍选项卡的各选项。

1. 命令输入方式

键盘输入：DSETTINGS 或 DDRMODES 或 DS

快捷菜单：光标指向状态栏的“动态输入”按钮，单击右键，选择“设置(S)...”

2. 对话框说明

1)“启用指针输入(P)”复选框　用该复选框确定是否启用“指针输入”。“指针输入”是在工具提示中显示光标位置的坐标值(图 5-1)，也可输入坐标。用下面的“设置(S)...”按钮设置输入点坐标的格式和何时显示坐标工具提示。输入点坐标的格式有“极轴格式(P)”、“笛卡儿格式(C)”、“相对坐标(R)”、“绝对坐标(A)”，“极轴格式(P)”和“相对坐标(R)”是默认格式。何时显示坐标工具提示有三个选项：“输入坐标数据时(S)”、“命令需要一个点时(W)”和“始终显示-即使未执行命令(Y)”。“命令需要一个点时(W)”选项是打开的。启用“指针输入”时输入点坐标，第一个点为绝对坐标，后续点均为相对坐标，不需加前缀@。如后续点为绝对坐标则需加前缀#。后续点也可用直接距离输入。

2)“可能时启用标注输入(D)”复选框　用该复选框确定是否启用“标注输入”。“标注输入”是在命令需要后续点或距离时，显示光标与前一点之间的距离和角度(图 5-3)。同样也可在此输入距离或相对坐标。利用下面的“设置(E)...”按钮来增减夹点拉伸时工具中显示的内容。

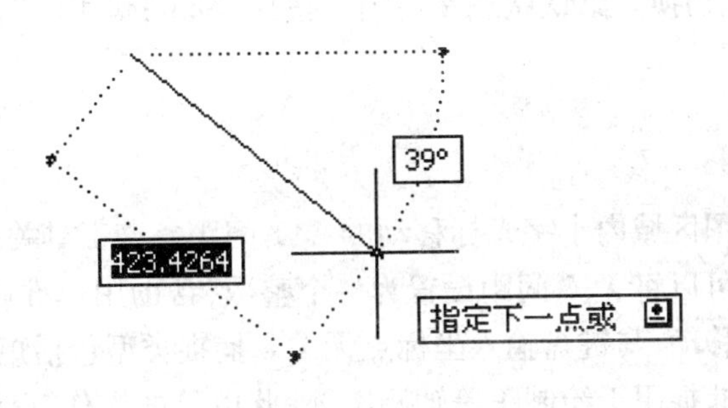

图 5-3　标注输入

3)“在十字光标附近显示命令提示和命令输入(C)”复选框　用该复选框确定是否显示“动态提示”(图 5-4)。默认情况下是在工具中显示命令提示和命令输入。有“动态提示”时，用单击右键或下箭头键可弹出快捷菜单，显示某命令执行时的选择项。上箭头键可查看最近的输入。

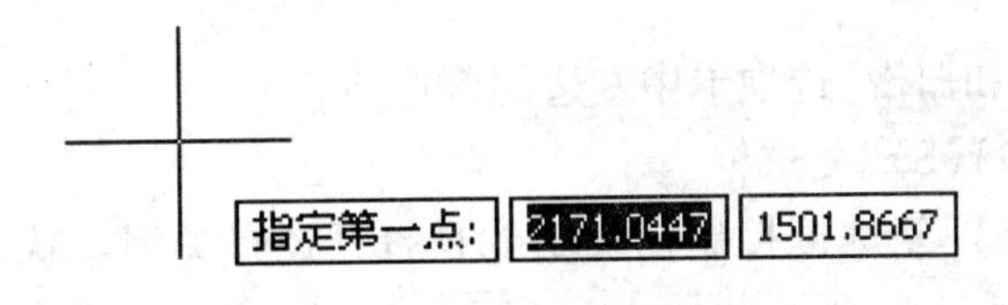

图 5-4　动态提示

4)“草图工具提示外观(A)...”按钮　用该按钮可设置工具提示的外观。

5.2 正交

所谓正交模式,就是用光标定点来画水平线(与当前 X 轴平行或 Y 轴垂直)或垂直线(与当前 X 轴垂直或 Y 轴平行),而不能画倾斜直线。例如画直线时,先给出了第一点,再移动光标,第一点到光标之间显示一条平行于某一光标线的橡皮筋线,指示出正交线的长度和走向。第一点到光标线的距离是 X 和 Y,两者较大的一个决定正交线的长度和走向,如图 5-5 所示。正交模式约束光标在水平(与当前 X 轴平行或 Y 轴垂直)或垂直(与当前 X 轴垂直或 Y 轴平行)方向上的移动,不影响键盘输入坐标。

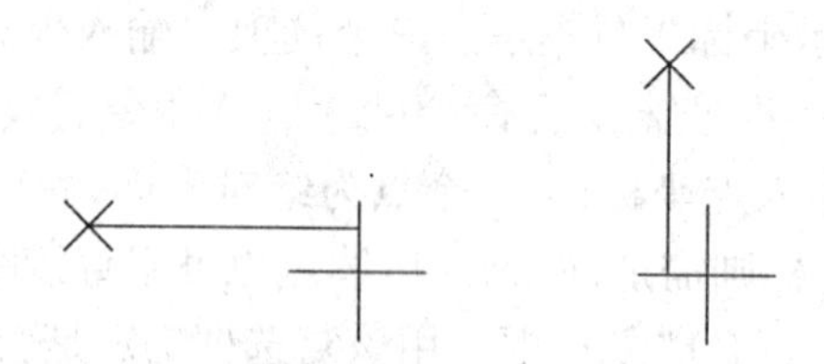

图 5-5 正交模式下画直线

ORTHO(正交)命令用于打开或关闭正交模式。该模式也可用【F8】键或单击状态栏中“正交模式”按钮来切换。默认状态是关闭。按住【Shift】键可临时打开正交模式。

5.3 捕捉

捕捉用于控制绘图区域内十字光标移动的 X、Y 间距。该工具关闭时,这个 X、Y 间距是一个很小的无理数。可以将 X、Y 间距设置为一个整数,帮助用户准确作图。捕捉方式只控制光标按指定的间距移动,与键盘输入坐标点无关。捕捉类型包括矩形栅格捕捉、等轴测栅格捕捉。等轴测栅格捕捉用于绘制正等轴测图,除此以外的操作都使用矩形栅格捕捉。设置捕捉间距和捕捉类型,可以用 SNAP(捕捉)命令在命令行进行,也可以在“草图设置”对话框的“捕捉和栅格”选项卡(图 5-6)中进行。下面仅说明在对话框中如何操作。

1. 命令输入方式

键盘输入:DSETTINGS 或 SE 或 DS

快捷菜单:光标指向状态栏的“捕捉”按钮,单击右键,选择“设置(S)...”

2. 对话框说明

这里只说明“捕捉和栅格”选项卡中左边的各选项。

(1)“启用捕捉(F9)(S)”复选框

“启用捕捉(F9)(S)”复选框控制捕捉功能是打开还是关闭。默认状态是关闭。也可用【F9】键控制,或者单击状态栏中“捕捉”按钮。

(2)“捕捉间距”区

“捕捉间距”区用于设置 X、Y 方向的捕捉间距。

1)“捕捉 X 轴间距(P)”文本框　该文本框用来修改 X 方向的捕捉间距。

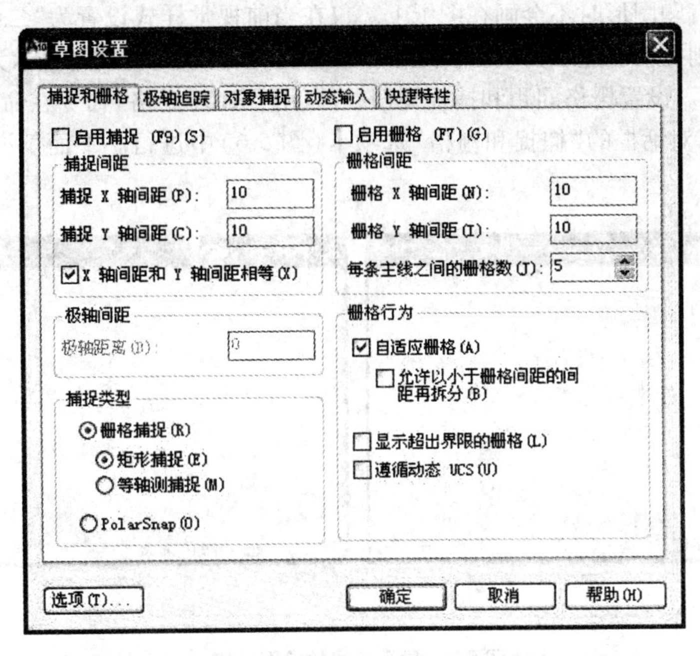

图 5-6 “草图设置”对话框的“捕捉和栅格”选项卡

2)“捕捉 Y 轴间距(C)”文本框　该文本框用来修改 *Y* 方向的捕捉间距。

3)“X 轴间距和 Y 轴间距相等(X)”复选框　选中该复选框时,使 Y 间距与 X 间距相等。复选框关闭时 X、Y 间距可以不等。

(3)“捕捉类型”区

捕捉类型分为栅格捕捉和极轴捕捉。当捕捉类型为栅格捕捉时,又分为矩形捕捉样式和等轴测捕捉样式。

1)“栅格捕捉(R)”按钮　用该按钮设置栅格捕捉类型。当捕捉和栅格功能都打开时,如选择“矩形捕捉(E)”按钮,则把捕捉样式设为标准矩形捕捉模式,即光标在矩形栅格上移动;如选择“等轴测捕捉(M)”按钮,则打开等轴测方式,同时把捕捉样式设为等轴测捕捉模式,即光标在等轴测栅格上移动。

2)“PolarSnap(O)”按钮　用该按钮设置极轴捕捉类型。关于极轴捕捉将在 5.6 节中介绍。

(4)“极轴间距”区

“极轴间距”区使用“极轴距离(D)”文本框设置捕捉增量距离。只有当“捕捉类型”区中的“极轴捕捉(O)”按钮打开时,该项才可操作。如果极轴距离为 0,则以“捕捉 X 轴间距(P)”的值作为该值。“极轴距离(D)”设置应与极轴追踪、对象捕捉追踪结合使用。如果两个追踪功能都未启用,则“极轴距离(D)”设置无效。

5.4　栅格

栅格是以栅格点或栅格线显示在图形界限以内的参考目标(图 5-7),就像坐标纸上的方格那样。栅格可以帮助用户测量对象的大小、对象间的距离、对象是否对齐。栅格点、栅格线不是对象,打印图形时不会画在图纸上。仅在当前视觉样式设置为“二维线框”时栅格才显示为点,否则栅格将显示为线。在三维中工作时,所有视觉样式都显示为栅格线。栅格间距由用户设置。设置栅格间距和捕捉类型,可以用 GRID(栅格)命令在命令行进行,也可以在“草图设置”对话框的“捕捉和栅格”选项卡(图 5-6)中进行。下面仅说明在对话框中如何操作。

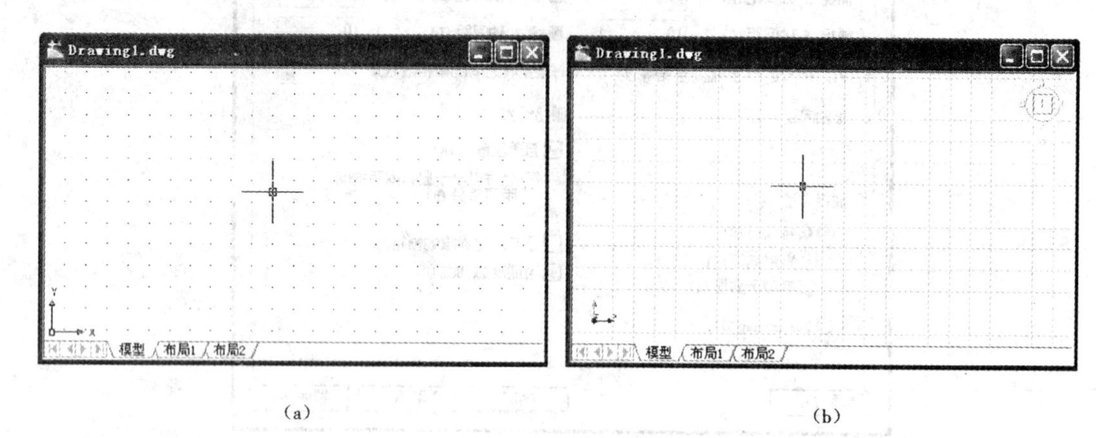

(a)　　　　(b)

图 5-7　显示栅格的绘图区域

(a)栅格点;(b)栅格线

1. 命令输入方式

键盘输入:DSETTINGS 或 SE 或 DS

快捷菜单:光标指向状态栏的“栅格”按钮▦,单击右键,选择“设置(S)...”

2. 对话框说明

这里说明“捕捉和栅格”选项卡中右边的各选项。

(1)“启用栅格(F7)(G)”复选框

“启用栅格(F7)(G)”复选框控制栅格功能是打开还是关闭,也可用【F7】键控制,或者单击状态栏中“栅格”按钮▦。

(2)“栅格间距”区

“栅格间距”区用于设置 X、Y 方向的栅格间距和用次栅格线等分主栅格线间距的份数。

1)“栅格 X 轴间距(N)”文本框　该文本框设置栅格的 X 方向间距。如果该值为 0,则栅格采用“捕捉 X 轴间距(P)”的值。

2)“栅格 Y 轴间距(I)”文本框　该文本框设置栅格的 Y 方向间距。如果该值为 0,则栅格采用“捕捉 Y 轴间距(C)”的值。

3)“每条主线之间的栅格数(J)”文本框　该文本框设置用次栅格线等分两条主栅格线间距的份数。采用 VSCURRENT 命令设置为除二维线框之外的任何视觉样式时,显示栅格线而不是栅格点,如图 5-7(b)所示,主栅格线较粗,次栅格线较细。

(3)“栅格行为”区

在“栅格行为”区设置栅格线的外观。

1)“自适应栅格(A)”复选框　栅格随着绘图窗口内显示范围的放大或缩小而变疏或变密。“自适应栅格(A)”复选框控制栅格间距的减少或增加,从而使栅格不至于过疏或过密。当"自适应栅格(A)"复选框关闭,当前视觉样式为"二维线框"时栅格点密得不能显示,AutoCAD 提示:"栅格太密,无法显示"。如果"自适应栅格(A)"复选框打开,则"允许以小于栅格间距的间距再拆分(B)"复选框可用。选中该复选框,当栅格显示的距离很大时将添加较小间距的栅格。

2)"显示超出界限的栅格(L)"复选框　栅格一般覆盖由图形界限所限定的范围。当选中该复选框时栅格会覆盖绘图窗口。

3)"遵循动态 UCS(U)"复选框　当动态 UCS 功能和该复选框都打开时,栅格所在平面将跟随动态 UCS 的 *XY* 平面。

5.5 对象捕捉

对象捕捉是指捕捉可见对象上的某些特殊点,如直线或圆弧的端点、中点,圆或圆弧的圆心或者它们的交点等。由于受图形大小、屏幕分辨率和十字光标移动最小步长的影响,用光标拾取这样的点难免会有些误差。若用键盘输入坐标值,有时又不知道确切的数据且输入麻烦。用对象捕捉功能则可迅速、准确、方便地找到这些特殊点。

当十字光标靠近对象的某个特殊点时,即显示这个点的黄色标记,稍停还会显示这个点的名称,称捕捉提示。如图 5-8 所示,当十字光标靠近圆周或圆心时,在圆心位置处显示黄色的小圆,并有"圆心"提示显示,表示 AutoCAD 已找到一个圆心。需要单击左键,该点才被输入。

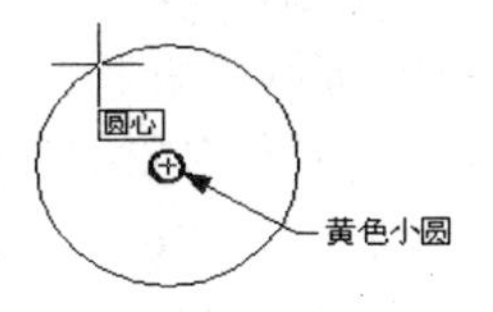

图 5-8　对象捕捉

用户需要事先确定寻找哪些特殊点。寻找这些特殊点的方式称为对象捕捉方式。用户可以同时选择多种对象捕捉方式,AutoCAD 只选取离十字光标最近的一点。

5.5.1 对象捕捉方式

AutoCAD 提供以下对象捕捉方式。

1)端点(ENDpoint)　标记是□。它用于捕捉对象上距十字光标最近的端点。对象指直线、圆弧、多段线、椭圆弧、样条曲线、多线、射线或面域等。

2)中点(MIDpoint)　标记是△。它用于捕捉直线、圆弧、多段线、椭圆弧、样条曲线、多线、构造线或面域的中点。构造线的中点是其通过的第一点。

3)圆心(CENter)　标记是○。它用于捕捉圆或圆弧的圆心,椭圆、椭圆弧的中心。

4)节点(NODe)　标记是⊠。它用于捕捉节点,如点对象、尺寸的定义点、尺寸文字的起点、目标上的等分点对象等。

5)象限点(QUAdrant)　标记是◇。它用于捕捉距十字光标最近的象限点。它们是圆、圆弧、椭圆或椭圆弧上 0°、90°、180°、270°处的点。

6)交点(INTersection)　标记是×。它用于捕捉两个对象的交点或延长后的交点。一般将十字光标放在交点附近即可捕捉到交点,也可分别点取相交或延长后相交的两个对象。

7)延长线(EXTension)　标记是┈。它用于捕捉一直线或圆弧的延长线上的点。操作时将十字光标放在要延长对象的一端,该端点处会出现一个小十字,再沿着要延长的方向移动光标,便显示一条无限长的点线,在适当位置拾取一点即可。

8)插入点(INSertion)　标记是 ⧉。它用于捕捉一个对象的插入点。对象指图块、属性、形或文本等。

9)垂足(PERpendicular)　标记是 ⊥。它用于捕捉垂足,即在一直线、圆或圆弧上寻找一点,使该点与前一点的连线同该对象垂直。

10)切点(TANgent)　标记是 ◯。它用于捕捉切点,即捕捉与圆、圆弧、椭圆、椭圆弧或样条曲线相切的点。

11)最近点(NEArest)　标记是 ⧖。它用于捕捉对象上距离十字光标最近的点。

12)外观交点(APParent)　标记是 ⊠。在三维空间中,捕捉两个对象在某一视点时的交点。在二维空间中与"交点"方式相同。

13)平行线(PARallel)　标记是 ⫽。它用于捕捉与某个对象平行的直线上一点。单点捕捉时先指定要画直线的起点,再选择平行捕捉方式,然后移动光标到想与之平行的对象上,将显示平行线符号,同时该对象上会出现一个小十字,表明 AutoCAD 已找到目标。随后再移动光标到接近于选定对象平行的位置附近时,便显示一条无限长的点线,在适当位置拾取一点,即画出一直线。平行捕捉方式可以与交点或外观交点捕捉方式一起使用,以便找出平行线与其他对象的交点。

14)无(NONe)　关闭所有对象捕捉方式。

此外,在"对象捕捉"快捷菜单(按住 shift 键并单击鼠标右键以显示"对象捕捉"快捷菜单)中,还有"⊷ 临时追踪点(K)"、"⌐° 自(F)"、"两点之间的中点(T)"和"点过滤器"选项。它们的含义如下。

1)⊷ 临时追踪点(K)　指定一个临时追踪点。该点上将出现一个小的红色加号(+)。移动光标,将相对这个临时点显示自动追踪对齐路径。要将这点删除时,可将光标移回加号(+)上面。临时追踪的提示为"指定临时对象追踪点:"。

2)⌐° 自(F)　捕捉一点,使该点与基点间的距离为一指定长度。基点也称临时参考点。指定长度为偏移距离,它也可用相对坐标确定。此种方式的提示如下。

基点:　指定基点,一般用对象捕捉指定。

<偏移>:　偏离基点的相对坐标或距离。

3)两点之间的中点(T)　捕捉两指定点之间的中点。

4)点过滤器(T)　提取已有点的坐标值来确定某个点的坐标,如输入". X"表示指定点与某提取点的 *X* 坐标值相同,输入". XY"表示指定点与某提取点的 *X* 坐标值和 *Y* 坐标值都相同。

5.5.2　对象捕捉设置

对象捕捉设置使用 OSNAP(对象捕捉设置)或 DSETTINGS(草图设置)命令,在弹出的"草图设置"对话框的"对象捕捉"选项卡(图 5-9)中设置各选项。自动对象捕捉的默认状态是打开的,其中有"端点"、"圆心"、"交点"和"延伸"四项对象捕捉方式是选中的,所以绘图时就有自动捕捉标记显示。一般常用的捕捉方式除上面四项外,再增加一个"中点"就可以了。这一点也要添加到用户样板里。下面介绍 OSNAP(对象捕捉设置)命令。

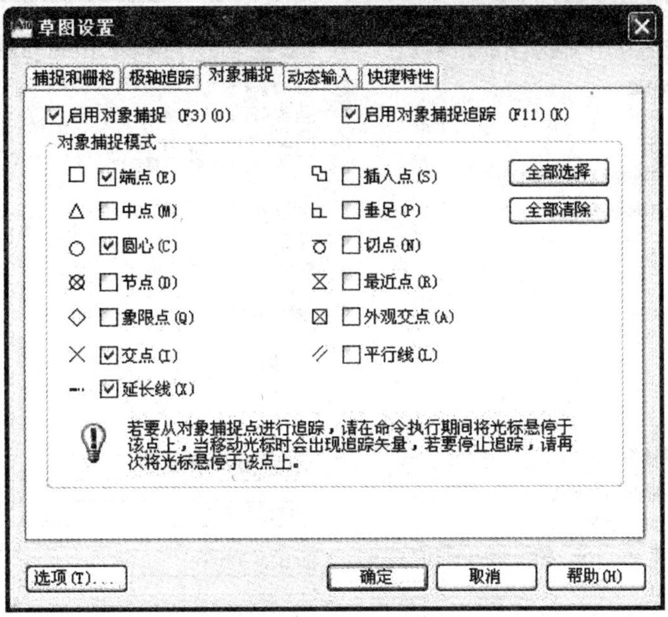

图 5-9 “草图设置”对话框的“对象捕捉”选项卡

1. 命令输入方式

键盘输入:OSNAP 或 OS

快捷菜单:光标指向状态栏的“对象捕捉”按钮,单击右键,选择“设置(S)...”

2. 对话框说明

这里只说明“对象捕捉”选项卡和“草图”选项卡的各选项。

(1)“对象捕捉”选项卡

使用“对象捕捉”选项卡设置对象捕捉方式。

1)“启用对象捕捉(F3)(O)”复选框　该复选框设置打开或关闭对象捕捉功能。【F3】键具有相同作用,也可单击状态栏中的“对象捕捉”按钮。

2)“启用对象捕捉追踪(F11)(K)”复选框　该复选框设置打开或关闭对象捕捉追踪功能。如果对象捕捉追踪打开,在命令中指定点时,光标可以沿基于其他对象捕捉点的对齐路径进行追踪。要使用对象捕捉追踪,必须打开一个或多个对象捕捉。

3)“对象捕捉模式”区　该区设置对象捕捉方式。其中列出了 13 种对象捕捉方式的名称、复选框和标记。欲选某一种或几种对象捕捉方式,单击其复选框或名称即可。

4)“全部选择”按钮　该按钮打开所有对象捕捉方式。

5)“全部清除”按钮　该按钮关闭所有对象捕捉方式。

6)“选项(T)...”按钮　该按钮用于设置自动捕捉和自动追踪的特征。单击该按钮,将显示图 5-10 所示的“选项”对话框的“草图”选项卡。

(2)“草图”选项卡

“草图”选项卡(图 5-10)设置自动捕捉的特殊点标记、提示、靶框等是否显示,以及标记、靶框的大小等。有关其他功能的设置选项这里不作说明。

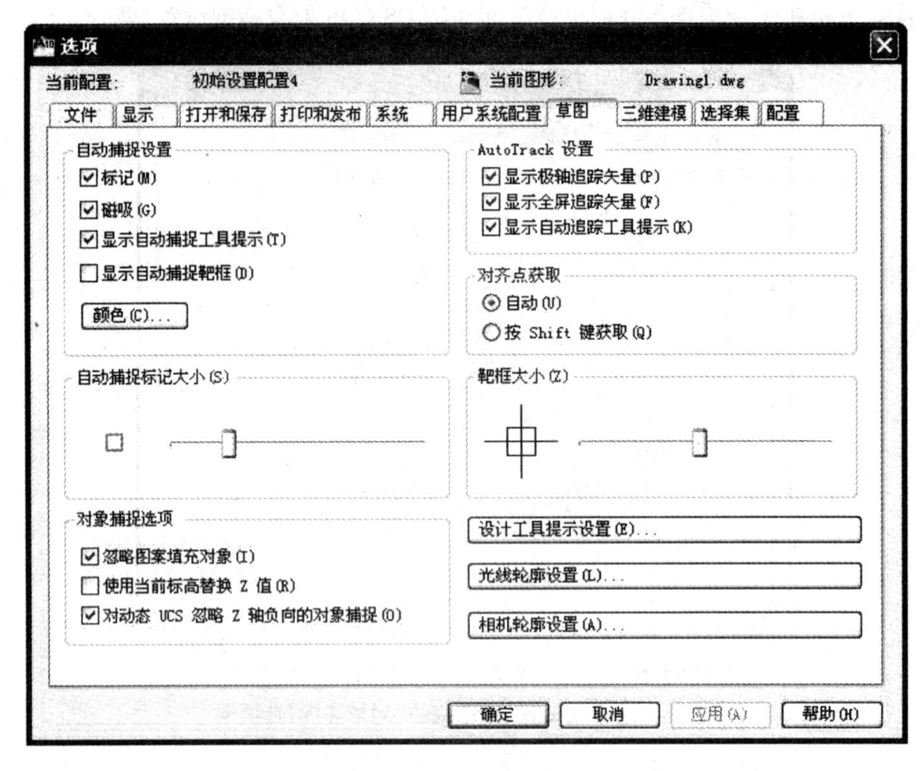

图 5-10　“选项”对话框的“草图”选项卡

1)“标记(M)”复选框　该复选框用于关闭或打开特殊点标记。

2)“磁吸(G)”复选框　该复选框用于关闭或打开磁铁功能。这种功能能使十字光标自动移动并被锁定在最近的特殊点上。

3)“显示自动捕捉工具提示(T)”复选框　该复选框用于确定是否显示特殊点名称提示。

4)“显示自动捕捉靶框(D)”复选框　该复选框用于确定是否显示靶框。

5)“颜色(C)...”按钮　该按钮用于在“图形窗口颜色”对话框中设置特殊点标记的颜色。

6)“自动捕捉标记大小(S)”选项　该选项利用滑动块调整特殊点标记的大小。

7)“靶框大小(Z)”选项　该选项利用滑动块调整靶框大小。靶框是一个加在十字光标上的正方形框。只有当目标穿过靶框时才能捕捉到需要的点。应根据显示图形的疏密程度来调整靶框大小。一般不必改变靶框大小。默认状态下,十字光标上不显示正方形靶框。若要显示靶框,则可使用“显示自动捕捉靶框(D)”选项打开它。

3. 命令使用举例

例　以矩形的一边为直径,在矩形上面作半圆(图 5-11)。光标在 *A*、*B* 处捕捉端点作圆弧的始、终点,在 *C* 处捕捉中点为圆心。

首先执行 OSNAP(对象捕捉设置)命令,在“草图设置”对话框的“对象捕捉”选项卡中打开“中点(M)”,打开“启用对象捕捉(F3)(O)”,单击“确定”按钮。“端点(E)”捕捉已经打开。然后执行 ARC(圆弧)命令。

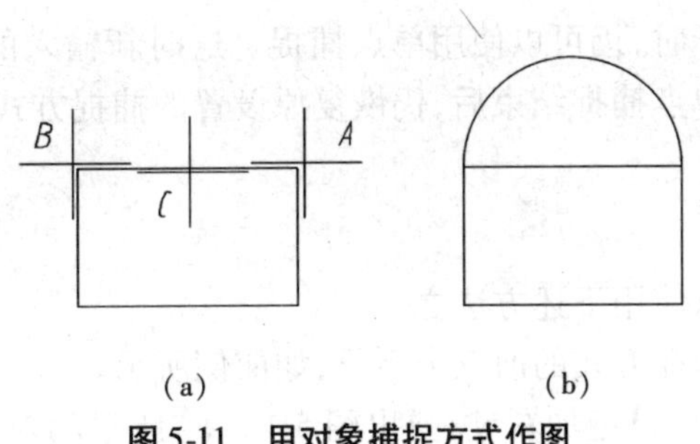

(a)　　(b)

图 5-11　用对象捕捉方式作图

(a)原图;(b)结果

单击:　　＊启动画圆弧命令
单击:(A 点)　　＊捕捉端点为圆弧的起点
输入:E　　＊选择端点方式
单击:(B 点)　　＊捕捉端点为圆弧的终点
单击:(C 点)　　＊捕捉中点为圆弧的圆心

5.5.3　单点捕捉

单点捕捉可以在 AutoCAD 提示要求输入点时,直接输入一个或几个对象捕捉方式,就能实现对目标的捕捉,而不管对象捕捉的当前状态是否打开。如果对象捕捉功能打开,则屏蔽这些对象捕捉方式而实现临时输入的对象捕捉方式。这种捕捉也可称为临时捕捉或执行对象捕捉。

例如,上例中的作图,如果“中点(M)”捕捉方式没有打开,就要使用单点捕捉方式,操作过程如下。

单击:　　＊启动画圆弧命令
单击:(A 点)　　＊指定圆弧的起点
输入:E　　＊选择端点方式
单击:(B 点)　　＊指定圆弧的端点
输入:MID　　＊设置“中点”捕捉方式
单击:(C 点)　　＊指定圆弧的圆心

又例如,过一圆心向已知直线作垂线,再由垂足作圆的切线(图 5-12)。作图过程中需要捕捉圆心、垂足、切点,圆心可自动捕捉,垂足、切点需要临时捕捉。操作过程如下。

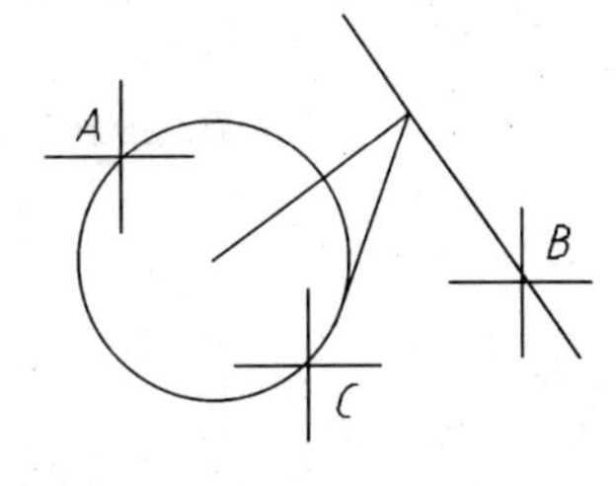

图 5-12　用对象捕捉方式作图

单击:　　＊启动画圆弧命令
单击:(A 点)　　＊捕捉圆心
输入:PER　　＊设置“垂足”捕捉方式
单击:(B 点)　　＊捕捉垂足
输入:TAN　　＊设置“切点”捕捉方式
单击:(C 点)　　＊捕捉切点
单击:↙

在对象捕捉状态打开时，仍可以使用单点捕捉。这时新输入的对象捕捉方式将取代已打开的对象捕捉方式。单点捕捉结束后，仍恢复原设置的捕捉方式。

5.5.4 操作方法

1. 单点捕捉

为实现单点捕捉可以使用下述方法之一。

①从键盘输入对象捕捉方式的前三个字母，如前例所示。

②使用【Ctrl】键或【Shift】键加右键，弹出图 5-13(a)所示的对象捕捉快捷菜单，选择其中一项对象捕捉方式后菜单自动关闭。

2. 连续捕捉

如经常使用对象捕捉方式，可用 OSNAP(对象捕捉设置)或 DSETTINGS(草图设置)命令打开所需要的对象捕捉方式。或者在"对象捕捉"按钮上单击右键，在弹出菜单(图 5-13(b))上直接选择常用的对象捕捉方式。选项左侧图标上有方框的是打开的方式。凡是 AutoCAD 提示要求输入点时，都会自动进行捕捉。如不需要捕捉，按【F3】键或单击状态栏中的"对象捕捉"按钮，可暂时关闭对象捕捉，再单击又可打开。若想完全关闭对象捕捉功能，则用 OSNAP(对象捕捉设置)或 DSETTINGS(草图设置)命令关闭所有对象捕捉方式。

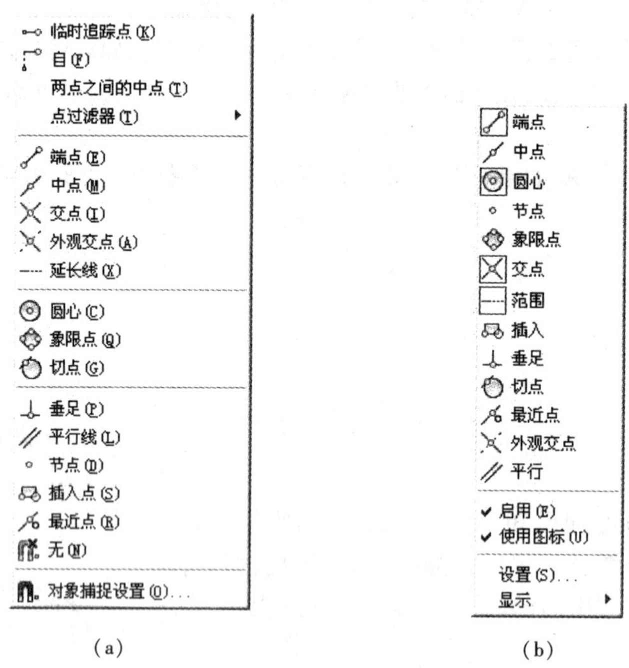

(a) (b)

图 5-13 对象捕捉快捷菜单

(a)绘图区显示;(b)状态栏上显示

5.6 自动追踪

自动追踪(AutoTrack)可以帮助用户按指定的角度或者与其他对象的特定关系来确定点的位置。当自动追踪打开时，AutoCAD 将显示一条临时的对齐路线(点线)来帮助用户确定要创建对象的精确位置。自动追踪包含两种追踪方式：极轴追踪和对象捕捉追踪。极轴追踪是按指定的角度增量来追踪点，而对象捕捉追踪则是按与已知对象的特定关系（如与某一点的 X 或 Y 坐标相同）来确定要创建对象的精确位置。如果知道要创建对象的倾斜角度就用极轴追踪；如果不知道要追踪的方向，但知道与已知对象的某种关系，就用对象捕捉追踪。

可以通过状态栏上的“极轴追踪”按钮或“对象捕捉追踪”按钮打开或关闭自动追踪。对象捕捉追踪应与对象捕捉配合使用。

1. 极轴追踪

所谓极轴就是由起点与某一指定角度（极轴角）的一条边构成的射线，也称临时对齐路径，用点线表示。起点是执行某个命令时确定的点。当光标移动到极轴角附近便显示极轴（图 5-14），同时显示工具提示。光标移到一个适当位置按左键便确定一点。光标移到另一极轴角附近便又显示一极轴。角度大小由增量角决定。极轴角按增量角大小递增。默认的增量角是 90°。它可以产生过 0°、90°、180°和 270°角的极轴。常用增量角的设置是在“草图设置”对话框的“极轴追踪”选项卡（图 5-15）中进行，也可在“极轴追踪”按钮上单击右键，在弹出菜单上设置。临时需要的角度不必在对话框里设置，可从键盘输入，只要在角度数值前加“ < ”即可。

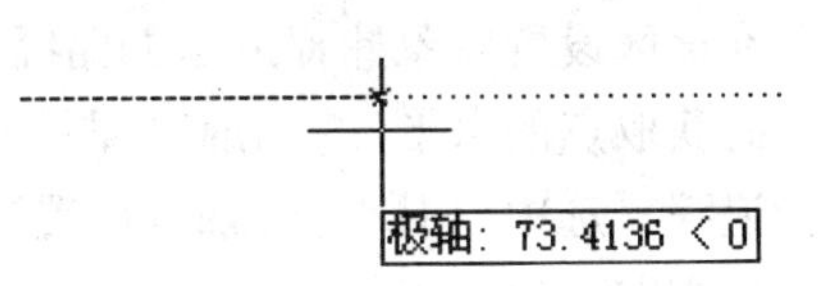

图 5-14　极轴追踪方式

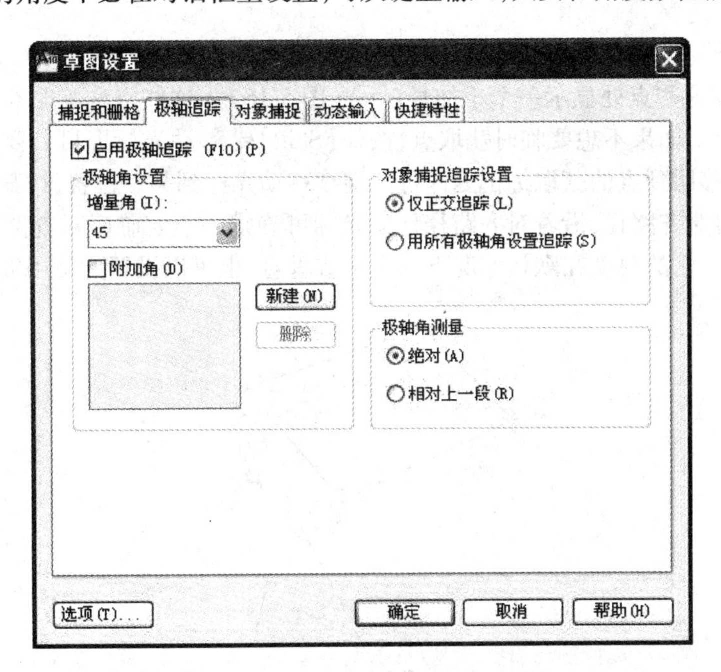

图 5-15　“草图设置”对话框的“极轴追踪”选项卡

打开“草图设置”对话框的方法与前一节设置对象捕捉方式相同，然后选择“极轴追踪”选项卡。现在说明选项卡中的各选项。

（1）“启用极轴追踪（F10）（P）”复选框

使用复选框关闭或打开极轴追踪方式。【F10】键或状态栏中“极轴追踪”按钮起同样作用。

(2)“极轴角设置”区

在该区设置极轴追踪使用的角度增量。在“增量角(I)”控件中,可以选择常用的角度或输入任何角度。极轴角按此角度递增。“附加角(D)”复选框打开时,可以在下面列表框中选用、输入或删除附加极轴角。用右侧的“新建(N)”按钮输入新的极轴角,用“删除”按钮删除指定角度。附加角是极轴角的非递增角度。

(3)“对象捕捉追踪设置”区

在该区设置对象捕捉追踪的路径。选中“仅正交追踪(L)”按钮时,对象捕捉仅沿着经过临时获取点的水平(与当前 X 轴平行或 Y 轴垂直)或垂直(与当前 X 轴垂直或 Y 轴平行)路径追踪。选中“用所有极轴角设置追踪(S)”按钮时,对象捕捉沿着既经过临时获取点又与极轴方向一致的路径追踪。

(4)“极轴角测量”区

在该区设置测量极轴追踪角度的方式。选择“绝对(A)”选项,将以当前 UCS 的 X 轴为基准确定极轴追踪角度,以这种方式计算的角度称绝对极轴角。选择“相对上一段(R)”选项,将以最后创建的一条直线(或最后创建的两个点之间的连线)为基准确定极轴追踪角度,以这种方式计算的角度称相对极轴角。如果直线以捕捉另一条直线的端点、中点或最近点为起点,极轴角将相对这条直线进行计算。

2. 对象捕捉追踪

使用对象捕捉追踪时,当光标经过对象便获得符合捕捉方式的一些点(不要单击它,只需暂时停顿),在这些点处显示一个小加号(+)(图 5-16)。这些点称临时获取点。临时获取点最多有 7 个。如果不想要临时获取点,按住【Shift】键移动光标即可。要清除已获取的点,只要将光标移回到点的获取标记处即可。继续移动光标到某一位置,过某一临时获取点便显示一条临时对齐路径,沿着对齐路径移动光标可确定一点。临时对齐路径也用点线表示,并且无限长。它的角度在默认情况下为水平或垂直,也可以设置为使用极轴角。

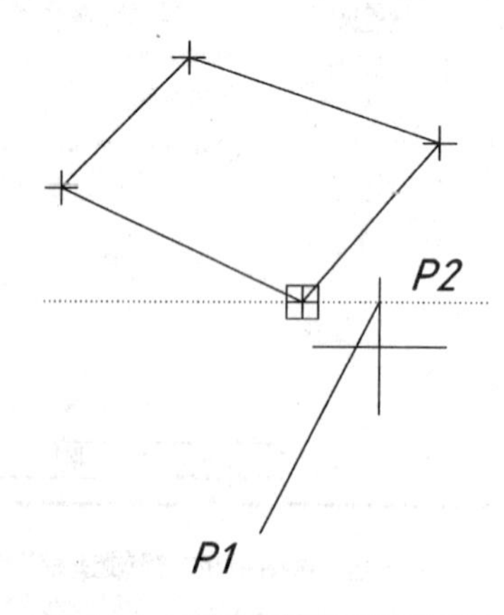

图 5-16　用对象捕捉追踪作图

如图 5-16 所示,过任一点 $P1$ 作直线 $P1P2$,使 $P2$ 点的 X 或 Y 坐标与四边形一个角点的 X 或 Y 坐标相同。使用对象捕捉追踪的步骤如下。

①单击状态栏上的“对象追踪”按钮或【F11】键,打开对象捕捉追踪功能。

②右击状态栏上的“对象捕捉”按钮，打开需要的对象捕捉方式。例如打开“端点（E）”。

③执行 LINE（直线）命令。

④用任一种方法指定第一点。例如用光标指定点 $P1$。

⑤将光标移动到一个对象上得到临时获取点。

⑥移动光标时，将显示出通过获取点、用点线表示的临时对齐路径。沿对齐路径移动光标会显示对象捕捉追踪提示。该提示给出了距获取点的距离和对齐路径的倾角。当光标移到适当位置时，按左键或输入距离确定第二点。例如确定 $P2$ 点。

⑦结束 LINE（直线）命令。

5.7 查询命令

AutoCAD 提供了一组查询命令，便于用户了解对象的数据和某些信息。这些命令有：AREA（面积）、DBLIST（图形数据列表）、DIST（距离）、ID（点坐标）、LIST（列表）和 TIME（时间）等。这里只介绍初学者常用的 LIST（列表）、ID（点坐标）、DIST（距离）和 AREA（面积）命令。

5.7.1 LIST（列表）命令

LIST（列表）命令用来查阅指定对象在图形数据库中的数据。在文本窗口列出的信息除对象名、所在图层、颜色（若是 ByLayer（随层）则不显示）、线型（若是 ByLayer（随层）则不显示）等以外，其余信息取决于对象的类型。下面列出某些对象的数据。

直线：两端点坐标、线段长度、起点到终点的角度以及各坐标增量。

圆：圆心坐标、半径、周长和面积。

圆弧：圆心坐标、半径、起始角度和终止角度。

多段线：对二维多段线，列出每个顶点的坐标和切线方向；对封闭的多段线，列出其面积和周长；对打开的多段线，列出全长和封闭后的面积。

1. 命令输入方式

键盘输入：LIST 或 LI 或 LS

功能区：“常用”选项卡→ 特性 ▾ → 列表

2. 命令使用举例

例　查阅某些对象的数据。

单击：列表

输入：（选要查阅的目标）

单击：↙

在文本窗口中列出所选目标的信息。下面列出的是直线和圆的信息。

LINE　　图层：0

空间：模型空间

句柄 = 20

自点，X = 47.1929　　Y = 249.1088　　Z = 0.0000

到点,X = 186.1706　Y = 119.9137　Z = 0.0000
长度 = 189.7528,在 XY 平面中的角度 = 317
增量 X = 138.9777,增量 Y = −129.1950,增量 Z = 0.0000
CIRCLE　　图层:0
空间:模型空间
句柄 = 21
圆心点,X = 283.5293　Y = 154.0687　Z = 0.0000
半径 75.2037
周长 472.5185
面积 17767.5574

5.7.2　ID(点坐标)命令

ID(点坐标)命令用于显示指定点的坐标值。

1. 命令输入方式

键盘输入:ID

功能区:"常用"选项卡→实用工具→点坐标

2. 命令使用举例

例　显示指定点的坐标值。

输入:ID↙

输入:(指定一点)

命令行显示:

X = <X 坐标>,Y = <Y 坐标>,　Z = <Z 坐标>

5.7.3　MEASUREGEOM(测量)命令

距离 = 694.9584
输入选项
● 距离(D)
半径(R)
角度(A)
面积(AR)
体积(V)
退出(X)

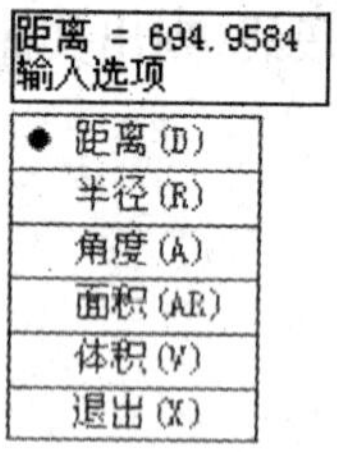

图 5-17　工具提示

MEASUREGEOM(测量)命令用于测量并显示选定对象或点序列的距离、半径、角度、面积和体积。该命令集成了以前版本的各种测量工具。测量的结果显示在命令窗口和工具提示(图 5-17)中。工具提示中还有该命令的各选项列表。这表明如要作其他测量操作,不用结束命令,而从工具提示中点取一个选项即可进行。选项前有点的是刚操作过的选项。

1. 命令输入方式

键盘输入:MEASUREGEOM

功能区:"常用"选项卡→"实用工具"面板→测量→距离或半径、角度、面积、体积

2. 命令提示及选择项说明

输入选项[距离(D)/半径(R)/角度(A)/面积(AR)/体积(V)] <距离>:输入选择项或按【Enter】键选择距离。

距离(D)　测量并显示两个点间的距离和角度。选择该项后显示下列提示:

指定第一点:输入一点。

指定第二个点或[多个点(M)]:输入一点或M。输入一点后显示:

距离 = <距离>,XY 平面中倾角 = <在 XY 平面上相对于 X 轴的角度>,与 XY 平面的夹角 = <对 XY 平面的倾角>

输入选项[距离(D)/半径(R)/角度(A)/面积(AR)/体积(V)/退出(X)] <距离>:输入选择项继续其他操作,或输入 X 退出命令。

多个点(M)　该选项计算若干点间距离的总长,总长将随光标移动进行更新。选择该项后显示下列提示:

指定下一个点或[圆弧(A)/长度(L)/放弃(U)/总计(T)] <总计>:指定下一个点后即显示与前几点间距离的总长,按【Enter】键结束多点输入返回上一级提示。或者输入选择项。如果多点输入超过两个,此提示将多一个"闭合(C)"选项。该选项将最后一点与第一点封闭。

圆弧(A)　该选项用于测量弧长。要计算弧长就要画出圆弧。选择该选项后的提示既可画圆弧也可画直线,如同画多段线一样。提示就是多段线的提示。关于多段线的提示请查看 4.1 节,这里不再叙述。

长度(L)　该选项在与上一线段相同方向上绘制指定长度的直线段。如果上一线段是圆弧,程序将绘制与该圆弧段相切的新直线段。选择该选项后的提示是"指定直线的长度:"。输入直线长度后返回上一级提示。

放弃(U)　该选项撤销前一次输入。

总计(T)　累计各段直线段与圆弧段的长度。

半径(R)　测量并显示指定圆弧或圆的半径和直径。选择对象后显示半径和直径,并返回上一级提示。

角度(A)　测量并显示指定圆弧的圆心角、圆上两点间的圆心角、两直线间的夹角、由三点确定的角度。它们都有各自的提示,不再叙述。

面积(AR)　该选项用于计算并显示指定对象或区域的面积和周长,还能对多个对象或区域的面积作求和或求差运算。选择该项后显示下列提示:

指定第一个角点或[对象(O)/增加面积(A)/减少面积(S)/退出(X)] <对象(O)>:输入一个点或选择项。指定第一个角点后的提示如下:

指定下一个点或[圆弧(A)/长度(L)/放弃(U)]:输入一个点或选择项。输入一个点后显示相同的提示。如果输入点超过三个,此提示将多一个"总计(T)"选项。按【Enter】键结束点的输入后显示面积和周长,并返回上一级提示。"圆弧(A)/长度(L)/放弃(U)"几个选项与上述"多个点(M)"选项下的提示基本相同。

对象(O)　要计算面积的对象必须是周边为一个对象的封闭图形。

增加面积(A)　该选项使面积计算进入加法模式。结果显示当前测量的面积和周长以及总面积。

减少面积(S)　该选项使面积计算进入减法模式。结果显示同上。

退出(X)　该选项用于返回上一级提示。

体积(V)　该选项用于测量三维实体的体积,这里省略叙述。

3. 命令使用举例

例 1　显示两个指定点间的距离和角度。

显示两个指定点间的距离和角度的操作过程如下。

单击：

单击：（第一点）

单击：（第二点）

单击：（退出（X））　　　　　　　　　　* 单击工具提示上“退出（X）”

命令窗口显示如下。

命令：_MEASUREGEOM

输入选项［距离（D）/半径（R）/角度（A）/面积（AR）/体积（V）］<距离>：_distance

指定第一点：

指定第二点或［多个点（M）］：

距离 = <距离>，XY 平面中倾角 = <在 XY 平面上相对于 X 轴的角度>，与 XY 平面的夹角 = <对 XY 平面的倾角>

X 增量 = <X 增量>，Y 增量 = <Y 增量>，　Z 增量 = <Z 增量>

输入选项［距离（D）/半径（R）/角度（A）/面积（AR）/体积（V）/退出（X）］<距离>：X

例 2　测量圆弧的半径和角度。

测量圆弧的半径和角度的操作过程如下。

单击：

单击：（圆弧）

单击：（角度（A））　　　　　　　　　　* 单击工具提示上“角度（A）”

单击：（圆弧）

单击：（退出（X））　　　　　　　　　　* 单击工具提示上“退出（X）”

命令窗口显示如下。

命令：_MEASUREGEOM

输入选项［距离（D）/半径（R）/角度（A）/面积（AR）/体积（V）］<距离>：_radius

选择圆弧或圆：

半径 = <半径>

直径 = <直径>

输入选项［距离（D）/半径（R）/角度（A）/面积（AR）/体积（V）/退出（X）］<半径>：A

选择圆弧、圆、直线或 <指定顶点>：

角度 = <角度>

输入选项［距离（D）/半径（R）/角度（A）/面积（AR）/体积（V）/退出（X）］<半径>：X

例 3　计算图 5-18 中阴影部分的总面积。

计算图 5-18 中阴影部分的总面积的操作过程如下。

单击：

输入：A　　　　　　　　　　* 选择“加”模式

单击：（矩形的第一个角点）　　　　　　　　　　* 计算矩形面积

单击：（矩形的第二个角点）

单击：（矩形的第三个角点）

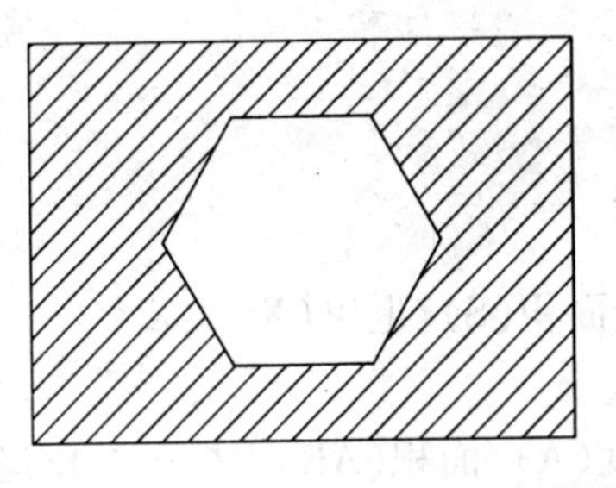
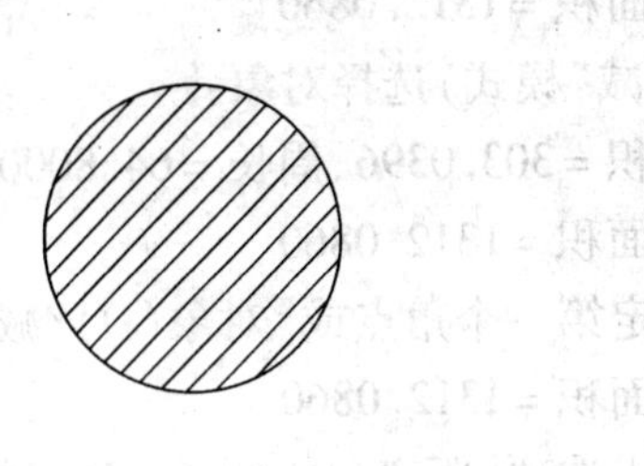

图 5-18　计算面积

单击:(矩形的第四个角点)

单击:↙　　*结束选点模式

输入:O　　*选择对象方式

单击:(圆)　　*加上圆的面积

单击:↙　　*结束“加”模式

输入:S　　*选择“减”模式

输入:O　　*选择对象方式

单击:(正六边形)　　*减去正六边形的面积

单击:↙　　*结束“减”模式

输入:X　　*退出面积计算

单击:(退出(X))　　*单击工具提示上“退出(X)”

命令窗口显示如下。

命令: _MEASUREGEOM

输入选项[距离(D)/半径(R)/角度(A)/面积(AR)/体积(V)/退出(X)]<面积>:_area

指定第一个角点或[对象(O)/增加面积(A)/减少面积(S)/退出(X)]<对象(O)>:A

指定第一个角点或[对象(O)/减少面积(S)/退出(X)]:

(“加”模式)指定下一个点或[圆弧(A)/长度(L)/放弃(U)]:

(“加”模式)指定下一个点或[圆弧(A)/长度(L)/放弃(U)]:

(“加”模式)指定下一个点或[圆弧(A)/长度(L)/放弃(U)/总计(T)]<总计>:

(“加”模式)指定下一个点或[圆弧(A)/长度(L)/放弃(U)/总计(T)]<总计>:

面积 = 1260.0000,周长 = 144.0000

总面积 = 1260.0000

指定第一个角点或[对象(O)/减少面积(S)/退出(X)]:O

(“加”模式)选择对象:

面积 = 355.1256,圆周长 = 66.8030

总面积 = 1615.1256

(“加”模式)选择对象:

指定第一个角点或[对象(O)/减少面积(S)/退出(X)]:S

指定第一个角点或[对象(O)/减少面积(S)/退出(X)]:O

(“减”模式)选择对象:

面积 = 303.0396,周长 = 64.8000

总面积 = 1312.0860
("减"模式)选择对象:
面积 = 303.0396,周长 = 64.8000
总面积 = 1312.0860
指定第一个角点或[对象(O)/减少面积(S)/退出(X)]:X
总面积 = 1312.0860
输入选项[距离(D)/半径(R)/角度(A)/面积(AR)/体积(V)/退出(X)]<面积>:X

练习题

5.1 试用对象捕捉方法和 LINE 命令连接图 5-19 中的圆、圆弧和点。路线是:圆的圆心→圆弧的圆心→任一点→圆上切点→圆弧上端点→圆上 90°象限点→前一线段中点→任一交点→垂足→任一点。

5.2 试用对象捕捉方法作图 5-20 所示图形。

5.3 试用测量命令求 5-21 所示图形中阴影部分的面积。

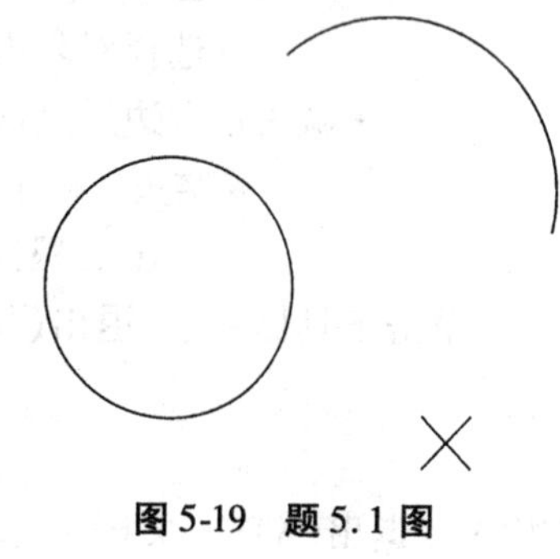
图 5-19 题 5.1 图

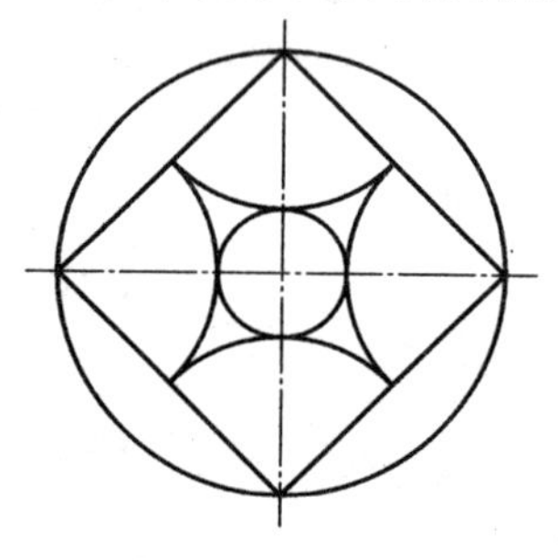
图 5-20 题 5.2 图

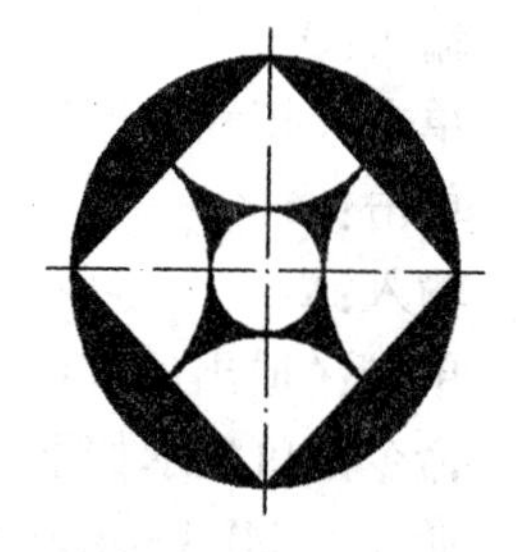
图 5-21 题 5.3 图

第 6 章　构造图形方法

绘制一幅准确而又完整的图形,一般不是按图形的形状、大小一笔一画地绘制,常常是先作出一些辅助线,修改成图形的基本轮廓,然后再利用已有的轮廓构造其他的轮廓,穿插使用编辑命令和绘图命令,最终完成全图的绘制。这种绘图方法称为构造图形。AutoCAD 提供了非常丰富的编辑命令,它们比基本绘图命令更灵活、更方便。AutoCAD 从 R13 版开始还增加了辅助线功能,使作图更简便。本章将对它们逐一介绍。

6.1　辅助线

与手工作图类似,AutoCAD 也能画辅助线。这种辅助线无限长,没有端点或有一个端点。两端无端点的辅助线称为构造线或参照线。只有一个端点的辅助线称为射线。辅助线经过修改后可成为直线。

6.1.1　XLINE(构造线)命令

XLINE(构造线)命令绘制构造图形用的辅助线。这种构造线可以向两个方向无限延伸,所以也称为无限长直线。XLINE(构造线)命令通过一点画水平的、垂直的或倾斜某一角度的构造线,或者通过两点画一条构造线,还可以画一角的平分线或画一与指定直线平行的构造线。

1. 命令输入方式

功能区:“常用”选项卡→[绘图 ▾]→[构造线图标]

键盘输入:XLINE 或 XL

2. 命令使用举例

例 1　画一系列水平(或垂直)的构造线。

画一系列水平(或垂直)的构造线的操作过程如下。

单击:[构造线图标]　　* 启动绘制构造线命令

输入:H(或 V)　　* 设置“水平(H)”或“垂直(V)”方式

单击:(一点)　　* 指定通过点

单击:(另一点)　　* 指定通过点

⋮

单击:↙　　* 结束命令

命令窗口显示如下。

命令:_ xline

指定点或[水平(H)/垂直(V)/角度(A)/二等分(B)/偏移(O)]:H(或 V)

指定通过点:

指定通过点:

⋮

指定通过点:

例 2　画一指定倾斜角度的构造线。

画一指定倾斜角度的构造线的操作过程如下。

单击:[构造线图标]　　* 启动绘制构造线命令

输入:A　　* 设置"角度(A)"方式

输入:(角度)　　* 指定构造线角度

单击:(一点)　　指定通过点

单击:↙　　* 结束命令

例 3　画两条相交直线的角平分线。

画两条相交直线的角平分线的操作过程如下。

单击:[构造线图标]　　* 启动绘制构造线命令

输入:B　　* 设置"二等分(B)"方式

单击:(交点)　　* 指定角的顶点

单击:(第一条线)　　* 指定角的起点

单击:(第二条线)　　* 指定角的端点

命令窗口显示如下。

命令:_ xline

指定点或[水平(H)/垂直(V)/角度(A)/二等分(B)/偏移(O)]:B

指定角的顶点:

指定角的起点:

指定角的端点:

例 4　画一条与指定直线平行的构造线。

画一条与指定直线平行的构造线的操作过程如下。

单击:[构造线图标]　　* 启动绘制构造线命令

输入:O　　* 设置"偏移(O)"方式

输入:T　　* 设置偏移"通过"模式

单击:(直线)　　* 选择直线对象

单击:(一点)　　* 指定通过点

单击:↙　　* 结束命令

命令窗口显示如下。

命令:_ xline

指定点或[水平(H)/垂直(V)/角度(A)/二等分(B)/偏移(O)]:O

指定偏移距离或[通过(T)] <通过>:T

选择直线对象:

指定通过点:

选择直线对象:

例 5　通过两点画一条构造线。

通过两点画一条构造线的操作过程如下。

单击：　　* 启动绘制构造线命令

单击：(一点)　　* 指定通过点

单击：(另一点)　　* 指定通过点

单击：↙　　* 结束命令

6.1.2　RAY(射线)命令

RAY(射线)命令绘制有一个端点的辅助线，另一端无限延伸。这种线称为射线。该命令可画多条相交于起点的射线。

1. 命令输入方式

功能区："常用"选项卡→ 绘图 ▾ →

键盘输入：RAY

2. 命令使用举例

例　过点(30,20)和点(100,60)画射线。

画射线的操作过程如下。

单击：　　* 启动绘制射线线命令

输入：30,20　　* 指定起点

输入：70,40　　* 指定通过点

单击：↙　　* 结束命令

命令窗口显示如下。

命令：_ ray

指定起点：30,20

指定通过点：@70,40

指定通过点：

6.2　修改对象长度

修改对象长度的命令有 TRIM(修剪)、BREAK(打断)、JOIN(合并)、EXTEND(延伸)和 LENGTHEN(拉长)。TRIM(修剪)命令已在前面 3.2.8 节介绍过。

6.2.1　BREAK(打断)命令

BREAK(打断)命令擦除直线、圆弧、圆、多段线、椭圆、样条曲线、圆环等对象上两个指定点间的部分，或者将它们从某一点处打断为两个对象(图 6-1)。图 6-1 中虚线表示被擦除的部分。擦除对象的一部分时，输入的第二点可以不在对象上，从第二点与所选目标垂直相交处切断。对于圆将按逆时针方向擦除 *P*1、*P*2 点之间的弧(图 6-1(d))。注意圆不能从某一点处打断。

1. 命令输入方式

功能区："常用"选项卡→ 修改 ▾ →

键盘输入:BREAK 或 BR

2. 命令使用举例

例 1　以对象选择点为第一点,擦除 $P1$、$P2$ 点间的部分,如图 6-1(a)所示。

删除操作过程如下。

单击:　　　　* 启动打断命令

单击:(P1 点)　　　　* 选择对象

单击:(P2 点)　　　　* 指定第二个打断点

命令窗口显示如下。

命令:_ break

选择对象:

指定第二个打断点或[第一点(F)]:

例 2　先选对象,再输入 $P1$、$P2$ 点,擦除 $P1$、$P2$ 点之间的部分,如图 6-1(b)所示。

删除操作过程如下。

单击:　　　　* 启动打断命令

单击:(P 点)　　　　* 选择对象

输入:F　　　　* 设置第一个打断点

单击:(P1 点)　　　　* 指定第一个打断点

单击:(P2 点)　　　　* 指定第二个打断点

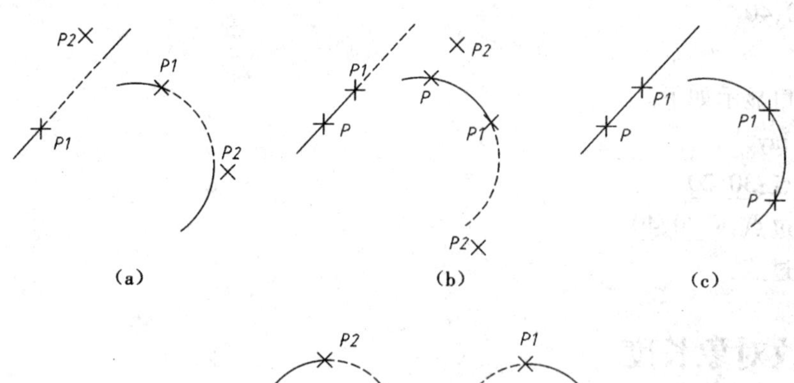

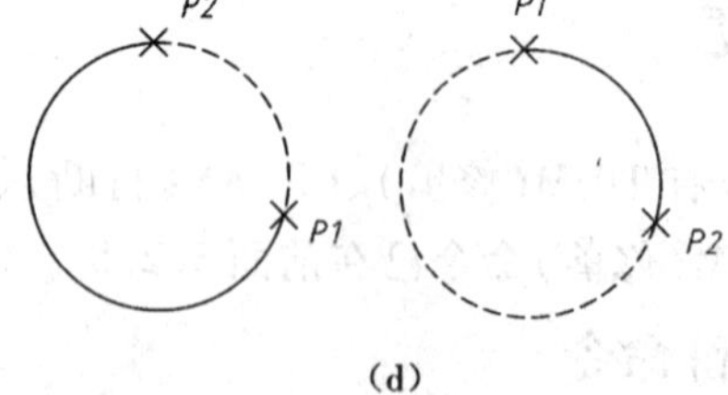

图 6-1　BREAK 命令的应用

(a)擦除中间部分;(b)擦除一端;(c)打断;(d)擦除圆上的一段弧

命令窗口显示如下。

命令:_ break

选择对象:

指定第二个打断点或[第一点(F)]:F

指定第一个打断点：
指定第二个打断点：
例3　从某一点处打断对象，如图6-1(c)所示。
打断操作过程如下。

单击：[icon]　　　　　　　　　　* 启动打断命令
单击：(P点)　　　　　　　　　　* 选择对象
输入：F　　　　　　　　　　　　* 设置第一个打断点
单击：(P1点)　　　　　　　　　 * 指定第一个打断点
单击：@　　　　　　　　　　　　* P1点为线上断点

6.2.2　JOIN(合并)命令

JOIN(合并)命令将几段同一种对象合并为一个完整对象。能够使用JOIN(合并)命令的对象是直线、圆弧、椭圆弧、多段线、样条曲线或螺旋线。首先选中的对象称源对象。可以将位于同一条直线上的几段直线合并为一段直线，它们之间可以有间隙也可以没有间隙。可以将位于同一圆周上的几段圆弧按逆时针方向合并为圆弧或闭合为圆，他们之间可以有间隙也可以没有间隙。如只有一段圆弧则可闭合为圆。椭圆弧和圆弧是一样的。要合并为多段线的对象可以是首尾相连的多段线、直线、圆弧，但首先应选择多段线。要合并的几段样条曲线、螺旋线必须首尾相连。

1. 命令输入方式

功能区："常用"选项卡→[修改 ▾]→[icon]
键盘输入：JOIN或J

2. 命令使用举例

例1　图6-1(a)中的直线经使用BREAK(打断)命令后成了两段直线，现在再合并为一段直线。

合并操作过程如下。

单击：[icon]　　　　　　　　　　* 启动合并命令
单击：(一段直线)　　　　　　　　* 选择源对象
单击：(另一段直线)　　　　　　　* 选择要合并到源的直线找到1个
单击：↙　　　　　　　　　　　　* 结束命令

命令窗口显示如下。

命令：_join
选择源对象：
选择要合并到源的直线：找到1个
选择要合并到源的直线：
已将1条直线合并到源

例2　图6-1(a)中的圆弧经使用BREAK(打断)命令后成了两段圆弧。现在再合并为一段圆弧，然后再闭合为圆。

合并操作过程如下：

单击：[icon]　　　　　　　　　　* 启动合并命令

单击：(下方圆弧)　　* 选择源对象

单击：(另一段圆弧)　　选择要合并到源的圆弧

单击：↙　　* 结束命令

单击：↙　　* 继续合并命令

单击：(圆弧)　　* 选择源对象

输入：L　　* 闭合成圆

命令窗口显示如下。

命令：_ join

选择源对象：

选择圆弧，以合并到源或进行[闭合(L)]：找到 1 个

选择要合并到源的圆弧：

已将 1 个圆弧合并到源

命令：

JOIN

选择源对象：

选择圆弧，以合并到源或进行[闭合(L)]：L

已将圆弧转换为圆。

6.2.3　EXTEND(延伸)命令

EXTEND(延伸)命令用于延伸指定的对象，使其到达图中所选定的边界。该命令要求先选择作为边界的对象，再指定要延伸的部分或者按住【Shift】键选择要修剪的对象。选择作为边界的对象时，可以选择一个或多个对象或按【Enter】键或右键选择全部对象。边界有“延伸”模式和“不延伸”模式。在“延伸”模式下，可将对象延伸到与边界或边界的延伸线相交为止；而在“不延伸”模式下只能将对象延伸到与边界相交为止。“不延伸”模式是默认模式。可以被延伸的对象有直线、圆弧、打开的多段线或样条曲线、椭圆弧等，但任何对象均可作为边界。EXTEND(延伸)命令也可以修剪掉多余的对象，选定的边界就是剪切边。

1. 命令输入方式

功能区：“常用”选项卡→“修改”面板→ 或 → 延伸

键盘输入：EXTEND 或 EX

2. 命令使用举例

例 1　延伸图 6-2(a)中的直线与圆弧，使其与圆相交(图 6-2(b))。

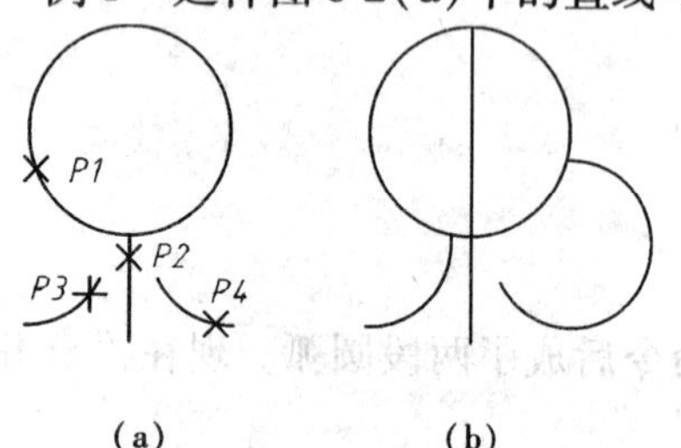

图 6-2　延伸对象

(a)原图；(b)结果

延伸的操作过程如下。

单击：延伸　　* 启动延伸命令

单击：(P1 点)　　* 选择对象

单击：↙　　* 结束对象选择

单击：(P2 点)　　* 选择要延伸的对象

单击：(P3 点)　　* 选择要延伸的对象

单击：(P4 点)　　* 选择要延伸的对象

单击:↙ *结束命令

命令窗口显示如下。

命令:_ extend

当前设置:投影 = UCS　边 = 无

选择边界的边...

选择对象或 <全部选择>:　找到 1 个

选择对象:

选择要延伸的对象,或按住 Shift 键选择要修剪的对象,或[栏选(F)/窗交(C)/投影(P)/边(E)/放弃(U)]:

选择要延伸的对象,或按住 Shift 键选择要修剪的对象,或[栏选(F)/窗交(C)/投影(P)/边(E)/放弃(U)]:

选择要延伸的对象,或按住 Shift 键选择要修剪的对象,或[栏选(F)/窗交(C)/投影(P)/边(E)/放弃(U)]:

选择要延伸的对象,或按住 Shift 键选择要修剪的对象,或[栏选(F)/窗交(C)/投影(P)/边(E)/放弃(U)]:

例 2　当延伸后的对象与边界不相交时,应将边界设置为“延伸”模式,再延伸对象。操作如下。

单击: *启动延伸命令

单击:(对象) *指定边界

单击:↙ *结束对象选择

输入:E *设置“边(E)”模式

输入:E *设定隐含边界也需要延伸

单击:(对象) *指定要延伸的对象

单击:↙ *结束命令

命令窗口显示如下。

命令:_ extend

当前设置:投影 = UCS　边 = 无

选择边界的边...

选择对象或 <全部选择>:

选择对象:

选择要延伸的对象,或按住 Shift 键选择要修剪的对象,或[栏选(F)/窗交(C)/投影(P)/边(E)/放弃(U)]:E

输入隐含边延伸模式[延伸(E)/不延伸(N)] <不延伸>:E

选择要延伸的对象,或按住 Shift 键选择要修剪的对象,或[栏选(F)/窗交(C)/投影(P)/边(E)/放弃(U)]:

选择要延伸的对象,按住 Shift 键选择要修剪的对象,或[栏选(F)/窗交(C)/投影(P)/边(E)/放弃(U)]:

3. 说明

①选择作为延伸边界的对象时,可以不作选择对象操作,而按【Enter】键或右键选择所

有对象作为延伸边界。

②延伸对象总是从距离对象选择点最近的那个端点开始，延伸到最近的一条边界，如图6-2所示。延伸后的对象还可再延伸。

③如果要延伸的对象比较多，可以使用“栏选(F)”或“窗交(C)”选项指定要延伸的对象。

④如选中的要延伸的对象与边界不相交，当边界为不延伸模式时则显示提示：“对象未与边相交”。

⑤边界也可被延伸。延伸后不再“醒目”显示，但仍是边界。

⑥“投影(P)”选项用于在三维空间中延伸图形时设置投影模式。其中“无(N)”选项不用投影方式，延伸后的对象与边界在空间相交时才能被延伸；“Ucs(U)”选项用于延伸后的对象与边界在当前UCS的*XY*平面内相交时可被延伸；“视图(V)”选项用于多视口操作时，延伸后的对象与边界在当前视口内相交就可被延伸。

6.2.4 LENGTHEN(拉长)命令

LENGTHEN(拉长)命令显示或改变非闭合对象长度。指定对象既可伸长，也可缩短。对于圆弧，还可改变它所在的圆心角大小。用户可以用指定增量、百分比、总长度或光标定点等方法改变长度或角度。拉长对象将从距目标拾取点近的那个端点开始。改变对象长短，一般先设定拉长量，再点取要拉长的对象。

1. 命令输入方式

功能区：“常用”选项卡→ 修改 ▾ →

键盘输入：LENGTHEN 或 LEN

2. 命令使用举例

例1　将一直线延长5个单位。

将一直线延长5个单位的操作过程如下。

单击： 　　* 启动拉长命令

输入：DE 　　* 设置“增量(DE)”模式

输入：5 　　* 输入长度增量

单击：(直线的一端) 　　* 选择要修改的对象

单击：↙ 　　* 结束命令

命令窗口显示如下。

命令：_ lengthen

选择对象或[增量(DE)/百分数(P)/全部(T)/动态(DY)]：DE

输入长度增量或[角度(A)]<0.0000>：5

选择要修改的对象或[放弃(U)]：

选择要修改的对象或[放弃(U)]：

例2　改变圆弧长度，使圆心角减少13°。

改变圆弧长度的操作过程如下。

单击： 　　* 启动拉长命令

输入：DE 　　* 转换“增量(DE)”模式

输入:A *转换"角度(A)"模式

输入:-13 *输入角度增量

单击:(圆弧的一端) *选择要修改的对象

单击:↙ *结束命令

例3 改变对象的总长度。

改变对象的总长度的操作过程如下。

单击:[图标] *启动拉长命令

单击:(某一直线) *选择对象

*命令行提示: 当前长度:40.0000

输入:T *设置"全部(T)"模式

输入:(总长) *指定总长度

单击:(直线的一端) *选择要修改的对象

单击:↙ *结束命令

例4 用百分数改变对象的长度。

用百分数改变对象长度的操作过程如下。

单击:[图标] *启动拉长命令

输入:P *转换"百分数(P)"模式

输入:(数值) *指定长度百分数

单击:(直线的一端) *选择要修改的对象

单击:↙ *结束命令

例5 用光标定点改变对象的长度。

用光标定点改变对象长度的操作过程如下。

单击:[图标] *启动拉长命令

输入:DY *转换"动态(DY)"模式

单击:(对象) *选择要修改的对象

单击:(一点) *移动光标指定新的端点

单击:↙ *结束命令

命令窗口显示如下。

命令:_ lengthen

选择对象或[增量(DE)/百分数(P)/全部(T)/动态(DY)]:DY

选择要修改的对象或[放弃(U)]:

指定新的端点:

选择要修改的对象或[放弃(U)]:

6.3 图形的几何变换

图形的几何变换包括移动、镜像、旋转、比例缩放、拉伸等图形处理方法。这些方法都用相应的命令操作。

6.3.1 MOVE(移动)命令

MOVE(移动)命令用于输入基准点和位移的第二点,或者输入位移量,将指定的图形平移到一个新的位置。关于位移量的概念参见1.4.2节。

1. 命令输入方式

功能区:"常用"选项卡→"修改"面板→

键盘输入:MOVE 或 M

快捷菜单:选择要移动的对象,在绘图区域单击右键,然后选择"移动(M)"

2. 命令使用举例

例1 移动图6-3(a)中的图形,结果如图6-3(b)所示。

移动图6-3(a)中图形的操作过程如下。

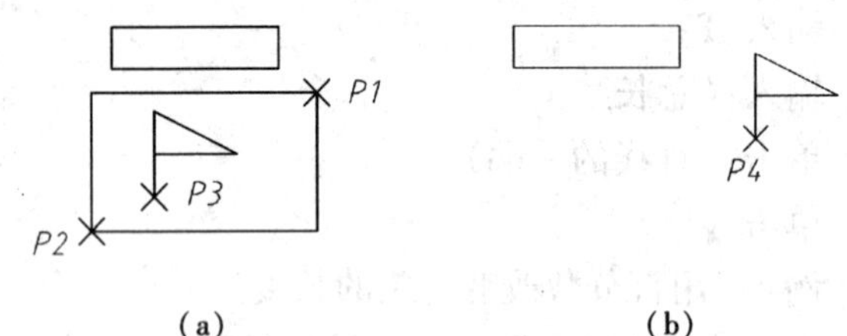

图6-3 平移图形

(a)原图;(b)结果

单击: * 启动移动命令

单击:(P2点) * 指定第一个角点

单击:(P1点) * 指定对角点

单击:↙ * 完成对象选择

单击:(P3点) * 指定基点

单击:(P4点) * 确定移动目标位置

命令窗口显示如下。

命令:_ move

选择对象: 指定对角点: 找到3个

选择对象:

指定基点或[位移(D)] <位移>:

指定第二个点或 <使用第一个点作为位移>:

例2 若上例中 $P4$、$P3$ 的坐标差为(30,10),则可作如下操作。

移动的操作过程如下。

单击: * 启动移动命令

单击:(P2点) * 指定第一个角点

单击:(P1点) * 指定对角点

单击:↙ * 完成对象选择

输入:30,10 * 指定基点(相对坐标)

单击:↙ * 直接移动到P4位置

命令窗口显示如下:

命令:_ move

选择对象:指定对角点:找到 3 个

选择对象:

指定基点或[位移(D)] <位移>:30,10

指定第二个点或 <使用第一个点作为位移>:

6.3.2 MIRROR(镜像)命令

MIRROR(镜像)命令按给定的镜像线产生指定目标的镜像图形。原图既可保留,也可删除。屏幕上不显示镜像线。

1. 命令输入方式

功能区:“常用”选项卡→“修改”面板→

键盘输入:MIRROR 或 MI

2. 命令使用举例

例 作镜像图形,如图 6-4 所示。

镜像图形的操作过程如下。

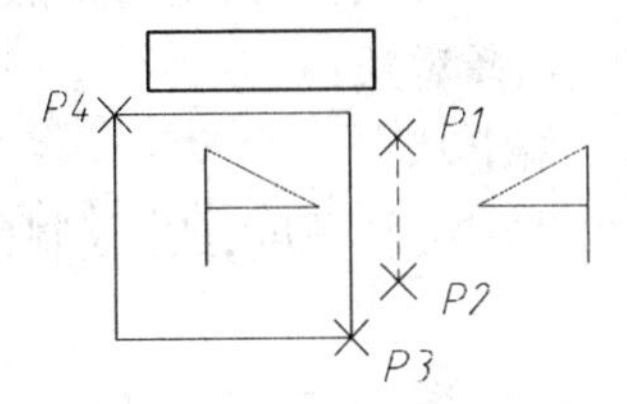

图 6-4 镜像作图

单击: * 启动镜像命令

单击:(P4 点) * 指定第一个角点

单击:(P3 点) * 指定对角点

单击:↙ * 完成对象选择

单击:(点取 P1 点) * 指定镜像线的第一点

单击:(点取 P2 点) * 指定镜像线的第二点

单击:↙ * 不删除原图同时生成镜像图形

命令窗口显示如下。

命令:_ mirror

选择对象: 指定对角点: 找到 3 个

选择对象:

指定镜像线的第一点:

指定镜像线的第二点:

是否删除源对象? [是(Y)/否(N)] <N>:

6.3.3 ROTATE(旋转)命令

ROTATE(旋转)命令将选定的图形绕指定的基点旋转某一角度。当角度大于零时按逆时针方向旋转,角度小于零时按顺时针方向旋转。当不知道旋转角度的大小时,可用参照方式输入。该命令还可保留原对象不变,又复制出一个旋转指定角度的对象。

1. 命令输入方式

功能区:“常用”选项卡→“修改”面板→

键盘输入: ROTATE 或 RO

快捷菜单:选择要旋转的对象,在绘图区域单击右键,选择“旋转(R)”

2. 命令使用举例

例 1 将图 6-5(a)中的左侧图形旋转 45°,结果如图 6-5(b)所示。

图形旋转 45°的操作过程如下。

单击：[旋转图标] * 启动旋转命令
单击：(P1 点) * 指定第一个角点
单击：(P2 点) * 指定对角点
单击：↙ * 完成对象选择
单击：(P3 点) * 指定基点
输入：45 * 指定旋转角度

命令窗口显示如下。

命令：_ rotate
UCS 当前的正角方向：ANGDIR = 逆时针 ANGBASE = 0
选择对象： 指定对角点： 找到 5 个
选择对象：
指定基点：
指定旋转角度，或[复制(C)/参照(R)] <0 > :45

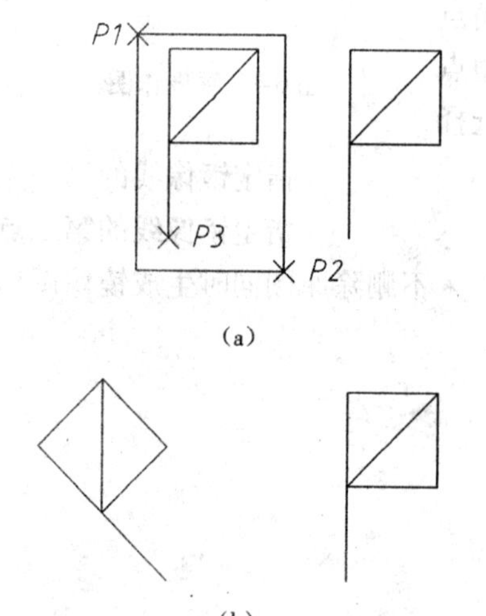

图 6-5 旋转图形
(a)原图及选目标、选基准点；(b)结果

(a)

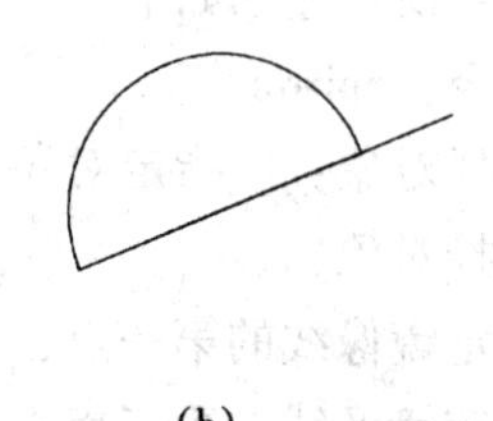

(b)

图 6-6 参照方式旋转图形
(a)原图及选目标、选参照角度和新角度；(b)结果

例 2 将图 6-6(a)中的半圆旋转到与直线重合，结果如图 6-6(b)所示。
参照方式旋转图形的操作过程如下。

单击：[旋转图标] * 启动旋转命令
单击：(P1 点) * 选到左侧半圆
单击：(P2 点) * 选到中间直线
单击：↙ * 完成对象选择
单击：(P3 点) * 指定基点
输入：R * 设置“参照(R)”模式
单击：(P3 点) * 指定参照角顶点

单击:(P4 点)　　　　　　　　　　　　　　* 指定参照角边线点(由两点定角度)
单击:(P5 点)　　　　　　　　　　　　　　* 指定新角度
命令窗口显示如下。
命令:_ rotate
UCS 当前的正角方向:ANGDIR = 逆时针 ANGBASE = 0
选择对象:　指定对角点:　找到 5 个
选择对象:
指定基点:
指定旋转角度,或[复制(C)/参照(R)] <45 > :R
指定参照角 <0 > :
指定第二点:
指定新角度:

6.3.4　SCALE(比例缩放)命令

SCALE(比例缩放)命令可改变图形的大小。它按指定的基准点和比例因子缩放图形,并要求 X 和 Y 方向的比例因子相同。该命令也可用参照方式输入缩放比例。在绘制放大或缩小的图形时,一般先按 1:1绘制,再用 SCALE(比例缩放)命令放大或缩小图形。该命令还可保留原对象不变,又可复制出一个经缩放后的对象。

1. 命令输入方式

功能区:"常用"选项卡→"修改"面板→[图标]
键盘输入:SCALE 或 SC
快捷菜单:选择要缩放的对象,用右键单击绘图区域,然后选择"[图标]缩放(L)"

2. 命令使用举例

例 1　将图 6-7(a)中的小菱形放大一倍,结果如图 6-7(b)所示。
比例缩放的操作过程如下。

单击:[图标]　　　　　　　　　　　　　　* 启动比例缩放命令
单击:(P2 点)　　　　　　　　　　　　　　* 指定第一个角点
单击:(P1 点)　　　　　　　　　　　　　　* 指定对角点找到 3 个对象
单击:↙　　　　　　　　　　　　　　* 完成对象选择
单击:(P3 点)　　　　　　　　　　　　　　* 指定基点
输入:2　　　　　　　　　　　　　　* 指定比例因子
命令窗口显示如下。
命令:_ scale
选择对象:　指定对角点:　找到 4 个
选择对象:
指定基点:
指定比例因子或[复制(C)/参照(R)] <1.0000 > :2
例 2　将图 6-8(a)中 48 个单位长的直线放大到 75 个单位长,结果如图 6-8(b)所示。
参照方式缩放的操作过程如下:

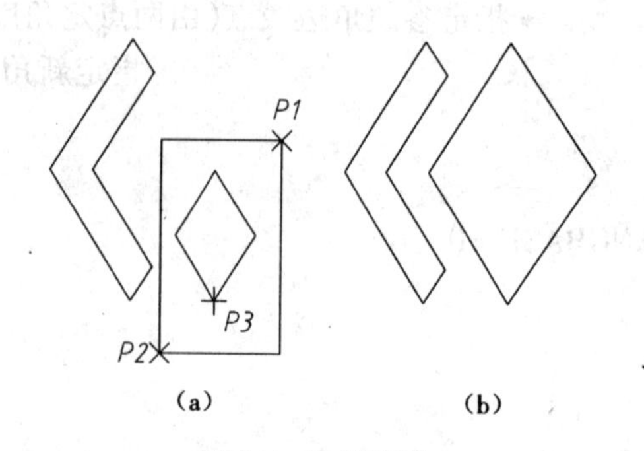

图 6-7 比例缩放

(a)原图及选目标、选基准点;(b)结果

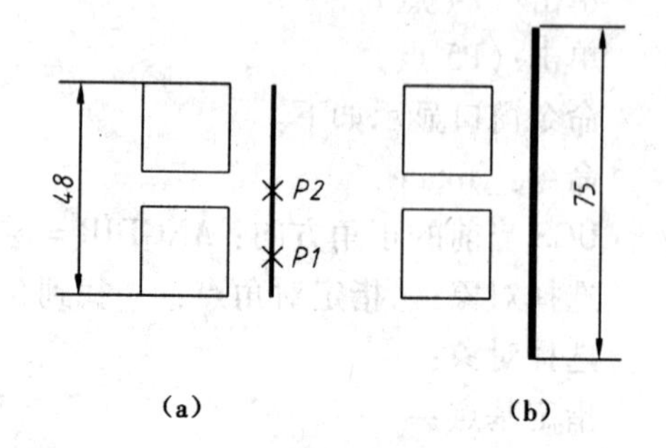

图 6-8 参照方式比例缩放

(a)原图及选目标、选基准点;(b)结果

单击: * 启动比例放缩命令

单击:(P1 点) * 选中直线

单击:↙ * 完成对象选择

单击:(P2 点) * 指定基点(捕捉直线中点)

输入:R * 设置"参照(R)"模式

输入:48 * 指定参照长度

输入:75 * 指定新的长度

命令窗口显示如下。

命令:_ scale

选择对象: 指定对角点: 找到 1 个

选择对象:

指定基点:

指定比例因子或[复制(C)/参照(R)]<2.0000>:R

指定参照长度<1.0000>:48

指定新的长度或[点(P)]<1.0000>:75

6.3.5 STRETCH(拉伸)命令

STRETCH(拉伸)命令可拉伸或压缩图形。执行该命令后,必须用交叉窗口选择要拉伸或压缩的对象。交叉窗口内的端点被移动,而窗口外的端点不动。与窗口边界相交的对象被拉伸或压缩,同时保持与图形未动部分相连。

1. 命令输入方式

功能区:常用"选项卡→"修改"面板→

键盘输入:STRETCH 或 S

2. 命令使用举例

例 将图 6-9(a)中的门从左边移到右边,结果如图 6-9(b)所示。

拉伸图形的操作过程如下。

单击: * 启动拉伸命令

单击:(P2 点) * 指定第一个角点

单击:(P1 点) * 指定对角点
单击:↙ * 完成对象选择
单击:(捕捉 P3 点) * 指定基点
单击:□(屏幕下方状态栏内“对象捕捉”按钮) * 关闭对象捕捉功能
单击:(P4 点) * 指定拉伸到的点

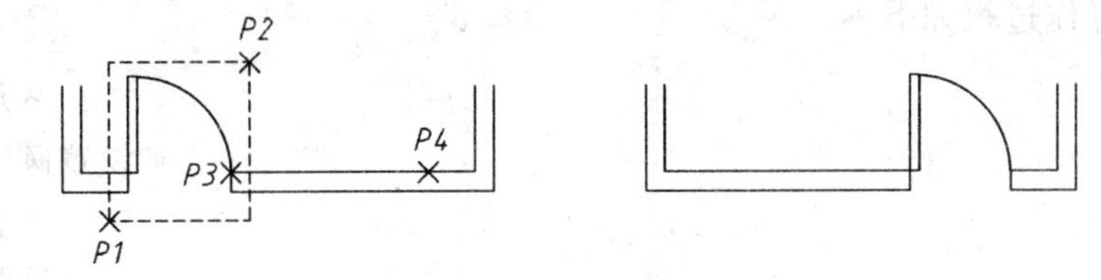

图 6-9　拉伸图形

(a)原图及选目标、选位移点;(b)结果

命令窗口显示如下。

命令: _stretch

以交叉窗口或交叉多边形选择要拉伸的对象...

选择对象: 指定对角点: 找到 11 个

选择对象:

指定基点或[位移(D)] <位移>:

指定第二个点或 <使用第一个点作为位移>:　　<对象捕捉开>

3. 说明

①该命令处理对象的原则是:全部在窗口内的对象被移动;与交叉窗口相交的对象只移动在窗口内的端点,这些对象被拉伸或压缩;与交叉窗口相交对象的端点都不在窗口内时,该对象不动。

②圆弧被拉伸,保持弦高不变。圆不能被拉伸;当圆心在窗口内时可被移动,否则不动。

6.4　修角命令

AutoCAD 能够在对象之间作修角处理。无论原对象是否相交,都可修成尖角、圆角或倒角。

6.4.1　FILLET(圆角)命令

FILLET(圆角)命令利用给定半径的圆弧分别与两指定目标相切。指定目标可以是直线、圆、圆弧、椭圆、椭圆弧、多段线、样条曲线或构造线等。指定目标上的端点不到切点时自动延长,超过切点的部分被切除,也可保留不变。这些由“修剪”模式和“不修剪”模式控制。半径为零时将使两对象准确相交,修成尖角。当半径不为零时,按住【Shift】键再去选择第二个对象也能修成尖角。FILLET(圆角)命令也可以对两条平行线作圆弧连接。对于两个圆作圆弧连接,只画圆弧与之相切,不修剪圆。在一个命令执行中,可以连续用不同半径对多组对象作圆角处理。如果选错了对象,不用退出命令,选择“放弃(U)”选项就可取消这一次圆角处理,再对其他对象操作。

1. 命令输入方式

功能区:“常用”选项卡→“修改”面板→ 或 →

键盘输入:FILLET 或 F

2. 命令使用举例

例 1　用圆弧连接两直线,如图 6-10 所示。

倒圆角的操作过程如下。

单击: 　＊启动圆角命令

输入:R　＊设置圆角“半径(R)”

输入:5　＊指定圆角半径

单击:(P1 点)　＊选择第一个对象

单击:(P2 点)　＊选择第二个对象

命令窗口显示如下。

命令:_ fillet

当前设置:模式 = 修剪,半径 =0.0000

选择第一个对象或[放弃(U)/多段线(P)/半径(R)/修剪(T)/多个(M)]:R

指定圆角半径 <0.0000 >:5

选择第一个对象或[放弃(U)/多段线(P)/半径(R)/修剪(T)/多个(M)]:

选择第二个对象,或按住 Shift 键选择要应用角点的对象:

图 6-10　倒圆角

(a)原图及选对象;(b)结果

图 6-11　修尖角

例 2　若要使例 1 中两条直线相交成如图 6-11 所示图形,只要在上述操作的最后一步按住【Shift】键点取 P2 点即可。这一操作就是用零替代当前半径值。若要设置例 1 中圆弧半径为零,则作如下操作。

单击: 　＊启动圆角命令

输入:R　＊设置圆角“半径(R)”

输入:0　＊将圆角半径设为 0

单击:(P1 点)　＊选择第一个对象

单击:(P2 点)　＊选择第二个对象

例 3　用圆弧连接直线和圆弧,如图 6-12 所示。

倒圆角的操作过程如下。

单击: 　＊启动圆角命令

输入:R　＊设置圆角“半径(R)”

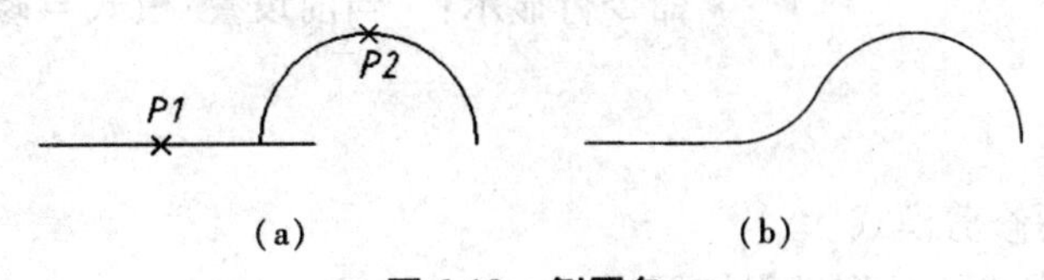

图 6-12　倒圆角

(a)原图及选对象;(b)结果

输入:8　　　　＊指定圆角半径

单击:(P1 点)　　　　＊选择第一个对象

单击:(P2 点)　　　　＊选择第二个对象

例 4　对一条闭合多段线作圆角,如图 6-13 所示。

对一条闭合多段线作圆角操作过程如下。

单击:[圆角图标]　　　　＊启动圆角命令

输入:R　　　　＊设置圆角“半径(R)”

输入:10　　　　＊指定圆角半径

输入:P　　　　＊转换“多段线(P)”模式选择对象

单击:(P 点)　　　　＊选择二维多段线

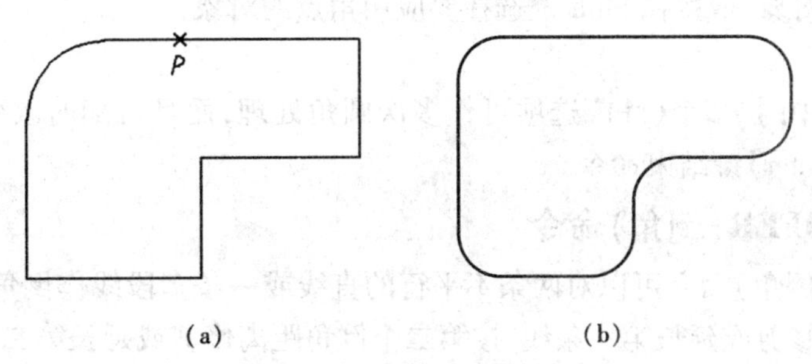

图 6-13　多段线倒圆角

(a)原图及选对象;(b)结果

命令窗口显示如下。

命令:_ fillet

当前设置:模式 = 修剪,半径 = 8.0000

选择第一个对象或[放弃(U)/多段线(P)/半径(R)/修剪(T)/多个(M)]:R

指定圆角半径 <8.0000>:10

选择第一个对象或[放弃(U)/多段线(P)/半径(R)/修剪(T)/多个(M)]:P

选择二维多段线:

6 条直线已被圆角

例 5　用圆弧连接两条平行直线,如图 6-14 所示。

FILLET 命令能够在两条平行线之间作圆弧连接,所作圆弧不受半径默认值的限制,也不用输入半径,而是通过画出半圆来连接两条平行线。操作过程如下。

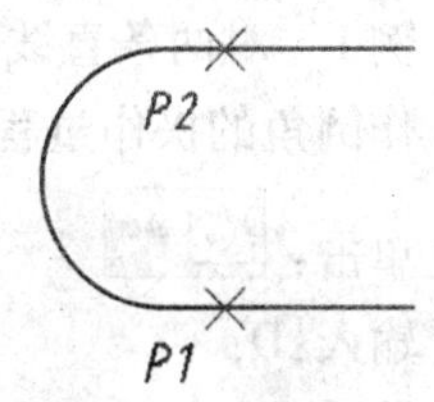

图 6-14　圆弧连接平行线

单击:[圆角图标]　　　　＊启动圆角命令

*命令行显示：　当前设置:模式 = 修剪,半径 = 10.0000

单击:(P1 点)　　*选择第一个对象

单击:(P2 点)　　*选择第二个对象

例 6　设置为不修剪模式。

设置为不修剪模式的操作过程如下。

单击:[圆角图标]　　*启动圆角命令

输入:T　　*设置"修剪(T)"操作

输入:N　　*指定"不修剪(N)"操作

单击:(第一个对象)　　*选择第一个对象

单击:(第二个对象)　　*选择第二个对象

命令窗口显示如下。

命令:_ fillet

当前设置:模式 = 修剪,半径 = 10.0000

选择第一个对象或[放弃(U)/多段线(P)/半径(R)/修剪(T)/多个(M)]:T

输入修剪模式选项[修剪(T)/不修剪(N)] <修剪>:N

选择第一个对象或[放弃(U)/多段线(P)/半径(R)/修剪(T)/多个(M)]:

选择第二个对象,或按住 Shift 键选择要应用角点的对象:

3. 说明

该命令提示中的"多个(M)"选项可作多次圆角处理,而且可随时改变圆角半径,最后按右键或者按【Enter】键结束命令。

6.4.2　CHAMFER(倒角)命令

CHAMFER(倒角)命令可以对两条不平行的直线或一条多段线作倒角处理。该命令按第一个倒角距离修剪或延长第一条线,按第二个倒角距离修剪或延长第二条线,最后用直线连接两端点。倒角时的多余线段可以切除,也可以保留,由"修剪"模式或"不修剪"模式决定。若倒角距离为零,则两条线相交于一点。或者在选择第二条直线的同时按住【Shift】键,用零来替代当前的倒角距离。该命令还可以用一个倒角距离和一个角度来进行倒角处理,可以连续用不同的倒角距对多组对象做倒角处理,或放弃已做的倒角处理。

1. 命令输入方式

功能区:"常用"选项卡→"修改"面板→[图标]或[图标]→[倒角]

键盘输入:CHAMFER 或 CHA

2. 命令使用举例

例 1　对两条直线作倒角,如图 6-15 所示。

作倒角的操作过程如下。

单击:[倒角]　　*启动倒角命令

输入:D　　*设置倒角"距离(D)"

输入:5　　*指定第一个倒角距离

输入:10　　*指定第二个倒角距离

单击:(P1 点)　　　　　　　　　　　　　　　　　　　　　＊选择第一条直线

单击:(P2 点)　　　　　　　　　　　　　　　　　　　　　＊选择第二条直线

命令窗口显示如下。

命令:_ chamfer

(“修剪”模式)当前倒角距离 1 =0.0000，　距离 2 =0.0000

选择第一条直线或[放弃(U)/多段线(P)/距离(D)/角度(A)/修剪(T)/方式(E)/多个(M)]:D

指定第一个倒角距离 <0.0000 >:5

指定第二个倒角距离 <5.0000 >:10

选择第一条直线或[放弃(U)/多段线(P)/距离(D)/角度(A)/修剪(T)/方式(E)/多个(M)]:

选择第二条直线,或按住 Shift 键选择要应用角点的直线:

例 2　对图 6-13(a)作倒角处理,结果如图 6-16 所示。

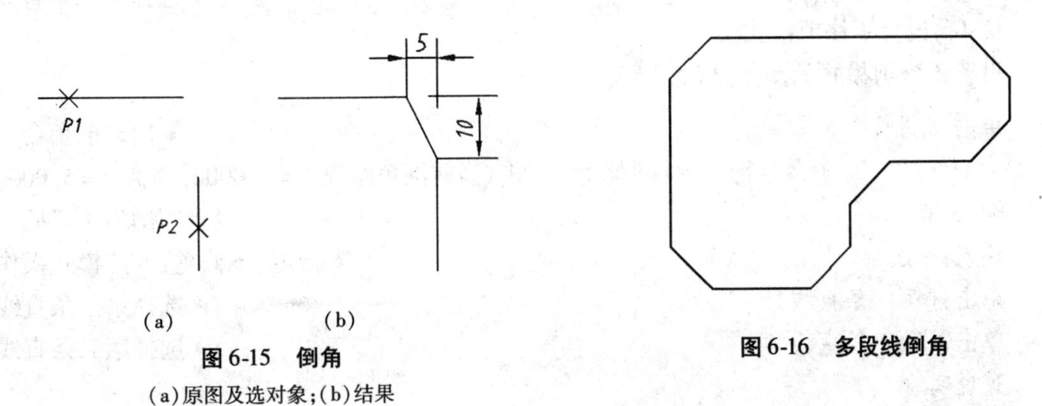

(a)　　(b)

图 6-15　倒角

(a)原图及选对象;(b)结果

图 6-16　多段线倒角

作倒角处理的操作过程如下。

单击:□　　　　　　　　　　　　　　　　　　　　　　＊启动倒角命令

输入:D　　　　　　　　　　　　　　　　　　　　　＊设置倒角“距离(D)”

输入:5　　　　　　　　　　　　　　　　　　　　　＊指定第一个倒角距离

单击:↙　　　　　　　　　　　　　　　＊指定第二个倒角距离与第一个相同

输入:P　　　　　　　　　　　　　　　　　　　　　＊转换“多段线(P)”模式

单击:(P 点)　　　　　　　　　　　　　　　　　　　＊选择二维多段线

命令窗口显示如下。

命令:_ chamfer

(“修剪”模式)当前倒角距离 1 =5.0000，　距离 2 =10.0000

选择第一条直线或[放弃(U)/多段线(P)/距离(D)/角度(A)/修剪(T)/方式(E)/多个(M)]:D

指定第一个倒角距离 <5.0000 >:5

指定第二个倒角距离 <5.0000 >:

选择第一条直线或[放弃(U)/多段线(P)/距离(D)/角度(A)/修剪(T)/方式(E)/多

个(M)]:P

选择二维多段线:

6 条直线已被倒角

例 3　设置一个倒角距离和一个角度。倒角距离是在第一条直线上,角度是倒角的斜线与第一条直线的夹角。

倒角的操作过程如下。

单击:　　* 启动倒角命令

* 命令行显示:("修剪"模式)当前倒角距离 1 =5.0000,距离 2 =5.0000

输入:A　　* 设置"角度(A)"输入模式

输入:(第一条线上的倒角距离)　　* 指定第一条直线的倒角长度

输入:(斜线与第一条直线为始边所夹的角度)　　* 指定第一条直线的倒角角度

单击:(第一条直线)　　* 选择第一条直线

单击:(第二条直线)　　* 选择第二条直线

例 4　设置不修剪模式。

设置不修剪模式的操作过程如下。

单击:　　* 启动倒角命令

* 命令行显示:("修剪"模式)当前倒角距离 1 =5.0000,距离 2 =5.0000

输入:T　　* 设置"修剪(T)"操作

输入:N ↙　　* 指定"不修剪(N)"模式操作

单击:(第一条直线)　　* 选择第一条直线

单击:(第二条直线)　　* 选择第二条直线

3. 说明

①该命令提示中的"方式(E)"选项用于设置作倒角时的处理方法。选择该项后的提示如下:

输入修剪方法[距离(D)/角度(A)] <当前选项>:　输入 D 是用两个倒角距离作倒角处理,输入 A 是用一个倒角距离和一个角度来进行倒角处理,或者按【Enter】键使用默认项。

②该命令提示中的"多个(M)"选项可进行多次倒角处理,而且可随时改变倒角距离,最后按右键或者按【Enter】键结束命令。

6.5　构图方法

在第 3.3 节中介绍的绘图方法和步骤是原始的。它完全按坐标作图,不能提高绘图速度。这是因为按尺寸大小计算对象的每一个坐标,要求操作者必须非常熟悉坐标系,并具有一定的速算能力。如果将本章介绍的各种图形编辑命令与基本绘图命令相结合,穿插使用,按图形的尺寸先作出图形的大致轮廓,再用各种编辑命令修改,最终构造出一幅完整的图样。这样省去了计算各点坐标的时间,但要求用户对各种命令非常熟悉。构造图形可以先从画矩形或十字线开始。如有以圆为主的视图,也可先从画圆的视图开始。下面以构造图 6-17 中的主视图轮廓为例,说明作图的方法和步骤。这种方法和步骤不是唯一的,只是给用户一个启发。图中的圆角半径为 2 mm,其余剖面线、尺寸等由读者自行补上。

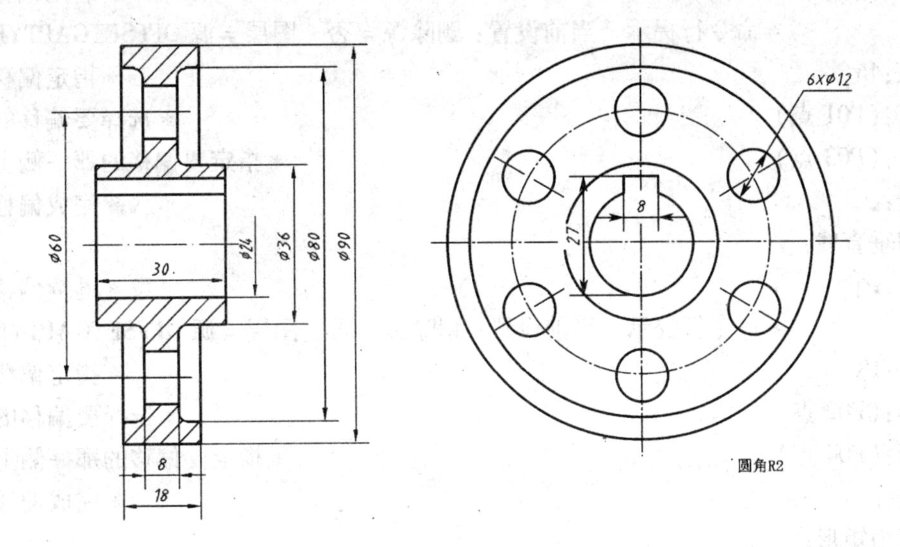

图 6-17　皮带轮

1. 从构造矩形开始

由于多数图形的主要轮廓大都由水平线和垂直线组成,所以作图开始时可以先用 XLINE(直线)命令或 LINE(直线)命令画出水平和垂直的构造线,构造出图形的矩形轮廓(或用直线画矩形)。在此基础上再用 OFFSET(偏移)命令画出其他轮廓,也可用绘图命令添加投影,然后用各种编辑命令修改图形,直至完成全图。

绘制皮带轮的主视图可用上述方法进行。首先画出主视图的下半部分,再用镜像方法作出上半部分。操作过程如下。

(1)加载用户样板

装入用户样板 A3. dwt。如当前层不是“粗实线”层,应设置当前层为“粗实线”层。

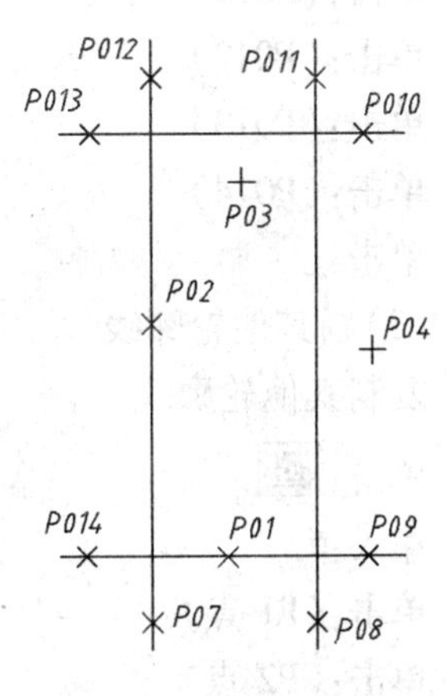

图 6-18　作构造线

(2)构造 18 ×45 矩形

画水平构造线:

单击:　　* 启动绘制构造线命令

输入:H　　* 设置“水平(H)”方式输入

单击:(P01)　　* 指定通过点(图 6-18)

单击:↙　　* 结束命令

画垂直构造线:

单击:↙　　* 继续启动构造线命令

输入:V　　* 设置“垂直(V)”方式

单击:(P02)　　* 指定通过点

单击:↙　　* 结束命令

复制水平线:

单击：[偏移图标]
*启动偏移命令
*命令行提示 当前设置：删除源=否 图层=源 OFFSETGAPTYPE=0
输入：45 *指定偏移距离
单击：(P01 点) *选择要偏移的对象
单击：(P03 点) *指定要偏移的那一侧上的点
单击：↙ *完成偏移命令
复制垂直线：
单击：↙
*继续偏移命令
*命令行提示 当前设置：删除源=否 图层=源 OFFSETGAPTYPE=0
输入：18 *指定偏移距离
单击：(P02 点) *选择要偏移的对象
单击：(P04 点) *指定要偏移的那一侧上的点
单击：↙ *完成偏移命令
修剪为矩形：
单击：[修剪图标]
*启动修剪命令
*命令行提示 当前设置：投影=UCS 边=无
选择剪切边...
单击：↙ *选择全部边线为修剪边
单击：(P07) *选择要修剪的对象
单击：(P08) *选择要修剪的对象
单击：(P09) *选择要修剪的对象
单击：(P010) *选择要修剪的对象
单击：(P011) *选择要修剪的对象
单击：(P012) *选择要修剪的对象
单击：(P013) *选择要修剪的对象
单击：(P014) *选择要修剪的对象
单击：↙ *完成修剪命令
(3)画其他轮廓线
复制其他轮廓线：
单击：[偏移图标]
*启动偏移命令
输入：5 *指定偏移距离
单击：(P1 点) *选择要偏移的对象(图 6-19)
单击：(P2 点) *指定要偏移的那一侧上的点
单击：(P3 点) *选择要偏移的对
单击：(P4 点) *指定要偏移的那一侧上的点
单击：(P5 点) *选择要偏移的对象
单击：(P6 点) *指定要偏移的那一侧上的点
单击：↙ *完成偏移命令

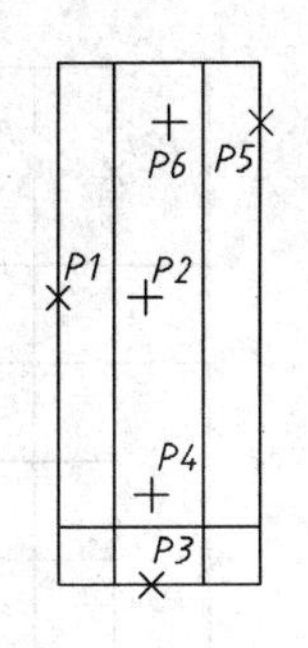

图 6-19　画轮廓

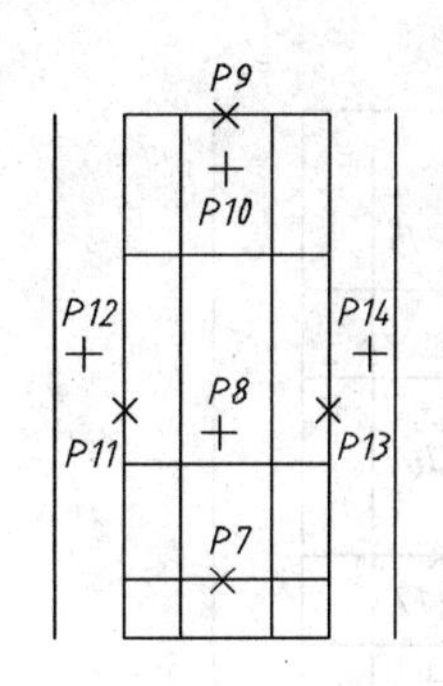

图 6-20　画其他轮廓

复制小孔轴线:

单击:↙	* 继续偏移命令
输入:10 ↙	* 指定偏移距离
单击:(P7 点)	* 选择要偏移的对象(图 6-20)
单击:(P8 点)	* 指定要偏移的那一侧上的点
单击:↙	* 完成偏移命令

复制轴孔轮廓线:

单击:↙	* 继续偏移命令
输入:12 ↙	* 指定偏移距离
单击:(P9 点)	* 选择要偏移的对象
单击:(P10 点)	* 指定要偏移的那一侧上的点
单击:↙	* 完成偏移命令

复制轴孔端面轮廓:

单击:↙	* 继续偏移命令
输入:6 ↙	* 指定偏移距离
单击:(P11 点)	* 选择要偏移的对象
单击:(P12 点)	* 指定要偏移的那一侧上的点
单击:(P13 点)	* 选择要偏移的对象
单击:(P14 点)	* 指定要偏移的那一侧上的点

复制轮毂外轮廓:

单击:(P15 点)	* 选择要偏移的对象(图 6-21)
单击:(P16 点)	* 指定要偏移的那一侧上的点

复制小孔轮廓:

单击:(P17 点)	* 选择要偏移的对象
单击:(P18 点)	* 指定要偏移的那一侧上的点
单击:(P19 点)	* 选择要偏移的对象(图 6-22)
单击:(P20 点)	* 指定要偏移的那一侧上的点
单击:↙	* 完成偏移命令

延长轮毂轮廓线:

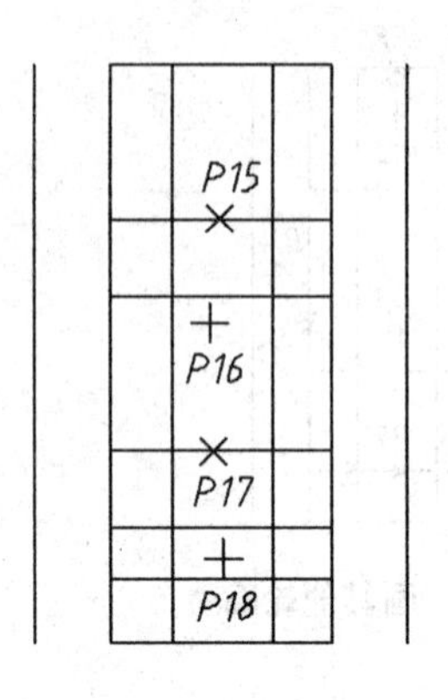

图 6-21　复制轮廓图

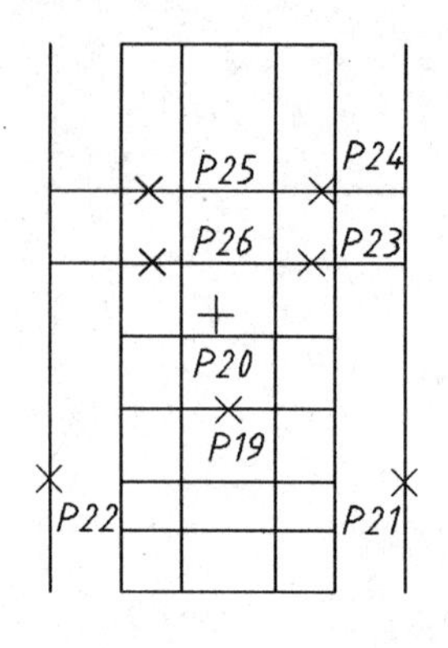

图 6-22　延长轮毂轮廓线图

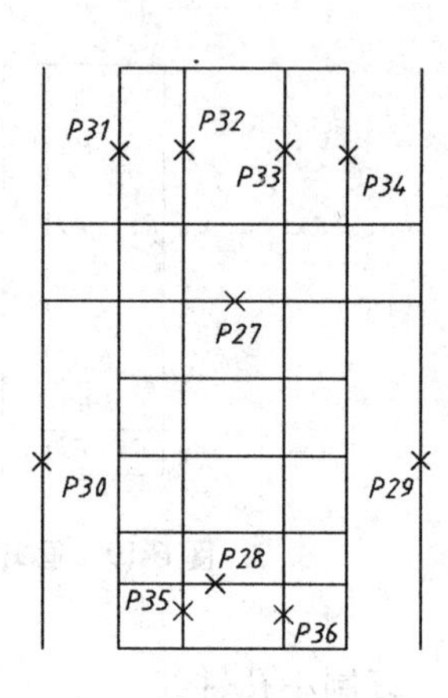

图 6-23　修剪多余线段

单击：　　* 启动延伸命令

* 命令行提示　当前设置：投影 = UCS 边 = 无

选择边界的边...

单击：（P21 点）　　* 选择对象找到 1 个对象

单击：（P22 点）　　* 选择对象总计 2 个对象

单击：↙　　* 结束边界选择

单击：（P23 点）　　* 选择要延伸的对象

单击：（P24 点）　　* 选择要延伸的对象

单击：（P25 点）　　* 选择要延伸的对象

单击：（P26 点）　　* 选择要延伸的对象

单击：↙　　* 完成延伸命

（4）修剪线段

放大显示图形：

单击：窗口

单击：（图形左下角）　　* 指定第一个角点

单击：（图形右上角）　　* 指定对角点

修剪多余线段：

单击：　　* 启动修剪命令

* 命令行提示　当前设置：投影 = UCS　边 = 无

选择剪切边...

单击：（P27）　　* 选择修剪边找到 1 个对象（图 6-23）

单击：（P28）　　* 选择修剪边总计 2 个对象

单击：↙　　* 结束边界选择

单击：（P29）　　* 选择要修剪的对象

单击：（P30）　　* 选择要修剪的对象

单击：（P31）　　* 选择要修剪的对象

单击:(P32) *选择要修剪的对象
单击:(P33) *选择要修剪的对象
单击:(P34) *选择要修剪的对象
单击:(P35) *选择要修剪的对象
单击:(P36) *选择要修剪的对象
单击:↙ *完成修剪命令
单击:↙ *继续修剪命令
*命令行提示 当前设置:投影=UCS 边=无
选择剪切边...
单击:(P37) *选择修剪边找到1个对象(图6-24)
单击:(P38) *选择修剪边总计2个对象
单击:↙ *结束边界选择
单击:(P39) *选择要修剪的对象
单击:(P40) *选择要修剪的对象
单击:(P41) *选择要修剪的对象
单击:(P42) *选择要修剪的对象
单击:(P43) *选择要修剪的对象
单击:(P44) *选择要修剪的对象
单击:↙ *完成修剪命令

(5)修改图形

修改轴线的线型:拾取点P45、P46,在"图层"面板的图层控件展开列表中选取"点画线"层,单击【Esc】键。

修改轴线端点:

单击:[拉长按钮] *启动拉长命令
输入:DE *设置"增量(DE)"模式
输入:9 *输入长度增量
单击:(P47) *选择要修改的对象(图6-25)
单击:(P48) *选择要修改的对象
单击:↙ *结束命令
单击:↙ *重复拉长命令
输入:DE *设置"增量(DE)"模式
输入:-2 *输入长度增量
单击:(P49) *选择要修改的对象(图6-25)
单击:(P50) *选择要修改的对象
单击:↙ *结束命令

倒圆角:

单击:[圆角按钮] *启动圆角命令
*命令行显示: 当前设置:模式=修剪,半径=0.0000

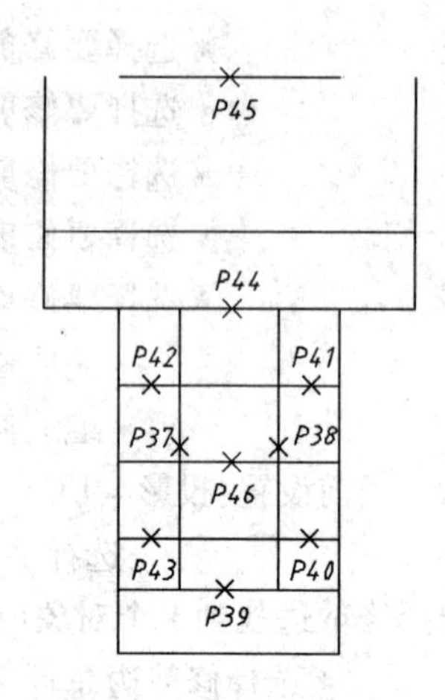

图 6-24　修剪其他线段

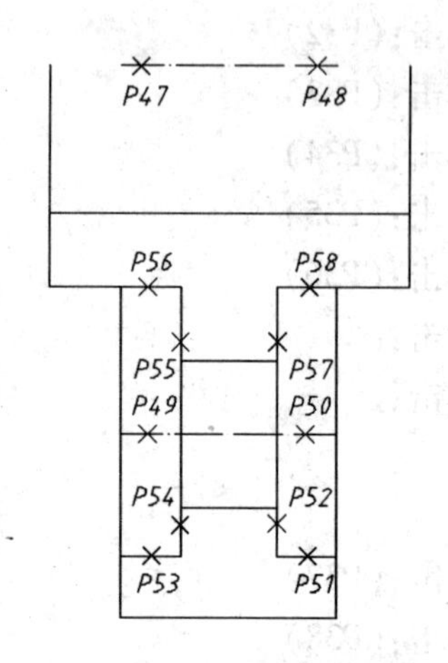

图 6-25　修改线型及倒圆角

输入:R　　* 设置圆角“半径(R)”
输入:2　　* 指定圆角半径
输入:M　　* 设置“多个(M)”模式
单击:(P51)　　* 选择第一个对象
单击:(P52)　　* 选择第二个对象
单击:(P53)　　* 选择第一个对象
单击:(P54)　　* 选择第二个对象
单击:(P55)　　* 选择第一个对象
单击:(P56)　　* 选择第二个对象
单击:(P57)　　* 选择第一个对象
单击:(P58)　　* 选择第二个对象
单击:↙　　* 结束命令

镜像作出另一半图形:

单击:　　* 启动镜像命令
单击:(P59)　　* 指定第一个角点(图 6-26)
单击:(P60)　　* 指定对角点找到 19 个对象
单击:↙　　* 完成对象选择
单击:(P61)　　* 指定镜像线的第一点
单击:(P62)　　* 指定镜像线的第二点
单击:↙　　* 完成镜像操作
单击:　　* 启动移动命令
单击:(P63)　* 选择对象找到 1 个对象(图 6-27)
单击:↙　　* 完成对象选择
输入:0,3　　* 指定位移量
单击:↙　　* 移动命令结束

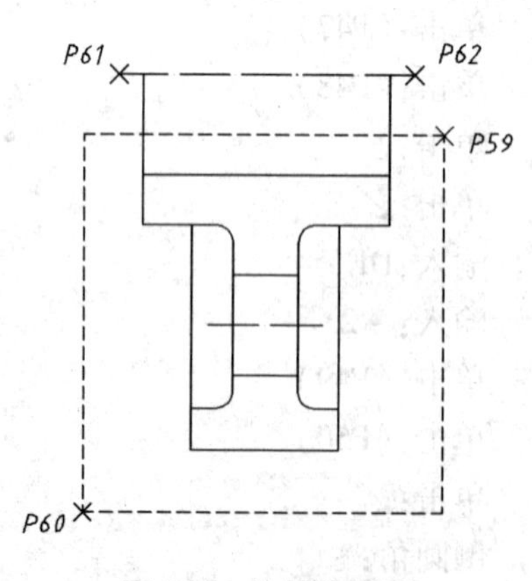

图 6-26　作镜像图形

单击：上一个

*缩放为显示前一幅图形大小

(6)最后还剩下键槽侧面与轴孔的交线，待画出左视图后才能确定其 Y 坐标。最终完成的主视图，如图 6-28 所示。

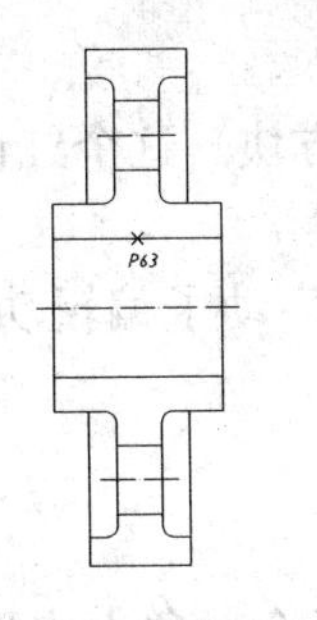

图 6-27　平移线段

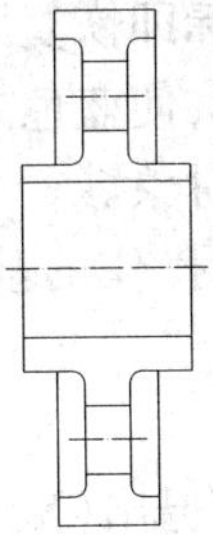

图 6-28　结果

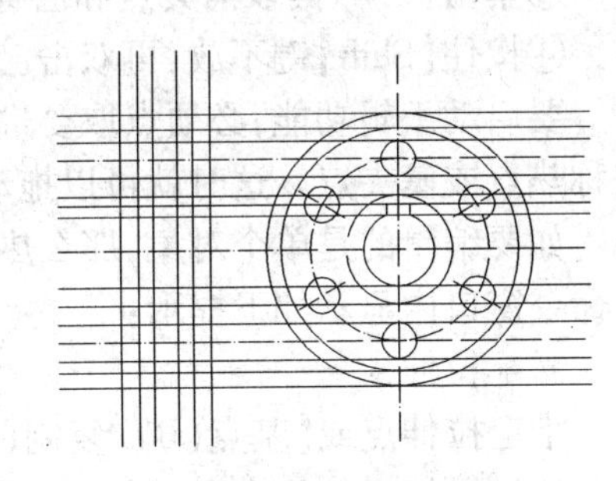

图 6-29　构造主视图

2. 从画圆的视图开始

皮带轮的左视图主要是圆。由于圆同时确定了两个方向的尺寸，即左视图上的高与宽，所以先画左视图，这样在构造主视图时就有了高度。通过左视图上各圆与垂直中心线的交点作一系列水平构造线，并将它们作为主视图上的水平轮廓，再用垂直构造线画出主视图上垂直轮廓，然后进行修剪，就可得到主视图。作图过程如下：

①装入用户样板；

②在“点画线”层上画互相垂直的构造线，确定左视图圆心位置；

③在“点画线”层、“粗实线”层上分别画各圆；

④阵列小圆，并画出键槽部分；

⑤过垂直点画线与各圆的交点画水平辅助线；

⑥在主视图位置上画出垂直辅助线，经过以上作图，结果如图 6-29 所示；

⑦进行修剪，完成主视图。

6.6　夹点编辑

前面所介绍的各种编辑方法都是先执行命令，再选择对象进行编辑操作。用户也可以在执行命令之前先选择对象，然后执行编辑命令，而不再显示选择对象的提示，即可对已选目标进行编辑操作。先选目标时只能用默认的自动(Auto)对象选择方式进行，被选中的对象也变虚，同时在对象的特殊点上显示蓝色的小方块(图 6-30)。这种蓝色小方块称夹点(Grips)。利用夹点可以实现拉伸、移动、旋转、比例缩放、镜像、复制等功能，而不需要执行这些命令。这种编辑方法称为夹点编

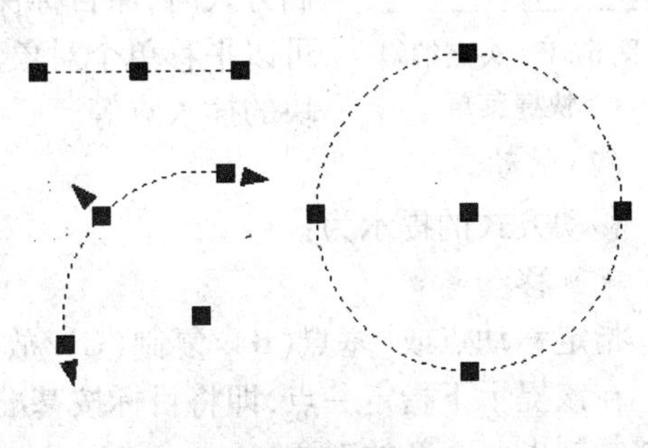

图 6-30　夹点

辑。

如果不做夹点编辑,则要取消夹点。取消夹点的方法如下:

①执行不需要预选目标的命令时自动取消夹点,目标恢复原来的显示;

②用 U(放弃)命令取消夹点和已选目标;

③单击【Esc】键取消夹点和已选目标;

④按住【Shift】键不放,再双击已选目标,该目标即恢复原来的显示。

要启动编辑功能,必须点取要进行编辑的夹点,使蓝色方格变成红色方块。这个红色方块称热点或基夹点。这时就可以拖动热点来编辑对象。

如要编辑的是单个对象,那么热点将成为编辑操作的基准点,同时也启动了编辑功能,在命令窗口内显示如下提示:

* * 拉伸 * *

指定拉伸点或[基点(B)/复制(C)/放弃(U)/退出(X)]:

如果要编辑的是多个对象,必须按住【Shift】键,连续点取多个夹点,每个对象上点取一个,使它们成为热点。要进入编辑功能,还需点取一个基准点,才能显示上述提示。若要取消某个热点,仍要按住【Shift】键再单击热点一次。多个热点在编辑过程中保持其距离不变。

AutoCAD 在夹点编辑中提供的编辑方式有拉伸(STRETCH)、移动(MOVE)、旋转(ROTATE)、比例缩放(SCALE)、镜像(MIRROR)。启动夹点编辑功能后就是拉伸(STRETCH)方式。如要使用其他编辑方式,应选用如下一种操作方法:

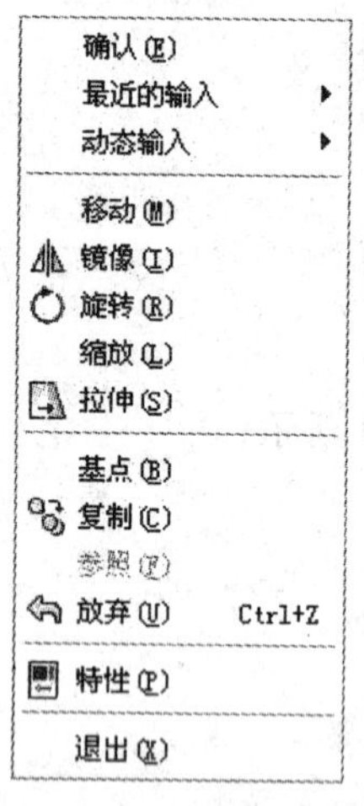

图 6-31 夹点编辑快捷菜单

①从键盘输入某种方式的英文全名或前两个字母;

②按上述编辑方式的顺序使用【Enter】键或空格键,将逐个选取编辑方式。此时必须注意命令窗口内提示的变化;

③单击鼠标右键,将弹出图 6-31 所示的快捷菜单,从菜单中选取相应选项进行操作。

各种编辑方式的提示及说明如下。

(1)拉伸

拉伸方式是默认项。该方式的提示为:

* * 拉伸 * *

指定拉伸点或[基点(B)/复制(C)/放弃(U)/退出(X)]:

在该提示下指定一点,即将目标按基准点拉伸到该点。选择复制方式时,原目标保留,新生成一个拉伸到该点的对象。此方式中还可以平移单个对象,但选取的热点必须是直线的中点、圆的圆心、图块的插入点等。

(2)移动

移动方式的提示为:

* * 移动 * *

指定移动点或[基点(B)/复制(C)/放弃(U)/退出(X)]:

在该提示下指定一点,即将目标按基准点平移到该点。选择复制方式时,原目标保留,平移复制出一个新的对象。

(3)旋转

旋转方式的提示为:

＊＊旋转＊＊

指定旋转角度或[基点(B)/复制(C)/放弃(U)/参照(R)/退出(X)]:

在该提示下输入一个角度或指定一点即可旋转目标。选择复制方式时,原目标保留,旋转复制出一个新对象。选择参照方式时,必须先指定一个参照角度,再给出旋转后的角度,才能旋转目标。

(4)缩放

比例缩放方式的提示为:

＊＊比例缩放＊＊

指定比例因子或[基点(B)/复制(C)/放弃(U)/参照(R)/退出(X)]:

在该提示下输入一个比例系数即可放大或缩小指定目标。选择复制方式时,原目标保留,复制出一个缩放后的新对象。选择参照方式时,必须先指定一个参照长度,再给出新长度,然后按新长度与参照长度的比来缩放目标。

(5)镜像

镜像方式的提示为:

＊＊镜像＊＊

指定第二点或[基点(B)/复制(C)/放弃(U)/退出(X)]:

在该提示下指定一点后,将按该点与基准点连线作为镜像线复制出镜像图形,原目标删除。如要保留,则选择复制方式。

练习题

6.1　参考皮带轮主视图的绘图过程,试作皮带轮的主视图和左视图(图6-17),再用SCALE(比例缩放)命令将二视图放大一倍,最后加上剖面线。

6.2　试用基本绘图命令和图形编辑命令相结合的方法,重新绘制第3章练习题中各题的图形(图3-46～图3-50)。

6.3　试用构造图形的方法绘制图6-32和图6-33所示的图形。

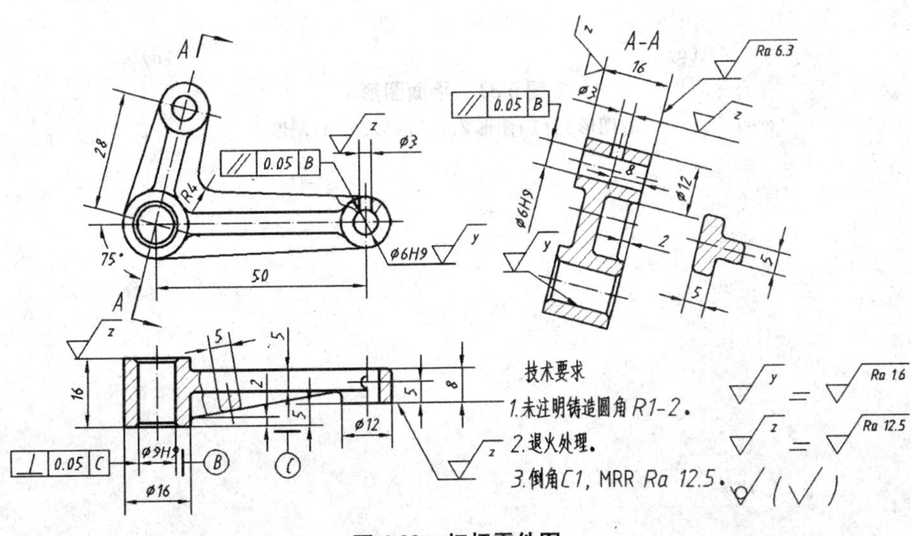

图6-32　杠杆零件图

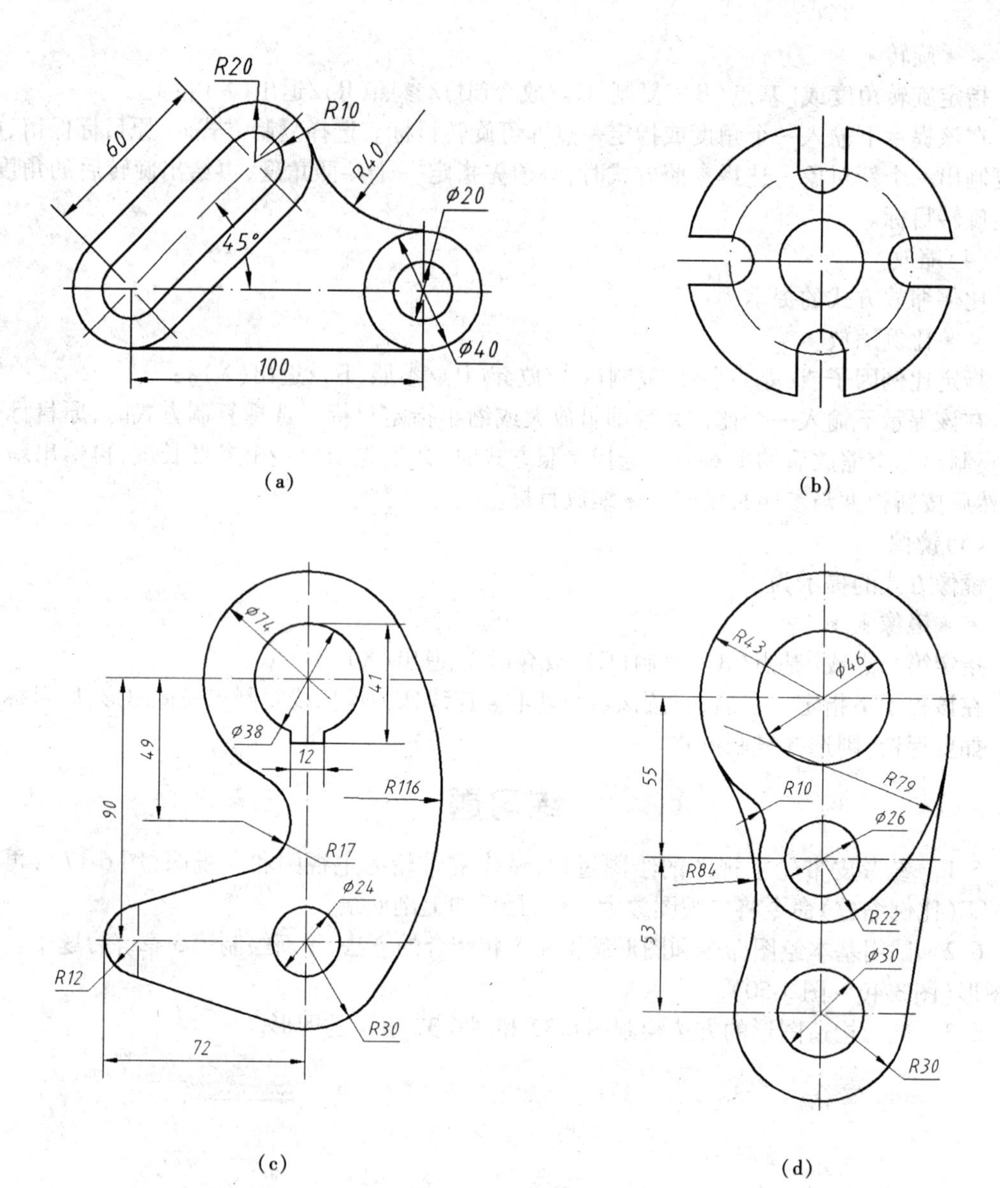

图 6-33　平面图形

(a)图形 1;(b)图形 2;(c)图形 3;(d)图形 4

第 7 章　文字与表格

绘制一幅完整的工程图,不仅需要绘制图形,而且需要书写文字、添加表格等,如机械图样中需要填写标题栏、明细栏、技术要求等。AutoCAD 提供了强大的文字标注和表格功能,本章将详细介绍有关文字与表格的命令。

7.1　文字

书写文字是工程图样上的一项重要内容。图样上的文字主要有数字、字母和汉字等。数字和字母是一类,汉字则是另一类。在 AutoCAD 中要用 STYLE(文字样式)命令分别定义这两种样式。书写文字用写字的命令 DTEXT(单行文字)、MTEXT(多行文字)。如需要修改文字,则用 DDEDIT(文字编辑)命令等。

7.1.1　STYLE(文字样式)命令

STYLE(文字样式)命令用于定义新的文字样式,或者修改已有的文字样式定义以及设置图形中书写文字的当前样式。定义文字样式时,主要是给样式命名,说明此样式所对应的字体名。工程图样上的字体名主要有两种,一种是由字体形文件提供,另一种是由大字体文件提供,文件类型都是. shx。书写数字、字母时使用字体形文件,书写汉字时则使用大字体文件。AutoCAD 默认的样式是 Standard,使用宋体字体文件。STYLE(文字样式)命令用“文字样式”对话框(图 7-1)设置文字样式。

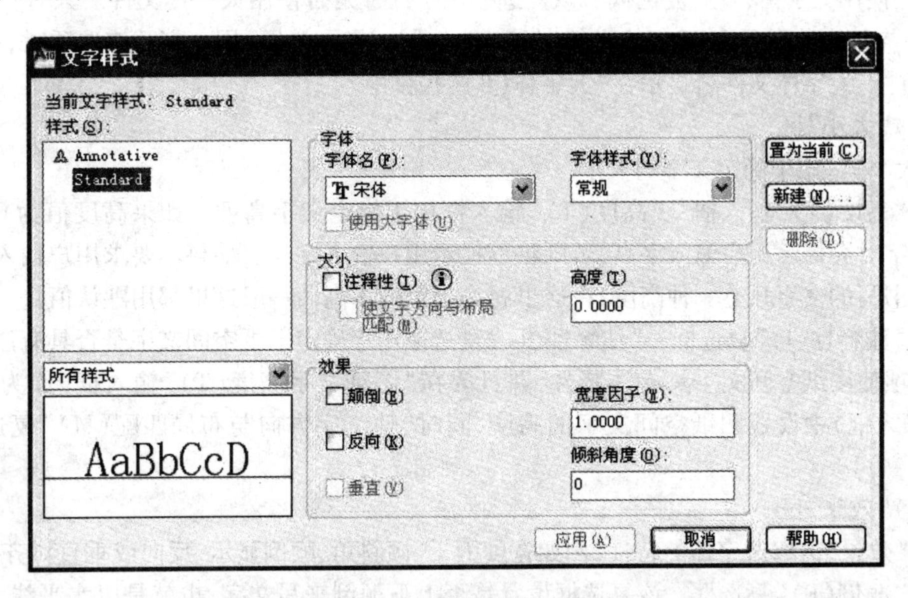

图 7-1　“文字样式”对话框

1. 命令输入方式

键盘输入:STYLE 或 ST

功能区:"常用"选项卡→ 注释 ▾ →A;

"注释"选项卡→"文字"面板→↘

"注释"选项卡→"文字"面板→ Standard ▾ → 管理文字样式...

2. 对话框说明

(1)"样式(S)"列表框

"样式(S)"列表框显示所有已定义好的样式名。默认已选择的样式是当前样式。"Anotative"样式是图纸空间中注释性文字使用的文字样式,"Standard"样式是图样上书写文字(无注释性)使用的文字样式。在样式名上单击右键将弹出快捷菜单,菜单中的选项可对该样式作"置为当前"、"重命名"或"删除"操作。

(2)样式列表过滤器控件

位于"样式(S)"列表框下方的样式列表过滤器控件用来确定在"样式(S)"列表框中显示"所有样式"还是"正在使用的样式"。

(3)预览框

在预览框显示随着字体的改变和效果的修改而变化的字符样式。

(4)"字体"区

1)"字体名(F)"控件　从控件列表中指定一种字体文件。

2)"字体样式(Y)"控件　从控件中指定一种字体格式。只有选择了某些 TrueType 字体文件时,该项才可以选用。字体格式有"常规"、"斜体"、"粗体"等。当打开"使用大字体(U)"项后,"字体名(F)"选项变为"SHX 字体(X)","字体样式(Y)"选项变为"大字体(B)",用于选择 SHX 字体和大字体文件。

3)"使用大字体(U)"复选框　该复选框用于设置是否使用大字体文件。只有在"字体名(F)"控件中选择了 SHX 字体文件(如"txt. shx"),该项目才可用。打开该选项时,使用大字体文件。大字体文件名显示在"大字体(B)"控件中。

(5)"大小"区

"大小"区用于确定文字的大小。

1)"高度(T)"输入框　"高度(T)"输入框用于指定文字高度。如果高度值为 0,则在书写文字时会提示用户输入字高,否则将不提示用户输入字高。如果不要求用户输入字高,则表明书写的文字只有一种高度,在这里就是指定的字高。一般这里都用默认值 0。

2)"注释性(I)"复选框　"注释性(I)"复选框用于确定图纸空间文字是否具有注释性。选中该项使图纸空间文字具有注释性,并且要在"图纸文字高度(T)"输入框(原为"高度(T)"输入框)中设置图纸空间文字的高度,同时"使文字方向与布局匹配(M)"复选框可用。

(6)"效果"区

在"效果"区修改字体的特性,例如宽度因子、倾斜角、颠倒显示、反向或垂直对齐。

1)"颠倒(E)"复选框　该复选框设置是否上下颠倒来写文字,也就是以水平线为镜像线的镜像文字。

2)“反向(K)”复选框　该复选框设置是否左右相反来写文字,即以垂直线为镜像线的镜像文字。

3)“垂直(V)”复选框　该复选框设置是否按从上到下的垂直方向书写文字。

4)“宽度因子(W)”输入框　该输入框设置文字的宽度因子,即字宽与字高的比。

5)“倾斜角度(O)”输入框　该输入框设置文字的倾斜角度。倾斜角是指与铅垂线的夹角。向右倾斜时角度为正,向左倾斜时角度为负,如图 7-2 所示。倾斜角在 -85°~85°之间。

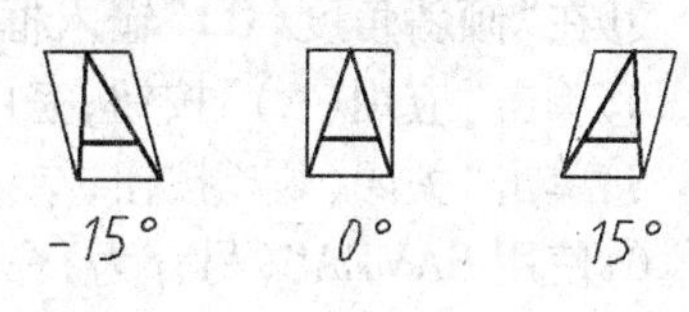

图 7-2　文字的倾斜角

(7)“置为当前(C)”按钮

使用该按钮将使“样式(S)”列表框中选取的文字样式成为当前样式。当前文字样式名显示在该对话框的第一行。

(8)“新建(N)...”按钮

使用该按钮创建新文字样式。单击该按钮,弹出“新建文字样式”对话框(图 7-3)。输入新文字样式名后单击“确定”按钮,返回“文字样式”对话框。新文字样式名显示在“样式(S)”列表框中,并且成为当前文字样式。

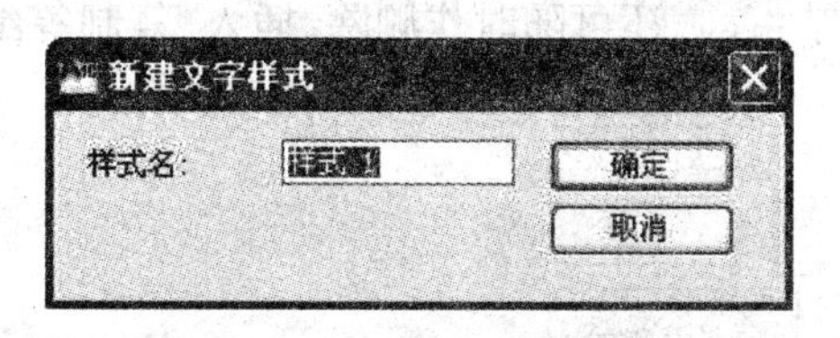

图 7-3　“新建文字样式”对话框

(9)“删除(D)”按钮

使用该按钮删除选定的文字样式。

(10)“应用(A)”按钮

创建新样式或修改样式定义后,必须单击该按钮,以保存操作结果,但不关闭对话框。

(11)“取消”按钮

当单击了“应用(A)”按钮后,该按钮改为“关闭(C)”按钮。

3. 命令使用举例

例 1　设置 HZ、ROMANS 两种文字样式。

HZ 样式用来书写汉字的长仿宋体和斜体的字母、数字、符号等。这是《技术制图》国家标准要求的样式。当一行文字中既有汉字又有字母、数字时,使用 HZ 样式很方便。ROMANS样式用来写字母、数字、符号等的罗马字体。

设置两种文字样式的操作步骤如下:

①使用 NEW(新建)或 QNEW(快速新建)命令装入用户样板 A3. dwt;

②执行 STYLE(文字样式)命令,显示“文字样式”对话框;

③单击“新建(N)...”按钮,显示“新建文字样式”对话框,键入 HZ,单击“确定”按钮,返回“文字样式”对话框;

④单击“字体名(F)”控件中的箭头,查找 gbeitc. shx 文件名并点取之;

⑤单击“使用大字体(U)”复选框,在“大字体(B)”控件中查找 gbcbig. shx 文件名并点取之;

⑥单击“应用(A)”按钮,完成 HZ 样式设置;

⑦单击“新建(N)...”按钮,键入 ROMANS,单击“确定”按钮;

⑧单击“字体名(F)”控件,点取 romans. shx;

⑨如果“使用大字体(U)”复选框打开,则单击它使之关闭;

⑩在“宽度因子(W)”输入框中输入 0.7;

⑪在“倾斜角度(O)”输入框中输入 15;

⑫单击“应用(A)”按钮,完成 ROMANS 样式设置;

⑬单击“关闭(C)”按钮,结束 STYLE(文字样式)命令;

⑭使用 SAVEAS(另存为)命令保存用户样板 A3. dwt。

7.1.2 DTEXT(单行文字)命令

DTEXT(单行文字)命令用于在绘图区域增加单行或多行文字说明。输入文字时,在插入点处显示一个字高大小的光标,指示输入字符的位置。随着输入的文字在屏幕上展开一个矩形框(称简化的“在位文字编辑器”),结束一行文字输入按一次【Enter】键,可以连续输入多行。下一行按对正方式排列在前一行的下面。还可随时改变下一行插入点的位置,用光标指定一点便可。结束 DTEXT(单行文字)命令需再按【Enter】键。这样书写的每行文字是一个对象,所以称单行文字。在输入一行文字未结束前,还可随时作删除、插入、复制等编辑,也可以单击右键在快捷菜单中选择选项来操作。

1. 命令输入方式

键盘输入:TEXT 或 DT 或 DTEXT

功能区:“常用”选项卡→“注释”面板→

“注释”选项卡→“文字”面板→

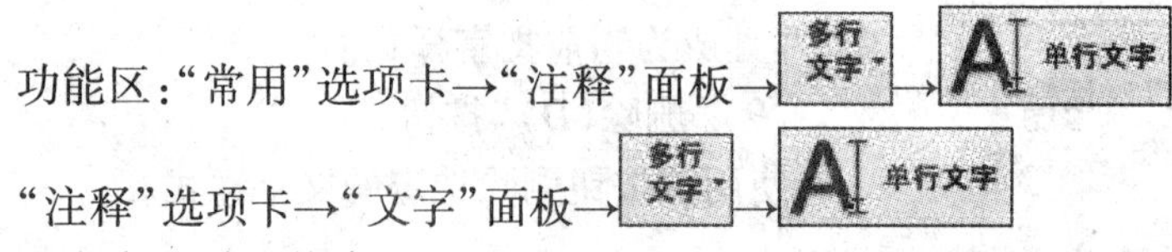

2. 文字的对正格式

在该命令中有一个“对正(J)”选项,用于控制文字的对正格式,也称对齐方式。默认的对正格式是“指定文字的起点”,即文字行基线左端点,也称左对齐,如图 7-4 中的 *S* 点。其他对正格式如下。

①“对齐(A)”格式是不定字高的两点对齐方式。它需要指定文字行基线的起点和终点。AutoCAD 根据输入的文字在两点之间均匀排列,并按文字样式的宽度因子来调整字高,如图 7-4 中的 *S*、*R* 点。

②“布满(F)”格式是指定字高的两端对齐方式。它需要指定文字行基线的起点和终点,要求给出字高。AutoCAD 根据输入的文字在两点间均匀排列,只改变字宽,如图 7-4 中的 *S*、*R* 点。

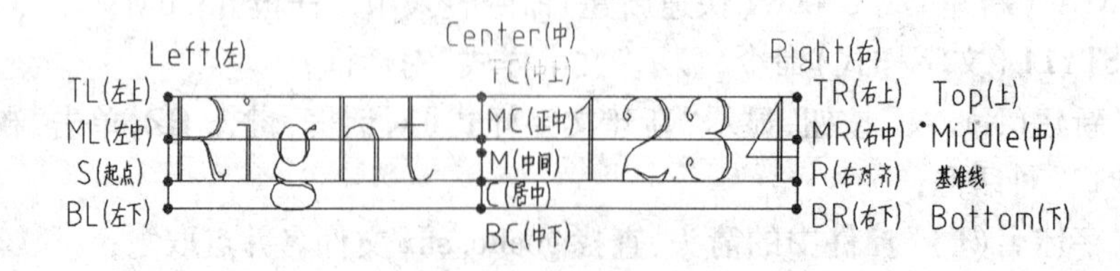

图 7-4 文本的对齐方式

③“居中(C)”格式是中点对齐方式。它需要指定文字行基线的中点,使输入的文字从中点向两端均匀排列,如图 7-4 中的 *C* 点。

④“中间(M)”格式是中心对齐方式。它需要指定文字行的中心点,即水平和垂直中心,使输入的文字从中心向两端均匀排列,如图 7-4 中的 *M* 点。

⑤“右对齐(R)”格式是右对齐方式。它需要指定文字行基线的终点,使输入的文字从右向左均匀排列,如图 7-4 中的 *R* 点。

其余用大写字母表示的对齐方式分别是三条水平线“上”、“中”、“下”和三条垂直线“左”、“中”、“右”的交点位置,如图 7-4 所示。

3. 命令使用举例

例 1　用左对齐方式书写如图 7-5 所示的文字。图中每行文字左下角的小十字为对齐点。假定当前的文字样式是 Standard。

书写如图 7-5 所示的文字操作过程如下。

单击:A 单行文字
输入:50,100　　＊指定文字的起点
输入:10　　＊指定文字的高度
单击:↙　　＊指定文字的旋转角度
输入:AutoCAD
输入:DTEXT,TEXT
输入:2010,8,21
单击:↙

命令窗口显示如下。

命令: _dtext
当前文字样式: “Standard”　文字高度: 2.5000　注释性: 否
指定文字的起点或[对正(J)/样式(S)]: <u>50,100</u>
指定高度 <2.5000>: <u>10</u>
指定文字的旋转角度 <0>:

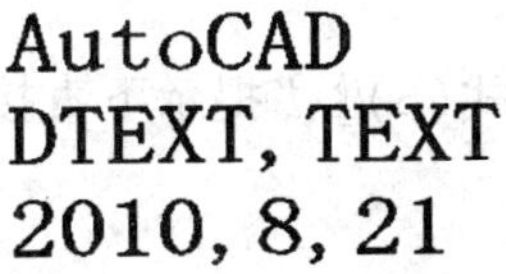

AutoCAD
DTEXT, TEXT
2010, 8, 21

图 7-5　左对齐方式

AutoCAD
DTEXT,TEXT
1996.3.21

图 7-6　居中对齐方式

例 2　使用已定义的 ROMANS 样式和居中对齐方式书写如图 7-6 所示文字。假定当前的文字样式是 Standard。

书写如图 7-6 所示文字的操作过程如下。

单击:A 单行文字
输入:S　　＊修改文字样式
输入:ROMANS　　＊选择新的文字样式
输入:J　　＊修改对齐方式
输入:C　　＊选择居中对齐方式
输入:100,100　　＊指定文字的中心点

输入:10　　　　　　　　　　　　　　　　　　　　　　　* 指定文字高度

单击:↙　　　　　　　　　　　　　　　　　　　　　　* 指定文字的旋转角度

输入:AutoCAD

输入:DTEXT,TEXT

输入:1996.3.21

单击:↙

命令窗口显示如下。

命令: _dtext

当前文字样式: “Standard” 文字高度: 10.0000 注释性: 否

指定文字的起点或[对正(J)/样式(S)]: S

输入样式名或[?] <Standard>: ROMANS

当前文字样式: “Standard” 文字高度: 2.5000 注释性: 否

指定文字的起点或[对正(J)/样式(S)]: J

输入选项

[对齐(A)/布满(F)/居中(C)/中间(M)/右对齐(R)/左上(TL)/中上(TC)/右上(TR)/左中(ML)/正中(MC)/右中(MR)/左下(BL)/中下(BC)/右下(BR)]: C

指定文字的中心点:

指定高度 <10.0000>: 10

指定文字的旋转角度 <0>:

4. 说明

①注意:键入文字后需按两次【Enter】键。

②切换文字样式可在功能区进行,操作如下:

“常用”选项卡→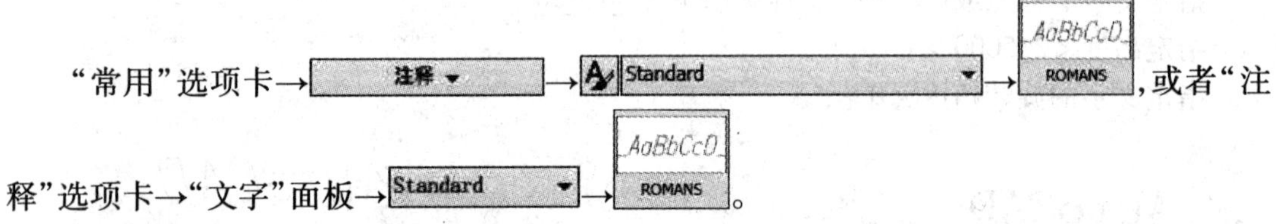

,或者“注释”选项卡→“文字”面板→ → 。

③选择对齐方式可以在“指定文字的起点或[对正(J)/样式(S)]:”提示下直接输入,而不必输入 J 后再选择对齐方式。

5. 特殊字符

在书写文字时,大多数文字、符号都可以从键盘上输入,但有一些特殊字符在键盘上没有相应的键表示,如工程图上常见的直径尺寸符号“∅”、角度单位“°”等,它们不能直接从键盘上输入。AutoCAD 提供了控制码,可绘出特殊字符。控制码是用%%开头,后跟三位数的 ASCII 码或者一个字母来表示一个字符,例如用%%065 表示字母“A”,用%%c 表示“∅”等。某些常用符号的控制码如下:

%%c 表示直径尺寸符号“∅”;

%%d 表示角度的单位“°”;

%%p 表示公差符号“ ± ”。

它们的输入方法如下:

书写 45°,应输入 45%%d;

书写∅100 ±0.017,应输入%%c100%%p0.017。

7.1.3 MTEXT(多行文字)命令

MTEXT(多行文字)命令使用“文字编辑器”选项卡(图7-7(a))设置文字的特征,在“在位文字编辑器”(图7-7(b))中输入文字、编辑文字。输入多行文字使用MTEXT(多行文字)命令比DTEXT(单行文字)命令灵活、方便。它具有一般文字编辑软件的各种功能。它所书写的多行文字成为一个对象。

1. 命令输入方式

键盘输入:MTEXT或MT或T

功能区:“常用”选项卡→“注释”面板→A

“注释”选项卡→“文字”面板→A

2. 命令提示及选择项说明

指定第一个角点: 指定一点作为书写文字区域的第一个角点。

指定对角点或[高度(H)/对正(J)/行距(L)/旋转(R)/样式(S)/宽度(W)/栏(C)]: 指定一点或输入选择项。

1)指定对角点 指定文字区域的对角点。输入对角点后立即显示“在位文字编辑器”(图7-7(b)),同时在功能区增加了“文字编辑器”选项卡(图7-7(a))。

2)高度(H) 确定字高。

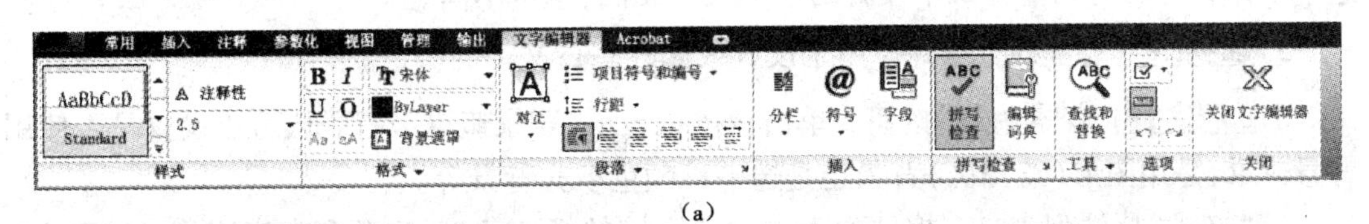

(a)

更改制表符

标尺

拖拽编辑区域宽度

编辑区域

拖拽编辑区域高度

(b)

图7-7 文字编辑器

(a)“文字编辑器”选项卡;(b)在位文字编辑器

3)对正(J) 确定文字的对齐方式。默认的对齐方式是左上角对齐。这里所讲的对齐方式都是相对于文本区域边框而言。

4)行距(L) 指定多行文字对象的行间距。

5)旋转(R) 指定文本区域的旋转角度。

6)样式(S) 设置当前文字样式。

7)宽度(W) 设置文本区域的宽度。

8)栏(C) 设置文本区域的分栏(列)选项。

3. “文字编辑器”选项卡

(1)“样式”面板

1) 样式列表　在列表中选择当前文字样式，具有较深颜色的选项是当前文字样式，如果文字样式多于两种，可用右侧箭头滚动选项。

2) 注释性(注释性)按钮　使用该按钮打开或关闭当前图纸空间中多行文字对象的“注释性”。

3) “文字高度”控件　该控件用于输入字高或从控件列表中选择字高，以设置新输入文字的字高或更改选定文字的高度。多行文字可包含具有不同高度的字符。

(2)“格式”面板

1) B(粗体)或I(斜体)按钮　用这两个按钮使新输入的文字或已选择的文字变为粗体或变为斜体格式，只适用于部分 TrueType 字体。

2) U(下画线)或O(上画线)按钮　用这两个按钮使新输入的文字或已选择的文字加下画线或加上画线。

3) Aa(大写)和aA(小写)按钮　用这两个按钮将选定的字母改为大写或小写。

4) 宋体(字体)控件　用于显示和设置新输入文字与已选择文字的字体文件。这个字体文件可与当前样式中设置的字体文件相同，也可不同。

5) ByLayer(颜色)控件　用于设置或修改多行文字的颜色。

6) 背景遮罩“背景遮罩”按钮　单击该按钮显示“背景遮罩”对话框，可以设置是否使用背景遮罩、是用图形(绘图区)背景还是选一种颜色填充背景等。

7) “格式”控件列表　在控件列表中设置字符的倾斜角度、间距和宽度因子。“倾斜角度”控件(0/)用于确定文字向左或向右倾斜的角度。“追踪”控件(a•b)用于增大或缩小字符间的距离。1 表示常规间距，大于 1 表示增大间距，小于 1 表示减小间距。“宽度因子”控件()用于确定字符的宽度因子。

(3)“段落”面板

1) 对正“对正”按钮　单击该按钮可提供多行文字对正的九种方式，即上、中、下、左、中、右六条线的九个交点，如图 7-4 所示。默认的对正方式是“左上”。

2) “项目符号和编号”按钮　单击该按钮展开“项目符号和编号”菜单。在菜单中设置项目编号是用数字、字母、符号还是关闭，对指定段落设置起点、连续编号等。

3) “行距”按钮　单击该按钮用于设置两文字行之间的距离，即文字的上一行底部和下一行顶部之间的距离。

4) (“默认”、“左对齐”、“居中”、“右对齐”、“对正”、“分散对齐”)按钮　这些按钮用来设置当前段落或选定段落的左、中、右文字边界的对正和对齐方式。

5) “段落”展开面板　展开面板中的“合并段落”选项可将选中的多个段落合并为一个段落。

6) 按钮　单击该按钮弹出“段落”对话框，以便设置段落格式。

(4)“插入”面板

1)“分栏”按钮　“栏”也称“列”,即将编辑区域横向分成几个部分,每个部分的宽、高可固定,也可动态改变。单击按钮可展开“分栏”菜单,菜单中的选项有:“不分栏”、“动态栏”、“静态栏”、“插入分栏符”和“分栏设置...”。“动态栏”选项可选择“自动高度”或“手动高度”,动态栏是指文字行的长度不固定。“静态栏”选项可选择分为2~6栏。“分栏设置...”选项是使用“分栏设置”对话框来设置分栏的方法。

2)“符号”按钮　使用该按钮可插入符号或不间断空格。展开菜单中列出了常用符号,也可选择“其他...”选项,从“字符映射表”对话框中插入字符。

3)“字段”按钮　单击该按钮弹出“字段”对话框,在“字段”对话框中设置字段的特征,以便插入到文本中。

(5)“拼写检查”面板

1)“拼写检查”按钮　用该按钮设置拼写检查为打开还是关闭状态。按钮背景为深色时是打开,默认情况下为打开状态。

2)“编辑词典”按钮　单击该按钮显示“词典”对话框,在对话框中选择或加入词典,添加或删除词语。

3)“拼写检查设置”按钮　单击该按钮弹出“拼写检查设置”对话框,在对话框中设置拼写检查的条件。

(6)“工具”面板

1)“查找和替换”按钮　单击该按钮弹出“查找和替换”对话框,该对话框用于搜索、替换指定的字符串。

2)“工具”按钮　单击该按钮展开“工具”菜单。使用菜单中的“输入文字”选项可输入外部文本文件,用“大写字母”选项设置输入字母为大写。

(7)“选项”面板

1)“更多”按钮　单击该按钮展开“更多”菜单。菜单中包括“字符集”、“删除格式”、“编辑器设置”和“了解多行文字”等选项。

2)(标尺)按钮　用该按钮确定在“在位文字编辑器”顶部是否显示标尺。按钮背景为深色时显示标尺,这是默认情况。

3)(放弃)和(重做)按钮　前者取消刚做的编辑操作,后者恢复刚被放弃的操作。

(8)“关闭”面板

按钮用于保存更改并关闭编辑器。也可以在编辑器外的图形空白处单击左键以保存修改并退出编辑器。要关闭在位文字编辑器而不保存修改,可按【Esc】键。

4."在位文字编辑器"说明

(1)编辑区域

编辑区域用于输入、编辑、显示文字。竖条文字光标指示输入文字的位置。输入文字较多时,自动按设置好的编辑区域宽度换行显示。编辑区域的高度应以文字行数的增加而扩展。

输入的文字按"文字编辑器"选项卡中设置好的文字格式显示。如要改变已输入文字的格式,必须先用光标选择这些文字,使其加亮显示,再修改原有的设置。选择文字主要用以下两种方式:一是在文字起始处按住左键不放,拖动光标到要选文字的终止处;二是双击某一行,从这一行到下一个【Enter】键前的文字被选中。

(2)"标尺"

"标尺"位于编辑区域上方。它用于设置段落和段落首行的缩进量、设置制表符和制表位、改变编辑区域的宽度。移动标尺上的滑动条可设置缩进量,在标尺上单击可设置制表位。

7.1.4 DDEDIT(文字编辑)命令

DDEDIT(文字编辑)命令用于编辑单行文字内容。该命令还能修改尺寸文字、属性定义和形位公差。选中的对象显示在简化的"在位文字编辑器"中,而且文字对象是被选中的,此时可直接输入新的内容。在一次 DDEDIT(文字编辑)命令下可连续编辑多个文字对象。每编辑完一个对象要按【Enter】键或在编辑器外单击左键,命令行显示"选择注释对象或[放弃(U)]:"提示,可再选下一个文字对象进行编辑。要结束 DDEDIT(文字编辑)命令,还要再按一次【Enter】键或【Esc】键。

DDEDIT(文字编辑)命令的输入方式如下:

键盘输入:DDEDIT 或 ED

快捷菜单:选择单行文字,在绘图区域单击右键,然后选择"编辑(I)..."

定点设备:双击单行文字

7.1.5 MTEDIT(多行文字编辑)命令

MTEDIT(多行文字编辑)命令用于编辑多行文字内容。输入命令后,提示"选择多行文字对象:"。选中多行文字对象后将显示"文字编辑器"选项卡和"在位文字编辑器"(如图7-7),此时可修改多行文字对象的内容、格式和样式等。要结束 MTEDIT(多行文字编辑)命令,只需在编辑器外单击左键。

MTEDIT(多行文字编辑)命令的输入方式如下:

键盘输入:MTEDIT

快捷菜单:选择多行文字,在绘图区域单击右键,然后选择"编辑多行文字(I)..."

定点设备:双击多行文字

7.2 表格

在 AutoCAD 2010 中,用户可以使用"表格"命令创建数据表和标题栏,或从 Microsoft Excel 中直接复制表格,并将其作为 AutoCAD 表格对象粘贴到图形中。还可以输出表格数据到 Microsoft Excel 或其他应用程序。

7.2.1 TABLESTYLE(表格样式)命令

使用表格样式,可以保证表格内容的字体、颜色、文字、高度等保持一致。TABLESTYLE(表格样式)命令用于定义新的表格样式,或者修改已有的表格样式定义以及设置图形中表格的当前样式。TABLESTYLE(表格样式)命令用"表格样式"对话框(图 7-8)设置表格样式。

1. 命令输入方式

键盘输入:TABLESTYLE

功能区:"常用"选项卡→[注释 ▾]→[图标]

"注释"选项卡→"表格"面板→[图标]

2. 对话框说明

(1)"表格样式"对话框

1)"样式(S)"列表框　该列表框显示所有已定义好的样式名。"Standard"样式是图样上默认使用的表格样式。在样式名上单击右键将弹出快捷菜单,菜单中的选项可对该样式作"置为当前"、"重命名"或"删除"操作。

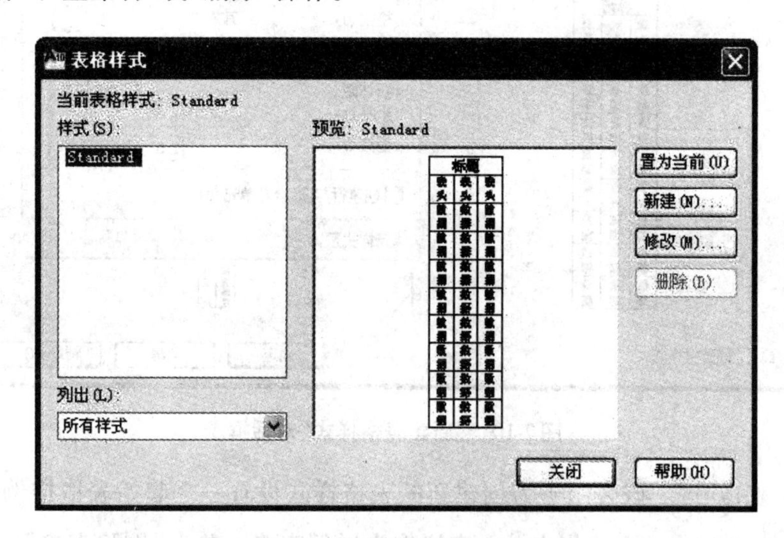

图 7-8　"表格样式"对话框

2)"列出(L)"控件　该控件位于"样式(S)"列表框下方,用来确定在"样式(S)"列表框中显示"所有样式"还是"正在使用的样式"。

3)预览框　在该预览框中可显示选取的表格样式。

4)"置为当前(U)"按钮　使用该按钮将使"样式(S)"列表框中选取的表格样式成为当前样式。当前表格样式名显示在该对话框的第一行。

5)"新建(N)..."按钮　使用该按钮创建新表格样式。单击该按钮,弹出"创建新的表格样式"对话框(图 7-9)。输入新表格样式名后单击"继续"按钮,弹出"新建表格样式"对话框(图 7-10),在此设定表格方向、单元格式以及常规、文字和边框等表格特性。最后,单击"确定"按钮返回"表格样式"对话框,则新设定的表格样式名显示在"样式(S)"列表框中,并且成为当前表格样式。

6)“修改(M)”按钮　使用该按钮修改选定的表格样式。单击该按钮,弹出与“新建表格样式”对话框内容相同的“修改表格样式”对话框。

7)“删除(D)”按钮　使用该按钮删除选定的表格样式。

8)“关闭”按钮　使用该按钮关闭“表格样式”对话框。

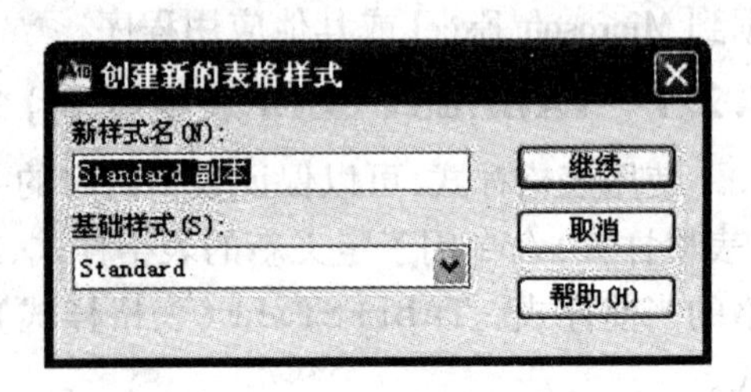

图7-9　“创建新的表格样式”对话框

(2)“新建表格样式”对话框(图7-10)

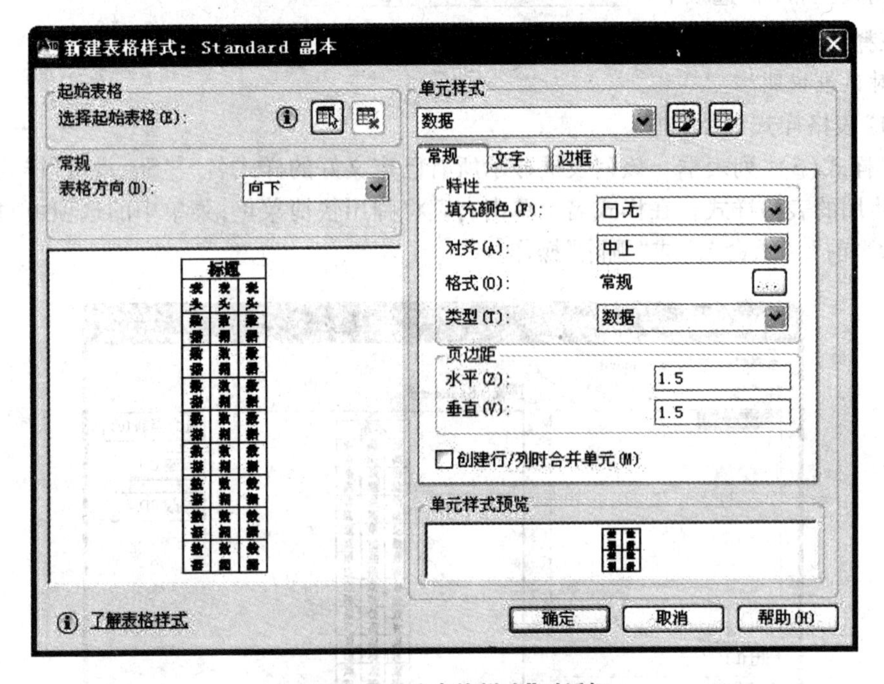

图7-10　“新建表格样式”对话框

1)“起始表格”区　该区用于为创建新的表格样式设置一个起始表格样例。使用选择表格按钮( )可以在图形中指定一个表格作为样例表格。单击“删除表格”按钮 ,可以将表格从当前指定的表格样式中删除。

2)“常规”区　该区用于设置表格的方向,并可预览其效果。使用“表格方向(D)”控件来设置表格方向。“向下”选项表示创建由上而下读取的表格,即标题行和列标题行位于表格的顶部。“向上”选项表示创建由下而上读取的表格,即标题行和列标题行位于表格的底部。

3)预览框　在预览框中显示当前表格样式的设置效果。

4)“单元样式”区　在该区定义新的单元样式或修改现有单元样式。

①“单元样式”控件用于指定下面选项卡要设置的表格单元样式:“标题”、“表头”和“数据”。单击“创建单元样式”按钮( ),弹出“创建新单元样式”对话框。单击“管理单元样式”按钮( ),弹出“管理单元样式”对话框。

②“常规”选项卡(图7-10)分为“特性”区、“页边距”区和“创建行/列时合并单元”复选框。在“特性”区中,“填充颜色(F)”控件用于指定单元的背景色,默认值为“无”。在展开菜单中列出了常用颜色,也可选择“选择颜色...”以显示“选择颜色”对话框。“对齐(A)”控件用于设置表格单元中文字的对齐方式。文字相对于单元的边框有左、中、右、上、中、下共九个对齐点。一般使用“正中”对齐方式。“格式(O)”选项使用右端[...]按钮,在弹出的“表格单元格式”对话框里选择表格中的“数据”、“列标题”或“标题”行的数据类型和格式。“类型(T)”控件用于指定单元样式为“标签”或“数据”。在“页边距”区设置单元中文字或块与左右、上下单元边界的“水平(Z)”和“垂直(V)”距离。该设置应用于表格中的所有单元。“创建行/列时合并单元”复选框将使用当前单元样式创建的所有新行或新列合并为一个单元。可以使用此选项在表格的顶部创建标题行。

③“文字”选项卡(图7-11(a))用于设置文字的样式、高度、颜色和角度。“文字样式(S)”控件用于设置当前文字样式。使用右侧[...]按钮,可在弹出的“文字样式”对话框中创建或修改文字样式。“文字高度(I)”输入框用于设置文字高度。“文字颜色(C)”控件可从列表中选择文字颜色。“文字角度(G)”输入框用于设置文字角度,默认值为0度。

④“边框”选项卡(图7-11(b))用于设置表格单元边框的特性。“线宽(L)”控件设置边框的线宽。如果使用粗线宽,可能同时需要增加单元的页边距。“线型(N)”控件设置边框的线型。“颜色(C)”设置指定边框的颜色。选中“双线(U)”复选框将表格边框显示为双线,并且在“间距(P)”输入框中输入双线边框的间距。下面一排边框按钮分别是[田]“所有边框”、[田]“外边框”、[田]“内边框”、[田]“底部边框”、[田]“左边框”、[田]“上边框”、[田]“右边框”和[田]“无边框”。单击一个边框按钮表示将边框特性设置为应用到指定单元样式的边框上。

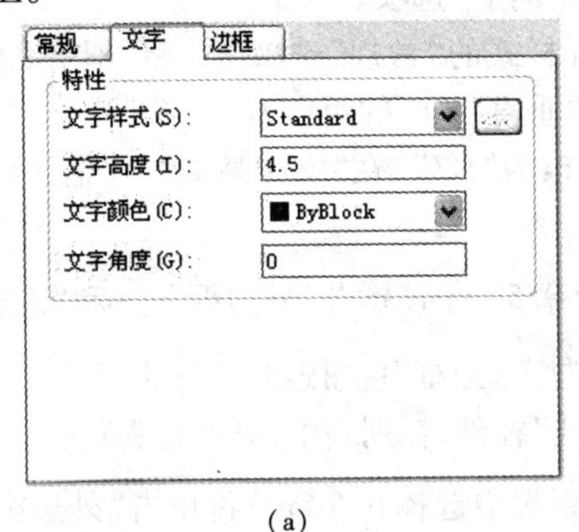

(a)

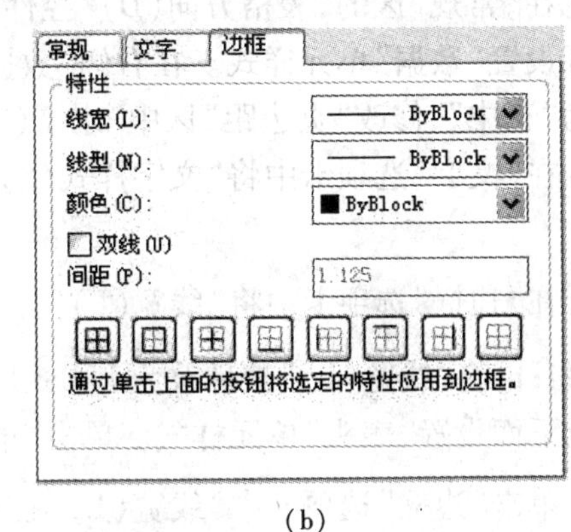

(b)

图7-11 “新建表格样式”对话框中的选项卡

(a)“文字”选项卡;(b)“边框”选项卡

5)单元样式预览框　用于显示当前表格样式的设置效果。

3. 命令使用举例

例1　修改Standard表格样式的文字对齐方式、字高、边框、线宽等。修改后的表格样式如图7-12所示。

修改表格样式的操作步骤如下:

①使用 NEW(新建)或 QNEW(快速新建)命令装入用户样板 A3.dw。

②执行 TABLESTYLE(表格样式)命令,显示“表格样式”对话框。

③单击“修改(M)...”按钮,显示“修改表格样式”对话框。

④设置“数据”单元样式。单击“常规”选项卡中“对齐(A)”控件,在列表中选择“正中”。

⑤单击“边框”选项卡→“线宽(L)”控件,在列表中选择 0.5 mm,再单击(“外边框”按钮)。

⑥下面设置“表头”单元样式。单击“单元样式”控件,在列表中选择“表头”。

标题		
表头	表头	表头
数据	数据	数据
数据	数据	数据
数据	数据	数据
数据	数据	数据
数据	数据	数据
数据	数据	数据
数据	数据	数据
数据	数据	数据

图 7-12　表格样式

⑦单击“边框”选项卡中“线宽(L)”控件,在列表中选择 0.5 mm,再单击(“外边框”按钮),单击“文字”选项卡,修改“文字高度(I)”为 6。

⑧下面设置“标题”单元样式。单击“单元样式”控件,在列表中选择“标题”。

⑨修改“文字”选项卡中“文字高度(I)”为 8。

⑩单击“确定”按钮,关闭“修改表格样式”对话框,单击“关闭”按钮,结束修改表格样式。

⑪使用 SAVEAS(另存为)命令保存用户样板 A3.dwt。

例 2　创建明细栏表格样式。

①使用 NEW(新建)或 QNEW(快速新建)命令加载用户样板 A3.dwt。

②执行 TABLESTYLE(表格样式)命令,显示“表格样式”对话框。

③单击右侧的“新建(N)…”按钮,弹出“创建新的表格样式”对话框;在“新样式名(N)”输入框中输入“明细栏”,单击“继续”按钮,弹出“新建表格样式”对话框。

④在“常规”区的“表格方向(D)”控件中选择“向上”选项。

⑤设置“数据”单元样式。在右侧“数据”单元样式的“常规”选项卡中将“对齐(A)”控件改为“正中”,修改“页边距”区中“水平(Z)”和“垂直(V)”的距离为 1。

⑥在“文字”选项卡中将“文字样式(S)”控件改为“HZ”,在“文字高度(I)”输入框中键入 5。

⑦在“边框”选项卡中将“线宽(L)”控件改为 0.50 mm,单击“外边框”和“左边框”按钮;再将“线宽(L)”控件改为 ByBlock,单击“底部边框”按钮。

⑧下面设置“表头”单元样式。单击“单元样式”控件,在列表中选择“表头”。

⑨单击“边框”选项卡中“线宽(L)”控件,在列表中选择 0.5 mm,再单击“外边框”和“左边框”按钮。单击“文字”选项卡,修改“文字高度(I)”为 5。

⑩单击“常规”选项卡,修改“页边距”区中“水平(Z)”和“垂直(V)”的距离为 1。

⑪下面设置“标题”单元样式。单击“单元样式”控件,在列表中选择“标题”。

⑫在“常规”选项卡中修改“页边距”区中“水平(Z)”和“垂直(V)”的距离为 1;修改“文字”选项卡中“文字高度(I)”为 5。

⑬单击“确定”按钮,返回“表格样式”对话框,此时当前表格样式为“明细栏”,单击“关闭”按钮。

⑭使用 SAVEAS(另存为)命令保存用户样板 A3. dwt。

7.2.2 TABLE(表格)命令

创建表格时,首先创建一个空表格,然后在表格单元中添加内容。TABLE(表格)命令用“插入表格”对话框(图 7-13)来创建新的表格。

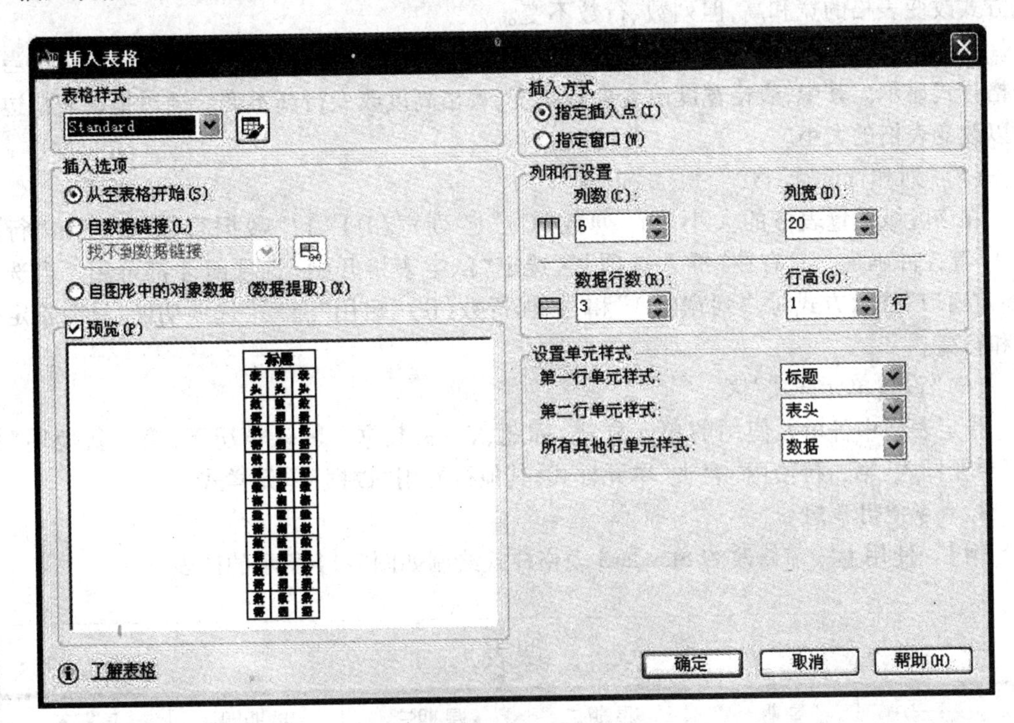

图 7-13 “插入表格”对话框

1. 命令输入方式

键盘输入:TABLE 或 TB

功能区:“常用”选项卡→“注释”面板→表格

“注释”选项卡→“表格”面板→表格

2. 对话框说明

(1)“表格样式”区

表格样式控件用来指定一种已定义好的表格样式名为当前样式。如需要定义新的表格样式或修改当前样式时,可单击控件右边的按钮。

(2)“插入选项”区

1)“从空表格开始(S)”按钮 用于创建可以手动填写数据的空表格。

2)“自数据链接(L)”按钮 使用外部电子表格中的数据来创建表格。

3)“自图形中的对象数据(数据提取)(X)”按钮 使用数据提取向导从图形中提取的数据来创建表格。

(3)预览框

在预览框中显示当前表格样式。

(4)"插入方式"区

1)"指定插入点(T)"按钮　选定该选项可以在绘图区中指定点处插入表格,表格按当前表格样式和设定好的列数、列宽、数据行数、行高显示。插入点一般位于表格的左上角。如果表格样式将表格的方向设置为由下而上读取,则插入点位于表格的左下角。可以用拖拽方式改变表格的宽和高,但列数、行数不变。

2)"指定窗口(W)"按钮　选定该选项将用窗口指定表格的大小和位置。表格按当前表格样式显示。其中,表格宽度改变列数不变,表格高度改变行高不变。通过拖动表格边框可以改变表格的大小。

(5)"列和行设置"区

在该区域设置表格的大小,由"列数(C)"、"列宽(D)"和"数据行数(R)"和"行高(G)"等控件确定。只有在"插入选项"区选定"从空表格开始"选项时才都可用。当选定"指定窗口"插入方式时,"列宽(D)"和"数据行数(R)"启用"自动"选项功能,只需指定列数和行高。

(6)"设置单元样式"区

指定表格中各单元使用的单元样式:标题、表头、数据。默认情况下,第一行使用"标题"单元样式,第二行使用"表头"单元样式,其他行使用"数据"单元样式。

3. 命令使用举例

例1　使用上一节修改的Standard表格样式绘制如图7-14所示的课表。

课表					
	星期一	星期二	星期三	星期四	星期五
8：00-9：50	口语	口语	听力	阅读	口语
10：10-12：00	听力	阅读	口语	听力	听力
14：00-15：50	英美文化	写作	阅读	写作	英美文化

图7-14　课表

绘制课表的操作步骤如下:

①使用NEW(新建)或QNEW(快速新建)命令加载用户样板A3. dwt;

②执行TABLE(表格)命令,显示"插入表格"对话框;

③在"表格样式"区指定表格样式为standard;

④在"插入方式"区选中"指定插入点(I)"选项,在"列数(C)"控件中输入6,在列宽(D)控件中键入60,在"数据行数(R)"控件中键入3,在"行高(G)"控件中输入2,单击"确定"按钮返回绘图区域。指定一点则显示表格,并且在标题单元上显示"在位文字编辑器",在功能区显示"文字编辑器"选项卡。

⑤键入"课表"二字,用箭头键或【Tab】键移动编辑器到下一个单元。如图7-14所示,依次将文字分别键入各表格单元中。要结束文字填写,将箭头光标放在表格以外单击左键,或单击"文字编辑器"选项卡中的"关闭"按钮。

⑥用SAVEAS(另存为)命令保存到"课表. dwg"。

例2　使用上一节修改的“明细栏”表格样式绘制图7-15中标题栏上方的零件明细栏，如图7-13所示。

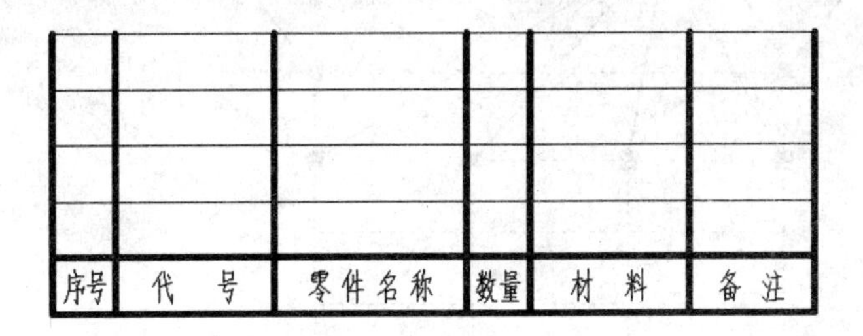

图7-15　零件明细栏

①使用NEW(新建)或QNEW(快速新建)命令加载用户样板A3.dwt。

②执行TABLE(表格)命令，显示“插入表格”对话框；在“表格样式”区指定当前表格样式为“明细栏”。

③在“插入方式”区选中“指定插入点(I)”选项，在“列数(C)”控件中输入6，在列宽(D)控件中键入20，在“数据行数(R)”控件中键入3，在“行高(G)”控件中输入1。在“设置单元样式”区，将“第一行单元样式”控件选择“表头”，将“第二行单元样式”控件选择“数据”，单击“确定”按钮返回绘图区域。在绘图区指定一点显示表格，并且在表头单元上显示“在位文字编辑器”，在功能区显示“文字编辑器”选项卡；

④填写文字。按图7-15所示，依次将文字分别填入各表格单元中。填完一个单元，用箭头键或【Tab】键移动编辑器到下一个单元。要结束文字填写，将箭头光标放在绘图区单击左键，或单击“文字编辑器”选项卡中的“关闭”按钮；

⑤更改列宽。单击表格上的任意网格线，在表格上显示蓝色夹点。单击左侧第二个夹点并沿水平方向拖动，以便更改列宽。向左拖动，键入10后按【Enter】键或空格键。依次单击第三、四、五个夹点，使列宽分别为25、30、10、25；

⑥使用SAVEAS(另存为)命令保存到“明细栏.dwg”。

7.2.3　编辑表格

通常在创建表格之后，需要对表格进行修改。可以用夹点修改表格的网格、表格单元，还可以用“表格单元”选项卡中的按钮进行修改操作。另外，使用“特性”选项板或快捷菜单同样可以编辑表格和表格单元。

(1)修改表格的网格

点选表格的网格即显示蓝色夹点，如图7-16所示。单击蓝色夹点后变成红色，移动光标可拖拽夹点改变表格和表格单元的大小或位置。使用表格拆分夹点可将高度很大的表格拆分成几个部分分开放置。

(2)修改表格单元

在表格单元内单击，表格单元边框显示为黄色粗线(图7-17)，其上有蓝色夹点。单击四边中点处的夹点并移动光标可改变单元所在的行高或列宽。单击右下角夹点并移动光标可添加选中单元的列数或行数。

要想输入或编辑表格单元内的文字，只需单击表格单元后再按F2键即显示编辑器。

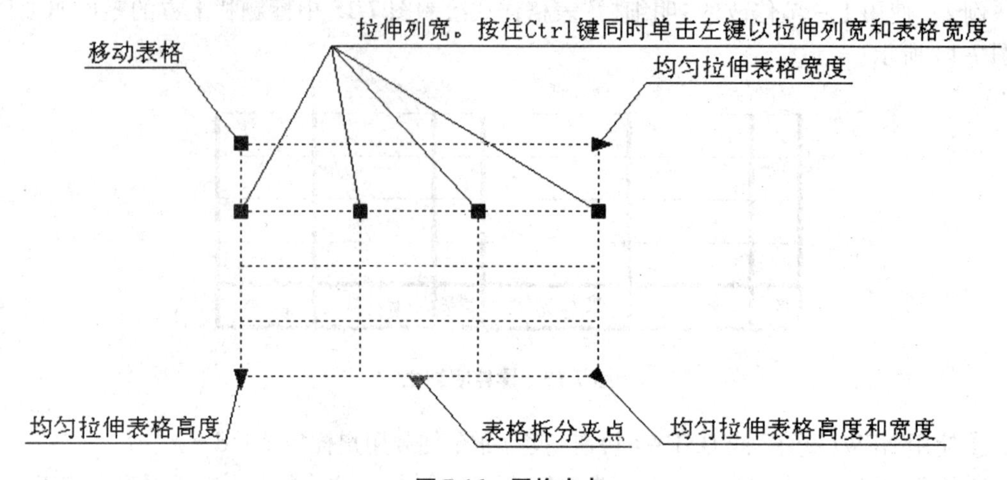

图 7-16　网格夹点

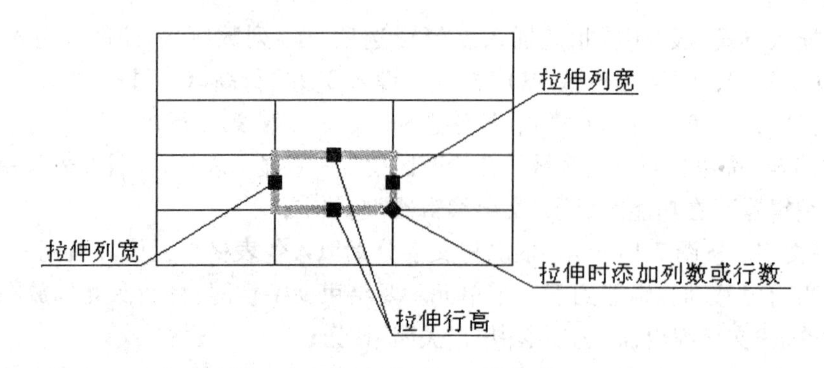

图 7-17　表格单元

如果需要选择多个表格单元,在一个单元内单击并拖动光标即显示点线矩形,矩形所覆盖的表格单元均被选中。在一个单元内单击后,按住【Shift】键并在另一个单元内单击,可以同时选中这两个单元以及它们之间的所有单元。

(3)"表格单元"选项卡

在要编辑的表格单元内单击,在功能区多出一个"表格单元"选项卡(图 7-18)。选项卡中各面板说明如下:

图 7-18　"表格单元"选项卡

1)"行"面板　面板中包含"从上方插入"、"从下方插入"、"删除行"。

2)"列"面板　面板中包含"从左侧插入"、"从右侧插入"、"删除列"。

3)"合并"面板　面板中包含"取消合并单元"、"合并单元"。"合并单元"展开菜单中又有"合并全部"、"按行合并"和"按列合并"选项。按【Shift】键可选中多个单元格。

4)“单元样式”面板　面板中包含“匹配单元”、“正中”、“编辑边框”按钮和“表格单元样式”、“表格单元背景色”控件。“匹配单元”按钮将选定表格单元的特性应用到其他表格单元。“正中”按钮设置表格单元的对齐方式。“编辑边框”按钮用于修改选定边框的特征。“表格单元样式”控件用于创建新单元样式和管理单元样式。“表格单元背景色”控件用于设置表格单元背景的填充颜色。

5)“单元格式”面板　面板中包含“单元锁定”和“数据格式”按钮。“单元锁定”按钮用于锁定或解锁表格单元的内容、格式,锁定的表格单元不能修改。“数据格式”按钮用于修改表格单元的数据格式。

6)“插入”面板　面板中包含“块”、“字段”、“公式”、“管理单元内容”等按钮。选定表格单元后,可以插入块、字段、公式等内容。

7)“数据”面板　面板中包括“链接单元”和“从源下载”等按钮。“链接单元”按钮可将表格中的数据与 Microsoft Excel 文件中的数据进行链接。“从源下载”按钮将使用外部源文件中已更改的数据来更新表格中已作链接的数据。

(4)其他

使用“特性”选项板或快捷菜单同样可以编辑表格和表格单元。“特性”选项板上可修改表格的项目有:样式、方向、宽度、高度、位置等,以及常规特性。使用快捷菜单可以编辑表格的所有特性。使用“特性”选项板或快捷菜单同样可以编辑表格单元的所有特性。这里不一一叙述。

练习题

7.1　将 HZ、ROMANS 两种文字样式加入到用户样板 A3. dwt 中。

7.2　绘制 A3 图幅格式,并保存之。要求边框线画在“细实线”层上,图框线画在“粗实线”层上,标题栏格式如图 7-19 所示。

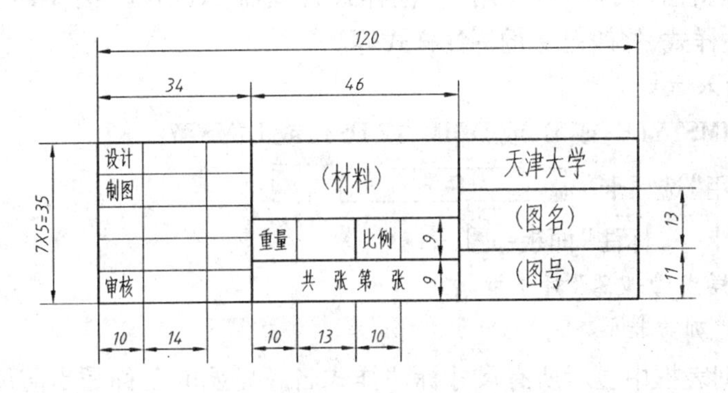

图 7-19　标题栏格式

7.3　将 7.2.1 节中例 1、例 2 所建立的表格样式加入到用户样板 A3. dwt 中。

7.4　将图 7-14、图 7-15 重做一遍。

第8章 尺寸标注

尺寸标注是工程图样上一项重要内容。AutoCAD 具有很强的尺寸标注功能,而且操作简便。通过尺寸标注样式的设置操作,可使标注出的尺寸基本符合我国的制图标准。这一章将详细说明尺寸标注样式的设置、尺寸标注和尺寸编辑的命令。尺寸标注样式可简称为标注样式。

8.1 尺寸标注样式

由于尺寸形式的多样化和尺寸文字位置的不定性,导致尺寸标注的复杂化。AutoCAD 采用设置尺寸标注样式的解决方案,使得尺寸标注变得简单、方便。因此,设置一组实用的标注样式,是能否成功地标注尺寸的决定因素。

设置尺寸标注样式时,应针对不同的尺寸形式(如线性尺寸、直径和半径尺寸、角度尺寸、引线等),设置不同的样式,使它们构成一个标注样式组。一般要对标注样式组命名,这就是标注样式名。默认的标注样式名为 ISO-25(公制)或 STANDARD(英制)。标注样式应确定组成尺寸的各部分——尺寸界线(在标注样式设置时称为"延伸线")、尺寸线、箭头和尺寸文字的颜色、大小、位置等。

8.1.1 DIMSTYLE(标注样式)命令

DIMSTYLE(标注样式)命令使用"标注样式管理器"对话框(图 8-1)创建新的标注样式,设置当前标注样式,修改已有的标注样式等。

8.1.1.1 命令输入方式

键盘输入:DIMSTYLE,或 D,或 DDIM,或 DST,或 DIMSTY

功能区:"常用"选项卡→ 注释 ▾ →

"注释"选项卡→"标注"面板→

8.1.1.2 "标注样式管理器"对话框

1."样式(S)"列表框

"样式(S)"列表框中显示所有尺寸标注样式名。亮显的名称是当前尺寸标注样式,同时在对话框顶部显示,如"当前标注样式:ISO-25"。当箭头光标指在某个样式名上单击右键时,将弹出一个快捷菜单,可对所选标注样式名作置为当前或重命名、删除操作。

2."列出(L)"控件

"列出(L)"控件用于控制"样式(S)"列表框中显示哪些尺寸标注样式名。"所有样式"选项用于显示所有标注样式名;"正在使用的样式"选项用于显示已使用的标注样式名。

3."不列出外部参照中的样式"复选框

"不列出外部参照中的样式"复选框确定在"样式(S)"列表框中是否显示外部参照中

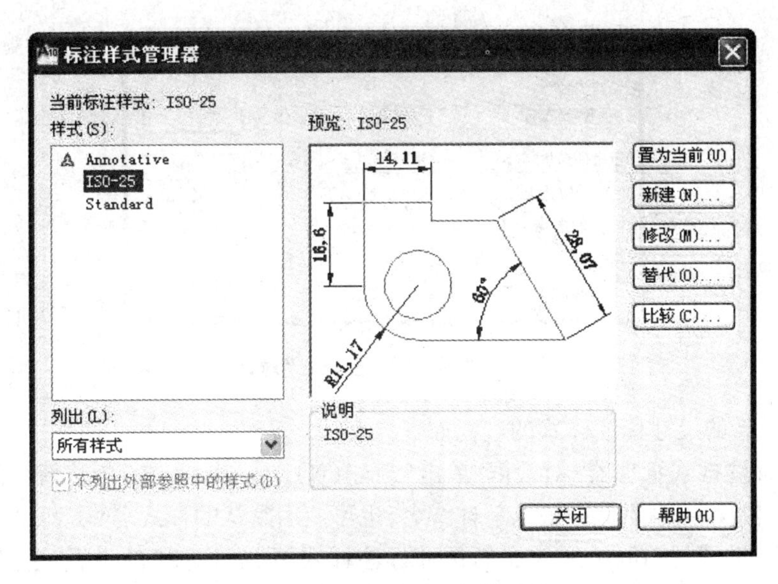

图 8-1 “标注样式管理器”对话框

的样式。只有在当前图形使用了外部参照,外部参照中又有尺寸标注样式,该项才可用。

4.“预览”框

“预览:ISO-25”说明在预览框内显示的尺寸标注样式是 ISO-25。如果修改了该样式的设置,则预览框内的尺寸显示随之改变。要预览另一种标注样式,在“样式(S)”列表框中点取该标注样式名即可。

5.“说明”区

“说明”区用于显示指定尺寸标注样式中被重置选项的值。如果说明文字超出给定的空间,可单击文字,再用箭头键向上或向下滚动文字。

6.“置为当前(U)”按钮

“置为当前(U)”按钮用于设置当前尺寸标注样式。在“样式(S)”列表框中选中一种尺寸标注样式名,再单击该按钮,选中的标注样式名即成为当前标注样式。

7.“新建(N)...”按钮

“新建(N)...”按钮用于创建新的尺寸标注样式。单击该按钮将显示“创建新标注样式”对话框(图 8-2)。其中,“新样式名(N)”输入框用于输入新尺寸标注样式名;“基础样式(S)”控件用于指定一个已有的标注样式作为创建新标注样式的基础;“注释性(A)”复选框用于确定图纸空间的标注样式是否具有注释性;“用于(U)”控件用于指定一种尺寸类型;“继续”按钮用于关闭“创建新标注样式”对话框和打开“新建标注样式”对话框(图 8-3)。关于“新建标注样式”对话框的说明将在后面叙述。

“用于(U)”控件中有 7 个选项:“所有标注”、“线性标注”、“角度标注”、“半径标注”、“直径标注”、“坐标标注”和“引线和公差”。每一标注样式都包含这 7 种类型和用途。“所有标注”是标注样式的最基本的类型,其余 6 个都服从于它并继承其包含的设置。因此,新标注样式应首先确定“所有标注”的设置,然后在此基础上再分别定义其余 6 个类型的自有设置。如果修改了“所有标注”的设置,将影响其余 6 个的相应设置。当使用标注样式标注某种类型的尺寸,AutoCAD 自动使用标注样式中与尺寸类型相应的形式显示该尺寸。

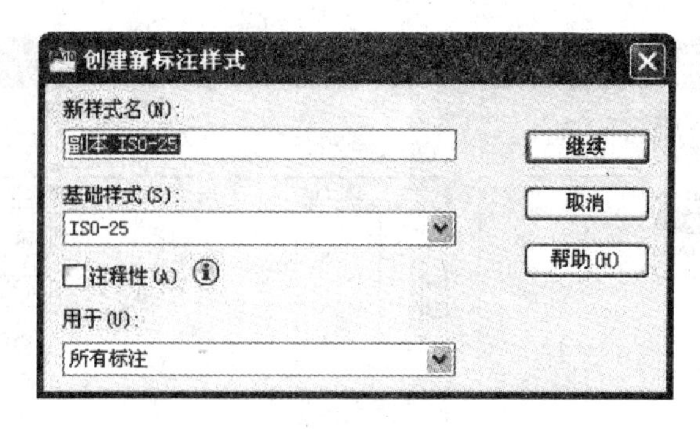

图 8-2 “创建新标注样式”对话框

建立一个新的尺寸标注样式的过程如下：

(1)在“标注样式管理器”对话框，单击“新建(N)...”按钮，在“创建新标注样式”对话框的“新样式名(N)”输入框中键入新样式名，也可使用默认的样式名；

(2)单击“继续”按钮，随后定义新尺寸标注样式“所有标注”的设置，定义结束后返回“标注样式管理器”对话框；

(3)单击“新建(N)...”按钮，在“用于(U)”控件中依次点取“线性标注”、“角度标注”、“半径标注”、“直径标注”、“坐标标注”或“引线和公差”，单击“继续”按钮，分别定义这6个类型的设置；

(4)回到“标注样式管理器”对话框后，选中尺寸标注样式名，再单击“置为当前(U)”按钮，将新尺寸标注样式设置为当前样式。

8.“修改(M)...”按钮

“修改(M)...”按钮用于修改指定尺寸标注样式中的设置。单击该按钮将显示“修改标注样式”对话框。该对话框与“新建标注样式”对话框具有相同选项。

9.“替代(O)...”按钮

“替代(O)...”按钮用于临时修改当前尺寸标注样式中的设置。单击该按钮将显示“替代当前样式”对话框，也与“新建标注样式”对话框具有相同选项。修改后回到“标注样式管理器”对话框，在其中的“样式”列表框中可以看到，当前标注样式名下出现“<样式替代>”字样。

10.“比较(C)...”按钮

“比较(C)...”按钮用于比较两个尺寸标注样式的特性或查看某个尺寸标注样式的特性。关于该对话框的说明稍后叙述。

8.1.1.3 “新建标注样式”对话框

在“新建标注样式”对话框(图 8-3)里可以定义新尺寸标注样式的特性。这些特性在其中的各选项卡中设置。此对话框最初的特性来自“创建新标注样式”对话框选择的“基础样式(S)”。如果修改了特性，预览图形随之改变。

1.“线”选项卡

在“线”选项卡(图 8-3)中定义尺寸线、尺寸界线的类型、大小和颜色。

(1)“尺寸线”区

在该区定义尺寸线的有关参数。

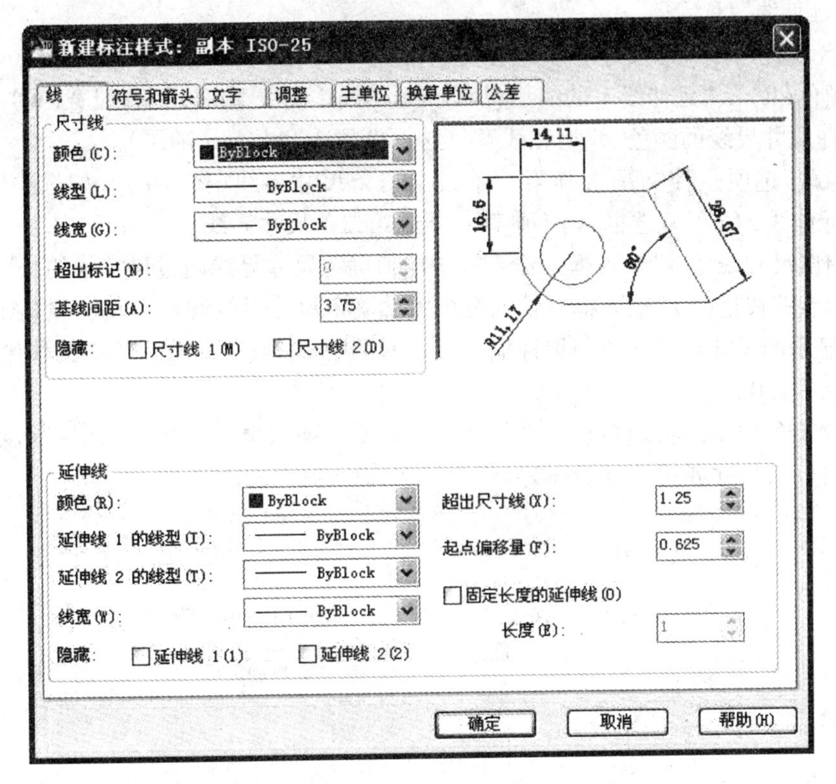

图 8-3 “新建标注样式”对话框的”线”选项卡

1)“颜色(C)”、“线型(L)”、“线宽(G)”控件　在控件中选择尺寸线的颜色、线型和线宽。通常都选 ByLayer(随层)。

2)“超出标记(N)”输入框　当用户采用“建筑标记”作为尺寸箭头时,可在输入框中输入尺寸线超出尺寸界线的长度(图 8-4)。

3)“基线间距(A)”输入框　当用户采用共基线尺寸命令标注尺寸时,输入框中的值确定两平行尺寸线间的距离(图 8-5)。

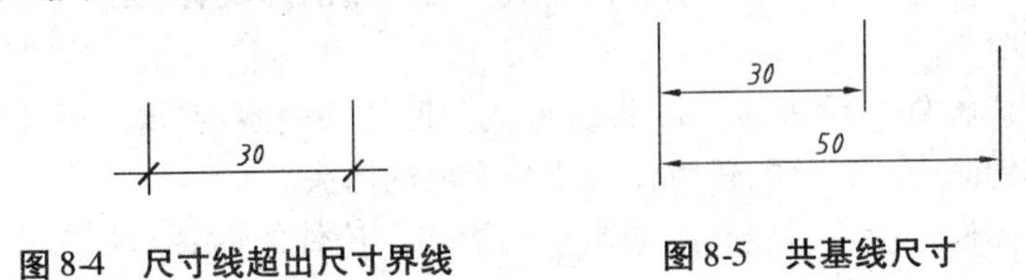

图 8-4　尺寸线超出尺寸界线　　　　图 8-5　共基线尺寸

4)“隐藏”选项　控制是否画第一段或第二段尺寸线(图 8-6)。如选中“尺寸线 1(M)”或“尺寸线 2(D)”复选框,则不画第一段或第二段尺寸线。标注线性尺寸时需输入尺寸界线两个起点,尺寸线的第一段和第二段则是按这两个起点的输入次序确定。

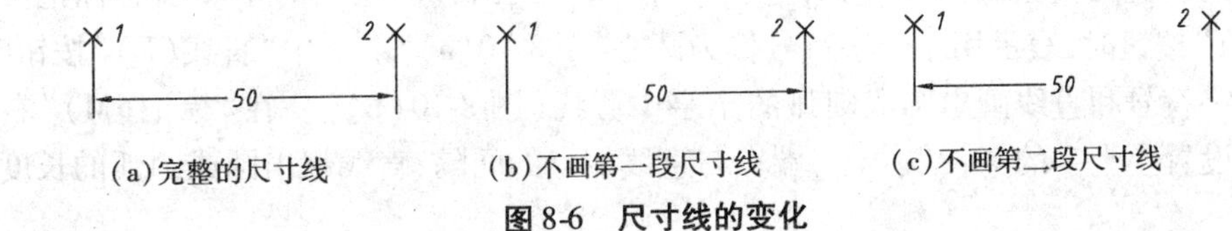

(a)完整的尺寸线　　(b)不画第一段尺寸线　　(c)不画第二段尺寸线

图 8-6　尺寸线的变化

(2)“延伸线”区

在该区设置延伸线即尺寸界线的有关参数。

1)“颜色(R)”、“延伸线1的线型(I)”、“延伸线2的线型(T)”和“线宽(W)”控件　在控件中选择尺寸界线的颜色、线型和线宽。这里也都选ByLayer(随层)。

2)“隐藏”选项　控制是否画第一条或第二条尺寸界线(图8-7)。如选中“延伸线1(1)”或“延伸线2(2)”复选框,则不画第一条或第二条尺寸界线。

3)“超出尺寸线(X)”输入框　输入框中的值确定尺寸界线超过尺寸线的长度。

4)“起点偏移量(F)”输入框　输入框中的值确定尺寸界线起点的偏移量(图8-8)。偏移量是指显示的尺寸界线起点与鼠标输入点之间的距离。图8-6、图8-7中偏移量为0,图8-8中偏移量不为0。

5)“固定长度的延伸线(O)”复选框和“长度(E)”输入框　当选中“固定长度的延伸线(O)”复选框时,尺寸界线长度始终为“长度(E)”输入框中的值。

(a)不画第一条尺寸界线　　(b)不画第二条尺寸界线

图8-7　尺寸界线

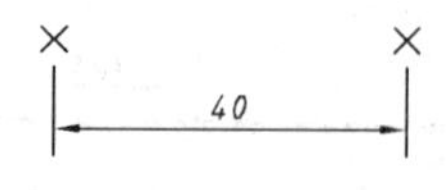

图8-8　尺寸界线起点偏移

2.“符号和箭头”选项卡

在“符号和箭头”选项卡(图8-9)中设置箭头、圆心标记的形式和大小,弧长符号的位置,折断标注的断开距离,半径折弯尺寸的角度和线性折弯尺寸的高度因子。

(1)“箭头”区

在该区设置箭头形式及大小。

1)“第一个(T)”控件　设置第一箭头的形式。较常用的形式有“无”、“小点”、“实心闭合”、“建筑标记”等。

2)“第二个(D)”控件　设置第二箭头的形式。控件的内容与“第一个(T)”相同。两个箭头的形式可以相同,也可不同,还可使用用户定义的箭头。

3)“引线(L)”控件　设置引线起始端箭头的形式。控件的内容与“第一个(T)”相同。较常用的形式有“无”、“小点”、“实心闭合”等。

4)“箭头大小(I)”输入框　输入框中的值确定箭头的长度。

(2)“圆心标记”区

在该区设置圆或圆弧的圆心标记及大小。选中“无(N)”按钮时不画圆心标记。选中“标记(M)”按钮时,表示用小十字符号作为圆心(图8-10(a))。选中“直线(E)”按钮时,表示用小十字符号和直线画出圆或圆弧的十字中心线(图8-10(b))。在“标记(M)”右边的输入框中设置小十字的半长、小十字端点与直线端点的间隔、直线超出圆或圆弧的长度。

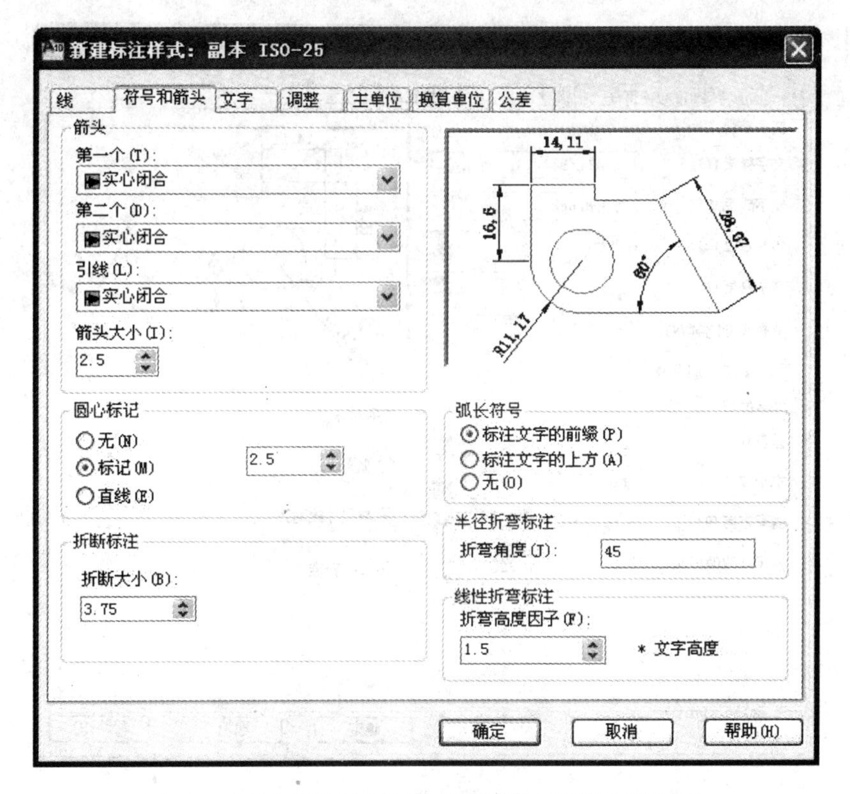

图 8-9 “新建标注样式”对话框的“符号和箭头”选项卡

(3)“折断标注”区

在“折断大小(B)”输入框中设置折断标注的间距。折断标注是指，当尺寸与其他对象相交时，用断开尺寸线或尺寸界线的方式来避免他们相交。

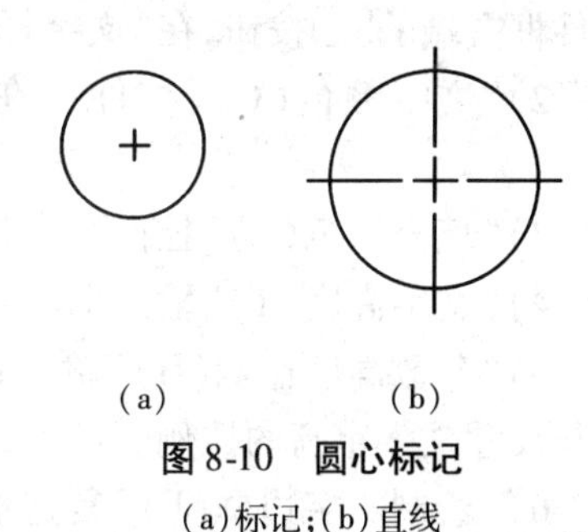

图 8-10 圆心标记

(a)标记；(b)直线

(4)“弧长符号”区

在该区设置弧长符号的位置。选中“标注文字的前缀(P)”按钮时，弧长符号放在数字的前面。选中“标注文字的上方(A)”按钮时，弧长符号放在数字的上面。选中“无(O)”按钮时，不画弧长符号。

(5)“半径折弯标注”区

在该区用“折弯角度(J)”输入框中的数字控制半径尺寸线弯折(Z 字形)的程度。折弯角度是两段相交直线之间的夹角。

(6)“线性折弯标注”区

在该区用“折弯高度因子(F)”输入框中的数字控制尺寸线弯折的程度。

3.“文字”选项卡

“文字”选项卡(图 8-11)用来设置尺寸文字的外观、位置以及对齐方式等。

(1)“文字外观”区

在该区设置尺寸文字的样式、字高、颜色等。

1)“文字样式(Y)”控件　在控件中指定尺寸文字的样式。若没有需要的样式，可单击

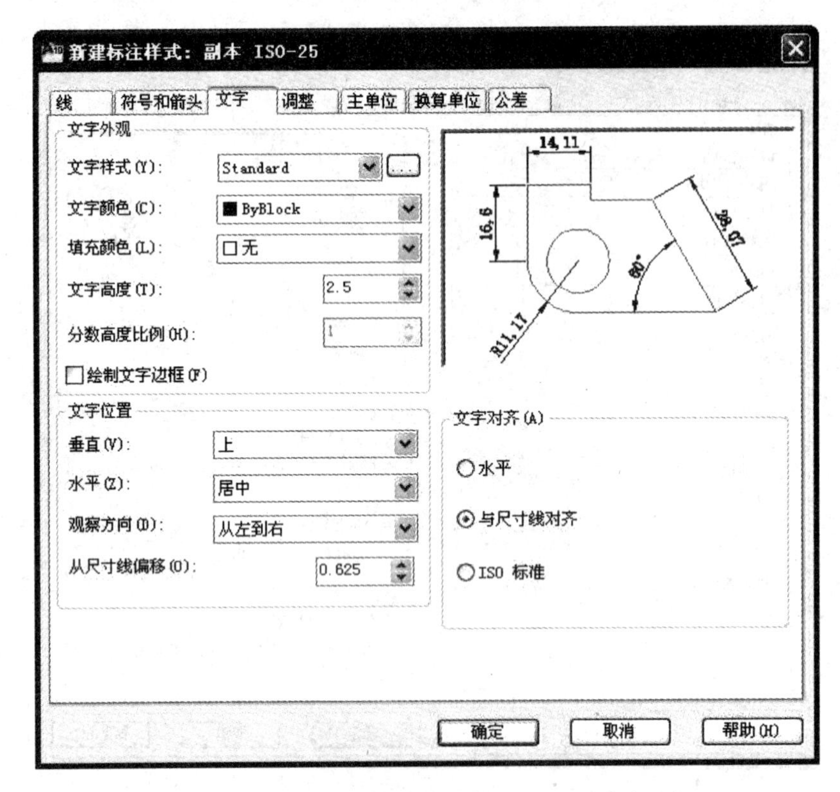

图 8-11 “新建标注样式”对话框中的“文字”选项卡

控件框右端的...按钮，在“文字样式”对话框（图 7-1）中创建新文字样式。

2)“文字颜色(C)”控件　在控件中指定尺寸文字的颜色。这里通常选 ByLayer（随层）。

3)“填充颜色(L)”控件　在控件中指定填充尺寸文字背景的颜色。

4)“文字高度(T)”输入框　在输入框中键入尺寸文字的字高。

5)“分数高度比例(H)”输入框　当尺寸文字用分数形式时，在输入框中键入分数的字高与尺寸文字字高的比例。

6)“绘制文字边框(F)”复选框　确定是否在尺寸文字四周画矩形框。

(2)“文字位置”区

在该区设置尺寸文字放置的位置。

1)“垂直(V)”控件　在这里确定尺寸文字的垂直位置，即在尺寸线的上方、下方、居中、外部，还是使用日本的工业标准（JIS）。当控件选中某一位置时，在预览框中能预览效果。“居中”选项将尺寸文字放置在尺寸线中间断开处。“上”或“下”选项将尺寸文字放置在尺寸线的上方或下方。“外部”选项将尺寸文字放置在第二条尺寸界线的外侧。“JIS”选项使用日本工业标准中确定尺寸文字垂直位置的方法。

2)“水平(Z)”控件　这里用来确定尺寸文字的水平位置是在尺寸线的中间、靠近第一条或第二条尺寸界线，还是在第一条或第二条延伸线上方。“居中”选项使尺寸文字位于尺寸线的中部。“第一条延伸线”选项使尺寸文字靠近第一条尺寸界线，即位于水平尺寸的尺寸线左端。“第二条延伸线”选项使尺寸文字靠近第二条尺寸界线，即位于水平尺寸的尺寸线右端。“第一条延伸线上方”选项使尺寸文字位于第一条尺寸界线上方,并与尺寸界线平行。“第二条延伸线上方”选项使尺寸文字位于第二条尺寸界线上方,并与尺寸界线平行。

3)“观察方向(D)”控件　用来控制尺寸文字的阅读方向是从左向右还是从右向左。

4)“从尺寸线偏移(O)”输入框　在输入框中确定尺寸文字与尺寸线之间的距离。如果尺寸文字位于尺寸线的中间,则表示尺寸文字与断开处尺寸线端点的间距。若尺寸文字带有边框,则可控制文字边框与文字的距离。

(3)“文字对齐(A)”区

在该区控制尺寸文字放在尺寸界线外边或里边时的方向是保持水平还是与尺寸线平行。“水平”按钮使尺寸文字总是水平的,无论尺寸线如何倾斜。“与尺寸线对齐”按钮使尺寸文字方向与尺寸线方向平行。“ISO 标准”按钮,当文字在尺寸界线内时,该按钮使文字与尺寸线平行;当文字在尺寸界线外时,该按钮使文字水平放置。

4.“调整”选项卡

“调整”选项卡(图 8-12)用来控制尺寸文字、箭头、引线和尺寸线的放置位置。

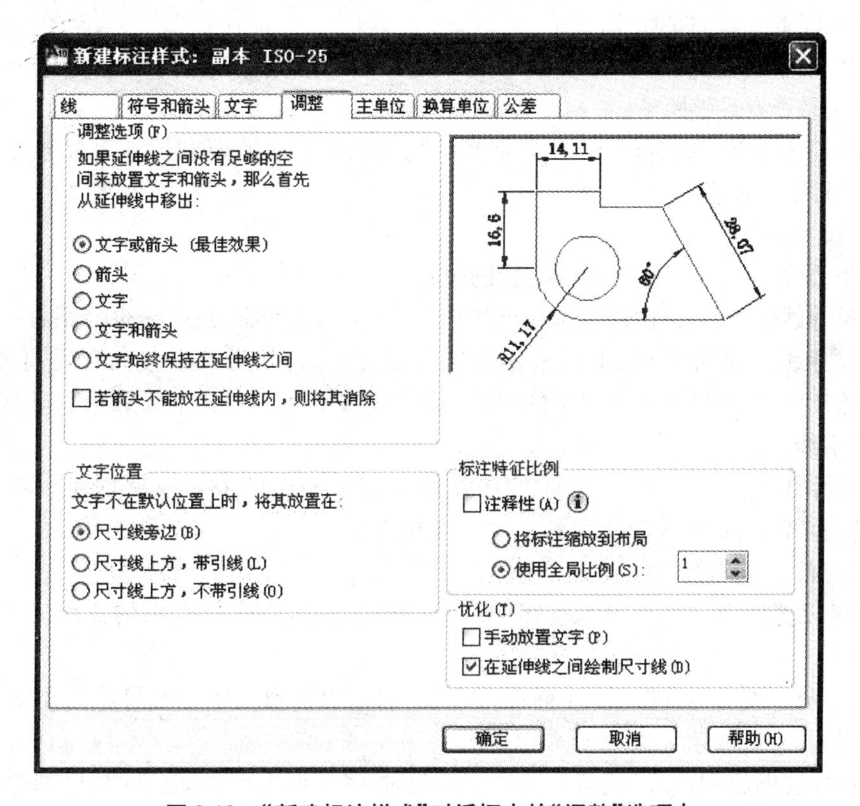

图 8-12　“新建标注样式”对话框中的“调整”选项卡

(1)“调整选项(F)”区

根据两条尺寸界线间的距离确定尺寸文字和箭头是放在尺寸界线外还是尺寸界线内。当两条尺寸界线间的距离足够大时,AutoCAD 总是把文字和箭头放在尺寸界线之间。否则,根据下列选项放置文字和箭头。

1)“文字或箭头(最佳效果)”按钮　选择该项后按照下列方式放置文字和箭头。

当尺寸界线间的距离足够大时,把文字和箭头都放在尺寸界线内。否则,AutoCAD 按最佳效果移动文字或箭头。

当尺寸界线间的距离仅够容纳文字时，文字放在尺寸界线内而箭头放在尺寸界线外。

当尺寸界线间的距离仅够容纳箭头时，箭头放在尺寸界线内而文字放在尺寸界线外。

当尺寸界线间的距离既放不下文字又放不下箭头时，文字和箭头都放在尺寸界线外。

2)“箭头”按钮　选择该项后按照下列方式放置文字和箭头。

当尺寸界线间距离足够放下文字和箭头时，文字和箭头都放在尺寸界线内。

当尺寸界线间距离仅够放下箭头时，箭头放在尺寸界线内而文字放在尺寸界线外。

当尺寸界线间距离不足以放下箭头时，文字和箭头都放在尺寸界线外。

3)“文字”按钮　选择该项后按照下列方式放置文字和箭头。

当尺寸界线间距离足够放下文字和箭头时，文字和箭头都放在尺寸界线内。

当尺寸界线间距离仅够放下文字时，文字放在尺寸界线内而箭头放在尺寸界线外。

当尺寸界线间距离不足以放下文字时，文字和箭头都放在尺寸界线外。

4)“文字和箭头”按钮　选择该项后将把文字与箭头同时放在尺寸界线之内或之外，视尺寸界线之间的距离大小而定。

5)“文字始终保持在延伸线之间”按钮　选择该项后文字总放在尺寸界线之间，而不管尺寸界线间是否有足够距离。

6)“若箭头不能放在延伸线内，则将其消除”按钮　选中该项时，如果尺寸界线内没有足够的空间，则不画箭头。

(2)“文字位置”区

在该区设置尺寸文字被移动时放置的位置。

1)“尺寸线旁边(B)”按钮　选择该按钮后，如果移动文字，尺寸线也会跟着一起移动。

2)“尺寸线上方，带引线(L)”按钮　选择该按钮后，如果文字移动到远离尺寸线处，AutoCAD创建一条从尺寸线到文字的引线，而尺寸线不动。当文字太靠近尺寸线时，AutoCAD忽略引线。

3)“尺寸线上方，不带引线(O)”按钮　选择该按钮后，在移动文字时可以不改变尺寸线的位置，远离尺寸线的文字无引线与尺寸线相连。

(3)“标注特征比例”区

在该区设置模型空间或图纸空间中相对于尺寸各组成部分大小的比例因子(全局比例)。

1)“注释性(A)”复选框　“注释性(A)”复选框用于确定标注的尺寸在图纸空间是否具有注释性。

2)“将标注缩放到布局”按钮　选择该按钮时，将根据当前模型空间视口和图纸空间的比例确定比例因子。当在图纸空间工作且视口不切换为模型空间，或TILEMODE被设为1时，AutoCAD使用默认比例因子1.0。

3)“使用全局比例(S)”按钮　选择该按钮时，在右侧输入框中键入的数值将是相对于尺寸各组成部分大小的比例。这个比例不改变尺寸的测量值。

(4)“优化(T)”区

在该区设置是否由用户指定尺寸文字放置的水平位置，是否在尺寸界线之间绘制尺寸线。

1)“手动放置文字(P)”复选框　该复选框用于设置是否由用户指定尺寸文字放置的水平位置。选中该复选框时,则忽略文字的水平位置设置。在用光标指定尺寸线位置的同时,也确定了尺寸文字的水平位置,即文字在光标处随光标移动。关闭复选框(不选中)时,则按“文字”选项卡设定的形式确定尺寸文字的水平位置。

2)“在延伸线之间绘制尺寸线(D)”复选框　该复选框确定当箭头和尺寸文字都放在尺寸界线以外时,是否在两尺寸界线之间画尺寸线。复选框关闭时不画尺寸线(图8-13),打开时则画出尺寸线。

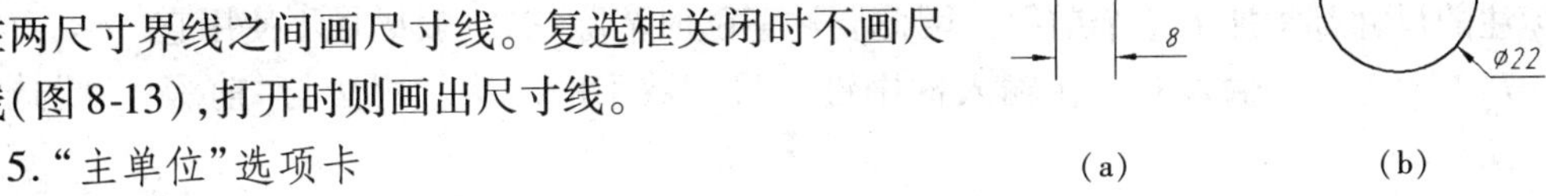

(a)　　　(b)

图8-13　尺寸界线之间不画尺寸线

(a)线性尺寸;(b)直径尺寸

5.“主单位”选项卡

在“主单位”选项卡(图8-14)里设置线性和角度尺寸单位的格式和精度,设置尺寸文字的前缀和后缀。

(1)“线性标注”区

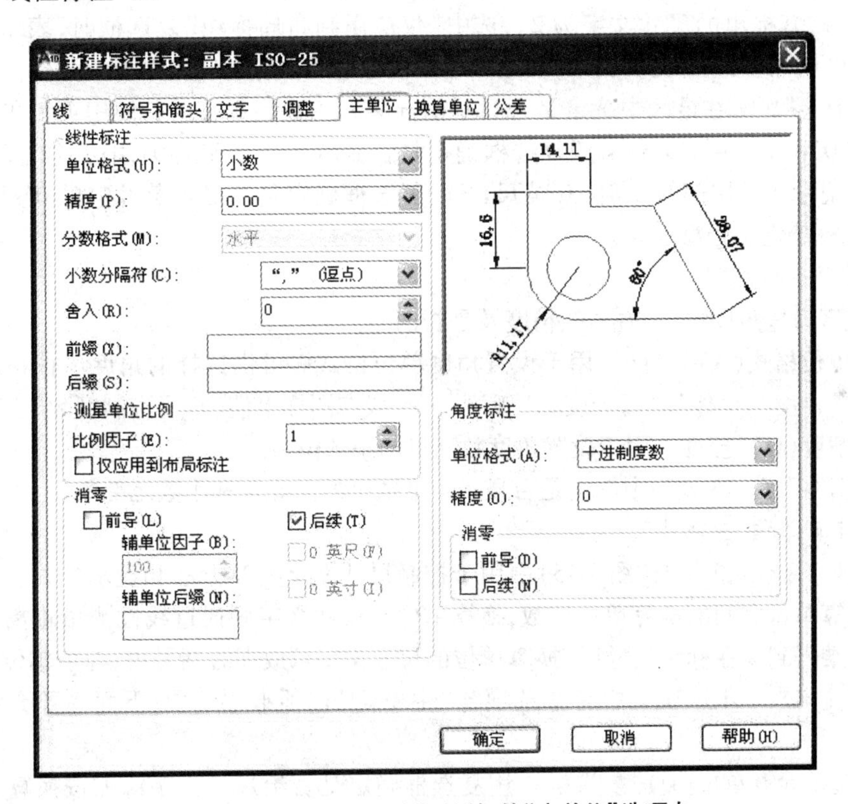

图8-14　“新建标注样式”对话框的“主单位”选项卡

在该区设置线性尺寸的格式、精度和尺寸文字的前后缀。

1)“单位格式(U)”控件　在控件中设置除了角度尺寸外的其他类型尺寸的当前单位格式。可供选择的单位有“科学”、“小数”、“工程”、“建筑”、“分数”、“Windows 桌面”等。通常使用默认选项“小数”。

2)“精度(P)”控件　在控件中显示和设置尺寸文字小数位数。

3)“分数格式(M)”控件　在控件中设置分数的格式。只有当“单位格式(U)”控件选中“分数”时,该控件才可操作。

4)“小数分隔符(C)”控件　在控件中设置十进制格式的小数分隔符。可选择的选项包括“.”(句点)、“,”(逗点)或“ ”(空格)。

5)“舍入(R)”输入框　该选项设置除角度尺寸外其他类型尺寸测量值的舍入规则。例如,输入0.25,测量值以0.25为单位进行舍入。如果使用默认值0,AutoCAD把测量值舍入成最接近的整数。

6)“前缀(X)”输入框　在输入框中键入尺寸数字的前缀。若在此键入了前缀,则在其后标注的尺寸都将加上这个前缀。因此要注意随时清除它,一般尽量不使用它。

7)“后缀(S)”输入框　在输入框中键入尺寸数字的后缀。用法与“前缀(X)”选项类似。

8)“测量单位比例”区　在该区的“比例因子(E)”输入框中设置模型空间或图纸空间的线性标注测量值的比例因子。在标注尺寸时,AutoCAD将自动测量尺寸线的长度,并把它与长度测量比例因子相乘,结果作为默认值注出尺寸数字。如比例因子设为2时,实际线性距离值为1,其标出的尺寸文字为2。选中“仅应用到布局标注”复选框时,表示仅在布局(图纸空间)中使用测量比例因子,反之表示在模型空间中应用比例因子。

9)“消零”区　在该区中确定是否显示前导零和小数尾部零。若使用英制单位则确定是否显示0′和0″。用“前导(L)”复选框确定是否显示小数点前的0;用“后续(T)”复选框确定是否显示小数尾部的0;用“0英尺(F)”复选框确定是否显示英寸前的0′;用“0英寸(I)”复选框确定是否显示0″。

(2)“角度标注”区

在该区设置角度单位的格式、精度及是否消零。

1)“单位格式(A)”控件　用于设置角度单位格式。可供选择的角度单位格式有:“十进制度数”、“度/分/秒”、“百分度”、“弧度”。一般在图样上使用“十进制度数”。

2)“精度(O)”控件　用于设置角度数字里的小数位数。

3)“消零”区　在该区中确定是否显示角度数字的前导零和小数尾部零。

6.“换算单位”选项卡

在“换算单位”选项卡(图8-15)中用于控制尺寸文字换算方法和显示方式。可指定主单位和换算单位之间的换算单位倍数,换算单位的尺寸文字则通过线性测量距离与换算单位倍数相乘得到。在标注尺寸时,换算单位的尺寸文字可放在方括号中,与主单位的尺寸文字同时标注出来。本选项卡中有些选项与“主单位”选项卡中相同,下面主要介绍不同选项。

1)“显示换算单位(D)”复选框　用复选框确定是否给尺寸文字添加按换算单位计算的数值。

2)“换算单位倍数(M)”输入框　输入主单位和换算单位之间的换算因子。AutoCAD以主单位测量的线性距离、当前测量单位比例因子和换算单位倍数三者相乘来确定换算单位尺寸文字的数值。

3)“位置”区　在该区控制换算单位的尺寸文字放置的位置。当选中了“主值后(A)”,换算单位的尺寸文字放在主单位尺寸文字之后。当选中了“主值下(B)”,换算单位的尺寸文字放在主单位尺寸文字下面。

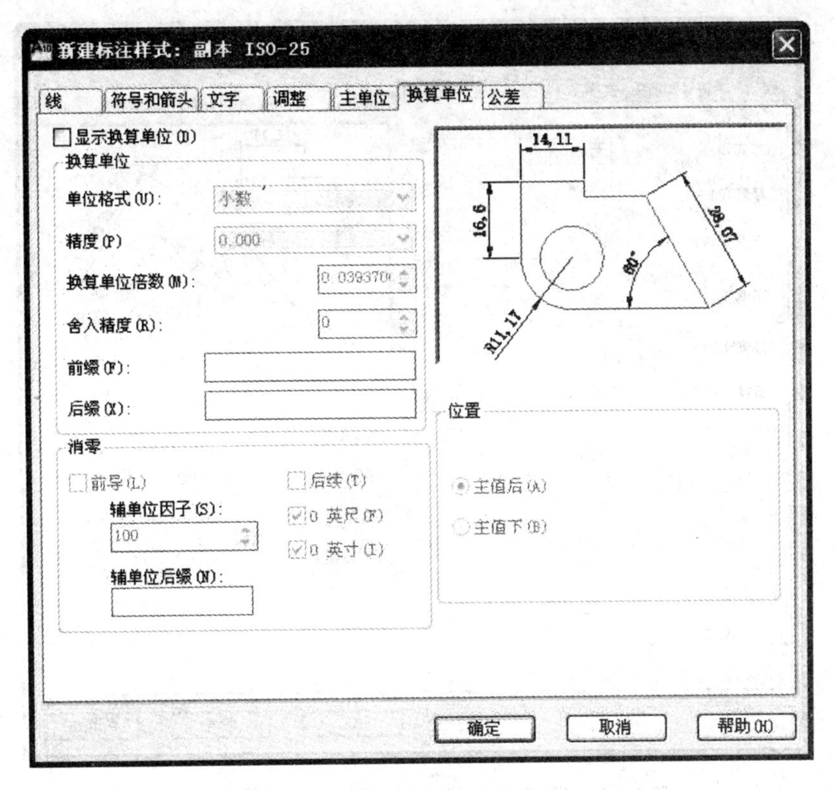

图 8-15 “新建标注样式”对话框的“换算单位”选项卡

7.“公差”选项卡

在“公差”选项卡(图 8-16)中设置尺寸公差的形式、格式、公差值、公差字高及对齐方式等。

(1)“公差格式”区

1)“方式(M)”控件　在控件中选择标注尺寸公差的形式，其中包括：

①“无”选项关闭标注尺寸公差功能，即不注公差；

②“对称”选项标注对称公差，如 ±0.025；

③“极限偏差”选项标注不对称公差，如 $^{+0.013}_{-0.008}$、$^{0}_{-0.012}$、$^{+0.036}_{0}$ 等；

④“极限尺寸”选项标注最大与最小两个极限尺寸，如 $^{25.013}_{24.992}$；

⑤“基本尺寸”选项只标注基准尺寸，并在尺寸文字上加一矩形框，如 25。

2)“精度(P)”控件　在控件中选择公差数值的小数位数。

3)“上偏差(V)”输入框　在输入框中键入上偏差值，即使为 0 也要键入。如果用默认值 0，则注出的 0 前有“ + ”号。

4)“下偏差(W)”输入框　在输入框中键入下偏差值。在写出下偏差时，AutoCAD 自动在下偏差前加一负号。因此，若下偏差值是正值，则应键入负数；若下偏差值是负值，则键入不带负号的数。下偏差值即使为 0 也要键入，否则注出的 0 前有“ - ”号。

5)“高度比例(H)”输入框　确定公差文字字高。在输入框中键入公差字高与尺寸字

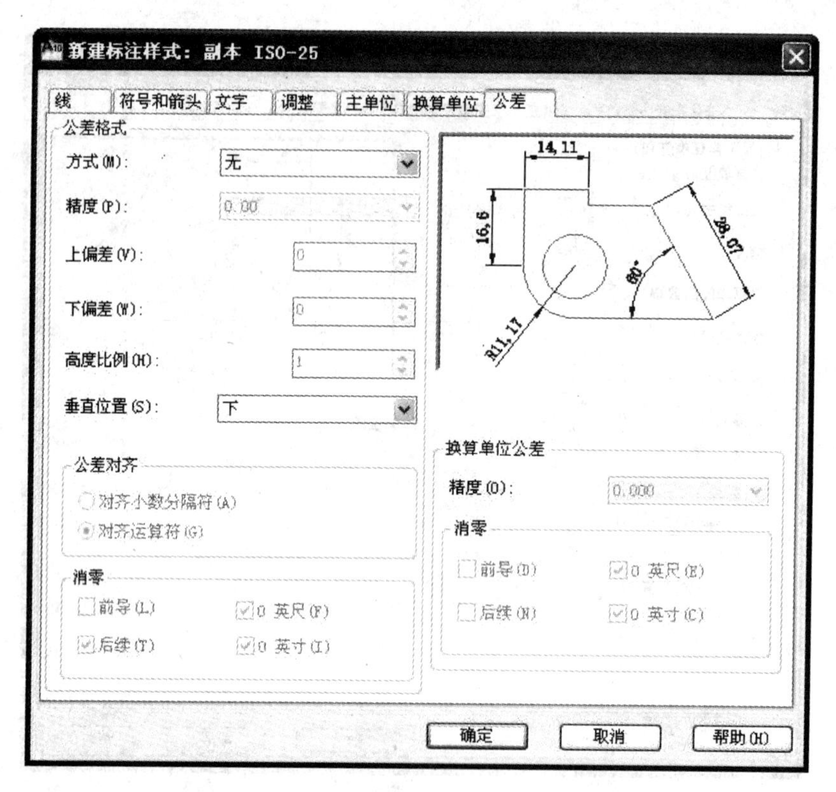

图 8-16 "新建标注样式"对话框的"公差"选项卡

高的比值,而不是公差的实际字高。

6)"垂直位置(S)"控件　设置公差文字与尺寸文字对齐方式。在控件中有"上"、"中"和"下"三个选项,按国标要求选"下"。

7)"公差对齐"区　在该区设置上、下偏差值堆叠时水平位置的对齐方式。选中"对齐小数分隔符(A)"按钮,使上、下偏差值以小数点为准上下对齐。选中"对齐运算符(G)"按钮,使上、下偏差值以"+"、"-"号为准上下对齐。

8)"消零"区　在该区中确定是否显示偏差值的前导零和小数尾部零。该区中的各选项与"主单位"选项卡中的相应选项相同。

(2)"换算单位公差"区

当"换算单位"选项卡中选中"显示换算单位(D)"复选框时,要在该区设置偏差值的精度和是否消零。该区中的各选项与"换算单位"选项卡中的相应选项相同,不再赘述。

8.1.1.4 "比较标注样式"对话框

在"标注样式管理器"对话框中,单击"比较(C)..."按钮,则出现"比较标注样式"对话框(图 8-17)中。可用于比较两种尺寸标注样式的不同特性,也可用于显示一种尺寸标注样式的所有特性。其结果可以复制到 Windows 剪贴板上。

1)"比较(C)"控件　在控件中指定要用于比较的第一种尺寸标注样式。

2)"与(W)"控件　在控件中指定要用于比较的第二种尺寸标注样式。如设为"无",或选择与"比较(C)"控件相同的样式名,则 AutoCAD 显示该标注样式的所有特性。

3)列表框　在列表框中显示比较结果或一种尺寸标注样式的所有特性。列表框中显

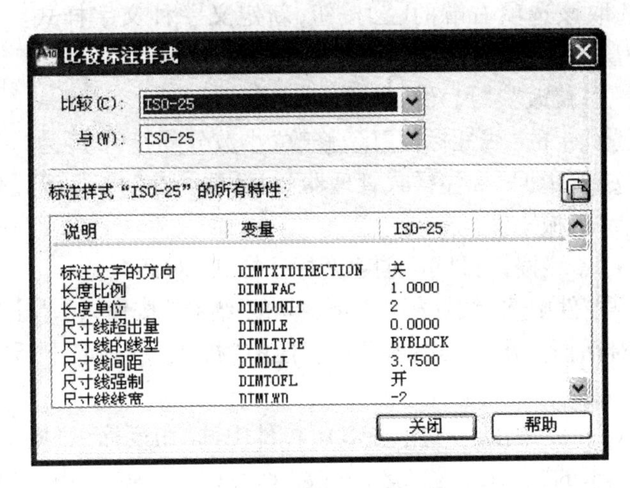

图 8-17 "比较标注样式"对话框

示的内容如下:

①尺寸标注样式特性描述;

②控制标注样式特性的系统变量;

③不同的标注样式特性系统变量值。

4)"复印到剪贴板"按钮( ) 该按钮位于列表框的右上方。选择此按钮把比较结果复制到 Windows 剪贴板上。

8.1.2 设置新尺寸标注样式举例

机械图样与建筑图样上的尺寸不同,应分别创建适合两种图样的尺寸标注样式。下面分别举例说明创建过程。假定以下操作是以默认样式名"ISO-25"为基础的,未说明的选项都用默认值。在以下操作之前,这些默认值都是 AutoCAD 的初始值,从未经修改过。

例 1 设置一种尺寸标注样式,使之适合标注机械图样上各种不同类型的尺寸,并将它保存在用户样板内。对这种尺寸标注样式可以命名为"机械",也可以在默认样式名基础上修改得到。建立新尺寸标注样式的步骤如下。

①使用 QNEW(快速新建)或 NEW(新建)命令装入用户样板 A3. dwt。

②执行 DIMSTYLE(标注样式)命令,显示"标注样式管理器"对话框。

③单击"新建(N)..."按钮,弹出"创建新标注样式"对话框。在输入框中键入"机械",再单击"继续"按钮,弹出"新建标注样式"对话框。

④在"线"选项卡的"尺寸线"区,修改"颜色(C)"、"线型(L)"和"线宽(G)"为 ByLayer(随层),修改"基线间距(A)"的值为 10。

⑤在"延伸线"区,修改"颜色(R)"、"延伸线 1(I)的线型"、"延伸线 2(T)的线型"和"线宽(W)"为 ByLayer(随层),修改"超出尺寸线(X)"的值为 3、"起点偏移量(F)"的值为 0。

⑥在"符号和箭头"选项卡的"箭头"区修改"箭头大小(I)"的值为 3。

⑦在"圆心标记"区点取"无",在"弧长符号"区点取"标注文字的前缀(P)"。

⑧单击"文字"选项卡,在"文字外观"区,修改"文字样式(Y)"为 HZ。如果控件中没有

这个文字样式,则选取该选项右端的[...]按钮,新定义一种文字样式。再修改“文字颜色(C)”为ByLayer(随层);修改“文字高度(T)”的值为3。

⑨在“文字位置”区修改“从尺寸线偏移(O)”为1。

⑩在“主单位”选项卡的“线性标注”区,修改“小数分隔符(C)”为“.”(句点)。

⑪单击“确定”按钮,返回“标注样式管理器”对话框。在“样式(S)”列表框中增加了一个新尺寸标注样式名“机械”。

⑫单击“新建(N)...”按钮,显示“创建新标注样式”对话框。

⑬在“用于(U)”控件中选“线性标注”项,单击“继续”按钮,再单击“确定”按钮,返回“标注样式管理器”对话框。在“样式(S)”列表框中“机械”样式名下新增加了一个尺寸类型“线性”。

⑭单击“新建(N)...”按钮,在“用于(U)”控件中选“角度标注”项,单击“继续”按钮。

⑮在“文字”选项卡的“文字位置”区,修改“垂直(V)”为“居中”;在“文字对齐(A)”区,选择“水平”单选按钮。

⑯单击“确定”按钮,返回“标注样式管理器”对话框。在“样式(S)”列表框中“机械”样式名下新增加了一个尺寸类型“角度”。

⑰单击“新建(N)...”按钮,在“用于(U)”控件中选“半径标注”项,单击“继续”按钮。

⑱在“文字”选项卡的“文字对齐(A)”区,选择“ISO标准”单选按钮。

⑲在“调整”选项卡的“调整选项(F)”区,选择“文字”单选按钮。单击“确定”按钮,返回“标注样式管理器”对话框。在“样式(S)”列表框中“机械”样式名下新增加了一个尺寸类型“半径”。

⑳单击“新建(N)...”按钮,在“用于(U)”控件中选“直径标注”项,单击“继续”按钮。

㉑单击“文字”选项卡,在“文字对齐(A)”区,选择“ISO标准”单选按钮。

㉒在“调整”选项卡的“调整选项(F)”区,选择“文字”单选按钮。单击“确定”按钮,返回“标注样式管理器”对话框。在“样式(S)”列表框中“机械”样式名下新增加了一个尺寸类型“直径”。

㉓单击尺寸标注样式名“机械”,再单击“置为当前(U)”按钮,“机械”样式为当前样式。至此,“机械”尺寸标注样式设置完成。

㉔如再单击“新建(N)...”按钮,还可创建另一新尺寸标注样式。如不再创建新标注样式,则单击“关闭”按钮,结束DIMSTYLE(标注样式)命令。

㉕使用SAVEAS(另存为)命令,重新保存样板A3.dwt。

例2　设置一种用于建筑图样标注尺寸的尺寸标注样式,样式名为“建筑”。建立这个新标注样式的步骤如下。

①使用QNEW(快速新建)或NEW(新建)命令装入用户样板A3.dwt。

②执行DIMSTYLE(标注样式)命令,显示“标注样式管理器”对话框。

③单击“新建(N)...”按钮,弹出“创建新标注样式”对话框。在输入框中键入“建筑”,再单击“继续”按钮,弹出“新建标注样式”对话框。

④在“线”选项卡的“尺寸线”区,修改“颜色(C)”、“线型(L)”和“线宽(G)”为ByLayer(随层),修改“基线间距(A)”的值为10。

⑤在“延伸线”区,修改“颜色(R)”、”尺寸界线1(I)的线型”、”尺寸界线2(T)的线型”

和“线宽(W)”为ByLayer(随层),修改“超出尺寸线(X)”的值为3、“起点偏移量(F)”的值为2。

⑥在“符号和箭头”选项卡的“箭头”区,修改“第一个(T)”的形式为“建筑标记”,修改“箭头大小(I)”的值为3。

⑦在“圆心标记”区点取“无”。

⑧单击“文字”选项卡,在“文字外观”区,修改“文字样式(Y)”为HZ。如果控件中没有这个文字样式,则选取该选项右端的□按钮,新定义一种文字样式。再修改“文字颜色(C)”为ByLayer(随层);修改“文字高度(T)”的值为3。

⑨在“文字位置”区,修改“从尺寸线偏移(O)”为1。

⑩在“主单位”选项卡的“线性标注”区,修改“小数分隔符(C)”为“‘.’(句点)”。

⑪单击“确定”按钮,返回“标注样式管理器”对话框。在“样式(S)”列表框中增加了一个新尺寸标注样式名“建筑”。

⑫单击“新建(N)...”按钮,显示“创建新标注样式”对话框。

⑬在“用于(U)”控件中选“线性标注”项,单击“继续”按钮,再单击“确定”按钮,返回“标注样式管理器”对话框。在“样式(S)”列表框中,“建筑”样式名下新增加了一个尺寸类型“线性”。

⑭单击“新建(N)...”按钮,在“用于(U)”控件中选“角度标注”项,单击“继续”按钮。

⑮在“符号和箭头”选项卡的“箭头”区,修改“第一个(T)”的形式为“实心闭合”。

⑯在“文字”选项卡的“文字位置”区,修改“垂直(V)”为“居中”;在“文字对齐(A)”区,打开“水平”单选按钮。

⑰单击“确定”按钮,返回“标注样式管理器”对话框。在“样式(S)”列表框中“建筑”样式名下新增加了一个尺寸类型“角度”。

⑱单击“新建(N)...”按钮,在“用于(U)”控件中选“半径标注”项,单击“继续”按钮。

⑲在“符号和箭头”选项卡的“箭头”区,修改“第二个(D)”的形式为“实心闭合”。

⑳在“文字”选项卡的“文字对齐(A)”区选择“ISO标准”单选按钮。

㉑在“调整”选项卡的“调整选项(F)”区选择“文字”单选按钮。单击“确定”按钮,返回“标注样式管理器”对话框。在“样式(S)”列表框中,“建筑”样式名下新增加了一个尺寸类型“半径”。

㉒单击“新建(N)...”按钮,在“用于(U)”控件中选“直径标注”项,单击“继续”按钮。

㉓在“符号和箭头”选项卡的“箭头”区,修改“第一个(T)”的形式为“实心闭合”。

㉔单击“文字”选项卡,在“文字对齐(A)”区打开“ISO标准”单选按钮。

㉕在“调整”选项卡的调整选项(F)”区选择“文字”单选按钮。单击“确定”按钮,返回“标注样式管理器”对话框。在“样式(S)”列表框中,“建筑”样式名下新增加了一个尺寸类型“直径”。

㉖单击标注样式名“建筑”,再单击“置为当前(U)”按钮,则“建筑”成为当前尺寸标注样式。至此,“建筑”标注样式设置完成。

㉗如再单击“新建(N)...”按钮,还可创建另一新尺寸标注样式。如不再创建新标注样式,则单击“关闭”按钮,结束DIMSTYLE(标注样式)命令。

㉘使用SAVEAS(另存为)命令,重新保存样板A3.dwt。

需要说明的是，由于尺寸形式多样，设置一组尺寸标注样式不可能包含所有尺寸形式，所以上述例子设置的样式只包含了常用的尺寸形式，是最基本的设置。在标注尺寸过程中，如注出的尺寸形式不合适，可采用两种方法处理：一是使用尺寸编辑命令去修改；二是使用“标注样式管理器”对话框中的“替代(O)...”按钮，先修改设置，再标注尺寸，注完尺寸后再删除“<样式替代>”，以免影响其后的尺寸标注。

8.2　标注尺寸命令

一般来说，应先设置好尺寸标注样式，在标注样式基础上用不同命令标注尺寸。也就是说，不同类型的尺寸使用不同的尺寸标注命令，注出的尺寸按尺寸标注样式设置的形式显示。例如，长度尺寸按“线性”样式显示；直径、半径尺寸按“直径”、“半径”样式显示；角度尺寸按“角度”样式显示等。

8.2.1　DIMALIGNED(对齐尺寸)命令

DIMALIGNED(对齐尺寸)命令标注出的尺寸，其尺寸线与所选对象平行的尺寸，或尺寸线与两延伸线(即尺寸界线)起点的连线平行。该命令通过用户指定的两尺寸界线起点和尺寸线通过点来标注尺寸。还可以由用户指定要标注尺寸的对象，AutoCAD 自动确定两尺寸界线的起点，然后用户再指定尺寸线通过的点，即可标注出尺寸。尺寸文字一般按 AutoCAD 测量两尺寸界线间的距离写出，也可由用户输入尺寸文字。

1. 命令输入方式

键盘输入：DIMALIGNED 或 DAL

功能区：“常用”选项卡→“注释”面板→对齐或线性→对齐

“注释”选项卡→“标注”面板→（对齐按钮）或标注→对齐

2. 命令使用举例

例 1　标注图 8-18 中三角形两条斜边的长度尺寸。尺寸 35 用指定两尺寸界线起点的方法注出，尺寸 40 用选择对象的方法注出。

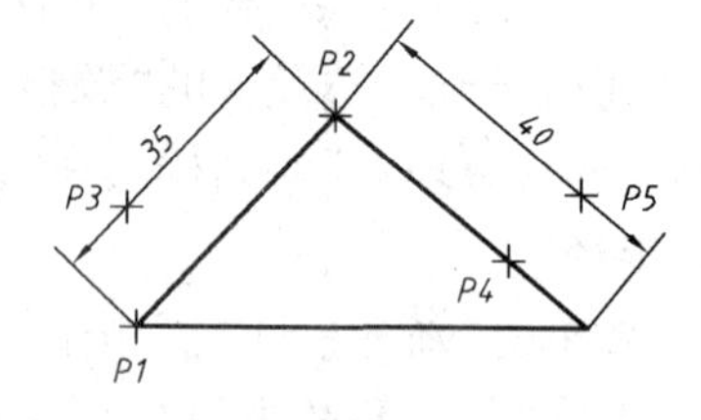

图 8-18　与目标平行尺寸

标注尺寸的操作过程如下。

单击：对齐　　* 执行对齐尺寸标注命令
单击：(P1 点)　　* 指定第一条尺寸界线起点
单击：(P2 点)　　* 指定第二条尺寸界线起点
单击：(P3 点)　　* 指定尺寸线位置
单击：↙　　* 重复对齐尺寸标注命令
单击：↙　　* 选择“选择对象”选项
单击：(P4 点)　　* 选择要标注尺寸的对象
单击：(P5 点)　　* 指定尺寸线位置

命令窗口显示如下。

命令：_ dimaligned

指定第一条延伸线原点或 <选择对象>:

指定第二条延伸线原点:

指定尺寸线位置或

[多行文字(M)/文字(T)/角度(A)]:

标注文字 =35

命令:

DIMALIGNED

指定第一条延伸线原点或 <选择对象>:

选择标注对象:

指定尺寸线位置或

[多行文字(M)/文字(T)/角度(A)]:

标注文字 =40

例 2　在标注尺寸过程中,可以用"文字(T)"或"多行文字(M)"选项修改尺寸文字。

标注尺寸的操作过程如下。

单击:对齐　　* 执行对齐尺寸标注命令

单击:(P1 点)　　* 指定第一条尺寸界线起点

单击:(P2 点)　　* 指定第二条尺寸界线起点

输入:T　　* 选择"文字(T)"选项

输入:(尺寸文字)　　* 输入尺寸文字

单击:(P3 点)　　* 指定尺寸线位置

命令窗口显示如下。

命令:_ dimaligned

指定第一条延伸线原点或 <选择对象>:

指定第二条延伸线原点:

指定尺寸线位置或

[多行文字(M)/文字(T)/角度(A)]:T

输入标注文字 <35>:(输入尺寸文字及其前缀或后缀、或按【Enter】键使用测量值,也可输入尖括号(< >)代表测量值)

指定尺寸线位置或

[多行文字(M)/文字(T)/角度(A)]:

标注文字 =35

如果选择了"多行文字(M)"选项,将打开一个编辑窗口。在编辑窗口中用户可以修改或输入要标注的尺寸文字,最后在编辑窗口外单击左键(或单击关闭文字编辑器按钮)以结束文字输入和编辑。

3. 说明

①指定两尺寸界线起点时应使用对象捕捉,以保证标注准确的尺寸文字。

②确定尺寸线通过的点,一般用光标定点。注意尺寸线与标注对象、尺寸线与尺寸线间

的间距一致。

③当使用选择对象的方法标注尺寸时，距离对象选择点近的那个端点为第一条尺寸界线的起点，另一端点为第二条尺寸界线的起点。

④当两尺寸界线间的距离放不下尺寸文字时，尺寸文字将会放到第二条尺寸界线的外侧。

8.2.2 DIMLINEAR(线性尺寸)命令

用 DIMLINEAR(线性尺寸)命令可标注尺寸线水平、垂直或有一定倾斜角度的尺寸。与 DIMALIGNED(对齐尺寸)命令相似，标注尺寸时，可指定两尺寸界线起点或选择对象。尺寸文字用测量值或由用户输入。标注倾斜对象的水平或垂直尺寸时，在两尺寸界线起点之间上下移动光标，可确定水平尺寸线位置，而左右移动光标，则可确定垂直尺寸线位置。DIMLINEAR(线性尺寸)命令与 DIMALIGNED(对齐尺寸)命令不同之处在于：DIMLINEAR(线性尺寸)命令标注的尺寸，其尺寸线与倾斜对象不平行，如图 8-19 中的尺寸 22。

1. 命令输入方式

键盘输入：DIMLINEAR 或 DLI

功能区："常用"选项卡→"注释"面板→[线性]或[对齐]→[线性]

"注释"选项卡→"标注"面板→[ ]或[标注]→[线性]

菜单："标注(N)"→"线性(L)"

2. 命令使用举例

例 1　标注图 8-19 所示图形的尺寸。尺寸 40 用指定两尺寸界线起点的方法注出，尺寸 20 和 22 用指定对象的方法注出。

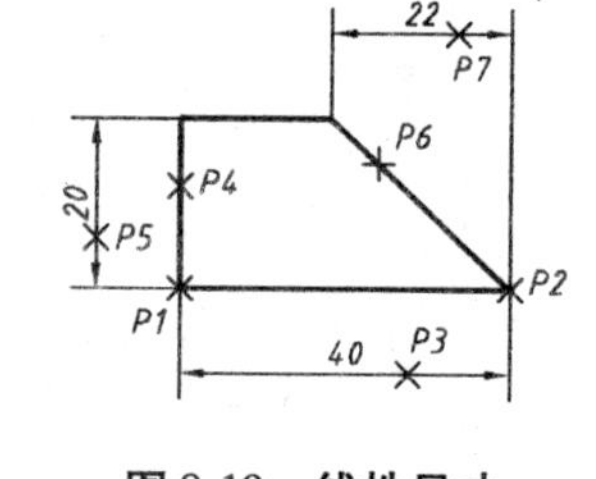

图 8-19　线性尺寸

标注尺寸的操作过程如下。

单击：[线性]	* 执行线性尺寸标注命令
单击：(P1 点)	* 指定第一条尺寸界线起点
单击：(P2 点)	* 指定第二条尺寸界线起点
单击：(P3 点)	* 指定尺寸线位置
单击：↙	* 重复线性尺寸标注命令
单击：↙	* 选择"选择对象"选项
单击：(P4 点)	* 选择要标注尺寸的对象
单击：(P5 点)	* 指定尺寸线位置
单击：↙	* 重复线性尺寸标注命令
单击：↙	* 选择"选择对象"选项
单击：(P6 点)	* 选择要标注尺寸的对象
输入：H	* 选择水平尺寸线
输入：T	* 选择输入尺寸数字
输入：22	* 输入尺寸数字
单击：(P7 点)	* 指定尺寸线位置

命令窗口显示如下。

命令:_ dimlinear

指定第一条延伸线原点或 <选择对象>:

指定第二条延伸线原点:

指定尺寸线位置或

[多行文字(M)/文字(T)/角度(A)/水平(H)/垂直(V)/旋转　　　(R)]:

标注文字 =40

命令:

DIMLINEAR

指定第一条延伸线原点或 <选择对象>:

选择标注对象:

指定尺寸线位置或

[多行文字(M)/文字(T)/角度(A)/水平(H)/垂直(V)/旋转(R)]:

标注文字 =20

命令:

DIMLINEAR

指定第一条尺寸界线原点或 <选择对象>:

选择标注对象:

指定尺寸线位置或

[多行文字(M)/文字(T)/角度(A)/水平(H)/垂直(V)/旋转(R)]:H

指定尺寸线位置或[多行文字(M)/文字(T)/角度(A)]:T

输入标注文字 <22.2321>:22

指定尺寸线位置或[多行文字(M)/文字(T)/角度(A)]:

标注文字 =22.2321

例2　标注尺寸线倾斜30°的尺寸。要使标注的尺寸线倾斜一定角度,需使用该命令中的“旋转(R)”选项。

标注尺寸的操作过程如下。

单击:线性　　* 执行线性尺寸标注命令

单击:(P1 点)　　* 指定第一条尺寸界线起点

单击:(P2 点)　　* 指定第二条尺寸界线起点

输入:R　　* 选择倾斜尺寸线

输入:30　　* 输入角度数字

单击:(P3 点)　　* 指定尺寸线位置

命令窗口显示如下。

命令:_ dimlinear

指定第一条延伸线原点或 <选择对象>:

指定第二条延伸线原点:

指定尺寸线位置或

[多行文字(M)/文字(T)/角度(A)/水平(H)/垂直(V)/旋转(R)]:R

指定尺寸线的角度 <当前值> :30

指定尺寸线位置或

[多行文字(M)/文字(T)/角度(A)/水平(H)/垂直(V)/旋转(R)]:

标注文字 = <测量值>

8.2.3 DIMBASELINE(基线尺寸)命令

DIMBASELINE(基线尺寸)命令标注的尺寸与前一个尺寸有共同的第一条尺寸界线,且尺寸线平行,如图 8-20 中的尺寸 40。对共基线尺寸,尺寸线间的距离由尺寸标注样式设置时确定的"基线间距(A)"控制。该命令可连续标注若干个共基线尺寸,最后按【Esc】键或按两次【Enter】键结束。不仅长度尺寸可以共基线,而且角度尺寸也可共基线。

1. 命令输入方式

键盘输入:DIMBASELINE 或 DBA

功能区:"注释"选项卡→"标注"面板→ 或 → 基线

2. 命令使用举例

例 1 如图 8-20 所示,尺寸 20 刚注出,接着标注尺寸 40。标注基线尺寸的操作过程如下。

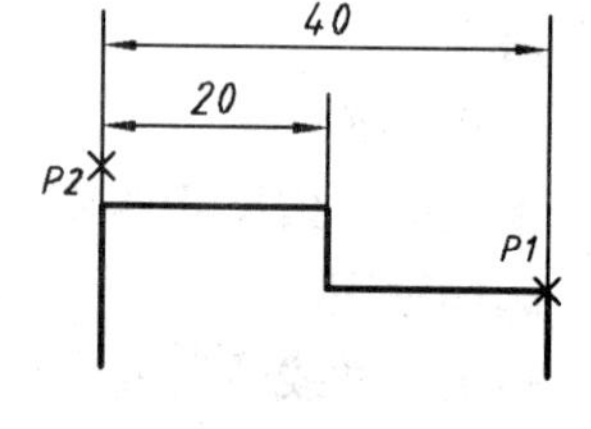

图 8-20 基线尺寸

单击: 基线 * 执行基线尺寸标注命令

单击:(P1 点) * 指定第二条尺寸界线起点

单击:【Esc】 * 结束命令

命令窗口显示如下。

命令:_ dimbaseline

指定第二条延伸线原点或[放弃(U)/选择(S)] <选择>:

标注文字 =40

指定第二条尺寸界线原点或[放弃(U)/选择(S)] <选择>: * 取消 *

例 2 如图 8-20 所示,尺寸 20 早已注出,又注过其他长度尺寸,再回过头来注尺寸 40。标注基线尺寸的操作过程如下。

单击: * 执行基线尺寸标注命令

单击:↙ * 选择"选择"选项

单击:(P2 点) * 选择基线尺寸的基准

单击:(P1 点) * 指定第二条尺寸界线起点

单击:【Esc】 * 结束命令

命令窗口显示如下。

命令:_ dimbaseline

指定第二条延伸线原点或[放弃(U)/选择(S)] <选择>:

选择基准标注:

指定第二条延伸线原点或[放弃(U)/选择(S)] <选择>:

标注文字 =40

指定第二条尺寸界线原点或[放弃(U)/选择(S)] <选择>: * 取消 *

例3　如图8-20所示，尺寸20早已注出，又作过其他操作，现在用基线尺寸来标注尺寸40，出现提示可能如例2所示，也可能如下所示。

标注基线尺寸的操作过程如下。

单击： ＊执行基线尺寸标注命令

单击：(P2点) ＊选择基线尺寸的基准

单击：(P1点) ＊指定第二条尺寸界线起点

单击：【Esc】 ＊结束命令

命令窗口显示如下。

命令：_ dimbaseline

选择基准标注：

指定第二条尺寸界线原点或[放弃(U)/选择(S)] <选择>：

标注文字 =40

指定第二条尺寸界线原点或[放弃(U)/选择(S)] <选择>：＊取消＊

8.2.4　DIMCONTINUE(连续尺寸)命令

DIMCONTINUE(连续尺寸)命令用于标注连续尺寸，如图8-21中的尺寸25。它是以尺寸18的第二条尺寸界线作为自己的第一条尺寸界线，并且两尺寸线位于同一直线上。角度尺寸也可标注连续尺寸。该命令可连续标注若干个连续尺寸，最后按【Esc】键或按两次【Enter】键结束命令。

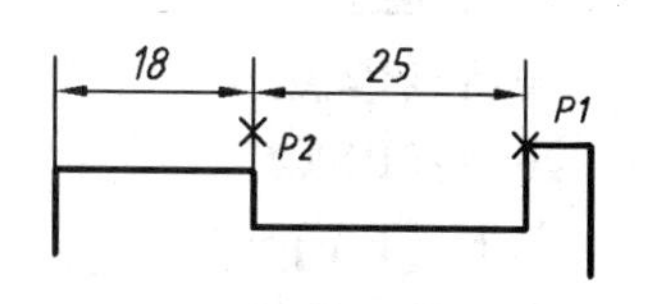

图8-21　连续尺寸

1. 命令输入方式

键盘输入：DIMCONTINUE或DCO

功能区："注释"选项卡→"标注"面板→ 或 → 连续

2. 命令使用举例

例1　如图8-21所示，尺寸18刚注出，接着标注尺寸25。

标注连续尺寸的操作过程如下。

单击： 连续 ＊执行连续尺寸标注命令

单击：(P1点) ＊指定第二条尺寸界线起点

单击：【Esc】 ＊结束命令

命令窗口显示如下。

命令：_ dimcontinue

指定第二条延伸线原点或[放弃(U)/选择(S)] <选择>：

标注文字 =25

指定第二条延伸线原点或[放弃(U)/选择(S)] <选择>：＊取消＊

例2　如图8-21所示，尺寸18早已注出，又注过其他长度尺寸，再回过头来注尺寸25。

标注连续尺寸的操作过程如下。

单击： ＊执行连续尺寸标注命令

单击:↙　　　　　　　　　　　　　　　　　　　　　　　＊选择“选择”选项
单击:(P2 点)　　　　　　　　　　　　　　　　　　　　＊选择连续尺寸的基准
单击:(P1 点)　　　　　　　　　　　　　　　　　　　　＊指定第二条尺寸界线起点
单击:【Esc】　　　　　　　　　　　　　　　　　　　　＊结束命令

命令窗口显示如下。

命令:_ dimcontinue

指定第二条延伸线原点或[放弃(U)/选择(S)]<选择>:

选择连续标注:

指定第二条延伸线原点或[放弃(U)/选择(S)]<选择>:

标注文字 =25

指定第二条延伸线原点或[放弃(U)/选择(S)]<选择>: ＊取消＊

例 3　如图 8-21 所示,尺寸 18 早已注出,又作过其他操作,现在用连续尺寸来标注尺寸 25,出现提示可能如例 2 所示,也可能如下所示。

标注连续尺寸的操作过程如下。

单击:　　　　　　　　　　　　　　　　　　　　　　　＊执行连续尺寸标注命令
单击:(P2 点)　　　　　　　　　　　　　　　　　　　　＊选择连续尺寸的基准
单击:(P1 点)　　　　　　　　　　　　　　　　　　　　＊指定第二条尺寸界线起点
单击:【Esc】　　　　　　　　　　　　　　　　　　　　＊结束命令

命令窗口显示如下。

命令:_ dimcontinue

选择连续标注:

指定第二条延伸线原点或[放弃(U)/选择(S)]<选择>:

标注文字 =25

指定第二条延伸线原点或[放弃(U)/选择(S)]<选择>: ＊取消＊

8.2.5　DIMDIAMETER(直径尺寸)和 DIMRADIUS(半径尺寸)命令

DIMDIAMETER(直径尺寸)和 DIMRADIUS(半径尺寸)命令用于标注圆或圆弧的直径、半径尺寸。各种形式的直径和半径尺寸如图 8-22 所示。它们的命令提示及选择项基本相同。在用光标确定尺寸线的位置时,光标移动,尺寸线跟随光标绕圆心转动,同时尺寸文字的位置也随之变化。因此,用光标既能确定尺寸线的位置,又能确定尺寸文字是放在圆内还是放在圆外,如图 8-22(a)的尺寸 $\phi30$。

1. 命令输入方式

键盘输入:DIMDIAMETER 或 DDI
DIMRADIUS 或 DIMRAD 或 DRA

功能区:“常用”选项卡→“注释”面板→直径、半径或线性→直径、

“注释”选项卡→“标注”面板→、或标注→直径、半径

2. 命令使用举例

例　标注图 8-22(a)的尺寸 $\phi30$。

标注直径尺寸操作过程如下。

单击：　　* 执行直径尺寸标注命令

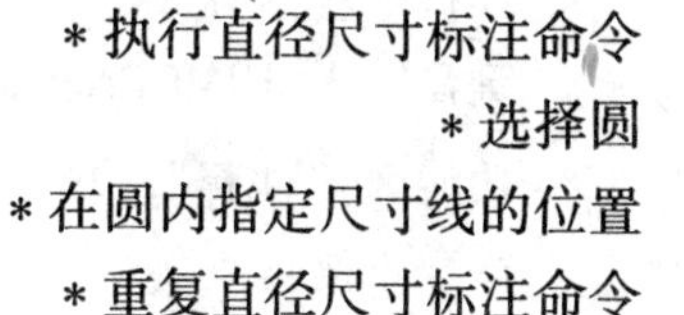

单击：(P1 点)　　* 选择圆

单击：(P2 点)　　* 在圆内指定尺寸线的位置

单击：↙　　* 重复直径尺寸标注命令

单击：(P1 点)　　* 选择圆

单击：(P3 点)　　* 在圆外指定尺寸线的位置

命令窗口显示如下。

命令：_ dimdiameter

选择圆弧或圆：

标注文字 = 30

指定尺寸线位置或[多行文字(M)/文字(T)/角度(A)]：

命令：

DIMDIAMETER

选择圆弧或圆：

标注文字 = 30

指定尺寸线位置或[多行文字(M)/文字(T)/角度(A)]：

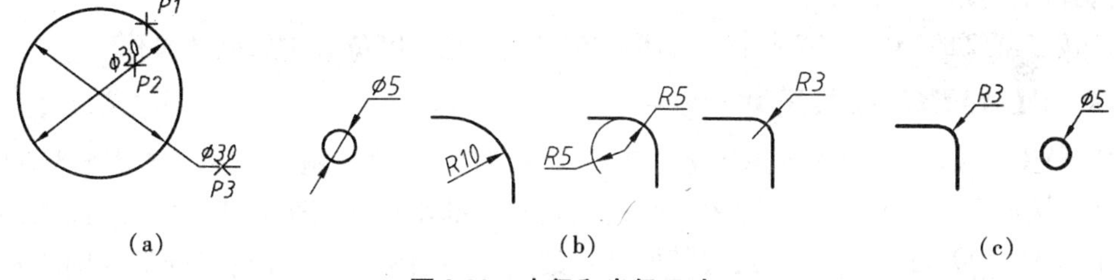

图 8-22　直径和半径尺寸

(a)较大直径尺寸；(b)较小直径和较小半径尺寸；(c)不画尺寸线的径向小尺寸

3. 说明

①标半径尺寸时，确定尺寸线位置的光标，如在圆弧范围之外移动，AutoCAD 将会自动画出圆弧的延长线作为尺寸界线，如图 8-22(b)中的 *R*5 所示。

②如图 8-22(c)所示，为得到尺寸线被简化的直径和半径尺寸，应对尺寸标注样式作修改，操作过程如下。首先执行 DIMSTYLE(标注样式)命令，在“标注样式管理器”对话框中，单击“替代(O)...”按钮，显示“替代当前样式”对话框。在“调整”选项卡中的“优化(T)”区，单击“在尺寸界线之间绘制尺寸线(D)”选项，使其切换为关闭(不选中)状态。单击“确定”按钮回到“标注样式管理器”对话框，则样式名中增加一个新样式“<样式替代>”。最后单击“关闭”按钮结束对话框操作。然后用直径或半径尺寸命令进行标注，则可得到图 8-22(c)所示的尺寸。应注意，标注完成后，可及时删除“<样式替代>”，以免影响其他径向尺寸标注。

8.2.6 DIMCENTER(圆心标记)命令

DIMCENTER(圆心标记)命令可为圆弧或圆绘制圆心标记或圆中心线(图 8-10)。圆心标记的形式和大小将通过 DIMSTYLE(标注样式)命令中的“修改标注样式”对话框设置。

1. 命令输入方式

键盘输入:DIMCENTER 或 DCE

功能区:“注释”选项卡→[标注 ▾]→[⊙]

2. 命令使用举例

例　绘制圆的中心线,如图 8-23 所示。

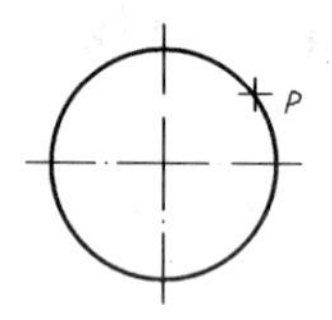

图 8-23　圆中心线

绘制圆中心线可按以下步骤进行。

①置当前层为点画线层。

②执行 DIMSTYLE(标注样式)命令,显示“标注样式管理器”对话框(图 8-1)。单击“修改(M)...”按钮,显示与图 8-3 的“新建标注样式”对话框基本相似的“修改标注样式”对话框。在“符号和箭头”选项卡的“圆心标记”区(图 8-9)中,选中“标记(M)”按钮,在其右侧控件中输入中心线一半长,即半径加 2 ~ 5 mm,然后单击“确定”按钮,并单击“关闭”按钮关闭对话框,圆心标记的形式和大小设置完成。

③执行画中心线命令。

命令: DCE↙,或单击[⊙]

DIMCENTER

选择圆弧或圆:(点取 P 点)

④按步骤②的顺序,将圆心标记的形式修改为“无”,以免影响后面的操作。

8.2.7 DIMARC(弧长尺寸)命令

DIMARC(弧长尺寸)命令用于标注整段圆弧或部分圆弧的弧长尺寸,其尺寸线是圆弧;当圆弧的圆心角小于 90°时,尺寸界线是过其两端点的平行线(图 8-24(a));当圆弧的圆心角等于或大于 90°时,尺寸界线是过其两端点的径向线(图 8-24(b));当圆弧的圆心角大于 90°时,还可以添加指向圆弧的箭头指引线,并且该指引线如延长可过圆心(图 8-24(b))。

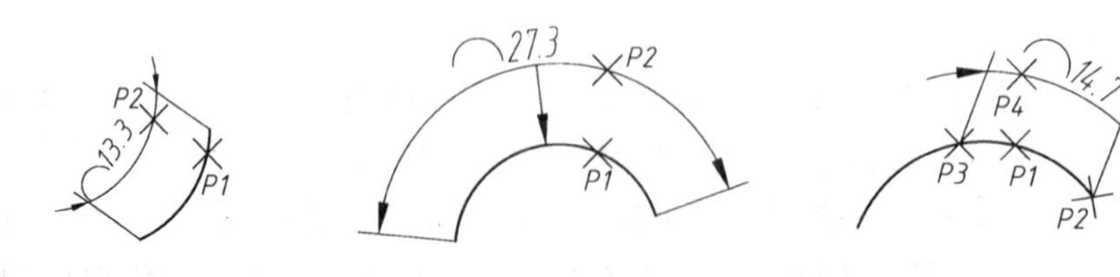

图 8-24　弧长尺寸

(a)较小圆弧尺寸;(b)较大圆弧尺寸;(c)部分圆弧尺寸

1. 命令输入方式

键盘输入:DIMARC 或 DAR

功能区:“常用”选项卡→“注释”面板→[弧长]或[线性 ▾]→[弧长]

"注释"选项卡→"标注"面板→[弧长按钮]或[标注]→[弧长]

2. 命令使用举例

例1　标注圆弧的弧长尺寸(图8-24(a))。

标注圆弧弧长的操作过程如下。

单击:[弧长] ＊执行弧长尺寸标注命令

单击:(P1 点) ＊选择圆弧

单击:(P2 点) ＊指定尺寸线的位置

命令窗口显示如下。

命令:_ dimarc

选择弧线段或多段线圆弧段:

指定弧长标注位置或[多行文字(M)/文字(T)/角度(A)/部分(P)/]:

标注文字 =13.3

例2　标注圆弧的弧长尺寸并加指引线(图8-24(b))。

标注圆弧弧长的操作过程如下。

单击:[弧长] ＊执行弧长尺寸标注命令

单击:(P1 点) ＊选择圆弧

输入:L ＊选择"引线(L)"选项

单击:(P2 点) ＊指定尺寸线的位置

命令窗口显示如下。

命令:_ dimarc

选择弧线段或多段线圆弧段:

指定弧长标注位置或[多行文字(M)/文字(T)/角度(A)/部分(P)/引线(L)]:L

指定弧长标注位置或[多行文字(M)/文字(T)/角度(A)/部分(P)/无引线(N)]:

标注文字 =27.3

例3　标注圆弧的部分弧长(图8-24(c))。

标注圆弧部分弧长的操作过程如下。

单击:[弧长] ＊执行弧长尺寸标注命令

单击:(P1 点) ＊选择圆弧

输入:P ＊选择"引线(L)"选项

单击:(P2 点) ＊指定弧上第一个点

单击:(P3 点) ＊指定弧上第二个点

单击:(P4 点) ＊指定尺寸线的位置

命令窗口显示如下。

命令:_ dimarc

选择弧线段或多段线圆弧段:

指定弧长标注位置或[多行文字(M)/文字(T)/角度(A)/部分(P)/引线(L)]:P

指定圆弧长度标注的第一个点:

指定圆弧长度标注的第二个点：

指定弧长标注位置或[多行文字(M)/文字(T)/角度(A)/部分(P)/引线(L)]：

标注文字 =14.7

8.2.8 DIMANGULAR(角度尺寸)命令

DIMANGULAR(角度尺寸)命令用于标注两直线间的夹角、圆弧的圆心角、圆上任意两点间圆弧的圆心角以及由三点所确定的角度。用光标指定尺寸线(圆弧)的位置,同时也确定了标注角度的范围。使用“象限(Q)”选项也可以指定标注角度所在的象限。

1. 命令输入方式

键盘输入：DIMANGULAR 或 DAN

功能区：“常用”选项卡→“注释”面板→[角度]或[线性]→[角度]

“注释”选项卡→“标注”面板→[角度图标]或[标注]→[角度]

2. 命令使用举例

例1　标注两直线间的夹角(图8-25)。

标注两直线间夹角的操作过程如下。

单击：[角度]　　* 执行角度尺寸标注命令

单击：(P1 点)　　* 指定直线

单击：(P2 点)　　* 指定第二条直线

单击：(P3 点)　　* 指定尺寸线位置

命令窗口显示如下。

命令：_ dimangular

选择圆弧、圆、直线或 <指定顶点>：

选择第二条直线：

指定标注弧线位置或[多行文字(M)/文字(T)/角度(A)/象限(Q)]：

标注文字 =74

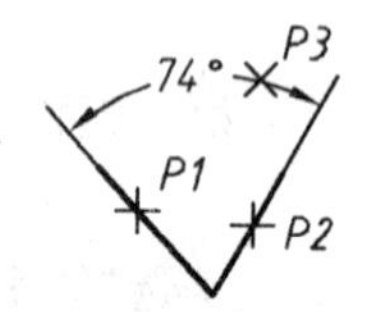

图8-25　两直线间的夹角

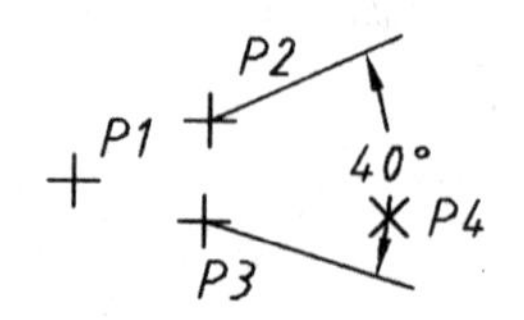

图8-26　过三点标注角度尺寸

例2　过3点标注角度尺寸(图8-26)。

过3点标注角度尺寸的操作过程如下。

单击：[角度]　　* 执行角度尺寸标注命令

单击：↙　　* 选择“指定顶点”选项

单击：(P1 点)　　* 指定角的顶点

单击：(P2 点)　　* 指定角的第一条边上点

单击:(P3 点)　　　　　　　　　　　　　　　　　　＊指定角的第二条边上点

单击:(P4 点)　　　　　　　　　　　　　　　　　　　　　＊指定尺寸线位置

命令窗口显示如下。

命令:_ dimangular

选择圆弧、圆、直线或 <指定顶点>:

指定角的顶点:

指定角的第一个端点:

指定角的第二个端点:

创建了无关联的标注。

指定标注弧线位置或[多行文字(M)/文字(T)/角度(A)/象限(Q)]:

标注文字 =40

例 3　标注圆弧的圆心角(图 8-27)。

标注圆弧圆心角的操作过程如下。

单击:角度　　　　　　　　　　　　　　　　　　　＊执行角度尺寸标注命令

单击:(P1 点)　　　　　　　　　　　　　　　　　　　　　　　＊指定圆弧

单击:(P2 点)　　　　　　　　　　　　　　　　　　　　＊指定尺寸线位置

命令窗口显示如下。

命令:_ dimangular

选择圆弧、圆、直线或 <指定顶点>:

指定标注弧线位置或[多行文字(M)/文字(T)/角度(A)/象限(Q)]:

标注文字 =70

图 8-27　圆弧的角度

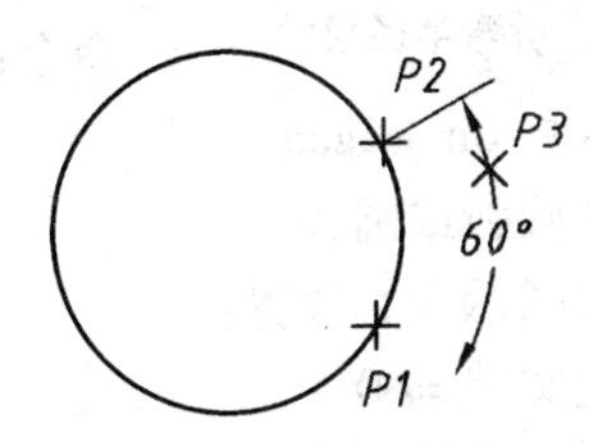

图 8-28　圆上的角度

例 4　标注圆上两点间的角度(图 8-28)。

标注圆上两点间角度的操作过程如下。

单击:角度　　　　　　　　　　　　　　　　　　　＊执行角度尺寸标注命令

单击:(P1 点)　　　　　　　　　　　　　　　　　　　　　　　　＊指定圆

单击:(P2 点)　　　　　　　　　　　　　　　　　　　　＊指定圆上另一点

单击:(P3 点)　　　　　　　　　　　　　　　　　　　　＊指定尺寸线位置

命令窗口显示如下。

命令:_ dimangular

选择圆弧、圆、直线或 <指定顶点>:

指定角的第二个端点:

指定标注弧线位置或[多行文字(M)/文字(T)/角度(A)/象限(Q)]:
标注文字=60

8.2.9 DIMJOGGED(折弯半径尺寸)命令

DIMJOGGED(折弯半径尺寸)命令用于标注圆心不在图纸范围内的圆弧或圆的半径(图8-29)。折弯半径尺寸的起点在距离圆心有一段长度的位置上。折弯的角度由"修改标注样式"对话框的"符号和箭头"选项卡中的"半径标注折弯(J)"下的数字控制,默认值为45°。

1. 命令输入方式

键盘输入:DIMJOGGED 或 DJO 或 JOG

功能区:"常用"选项卡→"注释"面板→折弯或线性→折弯

"注释"选项卡→"标注"面板→或标注→折弯

2. 命令使用举例

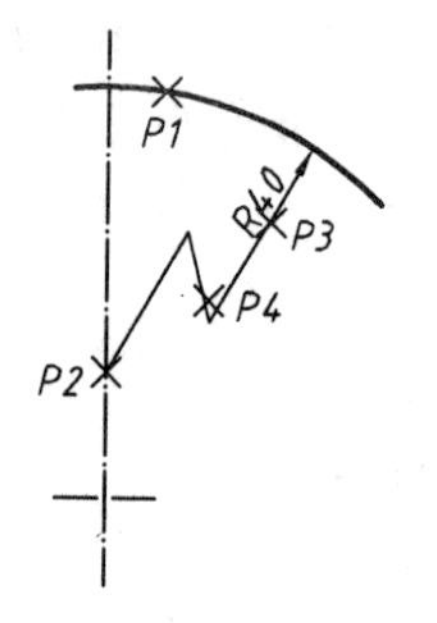

图8-29 折弯半径尺寸

例 标注图8-29所示的折弯半径尺寸。
标注折弯半径尺寸的操作过程如下。

单击:折弯 *执行折弯半径尺寸标注命令
单击:(P1点) *选择圆弧
单击:(P2点) *指定尺寸起点
单击:(P3点) *指定尺寸线位置
单击:(P4点) *指定折弯位置

命令窗口显示如下。

命令:_ dimjogged
选择圆弧或圆:
指定图示中心位置:
标注文字=40
指定尺寸线位置或[多行文字(M)/文字(T)/角度(A)]:
指定折弯位置:

8.2.10 QDIM(快速标注)命令

使用QDIM(快速标注)命令可以快速创建一系列尺寸标注。例如一系列基线尺寸、连续尺寸、直径尺寸、半径尺寸或不共基线但尺寸线平行的并列尺寸等。执行QDIM(快速标注)命令后,选择一系列要标注尺寸的对象,再指定第一个尺寸线位置,所有尺寸即标注完成。用户还可以为一系列要标注的尺寸指定基准点,或者删除、增加标注点。

1. 命令输入方式

键盘输入:QDIM

功能区:"注释"选项卡→"标注"面板→

2. 命令使用举例

例1 标注图8-30所示的连续尺寸。

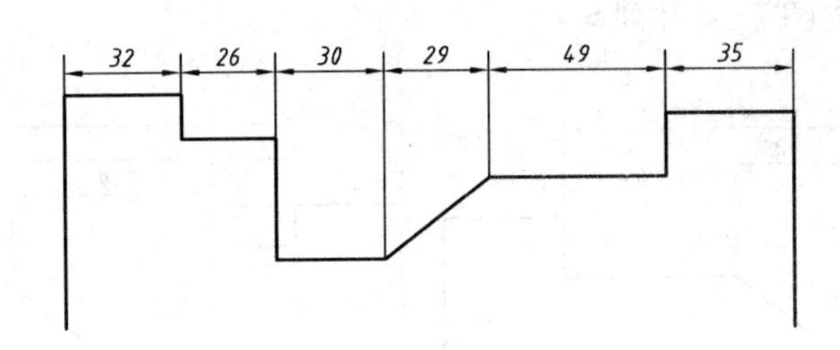

图 8-30　快速标注连续尺寸

快速标注尺寸的操作过程如下。

单击：[icon]　　＊执行快速标注命令

单击：(一点)　　＊用窗口选择要标注尺寸的对象

单击：(另一点)

单击：↙　　＊结束对象选择

单击：↙　　＊选择连续标注

单击：(一点)　　＊指定尺寸线位置

命令窗口显示如下。

命令：_ qdim

关联标注优先级 = 端点

选择要标注的几何图形：

选择要标注的几何图形：

指定尺寸线位置或[连续(C)/并列(S)/基线(B)/坐标(O)/半径(R)/直径(D)/基准点(P)/编辑(E)/设置(T)]<连续>：

指定尺寸线位置或[连续(C)/并列(S)/基线(B)/坐标(O)/半径(R)/直径(D)/基准点(P)/编辑(E)/设置(T)]<连续>：

例 2　标注图 8-31(a)所示的并列尺寸。

标注并列尺寸的操作过程如下。

单击：[icon]　　＊执行快速标注命令

单击：(一点)指定对角点：(另一点)　　＊用窗口选择要标注尺寸的对象

单击：↙　　＊结束对象选择

单击：S　　＊选择并列标注

单击：(一点)　　＊指定尺寸线位置

命令窗口显示如下。

命令：_ qdim

关联标注优先级 = 端点

选择要标注的几何图形：

选择要标注的几何图形：

指定尺寸线位置或[连续(C)/并列(S)/基线(B)/坐标(O)/半径(R)/直径(D)/基准点(P)/编辑(E)/设置(T)]<连续>：S

指定尺寸线位置或[连续(C)/并列(S)/基线(B)/坐标(O)/半径(R)/直径(D)/基准

点(P)/编辑(E)/设置(T)] <并列>:

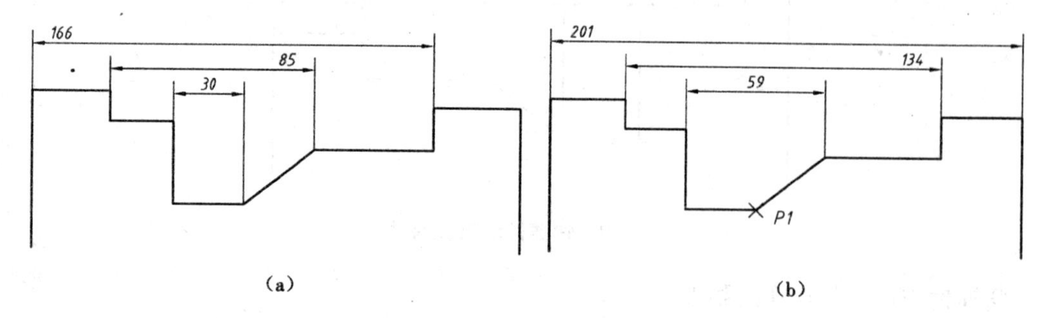

(a)　　　　(b)

图 8-31　快速标注并列尺寸

(a)未删除标注点的并列尺寸;(b)删除标注点的并列尺寸

例 3　标注图 8-31(b)所示的并列尺寸。

标注并列尺寸的操作过程如下。

单击:[图标]　　　　* 执行快速标注命令

单击:(一点)指定对角点:(另一点)　　　　* 用窗口选择要标注尺寸的对象

单击:↙　　　　* 结束对象选择

单击:S　　　　* 选择并列标注

单击:E　　　　* 选择"编辑(E)"选项

单击:(P1 点)　　　　* 选择要删除的标注点

单击:↙

单击:(一点)　　　　* 指定尺寸线位置

命令窗口显示如下。

命令:_ qdim

关联标注优先级 = 端点

选择要标注的几何图形:

选择要标注的几何图形:

指定尺寸线位置或[连续(C)/并列(S)/基线(B)/坐标(O)/半径(R)/直径(D)/基准点(P)/编辑(E)/设置(T)] <连续>:S

指定尺寸线位置或[连续(C)/并列(S)/基线(B)/坐标(O)/半径(R)/直径(D)/基准点(P)/编辑(E)/设置(T)] <并列>:E

指定要删除的标注点或[添加(A)/退出(X)] <退出>:

指定尺寸线位置或[连续(C)/并列(S)/基线(B)/坐标(O)/半径(R)/直径(D)/基准点(P)/编辑(E)/设置(T)] <并列>:

例 4　标注图 8-32(a)所示的基线尺寸。

标注基线尺寸的操作过程如下。

单击:[图标]　　　　* 执行快速标注命令

单击:(一点)指定对角点:(另一点)　　　　* 用窗口选择要标注尺寸的对象

单击:↙　　　　* 结束对象选择

单击:B　　　　　　　　　　　　　　　　　　* 选择基线标注

单击:(一点)　　　　　　　　　　　　　　　　* 指定尺寸线位置

命令窗口显示如下。

命令:_ qdim

关联标注优先级 = 端点

选择要标注的几何图形:

选择要标注的几何图形:

指定尺寸线位置或[连续(C)/并列(S)/基线(B)/坐标(O)/半径(R)/直径(D)/基准点(P)/编辑(E)/设置(T)] <连续>:B

指定尺寸线位置或[连续(C)/并列(S)/基线(B)/坐标(O)/半径(R)/直径(D)/基准点(P)/编辑(E)/设置(T)] <基线>:

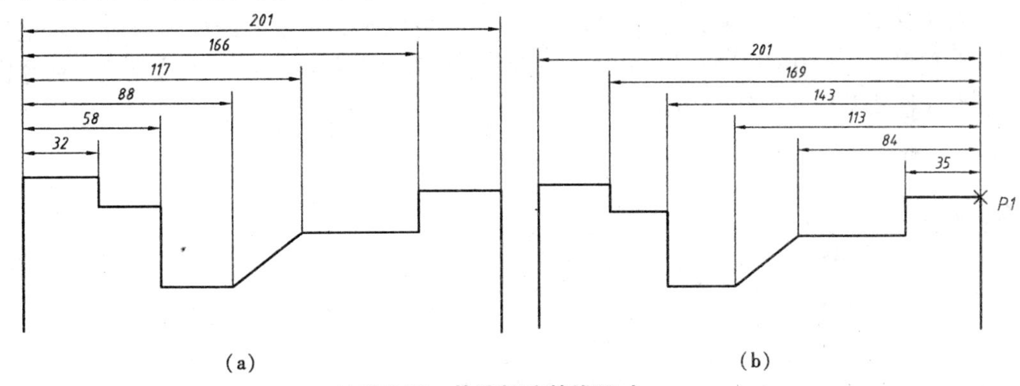

(a)　　　　　　　　(b)

图 8-32　快速标注基线尺寸

(a)未定基准点的基线尺寸;(b)重定基准点的基线尺寸

例 5　标注图 8-32(b)所示的基线尺寸。

标注基线尺寸的操作过程如下。

单击:　　　　　　　　　　　　　　　　　　* 执行快速标注命令

单击:(一点)指定对角点:(另一点)　　　　　* 用窗口选择要标注尺寸的对象

单击:↙　　　　　　　　　　　　　　　　　* 结束对象选择

单击:B　　　　　　　　　　　　　　　　　* 选择基线标注

单击:P　　　　　　　　　　　　　　　　　* 选择"基准点(P)"选项

单击:(P1 点)　　　　　　　　　　　　　　* 选择基准点

单击:(一点)　　　　　　　　　　　　　　　* 指定尺寸线位置

命令窗口显示如下。

命令:_ qdim

关联标注优先级 = 端点

选择要标注的几何图形:

选择要标注的几何图形:

指定尺寸线位置或[连续(C)/并列(S)/基线(B)/坐标(O)/半径(R)/直径(D)/基准点(P)/编辑(E)/设置(T)] <连续>:B

指定尺寸线位置或[连续(C)/并列(S)/基线(B)/坐标(O)/半径(R)/直径(D)/基准

点(P)/编辑(E)/设置(T)]<基线>:P

选择新的基准点:

指定尺寸线位置或[连续(C)/并列(S)/基线(B)/坐标(O)/半径(R)/直径(D)/基准点(P)/编辑(E)/设置(T)]<基线>:

8.3 引线的注法

在工程图上有许多需要加注释的元素,这就要用引线把注释和元素关联起来。比如零件序号、45°倒角、形位公差及各种说明等,如图 8-33 所示。一般引线如图 8-33(a)所示。引线起始端有箭头或圆点,或者什么都没有。引线可以是几段直线或样条曲线,国标上只用一段直线。基线是一水平短线,水平短线与文字之间称基线间距。说明用多行文字或图块注写。引线有多重引线、快速引线和引线。多重引线可以定义多重引线样式、标注多重引线、对齐多重引线等。快速引线可以用对话框设置引线样式并标注引线。引线则是在命令窗口设置引线样式并标注引线。快速引线还可以标注形位公差。下面介绍多重引线和快速引线的命令。

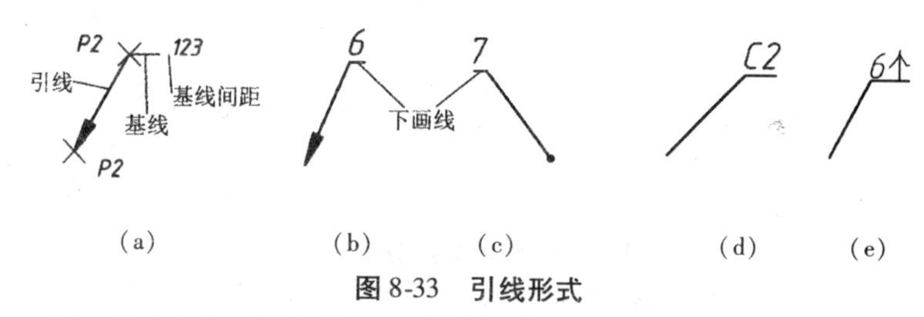

图 8-33　引线形式

(a)一般引线;(b)带箭头引线;(c)带圆点引线;(d)45°倒角引线;(e)直线引线

8.3.1 MLEADERSTYLE(多重引线样式)命令

MLEADERSTYLE(多重引线样式)命令将打开“多重引线样式管理器”对话框(图 8-34),在其中设置各种引线形式、设置当前样式、修改或删除样式等。

1. 命令输入方式

键盘输入:MLEADERSTYLE 或 MLS

功能区:“常用”选项卡→ 注释 ▾ →

“注释”选项卡→“引线”面板→

2. 对话框说明

“多重引线样式管理器”对话框与图 8-1 所示的“标注样式管理器”对话框基本类似,其中各选项不再说明。

与图 8-2 所示的“创建新标注样式”对话框选项类似,“新建(N)...”按钮同样显示“创建新多重引线样式”对话框(图 8-35),其中各选项也不再说明。在该对话框中输入新样式名,单击“继续(O)”按钮,显示“修改多重引线样式”对话框(图 8-36)。现在来说明这个对话框。

(1)“引线格式”选项卡

“引线格式”选项卡用于设置引线的基本外观。

多重引线样式管理器
当前多重引线样式：Standard
样式(S)：
预览：Standard
Annotative
Standard
置为当前(U)
新建(N)...
修改(M)...
删除(D)
默认文字
列出(L)：
所有样式
关闭
帮助(H)

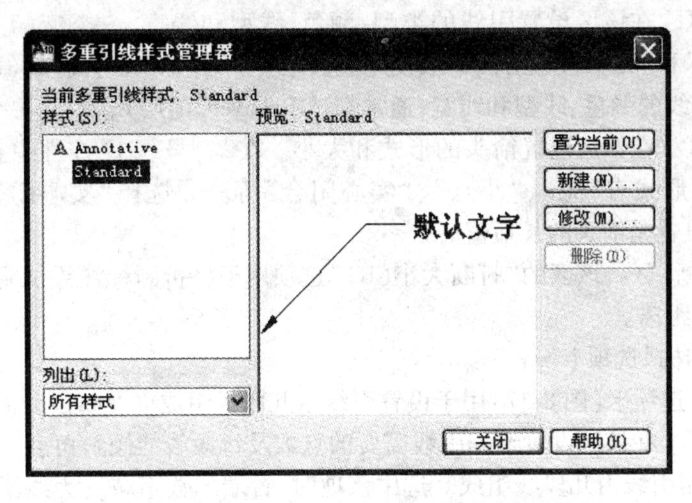

图 8-34 “多重引线样式管理器”对话框

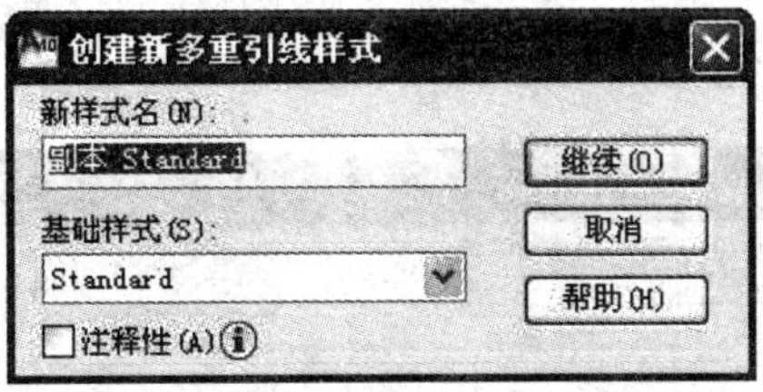

创建新多重引线样式
新样式名(N)：
副本 Standard
继续(O)
基础样式(S)：
取消
Standard
帮助(H)
注释性(A)

图 8-35 “创建新多重引线样式”对话框

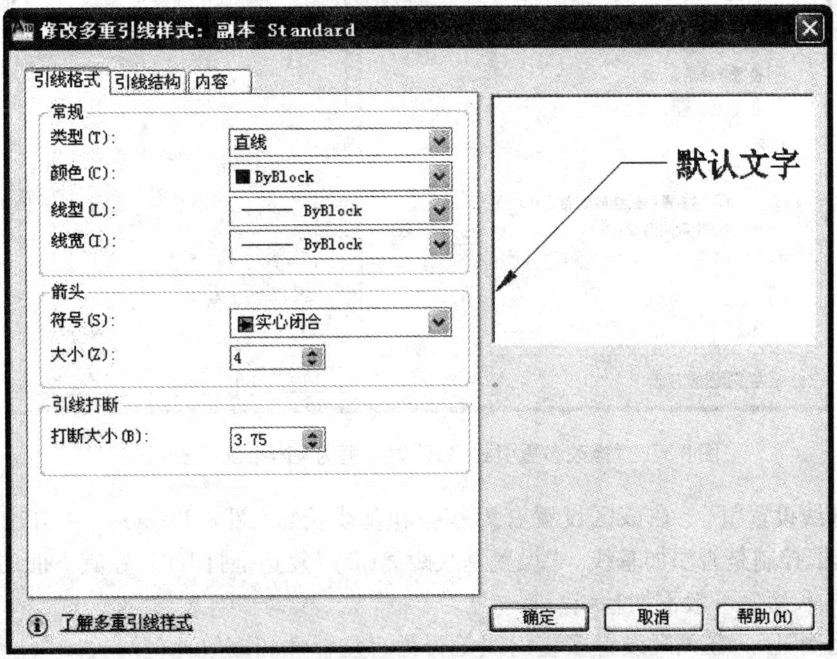

修改多重引线样式：副本 Standard
引线格式
引线结构
内容
常规
类型(T)：
直线
颜色(C)：
ByBlock
线型(L)：
ByBlock
线宽(I)：
ByBlock
箭头
符号(S)：
实心闭合
大小(Z)：
4
引线打断
打断大小(B)：
3.75
默认文字
了解多重引线样式
确定
取消
帮助(H)

图 8-36 “修改多重引线样式”对话框

1)“常规”区　在该区设置引线的类型、颜色、线型和线宽。“类型(T)”控件中有“直线”、“样条曲线”和“无”可供选择，一般使用“直线”。“颜色(C)”、“线型(L)”、“线宽(I)”控件用于选择引线的颜色、线型和线宽，通常都选 ByLayer(随层)。

2)“箭头”区　在该区设置箭头的形式和大小。在“符号(S)”控件中查找需要的箭头形式。较常用的形式有“无”、“小点”、“实心闭合”等。如选择“实心闭合”，则在“大小(Z)”输入框中设置是箭头的长短值。

3)“引线打断”区　该区的“打断大小(B)”选项用于将折断标注添加到多重引线时，确定引线被断开的距离。

(2)“引线结构”选项卡

“引线结构”选项卡(图 8-37)用于设置引线由几段线组成以及每段线的倾斜角度。

1)“约束”区　在该区设置绘制引线需要的点数及每段线的倾斜角度。“最大引线点数(M)”复选框控制引线由几段线组成。选中该项时，右端的数字减一为线段数，否则可有任意段数线。一般使用一段直线，所以“最大引线点数(M)”为 2。“第一段角度(F)”、“第二段角度(S)”复选框控制每段线的倾斜角度。复选框打开时，右端输入框可输入角度。例如标注 45°倒角的引线必须是 45°，就是在这里设置。

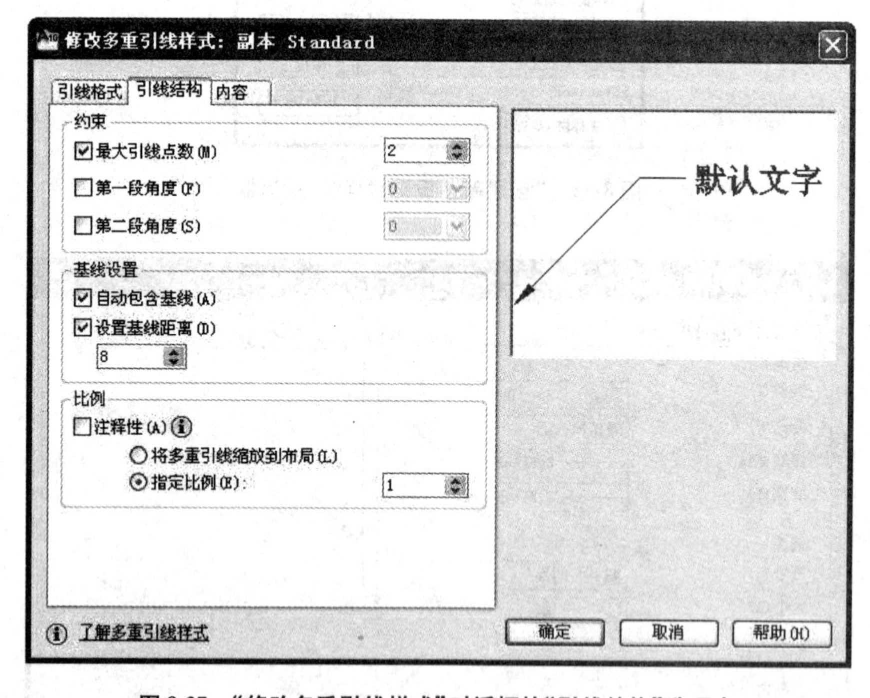

图 8-37　“修改多重引线样式”对话框的“引线结构”选项卡

2)“基线设置”区　在该区设置有无基线和基线长短(图 8-33(a))。“自动包含基线(A)”复选框控制是否添加基线。“设置基线距离(D)”复选框打开时，在其下面的输入框中设置基线的长短。一般不加基线。

3)“比例”区　在该区设置多重引线是否具有注释性和缩放比例。关闭“注释性(A)”复选框(不选中)时，多重引线无注释性。选中“将多重引线缩放到布局(L)”按钮时，将根据模型空间视口和图纸空间视口中的缩放比例来缩放多重引线。选中“指定比例(E)”按钮时,可在右端输入框中输入缩放比例。

(3)“内容”选项卡

“内容”选项卡(图8-38)用来设置多重引线包含的是“文字”,还是“块”。

1)“多重引线类型(M)”控件　该控件用来设置多重引线包含“多行文字”或“块”或“无”。如果注释文字为“多行文字”,则显示图8-38所示的“文字选项”和“引线连接”选项区。如果多重引线包含“块”,则显示图8-39所示的“块选项”区。

2)“文字选项”区　在该区设置多行文字的属性。“默认文字(D)”输入框用于显示默认的说明,标注多重引线时将显示默认文字且不能修改。使用右侧按钮(...)可在多行文字“在位文字编辑器”中输入默认文字。“文字样式(S)”控件用于选择多行文字的样式。使用右侧按钮(...)可在“文字样式”对话框中创建或修改文字样式。“文字角度(A)”控件用于选择多行文字是“保持水平”还是“始终正向读取”还是“按插入”。“文字颜色(C)”控件用于选择多行文字的颜色,一般用“ByLayer”。“文字高度(T)”控件用于确定多行文字的字高。“始终左对正(L)”复选框用于确定多行文字是否左对齐。“文字加框(F)”复选框用于确定是否对多行文字四周加框。

3)“引线连接”区　在该区设置多行文字与引线连接的方式。“连接位置-左”和“连接位置-右”控件用于选择多重引线在文字左侧或右侧时基线与文字的连接方式。通常我们选“第一行加下划线”。“基线间隙(G)”控件确定文字与基线间的距离,一般为0。

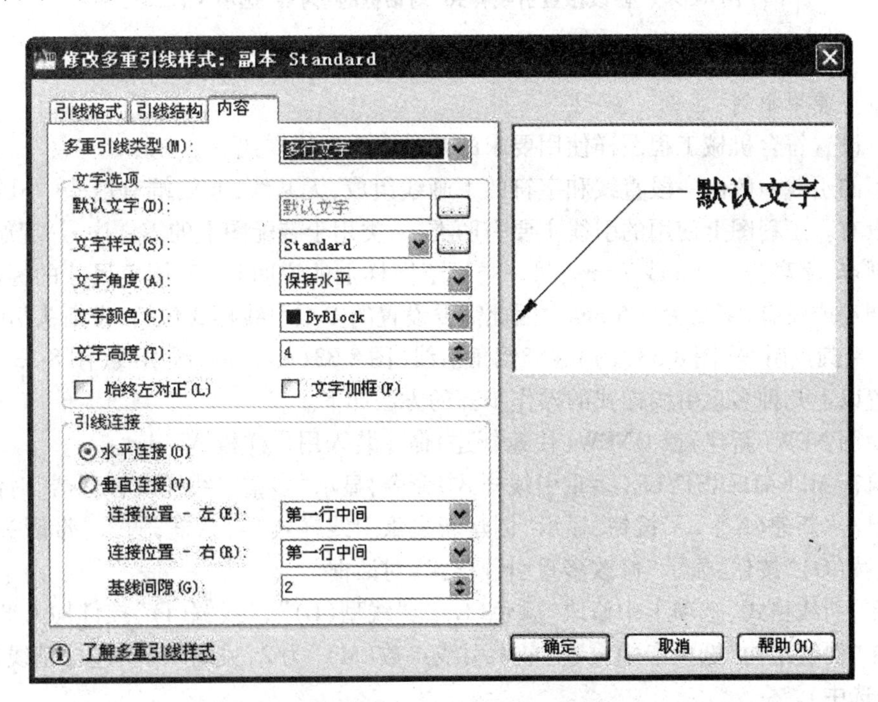

图8-38　“修改多重引线样式”对话框的“内容”选项卡(一)

4)“块选项”区　在“块选项”区(图8-39)设置插入到多重引线上块的式样、插入方式及颜色。“源块(S)”控件用于选择块的式样。式样有“详细信息标注”、“槽”、“圆”、“方框”、“正六边形”、“三角形”等,还可有用户定义的块。“附着(A)”控件确定插入块的方式。可以指定块的“中心范围”或“插入点”。“颜色(C)”和“比例(L)”控件确定插入块的颜色

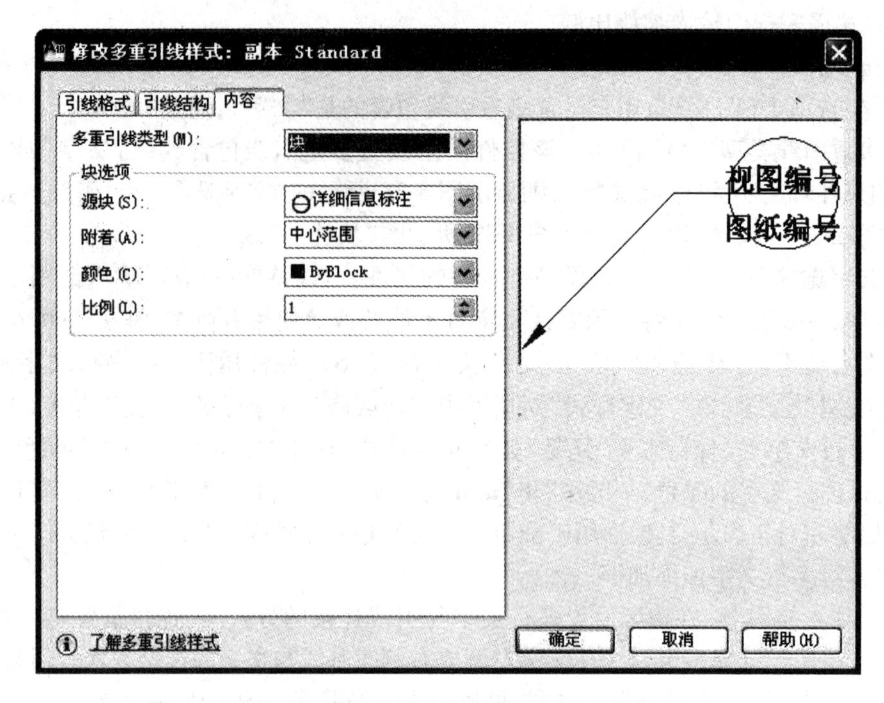

图 8-39　“修改多重引线样式”对话框的“内容”选项卡(二)

和比例。

3. 命令使用举例

例　设置符合机械工程图样使用要求的几种多重引线样式。

常用的引线一般由一段直线和字符的下画线组成，无基线，起始端有箭头、小圆点或者什么都没有。工程图上使用的引线主要有两类：一类用于装配图上的零件序号，起始端有箭头或小圆点，字高为 5 mm 或 7 mm；另一类用于图样上的说明和 45°倒角尺寸的标注，起始端有小圆点或没有，字高为 3.5 mm。因此需要设置的多重引线样式包括：带箭头引线(图 8-33(b))、带圆点引线(图 8-33(c))、45°倒角引线(图 8-33(d))和直线引线(图 8-33(e))。

设置以上几种多重引线样式的操作步骤的方法如下。

①使用 NEW(新建)或 QNEW(快速新建)命令装入用户样板 A3.dwt。

②执行 MLEADERSTYLE(多重引线样式)命令，显示“多重引线样式管理器”对话框。

③单击“新建(N)...”按钮，显示“创建新多重引线样式”对话框，输入“带箭头引线”，单击“继续(O)”按钮，显示“修改多重引线样式”对话框。

④在“引线格式”选项卡中修改“颜色(C)”、“线型(L)”、“线宽(I)”控件均为 ByLayer。

⑤在“引线结构”选项卡中设置“最大引线点数(M)”为 2，关闭“自动包含基线(A)”复选框(不选中)。

⑥在“内容”选项卡中设置“文字样式(S)”为 gb、“文字颜色(C)”为 ByLayer、“文字高度(T)”为 5、“连接位置-左”和“连接位置-右”为“第一行加下画线”、“基线间隙(G)”为 0。

⑦单击“确定”按钮，返回“多重引线样式管理器”对话框。在“样式(S)”列表框中增加了一个新样式名“带箭头引线”。

⑧单击“新建(N)...”按钮，输入“带圆点引线”，单击“继续(O)”按钮。

⑨在“引线格式”选项卡,修改“符号(S)”控件为“小点”。

⑩单击“确定”按钮,在“样式(S)”列表框中增加了一个新样式名“带圆点引线”。

⑪单击“新建(N)...”按钮,输入“直线引线”,单击“继续(O)”按钮。

⑫在“引线格式”选项卡中修改“符号(S)”控件为“无”。

⑬在“内容”选项卡中设置“文字高度(T)”为3。

⑭单击“确定”按钮,在“样式(S)”列表框中增加了一个新样式名“直线引线”。

⑮单击“新建(N)...”按钮,输入“45°倒角引线”,单击“继续(O)”按钮。

⑯在“引线结构”选项卡中打开“第一段引线(F)”复选框,在右端控件中选择“45”。

⑰单击“确定”按钮,在“样式(S)”列表框中增加了一个新样式名“45°倒角引线”。

⑱单击“关闭”按钮,结束 MLEADERSTYLE(多重引线样式)命令。

⑲使用 SAVEAS(另存为)命令保存用户样板 A3. dwt。

8.3.2 MLEADER(多重引线)命令

MLEADER(多重引线)命令用于创建多种样式的引线。首先确定要标注的引线属于哪种样式,将该样式引线设置为当前样式。然后执行 MLEADER(多重引线)命令标注引线。默认情况下以箭头端为起点。但在该命令中可重新设置以基线端或以文字为起点。还可以重新设置引线类型、基线长短、内容类型、最大节点数、第一个角度、第二个角度等。

1. 命令输入方式

键盘输入:MLEADER 或 MLD

功能区:“常用”选项卡→“注释”面板→多重引线或多重引线→多重引线

“注释”选项卡→“引线”面板→多重引线

2. 命令使用举例

例1 标注图8-40所示倒角尺寸。

使用“45°倒角引线”样式标注45°倒角尺寸。执行 MLEADERSTYLE(多重引线样式)命令,将“45°倒角引线”样式设置为当前样式。操作过程如下。

单击“常用”选项卡→注释→Standard→45°倒角引线,或者单击“注释”选项卡→“引线”面板→Standard→45°倒角引线。

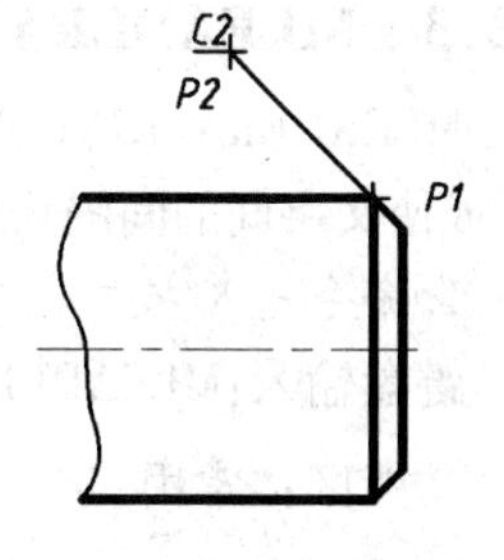

图8-40 45°倒角尺寸

单击:多重引线 * 执行多重引线标注命令

单击:(P1点) * 指定引线起点

单击:(P2点) * 指定第二点

键入“C2”后,在编辑窗口外单击左键以结束文字输入。

命令窗口显示如下。

命令:_ mleader

指定引线箭头的位置或[引线基线优先(L)/内容优先(C)/选项(O)] <选项>:

指定引线基线的位置:

例 2　以基线端点为起点,标注如图 8-33(c)所示的零件序号。

标注零件序号的操作过程如下。

单击"常用"选项卡→[注释 ▾]→[Standard ▾]→圆点引线,或者单击"注释"选项卡→"引线"面板→[Standard ▾]→圆点引线。

单击:[多重引线]　　* 执行多重引线标注命令

输入:L　　* 选择"引线基线优先(L)"选项

单击:(P2 点)　　* 指定引线基线起点

单击:(P1 点)　　* 指定第二点

键入零件序号后,在编辑窗口外单击左键以结束文字输入。

命令窗口显示如下。

命令:_ mleader

指定引线箭头的位置或[引线基线优先(L)/内容优先(C)/选项(O)] <选项>:L

指定引线基线的位置或[引线基线优先(L)/内容优先(C)/选项(O)] <选项>:

指定引线箭头的位置:

3. 说明

现在说明命令提示中的几个选项。

"引线基线优先(L)"选项是首先指定引线基线的位置,然后再指定引线箭头的位置。一般确定引线的位置是先指定箭头的位置,再指定基线的位置。

"内容优先(C)"选项是首先输入文字再确定引线的位置。

"选项(O)"中包含了图 8-36 所示"修改多重引线样式"对话框里的主要选项内容,可以修改或重新设置多重引线样式。

8.3.3　MLEADERALIGN(多重引线对齐)命令

MLEADERALIGN(多重引线对齐)命令可以将没有对齐文字的多重引线对齐到一条线上,或使文字间的间隔均匀一致。圆点或箭头仍保留在原位置上。

1. 命令输入方式

键盘输入:MLEADERALIGN 或 MLA

功能区:"常用"选项卡→"注释"面板→[多重引线 ▾]→

"注释"选项卡→"引线"面板→[对齐]

2. 命令使用举例

例 1　使用当前间距,将图 8-41(a)所示的多重引线在水平方向对齐。

对齐引线的操作过程如下。

单击:[对齐]　　* 执行多重引线标注命令

单击:(一点)指定对角点:(另一点)　　* 用窗口选择三组多重引线

单击:↙　　* 结束对象选择

单击:(P1 点)　　* 指定要对齐到的多重引线

单击:(P2 点)　　　　　　　　　　　　　　　　* 指定第二点以确定方向

结果如图 8-41(b)所示。

命令窗口显示如下。

命令:_ mleaderalign

选择多重引线:找到 3 个

选择多重引线:

当前模式:使用当前间距

选择要对齐到的多重引线或[选项(O)]:

指定方向:

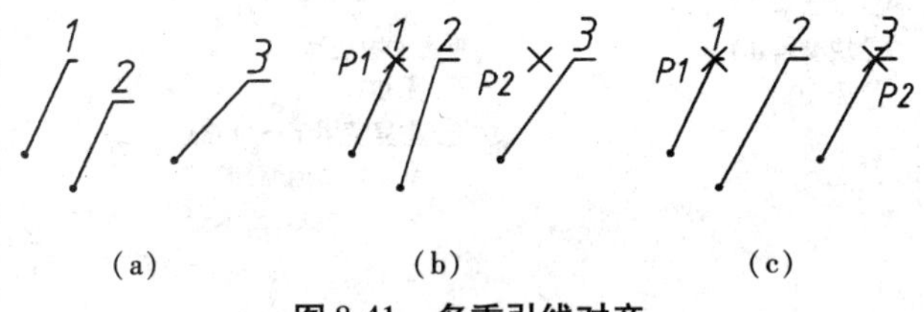

图 8-41　多重引线对齐

(a)多重引线;(b)水平方向对齐;(c)均匀分布

例 2　试将图 8-41(a)所示的多重引线在水平方向均匀分布对齐。

引线在水平方向均匀分布对齐的操作过程如下。

单击:对齐　　　　　　　　　　　　　　　　* 执行多重引线标注命令

单击:(一点)指定对角点:(另一点)　　　　　　* 用窗口选择三组多重引线

单击:↙　　　　　　　　　　　　　　　　　* 结束对象选择

输入:O　　　　　　　　　　　　　　　　　* 选择"选项(O)"

输入:D　　　　　　　　　　　　　　　　　* 选择"分布(D)"选项

单击:(P1 点)　　　　　　　　　　　　　　　* 指定第一点

单击:(P2 点)　　　　　　　　　　　　　　　* 指定第二点

结果如图 8-41(c)所示。

命令窗口显示如下。

命令:_ mleaderalign

选择多重引线:　找到 3 个

选择多重引线:

当前模式:使用当前间距

选择要对齐到的多重引线或[选项(O)]:O

输入选项[分布(D)/使引线线段平行(P)/指定间距(S)/使用当前间距(U)] <使用当前间距>:D

指定第一点或[选项(O)]:

指定第二点:

8.3.4　QLEADER(快速引线)命令

QLEADER(快速引线)命令用于快速创建引线以及引线注释或形位公差。引线可以用直线或样条曲线来画。引线起始端可以画箭头、圆点等,也可不画。QLEADER(快速引线)命令还可设置引线与文字注释的相对位置、限制引线点的数目、指定第一段和第二段引线的角度等。引线格式和注释类型使用“引线设置”对话框(图 8-42)进行操作。

图 8-42　“引线设置”对话框的“注释”选项卡

1. 命令输入方式

键盘输入:QLEADER 或 LE

2. 命令提示及选择项说明

指定第一个引线点或[设置(S)] < 设置 >:输入起点或按【Enter】键。如按【Enter】键则显示“引线设置”对话框(图 8-42),用以设置引线格式和注释类型。如输入一点,则为引线起点,其后的提示如下。

指定下一点:　输入引线的下一点或按【Enter】键。这项提示将重复,直至“引线设置”对话框中设定的点数为止。引线格式和注释类型将使用对话框中的设置。如在某一次提示时按【Enter】键,则可输入注释文字,提示如下。

指定文字宽度 <0>:　输入一个数作为注释文字的宽度。如果在“引线设置”对话框中的“注释”选项卡中将“多行文字选项”区的“提示输入宽度(W)”选项设为关闭(不选中),则无该项提示。

输入注释文字的第一行 < 多行文字(M) >:　输入第一行文字或按【Enter】键。如按【Enter】键则显示多行文字在位文字编辑器,可在编辑器中输入注释文字。如输入第一行文字,则可继续输入若干行文字,提示如下。

输入注释文字的下一行:　输入下一行文字或按【Enter】键结束命令。这项提示将重复显示直到按【Enter】键结束为止。

3. 对话框说明

QLEADER(快速引线)命令使用“引线设置”对话框(图 8-42)设置注释文字的类型、是否重复注释、引线是用直线还是用样条曲线、引线用几段线、引线起始端用何种箭头、引线末端与注释文字的相对位置等功能。

(1)“注释”选项卡

“注释”选项卡(图8-42)用于设置注释文字类型,指定多行文字选项以及是否需要重复使用注释。

①“注释类型”区用于设置注释文字类型。选择“多行文字(M)”选项,将提示创建多行文字注释。选择“复制对象(C)”选项,将提示复制多行文字、单行文字、公差或块参照对象。选择“公差(T)”选项,将显示“形位公差”对话框,用于创建形位公差标注。选择“块参照(B)”选项,将提示插入一个图块。选择“无(N)”选项,将创建没有注释文字的引线。

②“多行文字选项”区指定多行文字选项。只有选定了多行文字注释类型时该区才可用。选择“提示输入宽度(W)”选项,将提示指定多行文字的宽度。选择“始终左对齐(L)”选项,将向左对齐多行文字。选择“文字边框(F)”选项,将在多行文字周围放置边框。

③“重复使用注释”区用于设置是否重复使用注释文字。选择“无(N)”选项,将不重复使用注释文字。选择“重复使用下一个(E)”选项,将使后续引线创建相同的注释文字。在选择“重复使用下一个(E)”选项之后,标注下一个引线时“重复使用当前(U)”选项将被自动选择和使用。

如果使用该命令创建引线注释,则在这个选项卡中一般选择“多行文字(M)”和“始终左对齐(L)”选项。

(2)“引线和箭头”选项卡

“引线和箭头”选项卡(图8-43)用于设置引线和箭头格式。

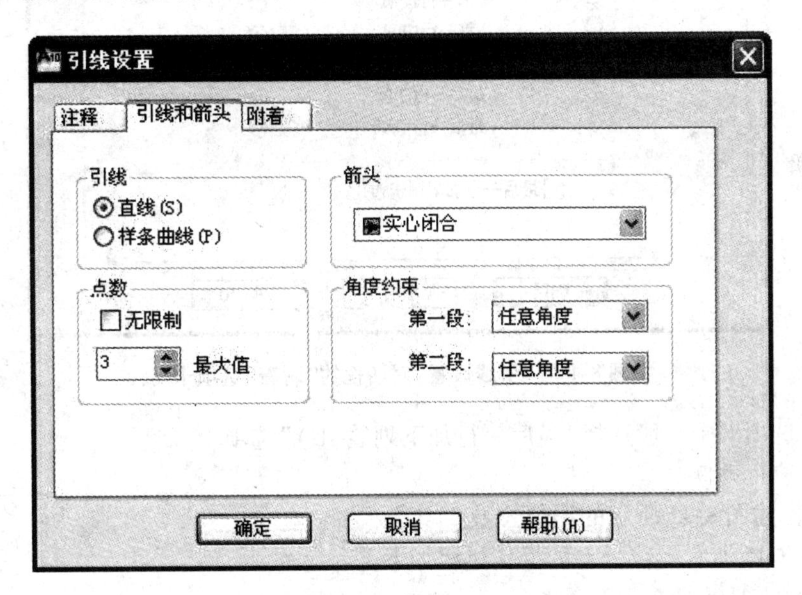

图8-43 “引线设置”对话框的“引线和箭头”选项卡

①“引线”区用于设置引线格式。如选择“直线(S)”选项,则在指定点之间创建直线段;如选择“样条曲线(P)”选项,则使用指定的点作为控制点创建样条曲线。

②“箭头”区用于选择引线起始端的箭头类型。控件中可选择的箭头与尺寸标注样式设置中的可用箭头相同。

③“点数”区用于设置绘制引线的点数。在提示输入注释文字之前,QLEADER(快速引线)命令将提示指定这些点。例如,如果设置点数为3,则在输入3个点之后QLEADER(快

速引线)命令将自动提示输入注释文字。点数的多少应设置为要创建的引线段数加1。如果选中了“无限制”按钮,QLEADER(快速引线)命令将一直提示指定下一点,直到按【Enter】键才结束下一点的输入。

④“角度约束”区用于设置画第一段和第二段引线的角度。当前角度是“任意角度”。如果需要,可在“第一段”或“第二段”控件中选择一个角度值,所绘制的引线线段的倾斜角度将被限制为所选择的角度值及其倍数。应注意的是,这里设置的角度与画出引线的倾斜角度不一致,可能大一点,也可能小一点。

一般情况下,该选项卡中的“点数”可设置为2,“箭头”可以选择实心闭合、小点或无。

(3)“附着”选项卡

“附着”选项卡(图8-44)用于设置引线和多行文字注释的附着位置。使用此选项卡可以将多行文字的附着位置设置到引线左边或引线右边,使引线末端位于注释文字的第一行顶部,或第一行中间,或多行文字中部,或最后一行中间,或最后一行底部,或最后一行加下画线处。

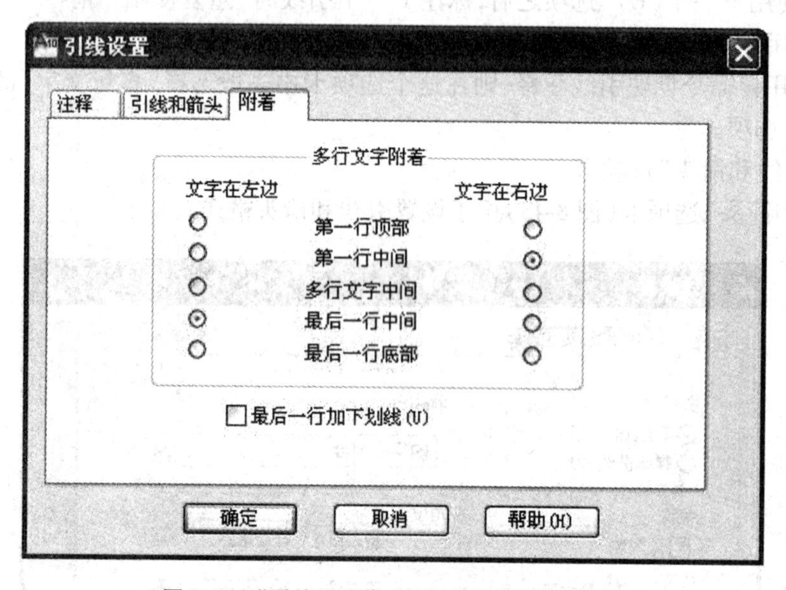

图8-44 “引线设置”对话框的“附着”选项卡

在这个选项卡中一般选择“最后一行加下划线(U)”选项。

4. 命令使用举例

例1 标注图8-45所示的形位公差。

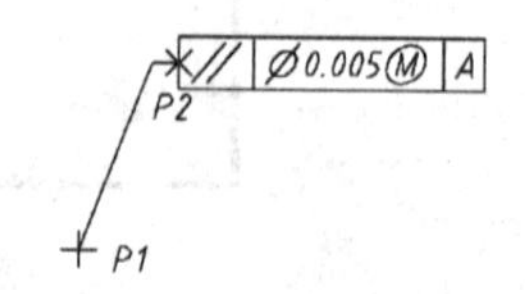

图8-45 形位公差

标注图8-45所示形位公差的操作过程如下。

命令: QLEADER↙

指定第一个引线点或[设置(S)]<设置>:↙

显示“引线设置”对话框。在“注释”选项卡中,选择“注释类型”区的“公差(T)”选项。在“引线和箭头”选项卡中,修改画引线的“点数”为2,在“箭头”控件中选择“无”,然后单击“确定”按钮。

指定第一个引线点或[设置(S)]<设置>:(点取P1点)

指定下一点:(点取P2点)

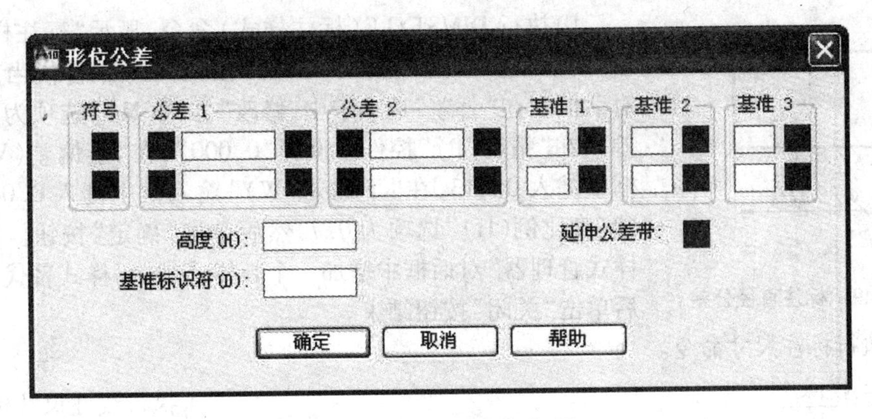

图 8-46 “形位公差”对话框

接着显示“形位公差”对话框(图 8-46)。单击“符号”下面的框格,显示“特征符号”对话框(图 8-47),点取一个代号如“//”,则该代号显示在“符号”下面的框格中。如需要重新选择形位公差代号,可单击此框格再次打开“特征符号”对话框。在“公差 1”区中,单击左面的黑框可添加直径符号 ϕ;在中间的输入框中键入公差值 0.005;单击右面的黑框将显示“附加符号”对话框(图 8-48),点取一种包容条件代号如 M 后,则其显示在框格中。在“基准 1”区左面的框格中输入基准代号(如 A),在右面黑框中也可添加附加符号,最后单击“确定”按钮,关闭对话框,形位公差标注成功,QLEADER(快速引线)命令结束。

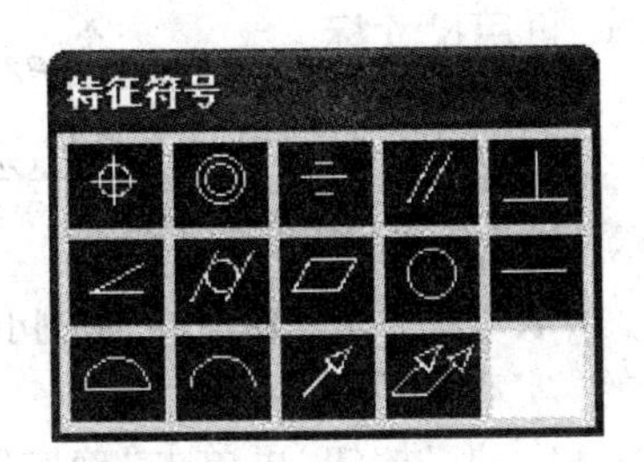

图 8-47 “特征符号”对话框

图 8-48 “附加符号”对话框

8.4 特殊尺寸的注法

利用上述标注尺寸的命令可以标注出机械工程图样的绝大部分尺寸,但也有极少数尺寸无法标注出来,如尺寸公差、并列小尺寸等。下面介绍这些尺寸的标注方法。

8.4.1 标注尺寸公差

标注尺寸公差分两步操作。首先输入公差值,然后用标注尺寸命令标注尺寸。如果是第一次标注尺寸公差,还要设置尺寸文字和公差文字的对齐方式。若标注的是不对称公差,则应把公差字高改为 0.7 倍。尺寸文字用测量值时则注出公差,否则将不能注出公差。因此,要求绘制的图形必须准确。若要标注下一个尺寸公差,则重复上述操作;不再标注尺寸公差时,要将标注尺寸公差功能关闭。尺寸公差还可以用 8.5.1 节例 4 的方法标注。

例 标注图 8-49 所示图形的尺寸。

标注尺寸公差的操作过程如下。

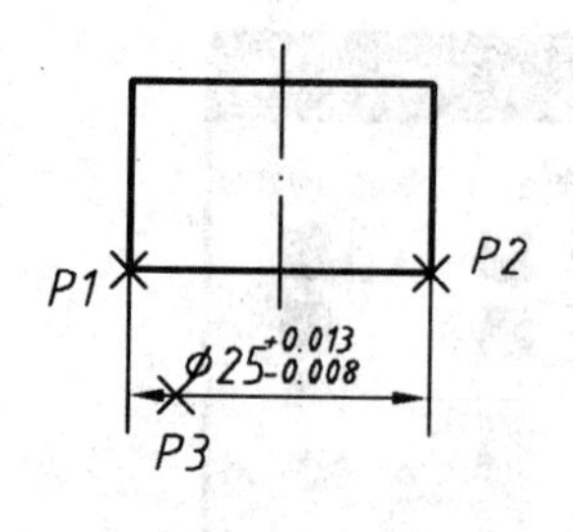

图 8-49　标注直径公差

1）执行 DIMSTYLE（标注样式）命令，显示“标注样式管理器”对话框。单击“替代(O)...”按钮，显示“替代当前样式”对话框。在“公差”选项卡中，修改“方式(M)”选项为“极限偏差”，在“精度(P)”控件中选择“0.000”，在“上偏差(V)”输入框中键入 0.013，在“下偏差(W)”输入框中键入 0.008，修改“高度比例(H)”选项为 0.7，然后单击“确定”按钮。在“标注样式管理器”对话框中增加一个新样式为“<样式替代>”。最后单击“关闭”按钮结束。

2）执行标注尺寸命令。

单击：线性	*执行线性尺寸标注命令
单击：（P1 点）	*指定第一条尺寸界线起点
单击：（P2 点）	*指定第二条尺寸界线起点
输入：T	*选择重新输入尺寸文字
输入：%%C<>	*输入尺寸文字
单击：（P3 点）	*指定尺寸线位置

3）如不再标注尺寸公差，则要将新增加的“<样式替代>”样式中“方式(M)”选项改为“无”，或者删除“<样式替代>”样式，以免影响以后的尺寸标注。

8.4.2　标注并列小尺寸

标注如图 8-50 所示并列小尺寸，需要改变箭头形式，再用尺寸标注命令标注尺寸。

图 8-50　并列小尺寸

首先改变箭头形式。执行 DIMSTYLE（标注样式）命令，在“标注样式管理器”对话框中，单击“替代(O)...”按钮，显示“替代当前样式”对话框。在“符号和箭头”选项卡中的“箭头”区，点取“第一个(T)”控件中的“小点”项，点取“第二个(D)”控件中的“实心闭合”项。在“调整”选项卡中的“调整选项(F)”区单击“文字和箭头”按钮，再单击“确定”按钮。在“标注样式管理器”对话框中增加一个新样式为“<样式替代>”。最后单击“关闭”按钮结束。接下来操作如下。

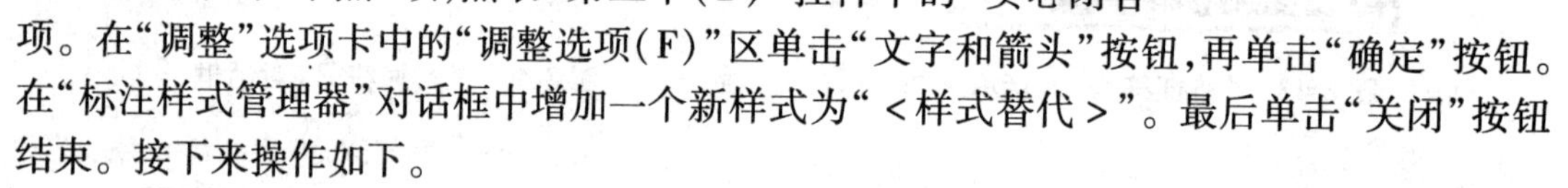

单击：线性	*执行线性尺寸标注命令
单击：（P1 点）	*指定第一条尺寸界线起点
单击：（P2 点）	*指定第二条尺寸界线起点
单击：（P3 点）	*指定尺寸线位置
单击：↙	*重复执行线性尺寸标注命令
单击：（P1 点）	*指定第一条尺寸界线起点
单击：（P4 点）	*指定第二条尺寸界线起点
单击：（P5 点）	*指定尺寸线位置

最后，若不再标注类似的并列小尺寸，应将新增加的“<样式替代>”样式从“标注样式管理器”对话框中删除。

除上述方法外，还可使用其他方法标注并列小尺寸。比如用原尺寸标注样式标注出两个小尺寸，它们箭头重叠，再用接下来介绍的“特性”选项板来修改箭头。

8.5 尺寸编辑命令

如果标注的尺寸不合要求,可以使用尺寸编辑命令修改。

8.5.1 PROPERTIES(特性)命令

PROPERTIES(特性)命令已在 3.2.9 节中作过介绍,这里只对修改尺寸的特性作简单说明。选择一个尺寸,执行特性命令,即显示图 8-51 所示的“特性”选项板。在“常规”特性类下面可以修改尺寸所在的图层及颜色、线型等。其下是所选中尺寸的其他特性,可在此修改尺寸的各项参数。窗口中的参数亮显时才能被修改,暗显的参数则不能被修改。使用“特性”选项板修改尺寸的常用用法如下。

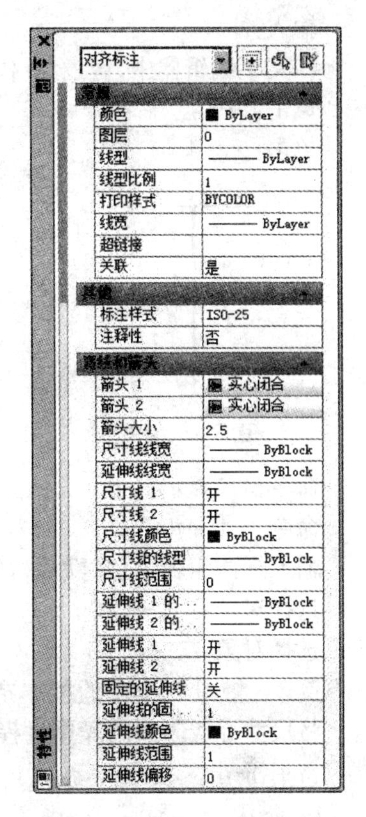

图 8-51　尺寸的“特性”选项板

例 1　将“箭头 1”改为“小点”或“无”。

在选定尺寸的“特性”选项板中的“直线和箭头”特性类的“箭头 1”栏右侧,双击“实心闭合”,在列表中单击“小点”或“无”。

例 2　在线性尺寸上添加直径符号 ϕ 或改变数字。

在选定尺寸的“特性”选项板中的“文字”特性类的“文字替代”栏,输入“%%C< >”或“%%C”和数字。“< >”表示测量值,即标注对象的实际长度。如输入的数字与测量值不同,AutoCAD 采用用户输入的数字标注该尺寸。

例 3　标注半线尺寸。半线尺寸是指只有一条尺寸界线、一个箭头、大半段尺寸线、完整尺寸数字的尺寸。

首先标注完整的线性尺寸,再选中该尺寸,单击右键选“特性(S)”,显示“特性”选项板。在“直线和箭头”特性类的“尺寸线 1”或“尺寸线 2”栏右侧,将“开”改为“关”,则隐藏第一条或第二条尺寸线。在“延伸线 1”或“延伸线 2”栏中,将“开”改为“关”,则隐藏第一条或第二条尺寸界线。

例 4　在已标注的尺寸上添加尺寸公差。

尺寸公差也可在“特性”选项板上进行添加。选定尺寸,在“公差”特性类的“显示公差”栏选择“对称”或“极限偏差”,在“公差下偏差”或“公差上偏差”栏键入下偏差值或上偏差值,在“公差精度”栏选择“0.000”。如果是“极限偏差”,还要在“公差文字高度”栏输入 0.7。

8.5.2 DIMEDIT(尺寸编辑)命令

DIMEDIT(尺寸编辑)命令的功能是用新尺寸文字替换原尺寸文字,改变尺寸文字的旋转角度,使尺寸界线倾斜一个角度,恢复尺寸原样。

1. 命令输入方式

键盘输入:DIMEDIT 或 DED

功能区:“注释”选项卡→ 标注 ▾ →

2. 命令使用举例

例1　修改图 8-52 中的尺寸文字为 50,结果如图 8-53 所示。

修改尺寸文字的操作过程如下。

单击:[图标]　　* 执行尺寸编辑命令
输入:N　　* 选择修改尺寸文字选项
在文字编辑器中,键入 50 作为尺寸数字,在编辑窗口外单击左键以结束输入。
单击:(P1 点)　　* 选择一个尺寸
单击:↙　　* 结束命令

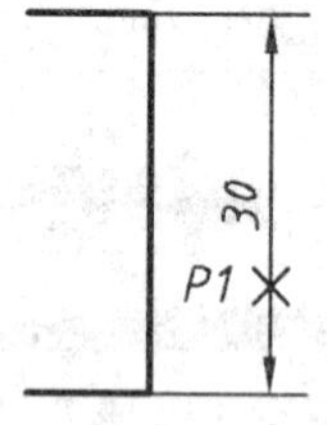

图 8-52　例题图

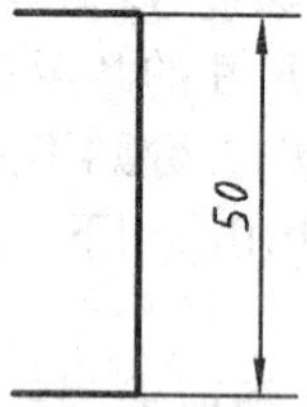

图 8-53　修改后的尺寸

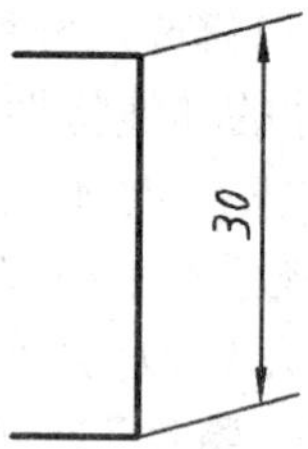

图 8-54　尺寸界线倾斜

命令窗口显示如下。

命令:_ dimedit
输入标注编辑类型[默认(H)/新建(N)/旋转(R)/倾斜(O)]<默认>:N
选择对象:　　找到 1 个
选择对象:

例2　将图 8-52 中的尺寸界线倾斜 15°,结果如图 8-54 所示。

将尺寸界线倾斜的操作过程如下。

单击:[图标]　　* 重复执行尺寸编辑命令
输入:O　　* 选择使尺寸界线倾斜选项
单击:(P1 点)　　* 选择一个尺寸
单击:↙　　* 结束选择
输入:15　　* 输入倾斜角度

命令窗口显示如下。

命令:_ dimedit
输入标注编辑类型[默认(H)/新建(N)/旋转(R)/倾斜(O)]<默认>:O
选择对象:　　找到 1 个
选择对象:
输入倾斜角度(按 ENTER 表示无):15

8.5.3　DIMTEDIT(修改尺寸文字位置)命令

DIMTEDIT(修改尺寸文字位置)命令用于修改尺寸文字的位置为左对齐、居中或右对齐,修改文字的倾斜角度等。

1. 命令输入方式

键盘输入:DIMTEDIT

功能区:"注释"选项卡→[标注 ▾]→[图标]、[图标]、[图标]或[图标]

2. 命令使用举例

例1　修改尺寸文字的位置。

命令：DIMTEDT↙

选择标注：(选择要修改的尺寸)

指定标注文字的新位置或[左对齐(L)/右对齐(R)/居中(C)/默认(H)/角度(A)]：(指定一点为尺寸文字的新位置或输入选择项)

从键盘输入"DIMTEDIT"命令时，当用户选择要修改的尺寸后，移动光标时尺寸文字和尺寸线便跟随光标移动，在适当位置单击左键，就确定了尺寸文字和尺寸线的位置。

例2　修改图8-55(a)中的尺寸50的数字位置为居中，结果如图8-55(b)所示。

修改尺寸文字位置的操作过程如下。

单击：[图标]

单击：(P1点)

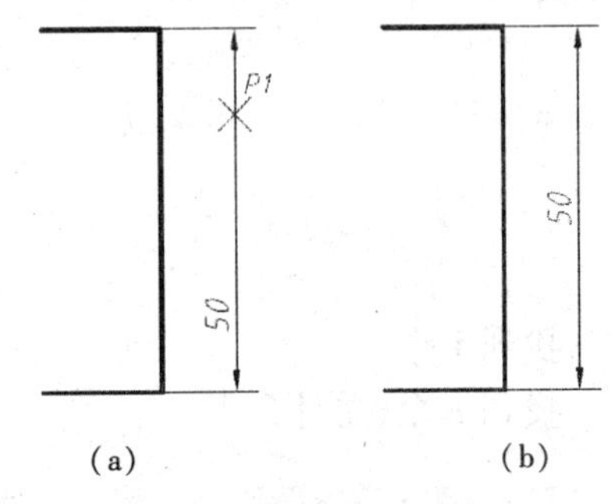

图8-55　调整尺寸文字位置

(a)原图；(b)结果

8.5.4　DIMSPACE(调整尺寸间距)命令

DIMSPACE(调整尺寸间距)命令用于调整线性尺寸或角度尺寸平行尺寸线之间的距离。距离可指定，也可用"自动"选项，"自动"选项使平行尺寸线之间的距离为尺寸字高的两倍。

1. 命令输入方式

键盘输入：DIMSPACE

功能区："注释"选项卡→"标注"面板→[图标]

2. 命令使用举例

例1　调整图8-56(a)所示尺寸线间的距离为10，结果如图8-56(b)所示。

调整尺寸线间距的操作过程如下。

单击：[图标]	* 执行调整尺寸间距命令
单击：(P1点)	* 选择第一个尺寸
单击：(P2点)	* 选择第二个尺寸
单击：(P3点)	* 选择第三个尺寸
单击：↙	* 结束选择
输入：10	* 输入间距

命令窗口显示如下。
命令:_ dimspace
选择基准标注:
选择要产生间距的标注:　找到 1 个
选择要产生间距的标注:　找到 1 个,总计 2 个
选择要产生间距的标注:
输入值或[自动(A)]<自动>
例 2　调整图 8-56(a)所示尺寸线间的距离为“自动”,结果如图 8-56(c)所示。
调整尺寸线间距的操作过程如下。

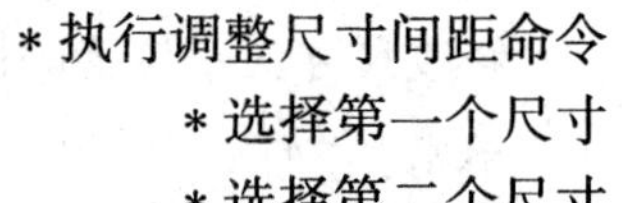

单击: 　　* 执行调整尺寸间距命令
单击:(P1 点)　　* 选择第一个尺寸
单击:(P2 点)　　* 选择第二个尺寸
单击:(P3 点)　　* 选择第三个尺寸
单击:↙　　* 结束选择
单击:↙　　* 选择自动间距

命令窗口显示如下。
命令:_ dimspace
选择基准标注:
选择要产生间距的标注:　找到 1 个
选择要产生间距的标注:　找到 1 个,总计 2 个
选择要产生间距的标注:
输入值或[自动(A)]<自动>:

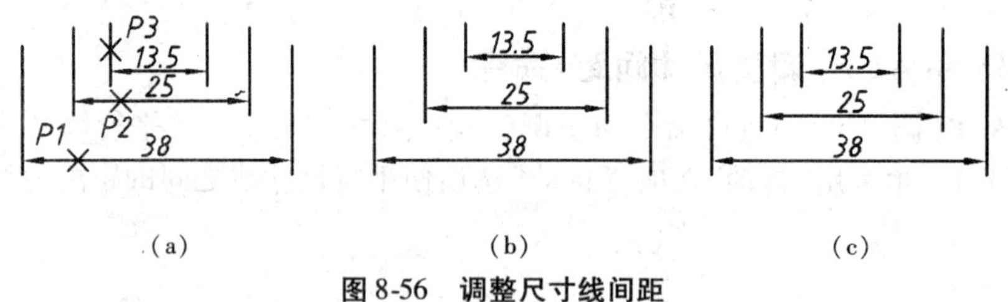

图 8-56　调整尺寸线间距
(a)原图;(b)指定间距;(c)“自动”间距

8.5.5　DIMBREAK(打断尺寸)命令

工程图上常遇到尺寸线与尺寸界线相交的情况(如图 8-57(a)所示),这就需要将尺寸界线断开。以前的版本对于这种情况要进行两次操作:首先用 EXPLODE(分解)命令打散尺寸,再用 BREAK(打断)命令打断尺寸界线。现在使用 DIMBREAK(打断尺寸)命令一次就可完成。DIMBREAK(打断尺寸)命令可以自动打断尺寸界线或者指定两点打断尺寸界线(手动),还可以复原被打断的尺寸。

1. 命令输入方式
键盘输入:DIMBREAK
功能区:“注释”选项卡→“标注”面板→

2. 命令使用举例

例　处理图 8-57(a)所示尺寸线与尺寸界线相交问题,结果如图 8-57(b)所示。

打断尺寸的操作过程如下。

单击:　　　　　　　　　　　　　　　　　　　* 执行打断尺寸命令

单击:(P1 点)　　　　　　　　　　　　　　　* 选择一个尺寸

单击:↙　　　　　　　　　　　　　　　　　　* 选择指定打断

命令窗口显示如下。

命令:_ dimbreak

选择标注或[多个(M)]:

选择要打断标注的对象或[自动(A)/恢复(R)/手动(M)]<自动>:

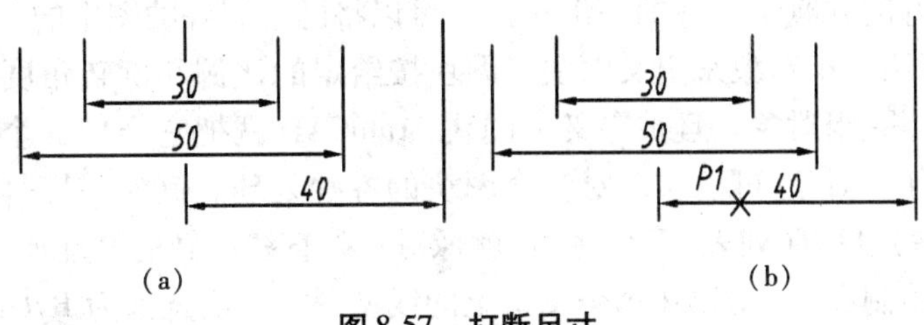

(a)　　　　　　　　(b)

图 8-57　打断尺寸

(a)原图;(b)打断尺寸界线

3. 说明

“选择标注或[多个(M)]”选项要求用户选择一个或几个要被打断的尺寸。“选择要打断标注的对象”一般可不选择,即使用默认的自动找到的对象。

8.5.6　快捷菜单中的尺寸编辑选项

选中一个尺寸再单击右键即显示快捷菜单。这个快捷菜单比选择其他对象显示的快捷菜单多了如图 8-58 所示的四个选项。这四个选项是对所选尺寸进行编辑的内容。“标注文字位置(X)”选项可以调整尺寸文字的位置。“精度(R)”选项可重新设置尺寸数字的精度。“标注样式(D)”选项用于修改所选尺寸的尺寸样式。“翻转箭头(F)”可以使箭头反向。

已经标注的尺寸,有的箭头形式向内或向外不合适,需要处理一下,就可以使用翻转箭头的办法。这样做的操作如下:首先选择要翻转箭头的尺寸,单击右键,在快捷菜单(图 8-58)中点取“翻转箭头(F)”选项。该命令执行一次,可翻转一个箭头。选择点靠近哪一侧箭头,该箭头就向内或向外翻转一次。

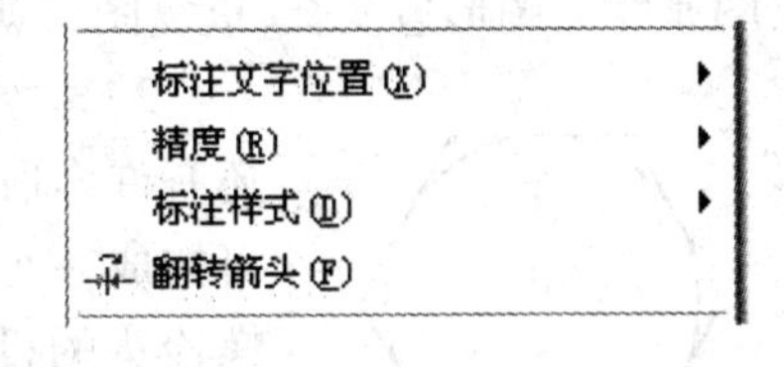

图 8-58　快捷菜单中的尺寸编辑选项

练习题

8.1　将 8.1.2 节设置新尺寸标注样式的例子加入到样板中。

8.2　将以前画过的图(图 6-32、图 6-33)分别标注尺寸,如有形位公差也一并加上。

8.3　将图 3-32、图 3-47、图 3-48、图 3-49、图 6-17 放大一倍后标注尺寸。

8.4　标注图 3-46、图 3-50 尺寸。

第9章 图块、属性与参数化

本章介绍定义图块、插入图块、使用属性定义和参数化图形的方法。

9.1 图块

图块是定义好的并赋予名称的一组对象。可以将已绘制好的图中的一组对象定义为图块,也可以单独画出一组对象来定义图块。图块按给定的比例和旋转角度可以插入到图中任意指定的位置。一组对象一旦被定义为图块,AutoCAD 就把它当作一个对象来处理。通过拾取图块内的任一对象,可以实现对整个图块的各种处理。例如,对图块使用 MOVE(移动)、EARSE(删除)、LIST(列表)等命令时,就像对一条直线所做的处理那样。

图块可以由绘制在几个图层(每个图层上的线型、颜色、线宽都为 ByLayer(随层))上的若干对象组成,图块中保留图层的信息。插入时,图块内的每个对象仍在它原来的图层上画出,只有 0 层上对象在插入时被放置在当前层上,线型、颜色、线宽也随当前层而改变。如需要就将必须随当前层改变线型、颜色、线宽的对象画在 0 层上,再定义为图块。或者将每个图层上的线型、颜色、线宽都设为 ByBlock(随块)。但一般不这样做,因为绘制要定义为图块的图形时,就考虑到应与其他图形的线型、颜色、线宽相一致,插入时就不用顾及当前层,并且便于打印机打印。

在绘图过程中,使用图块有下列优点。

1)提高绘图速度 在设计与绘图中,经常要重复绘制一些图形。把重复出现的图形定义为图块,只需画一次,以后再遇到这样的图形,只需把图块插入到指定位置,就像用绘图命令画一个对象那样容易,而不必每次都重复绘制图块中的每一个对象。这样做,大大提高了绘图速度。图形愈复杂,重复图形愈多,这个优点就愈突出。

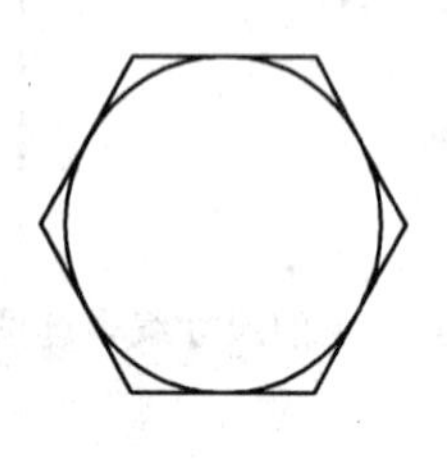

图 9-1 螺栓头

2)建立图形库 工程设计中,除了有各种各样的重复图形外,还有许多通用或标准的零部件,这些都可以定义成图块。这些图块可构成一个图形库,供设计和绘图时随时调用。例如,图 9-1 所示螺栓头的投影在机械工程图样中重复率很高,将其定义为图块,不同直径的螺栓头只用一个命令即可绘成,非常简便。

3)便于修改 绘制的图形往往要修改。例如建筑立面图中要更换房子的窗户。这样的窗户有很多个,逐个修改既繁琐又费时。可先将窗户定义为图块,再插入图中。改换窗户时只要修改这个图块并再定义一次,图上所有与该图块相关的部分就自动修改了。

4)缩短文件长度 AutoCAD 要记录每个对象的信息,即对象的名称、大小、位置等。因此,在图中绘制每一个对象都要增加图形文件的长度。例如,绘制一张办公室的平面图,若将所有的桌子、椅子一条线一条线地绘制,必然使图形文件增大许多。如果使用图块,那么只有一张桌子和一把椅子的所有对象信息记录在图形文件中，各个位置上的桌子、椅子仅记录其作为一个图块对象的信息。这样大大地缩短了图形文件的长度，节省了存储空间。

5）可以赋予属性　属性是对图块的文字说明。属性值可随引用图块的环境不同而改变。如图 9-1 所示的螺栓，可以用属性来描述螺栓的规格、螺纹长度等参数。

6）用于拼画图形　可将多个简单的图形拼画成复杂的图形。例如在绘制机械工程产品或部件的装配图时，就可以使用零件图上的视图来拼画。这种方法要求先画零件图，再把零件图与装配图上相同的视图定义为图块并保存，然后把各个图块拼在一起，稍作修改，便完成装配图的绘制。

9.1.1　BLOCK（创建块）命令

BLOCK（创建块）命令使用“块定义”对话框（图 9-2）将一组对象定义为图块。这一组对象可以是图形中的一部分，也可单独画出。定义图块应首先输入块名，再指定插入基点，然后选择要定义为图块的对象。这一组对象可以保留或删除或转换为图块。定义的图块仅存在于当前图形信息中，随当前图形一起存储，只能在这个图形中插入。

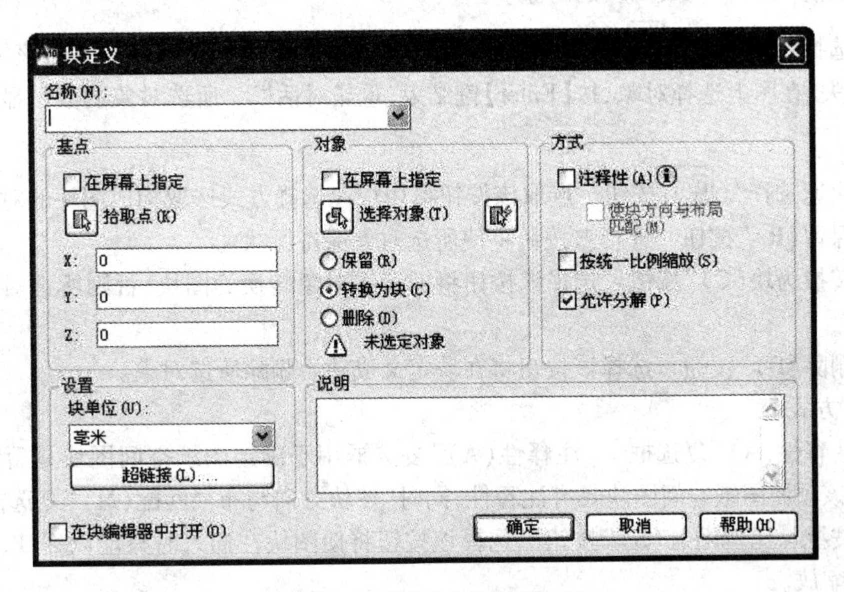

图 9-2　“块定义”对话框

1. 命令输入方式

键盘输入：BLOCK 或 B

功能区：“常用”选项卡→“块”面板→创建

“插入”选项卡→“块”面板→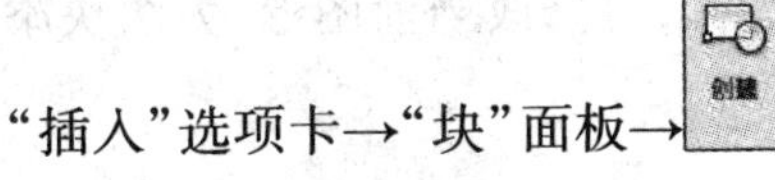

2. 对话框说明

（1）“名称（N）”控件

在该控件中输入图块名或点取已有的图块名。

（2）“基点”区

在该区指定插入基点。当“在屏幕上指定”复选框选中时，该区下方各选项不可用，对话框关闭后将提示用户在当前图形上指定插入基点。当“在屏幕上指定”复选框未选中时，用户可以单击“拾取点(K)”( )按钮，暂时关闭对话框，回到图上选择一点，点坐标显示在对话框中。或者在下面的“X”、“Y”、“Z”输入框中直接键入基点的坐标。默认的插入基点是(0,0,0)。

(3)“设置”区

在该区用“块单位(U)”控件确定图块的插入单位，用“超链接(L)...”按钮将图块与某个超链接相关联。

(4)“对象”区

在该区指定将要组成图块的对象，确定所选对象在创建图块后是保留、删除还是转换为图块。

1)“在屏幕上指定”复选框　用该复选框确定是在关闭对话框前或后来选择对象。当选中“在屏幕上指定”复选框时，下方“选择对象(T)”按钮不可用，对话框关闭后将提示用户在当前图形上选择构成图块的对象。

2)“选择对象(T)”( )按钮　用该按钮去选择构成图块的对象。单击该按钮，对话框暂时消失，在图上选择对象，按【Enter】键结束，重显对话框。所选对象的数目显示在该区下方。

3)“快速选择”( )按钮　点取该按钮可用快速选择方式选取构成图块的对象。

4)“保留(R)”按钮　选择该按钮将使所选对象保持原状。

5)“转换为块(C)”按钮　选择该按钮将把所选对象转换为图块，否则所选对象保持原状。

6)“删除(D)”按钮　选择该按钮将在块定义成功后删除所选对象。

(5)“方式”区

1)“注释性(A)”复选框　“注释性(A)”复选框用于确定图纸空间图块是否具有注释性。选中该项使图纸空间图块具有注释性，同时“使块方向与布局匹配(M)”复选框可用。

2)“按统一比例缩放(S)”按钮　选择该按钮将使图块在插入时只能以 X、Y、Z 方向相同的比例缩放。

3)“允许分解(P)”按钮　选择该按钮将使图块在插入后可以被分解。

(6)“说明”区

“说明”区用于输入对该图块的描述。

(7)“在块编辑器中打开(O)”按钮

选择该按钮后，单击“确定”按钮，将打开“块编辑器”，可修改当前图形，为图块添加动态行为，保存块定义。

3. 命令使用举例

例　将图9-3所示图形定义为图块。

定义图块的操作过程如下。

单击：创建

在“块定义”对话框的“名称(N)”控件中键入块名Q1，在“基点”区单击“拾取点(K)”

( )按钮,暂时关闭对话框。

单击:(捕捉圆心 P1)　　　　　　　　　* 指定插入基点

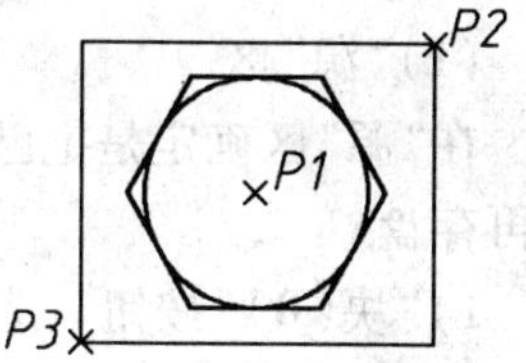

在“对象”区单击“选择对象(T)”( )按钮,暂时关闭对话框。

单击:(P3 点)

单击:(P2 点)　　　　　　　　* 用窗口选择整个螺栓头

单击:↙　　　　　　　　　　　　　* 选择结束

P2
P1
P3

图 9-3　定义图块

在“对象”区确定所选对象在创建图块后是“保留(R)”、“删除(D)”,还是“转换为块(C)”,最后单击“确定”按钮。块 Q1 定义结束。

命令窗口显示如下。

命令:_ block

指定插入基点:

选择对象:W

指定第一个角点:

指定对角点:　　　找到 4 个

选择对象:

9.1.2　WBLOCK(写图块)命令

WBLOCK(写图块)命令使用“写块”对话框(图 9-4)将图形或图块以图形文件形式存入磁盘。

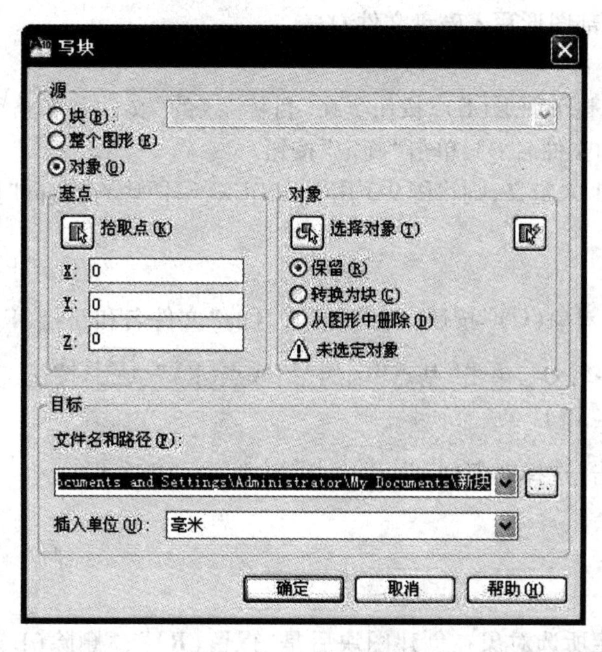

图 9-4　“写块”对话框

1. 命令输入方式

键盘输入:WBLOCK 或 W

2. 对话框说明

(1)“源”区

在“源”区确定是把已定义的图块写成文件,还是保存全图,或者将某些对象先定义为块再存盘。

1)“块(B)”按钮　选择该按钮将把已定义的图块写成文件,在右侧列表框中确定要写的图块名。用户可以在列表框中键入图块名,或者在控件中点取一图块名。

2)“整个图形(E)”按钮　选择该按钮将把当前全部图形写成文件。

3)“对象(O)”按钮　选择该按钮将先把对象定义为图块再写成图块文件。该选项下方的“基点”、“对象”选项区可以操作。这两个选项区与 BLOCK(创建块)命令里“块定义”对话框(图 9-2)中的选项区相同。

(2)“目标”区

在该区确定输出文件的位置、名称以及插入单位。

1)“文件名和路径(F)”控件　在该控件中指定文件保存的路径和文件名,也可用右侧的浏览按钮(…),在浏览文件夹对话框中查找盘符、文件夹。文件名可以与块名相同。

2)“插入单位(U)”控件框　在该控件框中指定当新文件作为块插入时所使用的单位。

3. 命令使用举例

例 1　将 9.1.1 节定义的图块 Q1 写入文件 Q2。

输入:W

在“源”区选择“块(B)”按钮,并在控件中点取 Q1。在“目标”区的“文件名和路径(F)”输入框中输入自己的文件夹名和文件名 Q2,单击“确定”按钮。

例 2　将当前全部图形写入磁盘文件 Q3。

输入:W

在“源”区选择“整个图形(E)”按钮。在“目标”区的“文件名和路径(F)”输入框中键入自己的文件夹名和文件名 Q3,单击“确定”按钮。

例 3　若图块 Q1 未定义,则将图 9-3 用 WBLOCK(写图块)命令同时执行定义图块和写图块的操作。

输入:W

在“源”区选择“对象(O)”按钮。在“目标”区的“文件名和路径(F)”输入框中键入自己的文件夹名和文件名 Q4,单击“基点”区的“拾取点(K)”( )按钮,暂时关闭对话框。

单击:(捕捉交点 P1)　　* 指定插入基点

在“对象”区单击“选择对象(T)”( )按钮,暂时关闭对话框。

单击:(P3 点)

单击:(P2 点)　　* 窗口选择整个螺栓

单击:↙

在“对象”区确定所选对象在创建图块后是“保留(R)”、“删除(D)”,还是“转换为块(C)”,最后单击“确定”按钮。

9.1.3 INSERT(插入)命令

INSERT(插入)命令使用“插入”对话框(图 9-5)将已定义的图块或图形文件按指定的

比例、旋转角插入图中指定位置，还可以插入镜像的图形。插入后的图形可以成为图块，也可以分解。在对话框中指定图块名或图形文件名。插入点、比例因子和旋转角既可在对话框中输入，也可在屏幕上指定。

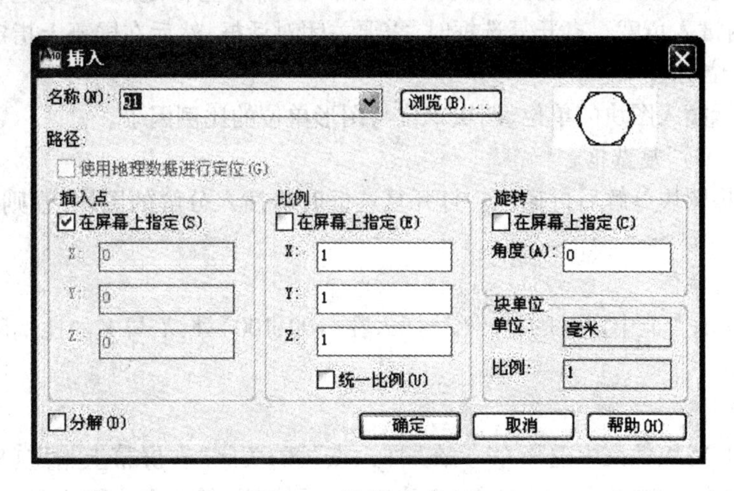

图 9-5　“插入”对话框

1. 命令输入方式

键盘输入：INSERT 或 I

功能区：“常用”选项卡→“块”面板→

“插入”选项卡→“块”面板→

2. 对话框说明

(1)“名称(N)”控件

在列表中确定要插入的图块名。用户可以在列表框中键入图块名或点取一图块名，或者用“浏览(B)...”按钮查找图形文件名。

(2)“浏览(B)...”按钮

使用“浏览(B)...”按钮，在“选择图形文件”对话框中查找要插入的图形、图块文件名。文件所在路径在下一行“路径”提示的右面显示。

(3)“插入点”区

在该区确定图块的插入点。定义图块时的基点与该点对齐。

1)“在屏幕上指定(S)”复选框　确定是否在屏幕上指定参数。打开复选框时，该区内的其他选项不可用，需要关闭对话框，然后在屏幕上指定插入点。关闭复选框时，可在区内键入插入点坐标。

2)“X”、“Y”、“Z”输入框　在各输入框内分别键入插入点的 X、Y、Z 坐标。

(4)“缩放比例”区

在该区确定插入图块的 X、Y、Z 方向的缩放比例因子。若某方向的缩放比例为负值，则插入以该方向垂直的线为镜像线的镜像图形。区内的多数选项与上一区相同，而最下面一项是上一区所没有的，即“统一比例(U)”复选框。复选框打开时，可为 X、Y、Z 方向指定同一个比例因子。

(5)“旋转”区

在该区确定插入图块的旋转角度。当关闭“在屏幕上指定(C)”复选框时,在“角度(A)”输入框内键入角度。打开复选框时,需要关闭对话框,然后在屏幕上指定旋转角度。

(6)“块单位”区

在该区显示插入图块的单位、图块单位与图形单位的比例因子。

(7)“分解(D)”复选框

确定是否将图块分解后再插入。打开复选框时将插入分解的图块,否则插入的是图块整体。

3. 命令使用举例

例1　将9.1.1节中定义的Q1图块插入在(100,100)处,X与Y的比例因子为0.5。

单击: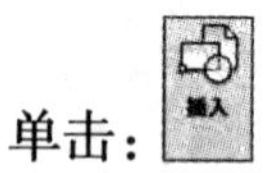

在“名称(N)”控件框中选择Q1。在“插入点”区,关闭“在屏幕上指定(S)”复选框,在“X”、“Y”输入框内分别键入100。在“缩放比例”区的“X”输入框内键入0.5,最后单击“确定”按钮。

例2　将9.1.2节中保存的Q2图块文件按原值比例插入图中。

单击: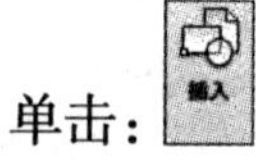

使用“浏览(B)...”按钮,在“选择图形文件”对话框中查找图块文件名Q2。在“插入点”区,打开“在屏幕上指定(S)”复选框。在“缩放比例”区的“X”输入框内键入1,打开“统一比例(U)”复选框,最后单击“确定”按钮。

单击:(一点)　　* 指定插入点

例3　以坐标系原点为插入点插入一个图形文件。

单击: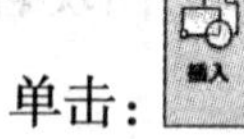

使用“浏览(B)...”按钮,在“选择图形文件”对话框中查找图形文件名。在“插入点”区,关闭“在屏幕上指定(S)”复选框,在“X”、“Y”输入框内分别键入0。在“缩放比例”区的“X”输入框内键入1,打开“分解(D)”复选框,单击“确定”按钮。

9.1.4　BASE(基点)命令

如将图形文件作为图块插入当前图中,原图形文件在未指定插入基点时,插入基点为坐标系原点。如果认为坐标系原点作为插入基点不合适,可以用BASE(基点)命令指定一个新的插入基点。其步骤是首先打开原图形文件,然后用BASE(基点)命令定义一个新的插入基点,再重存一下图形。BASE(基点)命令也可以用于改变已有图块的插入基点。

1. 命令输入方式

键盘输入:BASE

功能区:“常用”选项卡→块→

“插入”选项卡→块→设置基点

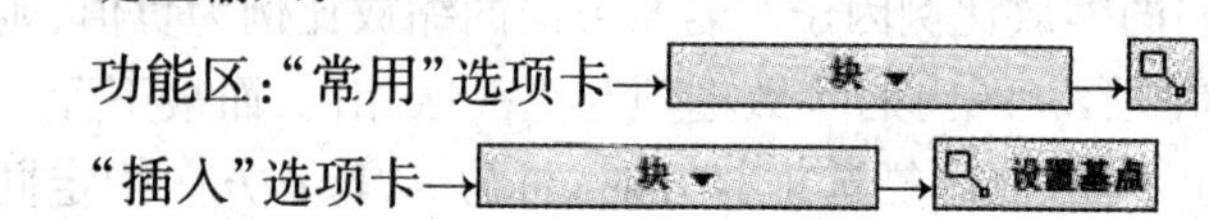

2. 命令使用举例

例　在图形上设置一插入基点。

单击：

单击：(一点)　　　　　　　　　　　　　　　　　　　　　　　* 设置基点

9.1.5 EXPLODE(分解)命令

EXPLODE(分解)命令将复杂对象分解为各个组成部分。复杂对象包括图块、多段线、填充图案、尺寸等；图块分解为定义图块前的图形；二维多段线分解为直线和圆弧，并失去宽度、切线方向等信息；填充图案分解为一条条直线；尺寸分解为一条条直线、箭头、文字等等。

1. 命令输入方式

键盘输入：EXPLODE 或 X

功能区："常用"选项卡→"修改"面板→

2. 命令使用举例

例　单击：

单击：(要分解的对象)

单击：↙

9.1.6 修改插入的图块

当要修改已插入图中的多个相同图块时，只需修改一个图块，再做简单的操作即可。修改的步骤如下。

①在绘图区域内空白处插入一个分解的图块，或者分解一个已有的图块。

②修改插入的图形。

③用 BLOCK(创建块)命令重新定义同名的图块。由于与已有图块同名，所以会显示 AutoCAD 对话框，要确定重新定义。图块定义结束后，重新生成当前图形，显示被修改后的图形。

9.1.7 单位图块

单位图块也称 1×1 图块。它是在一个单位边长的正方形内绘制图形，并定义为图块。以后插入该图块时，X 与 Y 方向的比例因子便是这个图形的实际大小。例如图 9-1 所示的螺栓投影，若按一个单位绘制后定义为图块，那么以后需要画多大的螺栓都可以使用这个图块。

再比如，构造一个 1×1 的正方形块，用它既可画正方形，又可画矩形。输入的 X 比例因子成为矩形的宽，Y 比例因子成为矩形的高。

9.1.8 图块应用举例

现在绘制图 9-6 所示的椅子和餐桌。绘制过程是：先画出椅子(图 9-6(a))并定义为图块后，画出餐桌，再把椅子图块插入并阵列(图 9-6(b))，然后修改椅子，最后存图。椅子用细实线画轮廓放在"文字"层上，餐桌用粗实线画轮廓放在"粗实线"层上。操作过程如下。

(1)画椅子和餐桌

单击"图层"面板中"图层"控件，再单击"文字"层名。

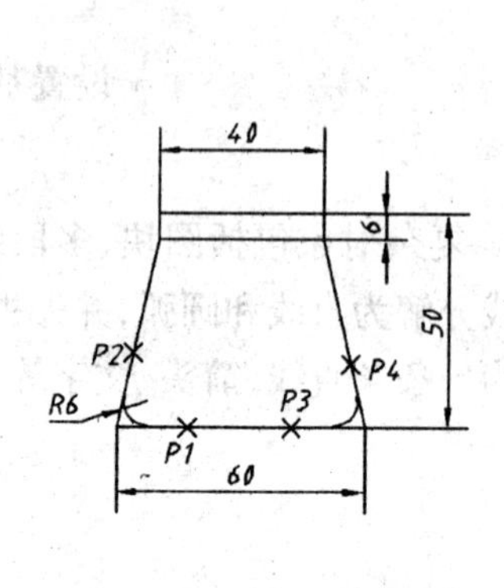

(a)

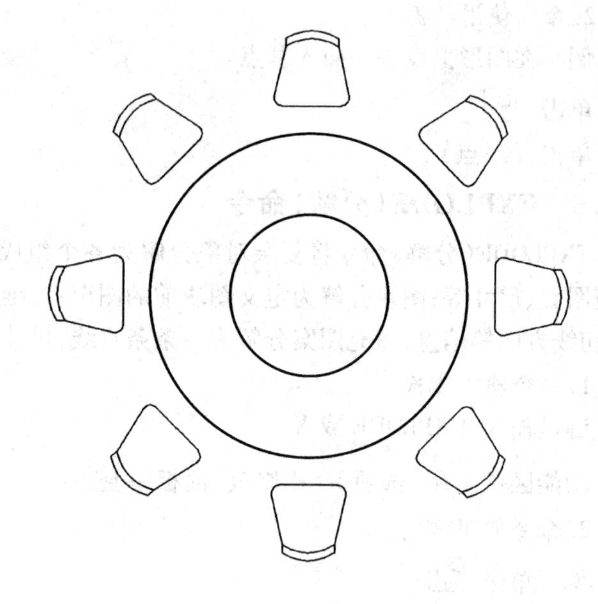

(b)

图 9-6　椅子和餐桌

(a)椅子;(b)结果

操作	说明
单击:	* 绘制一个梯形椅子
输入:100,100	* 指定梯形左下角点
输入:60,0	* 指定梯形右下角点
输入:-10,44	* 指定梯形右上角点
输入:-40,0	* 指定梯形左上角点
输入:C	* 闭合图形,完成梯形绘制
单击:↙	* 在梯形上方绘制一个矩形椅背
输入:110,144	* 指定矩形左下角点
输入:0,6	* 指定矩形左上角点
输入:40,0	* 指定矩形右上角点
输入:0,-6	* 指定矩形右下角点
单击:↙	* 完成矩形椅背绘制
单击:	* 向梯形底部添加圆角
输入:R	* 修改半径
输入:6	* 输入半径值
输入:M	
单击:(P1 点)	
单击:(P2 点)	
单击:(P3 点)	
单击:(P4 点)	

单击:↙

单击:创建　　　　　　　　　　　　　　　　　　* 建立椅子图块

在“块定义”对话框的“名称(N)”列表框中键入块名 CHAIR,在“基点”区的“X”、“Y”输入框内分别键入130、100。在“对象”区选择“删除(D)”,单击“选择对象(T)”()按钮。

单击:(图形外左下方一点)

单击:(图形外右上方一点)　　　　　　　　　　* 用窗口选择整个椅子

输入:↙

单击“确定”按钮。

单击“图层”面板中“图层”控件,再单击“粗实线”层名。

单击:圆心,半径　　　　　　　　　　　　　　* 画同心圆餐桌

输入:200,150　　　　　　　　　　　　　　　* 圆心坐标

输入:60　　　　　　　　　　　　　　　　　　* 输入半径

单击:↙　　　　　　　　　　　　　　　　　　* 重复画圆命令

单击:(捕捉圆心)　　　　　　　　　　　　　　* 选定同一个圆心

输入:30　　　　　　　　　　　　　　　　　　* 输入半径

单击:插入　　　　　　　　　　　　　　　　　* 插入椅子图块

在“插入”对话框的“名称(N)”控件中选择 CHAIR。在“插入点”区关闭“在屏幕上指定(S)”复选框,在“X”、“Y”输入框内分别键入200、220。在“比例”区的“X”输入框内键入0.5,并选中“统一比例(U)”复选框,最后单击“确定”按钮。

单击:　　　　　　　　　　　　　　　　　　　* 阵列椅子

在“阵列”对话框中,单击“环形阵列(P)”按钮,点取“选择对象(S)”()按钮,选中刚插入的图块后按【Enter】键,返回“阵列”对话框。在“中心点”右端的“X”、“Y”输入框内分别键入200、150,在“项目总数(I)”输入框内键入8,“填充角度(F)”为360,然后点取“确定”按钮。

(2)修改椅子后存图

椅子靠背是直线,现要改为圆弧,须插入一个原大的椅子来修改。可是已画好的餐桌和椅子已占满了绘图区,故将餐桌所在图层“粗实线”关闭。将分解的椅子插在餐桌位置上,插入的椅子已不再是图块了。可以擦除椅背两条线,再画圆弧。然后再重新定义椅子图块,所有椅子即被修改。最后保存图形。其操作如下。

单击“图层”面板中“图层”控件,单击“文字”层名;再单击该控件,单击“粗实线”层中的灯泡()图标,关闭该层。

单击:插入　　　　　　　　　　　　　　　　　* 插入分解的椅子图块

在“插入”对话框的“名称(N)”控件框中选择 CHAIR。在“插入点”区关闭“在屏幕上指定(S)”复选框,在“X”、“Y”输入框内分别键入200、100。在“缩放比例”区的“X”输入框

内键入 1，打开“分解(D)”复选框，最后单击“确定”按钮。

单击：[按钮图标]　　　　＊擦除椅背上两条直线

单击：(椅背上的一条直线)

单击：(椅背上的另一条直线)

输入：↙

单击：[三点]　　　　＊将一条圆弧添加到椅背

输入：220,144

输入：-20,6

输入：-20，-6

单击：↙　　　　＊将另一条圆弧添加到椅背

输入：220,150

输入：-20,6

输入：-20，-6

单击：[创建]　　　　＊重新定义椅子图块

在“块定义”对话框的“名称(N)”列表框中选择块名 CHAIR，在“基点”区的“X”、“Y”输入框内分别键入 200、100。在“对象”区选择“删除(D)”，单击“选择对象(T)”([按钮图标])按钮。

单击：(图形外左下方一点)

单击：(图形外右上方一点)　　　　＊窗口选择整个椅子

单击：↙

单击“确定”按钮，在显示的“块-重新定义块”对话框中再单击“重新定义块”选项。

单击“图层”面板中“图层”控件，单击“粗实线”层中的灯泡([灯泡图标])图标，打开该层。

输入：W↙　　　　(存图)

在“源”区选择“整个图形(E)”按钮。在“目标”区的“文件名和路径(F)”输入框中键入自己的文件夹名和文件名 TABLE，再单击“确定”按钮。

9.2　属性

属性是对图块或图形的文字说明，与图块或图形一起存储。属性包括属性标记和属性值。属性标记、输入提示等内容是在作属性定义时写入图中的。属性定义只作一次，可同时定义多个属性。属性值是在插入附加了属性的图块或图形文件时按提示输入的。每插入一个图块或图形就要输入一次属性值。所以，几个插入的图块或图形具有的属性值都不一样。例如，零件序号、代号、名称、数量、材料等是零件的属性，而一个具体零件的序号、代号、名称、数量、材料等就是这个零件的属性值。另外，属性可以显示也可以不显示。

对图块或图形附加属性必须经过下列步骤：

①绘制图形；

②使用 ATTDEF(属性定义)命令建立属性定义；

③将图形和属性一起定义为图块，或用存图命令保存；

④插入图块或图形文件,并按提示输入相应的属性值。

本节介绍建立和编辑属性的命令、方法等。

9.2.1 ATTDEF(属性定义)命令

ATTDEF(属性定义)命令使用“属性定义”对话框(图 9-7)建立属性定义。属性定义用来描述属性模式、属性标记、输入提示、属性值、插入点以及属性的文字选项等。

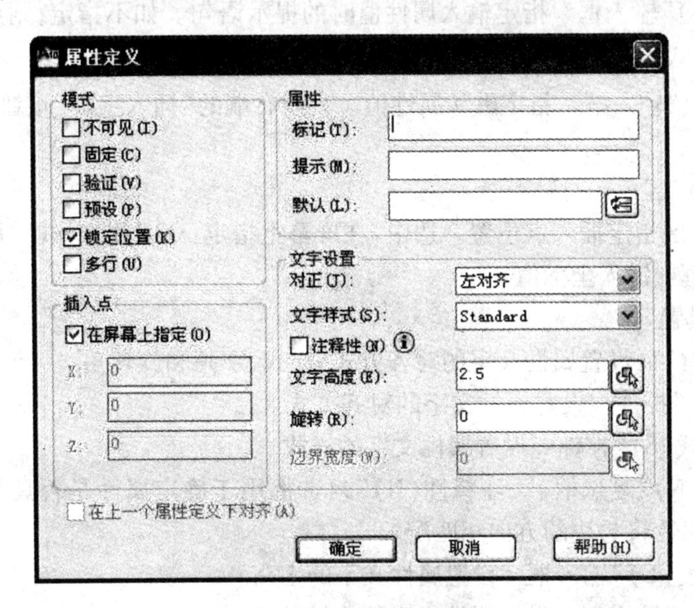

图 9-7 “属性定义”对话框

1. 命令输入方式

键盘输入:ATTDEF 或 ATT

功能区:“常用”选项卡→ 块 →

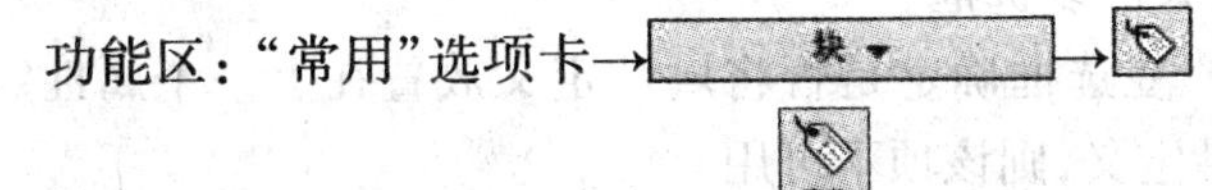

“插入”选项卡→“属性”面板→

2. 对话框说明

(1)“模式”区

在“模式”区设置插入块时与块关联的属性值选项。

1)“不可见(I)”复选框 插入图块后是否显示属性值。打开复选框时不显示属性值,关闭时显示。

2)“固定(C)”复选框 在插入块时属性值是否为固定常数。复选框打开时为固定常数,不显示输入提示。关闭时需输入属性值。

3)“验证(V)”复选框 在插入块时是否校验输入的属性值。复选框打开时校验,将提示用户再次确认属性值是否正确。复选框关闭时不校验。

4)“预设(P)”复选框 在插入包含预置属性值的块时是否使用预设的属性值。复选框打开时用默认值作为属性值,否则显示输入提示。

5)“锁定位置(K)”复选框 用该复选框确定图块中的属性位置是否固定,一般固定。如果不固定,则属性位置可改变,并且可以调整多行属性的大小。

6)“多行(U)”复选框　用该复选框确定图块中的属性是否使用多行文字。选定此选项后，可以指定属性的边界宽度。

(2)“属性”区

在“属性”区设置属性标记、键入提示和默认值。

1)“标记(T)”输入框　键入属性标记，用于标识图形中属性位置。

2)“提示(M)”输入框　指定输入属性值时的提示语句。如不指定，则用属性标记作提示。如果属性模式中“固定(C)”项打开，则该项不可用。

3)“默认(L)”输入框　指定默认属性值。利用右端的“插入字段”按钮( )在此插入某一个字段。

(3)“插入点”区

在“插入点”区指定插入点位置。选中“在屏幕上指定(O)”复选框时，可以在图上指定点，否则在输入框中键入坐标值。

(4)“文字设置”区

在“文字设置”区设置属性文字的对齐方式、样式、字高和旋转角。

1)“对正(J)”控件　设置属性文字的对齐方式。

2)“文字样式(S)”控件　设置属性文字的样式。

3)“注释性(N)”复选框　“注释性(N)”复选框用于确定属性是否具有注释性。如果选定此选项，则属性将与块的方向相匹配。

4)“文字高度(E)”输入框　设置属性文字的字高。

5)“旋转(R)”输入框　设置属性文字的旋转角。

6)“边界宽度(W)”输入框　当选中“模式”区的“多行(U)”复选框时，在此设置多行文字的边界宽度。

(5)“在上一个属性定义下对齐(A)”复选框

“在上一个属性定义下对齐(A)”复选框确定是否将属性定义放置在上一个属性定义下方并与其对齐。如果以前没有属性定义，则该项不可用。

3. 命令使用举例

例　绘制一张办公室的平面图。室内布置四张写字台，每张台上有编号、姓名、职务、性别、年龄等，这些是属性。再分别规定它们的属性标记、输入提示、默认值、可见性、插入点等。将这些项目列成表，如表9-1所示。

表9-1

标记	提示	默认	可见性	插入点	字高	文字样式
编号	请输入编号	01		120,144	7	HZ
姓名	、			120,125	10	HZ
职务	请输入职务			176,125	10	HZ
性别		男		120,109	7	HZ
年龄				176,109	7	HZ

(1)绘制 120×60 的矩形表示写字台

用 NEW(新建)或 QNEW(快速新建)命令装入 A3 样板。将“粗实线”层设置为当前层。下面用 LINE(直线)命令画矩形。

单击:

输入:100,100

输入:120,0

输入:0,60

输入:-120,0

输入:C

(2)使用 ATTDEF(属性定义)命令建立属性定义

①将“文字”层设置为当前层。

②执行 ATTDEF(属性定义)命令,按表 9-1 分别键入属性定义,结果如图 9-8 所示。

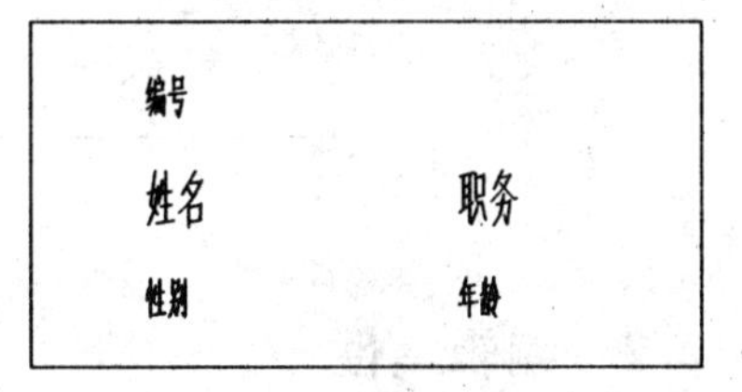

图 9-8　写字台平面图

(3)定义图块

使用 BLOCK(创建块)命令定义图块。图块名为 DESK,插入点在(100,100),打开“删除(D)”按钮。

(4)绘制 390×270 的矩形表示办公室

设置“粗实线”层为当前层。下面用 LINE(直线)命令画矩形。

单击:

输入:10,10

输入:390,0

输入:0,270

输入:-390,0

输入:C

(5)插入图块和输入属性值

用 INSERT(插入)命令插入 DESK 图块。插入比例为 1、旋转角为 0。在工具提示中输入属性值。插入点及属性值如表 9-2 所示,结果如图 9-9 所示。

表 9-2

插入点	编　号	姓　名	职　务	年　龄	性　别
60,170	01	王强	主任	35	男
230,170	02	李敏	副主任	28	女
60,60	03	张山	职员	29	男
230,60	04	杨玉	职员	22	女

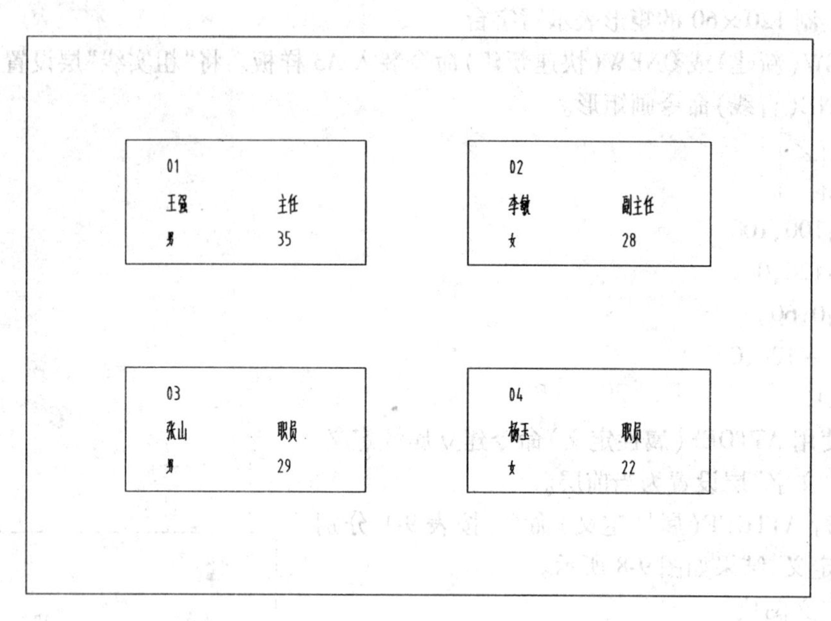

图 9-9　办公室平面图

9.2.2　编辑属性

编辑属性包括修改属性定义和修改属性特性。编辑属性可以使用 PROPERTIES(特性)或 DDEDIT(文字编辑)命令进行。

如果修改了属性定义,必须重新定义修改了属性定义的图块。重新定义带属性定义的图块的步骤如下:

①插入一个分解的带属性定义的图块;

②使用 PROPERTIES(特性)修改属性定义;

③用 BLOCK(创建块)或 WBLOCK(写块)命令重新定义该图块。

例　修改前例中 DESK 图块,将“年龄”属性修改为不可见,即打开“不可见”模式。

首先插入 DESK 图块:

单击:

显示“插入”对话框。在“名称(N)”控件框中指定块名 DESK,打开“分解(D)”复选框,再单击“确定”按钮。

点取“年龄”属性,执行 PROPERTIES(特性)命令,显示“特性”选项板,将“其他”属性类的“不可见”选项改为“是”,然后关闭“特性”选项板。

然后重新定义 DESK 图块:

单击:创建

在“块定义”对话框的“名称(A)”列表框中指定块名 DESK,在“基点”区指定插入基点,在“对象”区选择要被定义为新块的对象并选择“删除(D)”项,单击“确定”按钮。在“块-重定义块”对话框中单击“重定义”按钮,在插入的 DESK 图块中“年龄”属性不再显现。

修改属性特性使用“特性”选项板非常方便,这里不再详细说明。DDEDIT(文字编辑)

命令使用“增强属性编辑器”对话框(图9-10)修改属性特性。对话框中用三个选项卡分别显示所选图块的所有属性特性,并都可作修改。执行该命令的方式如下:

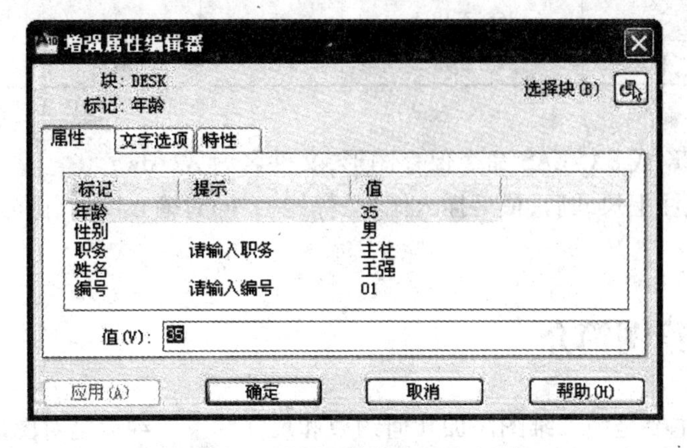

图9-10 “增强属性编辑器”对话框

键盘输入:DDEDIT 或 ED 或 EATTEDIT

功能区:“常用”选项卡→“块”面板→编辑属性或编辑属性→单个

“插入”选项卡→“属性”面板→或编辑属性→单个

定点设备:双击图块对象

9.2.3 图块属性应用举例

例 绘制一幅A3图框格式和标题栏(图9-11),并定义图名、图号、材料、重量、比例等属性。标题栏格式和尺寸如图7-8所示。

①用NEW(新建)或QNEW(快速新建)命令装入样板A3.DWT。

②绘制边框、图框和标题栏。在“粗实线”层上画粗实线,在“细实线”层上画细实线,边框左下角为(0,0)。

③在“文字”层上,用MTEXT(多行文字)命令写不带括号的文字。对齐方式用“正中(MC)”。“天津大学”的字高为7,其他字高为5。

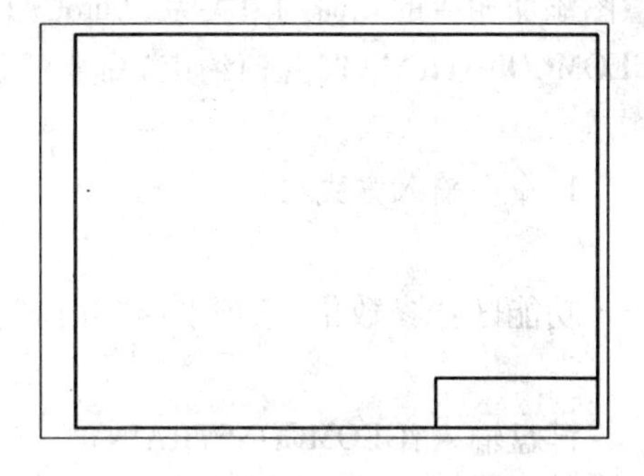

图9-11 A3图框与标题栏

④用ATTDEF命令定义带括号文字及重量、比例等属性,如表9-3所示。

表9-3

标记	值	插入点	字高	文字样式	对齐方式
图名		395,22.5	7	HZ	正中
图号		395,10.5	7	HZ	正中
材料		352,31.5	10	HZ	正中

续表

标记	值	插入点	字高	文字样式	对齐方式
重量		368.5,18.5	5	HZ	正中
比例	1:1	345.5,18.5	5	HZ	正中

⑤用 WBLOCK 或 SAVEAS 命令保存图形,文件名为 A3.dwg。

当画好图形、注上尺寸后,最后插入图框、标题栏,同时输入图名、图号、材料、重量、比例等,完成全图。

9.3 参数化绘图简介

参数化绘图主要是为二维图添加几何约束和尺寸约束。约束是对图形对象大小和角度的限制和对象之间相对关系的关联。参数化图形中的特定对象可以更改,与之关联的对象也会自动调整,但是对象之间的相对关系即形状不变。控制对象之间的相对关系称几何约束,用于控制图形形状。控制对象的大小和角度称标注约束,也叫尺寸约束。

参数化图形要分两步,首先绘制图形,然后对图形添加约束。下面介绍约束及其相关的命令。

9.3.1 GEOMCONSTRAINT(几何约束)命令

GEOMCONSTRAINT(几何约束)命令中包含多种几何约束的类型。可以按照设计者的意图添加相应的几何约束关系,AutoCAD 提供了 12 种默认的几何约束类型。使用时可以按 GEOMCONSTRAINT(几何约束)命令的提示选择约束类型,也可以直接单击对应的按钮操作。

1. 命令输入方式

功能区:“参数化”选项卡→“几何”面板→

键盘输入:GEOMCONSTRAINT

2. 命令提示及选择项说明

输入约束类型

[水平(H)/竖直(V)/垂直(P)/平行(PA)/相切(T)/平滑(SM)/重合(C)/同心(CON)/共线(COL)/对称(S)/相等(E)/固定(F)]<重合>: 输入一个选择项。

水平(H) 按钮为( ),用于将指定的直线或一对点约束成与当前坐标系的 X 轴平行。选择该选项后的提示如下:

选择对象或[两点(2P)]<两点>: 选择直线后约束该直线为水平线。如选择“两点(2P)”选项,则提示“选择第一个点:”和“选择第二个点:”。输入的第二个点与第一个点成水平对齐。

竖直(V) 按钮为( ),用于将指定的直线或一对点约束成与当前坐标系的 Y 轴平行。选择该选项后的提示如下：

选择对象或[两点(2P)]<两点>： 选择直线后约束该直线为竖直线。如选择"两点(2P)"选项，则提示"选择第一个点："和"选择第二个点："。输入的第二个点与第一个点成竖直对齐。

垂直(P) 按钮为( )，用于将指定的一条直线约束成与另一条直线保持垂直关系。两直线无需相交，但要注意选直线的先后次序。这是因为选择的第二条直线将调整为垂直于第一条直线。选择该选项后的提示就是"选择第一个对象："和"选择第二个对象："。

平行(PA) 按钮为( )，用于将指定的一条直线约束成与另一条直线保持平行关系。选择该选项后的提示也是"选择第一个对象："和"选择第二个对象："。

相切(T) 按钮为( )，用于将指定的一个对象与另一个对象约束成相切关系，即使两个对象延长后相切也可以。选择该选项后的提示也是"选择第一个对象："和"选择第二个对象："。对象可以是直线、圆、圆弧或椭圆。

平滑(SM) 按钮为( )，用于将一条样条曲线与其他样条曲线、直线、圆弧或多段线之间约束为光滑连接。应用了平滑约束的曲线的端点将设为重合。选择该选项后的提示是"选择第一条样条曲线："和"选择第二条曲线："。

重合(C) 按钮为( )，用于使两个点重合，或一个点位于一个对象上，或一个对象位于另一点上。选择该选项后的提示如下：

选择第一个点或[对象(O)/自动约束(A)]<对象>： 单击一点或输入选择项。输入一点后的提示如下：

选择第二个点或[对象(O)]<对象>： 单击一点或输入 O 后再选对象。

对象(O) 选择该项后，首先指定一个对象，再点选一个点或多个点。

自动约束(A) 选择该项可选择多个对象，应用的约束数量显示在命令提示下。

同心(CON) 按钮为( )，用于使两个圆、圆弧或椭圆保持同心。选择该选项后的提示也是"选择第一个对象："和"选择第二个对象："。

共线(COL) 按钮为( )，用于使两条或多条直线保持共线，即位于同一直线上。选择该选项后的提示如下：

选择第一个对象或[多个(M)]： 点选一条直线后提示"选择第二个对象："。如输入 M，则可选择多条直线，提示如下：

选择第一个对象： 点选直线。

选择对象以使其与第一个对象共线： 继续点选直线，该提示将连续显示，直至按【Enter】键结束。

对称(S) 按钮为( )，用于约束两个对象或两个点，使其以选定直线为对称轴彼此对称。对象可以是直线、圆、圆弧、椭圆。选择该选项后的提示如下：

选择第一个对象或[两点(2P)]<两点>： 点选一个对象后提示"选择第二个对象："。如输入 2P，则可选择两点，提示"选择第一个点："和"选择第二个点："。

选择对称直线： 点选一直线作为对称轴。

相等(E) 按钮为( )，用于使选择的多个圆弧或圆有相同的半径，或使选择的多个

直线段有相同的长度。AUTOCONSTRAIN(自动约束)命令中无相等约束,必须单独应用它。选择该选项后的提示如下:

选择第一个对象或[多个(M)]: 点选一个对象后提示“选择第二个对象:”。如输入M,则可选择多个对象,提示如下:

选择第一个对象: 点选一个对象。

选择对象以使其与第一个对象相等: 继续点选对象,该提示将连续显示,直至按【Enter】键结束。

固定(F) 按钮为(🔒),用于约束一个点,使其锁定在某个坐标点上。约束曲线、圆、圆弧、椭圆,使其锁定不能改变。AUTOCONSTRAIN(自动约束)命令中无固定约束,必须单独应用它。选择该选项后的提示是“选择点或[对象(O)]<对象>:”,要求选择一个点或一个对象。

3. 命令使用举例

例 对图9-12所示图形添加几何约束:两直线平行相等、水平,直线与圆弧相切、端点重合。

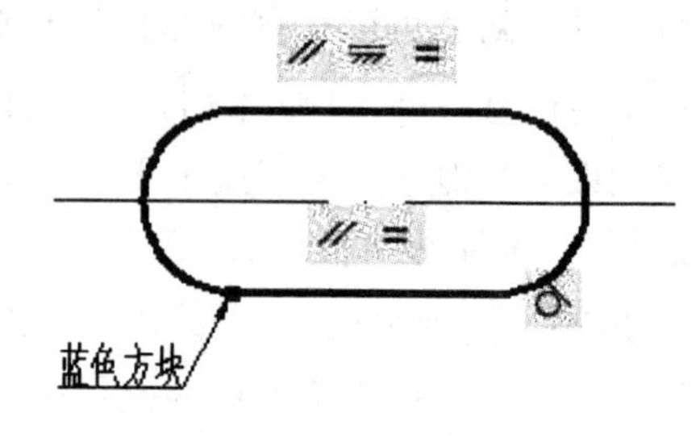

图9-12 添加几何约束

对图9-12所示图形添加几何约束的操作过程如下。

单击: [平行按钮] ＊启动“平行”约束

单击:(上面直线) ＊指定要约束的直线

单击:(下面直线) ＊指定要约束的第二条直线

单击: [水平按钮] ＊启动“水平”约束

单击:(上面直线) ＊指定要约束的直线

单击: [相等按钮] ＊启动“相等”约束

单击:(上面直线) ＊指定要约束的直线

单击:(下面直线) ＊指定要约束的第二条直线

单击: [相切按钮] ＊启动“相切”约束

单击:(右边圆弧) ＊指定要约束的圆弧

单击:(下面直线) ＊指定要约束的直线

单击: [重合按钮] ＊启动“重合”约束

单击:(左边圆弧下面端点) ＊指定圆弧的约束点

单击:(下面直线左端点) ＊指定直线的约束点

命令窗口显示如下。

命令: _GeomConstraint

输入约束类型

[水平(H)/竖直(V)/垂直(P)/平行(PA)/相切(T)/平滑(SM)/重合(C)/同心(CON)/共线(COL)/对称(S)/相等(E)/固定(F)]<重合>:_Parallel

选择第一个对象:

选择第二个对象:

命令：_GeomConstraint

输入约束类型

[水平(H)/竖直(V)/垂直(P)/平行(PA)/相切(T)/平滑(SM)/重合(C)/同心(CON)/共线(COL)/对称(S)/相等(E)/固定(F)] <重合>：_Horizontal

选择对象或[两点(2P)] <两点>：

命令：_GeomConstraint

输入约束类型

[水平(H)/竖直(V)/垂直(P)/平行(PA)/相切(T)/平滑(SM)/重合(C)/同心(CON)/共线(COL)/对称(S)/相等(E)/固定(F)] <水平>：_Tangent

选择第一个对象：

选择第二个对象：

命令：_GeomConstraint

输入约束类型

[水平(H)/竖直(V)/垂直(P)/平行(PA)/相切(T)/平滑(SM)/重合(C)/同心(CON)/共线(COL)/对称(S)/相等(E)/固定(F)] <相切>：_Equal

选择第一个对象或[多个(M)]：

选择第二个对象：

命令：_GeomConstraint

输入约束类型

[水平(H)/竖直(V)/垂直(P)/平行(PA)/相切(T)/平滑(SM)/重合(C)/同心(CON)/共线(COL)/对称(S)/相等(E)/固定(F)] <水平>：_Coincident

选择第一个点或[对象(O)/自动约束(A)] <对象>：

选择第二个点或[对象(O)] <对象>：

4. 说明

①对于某些约束，需要选择的点都是在对象上，这些点称约束点。例如上述举例中的“重合”约束。选择点时必须将光标指向对象，靠近光标的约束点处显示红色约束点图标(⊠)。此时按左键该点即被选中。此行为与对象捕捉的行为类似，但是点的位置只能为对象的端点、中点、中心点以及插入点。

②图9-12中显示在对象旁边的灰色图标称约束栏，或称约束图标。每当给对象添加几何约束时就会在对象旁显示与按钮图标一样的约束图标。只有“重合”约束的约束图标是蓝色小方块，当光标指向蓝色小方块时才又显示一个与“重合”按钮图标相同的图标。当光标指向约束图标时将亮显图标，同时在约束栏右侧显示隐藏按钮，如图9-13中的 。隐藏按钮只能隐藏约束按钮使其不显示，但不是删除。若要删除，则需要单击右键，在快捷菜单中用“删除”选项删除它。

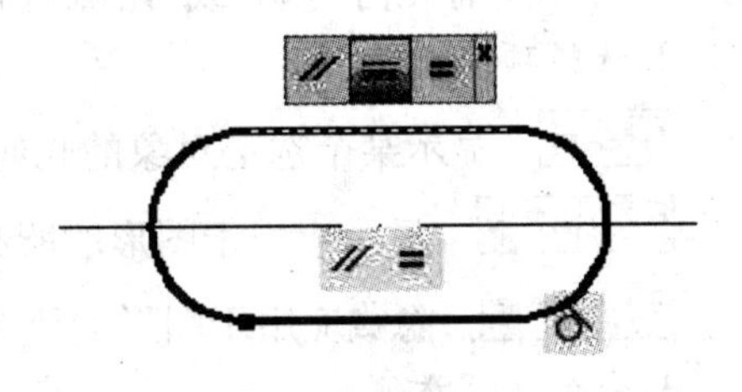

图9-13　约束栏

③当光标移至受约束的对象上时，将随光标（光标右上方）显示一个蓝色小图标( )。

9.3.2 AUTOCONSTRAIN(自动约束)命令

AUTOCONATRAIN(自动约束)命令可以按照约束设置中的设置自动地为画好的图形添加几何约束。自动添加的约束的顺序优先级可以通过约束设置来确定。

1. 命令输入方式

功能区:“参数化”选项卡→“几何”面板→自动约束

键盘输入:AUTOCONSTRAIN

2. 命令使用举例

例1 如图9-14所示,为多段线绘制的键槽添加自动约束。

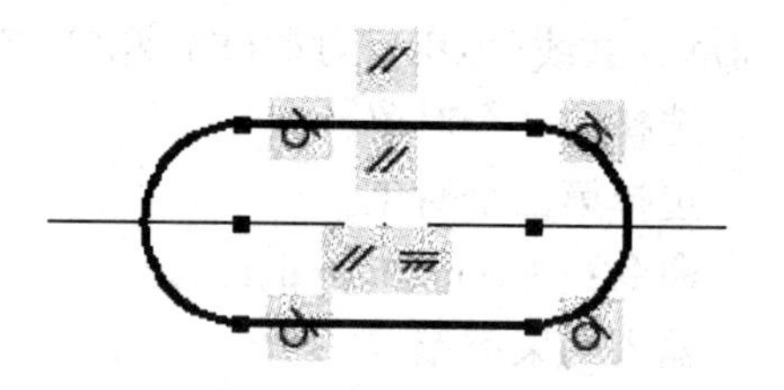

图9-14 添加自动约束

添加自动约束的操作过程如下。

单击: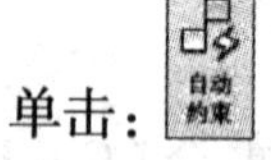 * 启动自动约束命令

单击:(多段线) * 指定多段线的约束

单击:↙ * 显示如图所示

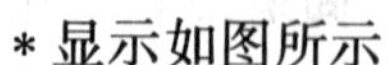

命令窗口显示如下。

命令: _AutoConstrain

选择对象或[设置(S)]:找到1个

选择对象或[设置(S)]:

已将13个约束应用于2个对象

9.3.3 显示与隐藏几何约束的命令

几何约束可以按照设计者的需要显示或隐藏几个或全部。这样既保证图面的清晰度,同时又不影响设计过程。

1. 命令输入方式

功能区:“参数化”选项卡→“几何”面板→显示、全部显示、全部隐藏

键盘输入: CONSTRAINTBAR

快捷菜单:当图形中存在约束时,终止任何活动命令,右键单击绘图区域,选择“参数化”→“显示所有几何约束”或“隐藏所有几何约束”

2. 选择项说明

显示 显示某个选定对象的几何约束。

全部显示 显示应用于图形的所有几何约束。

全部隐藏 隐藏应用于图形的所有几何约束。

3. 命令使用举例

例2 使用“全部隐藏”约束按钮隐藏图9-15中的几何约束,再用“显示”约束按钮察看图中上面一段直线的约束关系。

操作过程如下。

单击:全部隐藏 * 启动全部隐藏约束命令

单击：显示　　　　　* 启动显示约束命令

单击：（上面直线）　　* 显示直线段上的约束

单击：↙　　　　　　* 结果如图 9-15 所示

命令窗口显示如下。

命令：_ConstraintBar

选择要显示约束的对象或［全部显示(S)/全部隐藏(H)］<全部显示>：_H

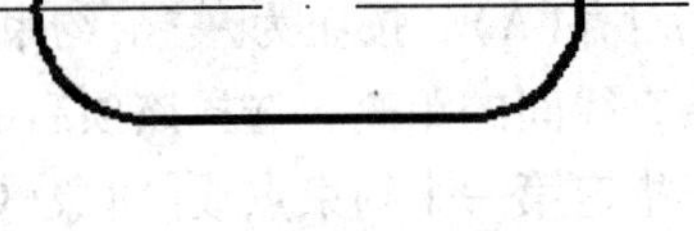

图 9-15　隐藏或显示约束

命令：_ConstraintBar

选择要显示约束的对象或［全部显示(S)/全部隐藏(H)］<全部显示>：

找到 1 个

选择要显示约束的对象或［全部显示(S)/全部隐藏(H)］<全部显示>：

9.3.4　DIMCONSTRAINT（标注约束）命令

标注约束会使对象之间或对象上的点之间保持指定的距离和角度。它不同于注释系统中的尺寸标注命令。标注约束可驱动对象的大小或角度，而尺寸标注是由对象驱动的。默认情况下，标注约束并不是对象，只是以一种尺寸样式显示且不能改变，在缩放操作过程中不随图形大小而变化，也不能打印。标注约束通过指定数值、使用变量和表达式控制图形的大小。这就是动态约束。标注约束能帮助设计者实现不同尺寸之间的关联，使某些尺寸可随某一尺寸的变化而做相应改变。

1. 命令输入方式

功能区："参数化"标签→"标注"面板→

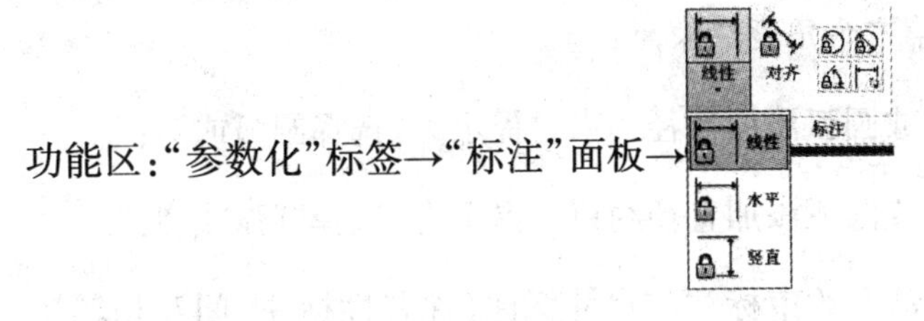

键盘输入：DIMCONSTRAINT

2. 选择项说明

当前设置：　约束形式 = 动态

选择要转换的关联标注或［线性(LI)/水平(H)/竖直(V)/对齐(A)/角度(AN)/半径(R)/直径(D)/形式(F)］<对齐>：　点选一个动态标注约束后可修改文字，再按【Enter】键，将动态标注约束改为尺寸标注（注释性标注）。或者输入一个选择项。

线性(LI)　按钮为，约束两点或对象上两端点之间的水平或竖直距离。选择该项后的提示如下：

指定第一个约束点或［对象(O)］<对象>：　点选对象上靠近光标的端点，接着"指定第二个约束点："。如输入 O 则提示"选择对象："。当两个约束点所在直线倾斜时，水平移动光标显示竖直约束，竖直移动光标显示水平约束。

水平(H)　按钮为，约束两点在水平方向上的距离。可以选择两个约束点或一个对象，提示同上。

竖直(V)　按钮为，约束两点在竖直方向上的距离。可以选择两个约束点或一个对象，提示同上。

对齐(A)　按钮为，约束两点或对象上两端点之间的距离、点到直线间的距离或者两条直线间的距离。选择该项后的提示如下：

指定第一个约束点或[对象(O)/点和直线(P)/两条直线(2L)]<对象>：　点选对象上靠近光标的端点，或输入选择项。如输入 O，则

指定第二个约束点：　点选另一个点。

对象(O)　使用该选项将约束对象上两端点之间的距离。提示为“选择对象：”。

点和直线(P)　使用该选项将约束点到直线间的距离。提示如下：

指定约束点或[直线(L)]<直线>：　点选一个约束点后提示“选择直线：”。或者输入 L 后提示“选择直线：”，再提示“指定约束点：”。

两条直线(2L)　该选项要求点选两条直线，则以点选两条直线的选择点间的距离为约束距离，并且使第二条直线平行于第一条直线。选择该项后的提示为“选择第一条直线：”和“选择第二条直线，以使其平行：”

角度(AN)　按钮为，约束两直线间的夹角、圆弧的圆心角或由三点构成的角度。选择该项后的提示如下：

选择第一条直线或圆弧或[三点(3P)]<三点>：　点选直线或圆弧。如选直线，则提示“选择第二条直线：”。如输入 3P，则要求点选三个约束点，提示为“指定角的顶点：”、“指定第一个角度约束点：”和“指定第二个角度约束点：”。

半径(R)　按钮为，为圆或圆弧添加半径约束。提示为“选择圆弧或圆：”。

直径(D)　按钮为，为圆或圆弧添加直径约束。提示为“选择圆弧或圆：”。

形式(F)　按钮为，可在动态约束标注与尺寸标注(注释性标注)间互相转换。选择该项后的提示如下：

输入约束形式[注释性(A)/动态(D)]<动态>：　确定将点选的标注形式改成需要的形式。如输入 A，则需点选一个动态约束标注。如输入 D，则需点选一个尺寸标注(注释性标注)。选中一个标注后可修改文字，再按【Enter】键结束。

指定尺寸线位置：　移动光标时标注约束随着光标拖动，在适当位置按左键。此时标注文字是默认的且可修改。再单击左键或【Enter】键即完成标注约束。

3. 命令使用举例

例　在图 9-14 上添加标注约束。

在图 9-14 上添加标注约束的如图 9-16 所示。操作过程如下。

单击：　　* 启动“线性”约束

单击：(左边圆弧中点)　　* 指定圆弧的约束点

单击：(右边圆弧中点)　　* 指定圆弧的约束点

单击：(下方空白处一点)　　* 指定标注约束位置

单击:(左键)

单击: 　　　　　　　　　＊启动"半径"约束

单击:(左边圆弧)　　　　　　＊指定圆弧

单击:(左上方空白处一点)

　　　　　　　　　　　　＊指定标注约束位置

输入:r1 =2

命令窗口显示如下。

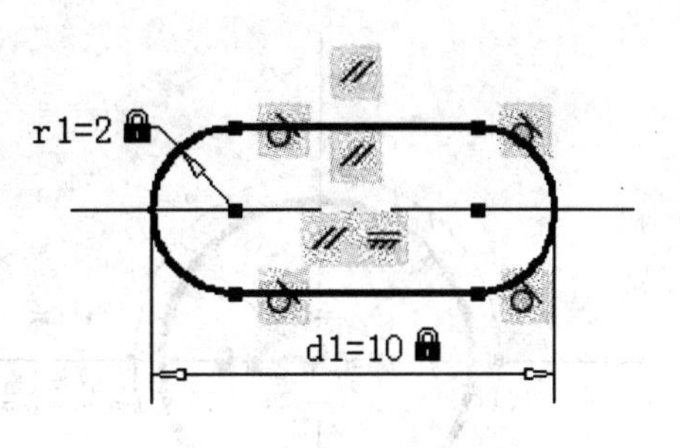

图9-16　添加标注约束

命令: _DimConstraint

当前设置:　约束形式 = 动态

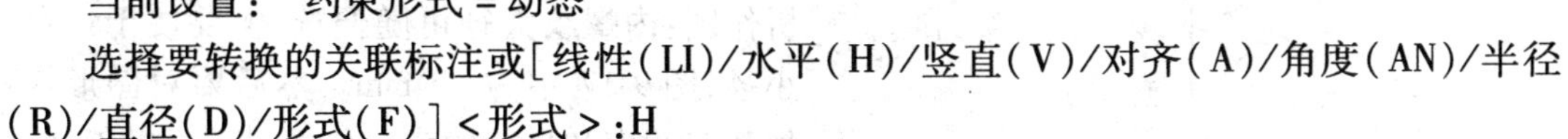

选择要转换的关联标注或[线性(LI)/水平(H)/竖直(V)/对齐(A)/角度(AN)/半径(R)/直径(D)/形式(F)]<形式>:H

指定第一个约束点或[对象(O)]<对象>:

指定第二个约束点:

指定尺寸线位置:

标注文字 =10

命令: _DimConstraint

当前设置:　约束形式 = 动态

选择要转换的关联标注或[线性(LI)/水平(H)/竖直(V)/对齐(A)/角度(AN)/半径(R)/直径(D)/形式(F)]<水平>:_Radial

选择圆弧或圆:

标注文字 =2

指定尺寸线位置:

9.3.5　控制动态标注约束的显示或隐藏

控制动态标注约束的显示或隐藏,单击功能区的"参数化"选项卡→"标注"面板→

按钮。按钮加亮时显示图形上的动态标注约束,反之隐藏动态标注约束。或者在绘图区域单击右键,在快捷菜单中单击"参数化"→"显示所有动态约束"或"隐藏所有动态约束"按钮。

9.3.6　参数化绘图举例

参数化绘图一般先创建一个图形并对其进行完全的几何约束,然后应用标注约束。在设计中应用几何约束以确定设计的形状,然后应用标注约束以确定对象的大小。设计过程中较常用的形状相同、尺寸大小不同的图形,或者一些尺寸大小随着某一个或几个尺寸大小而变化的图形都可以进行参数化。使用参数化图形时,只要将它插入图中,修改动态标注约束的文字为尺寸数字,再把动态约束改为注释性尺寸。这样图形和尺寸标注一并完成,非常简便。

机械图样上有一些结构是标准结构如螺纹、螺纹紧固件,还有法兰盘、安装板等,它们的视图有一定的画法。而且这些图形重复使用率很高,作图又很繁琐,总想找出一种简便的方法解决。现在有了参数化图形方法,可以尝试一下。例如将图9-17所示内螺纹的投影进行

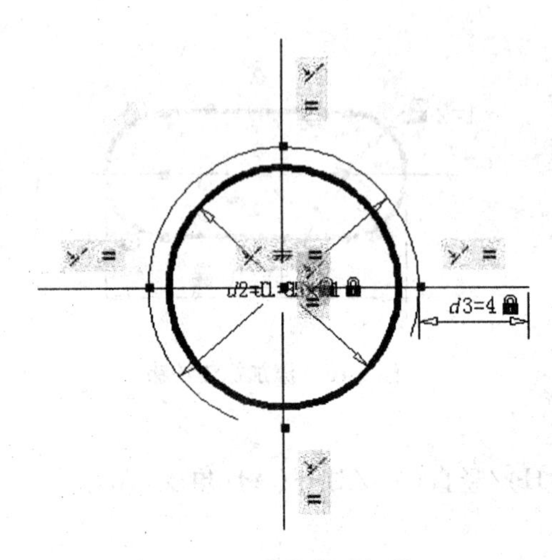

图 9-17　参数化内螺纹

参数化。首先分析内螺纹的投影：内螺纹大径是细实线圆弧，弧长约四分之三圈；内螺纹小径是粗实线圆，直径是大径的0.85倍；十字中心线是点画线，点画线应超出圆弧，无论图形大小长度都一致。所以，作图时十字中心线不能画成两条直线，而且每条都要画成三段：中间线段在大圆弧内，长度为大径长，两端直线长4 mm。内螺纹大径是作图的依据，要根据大径的大小画出相应的投影。根据上面的分析作图：内螺纹大径可随便选，但要便于计算小径，图9-17中为10 mm。然后要对图形添加几何约束和尺寸约束。作图过程不做叙述，只将添加约束的操作过程说明如下。

(1)添加自动几何约束

单击：[自动约束] 　　＊启动自动约束命令
单击：(右上方一点) 　　＊用C窗口选择对象
单击：(左下方一点)
单击：↙ 　　＊显示如图所示

(2)选择性添加几何约束

单击：[=] 　　＊选用相等约束
单击：(圆内水平线) 　　＊令圆内十字中心线相等
单击：(圆内垂直线)
单击：[=] 　　＊选用相等约束
单击：M 　　＊选择"多个(M)"选项
单击：(圆外右端水平线) 　　＊令圆外四段直线相等
单击：(圆外上端垂直线)
单击：(圆外左端水平线)
单击：(圆外下端垂直线)
单击：↙ 　　＊结束对象选择

(3)添加标注约束

单击：[直径] 　　＊选用直径约束
单击：(圆弧)
单击：(任一点) 　　＊指定尺寸线位置
单击：d1 =10 　　＊直径表达式
单击：[直径] 　　＊选用直径约束
单击：(圆)
单击：(任一点) 　　＊指定尺寸线位置

单击:d2 =0.85 * d1　　　　* 直径表达式

单击:　　　　* 选用线性约束

单击:(圆外右端水平线一端点)　　　　* 选择两点

单击:(圆外右端水平线另一端点)

单击:(圆外右端水平线下方一点)　　　　* 指定尺寸线位置

单击:d3 =4　　　　* 直线长度

命令窗口显示如下。

命令: _AutoConstrain

选择对象或[设置(S)]:指定对角点: 找到 8 个

选择对象或[设置(S)]:

已将 17 个约束应用于 8 个对象命令:

命令: _GeomConstraint

输入约束类型

[水平(H)/竖直(V)/垂直(P)/平行(PA)/相切(T)/平滑(SM)/重合(C)/同心(CON)/共线(COL)/对称(S)/相等(E)/固定(F)]

<重合>:_Equal

选择第一个对象或[多个(M)]:

选择第二个对象:命令: _GeomConstraint

输入约束类型

[水平(H)/竖直(V)/垂直(P)/平行(PA)/相切(T)/平滑(SM)/重合(C)/同心(CON)/共线(COL)/对称(S)/相等(E)/固定(F)]

<相等>:_Equal

选择第一个对象或[多个(M)]: M

选择第一个对象:

选择对象以使其与第一个对象相等:

选择对象以使其与第一个对象相等:

选择对象以使其与第一个对象相等:

选择对象以使其与第一个对象相等:

设为相等的对象长度

命令: _DimConstraint

当前设置: 约束形式 = 动态

选择要转换的关联标注或[线性(LI)/水平(H)/竖直(V)/对齐(A)/角度(AN)/半径(R)/直径(D)/形式(F)] <对齐>:_Diameter

选择圆弧或圆:

标注文字 =10

指定尺寸线位置:

命令: _DimConstraint

当前设置: 约束形式 = 动态

选择要转换的关联标注或[线性(LI)/水平(H)/竖直(V)/对齐(A)/角度(AN)/半径(R)/直径(D)/形式(F)] <直径>:_Diameter

选择圆弧或圆:

标注文字 =8.5

指定尺寸线位置:

命令: _DimConstraint

当前设置: 约束形式 = 动态

选择要转换的关联标注或[线性(LI)/水平(H)/竖直(V)/对齐(A)/角度(AN)/半径(R)/直径(D)/形式(F)] <直径>:_Linear

指定第一个约束点或[对象(O)] <对象>:

指定第二个约束点:

指定尺寸线位置:

标注文字 =4

9.3.7 修改动态标注约束

修改动态标注约束可以控制对象的长度、角度和对象间的距离。修改方法包括更改约束文字、使用夹点操作、更改用户变量或表达式等。修改完成后,被约束的图形按新值改变。

标注约束文字一般包括名称、表达式和值。默认的名称是:线性约束用字母 d 加数字序号如 d1、d2 等,直径约束用"直径 1"、"直径 2"等,半径约束用"弧度 1"、"弧度 2"等,角度约束用"角度 1"、"角度 2"等。表达式由数字、运算符、函数和变量(即名称)组成。值就是测量值即对象的大小。默认情况下,表达式与值是一样的。图 9-17 中,"d1 =10"和"d2 =0.85 * d1"是直径约束,"d3 =4"是线性约束,名称都是更改的。等于号右边的是表达式。更改标注约束文字使用以下方法之一:

①双击标注约束,输入新文字。

②选择标注约束,在"特性"选项板中修改"表达式"选项,还可以更改"名称"。

③在"参数管理器"选项板(图 9-18)中可以修改任一个标注约束文字的名称和表达式。打开"参数管理器"选项板的方法如下:单击"参数化"选项卡→"管理"面板→ 按钮,或从命令行输入 PARAMETERS(参数管理器)命令。"参数管理器"按钮加亮时显示"参数管理器"选项板,否则关闭。要关闭"参数管理器"选项板再单击"参数管理器"按钮或选项板上的"关闭"按钮。

④可以使用夹点修改标注约束。单击标注约束即显示蓝色的三角块和四方块(图 9-19),这就是夹点。关于夹点问题已在第 6 章 6.6 节中作了说明。单击三角块(变红)移动光标,可拖动标注约束变大或变小,对象同时随着变化。单击四方块(变红)移动光标,可拖动标注约束改变位置。

9.3.8 使用参数化图形

一般图形使用前面介绍的二维绘图命令、绘图工具及操作方法即可绘制出完全规范的图形,没有必要再对图形进行约束,特别是大而复杂的图形。要使参数化图形能够随某些约束尺寸改变而变化,必须对图形作完全几何约束。从 9.3.6 节中的例子可以看出,光有 AU-

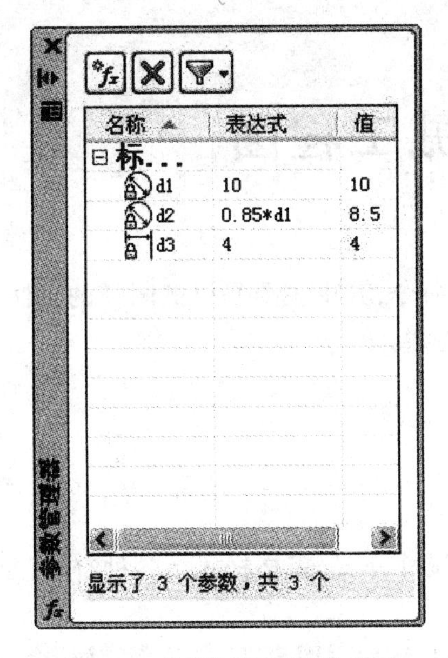

图 9-18 “参数管理器”选项板

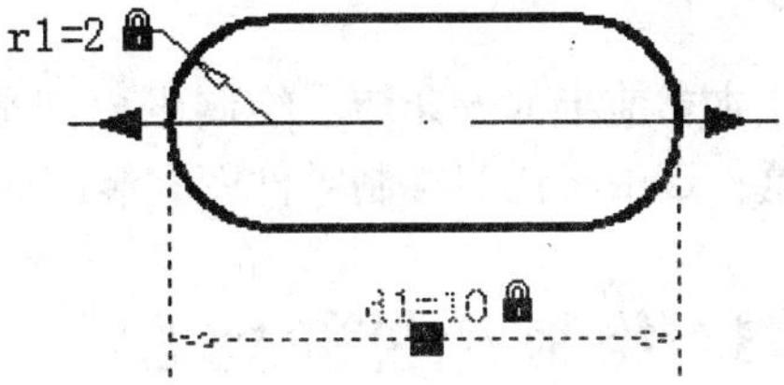

图 9-19 标注约束的夹点

TOCONSTRAIN(自动约束)命令作出的几何约束还不够,还要考虑其他几何约束。对图形作完全几何约束很不容易做到。如不能完全约束,改变约束尺寸后图形的变化则不可预料。所以一般只对局部图形或完整独立的图形进行参数化,例如螺纹的投影和各标准件、法兰盘、底板等的视图,还有各种重复使用的形状相同、大小不同的图形等。

在绘制图形过程中,要使用参数化图形时,只要用 INSERT(插入)命令将其插入图中。但是有一点问题,就是参数化图形位置不对。这就需要对参数化图形指定基点。指定基点使用 9.1.4 中 BASE(基点)命令。例如 9.3.6 节中的内螺纹投影是以圆心为基点。

练习题

9.1 将图 9-20 所示表面结构要求符号分别定义为图块,并在第 3 章和第 6 章练习题上添加表面结构要求符号。图中三角形边长为 5。

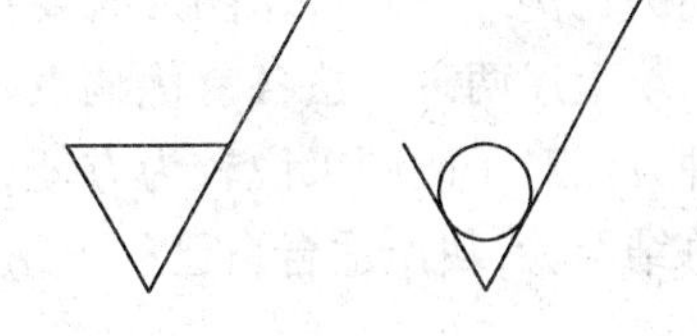

图 9-20 表面结构要求符号

9.2 参照 9.2.3 节例子创建 A2、A1、A0 图幅格式,并分别存储。

9.3 将以前所画的图分别加上图框、标题栏,构成一幅完整的图样。

9.4 参数化图 3-46 所示的两个平面图形。

9.5 参照 9.3.6 节中的例子,将外螺纹的投影制作为参数化图形。

9.7 将六角头螺栓的视图制作为参数化图形。各部分大小按螺纹大径的倍数计算,螺纹大径、螺杆长度为可变。

第 10 章　绘制机械工程图

本书前半部分介绍了绘制平面图形的方法和各种命令,其中主要是机械图样的画法。在这一章中将说明绘制零件图和装配图的具体方法和步骤。

10.1　绘制零件图的步骤

绘制零件图的一般步骤如下。

①加载样板。样板中应包括图层设置、文字样式、尺寸样式、表格样式及各种符号(如表面结构要求等符号)等内容。

②按 1∶1绘制视图。无论零件大小,一律按原大画图,然后再用 SCALE(比例缩放)命令放大或缩小视图。如果零件太大,在选定的图纸范围内按 1∶1画不下所有视图,则要改变图形界限。画完图后再缩小图形,并改回原选定的图纸范围。有时图形可能不在图纸范围内,需再将图形平移进来。

③标注尺寸。如果图形经过放大或缩小,则先要改变测量单位比例因子再标注尺寸。

④标注表面结构要求等,书写技术要求。

⑤插入图框标题栏并填写标题栏。图框标题栏是事先画好并保存的图形文件。图框按标准图幅格式绘制,一种图幅保存为一个图形文件。插入时用多大图幅就插入哪一个文件。

⑥保存图形到用户文件夹下。

绘制零件图还有另一种方法,就是按 1∶1绘制视图,不再放大或缩小。而在插入图框标题栏时,通过缩放图框标题栏来适合视图。标注的尺寸、表面结构要求等和文字大小要按相同的比例缩放。打印图形时要按相反的比例缩放输出。

上述两种方法各有优缺点。前一种方法应该说是比较好的,但以后改图稍有不便;后一种方法对于改图来说较为方便,但缩放比例的计算、标注尺寸等就比较麻烦。希望用户不断总结经验,找出适合自己的方法。

10.2　绘制装配图的步骤

绘制装配图必须在完成零件图之后进行。因为装配图上许多零件的投影与零件图的视图基本相同,所以将这些零件的视图拼到一起,再加以适当修改就成了装配图的视图。这种绘制装配图的方法称为拼画装配图。在拼画装配图之前,首先要对零件图进行处理,将拼画装配图所需要的视图做成图块保存起来,以便拼画装配图时使用。对于投影轮廓简单的零件和标准件,在拼画装配图时可随时添加其投影。由于装配图的投影较多,随时关闭或打开某些图层,将使各种操作变得十分方便。

拼画装配图的一般步骤如下。

①打开一个零件图,关闭尺寸、文字、表面结构要求等所在图层,使用 WBLOCK(写块)命令将拼画装配图时需要的视图制成图块文件。必须注意插入基点的选择。这个基点必须是该视图在装配图中的定位点。重复上述操作,直至完成所有图块的制作。

②加载一个样板。

③依次插入图块。首先插入主要零件,再插入与主要零件相连的其他零件。或者不用图块来操作,而是在两张图之间用复制的方法解决。

④修剪被遮挡的投影。要修剪多余的投影,先要将插入的图块分解。注意随时放大要修剪部分的图形,以便于操作。从插入第二个图块起,最好每插入一个图块即做修剪处理。否则,多个图块重叠在一起,将很难分清谁覆盖谁、哪些投影应被删除。

⑤当有内外螺纹重叠时,应注意修剪掉内螺纹的小径线上重叠部分。要选择重叠在一起的对象时使用循环选择方式,即将光标置于重叠对象之上按住【Shift】键反复按空格键。另外还要修剪内螺纹的剖面线,即首先分解剖面线,然后再修剪。

⑥修改剖面线的方向或间距。由于画零件图时不可能考虑到画装配图的需要,到画装配图时才发现相邻零件剖面线相同。此时可用 HATCHEDIT(图案编辑)或 PROPERTIES(特性)命令进行修改。

⑦添加简单零件或未作图块零件的投影。适当使用用户坐标系(定义新原点)可使画图简便。

⑧添加标准件的投影。绘制有外螺纹的标准件,最好先在空白处画好投影,再平移到预定位置。

⑨整理点画线。几个零件的视图重叠在一起,有些点画线也会重叠。点画线只能有一条,多余的必须删除。

⑩插入图框标题栏,平移各视图,使各视图在图框内布置匀称。

⑪绘制零件序号和指引线。一般不使用 LEADER(引线)或 QLEADER(快速引线)命令画指引线,因为要求序号均匀、准确定位较难实现。建议按下述方法进行:首先画一段长约 10 mm 的水平线,在其上方写一字高为 5 或 7 的数字(如 1),然后在水平或垂直方向作阵列,再用 DDEDIT(文字编辑)命令修改数字,最后用直线连接水平线和相应零件,并用 DONUT(圆环)命令在斜线末端画圆点。

⑫绘制零件明细栏。先画出第一栏并写好文字,再作阵列,然后用 DDEDIT(文字编辑)命令修改每一格内文字;或者用添加表格的方法绘制零件明细栏。

⑬最后写技术要求,填写标题栏,保存图形。

练习题

10.1　绘制图 10-1 所示各零件图。

10.2　由图 10-1 所示零件图拼画图 10-2 所示装配图。

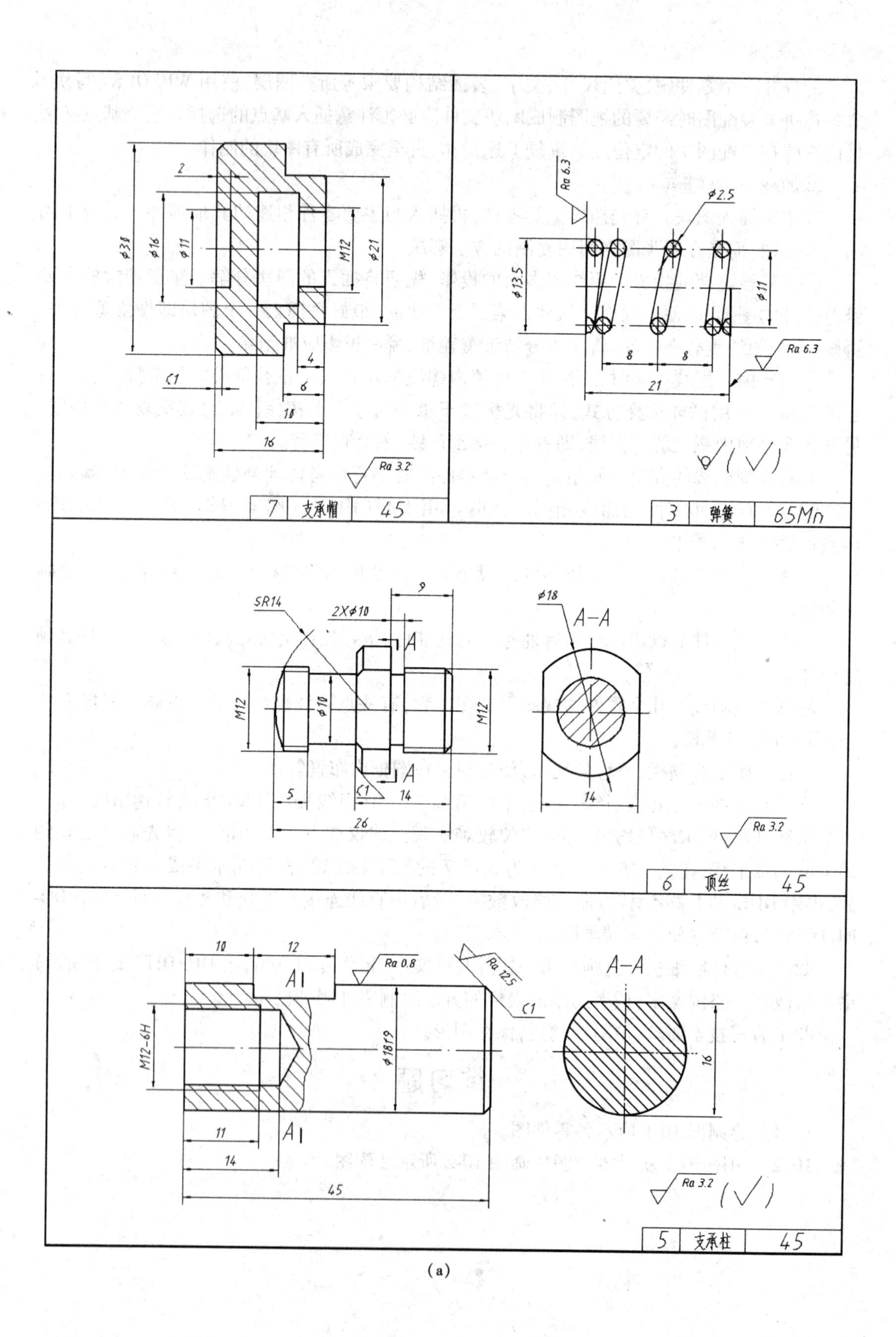

2
φ30
φ16
φ11
M12
φ21
C1
4
6
10
16
Ra 3.2
7
支承帽
45
Ra 6.3
φ2.5
φ13.5
φ11
8
8
Ra 6.3
21
3
弹簧
65Mn
9
SR14
2Xφ10
A
M12
φ10
M12
A
C1
14
5
26
φ18
A-A
14
Ra 3.2
6
顶丝
45
10
12
Ra 0.8
Ra 12.5
A
C1
A-A
M12-6H
φ18f9
16
11
A
14
45
Ra 3.2
5
支承柱
45

(a)

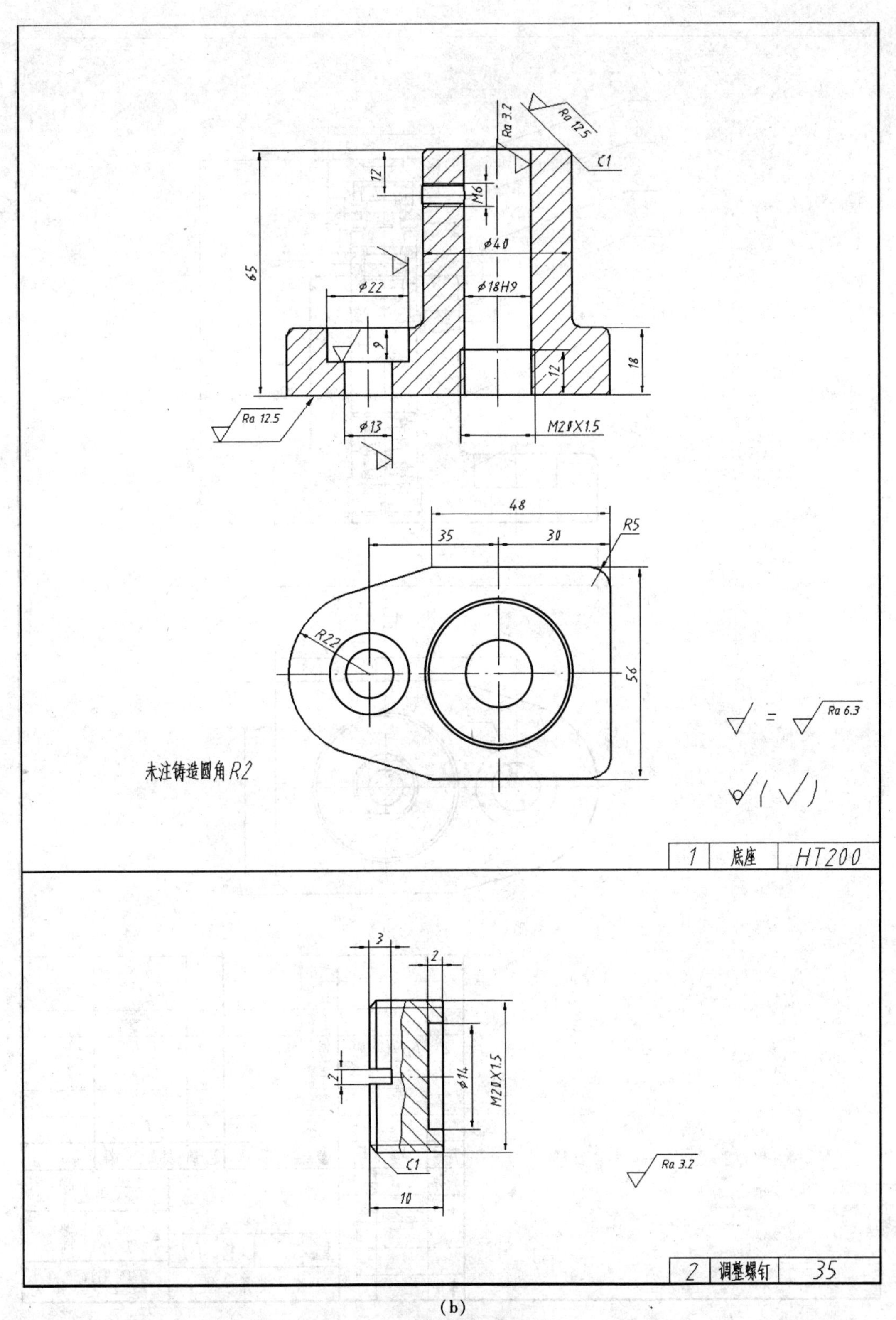

(b)

图 10-1 零件图

(a)零件图 1;(b)零件图 2

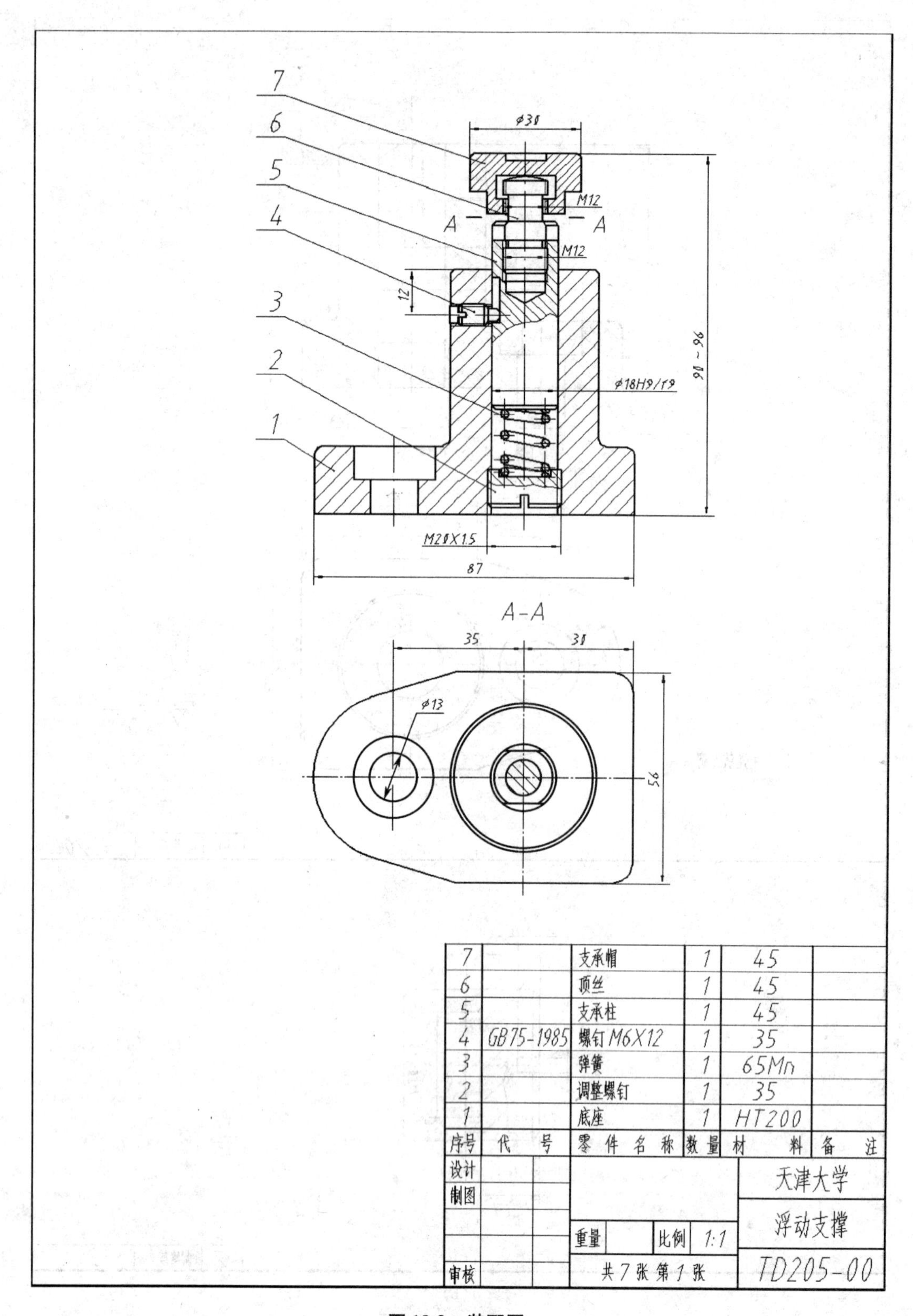
7
6
5
4
3
2
1
φ30
M12
A
A
M12
12
φ18H9/f9
91~96
M20X1.5
87
A-A
35
30
φ13
56
7 支承帽 1 45
6 顶丝 1 45
5 支承柱 1 45
4 GB75-1985 螺钉M6X12 1 35
3 弹簧 1 65Mn
2 调整螺钉 1 35
1 底座 1 HT200
序号 代号 零件名称 数量 材料 备注
设计
制图
审核
重量
比例 1:1
共7张 第1张
天津大学
浮动支撑
TD205-00

图 10-2　装配图

第 11 章　绘图空间与打印

11.1　绘图空间

AutoCAD 是一款功能强大的图形设计软件。它不仅能满足二维工程图设计的所有功能需求,还能创建非常完美的三维模型。绘制二维工程图和创建三维模型所需要的环境、命令是不一样的,因此要根据不同的任务划分相应的工作空间。工作空间就是面向某个任务所需要的绘图环境、工具栏、选项板和面板的集合。当使用某个工作空间时,只会显示与任务相关的绘图环境、工具栏、选项板和功能区等用户界面配置。

AutoCAD 2010 定义了三个基于任务的工作空间:“二维草图与注释”、“三维建模”、“AutoCAD 经典”。用户可以轻松地在三个工作空间之间切换。“AutoCAD 经典”工作空间是 AutoCAD 较低版本的用户界面加上“工具选项板”。“二维草图与注释”工作空间与“AutoCAD 经典”工作空间不同的是增加了一个“功能区”,减少了“菜单栏”和“工具栏”的显示,工具栏上包含的有关二维绘图的命令被集成到“功能区”上。“AutoCAD 经典”与“二维草图与注释”两个空间主要用于二维图形的设计。“三维建模”工作空间用于创建三维模型的“功能区”和“工具选项板”,“功能区”集成了有关三维建模的一系列命令。

在 AutoCAD 中创建二维图形和三维模型时,用户还可以在两个绘图空间中进行,即模型空间(AutoCAD 绘图区域底部的“模型”选项卡)和图纸空间(“布局 1”和“布局 2”选项卡)。使用模型空间可以完成二维图形绘制和三维模型造型的主要绘图和设计工作,还可进行必要的尺寸标注和注释。但模型空间存在一些局限性,例如,当绘制较复杂的二维图形时,模型空间不支持多视图、依赖视图的图层设置以及缩放注释和标题栏(除非用户使用注释性对象)。而图纸空间可用于图纸的布局环境,在其中指定图纸大小、添加标题栏,显示和布置多个视图和局部放大图,以及创建图形标注和注释。因此,使用图纸空间能更灵活更方便地编辑、安排及标注视图,从而更方便进行完整工程图纸绘制和管理。

此前章节介绍的绘制工程图样的方法、步骤都是在模型空间进行,接下来的打印图形也可在模型空间完成,这是 AutoCAD 创建图形和出图的传统方法。而 AutoCAD 推荐的创建图形方法是:首先在模型空间按 1∶1绘制图形,再进入图纸空间完成尺寸、公差、技术要求等标注,最后添加标题栏。而且,打印图形也在图纸空间进行。图纸空间的建立为图形的布局提供了丰富的手段,即可将绘图区域或图纸划分为若干个矩形区域称为多视口,从而可以更方便地打印和管理图纸。在 AutoCAD 中打印图形或出图,通常是指利用绘图仪或打印机等输出设备将图形画在绘图纸上。用“图纸空间”出图时可以仅包含一个视图,也可以包含多个复杂的视图。对初学者,也可以只用传统方法创建图形和出图。

本章将对“模型空间”和“图纸空间”两个绘图空间作简要介绍,以便读者建立初步认识。

11.1.1 模型空间和图纸空间

1. 模型空间

模型空间是用户建立模型、进行绘图和设计工作的环境。模型就是用户所画的图形，可以是二维的，也可以是三维的。创建和编辑图形的大部分工作都是在模型空间中完成。AutoCAD 绘图区域底部的“模型”选项卡处于被选中状态时，图形窗口显示的是模型空间。在默认情况下，AutoCAD 使用单一视口的模型空间，此视口充满整个绘图区域。但用户也可以创建多个不重叠的视口（平铺视口），以显示模型的不同视图。

2. 图纸空间

图纸空间用于规划出图布局及注释。图纸空间就像一张图纸，打印之前可以在上面排列图形。用户可以在图纸空间建立多个视口，以便显示模型的不同视图。每个视口中的图形可以独立编辑、设置不同的图层、给出不同的注释。在图纸空间中，视口被作为对象来看待，可以进行编辑，如移动、复制、删除和改变大小等。通过图纸空间，用户就可以在同一图纸上放置和绘制不同的图形和注释，并进行合理的布局。AutoCAD 绘图区域底部的“布局”选项卡处于被选中状态时，图形窗口显示的是图纸空间。默认情况下，AutoCAD 包括两个图纸空间选项卡，即“布局 1”和“布局 2”，如第 1 章中图 1-2(b)所示。

应当注意，用户在图纸空间中绘制的图形或标注的注释对模型空间不会产生影响。

3. 模型空间与图纸空间的切换

模型空间与图纸空间的切换可采用两种方式：①单击 AutoCAD 绘图区域底部的“模型”和“布局”选项卡进行切换；②使用系统变量 TILEMODE 切换，当 TILEMODE 为 1(ON)时将切换到模型空间，当 TILEMODE 为 0(OFF)时将切换到图纸空间。

应注意的是，在图纸空间中还可对视口进行两种状态的切换，具体方法是：①单击状态栏上的“模型”和“图纸”按钮进行切换；②在命令窗口执行 MSPACE 和 PSPACE 命令切换。这说明在“布局”选项卡状态下，用户既可工作在图纸空间中，又可工作在视口内的模型空间中。

当从模型空间切换到图纸空间时，如果模型空间里没有图形，AutoCAD 将在图纸空间显示一张图纸和表示当前配置打印设备下图纸大小的矩形虚线框，还显示一个用实线框表示的单一视口，如图 11-1(a)所示。如果模型空间里已有图形，则在图纸空间的视口内显示原图形，如图 11-1(b)所示。

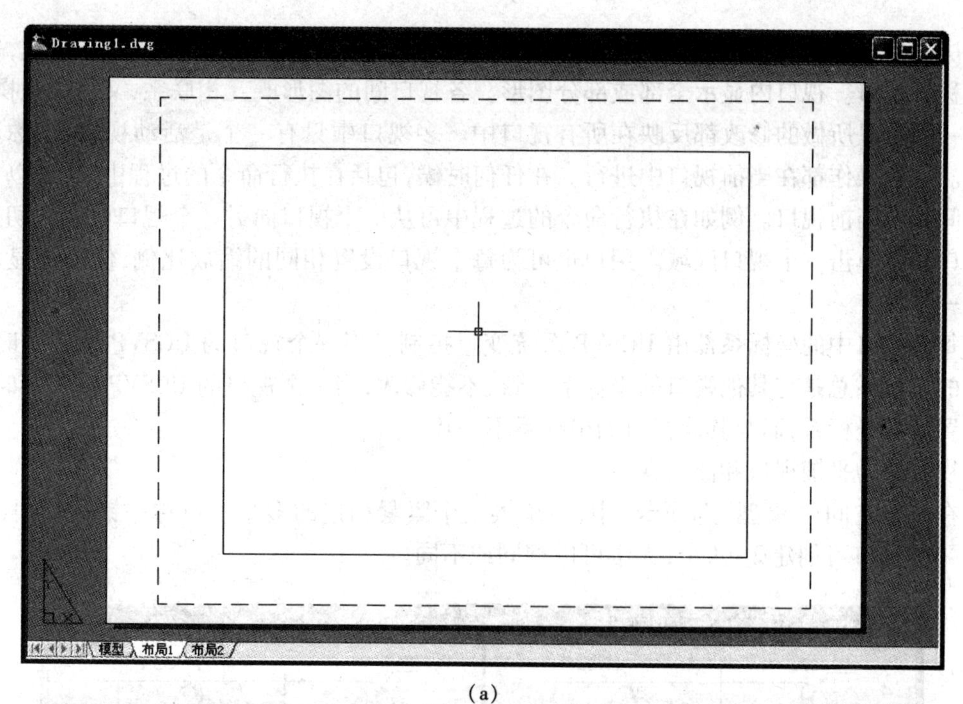

(a)

(b)

图 11-1　图纸空间

(a)图纸空间;(b)图纸空间中的单一视口

11.1.2　多视口

1. 概念

在单一显示窗口内绘制图形,只能看见全部或局部,不能全部和局部兼顾。构造三维模型时,也只能从某一个方向观察,不能从几个方向同时观察一个立体。AutoCAD 设计的多视口解决了这一问题。多视口是将显示窗口划分为一个或多个矩形区域或多边形区域,每个区域称为视口。视口内显示全部或部分图形。各视口间的图形既互相联系,又可单独操作。在任一视口里所做的修改都反映在所有视口中。多视口中只有一个是活动视口,也称当前视口。所有操作都在当前视口中进行。在任何时候,包括在执行命令的过程中,都可以在视口之间切换当前视口。例如在执行命令的过程中可从一个视口向另一个视口画图。切换当前视口只要单击一个视口区域。用户也可为每个视口设置相同的缩放比例,使图形显示的大小一样。

每个视口中的坐标系都由 UCSVP 系统变量控制。当一个视口的 UCSVP 设为 0 时,该视口的坐标系总是与其他视口的坐标系一致,不能修改;当一个视口的 UCSVP 设为 1 时,可以设置新的坐标系,而与其他视口的坐标系不一致。

视口分为平铺视口和浮动视口。

在模型空间(“模型”选项卡)中,一个挨一个紧紧相连的多个视口称平铺视口(图 11-2)。平铺视口可创建 2 ~4 个,大小可以相同或不同。

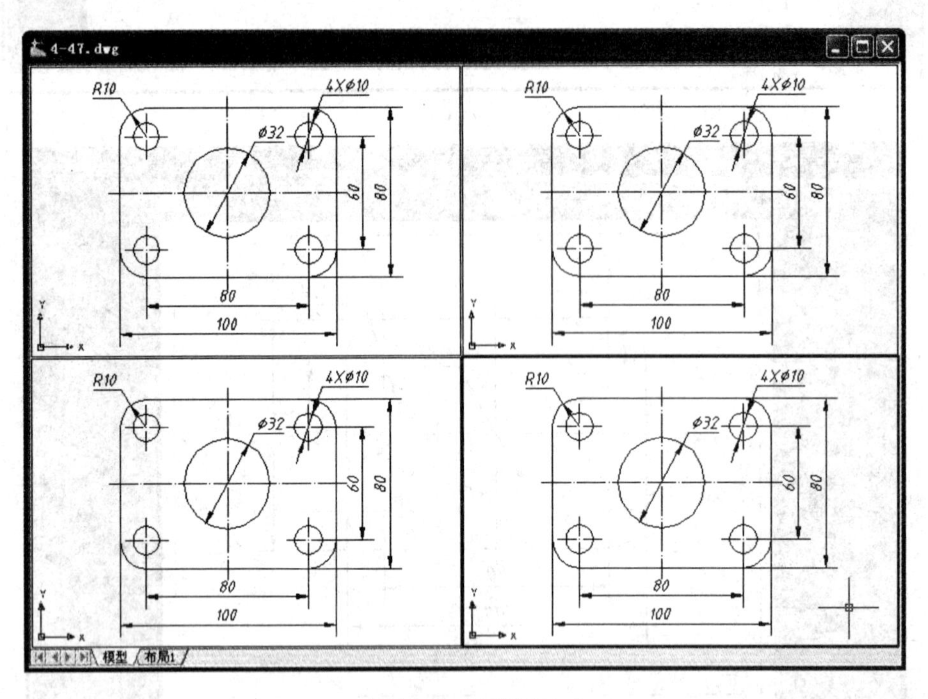

图 11-2　平铺视口

在图纸空间(“布局”选项卡)中,多个视口可以互相重叠、分离,也可以平铺,这样的视口称浮动视口。可以创建 1 ~4 个平铺的或多个重叠或分离的浮动视口配置(图 11-3)。与模型空间(“模型”选项卡)的平铺视口类似,平铺视口具有不同的配置方式。浮动视口是对象,可以用编辑命令修改。浮动视口内的图形一般不能编辑,除非是在图纸空间画的图形。要在浮动视口中编辑图形,可从图纸空间切换到模型空间。为了在浮动视口中进行模型空间和图纸空间的切换,单击状态栏的“模型”或“图纸”按钮即可。

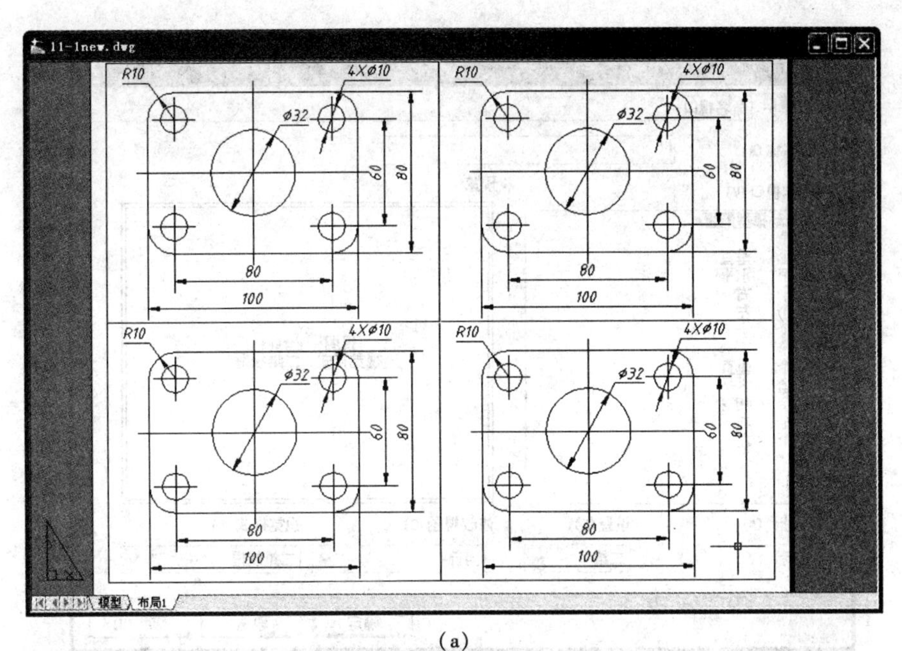

(a)

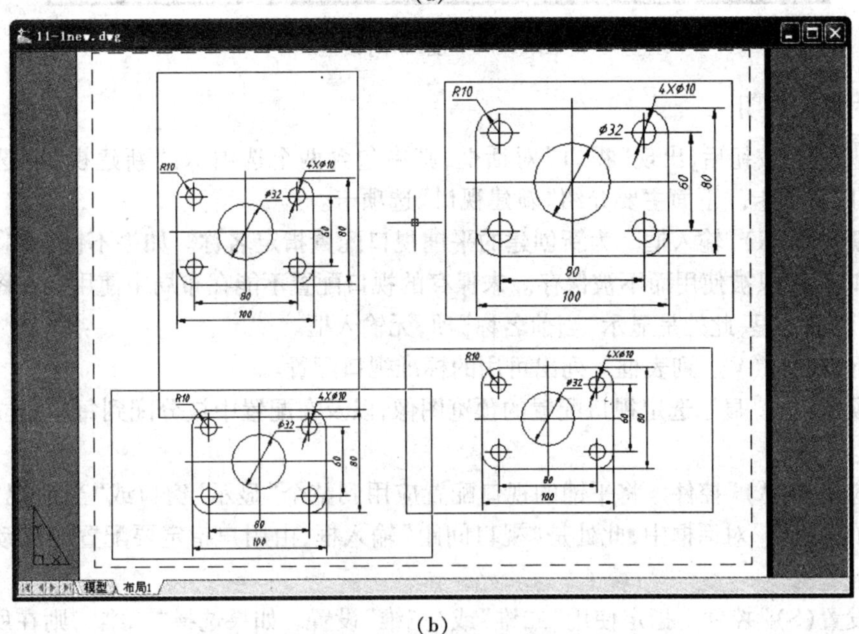

(b)

图 11-3　浮动视口

(a)平铺;(b)重叠和分离

2. VPORTS(视口)命令

使用 VPORTS(视口)命令将整个绘图区域划分为一个或多个视口。在模型空间和图纸空间里分别执行 VPORTS(视口)命令所弹出的“视口”对话框(图 11-4)基本相同,只有个别选项有差别。-VPORTS(视口)命令具有相同的功能,只不过是在命令行中进行操作。

(1)命令输入方式

键盘输入:VPORTS

功能区:“视图”选项卡→“视口”面板→新建

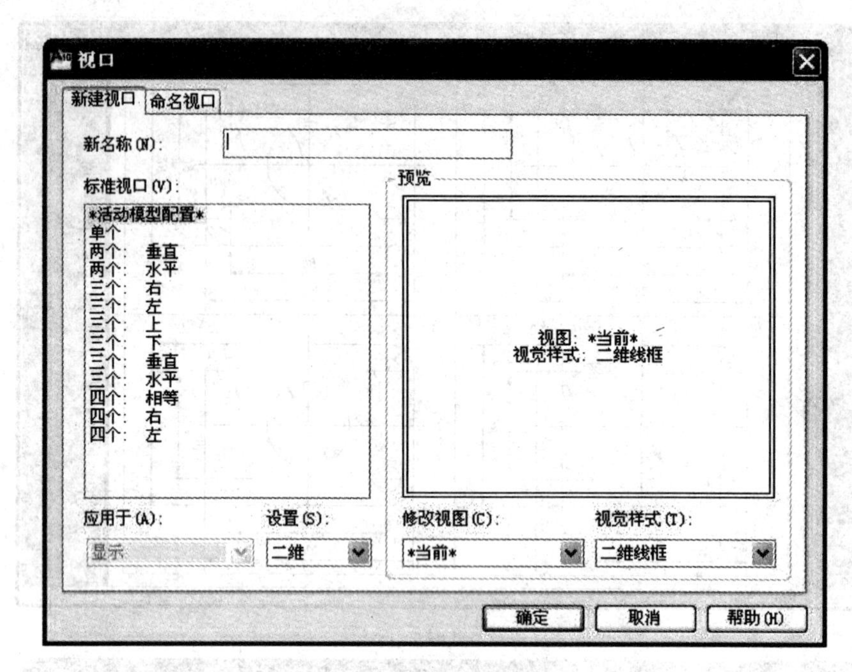

图 11-4 “视口”对话框

(2)对话框说明

单击新建按钮后,出现“视口”对话框,其中包含两个选项卡:“新建视口”选项卡和“命名视口”选项卡。下面主要介绍“新建视口”选项卡。

1)“新名称(N)”输入框　为新创建的平铺视口配置指定名称。如果不键入名称,则新创建的视口配置只被使用而不被保存。未保存的视口配置不能在布局中使用。在图纸空间的“视口”对话框里,此处是显示“当前名称”项,无输入框。

2)“标准视口(V)”列表框　列出可用的标准视口配置。

3)“预览”框　显示选定视口配置的预览图像,以及在配置中被分配到每个独立视口的默认视图。

4)“应用于(A)”控件　将平铺的视口配置应用到整个“显示”窗口或“当前视口”。在图纸空间的“视口”对话框中,此处是“视口间距”输入框,由用户指定要配置的浮动视口之间的间距。

5)“设置(S)”控件　指定使用“二维”或“三维”设置。如果选择“二维”,则在所有新创建视口中使用当前视图;如果选择“三维”,一组标准正交三维视图将被应用到视口配置中。一组标准正交三维视图包括“主视图”、“俯视图”、“右视图”和“东南等轴测图”。

6)“修改视图(C)”控件　从列表中选择的视口配置来代替选定的视口配置。可以选择已命名的视口。如果选择“二维”设置,控件中只可选当前视图;如果选择“三维”设置,用户可从列表中选择标准视图并应用到某一视口。

7)“视觉样式(T)”控件　将从列表中选择的视觉样式应用到视口。

如果是在模型空间中创建平铺视口,则对话框操作结束后即显示平铺视口。如果是在图纸空间中创建浮动视口,则对话框操作结束后,还将在命令窗口显示下面的提示。

选项卡索引 <0 >: 0

指定第一个角点或[布满(F)]<布满>： 输入 F 或按【Enter】键，将整个图纸或显示窗口划分为选定的标准视口(图 11-3(a))。如指定一点，则提示“指定对角点:”，要求指定另一点。AutoCAD 将以两点所确定的矩形区域划分为选定的标准视口。如果选择了“单个”视口，一次就创建一个视口。重复操作几次，即可创建几个重叠或分离的浮动视口(图 11-3(b))。

3.“设置视口”按钮

“设置视口”按钮(设置视口)用于选择“模型空间”中当前可用的视口配置。单击它将展开一个菜单，菜单中列出各种标准视口。这些视口与“视口”对话框中标准视口列表的项目相同。“设置视口”按钮位于功能区的“视图”选项卡→“视口”面板上。

4. 命令使用举例

例 1　将绘制的三维模型放置在模型空间的 4 个平铺的视口中，并在每个视口里分别显示主视图、俯视图、左视图和正等轴测图。

①绘制三维模型。

②单击功能区“视图”选项卡→“视口”面板→设置视口，选择“四个:相等”选项。

③在左上视口内单击，成为当前视口。

④点取功能区“视图”选项卡→“视图”面板→“前视”选项。

⑤分别在左下、右上、右下视口内进行③~④的操作，设置为俯视、左视和西南等轴侧图。

⑥分别在左上、左下、右上视口内进行 ZOOM(缩放)操作，缩放比例为 3。结果如图 11-5 所示。

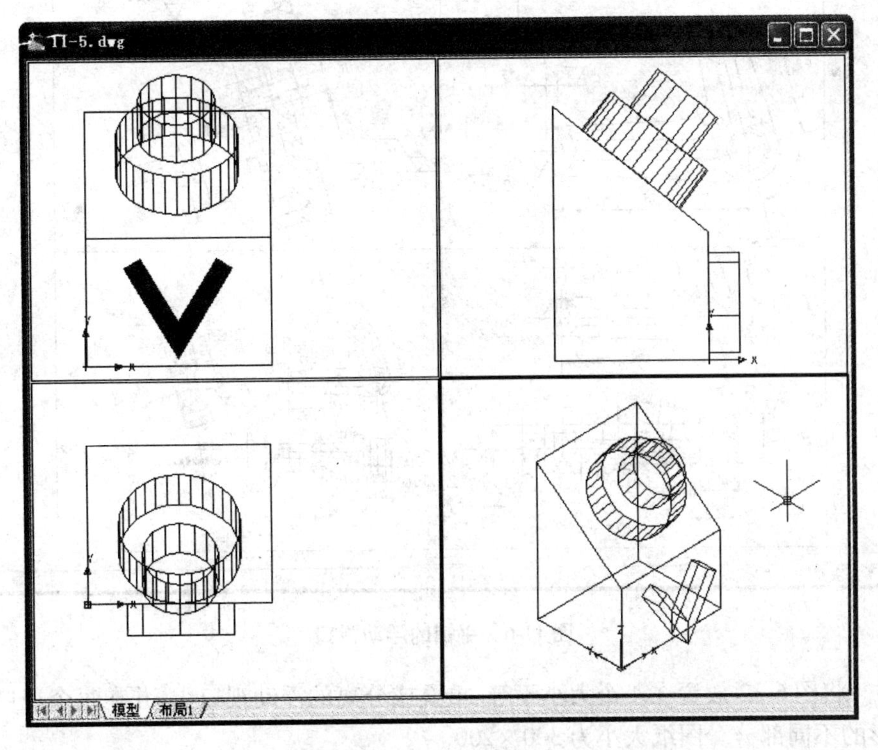

图 11-5　平铺视口

⑦试着修改图形，如删除一对象，观察各视口内图形的变化。

例2　将图6-32放置在图纸空间的4个平铺的浮动视口中，并在每个视口里分别显示主视图、俯视图、左视图和全图。

①打开图6-32。

②单击绘图区域底部的“布局1”或状态栏的“模型”按钮，此时显示单一视口。

③用ERASE（删除）命令删除视口。

④单击功能区“视图”选项卡→“视口”面板→新建，弹出“视口”对话框（图11-4）。选择“标准视口”列表框中的“四个：相等”选项，再单击“确定”按钮。对话框关闭后，命令窗口出现“指定第一个角点或[布满(F)]<布满>:”提示，单击【Enter】键以选择“布满”选项。

⑤单击状态栏的“图纸”按钮，各视口进入模型空间。

⑥在左上视口内单击，成为当前视口。用ZOOM（缩放）命令的窗口方式放大主视图范围。

⑦分别在左下、右上和右下视口内做上一步操作，使其分别显示为俯视图、左视图和全图范围。

⑧单击状态栏的“模型”按钮，恢复图纸空间。结果如图11-6所示。

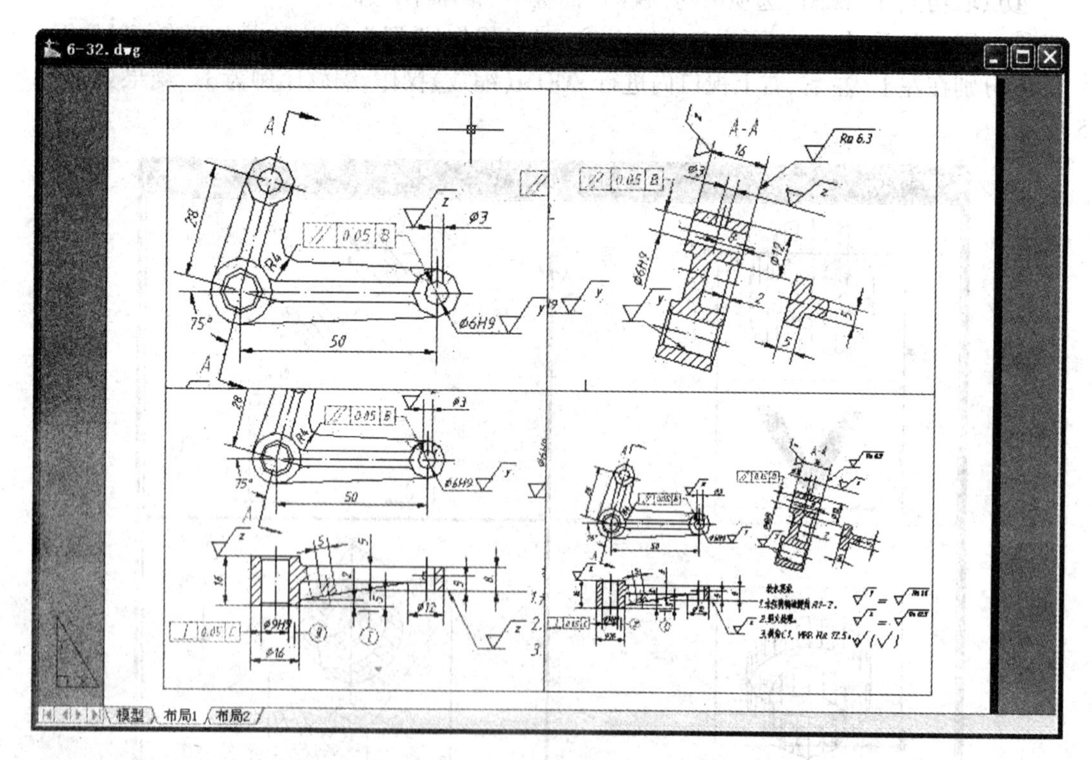

图11-6　平铺的浮动视口

例3　将图6-32放置在4个大小不等、重叠或分离的浮动视口中，并在每个视口里分别显示图形的不同部分。图纸大小为300×200。

①打开图6-32。

②单击 AutoCAD 窗口左上角的展开按钮，单击选项按钮，出现"选项"对话框。选择"显示"选项卡，在"布局元素"区关闭"显示可打印区域(B)"和"显示图纸背景(K)"选项(不选中)，再单击"确定"按钮。

③点取绘图区域底部的"布局 1"或状态栏的"模型"按钮，此时显示单一视口，用 ERASE(删除)命令删除视口。

④用 LIMITS(图形界限)命令设置图纸大小为 300 × 200，再用 ZOOM(缩放)命令的"全部(A)"选择项显示全图纸。

⑤单击功能区"视图"选项卡→"视口"面板→新建，弹出"视口"对话框(图 11-4)。选择"标准视口"列表框中的"单个"选项，单击"确定"按钮以关闭对话框。按照图 11-7 所示的视口大小和位置，用鼠标在绘图区域输入矩形视口的第一个角点和第二个角点。

⑥重复上一步操作，在空白处设置另一个视口。再重复操作两次，在空白处设置第三、第四个视口。

⑦单击状态栏的"图纸"按钮，各视口进入模型空间。

⑧分别单击某一视口，用 ZOOM(缩放)命令的窗口方式放大部分图形。

⑨单击状态栏的"模型"按钮，恢复图纸空间，结果如图 11-7 所示。

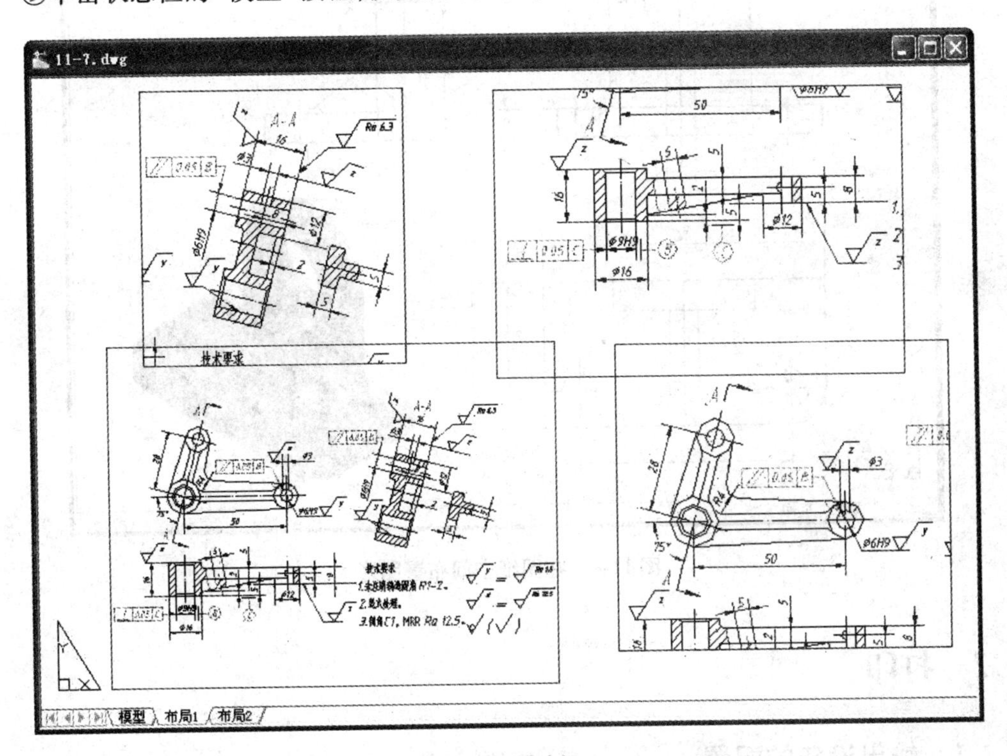

图 11-7　浮动视口

例 4　将图 3-48 和其三维模型合并放在 297 × 210 图纸上。

①打开或绘制三维模型。

②点取 AutoCAD 窗口左上方的展开按钮→单击选项，打开"选项"对话框。点取

"显示"选项卡,在"布局元素"区关闭"显示可打印区域(B)"、"显示图纸背景(K)"选项(不选中),再单击"确定"按钮。

③点取绘图区域底部的"布局 1"或状态栏的"模型"按钮,此时显示单一视口。

④用 ERASE(删除)命令删除视口。

⑤用 LIMITS(图形界限)命令设置图纸大小为 297 ×210,再用 ZOOM(缩放)命令的"全部(A)"选择项显示全图纸。

⑥用 INSERT(插入)命令插入图 3-48,将未使用过的层设置为当前层。

⑦单击功能区"视图"选项卡→"视口"面板→新建,弹出"视口"对话框(图 11-4)。选择"标准视口"列表框中的"单个"选项,单击"确定"按钮以关闭对话框。用鼠标在绘图区域输入矩形视口的第一个角点和第二个角点。

⑧调整各视图的位置使之分布匀称,再关闭视口所在层,结果如图 11-8 所示。

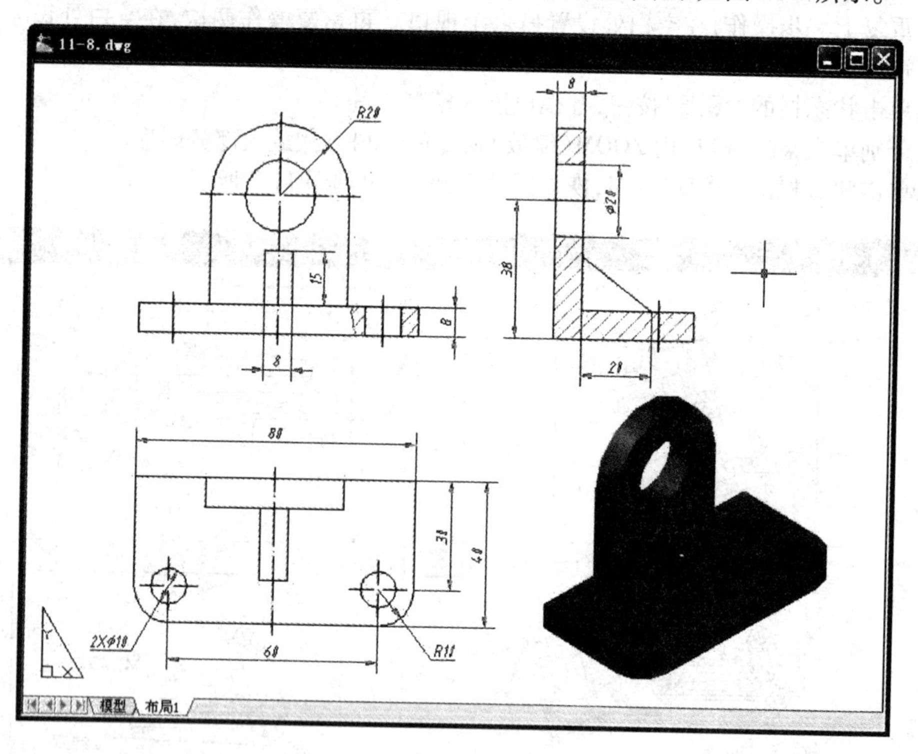

图 11-8　在图纸空间布置图形

11.2　打印

11.2.1　输出设备的配置

画好图形后,应选择适当的输出设备以便将屏幕上或文件中的图形打印在图纸上。AutoCAD 允许配置多个输出设备,如绘图仪、打印机等。一般来说,打印机在 Windows 系统下设置,绘图仪在 AutoCAD 中配置。极少数打印机(如 HP 激光打印机)也能在 AutoCAD 中配置。下面着重讨论绘图仪的配置。

①单击功能区"输出"选项卡→"打印"面板→绘图仪管理器,显示 Windows 浏览器窗口

(图 11-9)。

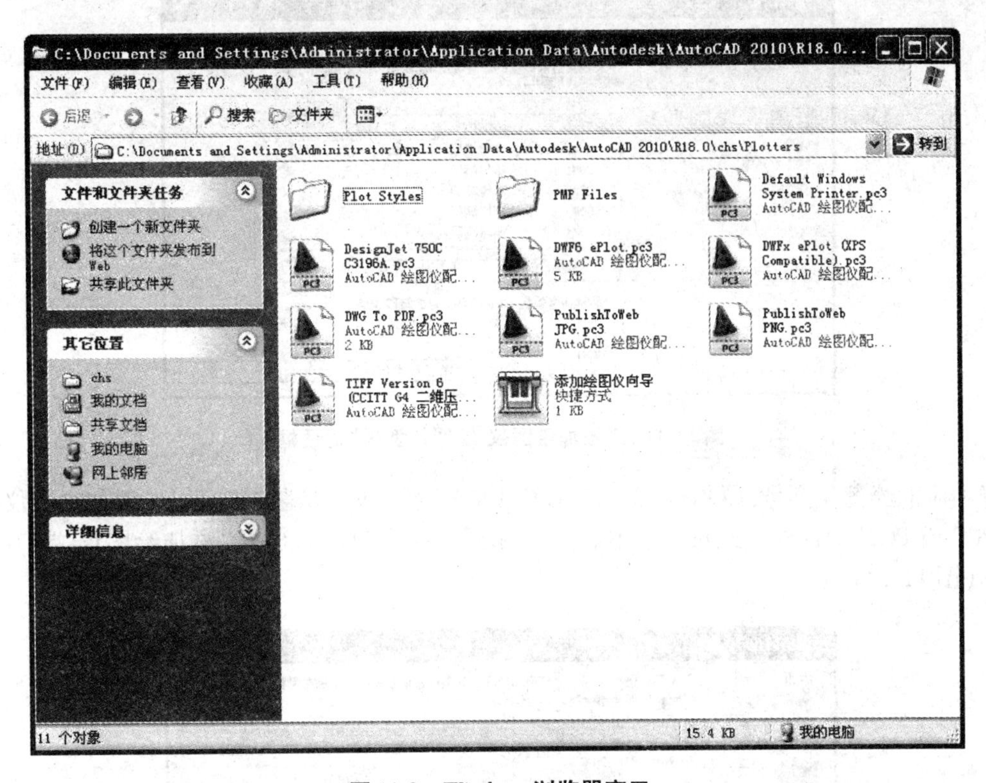

图 11-9 Windows 浏览器窗口

②双击“添加绘图仪向导”图标,显示“添加绘图仪-简介”对话框。浏览说明后按“下一步”按钮可打开“添加绘图仪-开始”对话框,如图 11-10 所示。

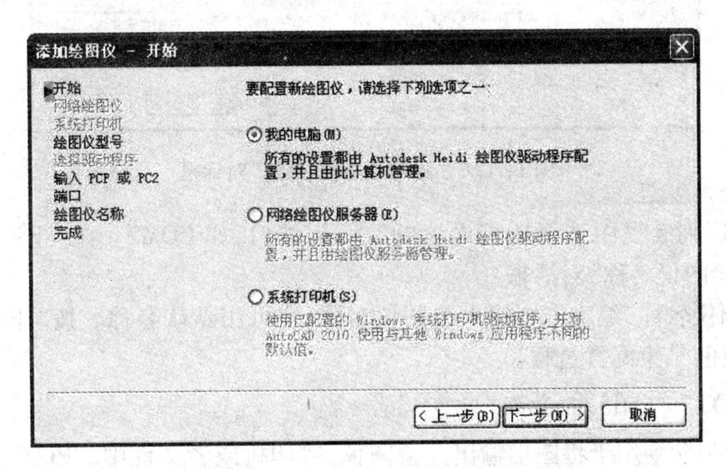

图 11-10 “添加绘图仪-开始”对话框

③在“添加绘图仪-开始”对话框中,选择“我的电脑(M)”按钮,表示将要配置一个连接到本机的绘图仪,然后按“下一步”按钮,打开图 11-11 所示的“添加绘图仪-绘图仪型号”对话框。

④在“生产商(M)”列表框中选择合适的生产商(如 HP),然后在“型号(D)”列表框中

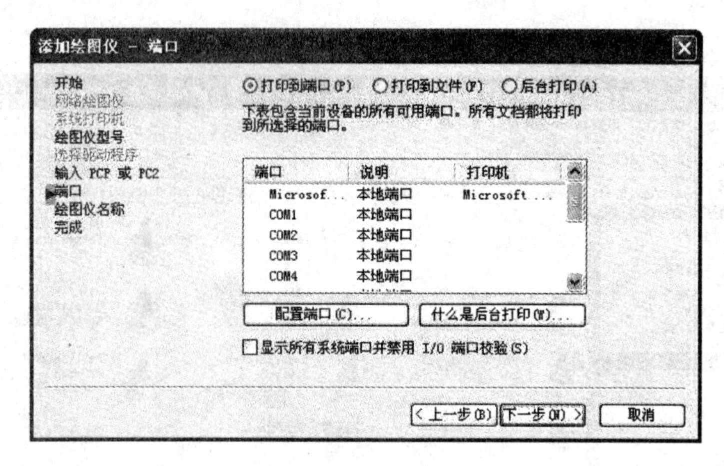

图 11-11 “添加绘图仪-绘图仪型号”对话框

选择相应的绘图仪型号，如 DesignJet 750C C3196A。按“下一步”按钮，显示“添加绘图仪-输入 PCP 或 PC2”对话框。此对话框不需操作，按“下一步”按钮，出现“添加绘图仪-端口”对话框（图 11-12）。

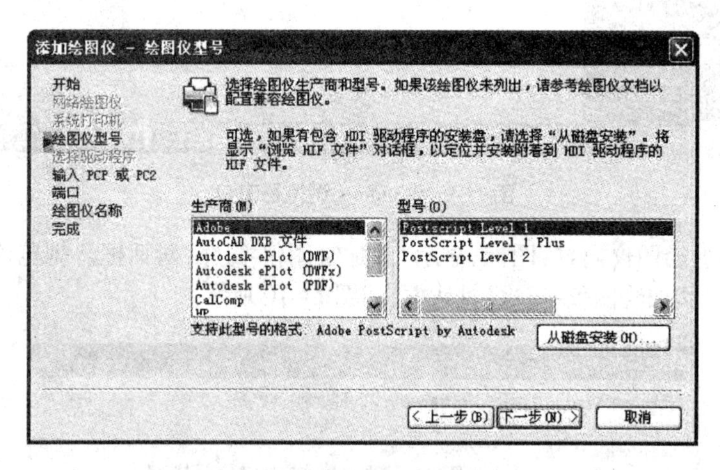

图 11-12 “添加绘图仪-端口”对话框

⑤在“端口”列表框中选择所需设置的绘图仪端口，如 COM2。按“下一步”按钮显示“添加绘图仪-绘图仪名称”对话框。

⑥在“绘图仪名称”编辑框中输入绘图仪名称，也可用默认名称。按“下一步”按钮，再单击“完成”按钮，结束配置过程。

11.2.2 PLOT（打印）命令

PLOT（打印）命令用于将图形输出到绘图仪、打印机或者文件中。PLOT（打印）命令执行后，如果是在模型空间打印图形，则显示图 11-13 所示的“打印-模型”对话框。如果是在布局空间打印图形，则显示类似的“打印-布局”对话框。这里只介绍“打印-模型”对话框。

1. 命令输入方式

键盘输入：PLOT 或 PRINT

快速访问工具栏：🖨

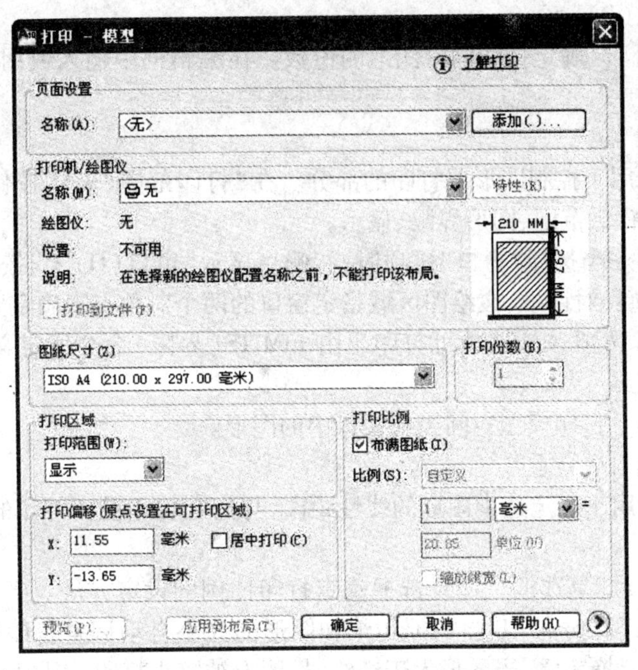

图 11-13 “打印-模型”对话框

功能区:“输出”选项卡→“打印”面板→

应用程序菜单:→

2. 对话框说明

“打印-模型”对话框用于指定打印设备、打印设置及打印图形。

(1)“页面设置”区

“页面设置”区中的“名称(A)”控件列表中显示所有命名或已保存的页面设置名。可以选择一个命名页面设置作为当前页面设置的基础,或者单击“添加(……)”按钮,添加新的命名页面设置。若已打印过图形,则控件列表中就会有“ <上一次打印> ”的名称,选中该名称可以用相同打印设置连续打印图形。

(2)“打印机/绘图仪”区

在“打印机/绘图仪”区,“名称(M)”控件用于选择当前的图形输出设备。当前输出设备的型号显示在控件列表中。“特性(R)…”按钮使用“绘图仪配置编辑器”来编辑和查看当前打印机的配置、端口、设备和文档设置。“打印到文件(F)”按钮确定是否将图形打印输出到文件中,其文件类型为.plt。右侧的局部预览区域用于显示打印图形在图纸中的位置、大小,其中的打印图形用阴影显示,不显示图形细节;长方形框表示指定的绘图纸的大小,如果在图纸边框处显示粗线条(屏幕上为红色),说明打印图形超出了可打印区域;当光标移至预览区停留时,可弹出提示窗口,显示“图纸尺寸”和“可打印区域”的大小等内容。

(3)“图纸尺寸(Z)”区

“图纸尺寸(Z)”区用于选择图纸类型。控件列表中会显示所选打印机/绘图仪可使用的标准图纸。

(4)“打印份数(B)”区

“打印份数(B)”区确定打印同一图形的份数。在编辑框中输入或用上、下箭头选择份数。

(5)“打印区域”区

“打印区域”区用于控制图形要打印的部分。在“打印范围(W)”控件列表中选择一种选择图形的方法:窗口、范围、图形界限、显示。

1)“窗口”选项　当选择“窗口”选项时,右侧将显示“窗口(O) <”按钮。单击该按钮,暂时关闭“打印-模型”对话框,在绘图区域指定窗口的两个对角点来确定要打印的区域。

2)“图形界限”选项　该选项可打印出由 LIMITS(界限)命令所定义绘图区域中的图形。

3)“显示”选项　打印模型空间当前视口中的图形。

(6)“打印比例”区

“打印比例”区用于确定选中图形的线性距离,与指定打印设备打印的相应线性距离的比例。

1)“布满图纸(I)”复选框　该复选框确定打印比例的设定方法。当选中该复选框时,自动设定比例打印,即 AutoCAD 将根据图纸和图形的大小自动调整打印比例,使得所打印图形刚好充满图纸。换言之,当图形大于图纸时,图形被缩小打印;当图形小于图纸时,图形被放大打印。如复选框关闭(不选中),使用“比例(S)”控件设定打印比例。

2)“比例(S)”控件　用户可通过选择控件列表中的比例,或修改下方输入框中的数值设定打印比例。等号左侧紧邻的控件列表用于设定打印图形的数值单位是毫米还是英寸。在“比例(S)”控件列表中也可选择“自定义”项,其下方的两个输入框中应键入打印出的图形长度与显示图形的长度,两者的比值为打印比例。“缩放线宽(L)”复选框确定是否按打印比例缩放线宽,不选中复选框(关闭)时按图线设定的线宽进行打印,与打印比例无关。

(7)“打印偏移(原点设置在可打印区域)”区

该区用于确定打印图形相对于图纸可打印区域的左下角点的偏移量,AutoCAD 根据偏移量确定图形在图纸上的坐标位置。在“X”、“Y”输入框中分别输入沿 X 和 Y 方向的偏移量。一般可选中“居中打印(C)”复选框,即自动计算图纸中心的 X 和 Y 坐标值,将打印图形置于图纸正中间。

(8)“预览(P)...”按钮

“打印-模型”对话框左下角的“预览(P)...”按钮,用于在打印输出前,预览按设定的要求打印图形在图纸上的打印效果。对预览结果还可平移和缩放显示以便观察,预览时单击右键可选择“退出”或“打印”。

(9)“应用到布局(T)”按钮

“应用到布局(T)”按钮可将“打印-模型”对话框的设置应用到布局中。

(10)“更多选项(Alt + >)”按钮

单击“更多选项(Alt + >)”()按钮,将扩展“打印-模型”对话框,从而显示其他选项(图 11-14)。

(11)“打印样式表(笔指定)(G)”区

“打印样式表(笔指定)(G)”区用于显示、选择或编辑当前的打印样式表,或者创建新的打印样式表。控件中提供了当前可用的打印样式表的列表。一般选用 acad.ctb(彩色打

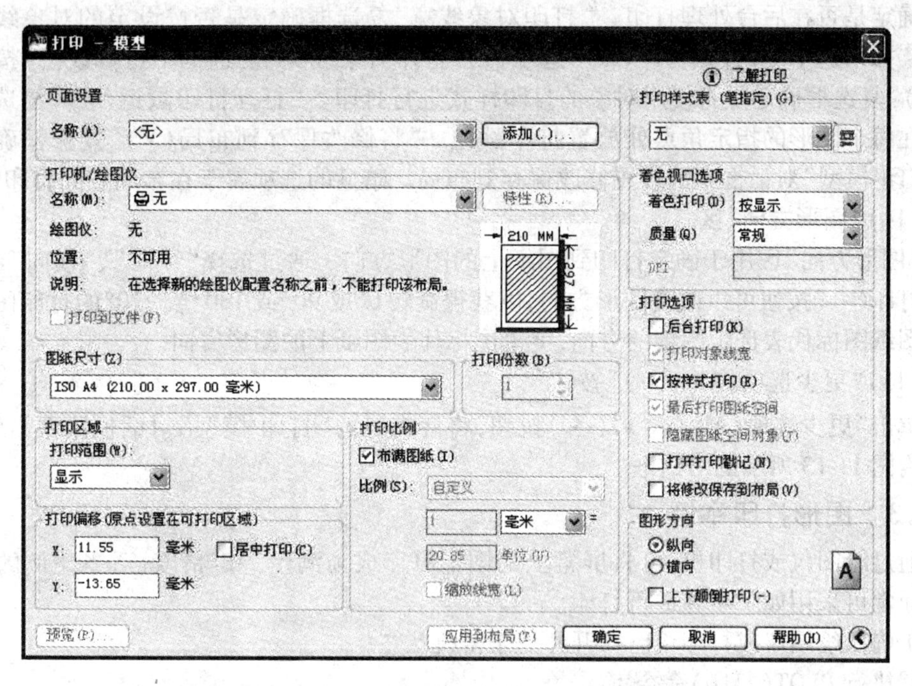

图 11-14　扩展的“打印-模型”对话框

印)或 monochrome. ctb(黑白打印)打印样式表。这两种打印样式表都将按对象线宽打印。列表中的“新建...”选项用于创建新的打印样式表。控件右侧按钮(编辑...)用于编辑当前选中的打印样式表。

(12)“着色视口选项”区

“着色视口选项”区用于指定着色和渲染的打印方式,并确定它们的分辨率大小和 DPI 值。DPI 是指每英寸可打印的点数。

1)“着色打印(D)”控件　控件列表中有“按显示”、“线框”、“消隐”、“三维线框”、“三维隐藏”、“概念”、“真实”和“渲染”等选项。“按显示”选项将按屏幕上显示的图形打印。其他几个选项都不考虑图形在屏幕上的显示方式,而按选项指定的方式打印图形。“线框”选项将打印出对象的线框图形,“消隐”选项将打印出消隐的图形,“渲染”选项将打印出渲染的三维对象。“三维线框”、“三维隐藏”、“概念”和“真实”则是按各自的视觉样式打印图形。屏幕上的显示方式是:线框、消隐、渲染及各种视觉样式。

2)“质量(Q)”控件　该控件用于指定上述“概念”、“真实”或“渲染”打印时的分辨率。控件列表中的选项是:“草稿”选项是按线框打印;“预览”选项是将打印分辨率设置为打印设备分辨率的四分之一,DPI 最大值为 150;“常规”选项是将打印分辨率设置为打印设备分辨率的二分之一,DPI 最大值为 300;“演示”选项是将打印分辨率设置为打印设备的分辨率,DPI 最大值为 600;“最高”选项是将打印分辨率设置为打印设备的分辨率;“自定义”选项是将打印分辨率设置为 DPI 输入框中的分辨率,最大可为打印设备的分辨率。

3)“DPI(I)”输入框　此输入框由用户指定打印分辨率,最大可为打印设备的分辨率。只有在“质量(Q)”控件中选择了“自定义”选项后,该框才可使用。

(13)“打印选项”区

“打印选项”区指定线宽、打印样式及当前打印样式表的一些相关选项。“后台打印”复选框确定是否在后台处理打印。“打印对象线宽”复选框确定是否按设定的对象线宽打印图形。如果选中“按样式打印(E)”选项,则“打印对象线宽”复选框不可修改。“按样式打印(E)”复选框确定是否使用对象的打印样式进行打印。“打开打印戳记(N)”复选框确定是否在每个图形的指定角点处放置打印戳记。“将修改保存到布局(V)”复选框确定是否将“打印-模型”对话框中的设置修改保存到布局。暗显的选项属于在布局空间打印时设置。

(14)“图形方向”区

“图形方向”区用于确定打印到图纸上的图形方向。通过选择“纵向”、“横向”或“上下颠倒打印(-)”按钮可以改变图形方向,以获得旋转0°或90°或180°或270°的打印图形。右侧的图纸图标代表选定图纸的方向,字母图标代表图纸上的图形方向。

(15)“更少选项(Alt + <)”按钮

单击“更少选项(Alt + <)”(⊙)按钮,将使扩展的“打印-模型”对话框隐藏右侧选项,收缩为图11-13所示的对话框。

11.2.3 图形打印举例

通过绘图仪或打印机,可将屏幕上的图形打印成为满足一定精度、适当比例的工程图纸。通常可采用如下步骤进行打印。

①确认绘图仪或打印机已打开并处于待机状态;

②执行PLOT(打印)命令;

③选择适当的打印设备;

④设置纸张大小、图形范围、打印比例等;

⑤预览打印图形,如果效果不令人满意,则重新修改打印设置,如满意则执行打印输出。

下面以图11-15所示图形为例说明从模型空间打印图形的过程。假设图形已显示在屏幕上,并且打印机为默认设备,且已处于准备绘图状态。具体步骤如下。

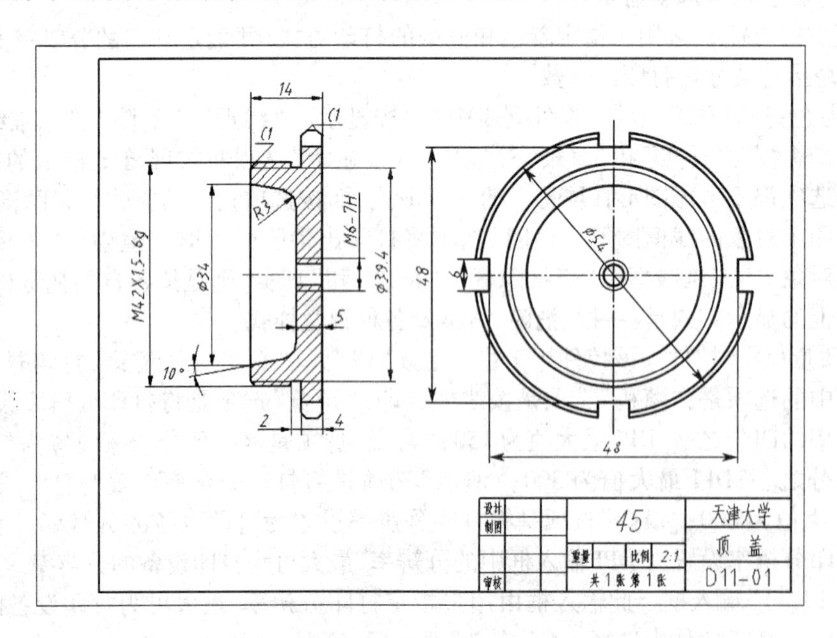

图11-15 打印图例

①启动PLOT(打印)命令显示“打印-模型”对话框。在“绘图仪/打印机”区的“名称

(M)”控件中选择一种打印设备。

②在“图纸尺寸(Z)”控件中选择“A4”图纸。

③在“打印区域”区的“打印范围(W)”控件中选择“窗口”,画面切换到绘图窗口,并提示“指定第一个角点:”,此时可输入“0,0”,继续提示“指定对角点:”,可输入“140,90”。此操作表示这两点所确定矩形区域中的图形将被输出打印。

④在“打印比例”区,关闭“布满图纸(I)”复选框,在“比例(S)”控件中选择“2:1”,即所选图形打印成放大一倍的图形。

⑤单击按钮,在“图形方向”区选择“横向”。

⑥单击预览(P)...按钮,将出现一个“预览作业进度”对话框,它表示AutoCAD正在生成图形。接着AutoCAD显示打印预览界面(图11-16),此时应仔细观察图形是否正确无误。如发现预览图形有问题,可单击右键显示快捷菜单,选“退出”选项以退出打印预览,并回到“打印-模型”对话框再次修改打印设置;如预览图形正确,则在快捷菜单中选择“打印”选项开始打印。在右键快捷菜单中,除了“退出”、“打印”选项外,还有“平移”、“缩放”、“窗口缩放”和“缩放为原窗口”选项,用于平移、缩放预览图形。对应右键快捷菜单中各选项,在预览窗口左上方也有六个按钮。它们是(打印)、(平移)、(缩放)、(窗口缩放)、(缩放为原窗口)、(关闭预览窗口)。当然,也可在“打印-模型”对话框中直接单击“确定”按钮,直接打印图形。打印操作完成后,AutoCAD将回到待命状态,即命令行出现“命令:”的提示。

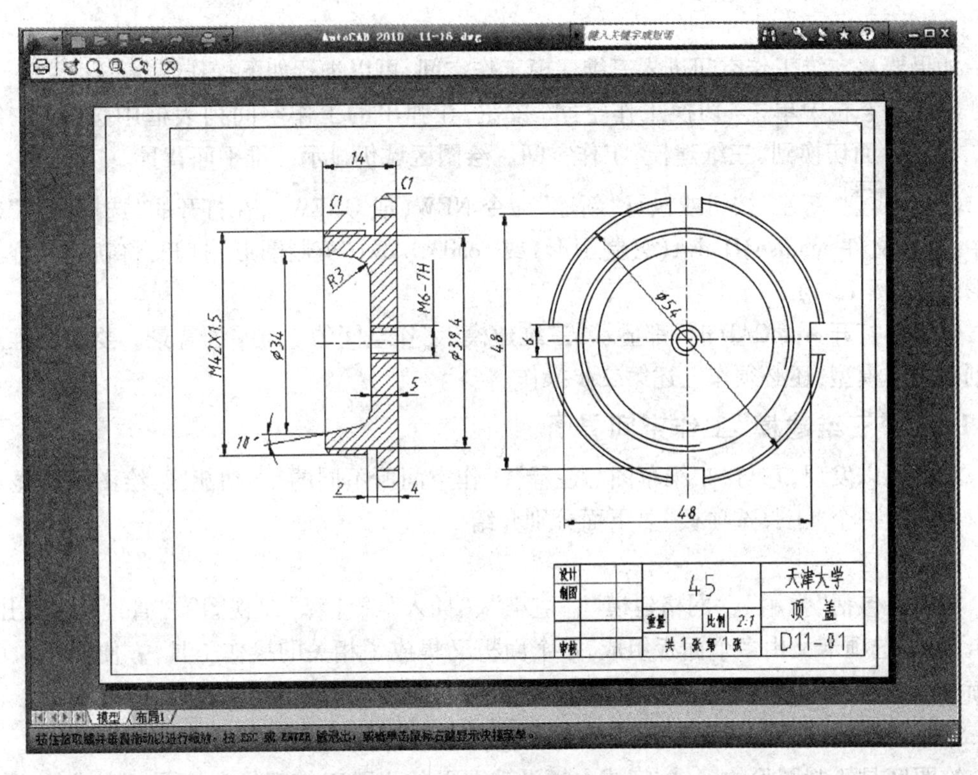

图11-16 打印预览

第 12 章　创建三维图形

前面讲述的计算机绘图都是在 *XY* 平面内进行的，即在二维平面上作图。大多数工程图样都用二维图形表示，而且人们也已习惯用二维图形表示空间立体的形状。但是，三维图形具有较强的立体感和真实感，能更清晰地、全面地表达构成空间立体各组成部分的形状以及它们之间的相对位置。进行设计时，设计人员往往首先是从构思三维立体模型表达出自己的设想，再转换为二维图形。现在，计算机辅助设计与绘图软件能提供三维空间作图环境，使得三维绘图就像二维绘图那样容易、方便。AutoCAD 软件除具备二维绘图功能外，还提供了三维绘图的环境。AutoCAD 不仅能绘制立体图形，还能在立体表面着色，产生具有不同明暗程度且色彩逼真的立体模型。在 AutoCAD 2010 中，增加了动态 UCS 等工具，提供了有利于创建三维对象的工作空间。因此，怎样快速高效地绘制三维图形，是本章要解决的问题。

12.1　三维建模空间

如果要从二维工作空间进入三维建模工作空间，可以进行如下操作。

①在状态栏中单击“切换工作空间”按钮，在弹出的工作空间列表框中选择“三维建模”，程序界面切换到“三维建模”工作空间。绘图区域仍显示二维平面背景。

②单击□“新建”按钮或执行“新建”命令 NEW（或 QNEW），在打开的“选择样板”对话框中，选择文件 acadiso3D. dwt（公制图形）或 acad3D. dwt（英制图形）打开，将新建一个三维图形环境（图 12-1）。

以后再打开 AutoCAD 时，都显示“三维建模”工作空间的二维平面背景。要在三维环境中创建立体模型，还必须作上述第二步操作。

12.1.1　“三维建模”工作空间界面

观察可以发现，它与“二维草图与注释”工作空间所不同的是：功能区、绘图区的显示内容以及多出一个“工具选项板”。下面分别介绍。

1. 功能区

功能区包括“常用”、“网格建模”、“渲染”、“插入”、“注释”、“视图”、“管理”、“输出”选项卡，每个选项卡又由多个面板组成，每个面板又集成了相关的操作工具，方便使用。单击选项卡标题右面的□按钮，来实现功能区的展开与收缩。

2. 绘图区

绘图区是绘制图形的区域，完成一幅设计图形的主要工作都是在绘图区完成的。绘图区的背景是空间 *XY* 坐标平面，其上还有栅格显示。坐标系是彩色三维坐标系，光标也是彩色三维光标。*X*、*Y*、*Z* 轴分别用红、绿、蓝三种颜色。另外还新增加了三维导航工具

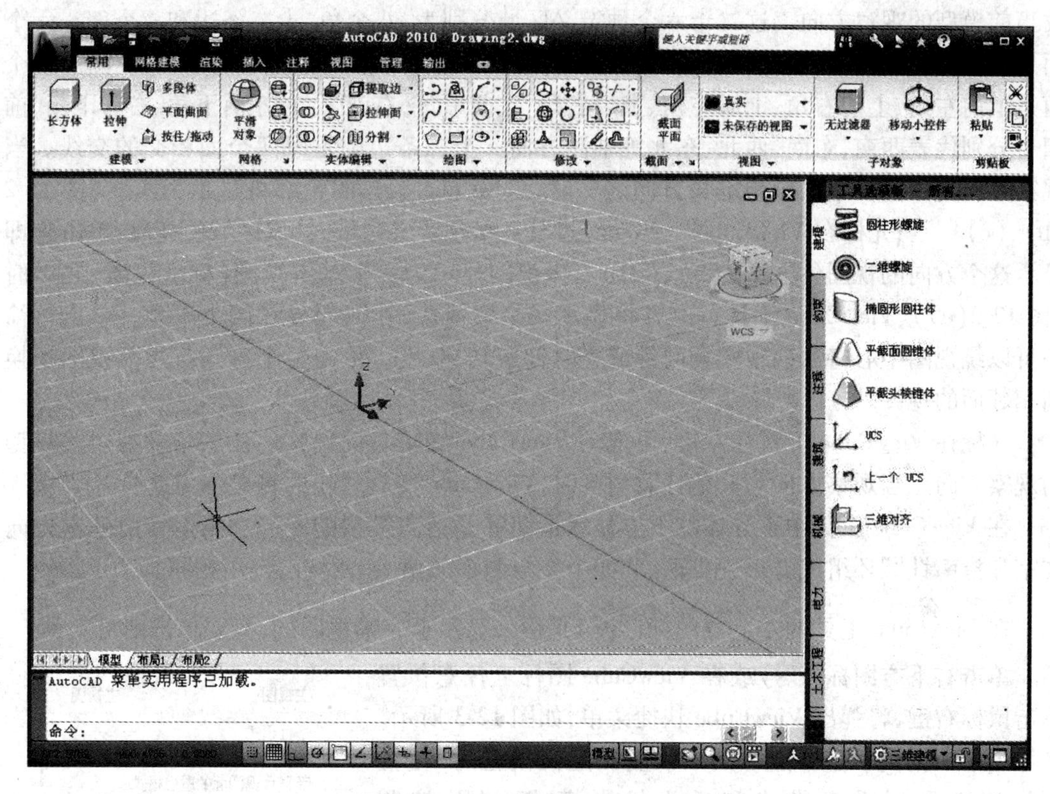

图 12-1 “三维建模”工作空间界面

ViewCube。

3. ViewCube 工具

ViewCube 是启用三维图形系统时显示的三维导航工具。用它可以从空间任意一点处观察三维模型,也就是确定观察方向。ViewCube 工具将以不活动状态显示在绘图区的右上角。ViewCube 处于不活动状态时将半透明显示(图 12-2(a)),这样便不会遮挡模型。将光标悬停在 ViewCube 上方时,ViewCube 将变为活动状态,并且为不透明显示,如图 12-2(b)所示。此时可能会遮挡当前模型。ViewCube 工具的显示或关闭使用“视图”选项卡→“视图”面板→按钮操作。

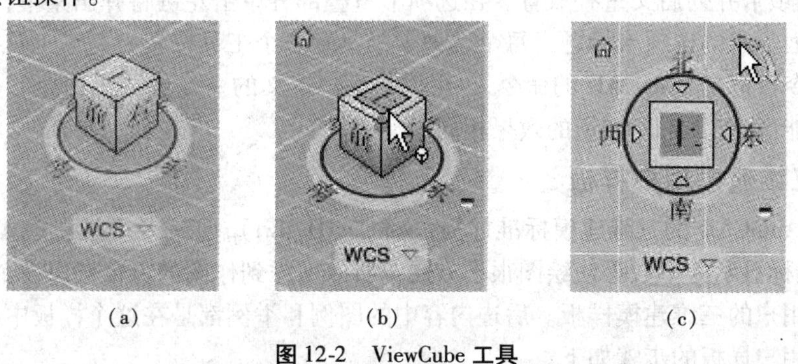

(a)　　(b)　　(c)

图 12-2　ViewCube 工具

(a)不活动状态;(b)活动状态;(c)俯视图

ViewCube 工具在正方体上已定义了二十六个区域,用户可以单击这些预定义区域来更改当前模型的观察方向。这二十六个预定义区域分别为:八个角、十二条边和六个面。六个面是上、下、前、后、左、右,分别代表俯视图、仰视图、前视图、后视图、左视图、右视图。八个角是上前左角、上前右角、上后左角、上后右角、左前下角、右前下角、左后下角、右后下角,前四个分别代表西南、东南、西北、东北等轴测方向。十二条边则是每两个面相交的交线。当观察方向为上述二十六个预定义方向之一时,ViewCube 工具的轮廓将显示为实线(图 12-2(b)、(c))。当光标在 ViewCube 上移动经过某一个预定义区域时,该区域便亮显,单击它即显示这个方向的视图(图 12-2(b)、(c))。当视图显示为六个基本视图(标准视图)之一时(图 12-2(c)),ViewCube 工具右上方将显示两个弯箭头,在四周显示四个三角。单击弯箭头可以绕视图中心将当前视图顺时针或逆时针旋转 90 度。单击一个三角将当前视图切换到相邻面的视图。

光标在 ViewCube 上按住左键,可拖动 ViewCube 旋转来设置其他任意角度为当前模型的观察方向。当观察方向为其他任意角度时,ViewCube 工具的轮廓将显示为虚线。

在 ViewCube 工具中正方体的下方显示指南针并指向模型的北向。指南针由基本方向文字和指南针圆环组成。东、南、西、北四个字与四个三角一一对应,作用相同。

在 ViewCube 工具的左上方图标( )是用来显示上一幅视图的,只要单击即可。

单击右下方图标( )或在 ViewCube 图标上任意位置单击鼠标右键,将弹出 ViewCube 快捷菜单,如图 12-3 所示。在该菜单中提供了多个选项用于恢复和定义模型的“主视图”,切换平行投影模式和透视投影模式,以及控制 ViewCube 的外观大小等。“主视图”是由“将当前视图设定为主视图”选项设置并且随模型一起保存的视图。默认的“主视图”是西南等轴测方向的视图。默认的投影模式是“透视模式”。“带平行视图面的透视模式”选项使六个基本视图显示为平行投影视图,其他观察方向显示为透视投影视图。

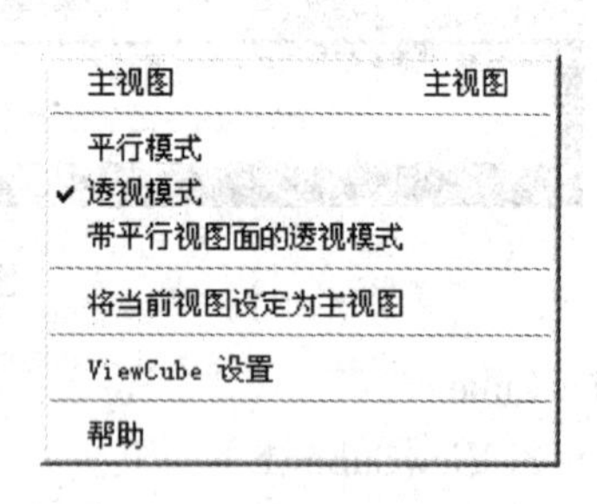

图 12-3 ViewCube 快捷菜单

4. 工具选项板

工具选项板是位于绘图区右侧的一个窗口。可以将其浮动、隐藏或关闭。它包含若干个选项卡,选项卡并列后又重叠放置。在选项卡重叠部分单击左键将弹出菜单,在菜单中可选择要在前面显示的选项卡标题。每个选项卡中又有多个工具按钮。每个工具按钮就是一种命令。命令可以是 AutoCAD 的命令,也可以是用户定义的一个或一串命令。单击工具按钮与单击功能区、工具栏上按钮的效果相同。

12.1.2 三维建模用户样板

虽然有 AutoCAD 的三维建模标准样板(acadiso3D. dwt),但是平行投影模式、上前右的观察方向、坐标显示为小数等使绘图很不方便。所以考虑到作图的方便性以及个人习惯,还是创建一个用户的三维建模样板。后边内容中的图例和举例都是在这个样板中绘制的。创建三维建模用户样板的步骤如下。

(1)单击按钮,加载 acadiso3D. dwt。

(2)在 ViewCube 工具上,改变观察方向为上前左。

(3)在 ViewCube 工具上单击右键,选择“平行模式”,将投影模式改为平行投影。

(4)单击应用程序状态栏上绘图工具按钮,打开“捕捉模式”。在该按钮上单击右键,选择“设置(S)...”选项,在“草图设置”对话框中将“捕捉 X 轴间距”和“捕捉 Y 轴间距”改为 1,再单击“确定”。

(5)单击应用程序状态栏上缩放工具按钮,在绘图区单击右键,选择“全部(A)”。

(6)保存样板。单击,在应用程序菜单中选择“另存为”选项,在“图形另存为”对话框中查找自己的文件夹,选取“AutoCAD 图形样板(*.dwt)”文件类型,输入文件名(三维建模),单击“保存(S)”按钮,再单击“确定”。用户样板到此建成。

(7)如果要求自动加载用户样板,需要修改“选项”对话框中“文件”选项卡→“样板设置”→“快速新建的默认图形样板文件名”→键入用户样板的路径及文件名。

12.2　用户坐标系

AutoCAD 使用笛卡儿直角坐标系,由标准样板提供。这种坐标系称为世界坐标系,即 WCS。AutoCAD 在启动后所用的就是世界坐标系。它以绘图区域为 *XY* 平面,*X* 轴水平向右,*Y* 轴垂直向上,坐标原点通常在绘图区域的左下角点,*Z* 轴指向操作者。

用户坐标系是由用户定义的坐标系,简称为 UCS。用户坐标系的原点可为前一个坐标系中的任一点,坐标轴可任意倾斜,但仍保持互相垂直。在构造较复杂立体时,使用用户坐标系非常方便。例如,在图 12-4 所示立体的倾斜顶面上画一个圆,采用左下角的世界坐标系就很难实现,而用 UCS 命令,将坐标原点移到倾斜顶面上的一个角点 O_1,并将 *X*、*Y* 轴分别与两边对齐,则在此 *XY* 平面中,将很方便地画出该圆。大多数 AutoCAD 的几何编辑命令依赖于 UCS 的位置和方向。新建对象将绘制在当前 UCS 的 *XY* 平面上。

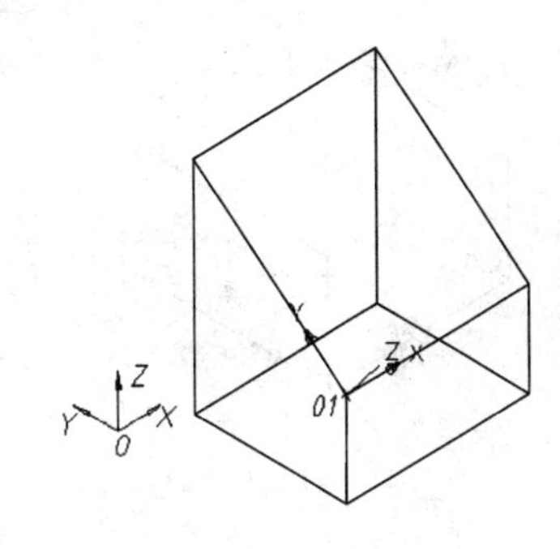

图 12-4　用户坐标系

AutoCAD 的坐标系属于右手系,按右手规则(图 12-5)可确定 3 个坐标轴的方向,即右手的拇指、食指和中指分别代表 *X*、*Y*、*Z* 轴的正方向,如图 12-5 所示。确定坐标系或图形旋转方向的右手规则为:伸出右手握住旋转轴,大拇指指向旋转轴的正向,其余四指则指向正旋转方向,如图 12-6 所示。

12.2.1　UCS(用户坐标系)命令

UCS(用户坐标系)命令有多种定义用户坐标系的方式,并且能将其存储、删除、转换等,还可以提供 UCS 的有关信息。

1. 命令输入方式

键盘输入:UCS

功能区:“视图”选项卡→“坐标”面板→

ViewCube 工具→ WCS ▾ →新 UCS

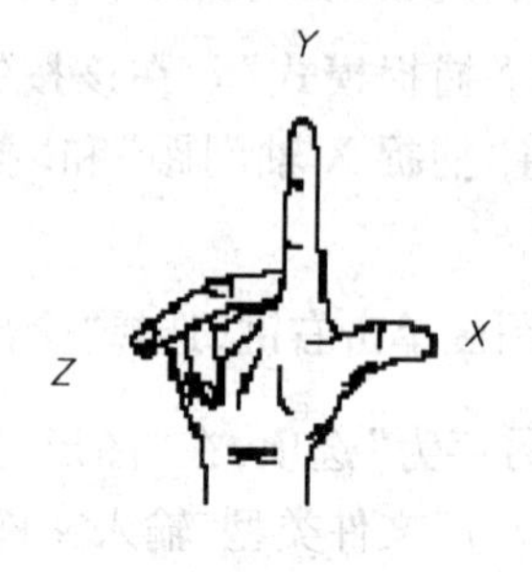

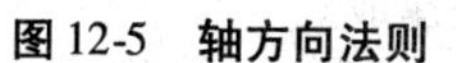

图 12-5　轴方向法则

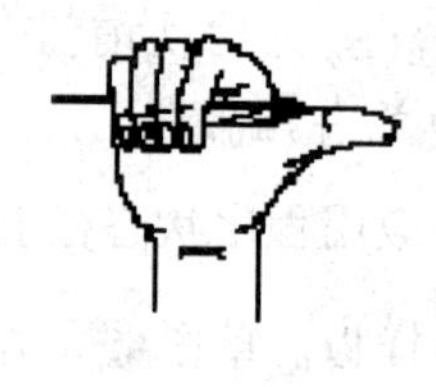

图 12-6　轴旋转法则

2. 命令提示及选择项说明

当前 UCS 名称：* 世界 *

指定 UCS 的原点或[面(F)/命名(NA)/对象(OB)/上一个(P)/视图(V)/世界(W)/X/Y/Z/Z 轴(ZA)]<世界>:输入一点或输入选择项或按【Enter】键。

指定 UCS 的原点可使用一点、两点或三点定义一个新的 UCS。如果指定一点，指定点即为新 UCS 的原点。如图 12-7 所示，点 1 为新原点。功能区按钮为 。

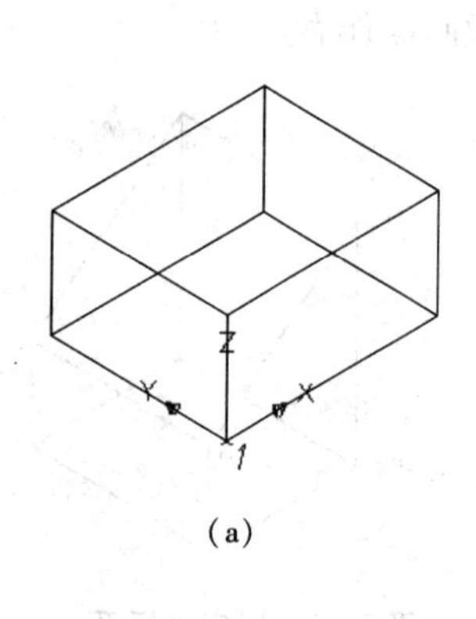

(a)

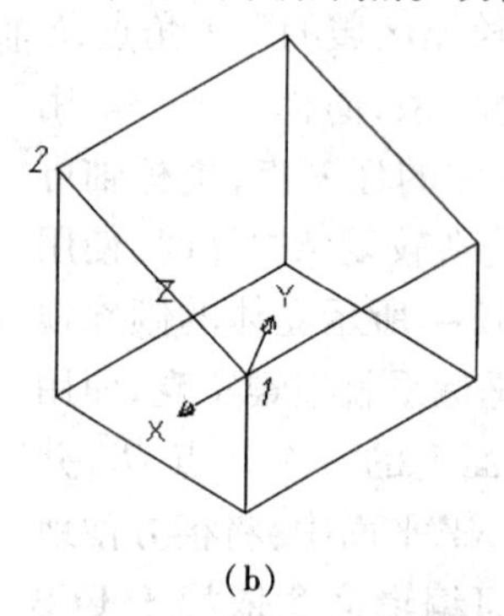

(b)

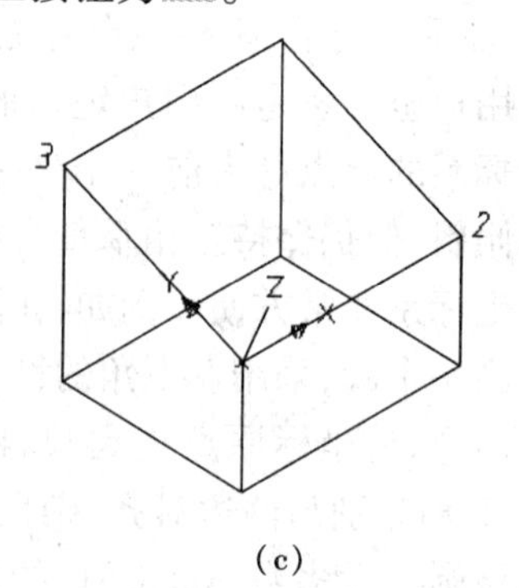

(c)

图 12-7　建立 UCS 方式

(a)指定新原点;(b)指定 3 点;(c)指定 Z 轴

指定 *X* 轴上的点或<接受>:输入一点或按【Enter】键。输入点为第二点，新 UCS 的 *X* 轴正半轴通过该点。如果按【Enter】键则结束命令，接受一点定义一个新的 UCS。新 UCS 的 *X*、*Y* 和 *Z* 轴的方向不变(图 12-7(a))。

指定 *XY* 平面上的点或<接受>:输入一点或按【Enter】键。输入点为第三点，新 UCS 的 *XY* 平面通过该点。一般使 *Y* 轴正半轴经过该点。再由 *XY* 平面根据右手规则确定 *Z* 轴，如图 12-7(b)所示。功能区按钮为 。指定的三个点不能在同一条直线上。这是建立新 UCS 的一种较灵活的方式。如果按【Enter】键则结束命令，接受两点定义一个新的 UCS。新 UCS 的 *X* 轴由两点定义。

面(F)　选择该项将显示提示如下。

选择实体对象的面:在实体上一个面的边界内或面的边上单击，被选中的面加亮显示。接着显示提示：

输入选项[下一个(N)/X 轴反向(X)/Y 轴反向(Y)]<接受>:按【Enter】键接受选中

的面为新 UCS 的 *XY* 平面。否则用“下一个(N)”选项选择与其相连的另一面新 UCS 的 *XY* 平面。新 UCS 的 *X* 轴将与选择点最近的边对齐。或者使用“X 轴反向(X)”或“Y 轴反向(Y)”选项将新 UCS 再绕 *X* 或 *Y* 轴旋转 180°。功能区按钮为[按钮]。

命名(NA)　按名称恢复或删除已存储的一个 UCS,或命名保存当前 UCS,或列出当前已定义的 UCS 的名称。功能区按钮为[按钮]。

对象(OB)　定义一个新的 UCS 与指定对象对齐。功能区按钮为[按钮]。其中新 *Z* 轴平行于对象原 *Z* 轴(即新 *XY* 平面平行于对象原 *XY* 平面)。新原点与 *X* 轴将根据对象的不同类型来确定。例如:对象是直线,以距对象选择点最近的端点为新原点,直线为 *X* 轴;对象是圆,以圆心为新原点,*X* 轴通过对象选择点;对象是圆弧,以圆弧的圆心为新原点,*X* 轴通过距对象选择点最近的弧端点等。

上一个(P)　恢复上次使用的 UCS,并可以重复连续使用,逐步返回到以前用过的 UCS。AutoCAD 保留创建的最后 10 个坐标系。

视图(V)　建立一个使新 *XY* 平面垂直于视线(即平行于屏幕)的新 UCS,其原点保持不变,*X* 轴和 *Y* 轴分别变为水平和垂直。功能区按钮为[按钮]。

世界(W)　将世界坐标系设置为当前坐标系即恢复世界坐标系。功能区按钮为[按钮]。

X/Y/Z　绕某个指定的坐标轴旋转当前坐标系来建立一个新的 UCS。功能区按钮为[按钮]、[按钮]、[按钮]。

Z 轴(ZA)　以指定的新原点和正 *Z* 轴上一点为新 *Z* 轴来定义一个新的 UCS,如图 12-7(b)所示。点 1 为新原点,点 1 到点 2 为新 *Z* 轴。功能区按钮为[按钮]。

3. UCS 按钮

UCS 命令各选项的按钮图标如图 12-8 所示。UCS 按钮的意义,按顺序是:上一个 UCS、UCS 命令、命名 UCS、世界 UCS、原点 UCS、绕 *X* 轴旋转 UCS、绕 *Y* 轴旋转 UCS、绕 *Z* 轴旋转 UCS、*Z* 轴矢量 UCS、视图 UCS、对象 UCS、面 UCS、三点 UCS。

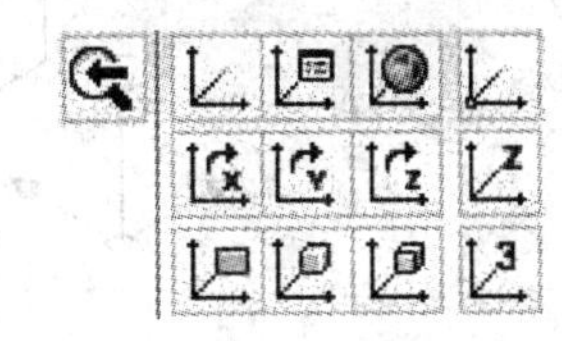

图 12-8　UCS 按钮

12.2.2　坐标系图标

1. 坐标系图标

AutoCAD 提供的坐标系图标用在坐标系转换过程中,指明当前坐标系的原点位置及 *X*、*Y*、*Z* 轴方向等。坐标系图标(图 12-9)中的符号含义如下。

□　坐标系图标中有方框时为世界坐标系;无方框时为用户坐标系。

\+　表示坐标系原点。当图标不在原点位置显示时,则无符号“+”。

图 12-9(a)、(b)所示是二维空间的坐标系图标。图 12-9(c)、(d)、(e)所示是三维空间的坐标系图标。图 12-9(f)所示的坐标系图标显示为一支折断的铅笔,它表示 *XY* 平面与屏幕垂直。要改变这种状态,必须重新设置观察方向。图 12-9(g)是图纸空间的坐标系图标。

2. UCSICON(坐标系图标)命令

该命令用来控制坐标系图标是否显示、是否在原点处显示等。命令输入方式如下。

键盘输入:UCSICON

功能区:“视图”选项卡→“坐标”面板→[按钮]→[在原点处显示 UCS 图标]、[显示 UCS 图标]

隐藏 UCS 图标

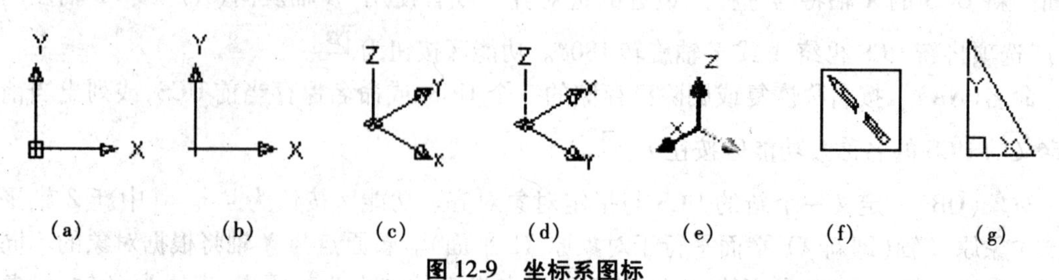

图 12-9　坐标系图标

(a)世界坐标系;(b)用户坐标系;(c)三维俯视图标;(d)三维仰视图标;
(e)着色图标;(f)特殊图标;(g)图纸空间的坐标系图标

12.2.3　动态 UCS

使用动态 UCS 功能,可以在创建三维对象时使 UCS 的 *XY* 平面自动与实体模型上的平面临时对齐。使用绘图命令时,移动光标到实体的面上,UCS 的 *XY* 平面自动与面对齐,*X* 轴与面的一条边平行,*X* 轴的正向将指向前面或右面,而无需使用 UCS 命令定义新坐标系。结束该命令后,UCS 将恢复到原先状态。动态 UCS 仅能在可见面上使用。图 12-10 上动态 UCS 是在执行命令情况下显示的。

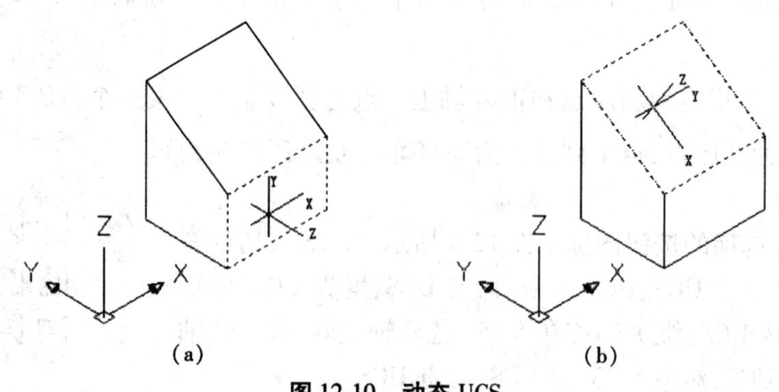

图 12-10　动态 UCS

(a)光标在前面上;(b)光标在斜面上

打开或关闭动态 UCS 功能,可单击应用程序状态栏上的按钮,或者按【F6】键。

可以使用动态 UCS 的命令如下:LINE(直线)、CIRCLE(圆)、ARC(圆弧)、RECTANG(矩形)、PLINE(多段线)、DTEXT(文字)、MTEXT(多行文字)、TABLE(表格)、INSERT(插入)、ALIGN(对齐)、ROTATE(旋转)、MIRROR(镜像)、UCS(用户坐标系)、REGION(面域)等,还有夹点操作、创建三维实体的命令。

12.3　实体模型

实体模型是具有质量、体积、中心和惯性矩等特征的三维对象。它更能表达物体的结构特征,同时包含的信息最多。用户可以分析实体的质量特性,并输出数据以用于有限元分析或数控加工,实体模型示例如图 12-11 所示。在 AutoCAD 2010 中,用户既可以直接创建各种基本实体,也可以通过旋转和拉伸二维对象来生成三维模型,还可以对实体模型进行布尔运算创建复杂实体模型。

以下叙述中的举例都是在三维空间中操作的,而且放大了绘图区背景,将坐标系原点移动到左下方。捕捉模式打开,捕捉间距设置为1。投影模式为“平行模式”。

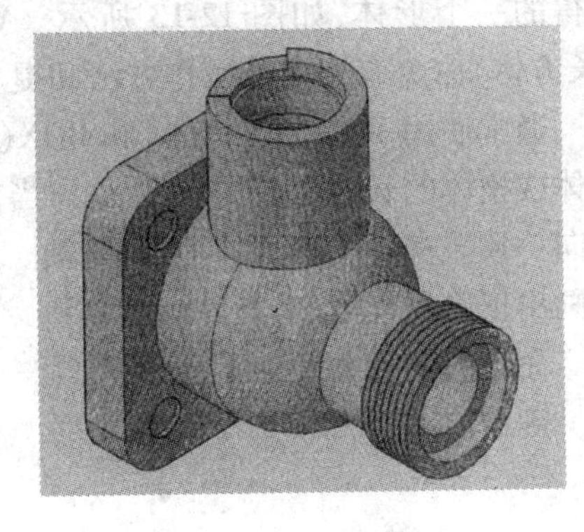

图12-11 实体模型

12.3.1 基本实体

在AutoCAD“三维建模”空间的功能区“常用”标签的建模面板中,有八种可以直接创建的常用基本实体按钮,他们分别为:长方体、楔体、圆柱体、圆锥体、球体、圆环体、棱锥体和多段体。

1. BOX(长方体)命令

BOX(长方体)命令用于建立一个长方体或正方体。用户可以使用长方体的两个对角点,或一个角点及长宽高,或中心点及另一个角点,或中心点及长宽高等创建长方体。

必须注意的是:输入高度时长方体向上还是向下长出由光标的位置确定。

(1)命令输入方式

键盘输入:BOX

功能区:“常用”选项卡→“建模”面板→ 或 长方体 → 长方体

(2)命令使用举例

例 绘制图12-12所示长方体,尺寸为40×50×60。

绘制图12-12所示长方体的操作过程如下。

图12-12 长方体

单击: * 执行BOX命令

单击:(任一点) * 指定第一个角点

输入:40,50 * 指定对角点

输入:60 * 输入高度

命令窗口显示如下。

命令:_ box

指定第一个角点或[中心(C)]:

指定其他角点或[立方体(C)/长度(L)]:40,50

指定高度或[两点(2P)]<60.0000>:60

(3)说明

当指定一点给出长方体位置后,移动光标即显示一个矩形平面以及动态尺寸。再指定一点确定矩形平面大小。再移动光标即显示长方体,高度随光标移动而改变,指定一点或输入数值即完成长方体的绘制。

2. WEDGE(楔体)命令

WEDGE(楔体)命令用于建立一个楔形实体。楔体是长方体沿对角平面剖切成两半后所得的一个形体,如图 12-13 所示。WEDGE(楔体)和 BOX(长方体)命令有相同的操作方法和提示,此处不再赘述。

通常使用 WEDGE(楔体)和 BOX(长方体)命令绘制的长方体或楔体的长、宽、高方向总是与当前 UCS 的 X、Y、Z 轴正方向一致。楔体的斜面平行于 Y 轴。这一点很重要,否则很难画出正确的楔体。

图 12-13　楔体

命令的输入方式如下:

键盘输入:WEDGE

功能区:“常用”选项卡→“建模”面板→ 或 →

3. CYLINDER(圆柱体)命令

圆柱体(CYLINDER)命令用于建立一个圆柱体或椭圆柱体。建立圆柱体或椭圆柱体时,首先应建立一个圆形或椭圆形底面,然后再指定高度或另一端的中心点。创建的圆柱体或椭圆柱体的轴线与 Z 轴平行。当指定的另一轴端点与底面中心点的 X、Y 坐标不同时,将以两点为轴线建立与坐标系倾斜的圆柱体或椭圆柱体。

必须注意的是:输入高度时圆柱向上还是向下长出由光标的位置确定。

(1)命令输入方式

键盘输入:CYLINDER 或 CYL

功能区:“常用”选项卡→“建模”面板→ 或 →

(2)命令使用举例

例 1　绘制图 12-14 所示圆柱体,底面圆直径为 30,高为 60。

绘制图 12-14 所示圆柱体的操作过程如下。

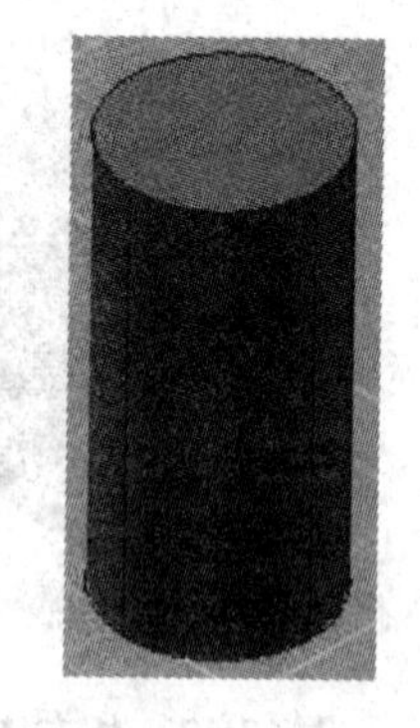

图 12-14　圆柱体

单击:　　* 执行 CYLINDER 命令

单击:(任一点)　　* 指定底面圆心

输入:15　　* 输入半径

输入:60　　* 输入高度

命令窗口显示如下。

命令:_ cylinder

指定底面的中心点或[三点(3P)/两点(2P)/切点、切点、半径(T)/椭圆(E)]:

指定底面半径或[直径(D)]:15

指定高度或[两点(2P)/轴端点(A)]<当前值>:60

例 2　绘制图 12-15 所示椭圆柱体,底面椭圆长、短轴的长度分别为 40、20,椭圆柱体高度为 60。

绘制椭圆柱体,一般先确定底面椭圆,再输入椭圆柱体的高,操作过程如下。

单击： 　　　　　　　　　　　　　　　　＊执行 CYLINDER 命令
输入：E　　　　　　　　　　　　　　　　＊选择“椭圆(E)”选项
单击：(任一点)　　　　　　　　　　　　＊指定第一个轴的端点
输入：40　　　　　　　　　　　　　　　＊指定第一个轴长
输入：10　　　　　　　　　　　　　　　＊指定第二个轴的半轴长
输入：60

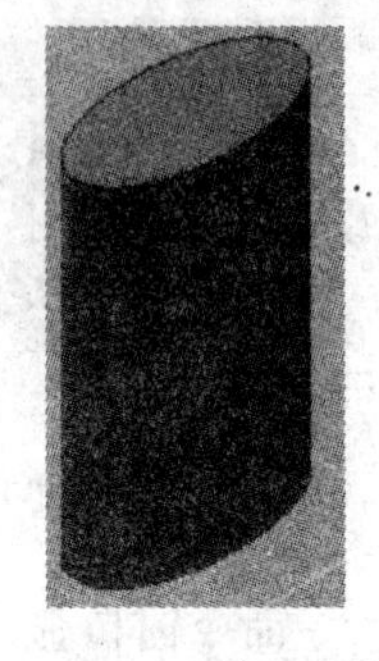

图 12-15　椭圆柱体

命令窗口显示如下。

命令：_ cylinder

指定底面的中心点或[三点(3P)/两点(2P)/切点、切点、半径(T)/椭圆(E)]：E

指定第一个轴的端点或[中心(C)]：

指定第一个轴的其他端点：40

指定第二个轴的端点：10

指定高度或[两点(2P)/轴端点(A)] <60.0000 >：60

4. CONE(圆锥体)命令

CONE(圆锥体)命令建立一个圆锥体或椭圆锥体。建立圆锥体或椭圆锥体时，首先应建立一个圆形或椭圆形底面，然后再指定高度或锥顶坐标。创建的圆锥体或椭圆锥体轴线与 Z 轴平行。当指定的另一轴端点与底面中心点的 X、Y 坐标不同时，将以两点为轴线建立与坐标系倾斜的圆锥体或圆台。CONE(圆锥体)命令还可创建圆台。

(1)命令输入方式

键盘输入：CONE

功能区：“常用”选项卡→“建模”面板→  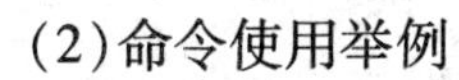 或 长方体 → 圆锥体

(2)命令使用举例

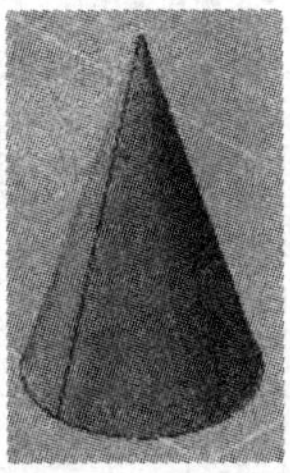

例 1　绘制图 12-16 所示圆锥体，底面圆直径为 30，高为 50。

绘制图 12-16 所示圆锥体的操作过程如下。

单击：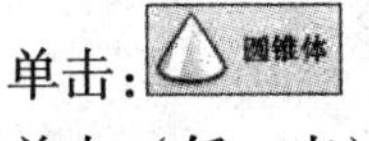　　　　　　＊执行 CONE 命令
单击：(任一点)　　　　　　　　　　＊指定底面圆心
输入：15　　　　　　　　　　　　　＊输入半径
输入：50　　　　　　　　　　　　　＊输入高度

图 12-16　圆锥体

命令窗口显示如下。

命令：_ cone

指定底面的中心点或[三点(3P)/两点(2P)/切点、切点、半径(T)/椭圆(E)]：

指定底面半径或[直径(D)]：15

指定高度或[两点(2P)/轴端点(A)/顶面半径(T)] <60.0000 >：50

例 2　绘制图 12-17 所示圆台，底面圆直径为 40，顶面圆直径为 20，高为 30。

图 12-17　圆锥体

绘制图 12-17 所示圆台的操作过程如下。

单击:　　* 执行 CONE 命令
单击:(任一点)　　* 指定底面圆心
输入:20　　* 输入半径
输入:T　　* 选择“顶面半径(T)”选项
输入:10　　* 输入顶面半径
输入:30　　* 输入高度

命令窗口显示如下。

命令:_ cone
指定底面的中心点或[三点(3P)/两点(2P)/切点、切点、半径(T)/椭圆(E)]:
指定底面半径或[直径(D)] <15.0000 >:20
指定高度或[两点(2P)/轴端点(A)/顶面半径(T)] <60.0000 >:T
指定顶面半径 <0.0000 >:10
指定高度或[两点(2P)/轴端点(A)/顶面半径(T)] <50.0000 >:30

5. SPHERE(球体)命令

SPHERE(球体)命令可用来绘制一个圆球体,如图 12-18 所示。

图 12-18　圆球体

(1)命令输入方式

键盘输入:SPHERE

功能区:“常用”选项卡→“建模”面板→　或 长方体 → 球体

(2)命令使用举例

例　创建一球体。

创建一球体的操作过程如下。

单击: 球体　　* 执行 SPHERE 命令
单击:(任一点)　　* 指定球心
输入:(数值)　　* 输入半径

命令窗口显示如下。

命令:_ sphere
指定中心点或[三点(3P)/两点(2P)/切点、切点、半径(T)]:
指定半径或[直径(D)] <20.0000 >:

注意,创建的球体有一半在网格平面之上,有一半在网格平面之下。这是由于用鼠标任选一点,这个点是在网格平面上的二维点,*Z* 坐标为 0。而网格平面是 *XY* 平面。下面的圆环体也是如此。

6. TORUS(圆环体)命令

TORUS(圆环体)命令可用于绘制一个圆环体。建立圆环体时,用户应指定圆环体的中心、圆环体的半径或直径,以及圆管(圆环截面)的半径或直径,如图 12-19(a)所示。

(1)命令输入方式

键盘输入:TORUS 或 TOR

功能区:“常用”选项卡→“建模”面板→ 或 长方体 → 圆环体

(2)命令使用举例

例　绘制图 12-19(b)所示圆环体。其中,圆环体的直径为 40,圆管的直径为 12。

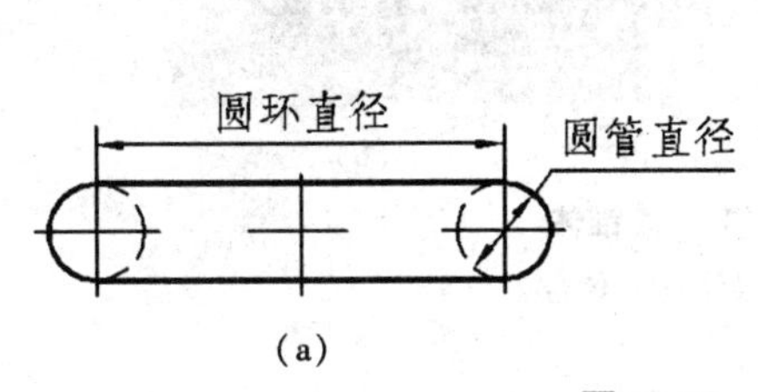

(a)

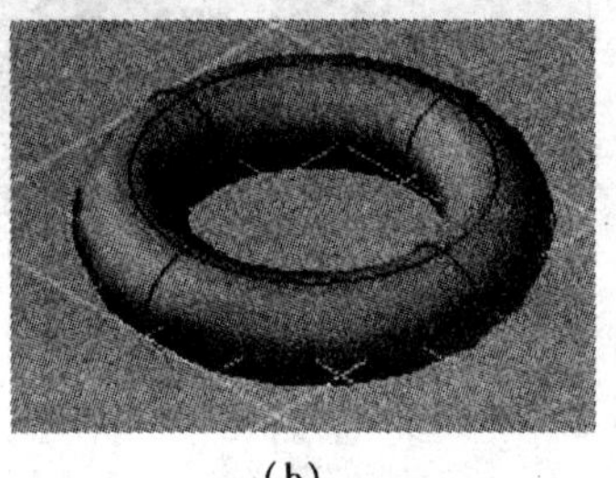

(b)

图 12-19　圆环体

(a)圆环参数;(b)圆环

创建圆环体的操作过程如下。

单击: 圆环体　　＊执行 TORUS 命令

单击:(任一点)　　＊指定中心

输入:20　　＊输入圆环半径

输入:6　　＊输入圆管半径

命令窗口显示如下。

命令:_ torus

指定中心点或[三点(3P)/两点(2P)/相切、相切、半径(T)]:

指定半径或[直径(D) <15.0000>]:20

指定圆管半径或[两点(2P)/直径(D)]:6

7. PYRAMID(棱锥体)命令

PYRAMID(棱锥体)命令可用于绘制一个有 3 到 32 个侧面的棱锥体或棱台,默认四棱锥。建立棱锥体时,用户应指定棱锥体底面的中心、棱锥体的底面边长,以及棱锥体的高,如图 12-20(a)所示。当指定的轴端点与底面中心点的 X、Y 坐标不同时,将以两点为轴线建立与坐标系倾斜的棱锥体或棱台。

(1)命令输入方式

键盘输入:PYRAMID

功能区:“常用”选项卡→“建模”面板→ 或 长方体 → 棱锥体

(2)命令使用举例

例 1　绘制图 12-20(a)所示棱锥体。其中,棱锥体底面的直径为 30,高度为 40。

绘制图 12-20(a)所示棱锥体的操作过程如下。

单击: 棱锥体　　＊执行 PYRAMID 命令

单击:(任一点)　　＊指定底面中心

输入:15　　＊输入底面边长之半

输入:40　　　　　　　　　　　　　　　　　　　　　　　　　　* 输入高度

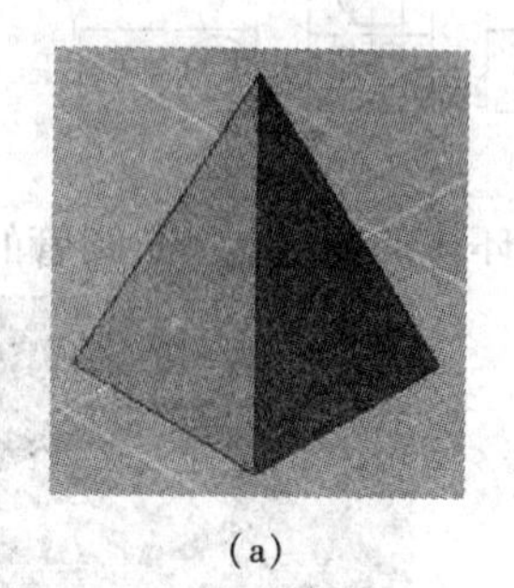

(a)

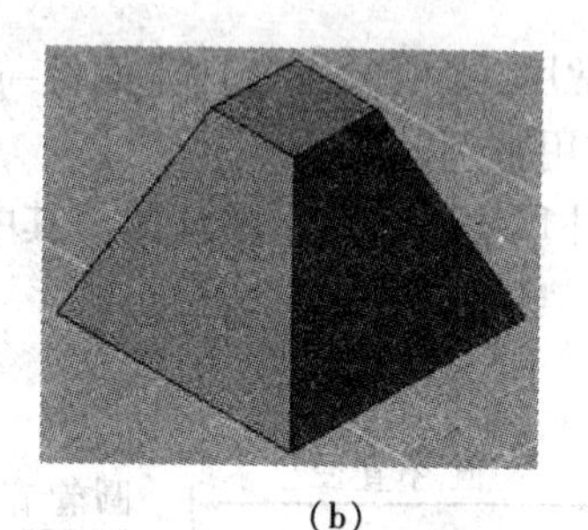

(b)

图 12-20　棱锥体

(a)棱锥体;(b)棱台

命令窗口显示如下。

命令:_ pyramid

4 个侧面　外切

指定底面的中心点或[边(E)/侧面(S)]:

指定底面半径或[内接(I)] <20.0000 > :15

指定高度或[两点(2P)/轴端点(A)/顶面半径(T)] <30.0000 > :40 ↙

例 2　绘制图 12-20(b)所示棱台。其中,棱台底面的直径为 40,高度为 30。

绘制图 12-20(b)所示棱台的操作过程如下。

单击:　　　　　　　　　　　　　　　　　　　　　　　　　　* 执行 PYRAMID 命令

单击:(任一点)　　　　　　　　　　　　　　　　　　　　　　* 指定底面中心

输入:20　　　　　　　　　　　　　　　　　　　　　　　　　* 输入底面边长之半

输入:T　　　　　　　　　　　　　　　　　　　　　　　　　 * 选择"顶面半径(T)"选项

输入:7　　　　　　　　　　　　　　　　　　　　　　　　　 * 输入底面边长之半

输入:30　　　　　　　　　　　　　　　　　　　　　　　　　* 输入高度

命令窗口显示如下。

命令:_ pyramid

4 个侧面　外切

指定底面的中心点或[边(E)/侧面(S)]:

指定底面半径或[内接(I)] <20.0000 > :20

指定高度或[两点(2P)/轴端点(A)/顶面半径(T)] <30.0000 > :T

指定顶面半径 <10.0000 > :7

指定高度或[两点(2P)/轴端点(A)] <30.0000 > :30

(3)说明

"边(E)"选项用于指定底面边长。

"侧面(S)"选项用于指定棱锥的侧面数,可以是 3 到 32 中的一个整数。

"内接(I)"选项用于选择"外切(C)"选项,底面、顶面半径都是圆外切正多边形的边长之半或圆内接正多边形的中心到角顶之长。

"两点(2P)"选项用于指定两点之间的距离作为棱锥体高度。

“轴端点(A)”选项用于指定棱锥体轴线的另一个端点的三维坐标。

8. EXTRUDE(拉伸)命令

EXTRUDE(拉伸)命令从二维封闭图形所在平面开始,沿指定的路径或 *Z* 方向(高度方向)拉伸二维封闭图形建立实体,如图 12-21 所示。被拉伸的二维封闭图形称为剖面(profile)。二维封闭图形为圆、椭圆、正多边形、闭合的多段线或样条曲线、面域(region)等。路径可以是直线、圆、圆弧、椭圆、椭圆弧、二维多段线或样条曲线,但不能与剖面对象所在平面平行。路径的一个端点应该在剖面所在平面上,否则,AutoCAD 假设将路径移到剖面的中心。如果路径是一条样条曲线,那么该曲线在端点处应该与剖面垂直。否则,AutoCAD 将旋转剖面,以使其与样条曲线路径垂直。拉伸实体的侧面可以有倾斜度。斜度值介于 -90°与 90°之间。正角度使拉伸体侧面向剖面内部倾斜,负角度使拉伸体侧面向剖面外部倾斜。

(1)命令输入方式

键盘输入:EXTRUDE 或 EXT

功能区:“常用”选项卡→“建模”面板→或拉伸

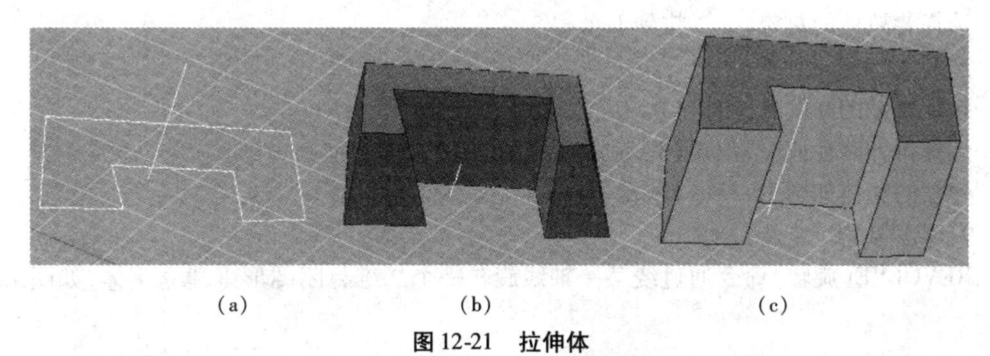

(a)　　　　　　(b)　　　　　　(c)

图 12-21　拉伸体

(a)剖面与路径;(b)侧面倾斜的实体;(c)侧面无倾斜的实体

(2)命令使用举例

例 1　用输入高度和倾斜角度拉伸图 12-21(a)所示图形。

拉伸的操作过程如下。

单击:	* 执行 EXTRUDE 命令
单击:(对象)	* 指定要拉伸的对象
单击:↙	* 结束对象选择
输入:T	* 选择“倾斜角(T)”选项
输入:10	* 输入倾斜角度
输入:70	* 输入高度

命令窗口显示如下:

命令:_ extrude

当前线框密度:ISOLINES = 4

选择要拉伸的对象:　找到 1 个

选择要拉伸的对象:

指定拉伸的高度或[方向(D)/路径(P)/倾斜角(T)]:T

指定拉伸的倾斜角度 <0>:10

指定拉伸的高度或[方向(D)/路径(P)/倾斜角(T)]:70

建立的实体如图 12-21(b)所示。

例 2　沿直线拉伸图 12-21(a)所示图形。

拉伸的操作过程如下。

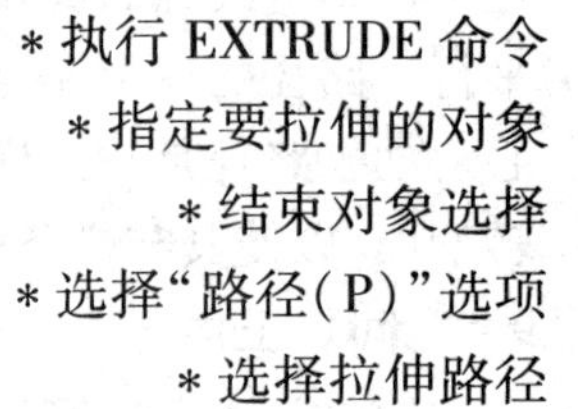

单击:　　* 执行 EXTRUDE 命令

单击:(对象)　　* 指定要拉伸的对象

单击:↙　　* 结束对象选择

输入:P　　* 选择“路径(P)”选项

单击:(直线)　　* 选择拉伸路径

命令窗口显示如下。

命令:_ extrude

当前线框密度:ISOLINES = 4

选择要拉伸的对象:　　找到 1 个

选择要拉伸的对象:

指定拉伸的高度或[方向(D)/路径(P)/倾斜角(T)]:P

选择拉伸路径或[倾斜角(T)]:

建立的实体如图 12-21(c)所示。

9. REVOLVE(旋转)命令

REVOLVE(旋转)命令通过绕某一轴线旋转一个二维封闭图形来建立实体,如图 12-22 所示。

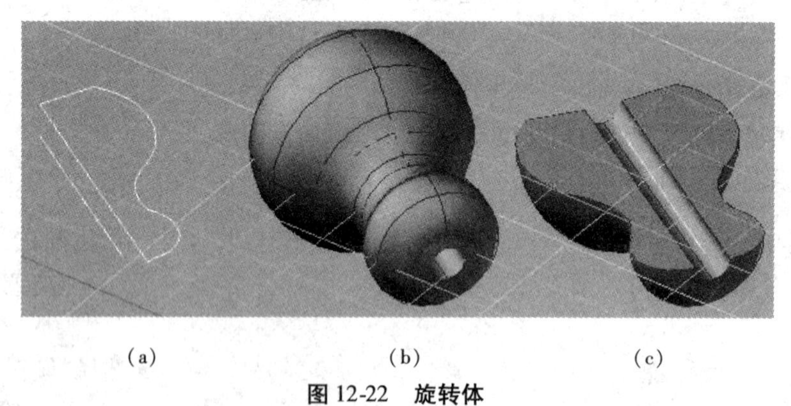

(a)　　(b)　　(c)

图 12-22　旋转体

(a)剖面与旋转轴;(b)旋转 360°;(c)旋转 180°

被旋转的二维封闭图形称为剖面,轴线称为旋转轴。剖面所指对象与 EXTRUDE(拉伸)命令相同。旋转轴可以用起点及终点确定,或用一条直线,或用 *X* 轴,或用 *Y* 轴作为旋转轴。旋转方向按右手规则确定。大拇指的指向由起点到终点。如果是直线则指向距离对象选择点远的一端。

(1)命令输入方式

键盘输入:REVOLVE 或 REV

功能区:“常用”选项卡→“建模”面板→[旋转图标]或[拉伸]→[旋转]

(2)命令使用举例

例　建立由图 12-22(a)所示封闭图形绕直线旋转 360°的实体。

旋转生成实体的操作过程如下。

单击:[旋转] ＊执行 REVOLVE 命令
单击:(对象) ＊指定要旋转的对象
单击:↙ ＊结束对象选择
输入:O ＊选择“对象(O)”选项
单击:(直线) ＊选择旋转轴
单击:↙ ＊输入角度

命令窗口显示如下。

命令:_ revolve
当前线框密度:ISOLINES = 4
选择要旋转的对象:　找到 1 个
选择要旋转的对象:
指定轴起点或根据以下选项之一定义轴[对象(O)/X/Y/Z] < 对象 > :O
选择对象:
指定旋转角度或[起点角度(ST)] < 360 > :

建立的实体如图 12-22(b)所示。如果旋转角度是 180°,则建立的实体如图 12-22(c)所示。图中是封闭图形绕直线向下旋转的结果,它位于 *XY* 平面下方。那么指定旋转轴时,选择直线应靠近左下端点取。

10. SWEEP(扫掠)命令

SWEEP(扫掠)命令可以通过沿开放或闭合的二维或三维路径扫掠开放或闭合的平面曲线(轮廓)创建新实体或曲面。SWEEP(扫掠)命令沿指定的路径以指定的轮廓绘制实体或曲面。可以扫掠在同一平面的多个对象。

(1)命令输入方式

键盘输入:SWEEP

功能区:“常用”选项卡→“建模”面板→[扫掠图标]或[拉伸]→[扫掠]

(2)命令使用举例

例　建立由图 12-23(a)所示圆沿螺旋线扫掠而生成的实体。

扫掠生成的操作过程如下。

单击:[扫掠] ＊执行 SWEEP 命令
单击:(圆) ＊指定要扫掠的对象
单击:↙ ＊结束对象选择
单击:(螺旋线) ＊选择路径

命令窗口显示如下。

命令:_ sweep

当前线框密度： ISOLINES =4

选择要扫掠的对象:找到 1 个

选择要扫掠的对象：

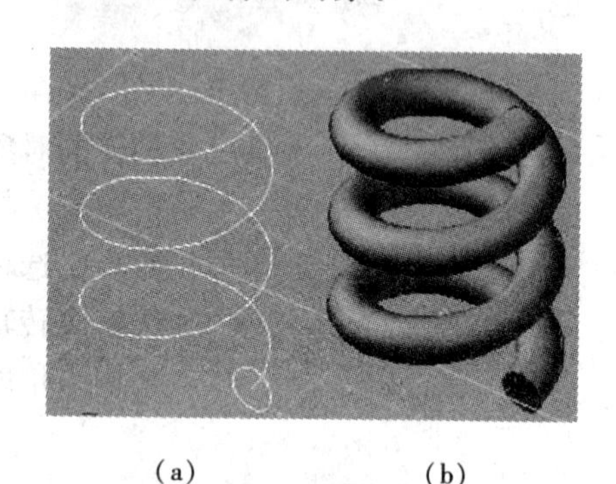

(a)　　　　　　(b)

图 12-23　扫掠生成弹簧

(a)扫掠对象和路径;(b)弹簧

选择扫掠路径或[对齐(A)/基点(B)/比例(S)/扭曲(T)]：

建立的实体如图 12-23(b)所示。

11. LOFT(放样)命令

LOFT(放样)命令通过在一组包含两个或更多截面轮廓中对轮廓进行放样来创建三维实体或曲面。横截面轮廓可以为开放曲线,也可以为闭合曲线,但必须全部为开放或全部闭合。如果对一组闭合的横截面曲线进行放样,则将生成实体对象。如果对一组开放的横截面曲线进行放样,则将生成曲面对象。

(1)命令输入方式

键盘输入:LOFT

功能区:“常用”选项卡→“建模”面板→[放样图标]或[拉伸图标]→[放样图标]

(2)命令使用举例

例　建立由图 12-24 所示图形经过放样处理生成的实体。

放样处理的操作过程如下。

单击:[放样图标]　　＊执行 REVOLVE 命令

单击:(对象)　　＊按顺序选择横截面曲线

单击:(下一个对象)

单击:(下一个对象)

单击:(下一个对象)

单击:(下一个对象)

单击:↙　　＊结束对象选择,显示工具提示

单击:(仅横截面(C))　　＊显示“放样设置”对话框

单击:(确定)　　＊按横截面曲线放样

命令窗口显示如下。

命令:_loft

按放样次序选择横截面：　找到 1 个

按放样次序选择横截面：　找到 1 个,总计 2 个

按放样次序选择横截面：　找到 1 个,总计 3 个

按放样次序选择横截面：　找到 1 个,总计 4 个

按放样次序选择横截面：　找到 1 个,总计 5 个

按放样次序选择横截面：

输入选项[导向(G)/路径(P)/仅横截面(C)] <仅横截面>:C

建立的实体如图 12-24 所示。

(3)说明

“导向(G)”选项用于指定控制放样实体或曲面形状的导向曲线。

“路径(P)”选项用于指定放样实体或曲面的单一路径。

“仅横截面(C)”选项用于显示“放样设置”对话框。在对话框中可以控制放样曲面或实体的轮廓。在这里可以设置“拔模斜度”。用户还可以闭合曲面或实体。如不想改变设置,只要单击“确定”按钮关闭对话框。同时结束 LOFT(放样)命令。

图 12-24　放样生成体

12.3.2　组合实体

用户可以通过使用 UNION、INTERSECT、SUBTRACT 等命令将基本实体组合成比较复杂的实体——组合实体。

1. UNION(并集)命令

UNION(并集)命令可将几个实体或面域合并为一个组合实体或面域。图 12-25(a)是两个基本实体(圆柱体和长方体)重合在一起。图 12-25(b)显示了两个基本实体的并集。执行 UNION(并集)命令时,用户仅需选择欲组合的实体或面域,而后 AutoCAD 自动生成组合实体或面域。用户可以组合一些不相交的实体或面域,所得结果虽然看起来为多个实体或面域,但却被当做一个实体或面域。

命令的输入方式如下：

键盘输入:UNION 或 UNI

功能区:“常用”选项卡→“实体编辑”面板→

2. SUBTRACT(差集)命令

SUBTRACT(差集)命令可从一个或几个实体或面域中减去一个或几个实体或面域而生成一个组合实体或面域。图 12-25(c)、(d)显示了两个基本实体的差集。执行 SUBTRACT(差集)命令时,首先选择被减的实体或面域,再选择要减去的实体或面域。

(1)命令输入方式

键盘输入:SUBTRACT 或 SU

功能区:“常用”选项卡→“实体编辑”面板→

菜单:“修改(M)”→“实体编辑(N)”→“差集(S)”

(2)命令使用举例

例　建立图 12-25(a)所示两个实体的差构成的实体。

用长方体减去圆柱体的操作如下。

单击:　　* 执行差集命令

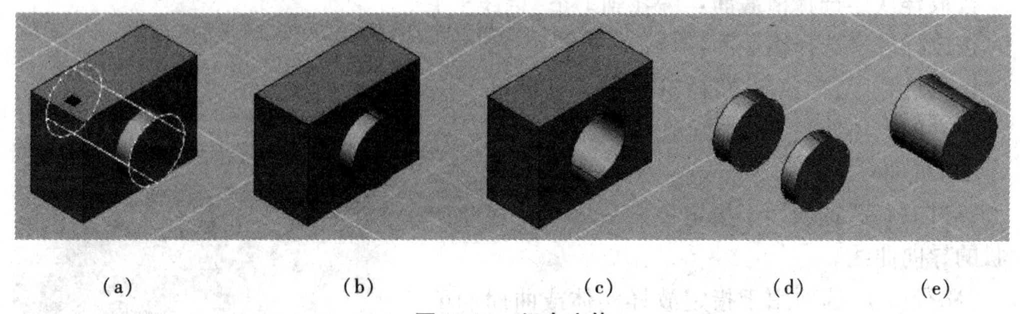

(a) (b) (c) (d) (e)

图 12-25 组合实体

(a)基本实体;(b)并集;(c)差集 1;(d)差集 2;(e)交集

单击:(长方体) * 选择被减对象

单击:↙ * 结束选择

单击:(圆柱体) * 选择减去对象

单击:↙ * 结束选择

命令窗口显示如下。

命令:_ subtract

选择要从中减去的实体、曲面和面域...

选择对象: 找到 1 个

选择对象:

选择要减去的实体、曲面和面域...

选择对象: 找到 1 个

选择对象:

建立的实体如图 12-25(c)所示。

用圆柱体减去长方体的操作如下。

单击:[差集图标] * 执行差集命令

单击:(圆柱体) * 选择被减对象

单击:↙ * 结束选择

单击:(长方体) * 选择减去对象

单击:↙ * 结束选择

建立的实体如图 12-25(d)所示。

3. INTERSECT(交集)命令

INTERSECT(交集)命令将几个实体或面域的公共部分创建为一个新的组合实体或面域,图 12-25(e)显示了两个基本实体的交集。用户所选择的实体或面域必须相交才能有交集。

命令的输入方式如下:

键盘输入:INTERSECT 或 IN

功能区:"常用"选项卡→"实体编辑"面板→[交集图标]

4. FILLET(圆角)命令

FILLET(圆角)命令总是生成一个曲面,它使相邻面间圆滑过渡,如图 12-26(b)所示。

用户可以用 FILLET(圆角)命令对实体的棱边进行倒圆角。若用户想用相同的圆角半径给几条交于同一个点的棱边倒圆角,则 FILLET(圆角)命令会在此点生成部分圆球面。FILLET(圆角)命令的操作过程是:首先点取立体上一棱边,输入圆角半径,再点取其他棱边。如有不同半径的圆角,还可修改半径,再点棱边,最后按【Enter】键结束。

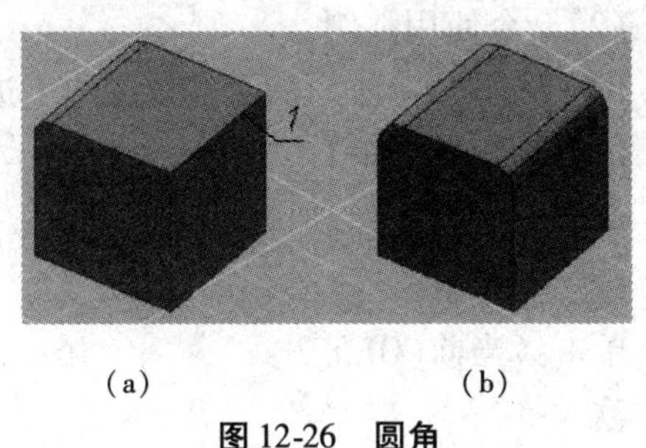

(a) (b)

图 12-26 圆角

(a)倒圆角前;(b)倒圆角后

(1)命令输入方式

键盘输入:FILLET

功能区:“常用”选项卡→“修改”面板→ 或 → 圆角

(2)命令使用举例

例 将图 12-26(a)所示实体的边 1 以 10 为半径进行倒圆角操作。

倒圆角操作如下。

单击: * 执行圆角命令

单击:(棱 1) * 选择棱边

输入:10 * 输入圆角半径

单击:↙ * 结束命令

命令窗口显示如下。

命令:_ fillet

当前模式:模式 = 修剪,半径 = 0.0000

选择第一个对象或[放弃(U)/多段线(P)/半径(R)/修剪(T)/多个(M)]:

输入圆角半径:10

选择边或[链(C)/半径(R)]:

已选定 1 个边用于圆角。

建立的实体如图 12-26(b)所示。

5. CHAMFER(倒角)命令

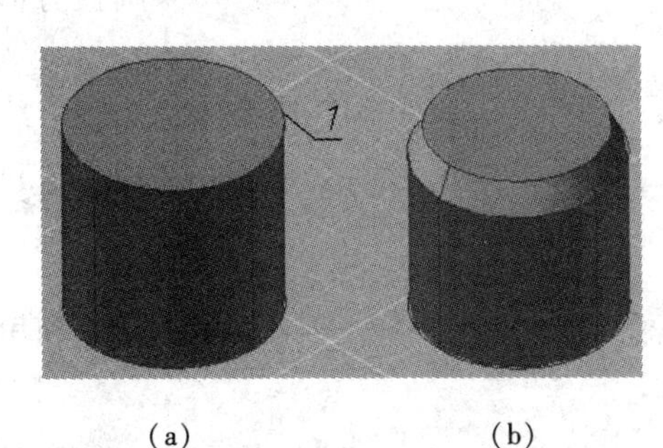

(a) (b)

图 12-27 倒角

(a)倒角前;(b)倒角后

用 CHAMFER(倒角)命令切除实体上的棱边时,用一个斜面连接相邻两个面,如图 12-27(b)所示。CHAMFER(倒角)命令的操作过程是:首先点取立体上一棱边,选择基面,输入基面上倒角的距离和另一表面上倒角的距离,再在基面上点取要倒角的棱边。

(1)命令输入方式

键盘输入:CHAMFER

功能区:“常用”选项卡→“修改”面板→ 或 →

(2)命令使用举例

例　将图 12-27(a)所示实体的边 1 进行倒角处理。

倒角处理操作如下。

单击：　＊执行倒角命令

单击：(棱 1)　＊选择棱边，显示工具提示

单击：(当前(OK))　＊选择亮显的曲面

输入：5　＊输入基面上倒角距离

输入：10　＊输入另一倒角距离

单击：(棱 1)　＊选择棱边

单击：↙　＊结束命令

命令窗口显示如下。

命令：_ chamfer

(“修剪”模式)当前倒角距离 1 = 0.0000，距离 2 = 0.0000

选择第一条直线或[放弃(U)/多段线(P)/距离(D)/角度(A)/修剪(T)/方式(E)/多个(M)]：

基面选择...

输入曲面选择选项[下一个(N)/当前(OK)] <当前(OK)>：OK

指定基面的倒角距离 <0.0000>：5

指定其他曲面的倒角距离 <5.0000>：10

选择边或[环(L)]：　选择边或[环(L)]：

建立的实体如图 12-27(b)所示。

12.3.3　实体模型举例

例 1　绘制图 12-28 所示支架的三维立体图。

支架可分为底板、支板和楔形体三个部分分别构建。下面是绘制支架模型的具体步骤。

(1)画底板

底板先画长方体，倒圆角，再画两孔的圆柱，然后从长方体中减去两圆柱。

单击：　＊画长方体

单击：(任一点)

输入：80，40

输入：8　＊图 12-29(a)

用按钮缩放对象，使对象显示得稍大点儿。

单击：　＊倒圆角

单击：(左前方棱线)

输入：10

单击：(右前方棱线)

单击：↙　＊图 12-29(b)

单击：　＊画圆柱

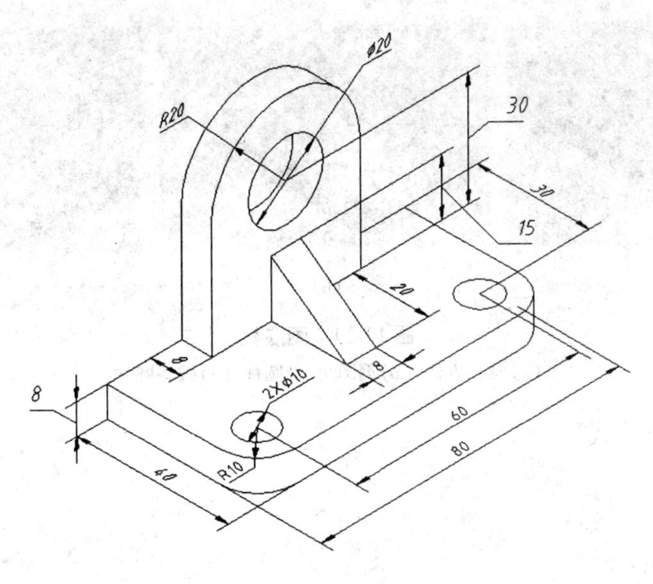

图 12-28　支架

单击:(下底面左前方圆弧的圆心)

输入:5

输入:10

单击:　　　　＊画圆柱

单击:(下底面右前方圆弧的圆心)

输入:5

输入:10　　　　＊图 12-29(b)

单击:　　　　＊从底板上减去两个圆柱体

单击:(底板)

单击:↙

单击:(两个圆柱体)

单击:↙　　　　＊图 12-29(c)

(2)画支板

支板先画长方体,倒圆角。先定义支板左下棱线为新 UCS 的 Z 轴,再画孔的圆柱,然后减去圆柱。

单击:　　　　＊画长方体

单击:(任一点)

输入:40, -8

输入:50

单击:　　　　＊倒圆角

单击:(左上方棱线)

输入:20

(a)

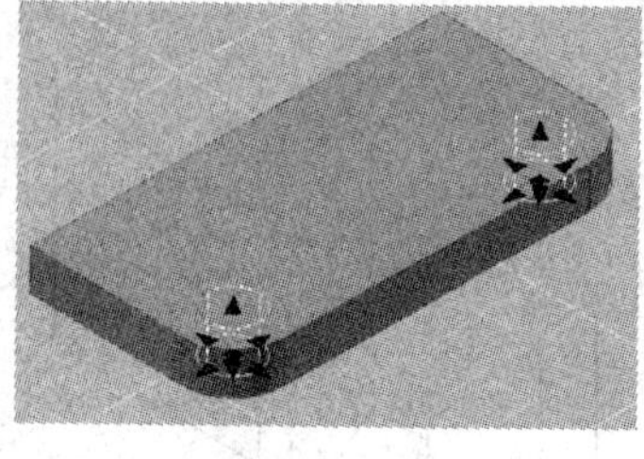
(b)

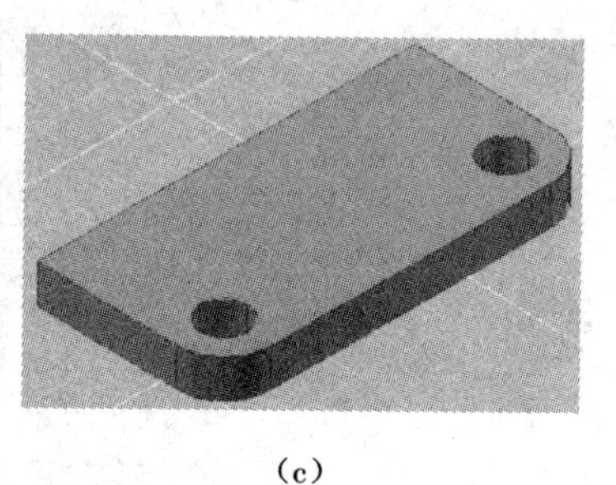
(c)

图 12-29　画底板

(a)画长方体;(b)倒圆角、画圆柱;(c)减去圆柱

单击:(右上方棱线)

单击:↙

单击:WCS ▼　　　　* 定义新 UCS

单击:(新 UCS)

输入:ZA

单击:(左下后角)

单击:(左下前角)　　　　* 图 12-30(a)

单击:[圆柱图标]　　　　* 画圆柱

单击:(后面圆弧的圆心)

输入:10

输入:8　　　　* 图 12-30(a)

单击:[差集图标]　　　　* 从支板上减去圆柱体

单击:(支板)

单击:↙

单击:(圆柱体)

单击:↙　　　　* 图 12-30(b)

(3)画楔形体

必须先设置好 UCS 才能画出正确的楔形体。用底板的左上后角为原点、左上棱线为 X 轴、后上棱线为 Y 轴定义新 UCS。然后画出楔形体。

单击:未命名 ▼　　　　* 在底板上定义新 UCS

单击:(新 UCS)

单击:(左上后角)

单击:(左上棱线前端点)

单击:(后上棱线中点)　　　　* 图 12-31

单击:[楔体图标]　　　　* 画楔形体

单击:(任一点)

输入:20,8

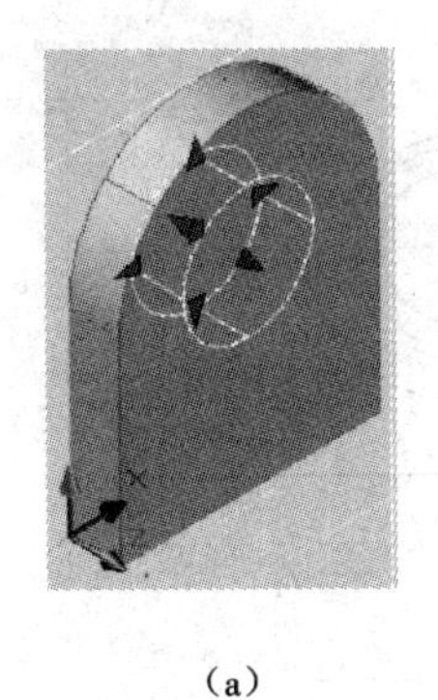

(a)

(b)

图 12-30　画支板

(a)设置 UCS,画圆柱;(b)减去圆柱

图 12-31　画楔形体

输入:15　　　　＊图 12-31

(4)移动、合并各立体

单击:　　　　＊执行移动命令

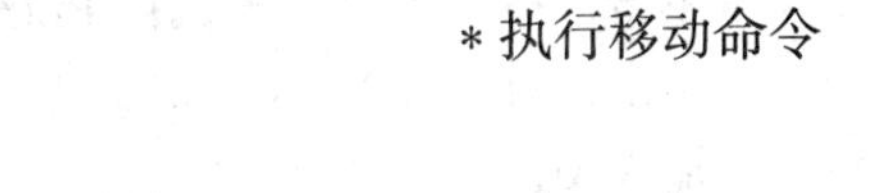

单击:(支板)

单击:↙

单击:(支板后下方棱线中点)

单击:(底板后上方棱线中点)

单击:　　　　＊执行移动命令

单击:(楔形体)

单击:↙

单击:(楔形体后下方棱线中点)

单击:(支板前下方棱线中点)

单击:　　　　＊执行并集命令

单击:(底板)

单击:(支板)

单击:(楔形体)

单击:↙

单击:未命名　　　　＊恢复 WCS

单击:(WCS)　　　　＊结果如图 12-32 所示

例 2　绘制图 12-33 所示轴承座的三维立体图。图中的圆角半径为 3。

轴承座可分为三个部分:底板、上部圆柱筒和中间连接部分。各部分可以独立创建。

①底板首先使用 PLINE(多段线)命令画出轴底板外形轮廓,再用 EXTRUDE(拉伸)命令拉伸出底板。

图 12-32　支架模型

②中间连接部分画成长方体，长方体先与左边对齐，再移动到中部。要使后建立体与前一立体对齐，就要在对齐点上定义新的 UCS，再画后一个立体。

③圆柱筒用一个大圆柱减去两个小圆柱得到。由于圆柱轴线是平行于 *XX* 平面的，所以要新建一个 UCS，使 *XY* 平面垂直于圆柱轴线。

④合并三个部分成一个整体，再进行倒角和倒圆角处理以完成全图。

以下介绍绘制轴承座的具体步骤。

(1)画底板

使用 PLINE(多段线)命令画图 12-34(a)所示底板轮廓。

单击： ＊执行 PLINE(多段线)命令

单击：(任一点)

输入：0，15

输入：15，0

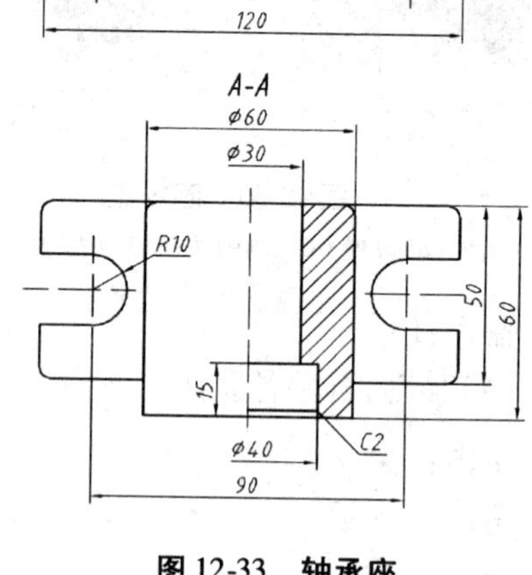

图 12-33 轴承座

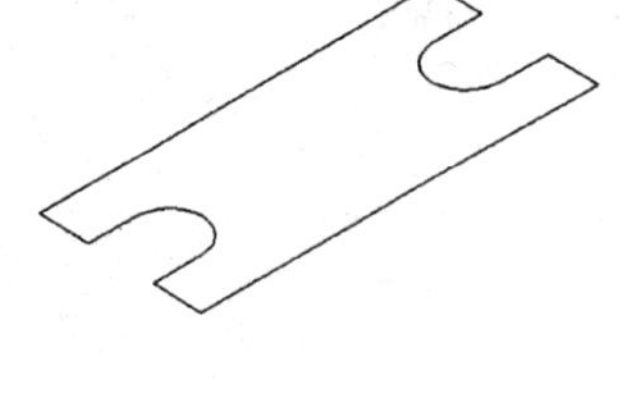

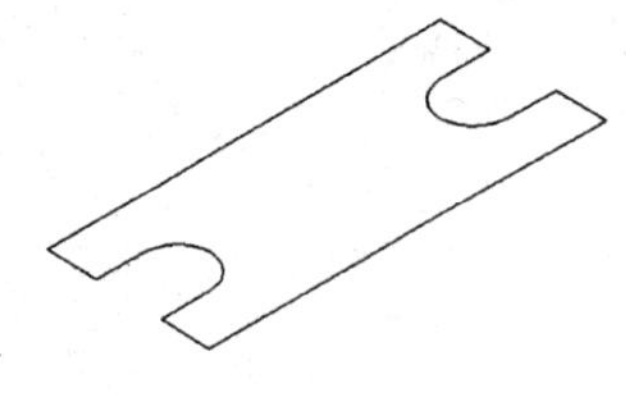

(a) (b)

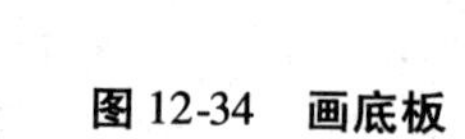

图 12-34 画底板

(a)轮廓；(b)底板

输入：A

输入：0，20

输入：L

输入：－15，0

输入：0，15

输入：120，0

输入：0，－15

输入：－15，0

输入：A

输入：0，－20

输入：L

输入：15，0

输入:0, -15

输入:C

使用 EXTRUDE(拉伸)命令拉伸刚画的轮廓,得到图 12-34(b)所示底板。

单击:

单击:(底板轮廓)

单击:↙

输入:10

(2)画长方体(60×50×35)作为中间连接部分

首先将坐标系原点定在底板左前上角,再画长方体,然后移动长方体到底板中部。

单击:WCS ▼ *定义新 UCS

单击:(新 UCS)

单击:(底板左前上角点)

单击:↙

单击:

单击:(任一点)

输入:60,50

输入:35 *结果如图 12-35(a)所示

单击: *执行移动命令

单击:(长方体)

单击:↙

单击:(长方体前下方棱线中点)

单击:(底板前上方棱线中点) *结果如图 12-35(b)所示

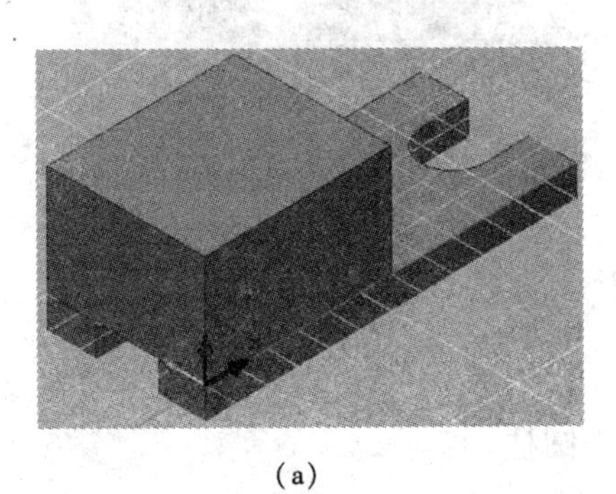

(a)

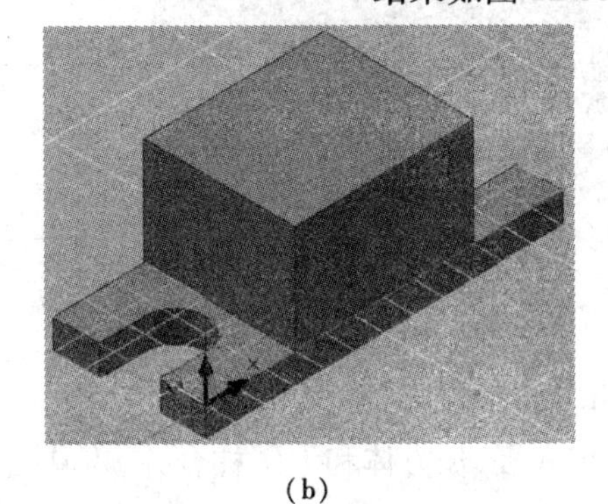

(b)

图 12-35 画中间部分

(a)画长方体;(b)移动长方体

(3)画圆柱

首先将坐标系原点定在长方体后上方棱线中点,再将坐标系绕 X 轴向前转 90°。然后画三个圆柱。

单击:未命名 ▼ *定义新 UCS

单击:(新 UCS)

单击：(长方体后上方棱线中点)
单击：↙
单击：↙
输入：X　　　　* UCS 绕 X 轴向前转 90°
单击：↙　　　　* 如图 12-36(a)所示
单击：圆柱体　　　　* 执行圆柱体命令
单击：(长方体后上方棱线中点)
输入：30
输入：60
单击：圆柱体　　　　* 执行圆柱体命令
单击：(长方体后上方棱线中点)
输入：15
输入：60
单击：圆柱体　　　　* 执行圆柱体命令
单击：(圆柱体前方圆心)
输入：20
输入：－15　　　　* 结果如图 12-36(b)所示

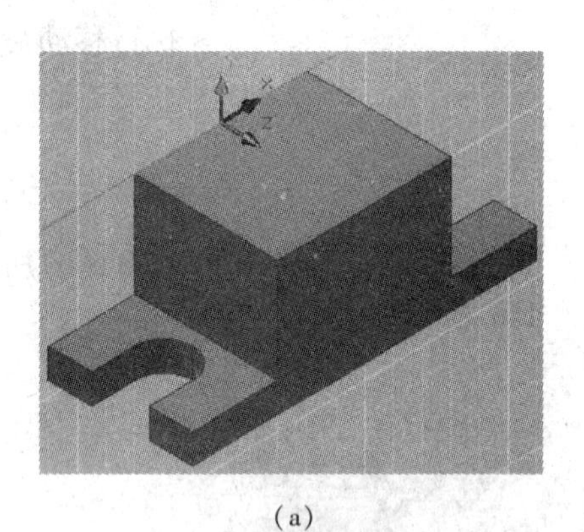

(a)　　　　(b)

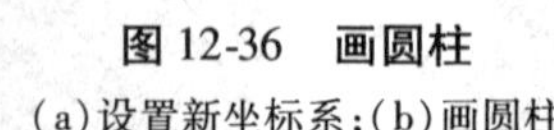

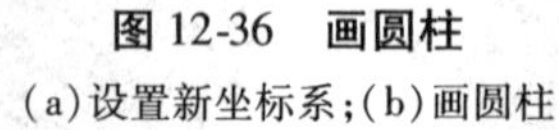

图 12-36　画圆柱

(a)设置新坐标系；(b)画圆柱

(4)作合并、相减操作

首先将底板、长方体和大圆柱合并，再减去两个小圆柱。

单击：　　　　* 执行并集命令
单击：(底板)
单击：(长方体)
单击：(大圆柱体)
单击：↙
单击：　　　　* 执行差集命令
单击：(底板)

单击:↙

单击:(小圆柱体)

单击:(前方圆柱体)

单击:↙

单击: ＊返回 WCS,结果如图 12-37(a)所示

(5)作倒圆角和倒角操作

单击: ＊执行圆角命令

输入:M ＊选择“多个(M)”选项

单击:(一条边) ＊选择棱边

输入:3 ＊输入圆角半径

单击:(连续选择要倒圆角的其他边或输入 C 去选择首尾相连的边)

单击:↙ ＊结束命令

单击: ＊执行倒角命令

单击:(圆柱前面大孔边缘) ＊选择棱边,显示工具提示

单击:(当前(OK)) ＊选择亮显的曲面

输入:2 ＊输入基面上倒角距离

输入:2 ＊输入另一倒角距离

单击:(圆柱前面大孔边缘) ＊选择棱边

单击:↙ ＊结束命令

单击:未命名 ▼ ＊恢复 WCS

单击:(WCS)

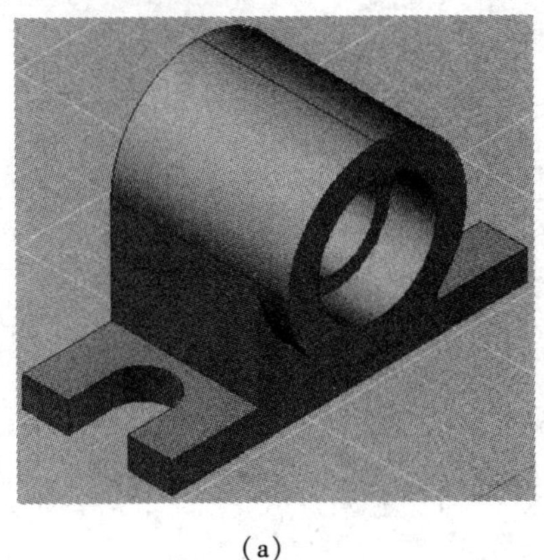

(a)

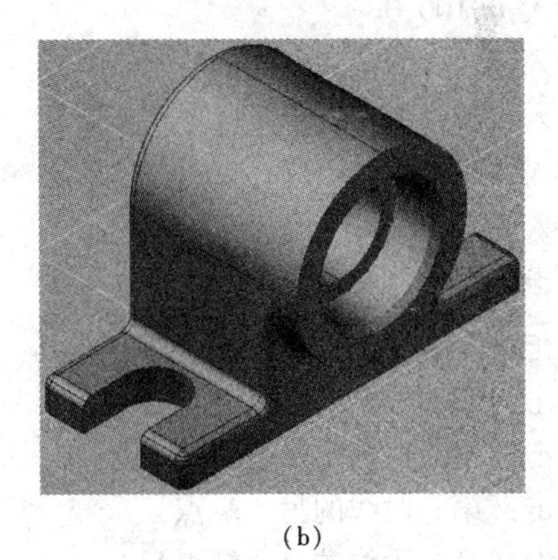

(b)

图 12-37 轴承座立体图

(a)合并结果;(b)作圆角和倒角

显示结果如图 12-37(b)所示。

注意:在倒圆角过程中,选择要倒圆角的棱边时,有些棱边看不见,需要随时使用 ViewCube 工具旋转观察方向。最后仍要回到上前左观察方向。

例 3 构造排气管立体模型。排气管立体模型如图 12-38(a)所示。图 12-38(b)为排气管轴线坐标。排气管直径为 60,壁厚为 2。

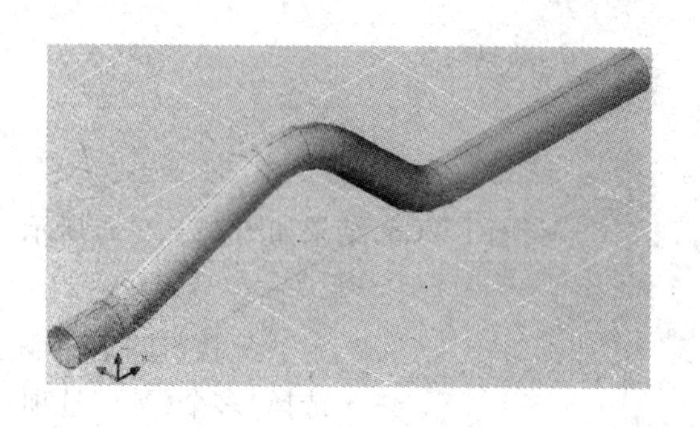

(a)

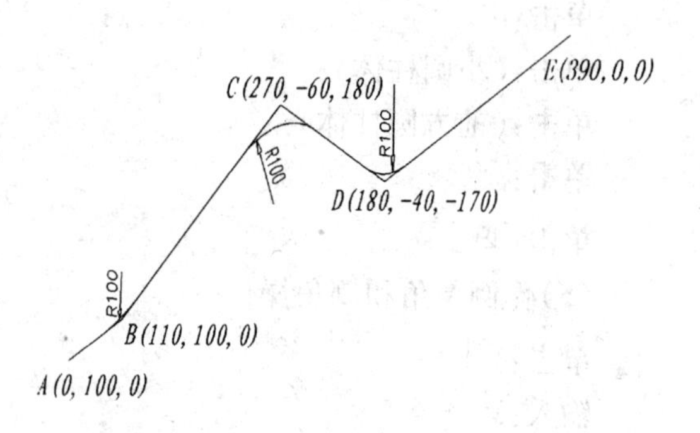

(b)

图 12-38　排气管

(a)排气管立体模型;(b)排气管轴线坐标

构造排气管模型的基本思路是:首先画出轴线(不包括圆弧),再分段构造圆管,然后把圆管平移到另一处连接为整条排气管。排气管是由四段直管和三段弯管组成,每两段直管之间用弯管连接。所以只要给出构造一段直管和一段弯管的操作过程,以下各段重复类似的操作就可完成排气管模型。也可以不用平移圆管,就在轴线处一段接一段地创建圆管。这样有些对象就重叠在一起,所以在选择对象时就要用循环选择方式,即按住【Shift】键点取对象。

(1)画轴线同时将一段直线和一段圆弧编辑成多段线

单击:直线　　* 启动直线命令

输入:0,100,0

输入:110,100,0

输入:270,-60,180

输入:180,-40,-170

输入:390,0,0

单击:↙

单击:WCS　　* 定义新 UCS

单击:(新 UCS)

单击:(第一段与第二段线的交点)　　* 选择三点定义新 UCS

单击:(第一段线的另一端点)

单击:(第二段线的另一端点)

单击:　　* 执行圆角命令

输入:R　　* 选择“半径(R)”选项

输入:100　　* 输入圆角半径

单击:(第一段线)

单击:(第二段线)　　* 结束命令

单击:　　* 执行 PEDIT 命令

单击:(第一段线)　　* 选择多段线
单击:↙　　* 转变为多段线
输入:J　　* 选择“合并(J)”选项
单击:(第一段圆弧)
单击:↙
单击:↙
单击:未命名 ▼　　* 定义新 UCS
单击:(新 UCS)
单击:(第二段与第三段线的交点)
单击:(第三段线的另一端点)
单击:(第二段线的另一端点)
单击:　　* 执行圆角命令
单击:(第三段线)
单击:(第二段线)　　* 结束命令
单击:　　* 执行 PEDIT 命令
单击:(第二段线)　　* 选择多段线
单击:↙　　* 转变为多段线
输入:J　　* 选择“合并(J)”选项
单击:(第二段圆弧)
单击:↙
单击:↙

下面重复上述操作,定义新 UCS,在三、四段直线间画圆弧,将第三段直线和圆弧编辑为多段线。如图 12-39 所示。

(2)在每段直线的起始端画圆且垂直于直线

单击:未命名 ▼　　* 定义新 UCS
单击:(新 UCS)
输入:ZA　　* 定义新 Z 轴
单击:(第一段线的第一端点)
单击:(第一段线的另一端点)
单击:　　* 执行画圆命令
单击:(第一段线的第一端点)
输入:30

下面重复上述操作,在二、三、四段直线的起始端设置新 UCS 和画圆。如图 12-39 所示。

(3)用扫掠(SWEEP)命令从右向左顺序创建各段圆柱

单击:扫掠　　* 执行 SWEEP 命令
单击:(右端第一个圆)　　* 指定要扫掠的对象
单击:↙　　* 结束对象选择

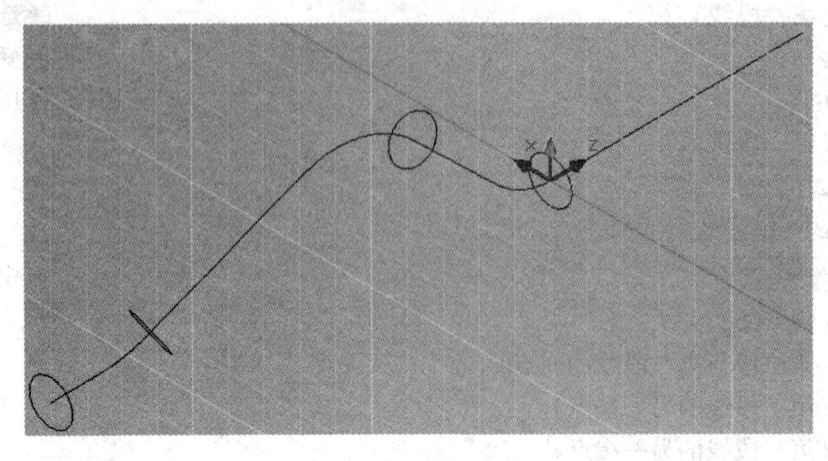

图 12-39　轴线及画圆

单击:(第四段线)　　＊选择路径

重复上述操作,分别创建第三、二、一段圆柱。如图 12-40 所示。

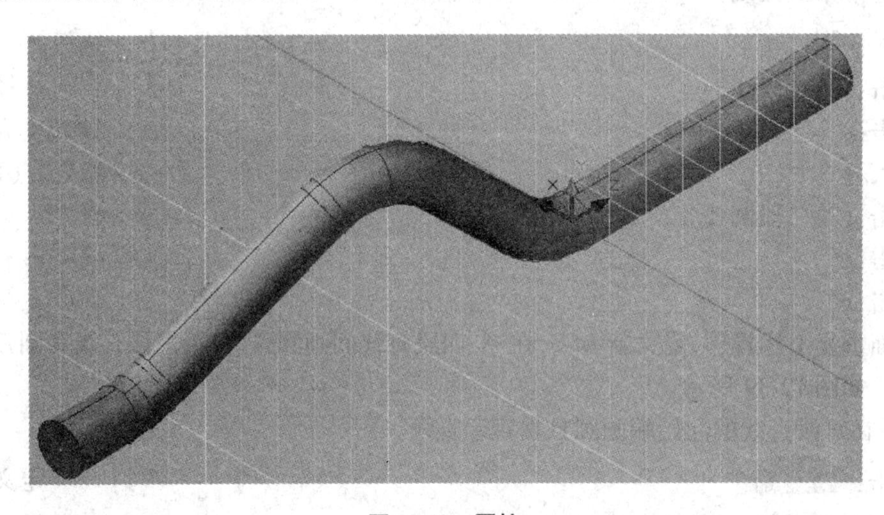

图 12-40　圆柱

(4)合并各段圆柱,用抽壳操作制作圆管。

单击:　　＊执行并集命令

单击:(单击各段圆柱)

单击:↙

单击:　　＊进行抽壳处理(抽壳方法见 12.4.10 节内容)

单击:(圆柱)

单击:(左端面)

单击:(右端面圆)

输入:A

单击:(右端圆柱面)

单击:↙
输入:2
单击:↙
单击:【Esc】
单击:未命名▼ ＊恢复 WCS
单击:(WCS)
结果如图 12-38(a)所示。

12.4 三维图形编辑

12.4.1 基本编辑方法

绘制出三维图形后,用户经常需要对其进行编辑、修改,以便符合设计要求。以下是对三维图形进行编辑的基本方法。

1. 二维图形编辑命令

使用二维图形编辑命令编辑三维图形时,部分二维图形编辑命令可以使用,如 ERASE(删除)、COPY(复制)、PROPERTIES(特性)、MOVE(移动)、SCALE(比例缩放)、ROTATE(旋转)、TRIM(修剪)、EXTEND(延伸)等。但 ARRAY(阵列)、MIRROR(镜像)命令不能用于三维图形。

2. EXPLODE(分解)

当对某一三维图形使用 EXPLODE(分解)命令后,此三维图形就会被分解为一系列面域和 NURBS 曲面。所谓面域是指一个封闭的二维图形。EXPLODE(分解)命令将平面转换为面域,把曲面转化为 NURBS 曲面,然后用户可以将面域和 NURBS 曲面再分解为它们的组成图素。

3. 使用“特性”选项板

用户可以随时使用“特性”选项板修改三维图形的特性。

4. 对象捕捉

对于三维图形,用户仍可使用对象捕捉模式获得特殊点。如三维图形的直线边可以用端点和中点模式,而圆、圆弧、椭圆和椭圆弧可以用圆心和象限点模式等。

12.4.2 夹点编辑

用户可以使用夹点更改某些单个实体的大小和形状,进行移动、旋转、缩放、复制、拉伸等操作。

在没有执行任何命令的情况下选中三维模型,显示出蓝色小三角和小方块,还有一个小图标(图 12-41)。蓝色小三角和小方块是夹点,单击小三角可沿尖端指向拉伸,改变模型大小和形状。单击小方块可随光标移动模型。图 12-41 中小图标是移动小控件。默认状态显示“移动小控件”,还有“旋转小控件”和“缩放小控件”。这个可由功能区“常用”选项卡中“子对象”面板上的“移动小控件”、“旋转小控件”和“缩放小控件”按钮(图 12-42)确定。在执行相应的命令时也会显示。小控件上有红、绿、蓝三种颜色与 X、Y、Z 坐标轴的颜色对应。小控件上还有蓝色方块,称之为“中心框”。单击“中心框”,可移动小控件到任意位置。默认情况下,小控件最初放置于选中对象的中心位置。

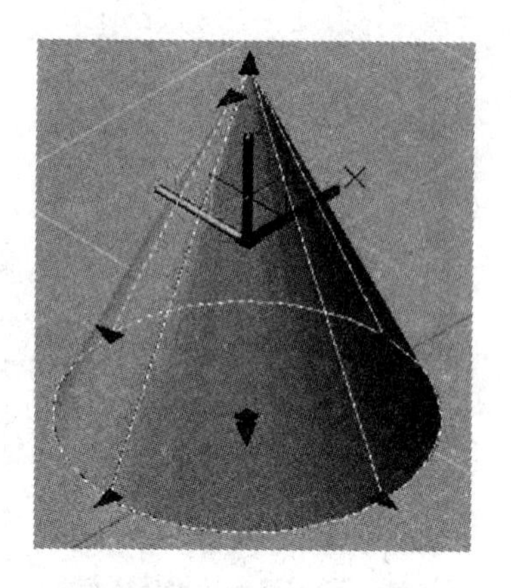

图 12-41　三维对象上的夹点

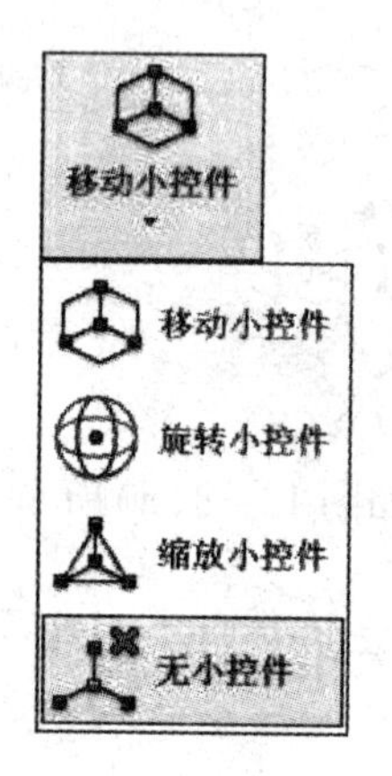

图 12-42　小控件按钮

"移动小控件"(图 12-43(a))由三个互相垂直的粗实线和六条细实线组成,他们分别用红、绿、蓝(与 X、Y、Z 坐标轴的颜色对应)表示。三条粗实线称之为"轴把手"。每两条粗实线和两条细实线构成一个平面。三条粗实线的交点是"中心框"。光标在小控件上移动,指向一个"轴把手","轴把手"变成黄色,同时显示一条与"轴把手"变黄前颜色相同的无限长直线,单击它即为移动路径,可沿该直线移动对象。当光标指向两细实线,两细实线和两粗实线变成黄色,单击后即可在该平面内移动对象。如果光标不在小控件上移动,对象则是与基点在同一平面内移动。

"旋转小控件"(图 12-43(b))由三个互相垂直的圆(显示为椭圆)组成,三个圆分别用红、绿、蓝(与 X、Y、Z 坐标轴的颜色对应)表示,称之为"轴把手"。三个圆的中心是"中心框"。移动光标指向一个"轴把手","轴把手"变成黄色,同时显示一条与"轴把手"变黄前颜色相同的无限长直线,单击它即为旋转轴。移动光标即拖动对象旋转。最后输入旋转角度,完成三维对象的旋转操作。旋转方向按"轴把手"所在平面内的时针方向确定。逆时针方向角度为正,反之为负。

"缩放小控件"(图 12-43(c))由三个互相垂直的粗实线和六条两两平行的细实线组成,他们分别用红、绿、蓝(与 X、Y、Z 坐标轴的颜色对应)表示。三条粗实线称之为"轴把手"。三条粗实线的交点是"中心框"。光标在小控件上移动即显示一个黄色区域,单击左键移动光标,对象随之缩放。

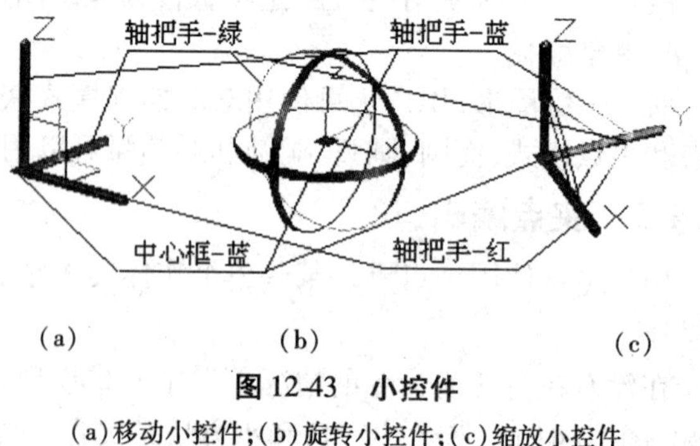

图 12-43　小控件

(a)移动小控件;(b)旋转小控件;(c)缩放小控件

12.4.3　ROTATE3D(三维旋转)命令

ROTATE3D(三维旋转)命令可以将对象绕三根坐标轴进行旋转。选择要旋转的对象后即启动旋转小控件(图 12-44(a)),且随光标移动。

(a)

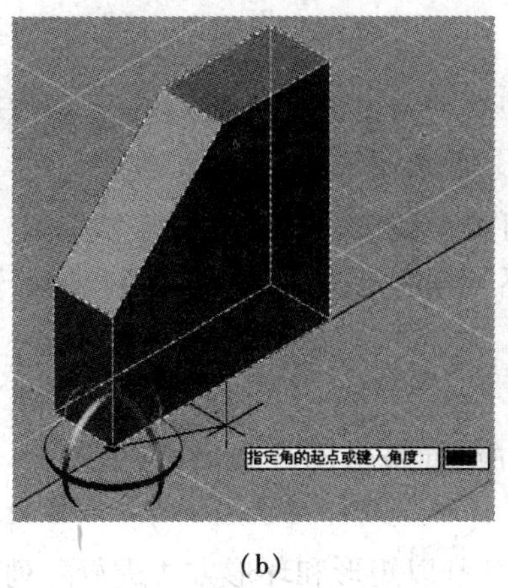

(b)

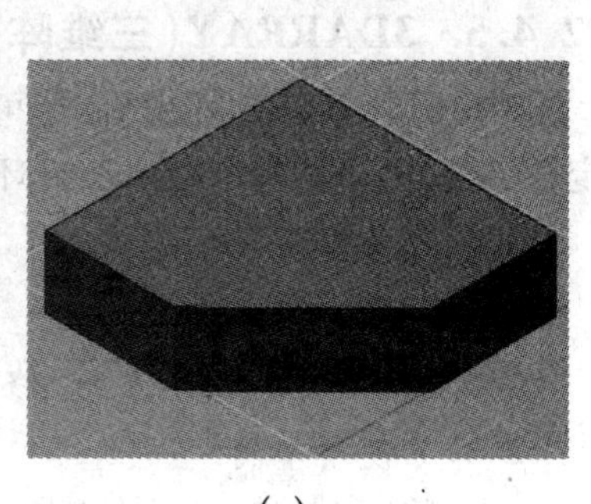

(c)

图 12-44　三维旋转

(a)原图;(b)选对象、定基点、选旋转轴;(c)结果

1. 命令输入方式

键盘输入:ROTATE3D

功能区:"常用"选项卡→"修改"面板→

2. 命令使用举例

例　将图 12-44(a)所示实体旋转为图 12-44(c)。

三维旋转操作如下。

单击:　　＊执行 ROTATE3D(三维旋转)命令

单击:(立体)　　＊选择对象

单击:↙　　＊选择对象结束

单击:(左前下角)　　＊选择基点

单击:(X"轴把手"(左视椭圆))　　＊选择旋转轴(图 12-44(b))

输入:90　　＊输入旋转角度

结果如图 12-44(c)所示。

命令窗口显示如下。

命令:_ rotate3d

UCS 当前的正角方向:ANGDIR = 逆时针 ANGBASE = 0

选择对象:　找到 1 个

选择对象:

指定基点:

拾取旋转轴:

指定角的起点或键入角度:90

12.4.4　3DMOVE(三维移动)命令

3DMOVE(三维移动)命令可以将对象在三维空间中任意移动。选择要移动的对象后即启动移动小控件(图 12-41),且随光标移动。3DMOVE(三维移动)命令的提示与 MOVE(移动)命令相同。3DMOVE(三维移动)命令的输入方式如下。

键盘输入:3DMOVE

功能区:“常用”选项卡→“修改”面板→

12.4.5 3DARRAY(三维阵列)命令

3DARRAY(三维阵列)命令可将对象按三维矩形或环形排列。三维矩形阵列除了需指定行和列外,还需指定层。三维环形阵列要绕轴线旋转复制对象,轴线由两点确定。

1. 命令输入方式

键盘输入:3DARRAY 或 3A

功能区:“常用”选项卡→“修改”面板→

2. 命令使用举例

例　将图 12-45(a)中的圆柱分别以矩形和环形方式进行阵列。

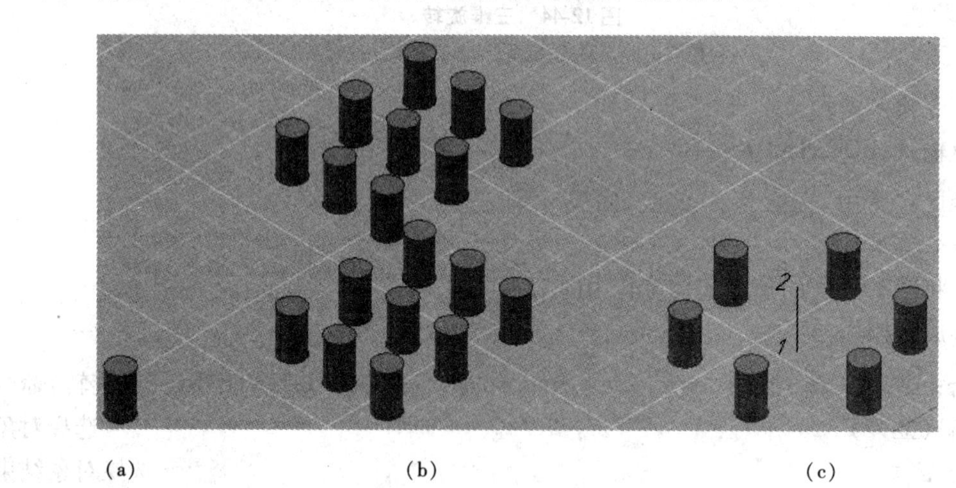

(a)　(b)　(c)

图 12-45　三维阵列

(a)圆柱;(b)矩形阵列;(c)环形阵列

作矩形阵列步骤如下。

单击:	* 执行 3DARRAY(三维阵列)命令
单击:(圆柱)	* 选择对象
单击:↙	* 选择结束
单击:(矩形(R))	* 选择“矩形(R)”
输入:3	* 键入行数
输入:3	* 键入列数
输入:2	* 键入层数
输入:20	* 键入行间距
输入:30	* 键入列间距
输入:60	* 键入层间距

结果如图 12-45(b)所示。

命令窗口显示如下。

命令:_ 3darray

选择对象：　找到 1 个

选择对象：

输入阵列类型[矩形(R)/环形(P)] <矩形>:R

输入行数(－－－) <1>:3

输入列数(|||) <1>:3

输入层数(...) <1>:2

指定行间距(－－－):20

指定列间距(|||):30

指定层间距(...):60

作环形阵列步骤如下。

单击：[图标]　* 执行 3DARRAY(三维阵列)命令

单击：(圆柱)　* 选择对象

单击：↙　* 选择结束

单击：(环形(P))　* 选择"环形(P)"

输入：6　* 键入项目数

单击：↙　* 使用默认填充角

单击：↙　* 旋转阵列对象

单击：(1 点)　* 选择旋转轴线上第一点

单击：(2 点)　* 选择旋转轴线上第二点

结果如图 12-45(c)所示。

命令窗口显示如下。

命令：_3darray

选择对象：　找到 1 个

选择对象：

输入阵列类型[矩形(R)/环形(P)] <矩形>:P

输入阵列中的项目数目:6

指定要填充的角度(+=逆时针，-=顺时针) <360>：

旋转阵列对象？[是(Y)/否(N)] <Y>：

指定阵列的中心点：

指定旋转轴上的第二点：

12.4.6　MIRROR3D(三维镜像)命令

MIRROR3D(三维镜像)命令可将立体按指定的平面做镜像处理。镜像平面可以用三点确定，或选择某一对象所在的平面，或使用上一次定义的镜像平面，或通过选取点并平行于 *XY*(或 *YZ*、*ZX*)坐标面的平面等。

1. 命令输入方式

键盘输入：MIRROR3D

功能区："常用"选项卡→"修改"面板→[图标]

2. 命令使用举例

例　将图 12-46(a)中的实体进行三维镜像。

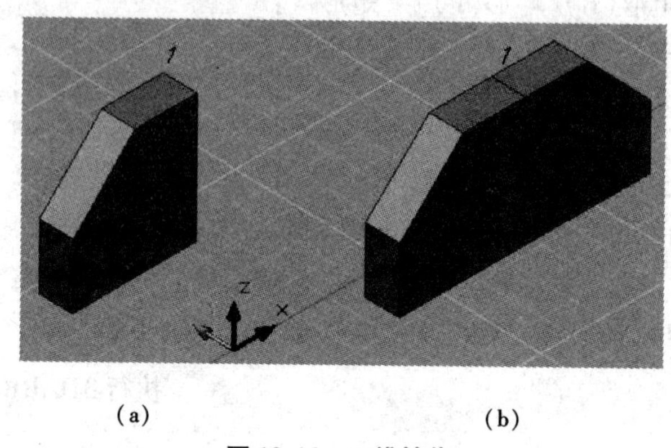

(a)　　(b)

图 12-46　三维镜像

(a)实体;(b)镜像结果

三维镜像的操作过程如下。

单击:　　＊执行 MIRROR3D(三维镜像)命令

单击:(立体)　　＊选择对象

单击:↙　　＊选择结束

输入:YZ　　＊指定镜像平面

单击:(1 点)　　＊指定一点

单击:N　　＊不删除源对象

命令窗口显示如下。

命令:_ mirror3d

选择对象:　找到 1 个

选择对象:

指定镜像平面(三点)的第一个点或

[对象(O)/最近的(L)/Z 轴(Z)/视图(V)/XY 平面(XY)/YZ 平面(YZ)/ZX 平面(ZX)/三点(3)] <三点>:<u>YZ</u>

指定 YZ 平面上的点 <0,0,0>:

是否删除源对象?[是(Y)/否(N)] <否>:

结果如图 12-46(b)所示。

12.4.7　3DALIGN(对齐)命令

3DALIGN(对齐)命令用于移动、复制、旋转二维或三维对象,以便与其他对象对齐。用户给要对齐的对象加上源点,给要与其对齐的对象加上目标点。如果要对齐某个对象,最多可以给对象加上三对源点和目标点。用户不用指定所有的三对点。如果指定一对点,则 3DALIGN(对齐)命令简单地在源点与目标点定义的方向和距离上移动或复制选择的对象。如果指定两对点,则对象被移动和旋转。第一对源点与目标点定义对齐基准,第二对源点与目标点定义旋转方向。如果指定三对点,则三个源点定义的平面将转化到三个目标点定义的平面上。

1. 命令输入方式

键盘输入:3DALIGN

功能区:"常用"选项卡→"修改"面板→

2. 命令使用举例

例1　将左侧长方体上1点对齐到右侧长方体上 $P1$ 点处(图12-47(a))。

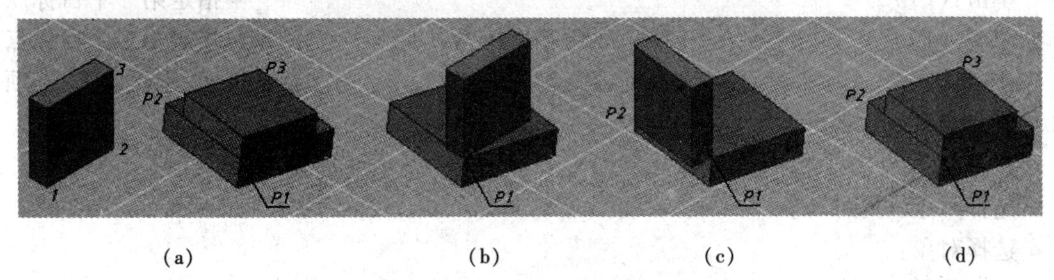

(a)　(b)　(c)　(d)

图12-47　三维对齐

(a)两长方体;(b)一点对齐;(c)两点对齐;(d)三点对齐

对齐操作过程如下。

单击:	*执行3DALIGN(对齐)命令
单击:(左侧长方体)	*选择对象
单击:↙	*选择结束
单击:(1点)	*指定基点
单击:↙	*选择"继续(C)"选项
单击:(P1)	*指定第一个目标点
单击:↙	*选择"退出(X)"选项

命令窗口显示如下。

命令: _3dalign

选择对象: 找到1个

选择对象:

指定源平面和方向...

指定基点或[复制(C)]:

指定第二个点或[继续(C)] <C>:

指定目标平面和方向...

指定第一个目标点:

指定第二个目标点或[退出(X)] <X>:

对齐结果如图12-47(b)所示。

例2　将图12-47(a)左侧长方体上1、2点分别对齐且复制到右侧长方体上 $P1$、$P2$ 点处。

对齐操作过程如下。

单击:	*执行3DALIGN(对齐)命令

单击:(左侧长方体)　　* 选择对象

单击:↙　　* 选择结束

输入:C　　* 选择“复制(C)”选项

单击:(1 点)　　* 指定基点

单击:(2 点)　　* 指定第二个点

单击:↙　　* 选择“继续(C)”选项

单击:(P1)　　* 指定第一个目标点

单击:(P2)　　* 指定第二个目标点

单击:↙　　* 选择“退出(X)”选项

命令窗口显示如下。

命令: _3dalign

选择对象: 找到 1 个

选择对象:

指定源平面和方向...

指定基点或[复制(C)]:C

指定基点:

指定第二个点或[继续(C)] <C>:

指定第三个点或[继续(C)] <C>:

指定目标平面和方向...

指定第一个目标点:

指定第二个目标点或[退出(X)] <X>:

指定第三个目标点或[退出(X)] <X>:

对齐结果如图 12-47(c)所示。

例 3　将图 12-47(a)左侧长方体上 1、2、3 点分别对齐到右侧长方体上 *P*1、*P*2 和 *P*3 点处。

对齐操作过程如下。

单击:　　* 执行 3DALIGN(对齐)命令

单击:(左侧长方体)　　* 选择对象

单击:↙　　* 选择结束

单击:(1 点)　　* 指定基点

单击:(2 点)　　* 指定第二个点

单击:(3 点)　　* 指定第三个点

单击:(P1)　　* 指定第一个目标点

单击:(P2)　　* 指定第二个目标点

单击:(P3)　　* 指定第三个目标点

命令窗口显示如下。

命令: _3dalign

选择对象: 找到 1 个

选择对象:

指定源平面和方向...
指定基点或[复制(C)]:
指定第二个点或[继续(C)]<C>:
指定第三个点或[继续(C)]<C>:
指定目标平面和方向...
指定第一个目标点:
指定第二个目标点或[退出(X)]<X>:
指定第三个目标点或[退出(X)]<X>:
对齐结果如图 12-47(d)所示。

12.4.8 SECTION(截面)命令

SECTION(截面)命令用某一平面剖切(也称切割)实体,在当前层产生它的剖面图(面域)。生成剖面图的实体并不受 SECTION(截面)命令的影响,它仍然是完整的。用户可以利用移动命令移走剖面图。剖切平面可以用三点确定,也可以选择某一对象所在的平面,或选取平行于 *XY*(或 *YZ*、*ZX*)坐标面并通过某一点的平面等。

1. 命令输入方式

键盘输入:SECTION 或 SEC

2. 命令使用举例

例 已知图 12-48(a)所示实体,画出用通过棱线中点 *P*1、*P*2、*P*3 三点的平面剖切实体所得的剖面图。

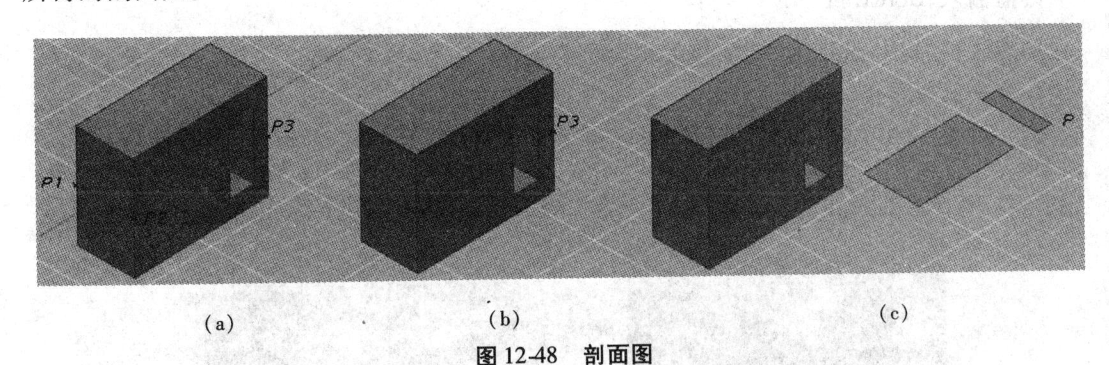

(a) (b) (c)

图 12-48 剖面图

(a)实体;(b)切割实体;(c)移动剖面图

截面操作过程如下。

输入:SECTION
单击:(长方体) *选择对象
单击:↙ *选择结束
单击:(*P*1 点) *指定基点
单击:(*P*2 点) *指定第二个点
单击:(*P*3 点) *指定第三个点
命令窗口显示如下。
命令:<u>SECTION</u>

选择对象：　　找到 1 个

选择对象：

指定截面上的第一个点，依照［对象(O)/Z 轴(Z)/视图(V)/XY(XY)/YZ(YZ)/ZX(ZX)/三点(3)］<三点>：

指定平面上的第二个点：

指定平面上的第三个点：

结果如图 12-48(b)所示。要得到剖面图(图 12-48(c))，需作如下操作：

单击： ＊执行 3DMOVE(三维移动)命令

输入：L ＊选择最后一个对象

单击：↙ ＊选择结束

单击：(*P*3 点) ＊指定基点

单击：(*P* 点) ＊指定第二个点

12.4.9 SLICE(剖切)命令

SLICE(剖切)命令用某一切平面将一个实体剖切成两部分，然后用户可保留其中一部分或将两部分均保留。还可以用移动命令平移一部分，使两部分分离。切平面可以用三点确定，也可以选择某一对象所在的平面，或选取平行于 *XY*(或 *YZ*、*ZX*)坐标面并通过某一点的平面等。

1. 命令输入方式

键盘输入：SLICE 或 SL

功能区："常用"选项卡→"实体编辑"面板→

2. 命令使用举例

例　对图 12-49(a)所示实体用通过三点的平面剖切，生成图 12-49(b)所示实体。

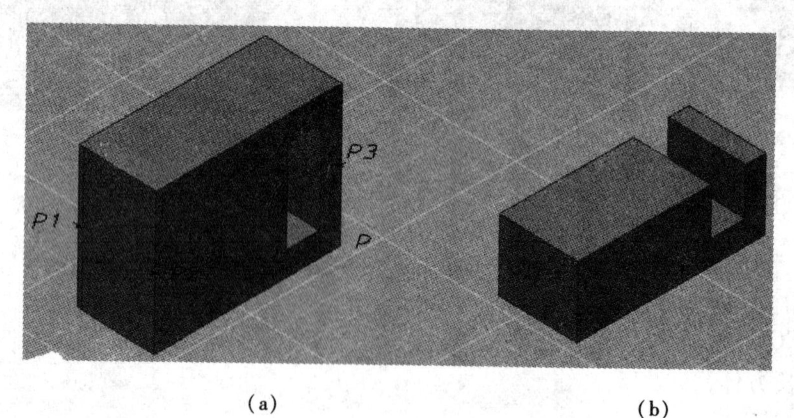

(a)　　(b)

图 12-49　剖切实体

(a)原实体；(b)剖切后的实体

剖切操作过程如下。

单击： ＊执行 SLICE(剖切)命令

单击：(长方体) ＊选择对象

单击:↙ *选择结束

单击:↙ *选择"三点(3)"选项

单击:(1 点) *指定第一个点

单击:(2 点) *指定第二个点

单击:(3 点) *指定第三个点

单击:(*P*) *保留下半部分

命令窗口显示如下。

命令:_ slice

选择要剖切的对象:　找到 1 个

选择要剖切的对象:

指定切面的起点或[平面对象(O)/曲面(S)/Z 轴(Z)/视图(V)/XY(XY)/YZ(YZ)/ZX(ZX)/三点(3)]<三点>:

指定平面上的第一个点:

指定平面上的第二个点:

指定平面上的第三个点:

在所需的侧面上指定点或[保留两个侧面(B)]<保留两个侧面>:

12.4.10 SOLIDEDIT(实体编辑)命令

SOLIDEDIT(实体编辑)命令提供了多种修改三维实体及其边和面对象的方法。可以拉伸、移动、旋转、偏移、倾斜、复制、删除面、为面指定颜色以及添加材质。可以复制边以及为其指定颜色。可以对三维实体进行压印、分割、抽壳,以及清除和勾选其有效性。

1. 命令输入方式

键盘输入:SOLIDEDIT

功能区:"常用"选项卡→"实体编辑"面板→

提取边 ▾

拉伸面 ▾

分割 ▾ →图 12-50

2. 命令提示及选择项说明

实体编辑自动检查:　SOLIDCHECK = 1

输入实体编辑选项[面(F)/边(E)/体(B)/放弃(U)/退出(X)]<退出>:　输入一个选择项,或按【Enter】键退出命令。

面(F)　该选项可对三维实体的表面进行拉伸、移动、旋转、偏移、倾斜、删除、复制或更改颜色操作。选择该项后显示如下提示:

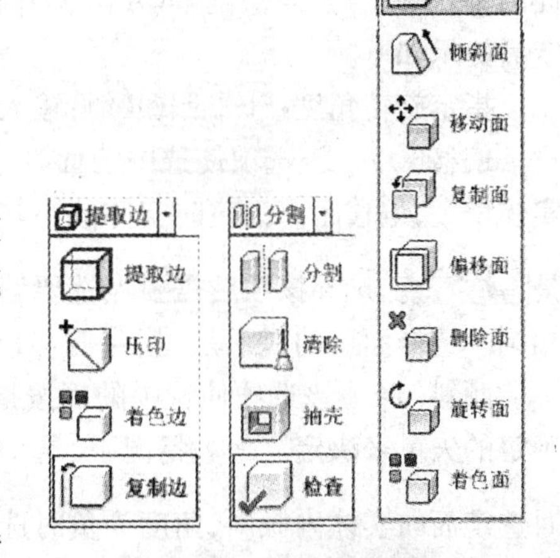

图 12-50　实体编辑按钮

输入面编辑选项[拉伸(E)/移动(M)/旋转(R)/偏移(O)/倾斜(T)/删除(D)/复制(C)/颜色(L)/材质(A)/放弃(U)/退出(X)]<退出>:　输入一个选择项,或按【Enter】键返回上一级提示,或按【Esc】键退出命令。

拉伸(E)　该选项可以在 X、Y、Z 方向或指定路径上拉伸三维实体面,从而更改对象的形状和大小。该选项的按钮是。选择该项后显示如下提示:

选择面或[放弃(U)/删除(R)/全部(ALL)]:选择要拉伸的面。在可见面内拾取点即可选中该面,而且亮显。在命令窗口显示"找到一个面"。如果点选一条边,与该边相邻的两个面都被选中,在命令窗口显示"找到 2 个面"。若不需要其中一个面,则可选择"删除(R)"选项,在面内或另一条边上拾取即可。若还需要选择其他面,则可选择提示中的"添加(A)"选项进行操作。若选错了面则可用"放弃(U)"选项撤销选择。还可用"全部(ALL)"选项选择实体上所有表面。最后按【Enter】键或者右键选"确认"结束选择。

指定拉伸高度或[路径(P)]:输入高度或用两点定高,或者输入 P 去选择拉伸的路径。如输入高度则提示:

指定拉伸的倾斜角度 <0>:输入角度。默认角度为 0,可以垂直于选中的平面拉伸。正角度将往里倾斜,选定的面变小。负角度将往外倾斜,选定的面变大。至此拉伸面成功,显示面编辑选项。

移动(M)　该选项可按指定距离移动选定的三维实体的面。该选项的按钮是。选择该项后需要点选要移动的面,显示的提示和操作与"拉伸(E)"选项中完全相同。选择面后的提示如下。

指定基点或位移:指定一点或输入位移量。

指定位移的第二点:指定一点,移动面成功,仍显示面编辑选项。

旋转(R)　该选项可绕指定的轴旋转一个或多个面,或实体上某些独立部分。该选项的按钮是。选择该项后需要点选要旋转的面,显示的提示和操作与"拉伸(E)"选项中完全相同。选择面后的提示如下。

指定轴点或[经过对象的轴(A)/视图(V)/X 轴(X)/Y 轴(Y)/Z 轴(Z)] <两点>:指定旋转轴。旋转轴可由以下方法确定:两点、直线(经过对象的轴(A))、圆等曲线所在平面的垂直轴(经过对象的轴(A)),当前视口的观察方向(视图(V)),X、Y、Z 轴。旋转轴确定后提示如下。

指定旋转角度或[参照(R)]:输入旋转角度或用参照方式确定角度。

偏移(O)　该选项使选中的面按指定的距离偏移,改变实体的大小。偏移距离为正时实体增大,偏移距离为负时实体减小。如改变实体上孔的大小,效果则相反。该选项的按钮是。选择该项后需要点选要偏移的面,显示的提示和操作与"拉伸(E)"选项中完全相同。选择面后的提示是"指定偏移距离:",输入一个数后完成偏移操作。

倾斜(T)　该选项使选中的面按指定的角度倾斜。倾斜角度由选择的基点和第二点所确定的矢量来决定。一般情况下,这个矢量就在选定面上或者平行于选定的面。角度为正时选定面向实体内倾斜,角度为负时选定面向实体外部倾斜。该选项的按钮是。选择该项后需要点选要倾斜的面,显示的提示和操作与"拉伸(E)"选项中完全相同。选择面后的提示是"指定基点:"和"指定沿倾斜轴的另一个点:",点选两点后提示"指定倾斜角度:",输入一个数后完成倾斜操作。

删除(D)　使用此选项可删除多余的面以及倒圆角和倒角时生成的面。该选项的按钮

是。选择该项后需要点选要删除的面，显示的提示和操作与“拉伸(E)”选项中完全相同。选择面后即完成删除操作。

复制(C)　使用此选项可复制选定的面到指定点处。该选项的按钮是。选择该项后显示的提示和操作与“移动(M)”选项中完全相同。

颜色(L)　使用此选项可改变选定面的颜色。该选项的按钮是。选择该项后需要点选要着色的面，显示的提示和操作与“拉伸(E)”选项中完全相同。选择面后，在“选择颜色”对话框中选一种颜色，单击“确定”按钮完成着色面操作。

材质(A)　使用此选项可将材质指定到选定面。

放弃(U)/退出(X)　放弃(U)选项撤销上一次操作。退出(X)选项返回上一级命令提示，该选项是默认选项。

边(E)　该选项可复制三维实体的边或修改边的颜色。

体(B)　该选项可在实体表面上压印其他几何图形，将分离的相连实体分割为独立实体，还可对实体作抽壳处理、清除或检查选定的实体。选择该项后显示如下提示：

输入体编辑选项[压印(I)/分割实体(P)/抽壳(S)/清除(L)/检查(C)/放弃(U)/退出(X)]<退出>：　输入一个选择项，或按【Enter】键返回上一级提示，或按【Esc】键退出命令。

压印(I)　该选项可在实体表面上压印其他几何图形。这些几何图形是圆弧、圆、直线、二维和三维多段线、椭圆、样条曲线、面域、体和三维实体。这些几何图形必须位于表面上。该选项的按钮是。选择该选项后的提示如下。

选择三维实体或曲面：　点选一个实体。

选择要压印的对象：　选择一个几何图形。

是否删除源对象[是(Y)/否(N)]<N>：　确定是否在完成操作后删除要压印的对象。一般选择“是(Y)”。完成一次压印操作后仍显示“选择要压印的对象:”，可继续在同一实体上压印其他对象。

分割实体(P)　该选项可将分离的相连实体分割为独立实体。分离的相连实体一般由并集处理生成的。该选项的按钮是。选择该选项后的提示是“选择三维实体:”。

抽壳(S)　该选项可在实体上创建一个具有指定厚度的中空壳体。该选项的按钮是。选择该选项后的提示如下。

选择三维实体：　点选一个实体。

删除面或[放弃(U)/添加(A)/全部(ALL)]：　选择不参加抽壳的面，或者撤销上一次操作，或者添加保留抽壳的面，或者临时选择删除所有面，再使用“添加(A)”选项添加要保留的面。该提示操作后显示如下提示。

输入抽壳偏移距离　输入壳体厚度。正值可创建实体四周内部的抽壳，负值可创建实体四周外部的抽壳。

清除(L)　该选项可以删除所有多余的实体、边、顶点以及不使用的几何图形。

检查(C)　该选项可以验证三维实体是否为有效实体。

放弃(U)/退出(X)　放弃(U)选项撤销上一次操作。退出(X)选项返回上一级命令提示,该选项是默认选项。

放弃(U)/退出(X)　放弃(U)选项撤销上一次操作。退出(X)选项结束命令,该选项是默认选项。

3. 命令使用举例

例 1　将图 12-51(a)所示长方体拉伸为图 12-51(b)所示实体。

(a)　(b)

图 12-51　拉伸顶面

(a)长方体;(b)拉伸面

拉伸操作过程如下。

单击:拉伸面

单击:(长方体上面)

单击:↙

输入:(拉伸高度)

输入:(向内倾斜角度)

单击:【Esc】

例 2　将图 12-52(a)所示长方体上圆孔向右移动,结果如图 12-52(b)。

单击:移动面

单击:(圆柱面)

单击:↙

单击:(圆心)

单击:(沿 X 轴移动光标拾取一点)

单击:【Esc】

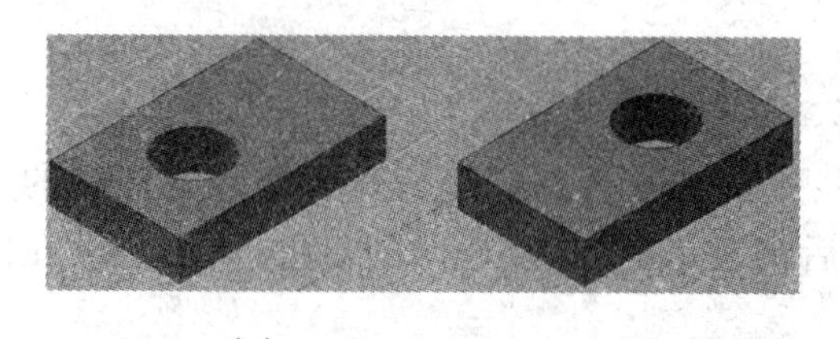

(a)　(b)

图 12-52　移动面

(a)长方体;(b)移动面

(a)　(b)

图 12-53　旋转面

(a)长方体;(b)移动面

例 3　将图 12-53(a)所示长方体上轴孔旋转 −90°,结果如图 12-53(b)。

单击:旋转面

单击:(依次单击轴孔上面三段直线及圆弧)

输入:R

单击:(长方体上面)

单击:↙

单击:(上面圆弧圆心)

单击:(下面圆弧圆心)

输入: −90

单击:【Esc】

例4　将图12-51(a)所示长方体上面旋转20°,结果如图12-54。

单击:旋转面

单击:(长方体上面)

单击:↙

单击:(左后上角)

单击:(左前上角)

输入:20

单击:【Esc】

图12-54　旋转面

图12-55　倾斜面

例5　将图12-51(a)所示长方体上面倾斜20°,结果如图12-55。

单击:倾斜面

单击:(长方体上面)

单击:↙

单击:(左后上角)

单击:(左前上角)

输入:20

单击:【Esc】

例6　将图12-56(a)所示长方体上的方槽改为燕尾槽,两侧面各倾斜35°,结果如图12-56(b)。

单击:倾斜面

单击:(方槽右侧面)

单击:↙

单击:(A点)

单击:(B点)

输入:35

输入:T

单击:(CD棱线)

输入:R

单击:(前面)

单击:↙

单击:(C点)

单击:(D点)

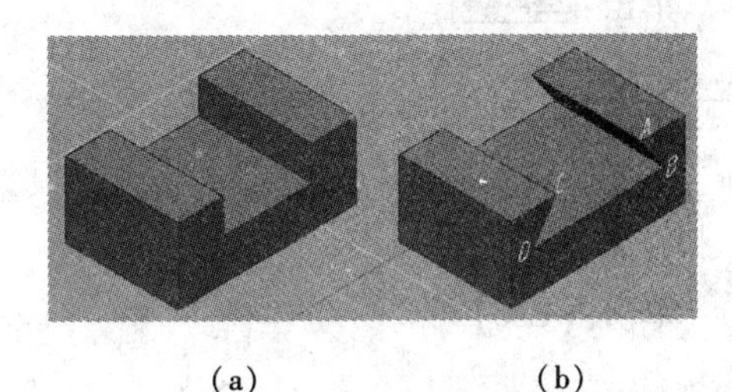

(a)　　(b)

图12-56　倾斜面

(a)长方体;(b)增大长方体

输入:35

单击:【Esc】

例 7　将图 12-57(a)所示长方体四周偏移 5,轴孔偏移 5,结果如图 12-57(b)、(c)。

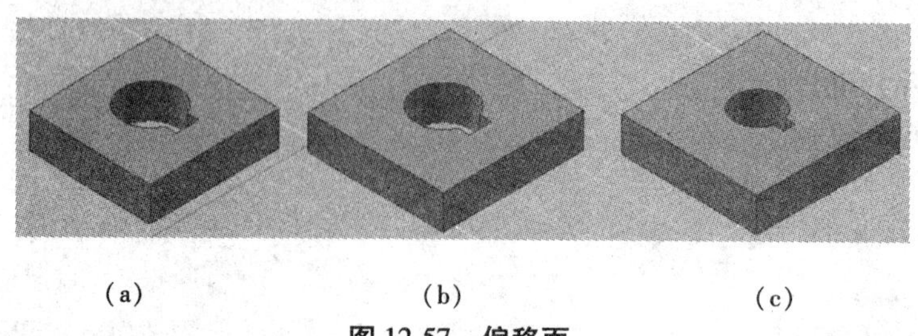

(a)　　(b)　　(c)

图 12-57　偏移面

(a)长方体;(b)增大长方体;(c)减小轴孔

单击:偏移面

单击:(依次单击长方体上面四边直线)

输入:R

单击:(长方体上面)

单击:↙

输入:5

输入:O

单击:(依次单击轴孔上面三段直线及圆弧)

输入:R

单击:(长方体上面)

单击:↙

输入:5

单击:【Esc】

例 8　将图 12-51(a)所示长方体作抽壳处理,厚度为 2,上面敞口,结果如图 12-58。

单击:抽壳

单击:(长方体)

单击:(长方体上面)

单击:↙

输入:2

单击:【Esc】

图 12-58　抽壳

12.5　渲染

AutoCAD 运用光源、材质和环境将模型渲染为具有真实感的图像。渲染可使设计图比简单的消隐或着色图像更加清晰。模型经渲染处理后,其表面显示明暗色彩和光照效果,因而能形成非常逼真的图像。AutoCAD 提供了强大的渲染功能。实现渲染功能的命令集中在图 12-59 所示的功能区“渲染”选项卡中。

为了达到更好的渲染效果,一般在渲染之前应设置光源、背景,并给对象指定材质,以下

图 12-59　功能区“渲染”选项卡

分别介绍。

12.5.1　光源

光源的设置直接影响渲染效果。AutoCAD 可提供点光源、聚光灯、平行光和默认光源，还可模拟自然照明的阳光与天光。其中默认光源不需要用户创建或放置光源，如果在渲染时没有设置光源，AutoCAD 使用默认光源对场景进行着色或渲染。默认光源是来自视点后面的两个平行光源，它照亮模型中所有的面。

插入自定义光源时，将会显示图 12-60 所示的“光源-视口光源模式”或“光源-光度控制平行光”对话框，以提示是否“关闭默认光源”或“允许平行光”。一般不用默认光源，而是插入自定义光源或添加太阳光源。

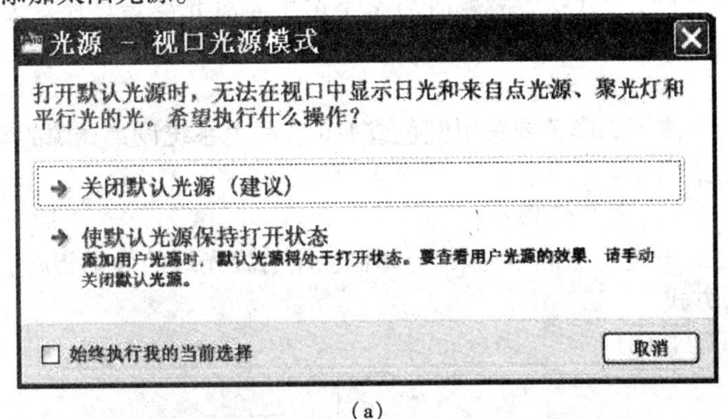

(a)

(b)

图 12-60　“光源”对话框

(a)“视口光源模式”；(b)“光度控制平行光”

1. POINTLIGHT(新建点光源)命令

点光源是从光源处向外发射的辐射状光源，其效果与一般的灯泡功能类似。

(1)命令输入方式

键盘输入：POINTLIGHT

功能区:"渲染"选项卡→"光源"面板→

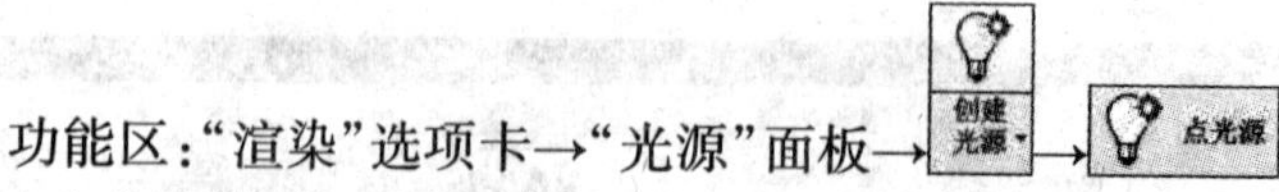

(2)命令提示及选择项说明

指定源位置 <0,0,0>:指定一点作为光源位置。

输入要更改的选项[名称(N)/强度因子(I)/状态(S)/光度(P)/阴影(W)/衰减(A)/过滤颜色(C)/退出(X)] <退出>:输入选项。

名称(N)　选择该项后在"输入光源名称 <点光源 1>:"提示下输入光源名。名称中可以使用大小写字母、数字、空格、连字符(-)和下画线(_)。最大长度为256个字符。

强度因子(I)　选择该项后在"输入强度(0.00 - 最大浮点数) <1.0000>:"提示下设置光源的强度或亮度。取值范围为0.00到系统支持的最大值。

状态(S)　打开或关闭光源。

光度(P)　设置光源的强弱和颜色。

阴影(W)　用该选项确定是否打开阴影功能和指定阴影类型。

衰减(A)　用于控制光线如何随着距离增加而减弱,距离点光源越远的对象显得越暗。衰减类型包括以下三种:"无(O)"衰减时对象不论距离点光源是远还是近,明暗程度都一样;"线性衰减(L)"与距离点光源的线性距离成反比;"平方衰减(Q)"与距离点光源的距离的平方成反比。

过滤颜色(C)　使用真彩色或索引颜色或Hsl或配色系统设置光源的颜色。

退出(X)　结束命令。

2. SPOTLIGHT(新建聚光灯)命令

聚光灯按设定的方向发出锥形光束,与舞台上用的聚光灯的效果相同。

(1)命令输入方式

键盘输入:SPOTLIGHT

功能区:"渲染"选项卡→"光源"面板→

(2)命令提示及选择项说明

指定源位置 <0,0,0>:　指定一点作为光源位置。

指定目标位置 <0,0,-10>:　指定一点作为目标位置。

输入要更改的选项[名称(N)/强度因子(I)/状态(S)/光度(P)/聚光角(H)/照射角(F)/阴影(W)/衰减(A)/过滤颜色(C)/退出(X)] <退出>:　输入选项。这里大部分的选择项与POINTLIGHT(新建点光源)命令相同,不同的是以下两个选择项。

聚光角(H)　使用该选项输入最亮光锥的角度。聚光角的取值范围为0°到160°。默认值为45°

照射角(F)　使用该选项输入完整光锥的角度。照射角的取值范围为0°到160°。默认值为50°。照射角角度必须大于或等于聚光角角度。

3. DISTANTLIGHT(新建平行光)命令

平行光光源位于无限远的地方,向某一方向发出均匀的平行光,其光强不随距离的增加而减弱。

(1)命令输入方式

键盘输入:DISTANTLIGHT

功能区："渲染"选项卡→"光源"面板→[创建光源]→[平行光]

(2)命令提示及选择项说明

指定光源来向 <0,0,0>或[矢量(V)]：指定一点作为光源位置，然后提示"指定光源去向 <1,1,1>："要求设置目标位置。或者输入 V 用矢量定义光线的方向。

输入要更改的选项[名称(N)/强度因子(I)/状态(S)/光度(P)/阴影(W)/过滤颜色(C)/退出(X)]<退出>：输入选项。

各选择项与 POINTLIGHT(新建点光源)命令的选择项相同。

12.5.2 设置材质

12.5.2.1 MATERIALS(材质)命令

要获得具有良好真实感的渲染图像，就要给模型表面附着材质。材质的设置使用图 12-61 所示的"材质"选项板进行。

1. 命令输入方式

键盘输入：MATERIALS

功能区："渲染"选项卡→"材质"面板→

"视图"选项卡→"三维选项板"面板→[材质]

2. 选项板说明

"材质"选项板由几个选项组组成，包括"图形中可用的材质"、"材质编辑器"、"贴图"、"高级光源替代"、"材质缩放与平铺"和"材质偏移与预览"等选项组。

(1)"图形中可用的材质"选项组

"图形中可用的材质"选项组用于显示图形中可用材质的样例。默认材质名为"Global"(全局)。单击某一材质样例以选择材质，黄色样例外轮廓表明被选择。该材质的名称出现在下方的材质名称中。该材质的设置显示在"材质编辑器"选项组中。样例上方右上角的是"切换显示模式"按钮(▣)，用于将样例从显示一个样例和显示多个样例之间切换。

样例下方的两组按钮可以提供以下选项。

"样例几何体"按钮( ) 选择显示样例的几何体类型：长方体、圆柱体或球体(默认)。

"交错参考底图关/开"按钮( ) 控制是否显示彩色交错参考底图，以帮助用户查看材质的不透明度。

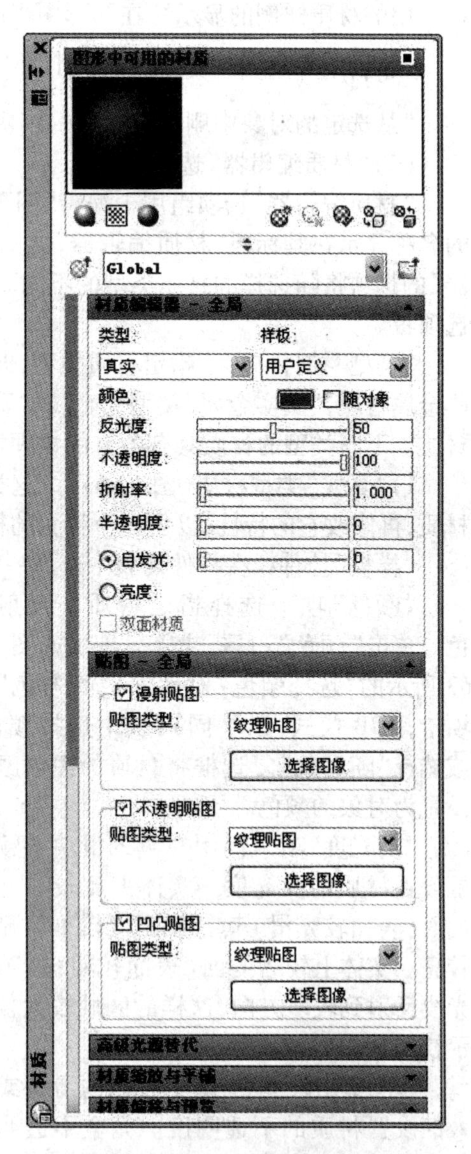

图 12-61 "材质"选项板

“预览样例光源模型”按钮( ) 控制样例显示的光源模型,即单光源或背光源。

“创建新材质”按钮( ) 显示如图 12-62 所示的“创建新材质”对话框。输入名称后,将在当前样例的右侧创建新样例并被选择。

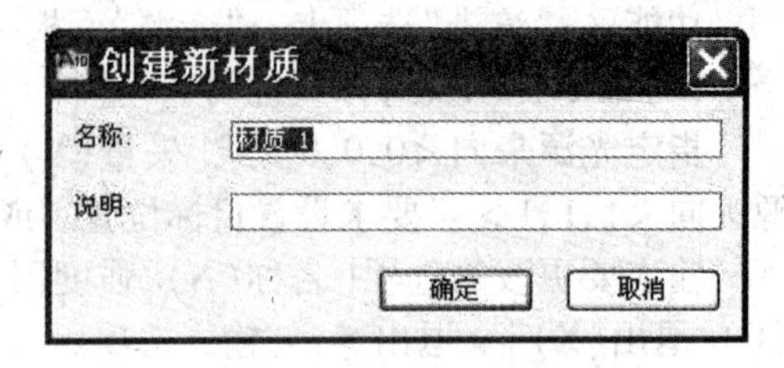

图 12-62 **“创建新材质”对话框**

“从图形中清除”按钮( ) 删除选定的材质。无法删除全局材质和任何正在使用的材质。

“表明材质正在使用”按钮( ) 更新正在使用的材质样例的显示。在图形中当前已使用的材质样例的右下角显示 标记。

“将材质应用到对象”按钮( ) 将当前选定的材质应用到选定的对象和面。

“从选定的对象中删除材质”按钮( ) 从选定的对象和面中删除材质。

(2)“材质编辑器”选项组

“材质编辑器”选项组用于编辑“图形中可用的材质”选项组中选定的材质。选定材质的名称显示在其标题“材质编辑器”之后。其后是收拢( )或展开( )按钮。“材质编辑器”的选项将随选择的材质类型的不同而变化。图 12-61 是材质类型为“真实”时的“材质”选项板。

“类型”控件 用于指定材质类型,即真实、真实金属、高级和高级金属。“真实”类型为非金属材质,“真实金属”类型为金属材质,“高级”和“高级金属”类型则是具有更多特性的材质。不同类型的材质具有各自的物理特性。

1)“真实”类型材质(图 12-61) 这类材质为非金属,可从“样板”控件列表中选择一种材质,再修改它的特性,以创建一种新的材质。

“样板”控件 在控件列表中选择一种材质。

“颜色”项 选择指定材质的漫射颜色。单击“颜色”( )按钮,显示如图 12-63 所示的“选择颜色”对话框(“真彩色”选项卡,RGB 模式,以下同),从中选择颜色。或选择“随对象”复选框将材质的漫射颜色设置为对象的颜色。

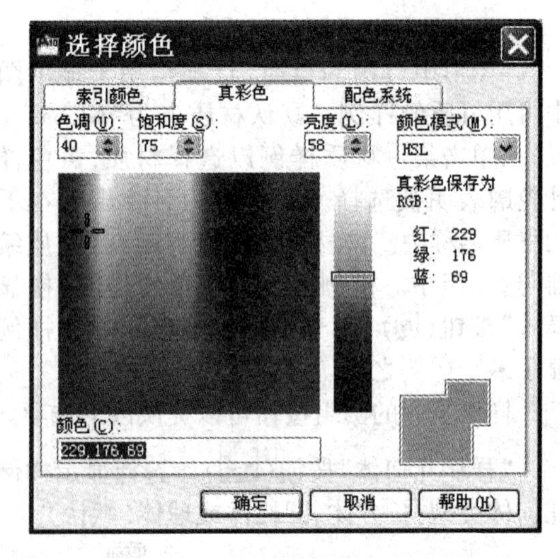

图 12-63 **“选择颜色”对话框**

“反光度”项 使用右侧的滑块或输入框设置材质的反光度。实体上比较有光泽的面(表面较光滑)其亮显区域较小但显示较亮。实体上较暗的面(表面较粗糙)可将光线反射到较多方向,这样的区域较大且显示较柔和的亮显。

“不透明度”项 使用右侧的滑块或输入框设置材质的不透明度。完全不透明的实体对象不允许光线穿过(值为 100)。

“折射率”项 使用右侧的滑块或输入框设置材质的折射率。折射率是控制光线通过透明材质时如何折射光线。折射率为1.0(空气的折射率)时,透明对象后面的对象不会失真。折射率为1.5时,对象将严重失真,就像通过玻璃球观看对象一样。

“半透明度”项　使用右侧的滑块或输入框设置材质的半透明度。半透明对象也允许光线穿过,但在对象内部会散射部分光线。半透明度值为0.0时,材质不透明;半透明度值为100.0时,材质完全透明。

“自发光”项　该项可以使对象自身显示为发光而不依赖于图形中的光源。使用右侧的滑块或输入框可设置自发光的强弱。

“亮度”项　亮度是模拟材质被光源照亮的效果,用于衡量对象表面的明暗程度。如选择亮度,则在右侧显示输入框,框中的值由光源确定。此时“自发光”选项就不可用。

“双面材质”复选框　复选框打开时,将渲染正面法线和反面法线。关闭复选框时,仅渲染正面法线。

2)“真实金属”类型材质(图12-64)　该类型材质为金属,可从“样板”控件列表中选择一种材质。其他“颜色”、“反光度”、“自发光”、“亮度”、“双面材质”几个选项与“真实”类型材质中的选项相同。

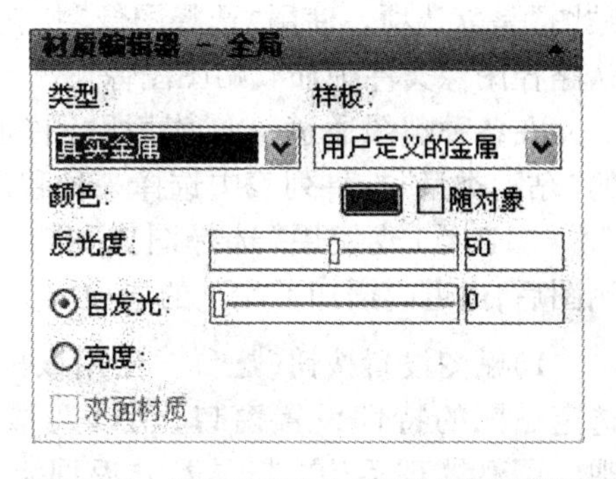

图12-64　显示“真实金属”的材质编辑器

3)“高级”类型材质(图12-65)　该类型材质具有以下选项可供设置。

“环境光”项　可选择单独照射到面上的环境光颜色。单击“环境光颜色”(▬)按钮,显示如图12-63所示的“选择颜色”对话框,从中选择颜色。或者选择“随对象”复选框将环境光颜色设置为对象的颜色。

“环境光和漫射锁定/解锁”(🔓)按钮　可锁定环境光颜色为漫射颜色。

“漫射”项　可选择材质的漫射颜色。漫射颜色是对象的主色。单击“漫射颜色”(▬)按钮,显示如图12-63所示的“选择颜色”对话框,从中选择颜色。或者选择“随对象”复选框将漫射颜色设置为对象的颜色。

“漫射和高光锁定/解锁”(🔓)按钮　可锁定高光颜色为漫射颜色。

“高光”项　可选择有光泽材质的高光颜色。“高光”也称之为“亮显”或“高亮”。亮显区域的大小取决于材质的反光度。单击“高光颜色”(▭)按钮,显示如图12-63所示的“选择颜色”对话框,从中选择颜色。或者选择“随对象”复选框将高光颜色设置为对象颜色。

“反射”项　可使用右侧的滑块或输入框设置材质的反射率。设置为100时,材质完全反射。

还有几个选项与“真实”类型材质中的选项相同,这里不再赘述。

4)“高级金属”类型材质(图12-66)　该类型材质具有的“反光度”、“自发光”两个选项与“真实”类型材质(图12-61)中的选项相同。其余几个选项与“高级”类型材质中的选项相同。

(3)“贴图”选项组

“贴图”选项组(图12-61、图12-65)用于为材质的颜色指定图案或纹理。贴图的颜色将替换“材质编辑器”中材质的漫射颜色。使用贴图可以增加对象的真实感。

“贴图”有四种通道:“漫射贴图”通道为材质提供多种颜色的图案;“反射贴图”通道模

拟在有光泽表面上反射的场景;“不透明贴图”通道可以创建不透明和透明的图案;“凹凸贴图”通道可以模拟起伏的或不规则的表面。当材质“类型”是“真实”或“真实金属”时,“贴图”选项组(图 12-61)有三个贴图通道:“漫射贴图”、“不透明贴图”和“凹凸贴图”。当材质“类型”是“高级”或“高级金属”(图 12-65)时,则多一个“反射贴图”通道。

各种贴图通道的选项基本相同,都有“贴图类型”控件和“选择图像”按钮。“贴图类型”控件列表中有一些程序贴图可供选择,其中“纹理贴图”是默认项。使用“选择图像”按钮可以从默认路径图像文件中加载贴图图像。

在各种贴图通道(以“漫射贴图”通道为例)的“贴图类型”控件列表中选择一种程序贴图(如“木材”选项)或使用“选择图像”按钮加载一种贴图后,通道内增加了如下的选项(图 12-67)。

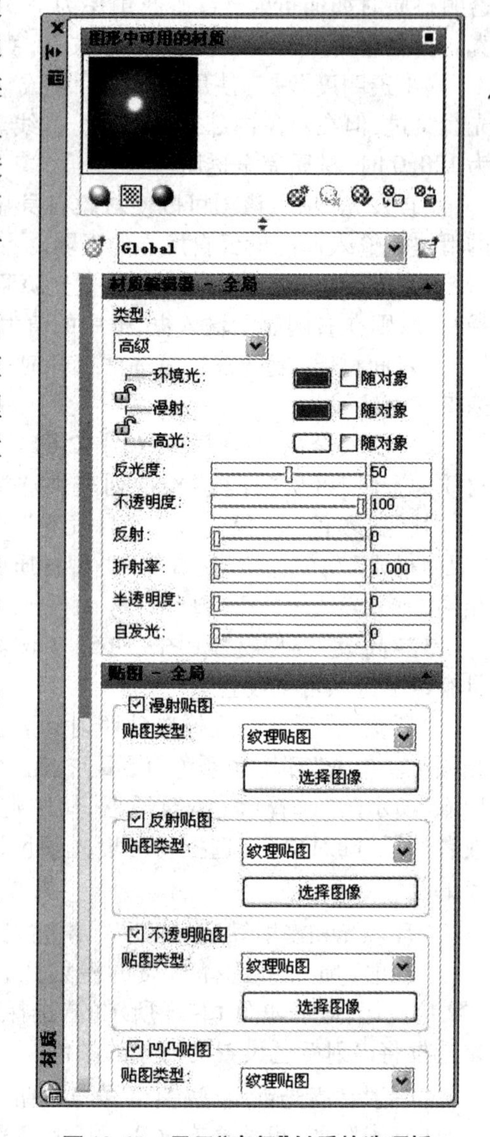

图 12-65　显示“高级”材质的选项板

1)贴图设置按钮()　使用该按钮将显示选定贴图的特性设置窗口,用以调整纹理的外观。调整纹理后,单击右上方返回上一级按钮(),返回上一级窗口。

2)贴图滑块　控制选定材质与贴图的合成。滑块向右,包含图像贴图的成分增加。反之包含图像贴图的成分减少。

3)删除贴图信息按钮()　从材质中删除选定的贴图信息。

4)同步按钮()　该按钮启用(显示为已连接)时,会将当前贴图通道中的设置和更改同步到所有贴图通道中。禁用该按钮(显示为已断开)时,贴图通道中的设置和更改将仅与当前贴图通道相关。

5)预览按钮()　显示“××贴图预览”对话框。

(4)“高级光源替代”选项组

“高级光源替代”选项组提供了用于更改材质特性以影响渲染场景的控件。此控件仅可用于“真实”和“真实金属”材质类型。此控件可设置以下参数:“颜色饱和度”用于增加或减少反射颜色的饱和度;“间接凹凸度”用于缩放由间接光源照亮的区域中基本材质的凹凸贴图的效果;“反射度”用于增加或减少材质反射光的百分比;“透射度”用于增加或减少透过材质传输的光源能量。

(5)“材质缩放与平铺”选项组

“材质缩放与平铺”选项组用于指定材质上贴图的缩放比例单位和平铺类型。

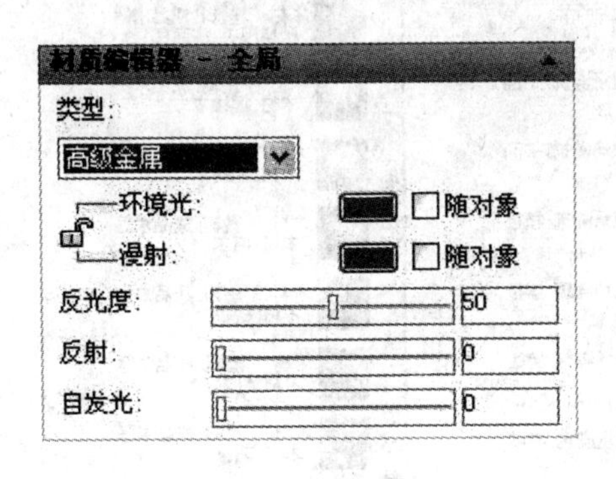

12-66 显示“高级金属”的材质编辑器

图 12-67 “贴图”选项组

(6)“材质偏移与预览”选项组

“材质偏移与预览”选项组用于指定材质上贴图的偏移坐标和旋转角度,并能预览效果。

12.5.2.2 “材质”工具选项板

AutoCAD 将常用的材质集成到工具选项板中,可直接选用。如果“三维建模”界面中未显示“工具选项板”,就依次单击功能区“视图”选项卡→“选项板”面板→工具选项板,可打开“工具选项板”。“工具选项板”上默认显示的是“所有选项板”的“建模”选项卡。如需要使用“材质”工具选项板,可在“工具选项板”标题栏单击鼠标右键,显示如图 12-68 所示的快捷菜单中选择“材质”,即显示如图 12-69(a)所示的“材质”工具选项板。根据需要的材质在各选项卡中查找。

例如,在图 12-70(a)所示实体上应用“木材”材质,就要打开“木材和塑料”选项卡。单击“木材和塑料”选项卡标题,显示图 12-69(b)所示选项卡。单击“木材-塑料. 成品木器. 壁板. 倾斜”材质,即在命令窗口显示“选择对象”提示。点取要应用材质的对象(图 12-70(a)),即显示出附着材质的图形,如图 12-70(b)所示。最后按【Enter】或【Esc】键结束材质应用操作。

12.5.3 设置背景

为了使三维图形更加逼真就要添加背景。可使用 VIEW(命名视图)命令设置背景。

VIEW 命令输入方式如下。

键盘输入:VIEW

功能区:“常用”选项卡→“视图”面板→未保存的视图→“视图管理器...”

“视图”选项卡→“视图”面板→

执行命令后将弹出图 12-71 所示的“视图管理器”对话框。该命令可创建、设置、重命名、修改、删除、保存和恢复命名视图、相机视图、布局视图和预设视图。这里只介绍与设置背景相关的内容。

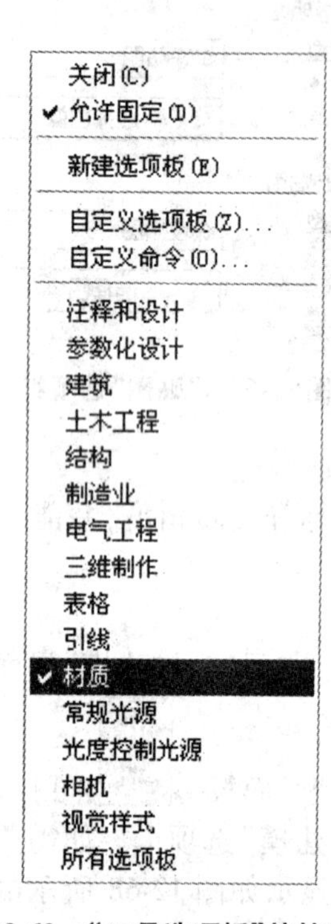

图 12-68 “工具选项板”快捷菜单

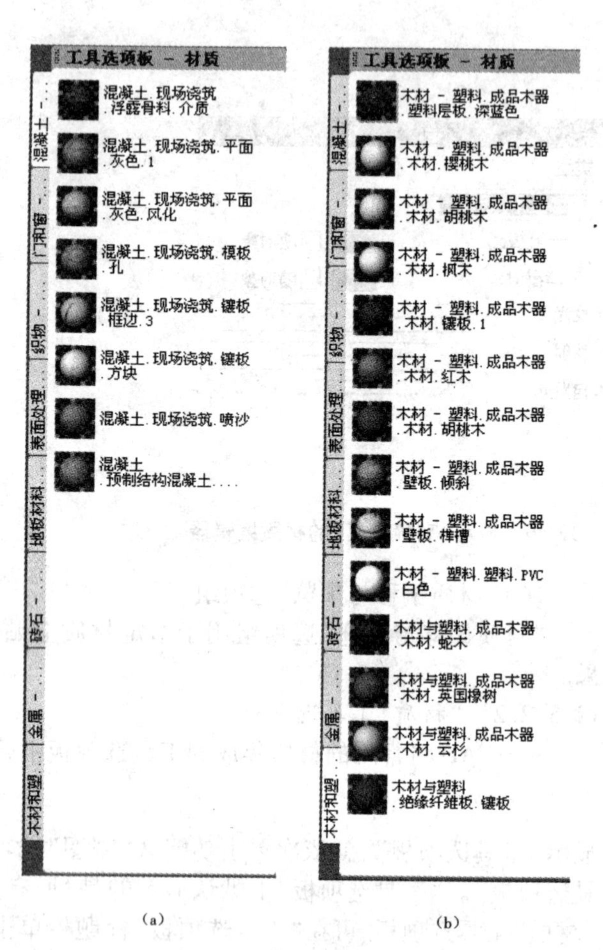

图 12-69 “材质”工具选项板

(a)默认选项卡;(b)“木材和塑料”选项卡

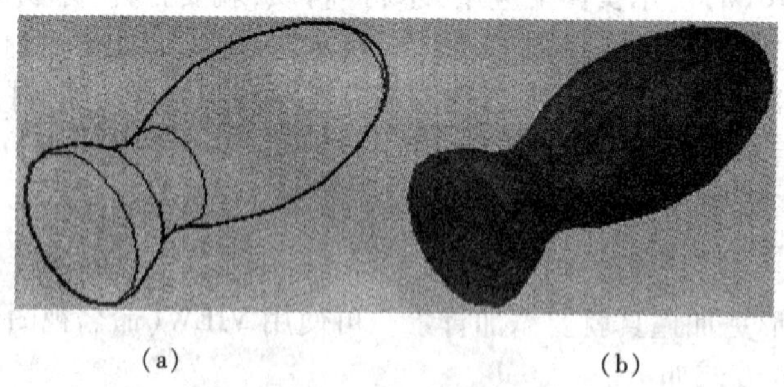

图 12-70 将材质应用到对象

(a)指定对象;(b)将材质应用到对象

对话框中右侧“新建(N)...”按钮用于创建新的命名视图。单击该按钮,将弹出图 12-72 所示的“新建视图/快照特性”对话框。对话框中的“视图名称(N)”输入框用于指定视图的名称。在这里输入一个视图名称,然后设置背景,再保存视图。以后需要这个背景,只要打开这个视图即可。不需要作重复设置操作。

在“背景”区设置视图的背景。“背景”控件中有“默认”、“纯色”、“渐变色”、“图像”或

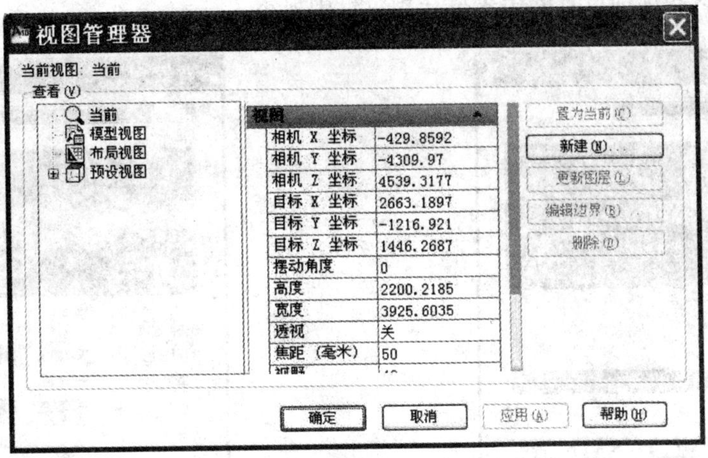

图 12-71 “视图管理器”对话框

“阳光与天光”几种类型。选择了除“默认”外的其他背景时，将弹出相应的“背景”对话框（在下面说明），可定义视图背景的类型、颜色、效果和位置。定义结束后，该背景名将出现在下面“当前替代:”行中。预览框将显示设置好的背景。使用预览框右边的按钮▭，将重新显示“背景”对话框，从而可以更改已设置的背景。

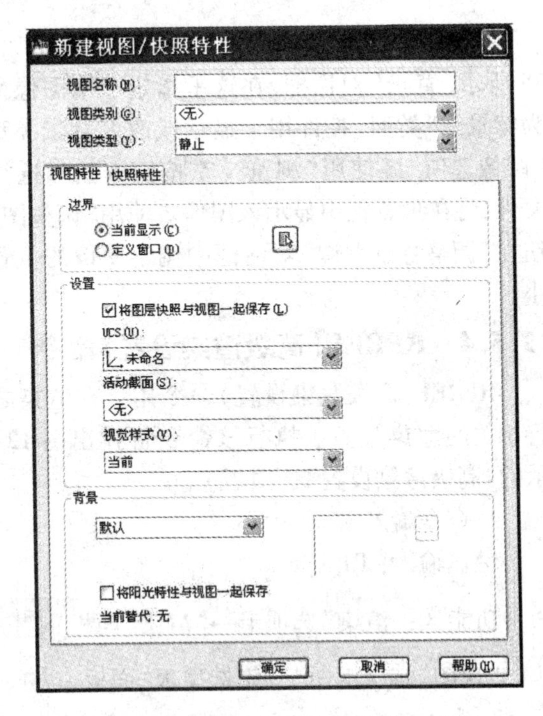

图 12-72 “新建视图/快照特性”对话框

在上述“新建视图/快照特性”对话框选择背景类型为“纯色”、“渐变色”、“图像”或“阳光与天光”时将弹出相应的“背景”对话框。“背景”对话框主要用于设置背景的颜色或图像。

①选择“背景”控件中的“纯色”选项将弹出如图 12-73 所示“背景”对话框，在这里指定单色纯色背景。“类型”控件用于显示或改变背景类型。在“纯色选项”区单击“颜色”下方的颜色块，则弹出如图 12-63 所示的“选择颜色”对话框，以便设置“纯色”背景的颜色。设置好的颜色在预览框中显示。

②选择“背景”控件中的“渐变色”选项将弹出如图 12-74 所示“背景”对话框，在这里指定三色或双色渐变色背景。“类型”控件用于显示或改变背景类型。在“渐变色选项”区指定新的渐变色背景的颜色。其中“三色”复选框用来确定使用“三色”渐变色还是使用双色渐变色。单击“顶部颜色”、“中间颜色”或“底部颜色”选项的颜色块，都将显示图 12-63 所示的“选择颜色”对话框，从中选择渐变色的三种颜色。“旋转”控件则可指定将渐变色背景

旋转的角度。这些选项设置的结果将在预览框中显示。

图 12-73　纯色“背景”对话框

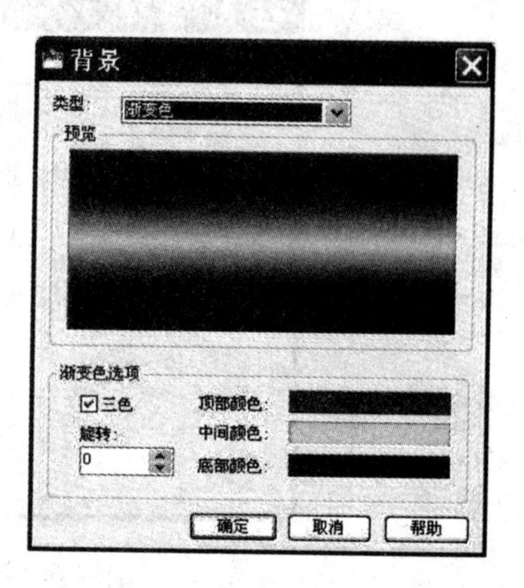

图 12-74　渐变色“背景”对话框

③选择“背景”控件中的“图像”将弹出如图 12-75 所示“背景”对话框，在这里指定一个图像文件作为背景。“类型”控件用于显示或改变背景类型。在“图像选项”区使用“浏览...”按钮查找和选择图像文件，将在预览框中显示该图像。使用“调整图像”按钮在“调整背景图像”对话框中调整图像的位置和大小。

图 12-75　图像“背景”对话框

12.5.4　RPREF(高级渲染设置)命令

RPREF(高级渲染设置)命令用于在渲染之前进行相关的渲染设置。执行该命令将弹出图 12-76 所示的“高级渲染设置”选项板。

1. 命令输入方式

键盘输入：RPREF

功能区：“渲染”选项卡→“渲染”面板→

“视图”选项卡→“三维选项板”面板→

2. 选项板说明

(1)“选择渲染预设”控件　“选择渲染预设”控件位于选项板的最上部。控件中列出从最低质量到最高质量的渲染预设：草稿、低、中、高、演示和管理渲染预设(默认为“中”)。

(2)“渲染”按钮

“渲染”( )按钮位于选项板的右上角。使用该按钮执行 RENDER(渲染)命令。

(3)“常规”类

1)“渲染描述”选项组　设置影响渲染模型的方式。

①“过程”选项控制渲染过程中处理的模型内容。包括以下三项设置：视图、修剪和选定。“视图”项渲染当前视图。“修剪”项渲染用修剪窗口创建的一个区域。“选定”项渲染

选中的对象。

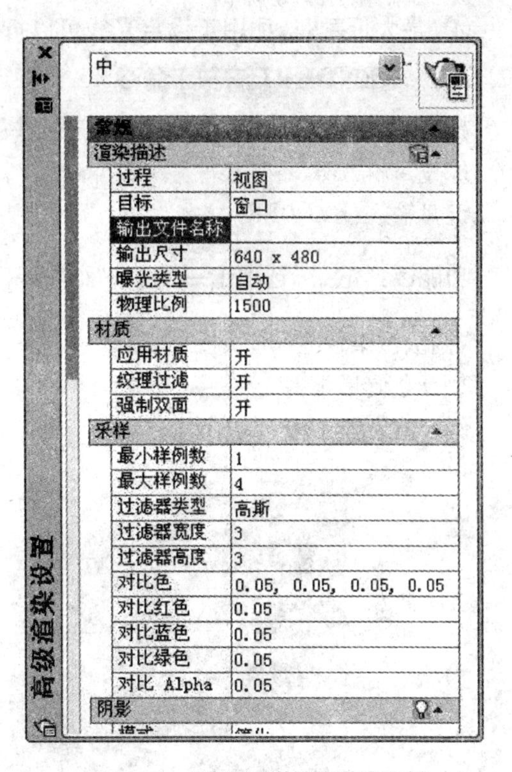

图 12-76 “高级渲染设置”选项板

②“目标”选项用于确定显示渲染图像的位置。它包括以下两项目标:“窗口”项渲染到“渲染窗口”;“视口”项渲染当前视口。

③“输出文件名称”选项用于指定要存储渲染图像的位置和文件名。

④“输出尺寸”选项用于指定输出渲染图像的分辨率。

⑤“曝光类型”选项用于指定曝光类型为“自动”或“对数”。

⑥“物理比例”选项用于指定物理比例。默认值为1500。

2)“材质”选项组　用于设置处理材质的方式。

①“应用材质”选项用于确定是否应用用户定义并附着到对象表面材质。

②“纹理过滤”选项用于确定是否应用过滤纹理贴图的方式。

③“强制双面”选项用于控制是否渲染面的两侧。

3)“采样”选项组　控制渲染执行采样的方式。

①“最小样例数”选项用于设定最小样倒数。

②“最大样例数”选项用于设定最大样倒数。

③“过滤器类型”选项用于确定过滤器的类型。

④“过滤器宽度”和“过滤器高度”选项用于指定过滤区域的大小。增加过滤器宽度和过滤器高度值可以柔化图像,但是将增加渲染时间。

⑤“对比色”、“对比红色”、“对比蓝色”、“对比绿色”、“对比 Alpha”选项用于指定颜色的阈值。

4)“阴影”选项组　设置阴影在渲染图像中显示的方式。

①“启用”( )选项用于指定渲染图像中是否使用阴影。

②“模式”选项用于指定阴影模式。阴影模式有“简化”、“分类”、“分段”。

③“阴影贴图”选项用于控制是否使用阴影贴图来渲染阴影。打开时,将使用阴影贴图的阴影。关闭时,将对所有阴影使用光线跟踪。

④“采样乘数”选项用于调整为每个光源指定的固有采样频率:草图(0);低(1/4);中(1/2);高(1);演示(2)。

5)“光线跟踪”选项组　包含影响渲染图像着色的设置。

①“启用”( )选项用于指定着色时是否执行光线跟踪。

②“最大深度”选项用于限制反射和折射的组合。

③“最大反射”选项用于设定光线可以反射的次数。

④“最大折射”选项用于设定光线可以折射的次数。

12.5.5 RENDER(渲染)命令

执行 RENDER(渲染)命令,开始渲染过程,并在“渲染”窗口或视口中显示渲染图像。

1. 命令输入方式

键盘输入:RENDER

功能区:“渲染”选项卡→“渲染”面板→

“高级渲染设置”选项板→

2. 命令使用举例

例 渲染图 12-77(a)所示立体。

(a)

(b)

图 12-77 未经渲染的立体(图中加入坐标系图标以表示坐标原点)

(a)原图;(b)改变观察方向

(1)改变观察方向

使用 ViewCube 工具改变观察方向。光标在 ViewCube 上按住左键,拖动 ViewCube 旋转,观察到图 12-77(b)所示模型时停止。如果 UCS 坐标系图标不在图 12-77(b)所示位置,则设置新原点在左前下角。

(2)创建光源

单击:聚光灯 ＊设置聚光灯

单击:(“关闭默认光源(建议)”)

输入:200,-100,500

单击:(A 点)

输入:I

输入:1

单击:↙

单击:平行光 ＊设置平行光

单击:(“允许平行光”)

单击:↙

输入:1,3,3

输入:I

输入:0.7

单击:↙

单击:(A 点)

(3)附着材质

单击“视图”选项卡→“三维选项板”面板→材质按钮,显示图 12-61 所示的“材质”选项板。

①在“材质”选项板中,单击“创建新材质”( )按钮,弹出如图 12-62 所示的“创建新材质”对话框。

②在“创建新材质”对话框中的“名称”后输入“铜”,单击“确定”按钮关闭该对话框,回到“材质”选项板。

③在“材质”选项板中的选取“材质编辑器-铜”的“类型”为“真实金属”,“样板”为“金属-光滑”。

④在“颜色”项右边“随对象”复选框中单击“关闭”按钮,增加“漫射颜色”( )按钮。单击该按钮弹出图 12-63 所示的“选择颜色”对话框。在该对话框的“真彩色”选项卡中,设置“颜色模式(M)”为 RGB,设置“红(R)”为 255,设置“绿(G)”为 100,设置“蓝(B)”为 0。然后单击“确定”按钮,关闭该对话框,回到“材质”选项板。

⑤将“材质编辑器-铜”中的“反光度”设为 20,“自发光”设置为 0。

⑥将“贴图-铜”下“漫射贴图”的“贴图类型”设为“纹理贴图”,单击“选择图像”按钮,由默认路径打开 C:\Documents and Settings\All Users\Application Data\Autodesk \AutoCAD 2010\R18.0\chs\Textures\Metals. Ornamental Metals. Brass. Satin. bump. jpg,并将其左面的“漫射贴图滑块”设置为 70。

⑦在“材质”选项板中单击“将材质应用到对象”按钮( ),然后用光标点取图示立体后按【Enter】键。

⑧关闭“材质”选项板。

(4)设置背景

单击“视图”选项卡→“视图”面板→ 按钮,弹出如图 12-71 所示的“视图管理器”对话框。

①在“视图管理器”对话框中单击“新建(N)...”按钮,弹出如图 12-72 所示的“新建视图/快照特性”对话框。

②在“新建视图”对话框中,输入“视图名称”为“视图 1”,选取“背景”控件中的“渐变色”,弹出图 12-74 所示的渐变色“背景”对话框。

③在渐变色“背景”对话框中单击“顶部颜色”的颜色块打开如图 12-63 所示的“选择颜色”对话框。在该对话框的“真彩色”选项卡中,设置“颜色模式(M)”为 RGB,设置“红(R)”为 102,设置“绿(G)”为 153,设置“蓝(B)”为 204。然后单击“确定”按钮,关闭“选择颜色”对话框,回到渐变色“背景”对话框。

④在渐变色“背景”对话框中单击“中间颜色”的颜色块打开如图 12-63 所示的“选择颜

色”对话框。在该对话框的“真彩色”选项卡中，设置“颜色模式(M)”为 RGB，设置“红(R)”为 179，设置“绿(G)”为 204，设置“蓝(B)”为 230。然后单击“确定”按钮，关闭“选择颜色”对话框，回到渐变色“背景”对话框。

⑤在渐变色“背景”对话框中单击“底部颜色”的颜色块，打开如图 12-63 所示的“选择颜色”对话框。在该对话框的“真彩色”选项卡中，设置“颜色模式(M)”为 RGB，设置“红(R)”为 255，设置“绿(G)”为 255，设置“蓝(B)”为 255。然后单击“确定”按钮，关闭“选择颜色”对话框，回到渐变色“背景”对话框。

⑥单击“确定”按钮，关闭渐变色“背景”对话框，回到“新建视图”对话框。

⑦单击“确定”按钮，关闭“新建视图”对话框，回到“视图管理器”对话框。

⑧在“视图管理器”对话框中，单击“置为当前(C)”按钮，然后单击“应用(A)”按纽，则对话框左上角“当前视图：”显示为“视图 1”，最后单击“确定”按钮，关闭“视图管理器”对话框。

(5)高级渲染设置

单击“视图”选项卡→“三维选项板”面板→按钮，弹出图 12-76 所示的“高级渲染设置”选项板。

①在“选择渲染预设”控件中选择“高”。

②在“基本”选项组的“渲染描述”中将“目标”设置为“视口”。

③在“阴影”选项组中单击右侧按钮( )关闭阴影功能。

④关闭“高级渲染设置”选项板。

(6)渲染

执行 RENDER(渲染)命令，渲染结果如图 12-78 所示。

图 12-78　渲染立体

练习题

12.1　试绘制图 12-79 所示立体的实体模型。

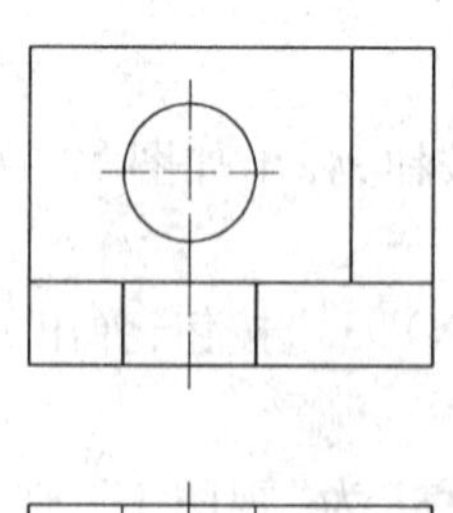

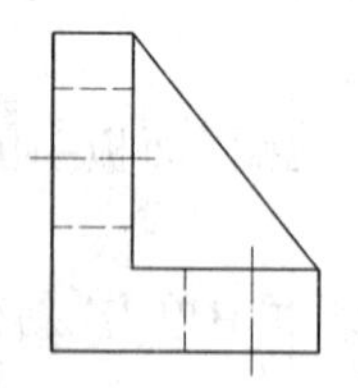

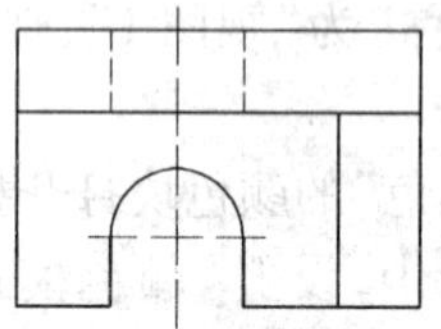

图 12-79　题 12.1 图

12.2　试绘制图 3-32 所示法兰盘的实体模型。

12.3　试绘制图 3-49 所示零件轴的实体模型。

12.4　构造图 12-80 所示实体(自定尺寸大小)。

图 12-80　题 12.4 图

图 12-81　题 12.5 图

12.5　构造图 12-81 所示的两个实体(自定尺寸大小)。

12.6　构造图 6-17 所示皮带轮的实体模型。

12.7　构造图 12-82 所示转向轴的实体模型,并运用光源、材质、背景、渲染功能,观察其效果。

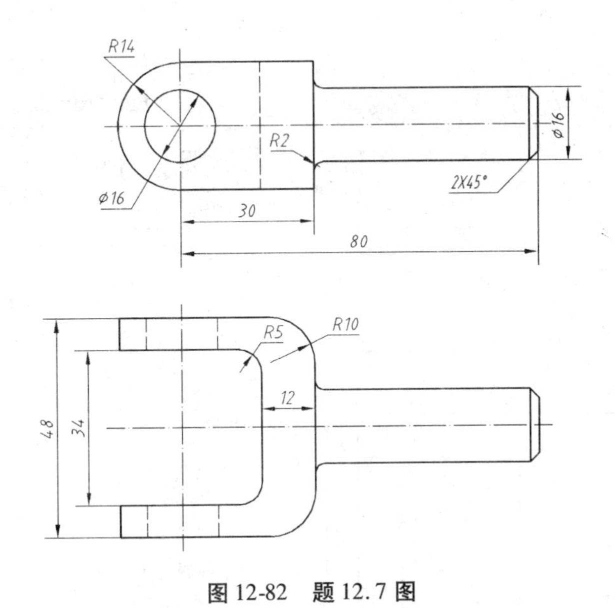

图 12-82　题 12.7 图

12.8　构造图 12-83 所示支座的实体模型,并运用光源、材质、背景、渲染功能,观察其效果。

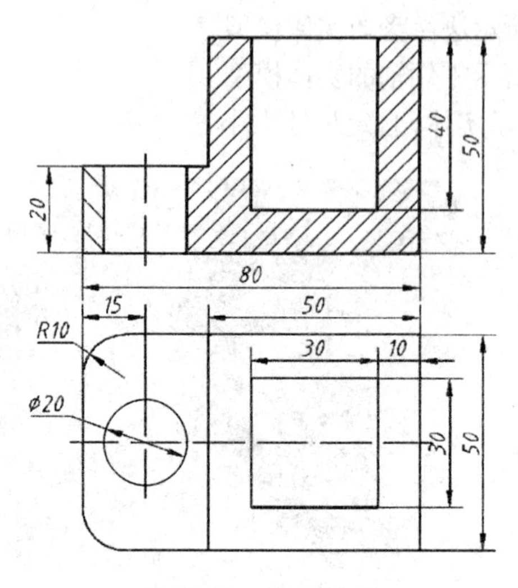

图 12-83　题 12.8 图

12.9　构造图 12-84 所示图形的实体模型，并运用光源、材质、背景、渲染功能，观察其效果。

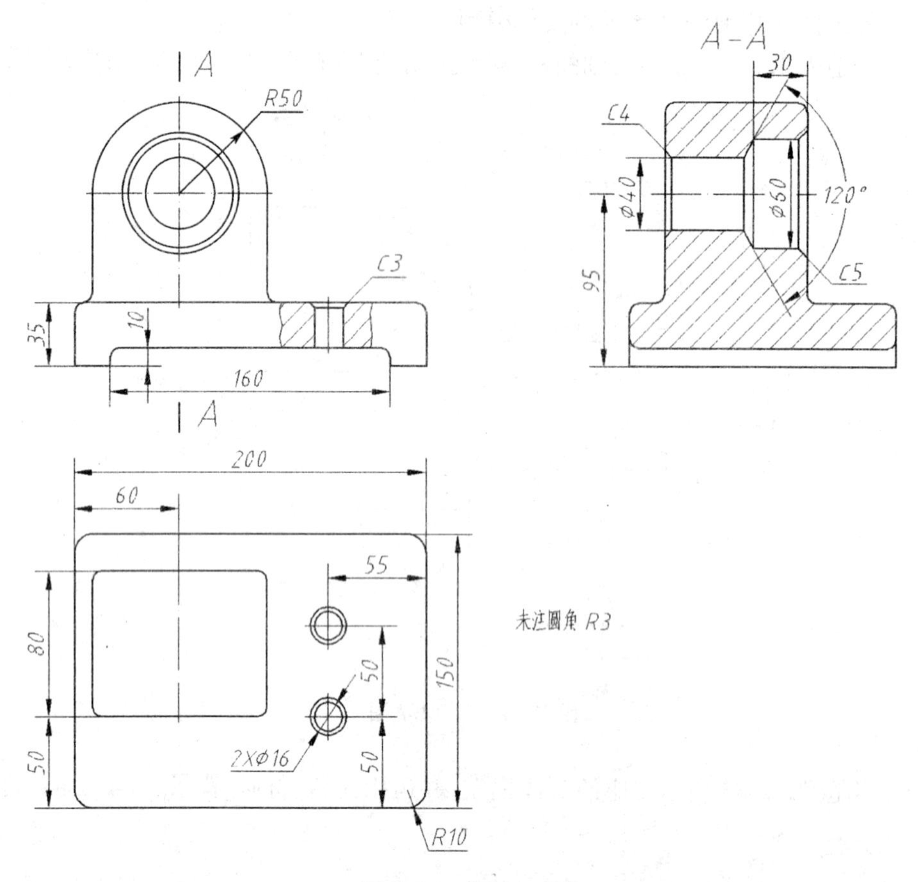

图 12-84　题 12.9 图

12.10　试绘制图 6-32 所示杠杆零件的实体模型，并运用光源、材质、背景、渲染功能，观察其效果。

附　　录

附录1　常用命令

命　令	别　名	功　　能
3D		建立三维基本表面形体
3DALIGN		在二维和三维空间中将对象与其他对象对齐
3DARRAY	3a	建立三维阵列
3DCLIP		启用交互式三维视图并打开“调整剪裁平面”窗口
3DCORBIT		启用交互式三维视图并将对象设置为连续运动
3DDISTANCE		启用交互式三维视图并使对象看起来更近或更远
3DDWF		启动三维 DWF 发布界面
3DFACE	3f	建立空间的三边或四边面
3DFLY		在当前视口中激活飞行模式
3DFORBIT		在三维空间中旋转视图而不约束回卷
3DMESH		建立任意形状的多边形网格
3DMOVE	3m	在三维空间中移动对象
3DORBIT	3do, orbit	控制在三维空间中交互式查看对象
3DPAN		启用交互式三维视图并允许用户水平或垂直拖动视图
3DPOLY	3p	建立三维多段线
3DSWIVEL		启用交互式三维视图并模拟旋转相机的效果
3DWALK	3dw	在当前视口中激活漫游模式
3DROTATE	3r	旋转三维对象
3DSCALE	3s	缩放三维对象
3DPRINT	3dplot	将三维模型发送到三维打印服务
3DZOOM		启用交互式三维视图并使用户可以缩放视图
ADCCLOSE		关闭 AutoCAD 设计中心
ADCENTER	dc, adc, dcenter	打开 AutoCAD 设计中心
ALIGN	al	移动并旋转对象，以便与其他对象对齐
ANIPATH		指定运动路径动画的设置并创建动画文件
ARC	a	画圆弧
AREA	aa	计算指定对象或区域的面积和周长

续表

命　令	别　名	功　能
ARRAY	ar	建立矩形和环形阵列
ATTDEF	att	建立属性定义
ATTDISP		控制图形中块属性的可见性
ATTEDIT	ate	改变属性信息
ATTEXT		抽取属性数据
ATTREDEF		重定义块并更新相关的属性
AUDIT		检查图形文件的完整性并更正某些错误
'BASE		设置图形的插入基点
BATTMAN		编辑块定义的属性特性
BHATCH	bh,h,hatch	用图案或渐变色填充封闭区域或选定对象
'BLIPMODE		控制点的十字标记的显示
BLOCK	b	将选定对象定义为块
BOUNDARY	bo	从封闭区域建立面域或者多段线边界
BOX		建立长方体或者立方体
BREAK	br	删除部分对象或者将对象分割成两部分
'CAL		用表达式作数学计算
CAMERA	cam	设置相机和目标的位置来观察实体
CHAMFER	cha	在不平行的两直线间作倒角或对实体作倒角
CHANGE	-ch	改变对象的特性
CHPROP		改变对象的颜色、图层、线型、线型比例因子、线宽、厚度
CIRCLE	c	画圆
CLOSEALL		关闭当前所有打开的图形
CLOSE		关闭当前图形
'COLOR	Col,colour	设置新建对象的颜色
COMMANDLINE	cli	显示隐藏的命令窗口
COMMANDLINEHIDE		隐藏命令窗口
COMPILE		编译形文件和 PostScript 字体文件为 SHX 文件
CONE		建立圆锥体或椭圆锥体
COPY	co,cp	拷贝对象
COPYBASE		带指定基点复制对象到剪贴板
COPYCLIP		拷贝对象到剪贴板
COPYHIST		拷贝命令窗口中的文本到剪贴板
CUTCLIP		拷贝对象到剪贴板,并从图形中删除对象
CYLINDER	cyl	建立圆柱体或椭圆柱体
DASHBOARD		打开“功能区”窗口
DASHBOARDCLOSE		关闭“功能区”窗口

续表

命　令	别　名	功　　能
DBLIST		列表显示图形中每个对象的信息
DDEDIT	ed	编辑单行文字、尺寸数字和属性定义
'DDPTYPE		设置点的显示样式和大小
DDVPOINT	vp	设置观察三维模型的方向
DIMALIGNED	dal	标注尺寸线与目标平行的对齐尺寸
DIMANGULAR	dan	标注角度尺寸
DIMARC	dar	标注圆弧长度尺寸
DIMBASELINE	dba	标注共基线尺寸
DIMBREAK		打断相交的尺寸界线或尺寸线
DIMCENTER	dce	创建圆或圆弧的圆心标记或中心线
DIMCONTINUE	dco	标注连续尺寸
DIMDIAMETER	ddi	标注直径尺寸
DIMEDIT	ded	编辑尺寸标注
DIMJOGGED	djo,jog	标注折弯半径尺寸
DIMLINEAR	dli	标注线性尺寸
DIMORDINATE	dor	标注坐标尺寸
DIMOVERRIDE	dov	替代尺寸标注系统变量
DIMRADIUS	dra	标注半径尺寸
DIMSPACE		调整平行尺寸线间的距离
DIMSTYLE	d,dst	建立和修改尺寸式样
DIMTEDIT		移动和旋转尺寸文字
'DIST	di	计算两点之间的距离和角度
DISTANTLIGHT		创建平行光
DIVIDE	div	放置点或块到对象上,以便等分对象
DONUT	do	建立填充圆和圆环
'DRAGMODE		控制被拖放对象的显示方式
DRAWORDER	dr	修改对象的绘图顺序
DSETTINGS	ds,se	指定捕捉模式、栅格、极坐标和对象捕捉追踪的设置
DSVIEWER		打开鸟瞰视图窗口
DVIEW	dv	定义平行投影视图或透视图
EDGE		改变三维面边的可见性
EDGESURF		建立三维四边网格曲面
'ELEV		设置新对象的标高和延伸厚度
ELLIPSE	el	画椭圆和椭圆弧
ERASE	e	从图形中删除对象
EXPLODE	x	分解复杂的对象

续表

命　　令	别　名	功　　　　能
EXPORT	exp	用其他格式来保存图形
EXTEND	ex	延长对象
EXTRUDE	ext	通过拉伸对象来建立实体
'FILL		控制是否填充有宽度对象
FILLET	f	建立圆角过渡
'FILTER	fi	建立满足特定条件的对象选择集
FIND		查找、替换、选择或缩放指定的文字
GRADIENT	gd	用渐变色来填充指定的区域
'GRID		控制栅格显示
GROUP	g	建立和管理命名的对象选择集
HATCHEDIT	he	编辑已填充的图案或渐变色
HELIX		创建三维螺旋
'HELP		显示联机帮助信息
HIDE	hi	对三维模型进行消隐处理
'ID		显示指定点的坐标值
IMAGE	im	插入不同格式的光栅图像到 AutoCAD 图形文件中
IMPORT	imp	输入不同格式的文件到 AutoCAD 中
IMPRINT		将二维图形对象压印到选定的实体上
INSERT	i	插入命名块或者图形到当前图形中
INSERTOBJ	io	插入链接或嵌入的对象
INTERFERE	inf	建立两个或者多个实体或曲面的干涉实体
INTERSECT	in	建立两个或者多个对象或面域的交集
'ISOPLANE		指定当前的轴测投影平面
JOIN	j	将几个对象合并为一个对象
JUSTIFYTEXT		修改选定文字的对齐点而不改变其位置
'LAYER	la	管理图层和图层特性
LAYOUT		创建新布局和重命名,复制、保存或删除现有布局
LENGTHEN	len	修改对象的长度和圆弧的包含角
LIGHT		在模型空间中创建和管理光源
'LIMITS		设置和控制绘制图形的界限
LINE	l	画直线
'LINETYPE	Lt,ltype	建立、装入和设置线型
LIST	Li,ls	列表显示选择对象的信息
LOAD		装入已编译的形文件
LOFT		在两个或多个横截面之间通过放样来创建三维实体或曲面
'LTSCALE	lts	设置全局线型比例因子

续表

命　令	别　名	功　能
LWEIGHT	lw	设置当前线宽、线宽显示选项和线宽单位
MASSPROP		计算并显示面域或对象的质量特性
'MATCHPROP	ma	从一个对象拷贝特性到另一个对象
MEASURE	me	按指定的间隔放置点或块到对象中
MENU		加载自定义文件
MENULOAD		加载或卸载局部自定义文件
MINSERT		按矩形阵列插入一个图块的多个应用
MIRROR	mi	创建对象的镜像图形
MIRROR 三维	三维 mirror	创建三维镜像
MLEADER		创建多重引线
MLEADERALIGN		使多重引线的文字沿指定直线对齐
MLEADERCOLLECT		将几个多重引线中包含的图块串联在一起并附着到单引线
MLEADEREDIT		将引线添加到多重引线或从多重引线中删除引线
MLEADERSTYLE		定义多重引线样式
MLEDIT		编辑多线
MLINE	ml	建立多线
MLSTYLE		定义多线样式
MODEL		从布局选项卡切换到模型选项卡
MOVE	m	移动对象
MSLIDE		建立幻灯片文件
MSPACE	ms	从图纸空间切换到模型空间
MTEDIT		编辑多行文字
MTEXT	T,mt	建立多行文字
MULTIPLE		重复执行命令
MVIEW	mv	建立浮动视口并打开已有的浮动视口
MVSETUP		建立图形布局
NEW		建立新的图形
OFFSET	o	建立同心圆、平行线和等距曲线
OOPS		恢复被删除的对象
OPEN		打开已有的图形文件
OPTIONS	op	自定义 AutoCAD 设置
'ORTHO		打开正交模式
OSNAP	os	设置运行对象捕捉模式
PAGESETUP		设置新建布局的页面布局、打印设备、图纸大小及其他设置
'PAN	p	平移图纸
PASTECLIP		从剪贴板插入数据

续表

命　令	别　名	功　能
PASTESPEC	pa	从剪贴板插入数据并控制其格式
PEDIT	pe	编辑多段线和三维多边形网格
PFACE		通过定义顶点来建立三维多面网格
PLAN		显示 UCS 的平面视图
PLANESURF		创建平面曲面
PLINE	pl	建立二维多段线
PLOT	print	输出图形到绘图仪、打印机或者文件
POINT	po	建立点对象
POINTLIGHT		建立点光源
POLYGON	pol	建立正多边形
POLYSOLID		建立三维多段体
PRESSPULL		按住并拖动有边界区域
PREVIEW	pre	打印或者输出图形时预览效果
PROPERTIES	Mo,ch,pr,props	控制现有对象的特性
PSPACE	ps	从模型空间视口切换到图纸空间
PUBLISH		将图形发布到 DWF 文件或绘图仪
PYRAMID		创建三维棱锥面
PURGE	pu	删除图形中未使用的项目
QCCLOSE		关闭快速计算器
QDIM		快速创建标注
QLEADER	le	快速创建引线和引线注释
QNEW		通过默认图形样板文件启动新图形
QSAVE		快速保存当前图形
QSELECT		基于过滤条件快速创建选择集
'QTEXT		快速显示文字和属性对象
QUICKCALC	qc	打开快速计算器
QUIT	exit	退出 AutoCAD
RAY		画射线
RECOVER		修补被损坏的图形
RECTANG	rec	建立多段线矩形
REDO		取消最后的 UNDO 或 U 命令
'REDRAW	r	刷新当前视口中的图形显示
'REDRAWALL	ra	刷新所有视口中的图形显示
REGEN	re	重新生成图形并刷新当前视口
REGENALL	rea	重新生成图形并刷新所有视口
'REGENAUTO		控制图形的自动重新生成

续表

命令	别名	功能
REGION	reg	从选择的对象建立面域
RENAME	ren	改变对象的名字
RENDER	rr	对模型进行渲染处理
'RESUME		继续执行中断的脚本文件
REVOLVE	rev	通过绕指定的轴旋转二维对象来建立实体或曲面
REVSURF		绕指定的轴来建立旋转表面
ROTATE	ro	绕基点旋转对象
ROTATE 三维	3r,三维 rotate	绕轴旋转三维对象
RSCRIPT		循环执行脚本
RULESURF		在两条直线或曲线间建立直纹表面
SAVE		赋名保存图形
SAVEAS		用指定的文件名保存图形
SAVEIMG		保存渲染图像到文件中
SCALE	sc	缩放选择的对象
SCALETEXT		缩放文字对象而不改变其位置
'SCRIPT	scr	执行脚本文件
SECTION	sec	建立用于表示三维对象的二维横截面的面域对象
SELECT		建立对象选择集
'SETVAR	set	列表显示或者改变系统变量的值
SHAPE		引用形
SKETCH		徒手绘线
SLICE	sl	剖切实体或曲面
'SNAP	sn	设置捕捉间距
SOLID	so	建立填充多边形
SOLIDEDIT		编辑三维实体对象的面和边
SOLPROF		创建三维实体对象的剖视图
SOLVIEW		在浮动视口中创建三维实体及对象的多面视图与剖视图
'SPELL	sp	检查图形中的拼写
SPHERE		建立球体
SPLINE	spl	建立样条曲线
SPLINEDIT	spe	编辑样条曲线
SPOTLIGHT		创建聚光灯
STRETCH	s	移动或拉伸对象
STYLE	st	建立文字样式
SUBTRACT	su	通过差运算来建立组合实体
SWEEP		通过沿路径扫掠二维对象来创建三维实体或曲面

续表

命　令	别　名	功　　能
TABLE	tb	在图形中创建空的表格对象
TABLESTYLE	ts	定义新的表格样式
TABLE		创建空白表格
TABSURF		建立平移曲面
TEXT	dt	建立单行文字对象
'TIME		显示日期和时间信息
TOLERANCE	tol	标注形位公差
TOOLBAR	to	显示、隐藏或者定制工具栏
TORUS	tor	建立圆环体
TRACE		建立轨迹线
TRIM	tr	修剪对象
U		取消最后一次执行的命令
UCS		设置和管理用户坐标系
UCSICON		控制 UCS 图标的显示与位置
UNDO		撤销命令
UNION	uni	通过并运算来建立组合实体
UNITS	un	设置坐标和角度的单位、显示格式与精度
'VIEW	v	保存和恢复命名视图
VIEWRES		设置对象显示的分辨率
VPOINT	- vp	设置三维图形的观察方向
VPORTS		将绘图区域划分成多个平铺视口
VSLIDE		显示幻灯片文件
VSCURRENT		设置当前视口的视觉样式
WBLOCK	w	写图块或图形到图形文件中
- WBLOCK	- w	在命令行进行操作，写图块或图形到图形文件中
WEDGE	we	建立楔形体
XLINE	xl	建立参照线
XREF	xr	管理当前图形中的所有外部引用
'ZOOM	z	缩放显示图形

注：命令前加“'”的为透明命令。

附录2 “二维草图与注释”工作空间的功能区面板

1.“常用”选项卡

(1)“绘图”面板

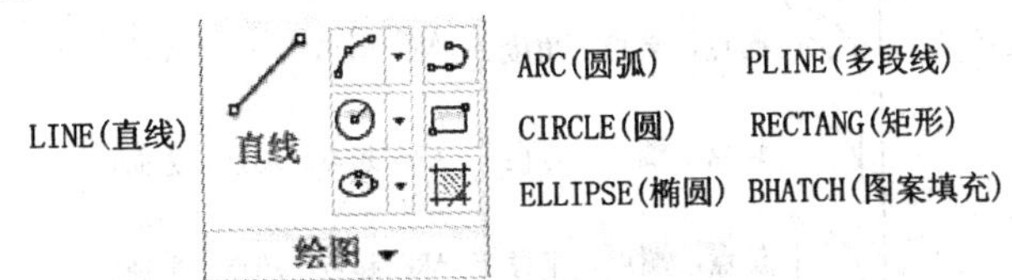

“绘图”展开面板

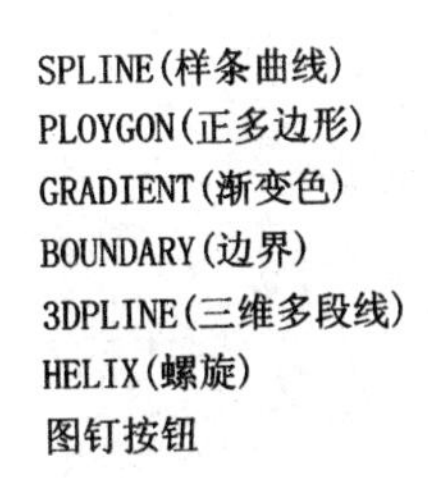

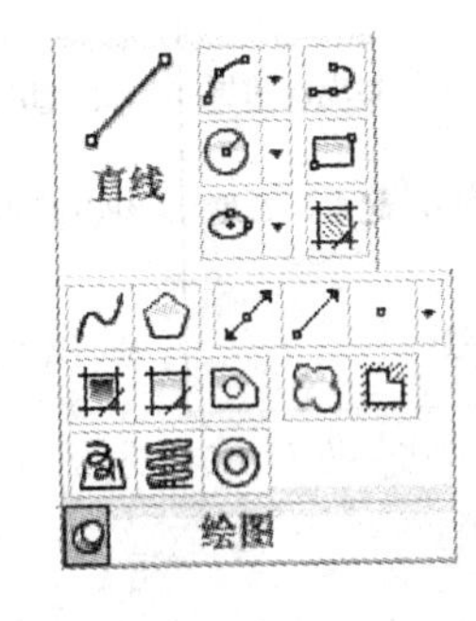

XLINE(构造线)
RAY(射线)
POINT(点)
REGION(面域)
REVCLOUD(修订云线)
WIPEOUT(区域覆盖)
DONUT(圆环)

CIRCLE(圆)展开按钮

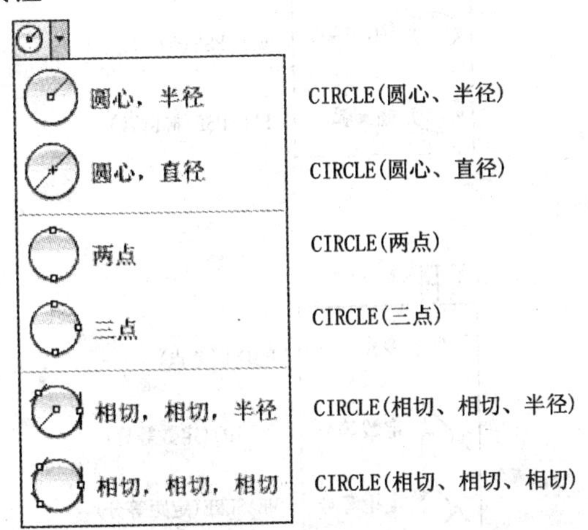

ARC(圆弧)展开按钮

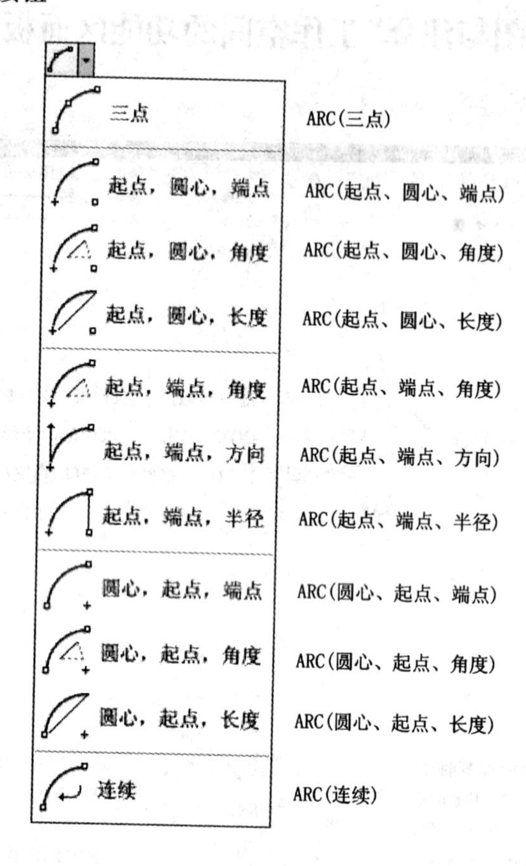

ELLIPSE(椭圆)展开按钮

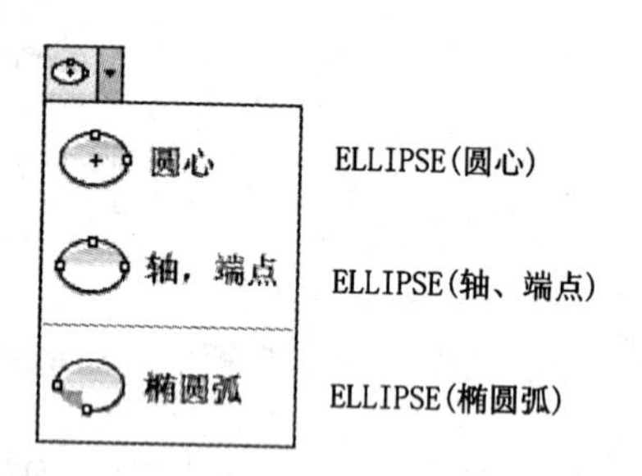

POINT(点)展开按钮

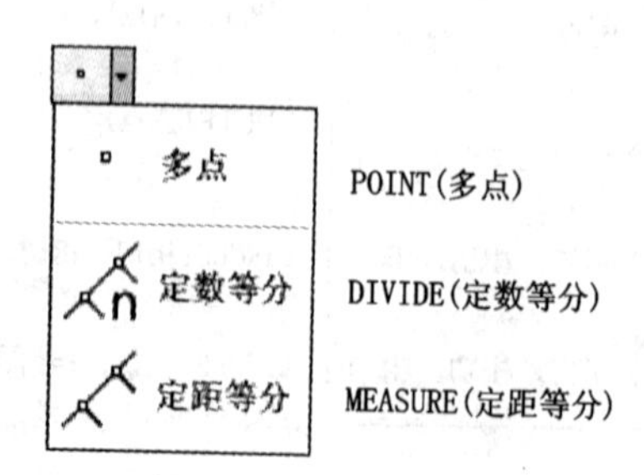

(2)“修改”面板

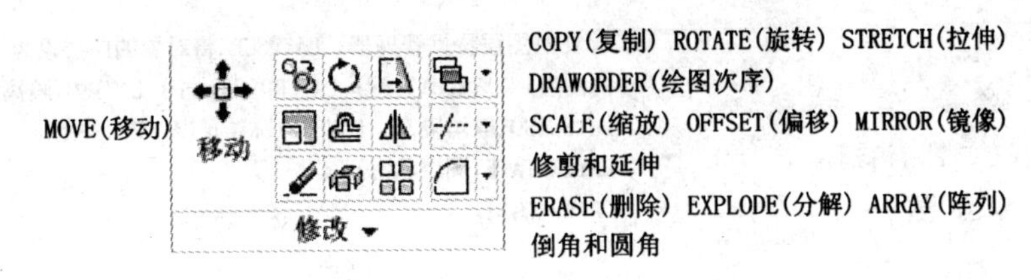

“修改”展开面板

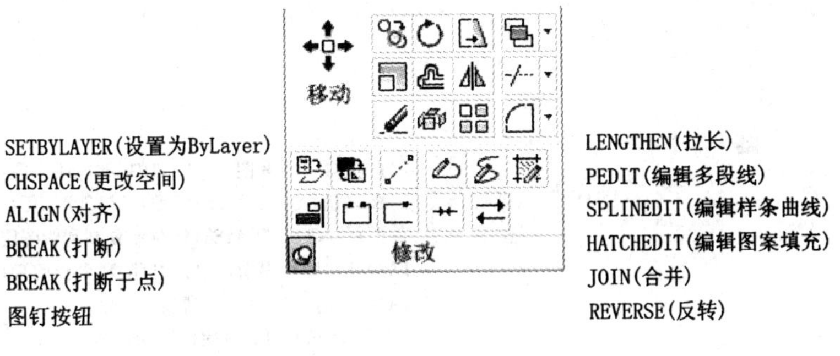

DRAWORDER(绘图次序)展开按钮

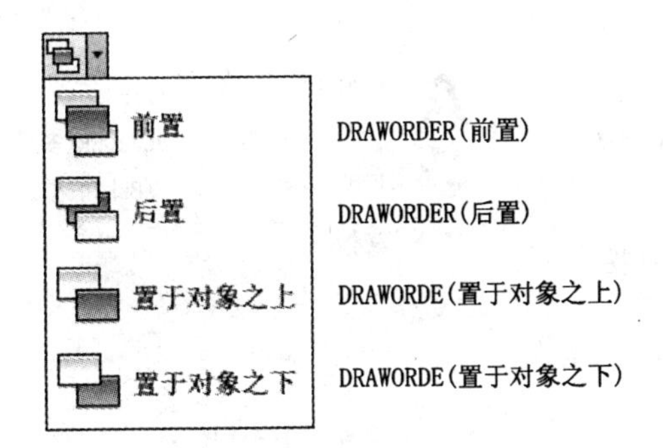

修剪和延伸展开按钮

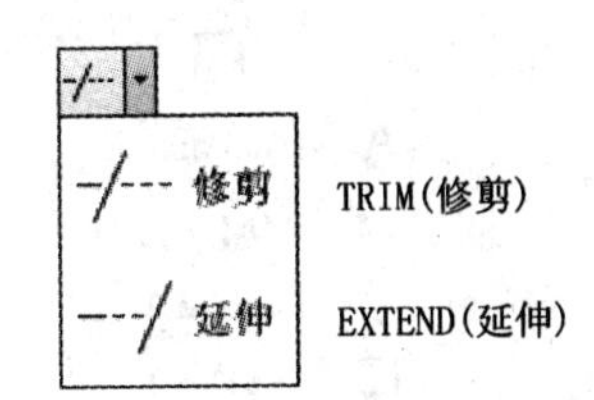

圆角和倒角展开按钮

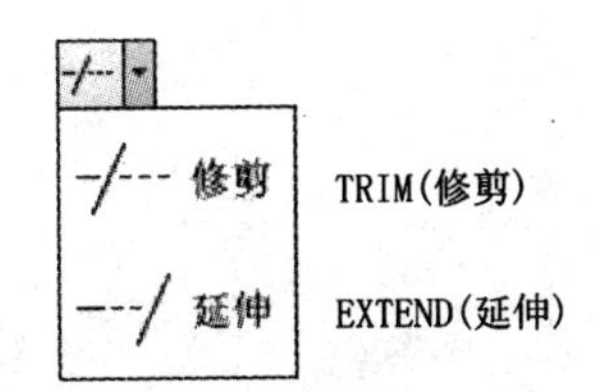

(3)“图层”面板

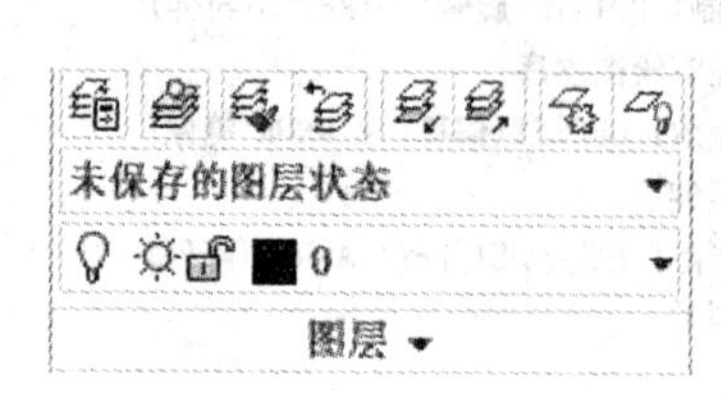

LAYER(图层特性管理器) LAYMCUR(将对象的图层设为当前图层) LAYMCH(匹配) LAYERP(上一个) LAYISO(隔离)
LAYUNISO(取消隔离) LAYFRZ(冻结) LAYOFF(关闭)
LAYERSTATE(图层状态)
LAYER(图层)

“图层”展开面板

图钉按钮

LAYON(打开所有图层) LAYTHW(解冻所有图层)
LAYLCK(锁定) LAYULK(解锁) LAYCUR(更改为当前图层) COPYTOLAYER(将对象复制到新图层)
LAYWALK(图层漫游) LAYVPI(隔离到当前视口)
LAYMRG(合并) LAYDEL(删除)
LAYLOCKFADECTL(锁定的图层淡入)

(4)“注释”面板

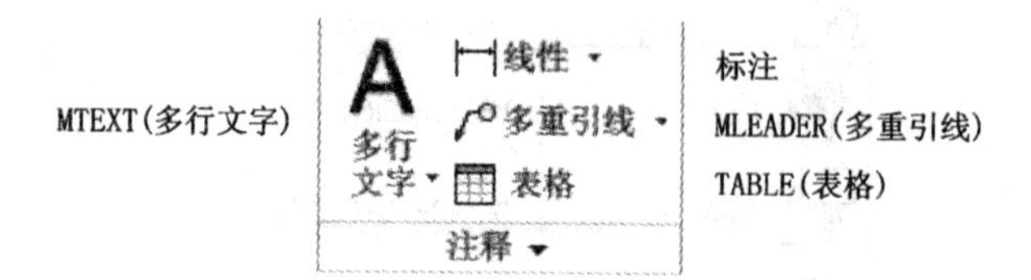

“注释”展开面板

"多行文字"展开按钮

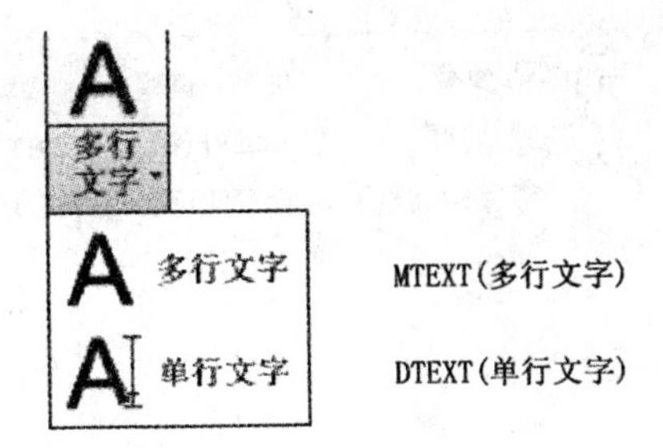

"标注"展开按钮

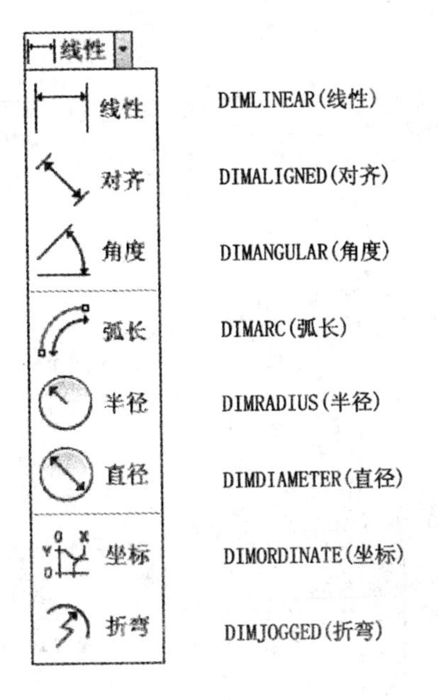

"多重引线"展开按钮

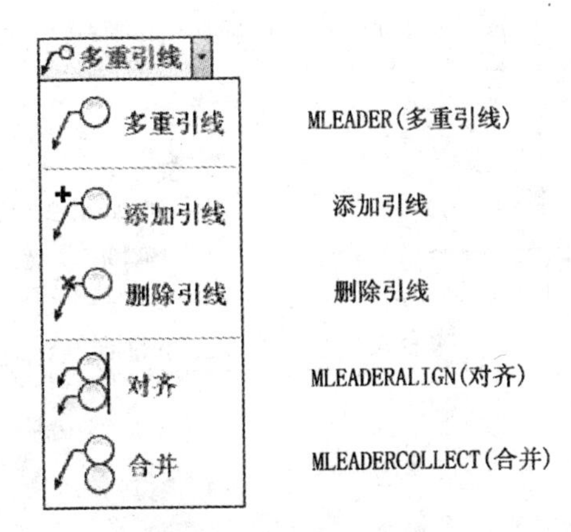

(5)“块”面板

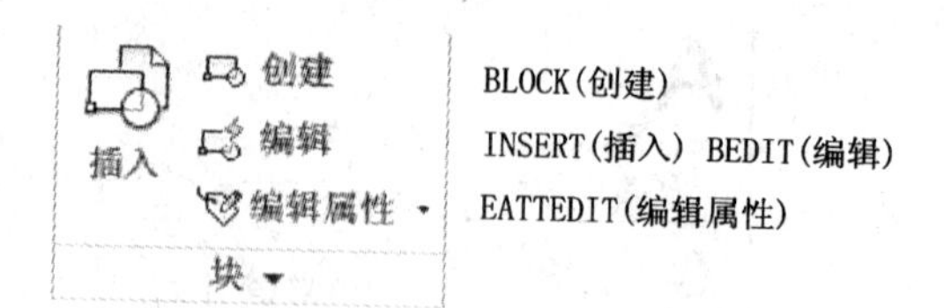

“块”展开面板

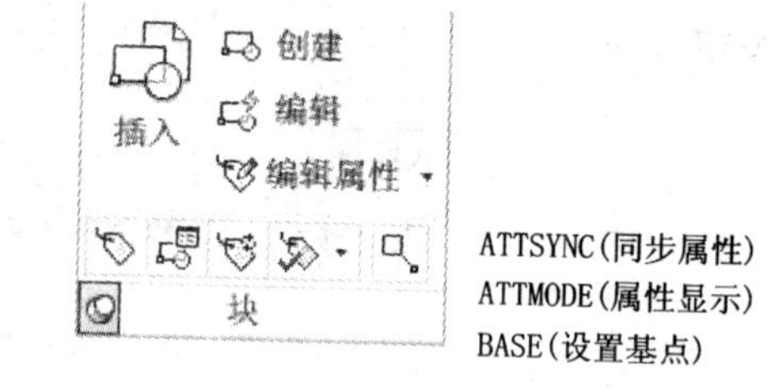

“编辑属性”展开按钮

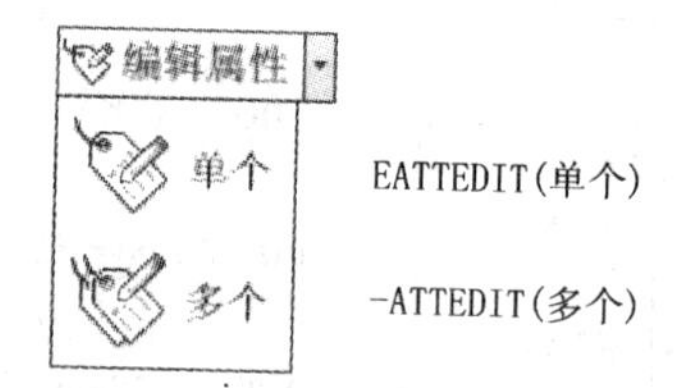

ATTMODE(属性显示)系统变量

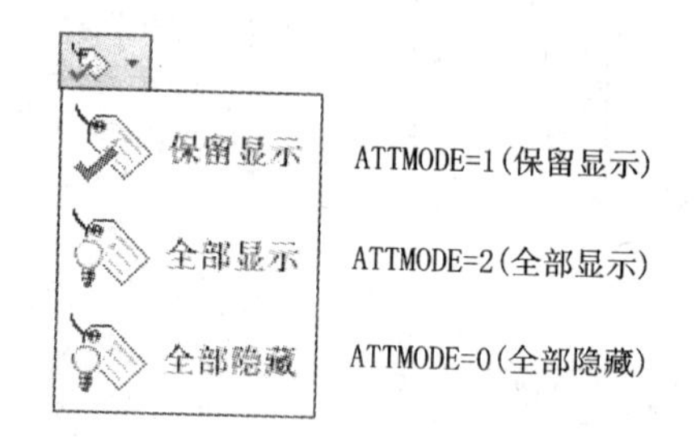

(6)“特性”面板

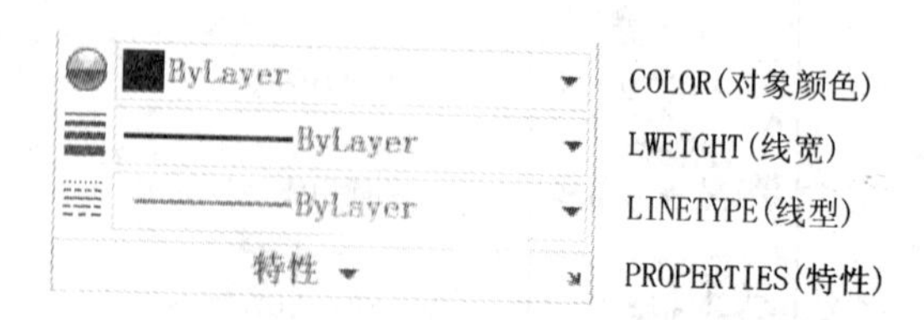

"特性"展开面板

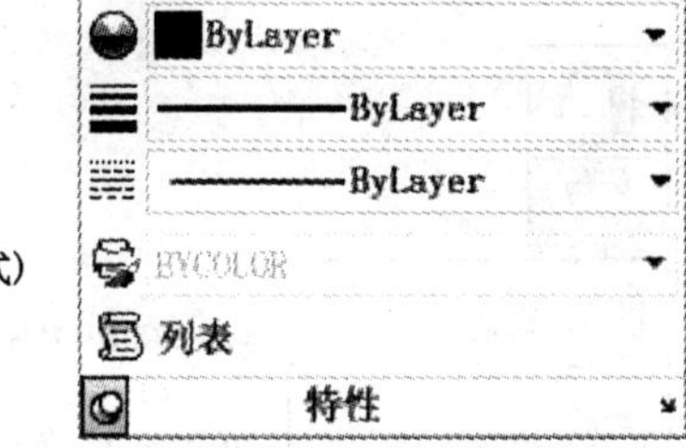

(7)"实用工具"面板

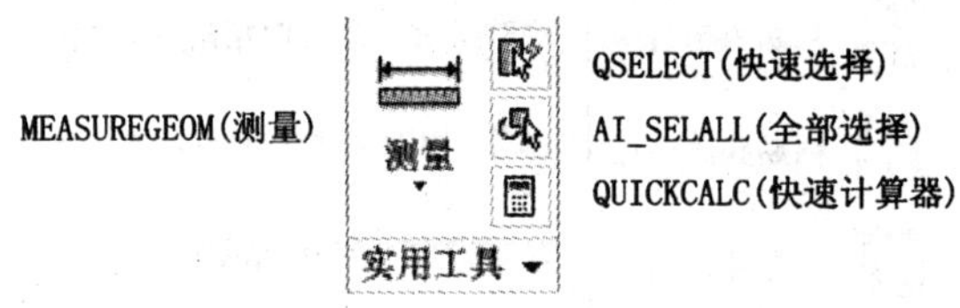

"实用工具"展开面板

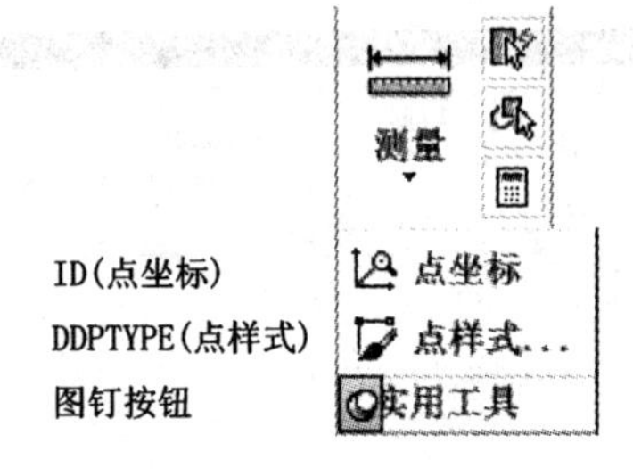

"测量"展开按钮

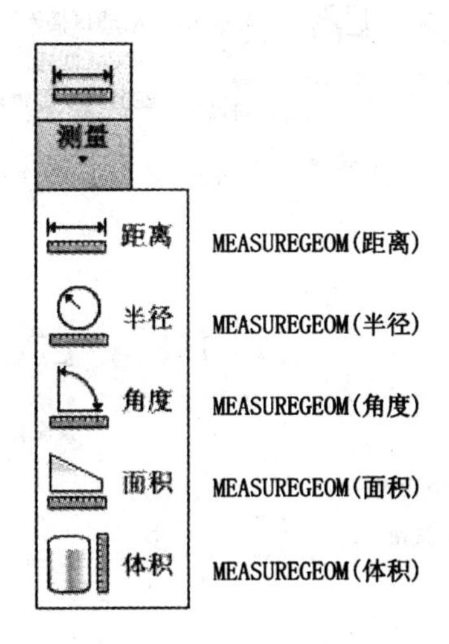

(8)"剪贴板"面板

"粘贴"展开按钮

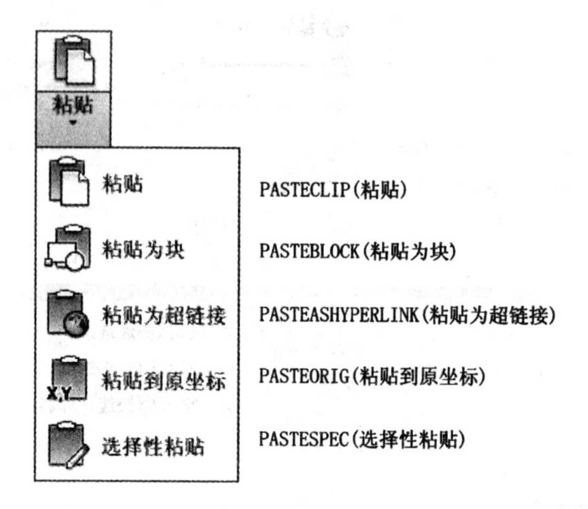

2. "插入"选项卡

(1)"块"面板

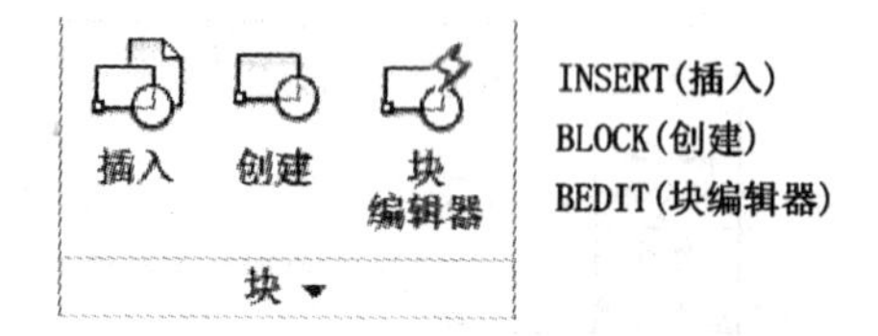

"块"展开面板

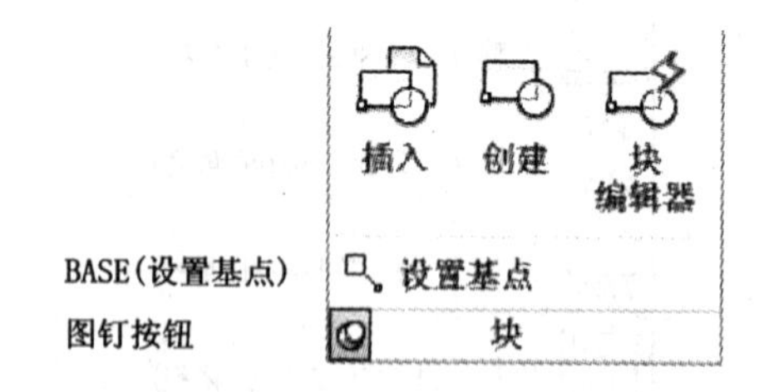

(2)"属性"面板

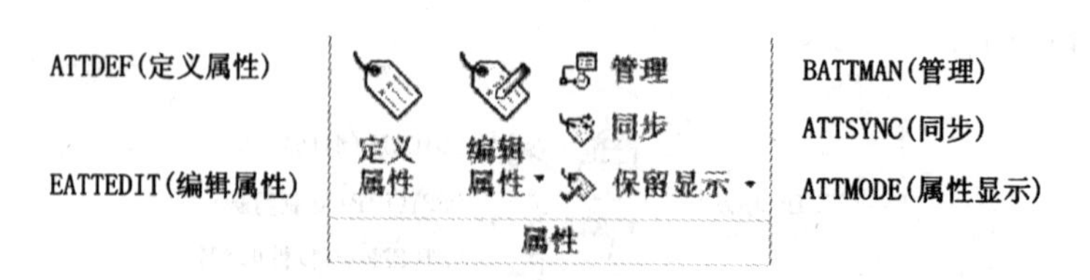

EATTEDIT(编辑属性)展开按钮

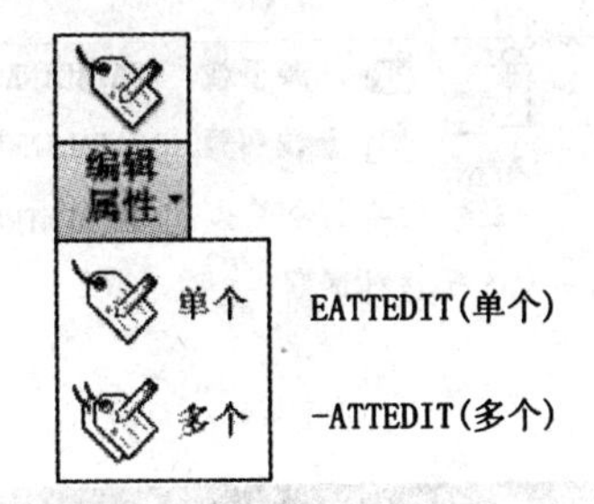

ATTMODE(属性显示)系统变量

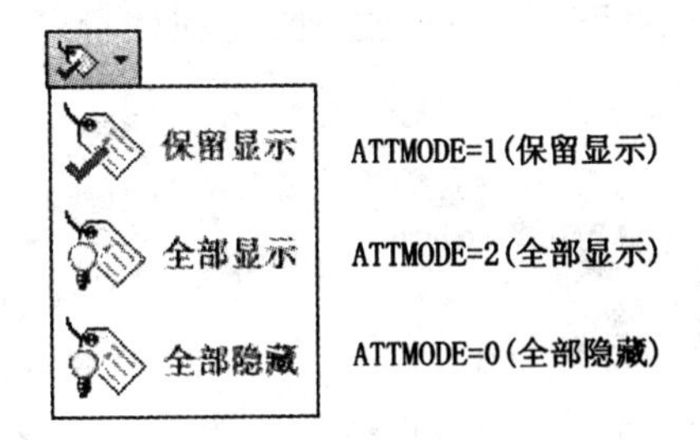

(3)“参照”面板

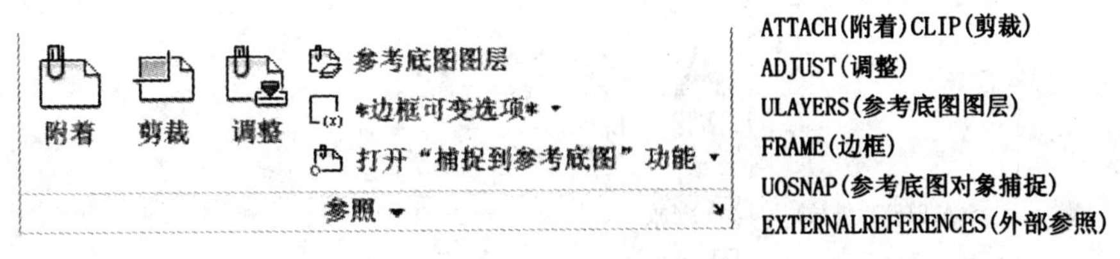

(4)“输入”面板

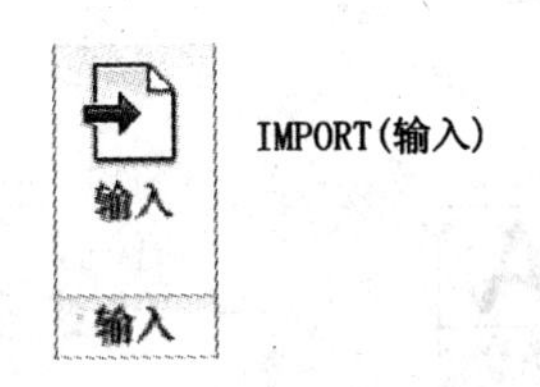

(5)“数据”面板

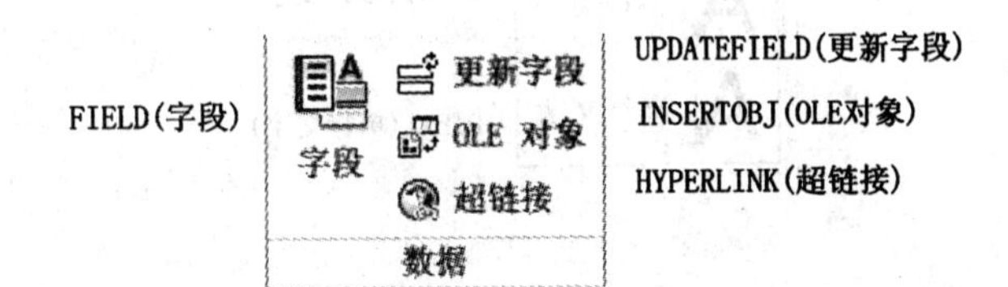

(6)“链接和提取”面板

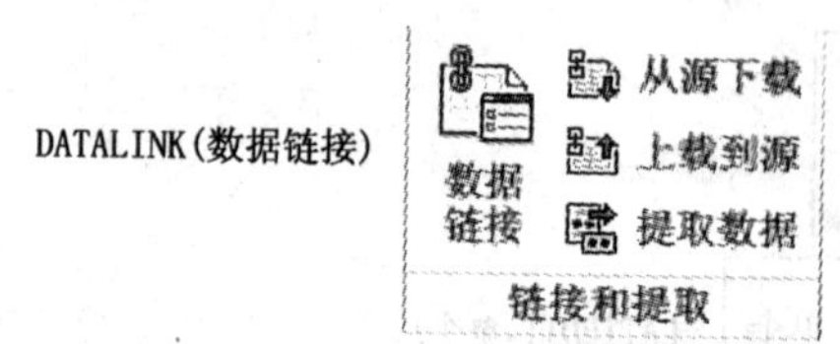

3.“注释”选项卡

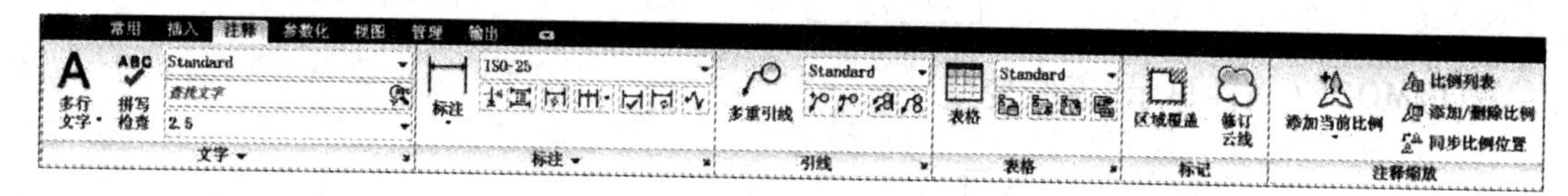

(1)“文字”面板

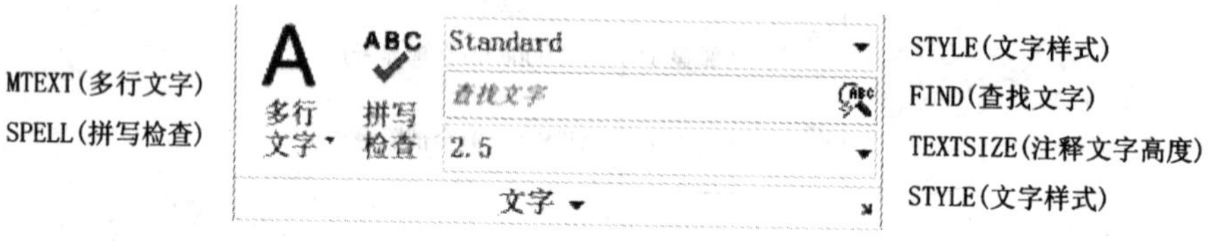

“文字”展开面板

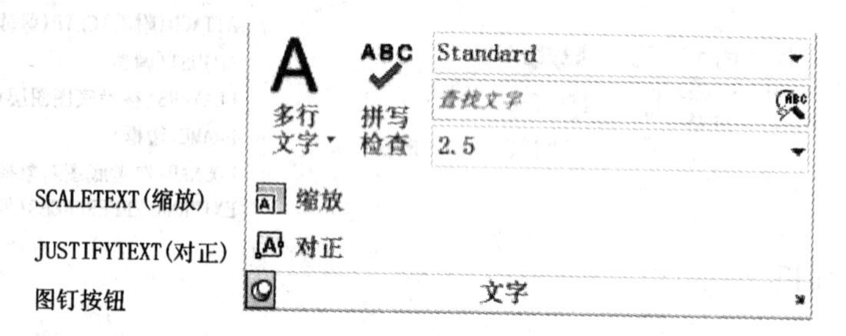

“多行文字”展开按钮

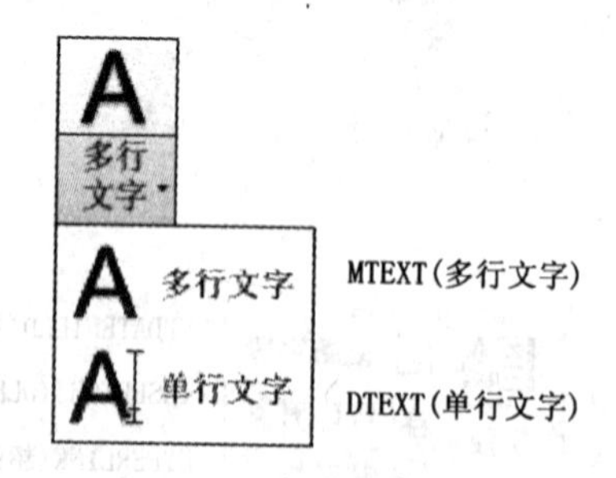

(2)“标注”面板

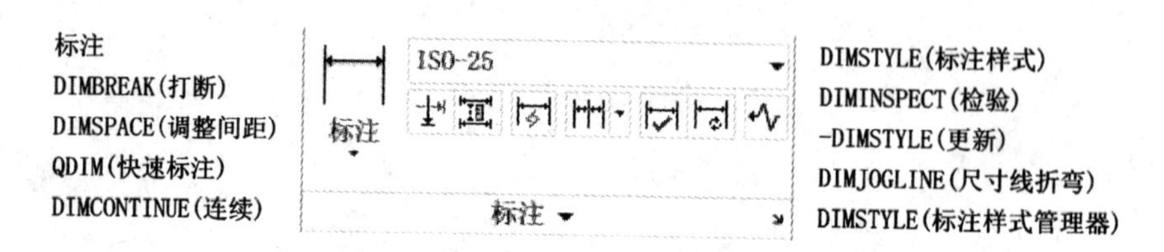

“标注”展开面板

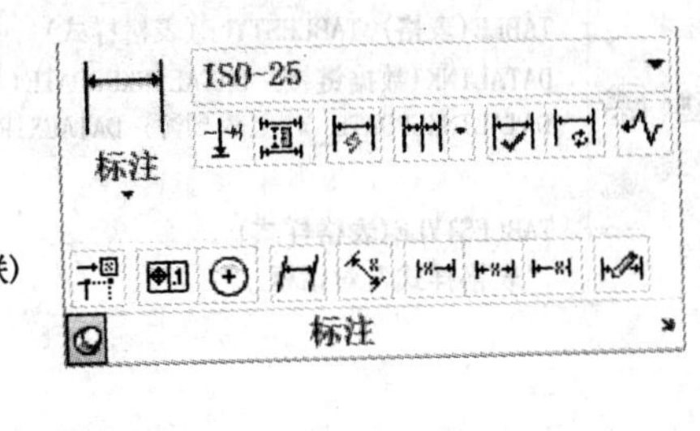

“标注”展开按钮

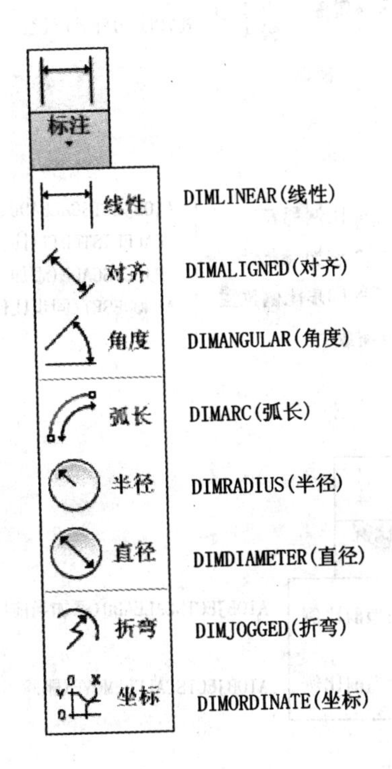

连续和基线展开按钮

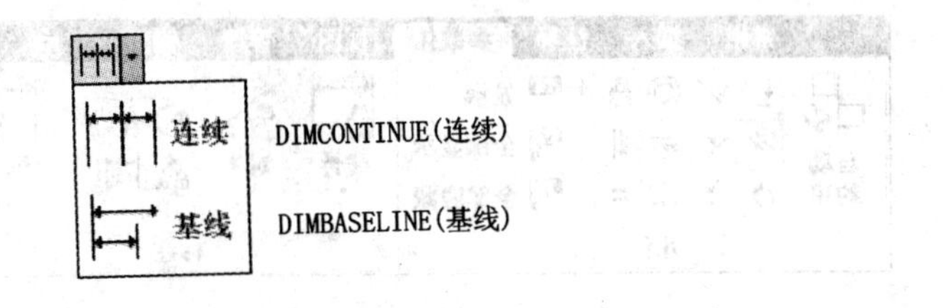

(3)“引线”面板

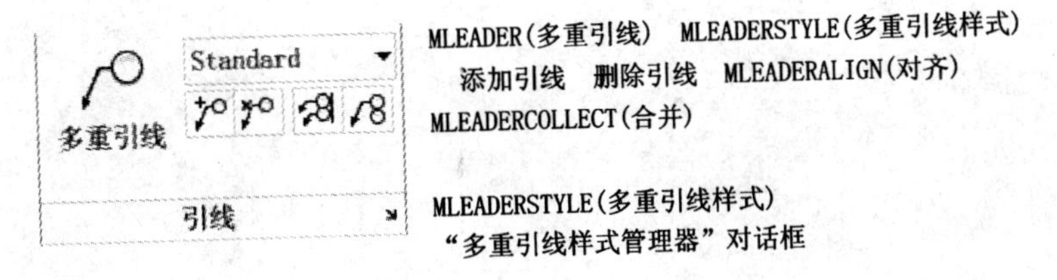

(4)“表格”面板

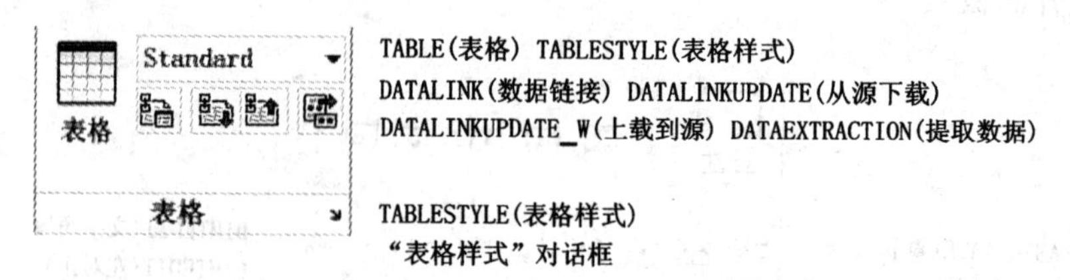

(5)“标记”面板

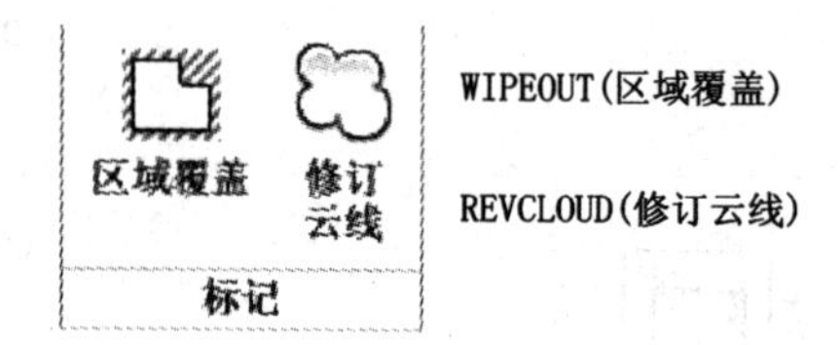

(6)“注释缩放”面板

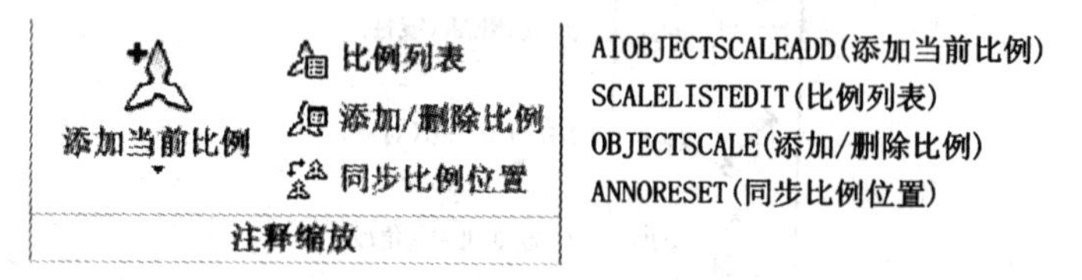

“添加当前比例”展开按钮

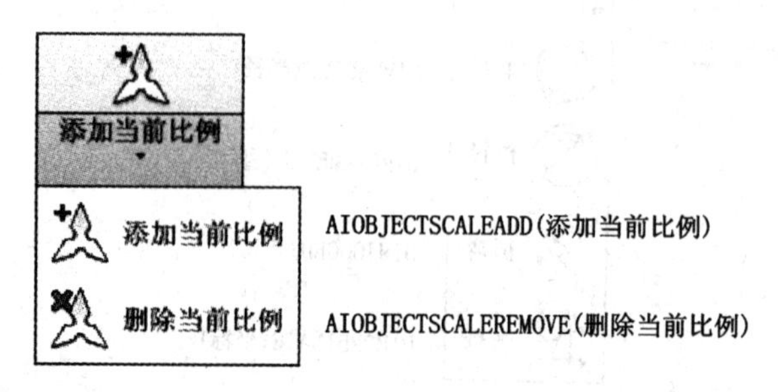

4.“参数化”选项卡

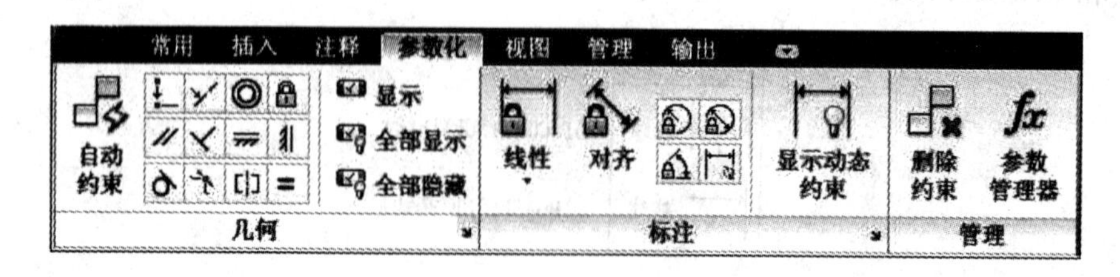

(1)“几何”面板

(2)“标注”面板

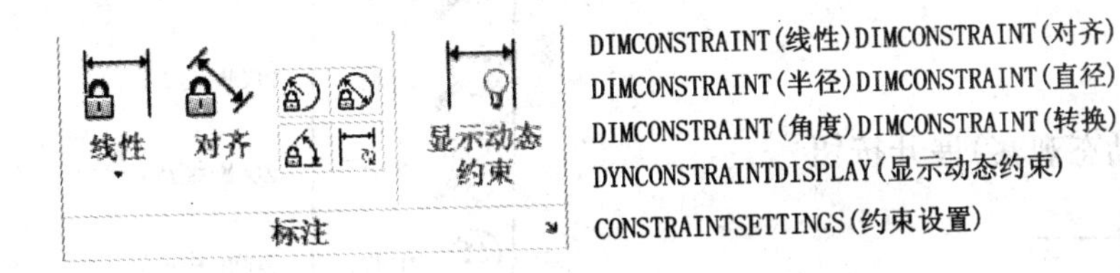

“线性”展开按钮

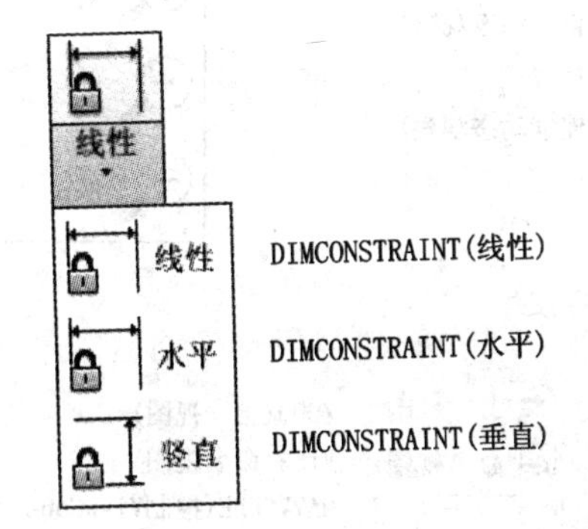

(3)“管理”面板

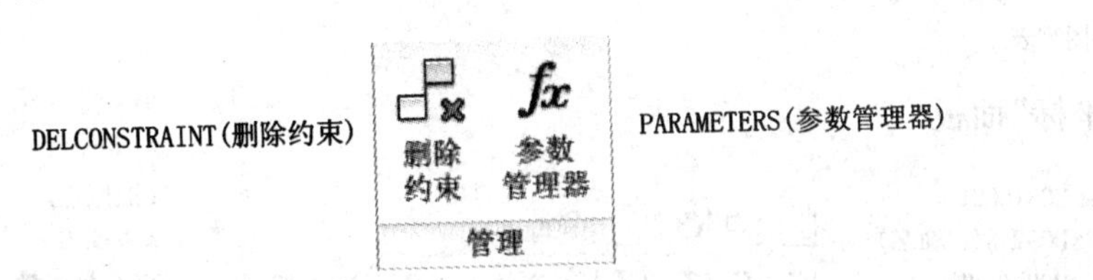

5.“视图”选项卡

(1)“导航”面板

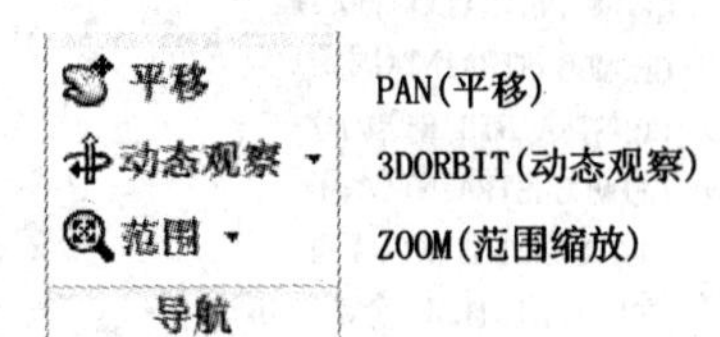

“缩放”展开按钮

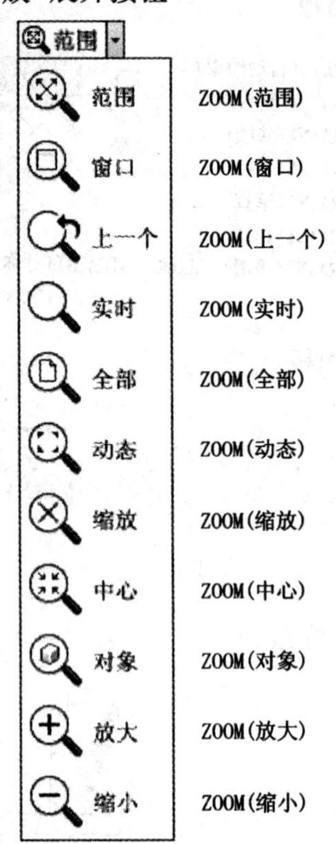

3DORBIT(动态观察)展开按钮

(2)“视图”面板

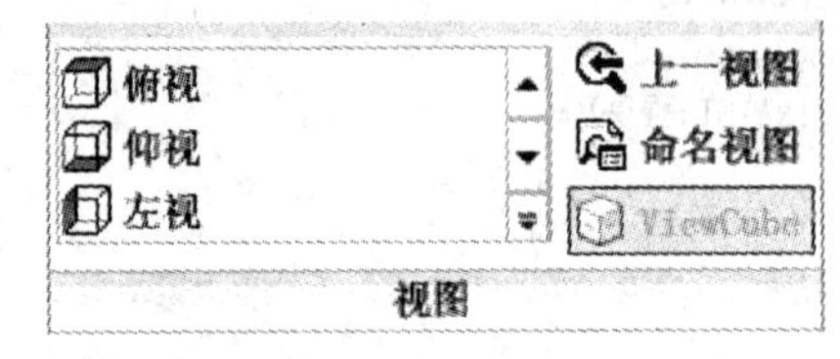

ZOOM(上一视图)
VIEW(命名视图)
NAVVCUBE(控制ViewCube工具的可见性和显示特性)

视图列表

(3)“坐标”面板

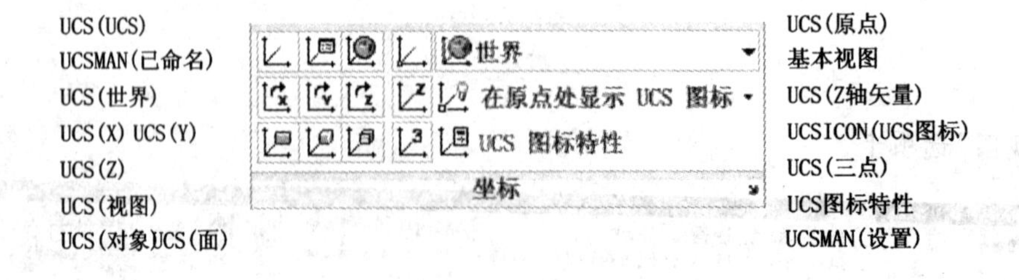

UCSICON(UCS 图标)展开按钮

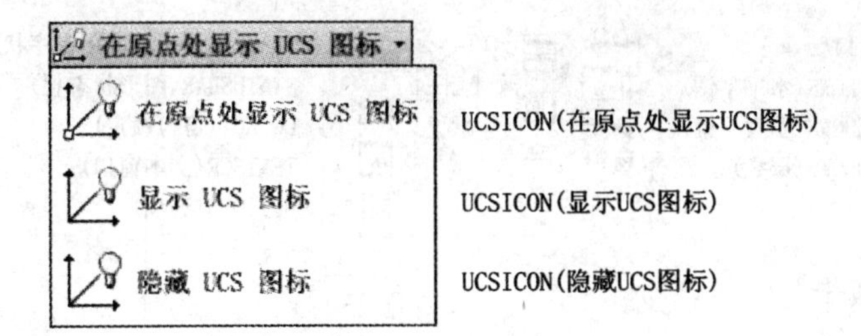

(4)“视口”面板

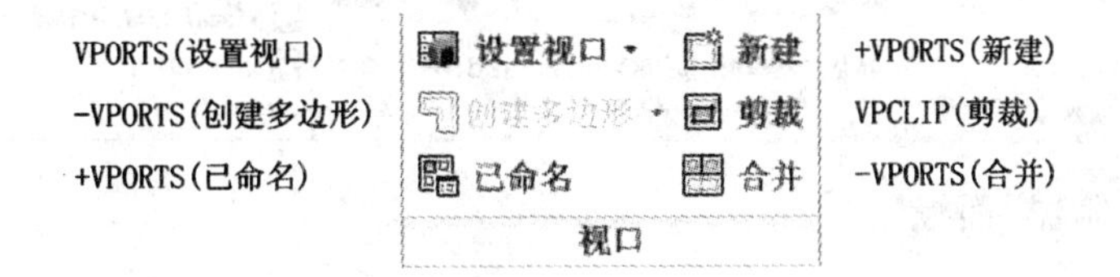

“设置视口”展开按钮

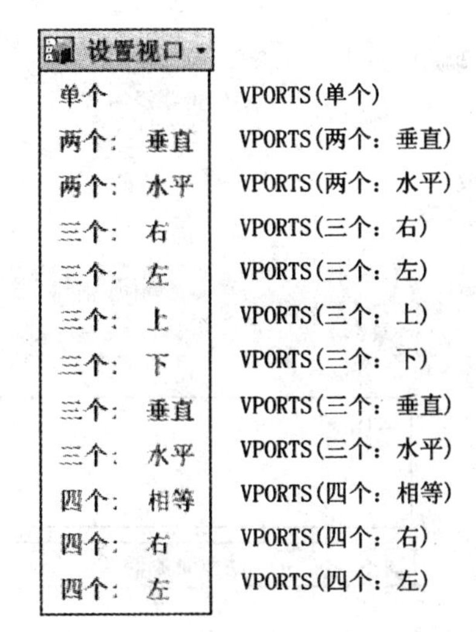

(5)“选项板”面板

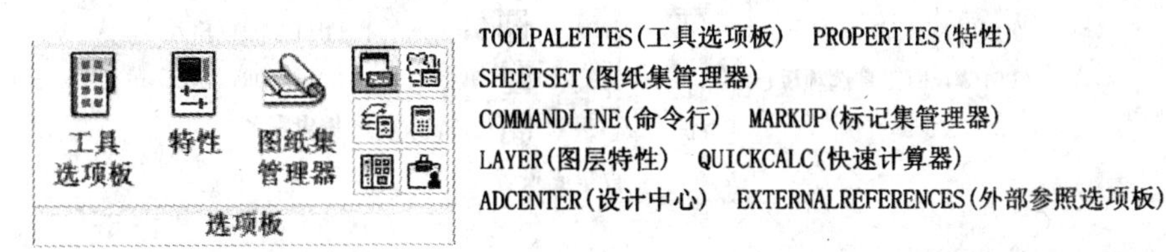

(6)“窗口”面板

切换窗口
SYSWINDOWS(水平平铺)
SYSWINDOWS(垂直平铺)
SYSWINDOWS(层叠)

TRAYSETTINGS(应用程序状态栏)
STATUSBAR(图形状态栏)
LOCKUI(窗口锁定)
TEXTSCR(文本窗口)
OPTIONS(选项)

6.“管理”选项卡

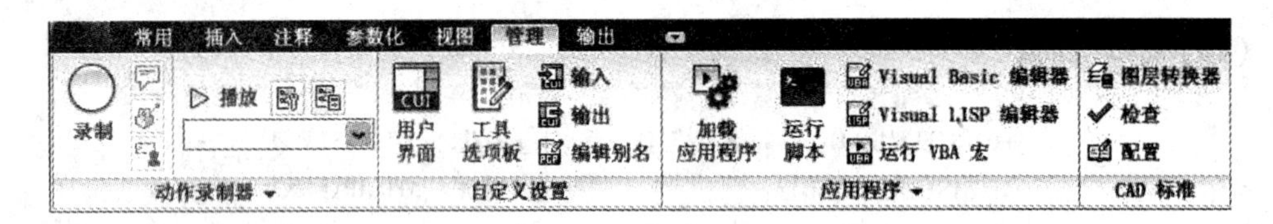

(1)“动作录制器”面板

ACTRECORD(录制)
ACTUSERMESSAGE(插入消息)
ACTBASEPOINT(插入基点)
ACTUSERINPUT(暂停以请求用户输入)

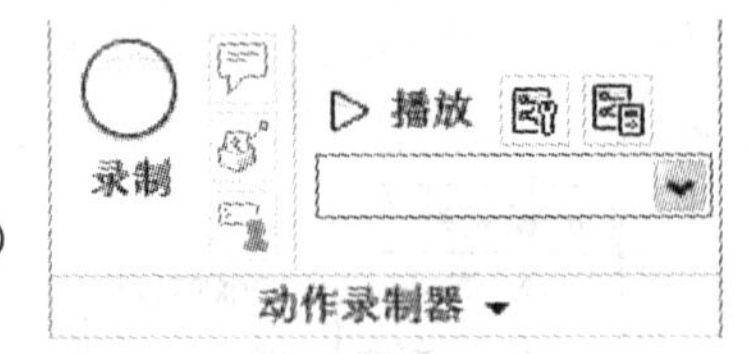

播放按钮
首选项
ACTMANAGER(管理动作宏)
可用动作宏

“动作录制器”器展开面板

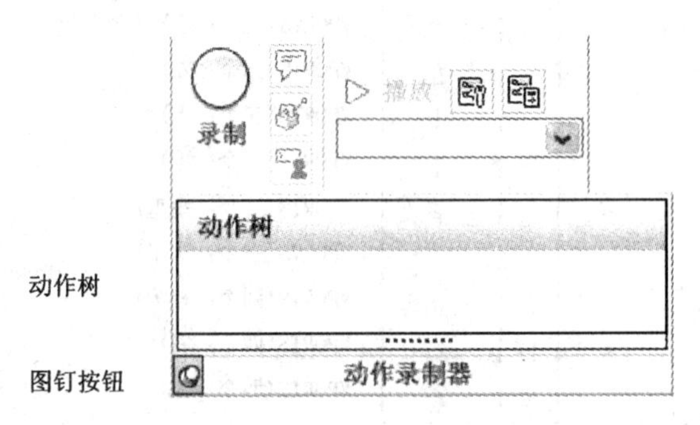

(2)“自定义设置”面板

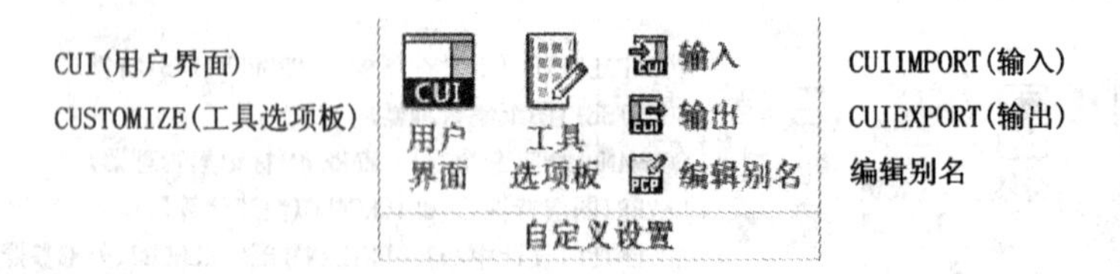

(3)“应用程序”面板

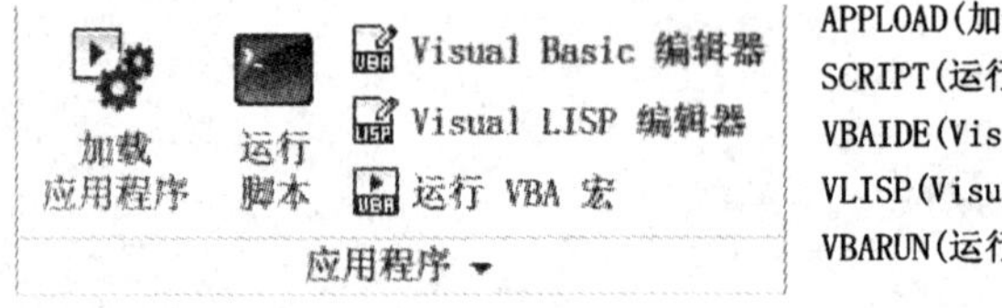

APPLOAD(加载运用程序)
SCRIPT(运行脚本)
VBAIDE(Visual Basic编辑器)
VLISP(Visual LISP编辑器)
VBARUN(运行 VBA 宏)

“应用程序”展开面板

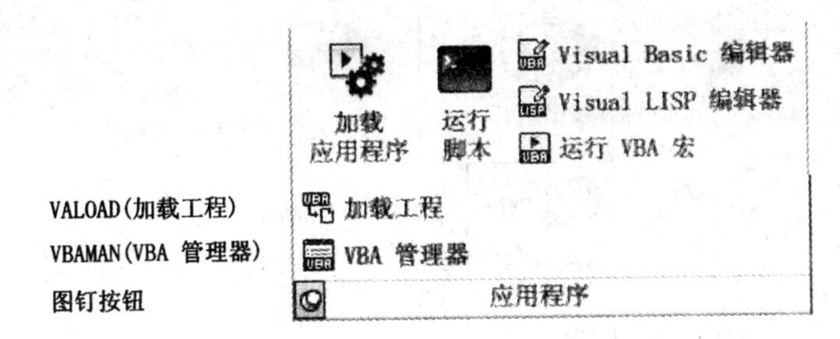

(4)“CAD 标准”面板

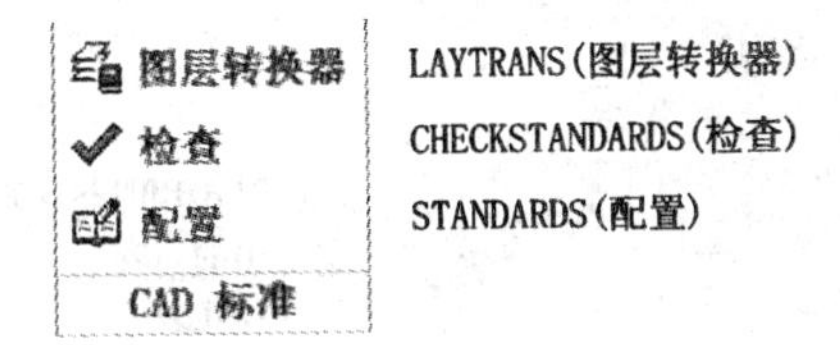

7.“输出”选项卡

(1)“打印”面板

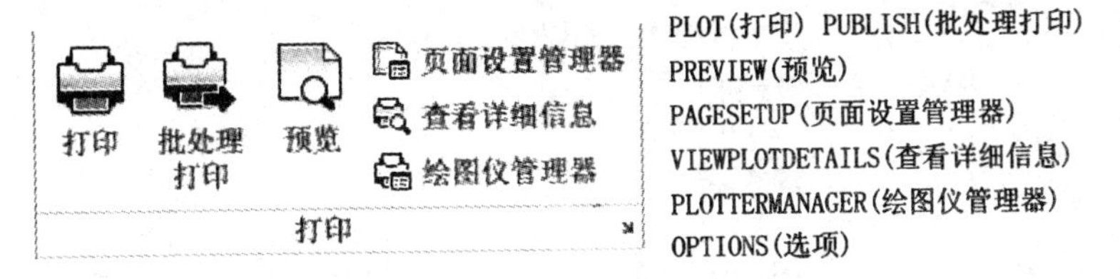

(2)“输出为 DWF/PDF”面板

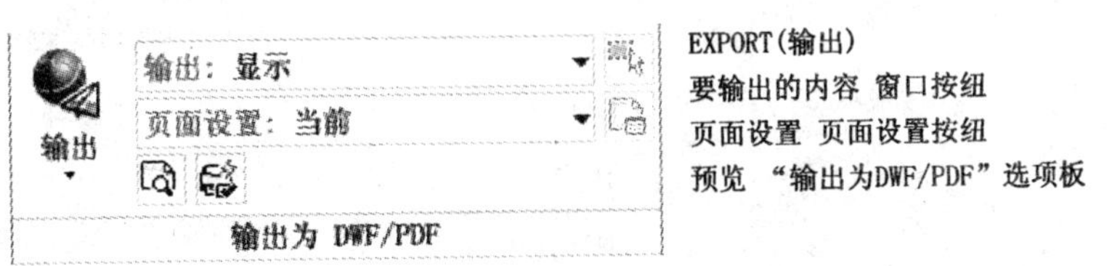

"输出"展开按钮

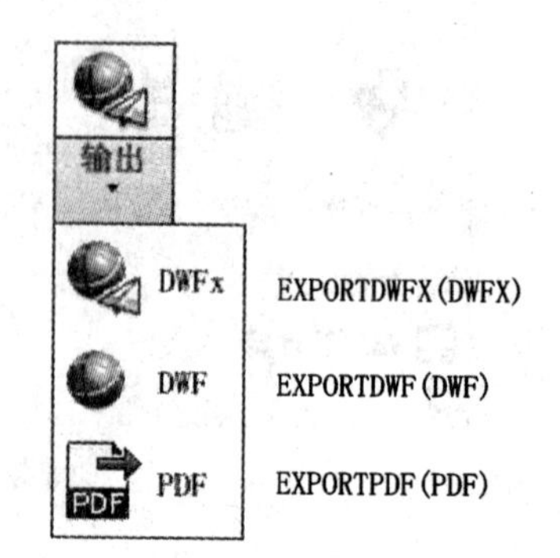

(3)"输出至 Impression"面板

附录3 “三维建模”工作空间的功能区面板

1.“常用”选项卡

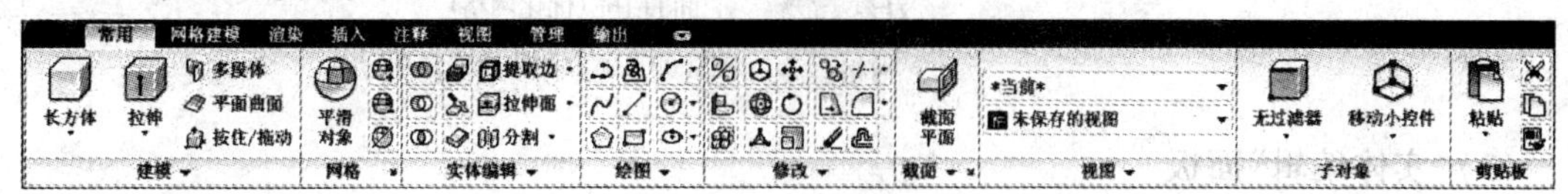

(1)“建模”面板

“建模”展开面板

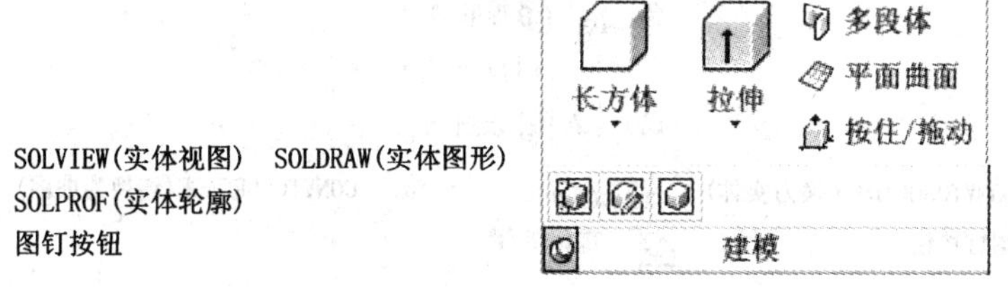

“长方体”展开按钮

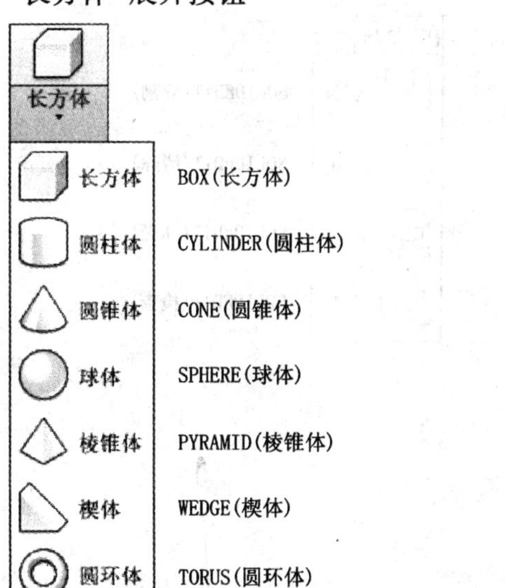

“拉伸”展开按钮

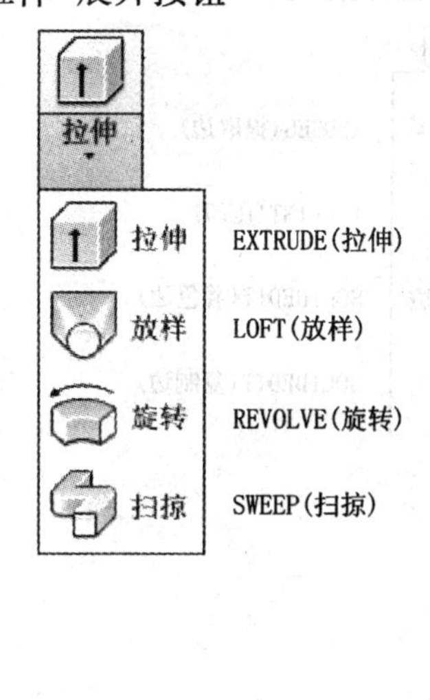

(2)“网格”面板

(3)“实体编辑”面板

“实体编辑”展开面板

“提取边”展开按钮

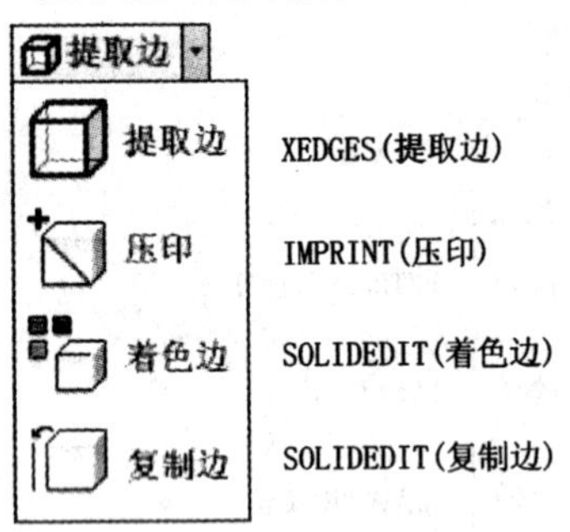

“分割”展开按钮

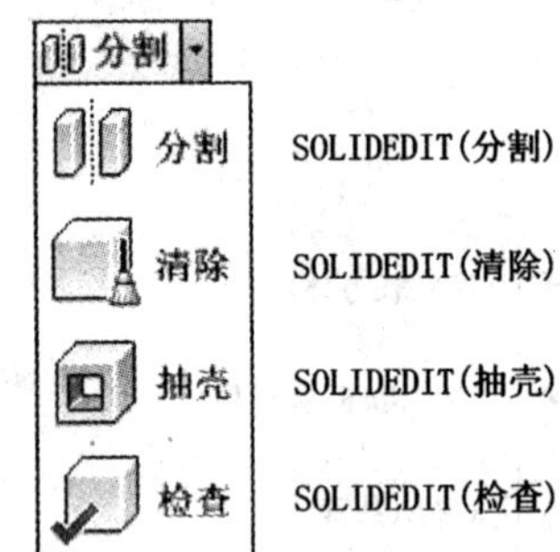

"拉伸面"展开按钮

(4)"绘图"面板

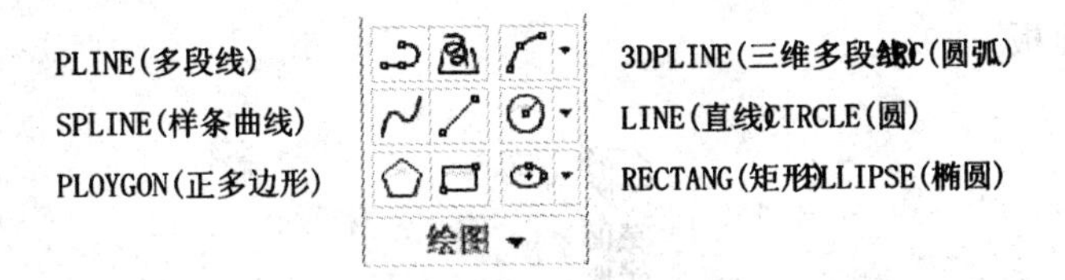

"绘图"展开面板

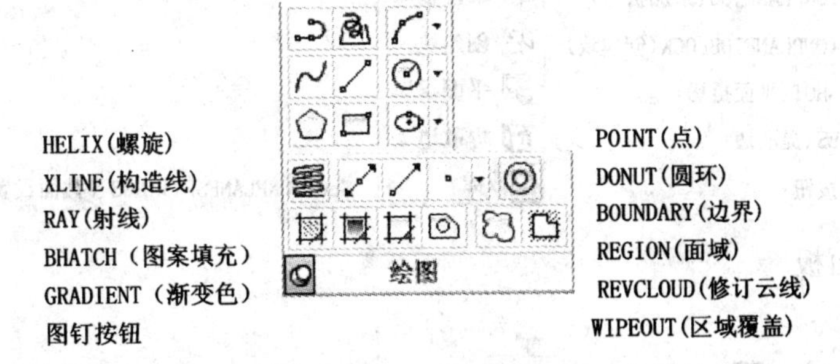

"圆弧"展开按钮、"圆"展开按钮、"椭圆"展开按钮和"点"展开按钮与"二维草图与注释"工作空间的功能基本相同。

(5)"修改"面板

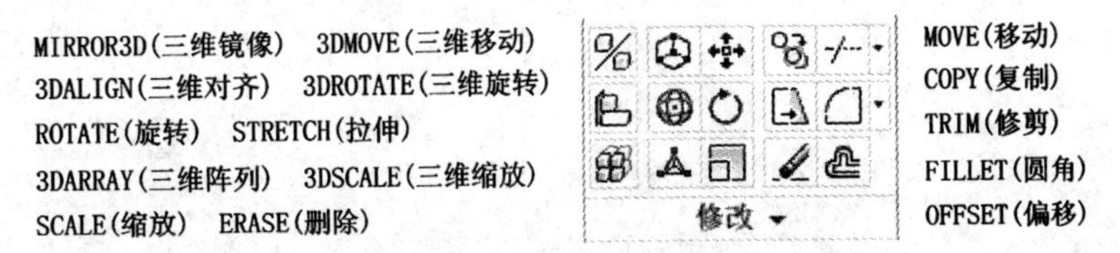

“修改”展开面板

修剪和延伸展开按钮与圆角和倒角展开按钮

这些按钮与“二维草图与注释”工作空间的基本相同。

(6)“截面”面板

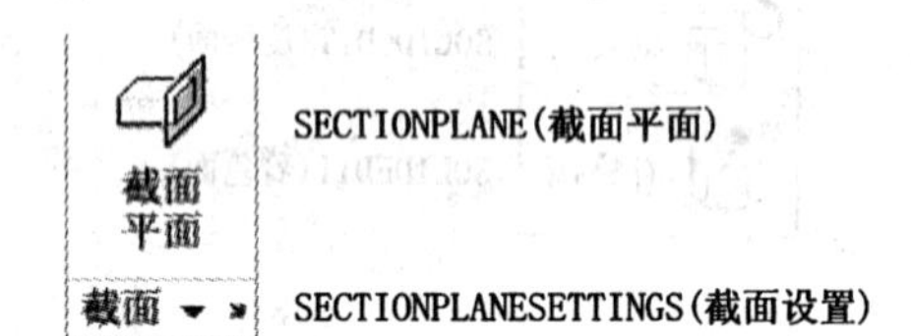

“截面”展开面板

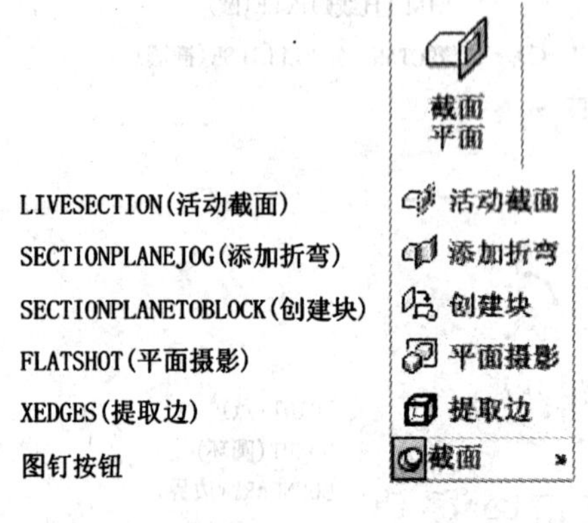

(7)“视图”面板

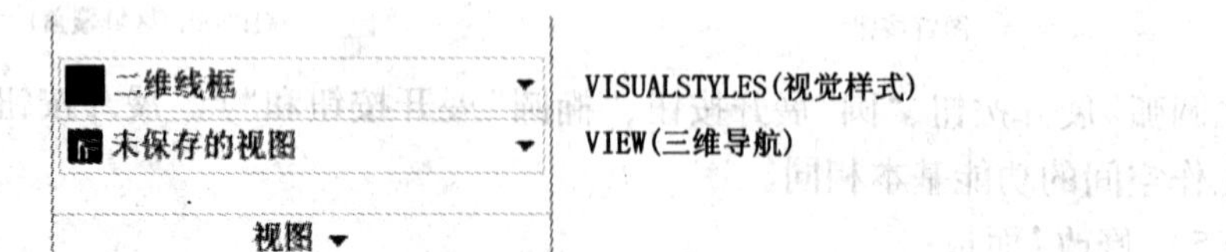

"视觉样式"展开按钮

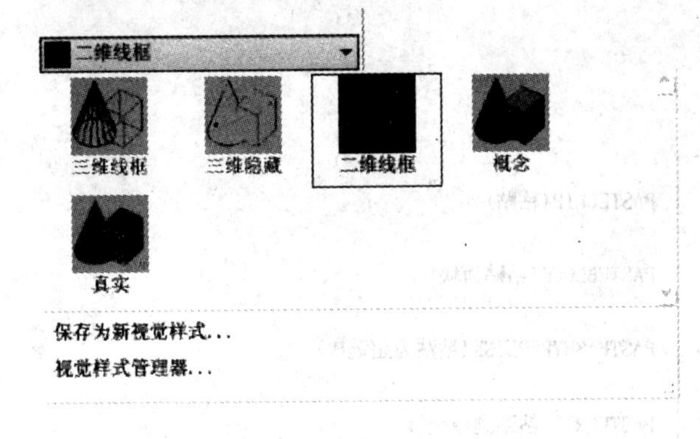

"三维导航"展开按钮

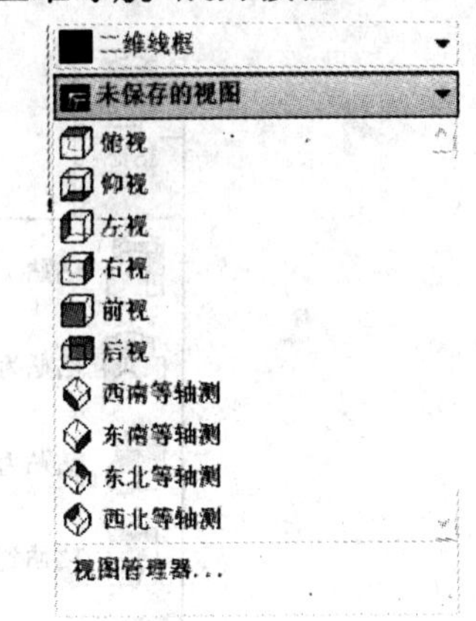

(8)"子对象"面板

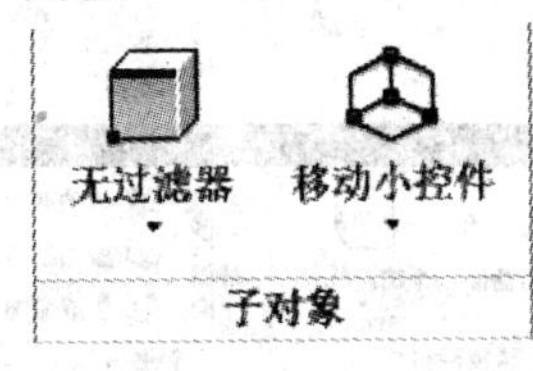

SUBOBJSELECTIONMODE(子对象选择过滤器)

DEFAULTGIZMO(小控件)

"无过滤器"展开按钮

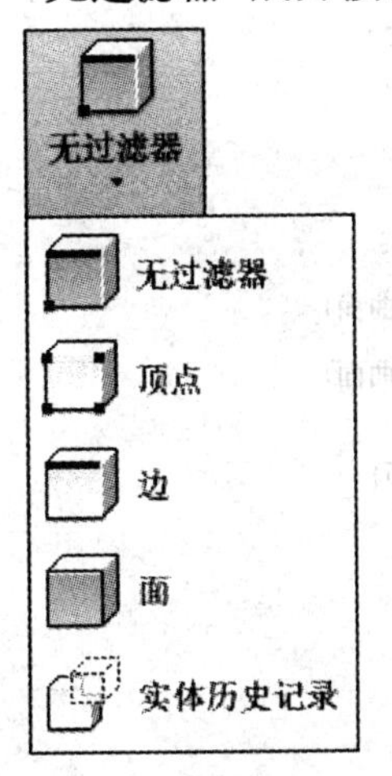

"移动小控件"展开按钮

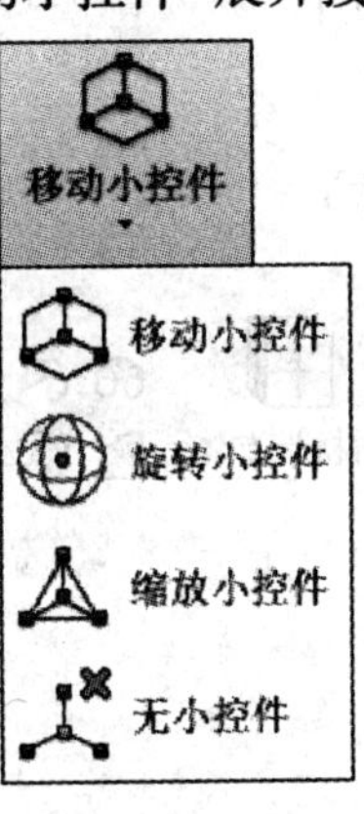

(9)"剪贴板"面板

CUTCLIP(剪切)

COPYCLIP(复制剪裁)

MATCHPROP(特性匹配)

PASTECLIP(粘贴)展开按钮

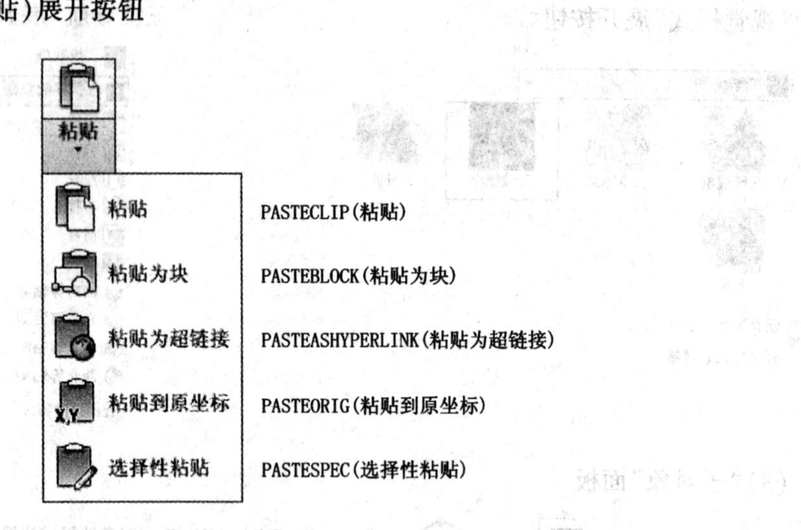

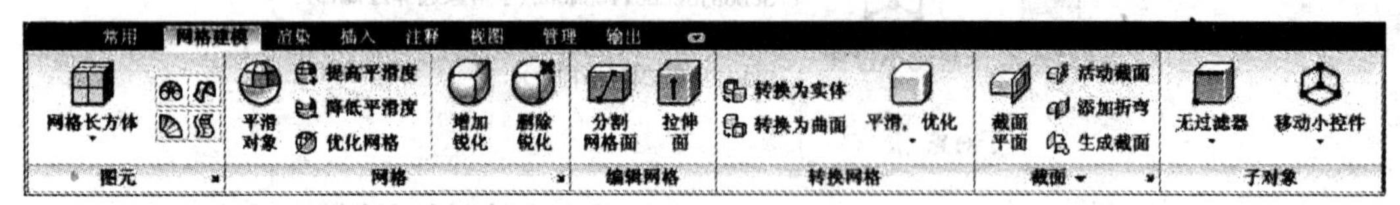

2. “网格建模”选项卡

(1)“图元”面板

MESH(网格长方体)

"网格长方体"展开按钮

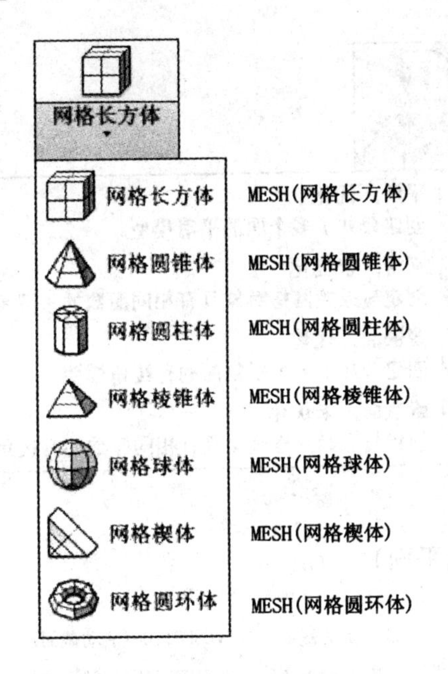

(2)"网格"面板

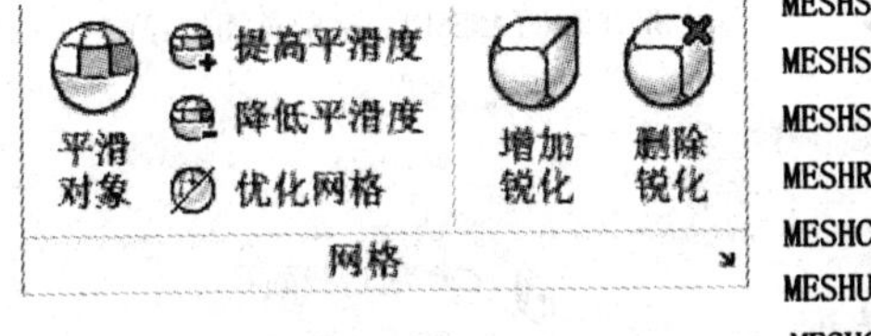

MESHSMOOTH(平滑对象)
MESHSMOOTHMORE(提高平滑度)
MESHSMOOTHLESS(降低平滑度)
MESHREFINE(优化网格)
MESHCREASE(增加锐化)
MESHUNCREASE(删除锐化)
MESHOPTIONS(网格镶嵌选项)

(3)"编辑网格"面板

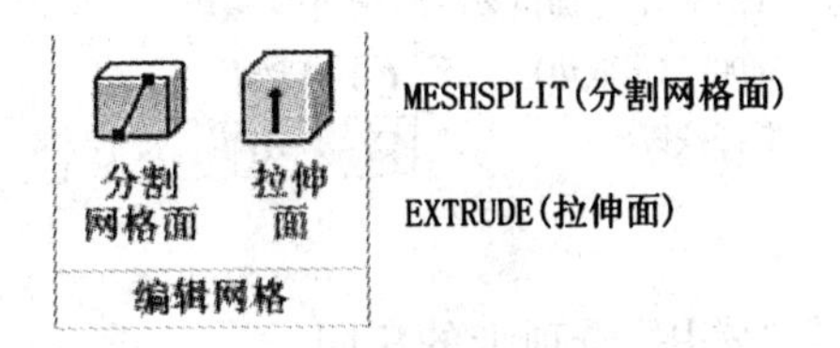

(4)"转换网格"面板

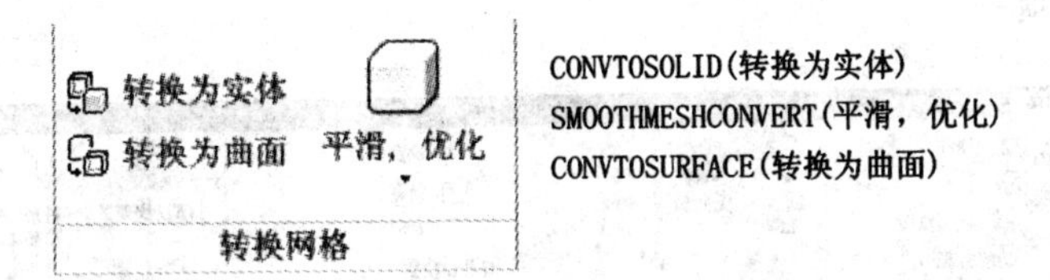

“平滑,优化”展开按钮

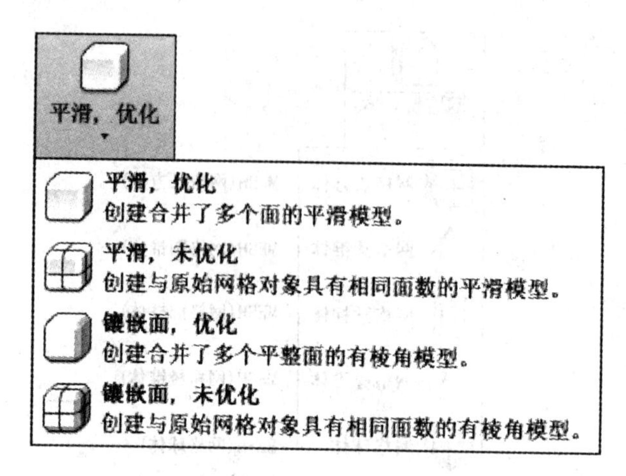

(5)“截面”面板

SECTIONPLANE(截面平面)

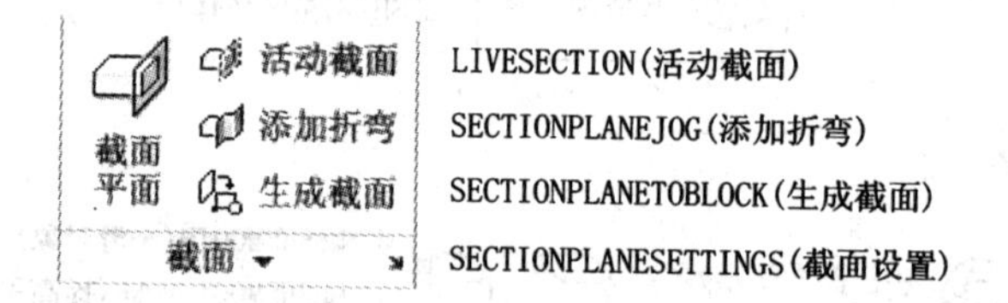

“截面”展开面板

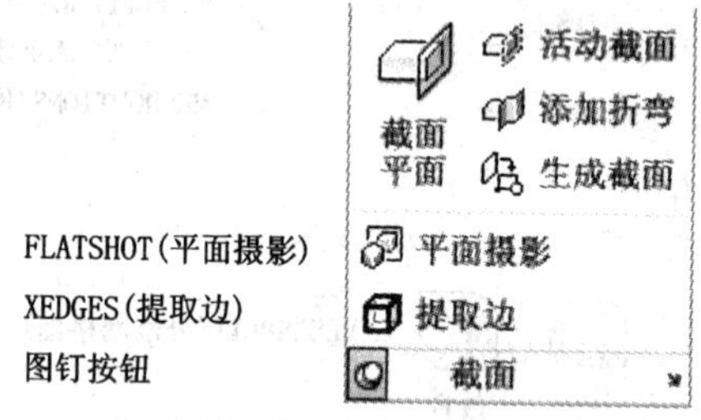

(6)“子对象”面板

这里的“子对象”面板与“常用”选项卡的相同。

3.“渲染”选项卡

(1)“视觉样式”面板

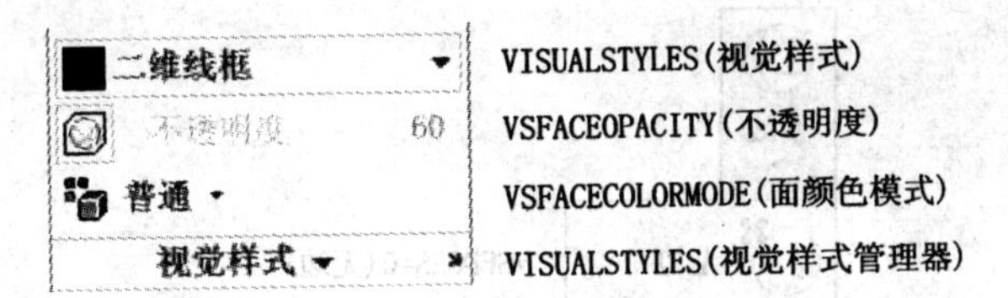

“视觉样式”展开面板

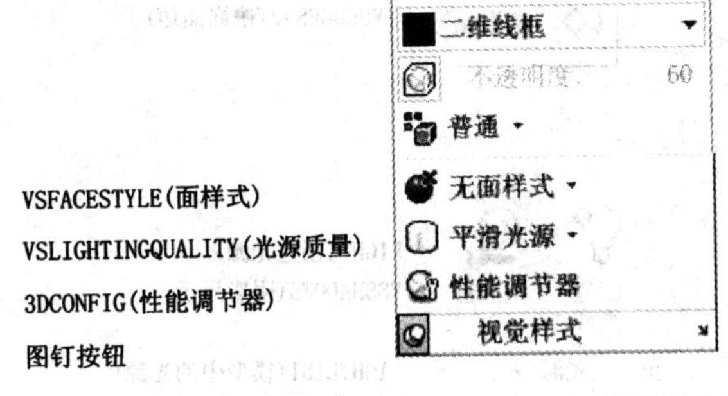

“普通”展开按钮

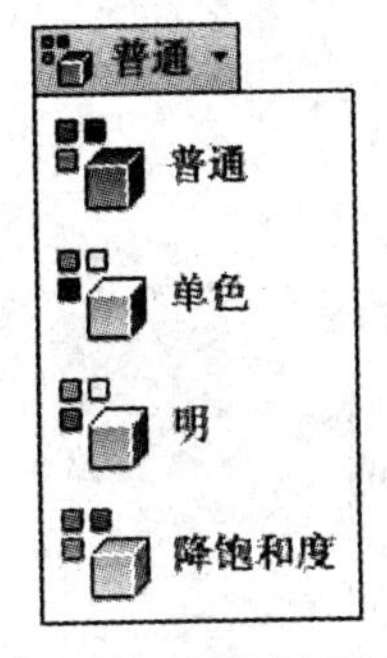

“无面样式”展开按钮

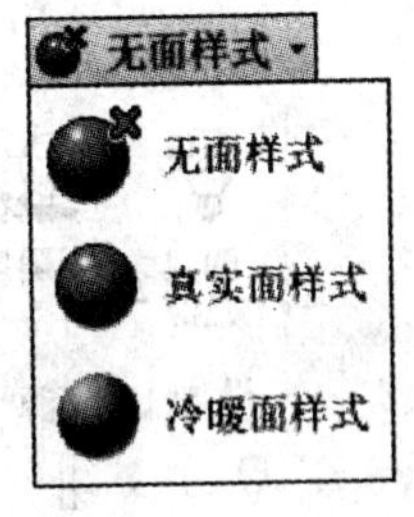

“平滑光源”展开按钮

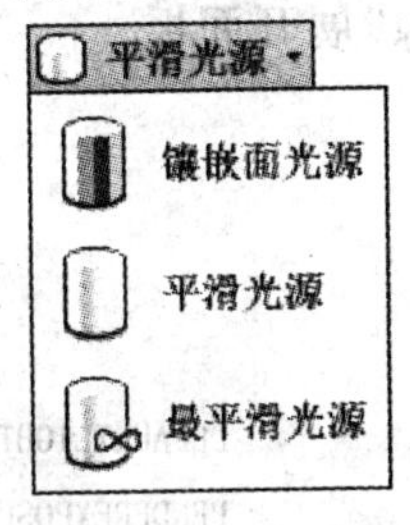

(2)“边缘效果”面板

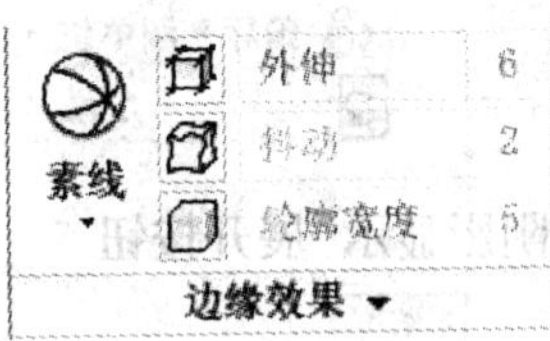

VSEDGEOVERHANG(边缘外伸)

VSEDGEJITTER(边缘抖动)

VSSILHEDGES(轮廓边)

“边缘效果”展开面板

VSOBSCUREDEDGES(暗显边)

VSOBSCUREDCOLOR(暗显边颜色)

VSINTERSECTIONEDGES (相交边)

VSINTERSECTIONCOLOR(边交点颜色)

VSEDGECOLOR(边颜色)

图钉按钮

素线 外伸 6 抖动 2 轮廓宽度 6 无 白 白 边缘效果

"素线"展开按钮

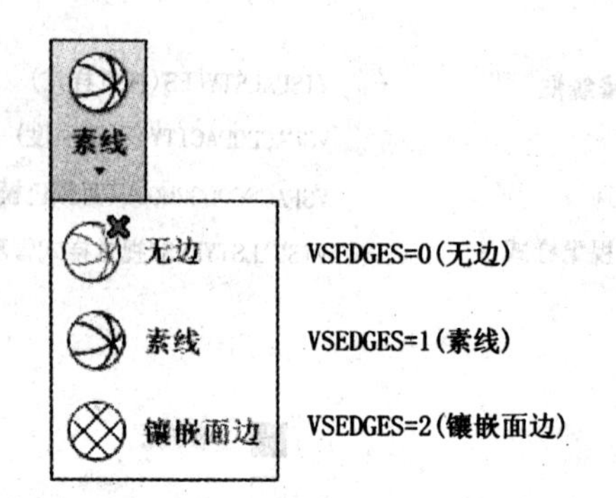

(3)"光源"面板

"光源"展开面板

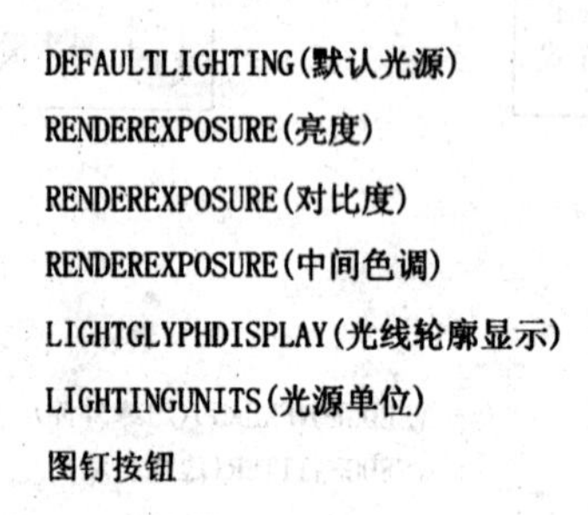

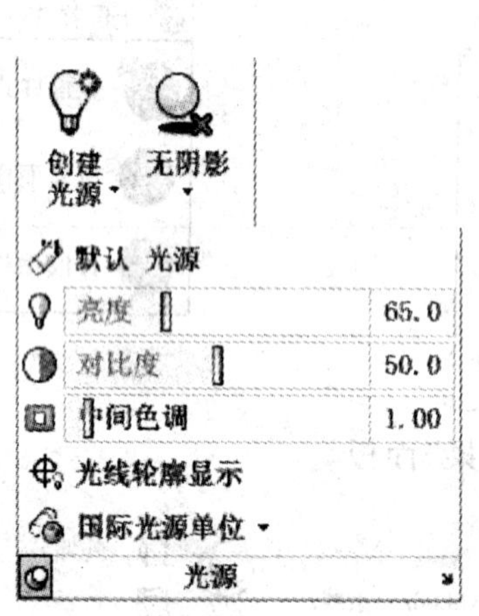

"创建光源"展开按钮

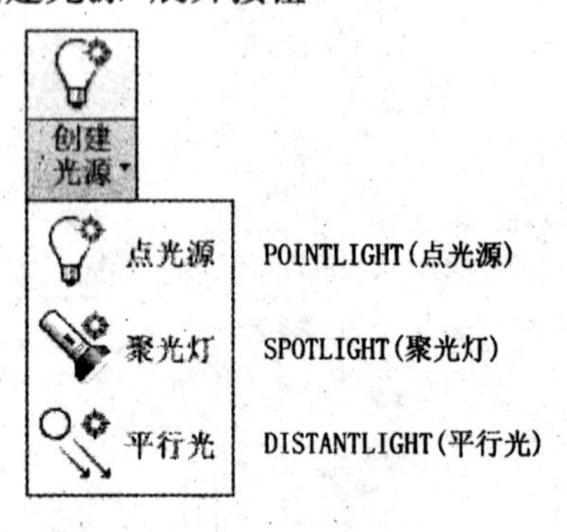

"阴影显示"展开按钮

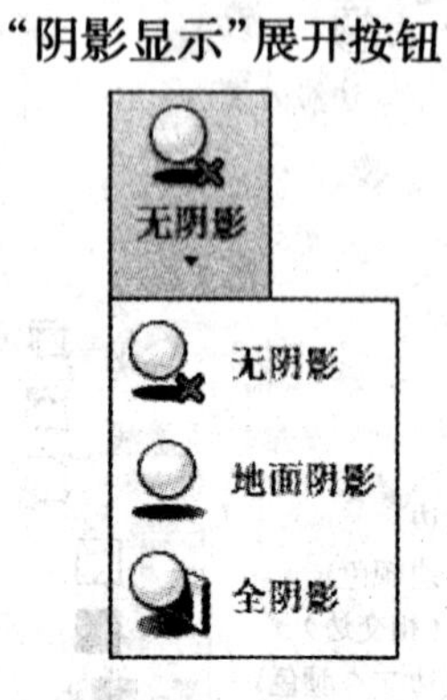

光源单位展开按钮

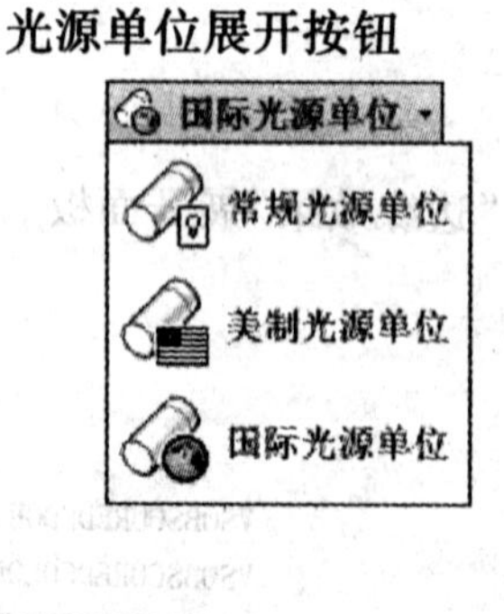

(4)“阳光和位置”面板

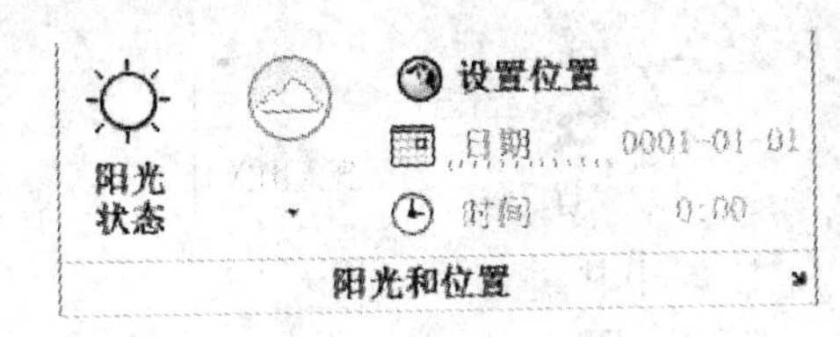

SUNSTATUS(阳光状态)
SKYSTATUS(关闭天光)
GEOGRAPHICLOCATION(设置位置)
SUNPROPERTIES(日期)
SUNPROPERTIES(时间)
SUNPROPERTIES(阳光特性)

(5)“材质”面板

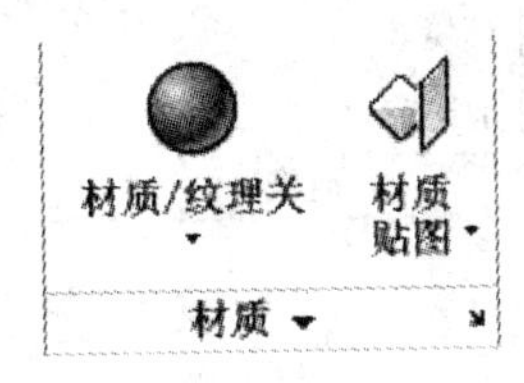

VSMATERIALMODE(材质显示)
MATERIALMAP(材质贴图)
MATERIALS(材质)

“材质”展开面板

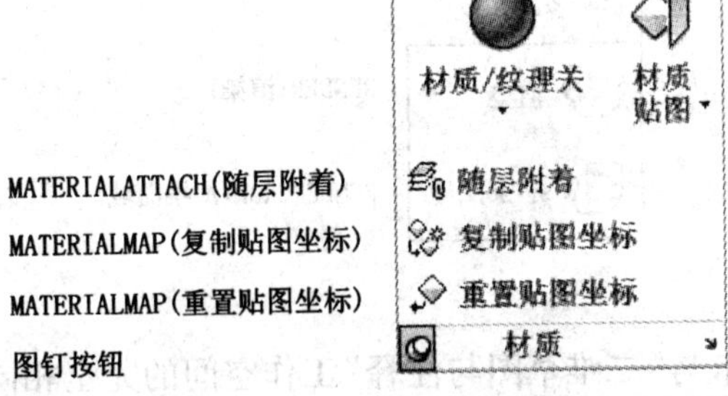

MATERIALATTACH(随层附着)
MATERIALMAP(复制贴图坐标)
MATERIALMAP(重置贴图坐标)
图钉按钮

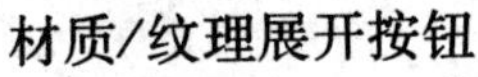

材质/纹理展开按钮

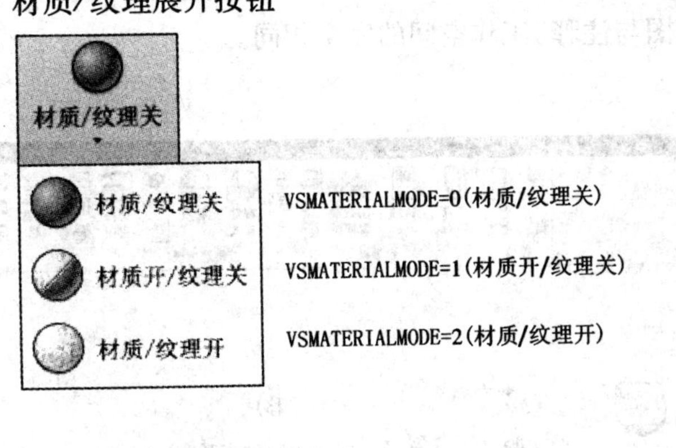

“材质贴图”展开按钮

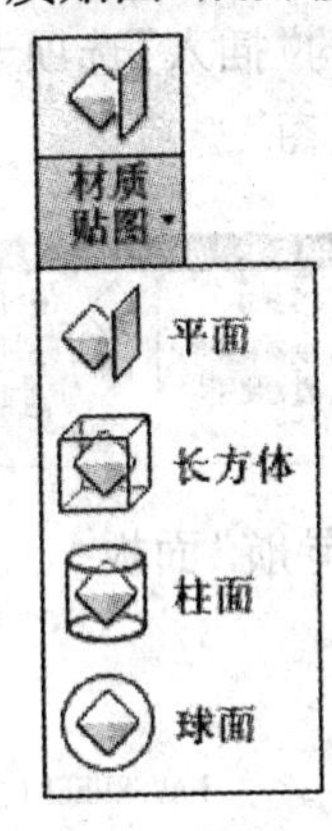

(6)“渲染”面板

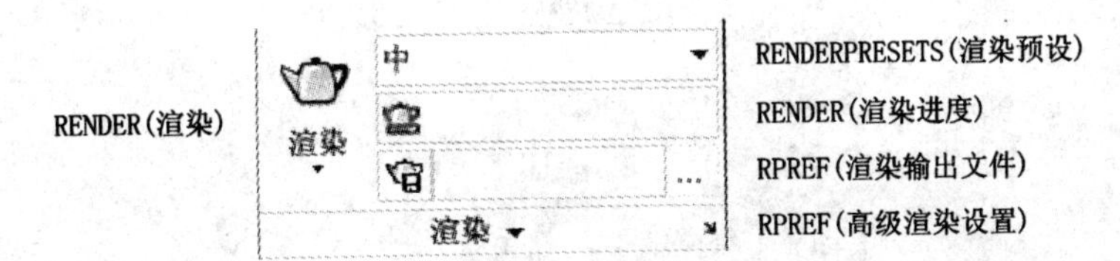

“渲染”展开面板

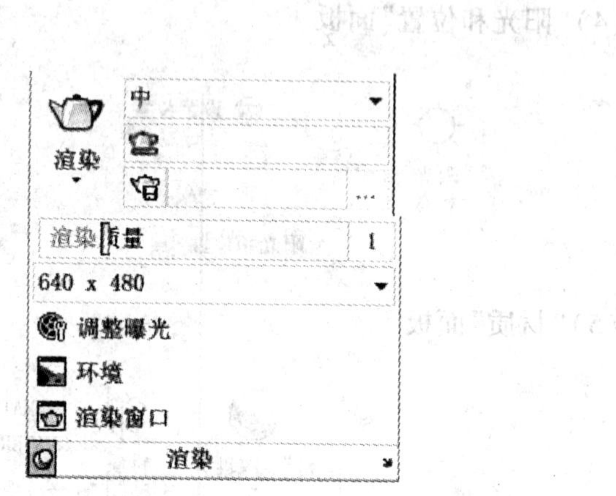

RPREF(渲染质量)

RPREF(渲染输出大小)

RENDEREXPOSURE(调整曝光)

RENDERENVIRONMENT(环境)

RENDERWIN(渲染窗口)

图钉按钮

RENDER(渲染)展开按钮

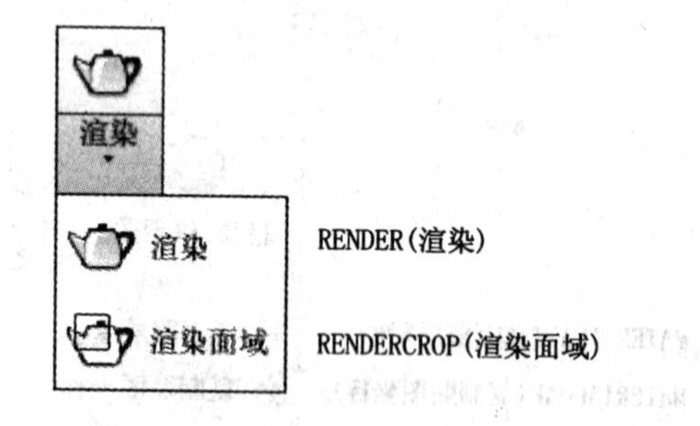

4.“插入”选项卡

这里的“插入”选项卡与“二维草图与注释”工作空间的完全相同。

5.“注释”选项卡

这里的“插入”选项卡与“二维草图与注释”工作空间的完全相同。

6.“视图”选项卡

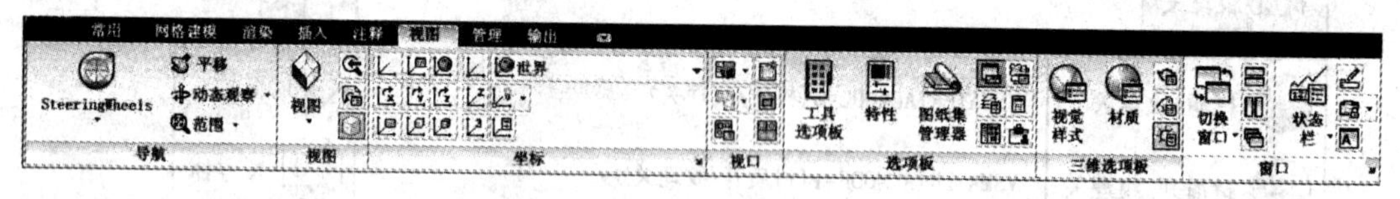

(1)“导航”面板

SteeringWheels 展开按钮

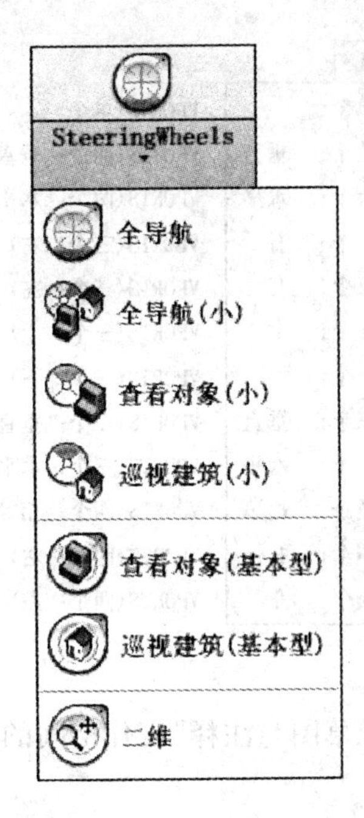

3DORBIT(动态观察)展开按钮

这里的3DORBIT(动态观察)展开按钮与"二维草图与注释"工作空间的完全相同。

ZOOM(缩放)展开按钮

这里的ZOOM(缩放)展开按钮与"二维草图与注释"工作空间的完全相同。

(2)"视图"面板

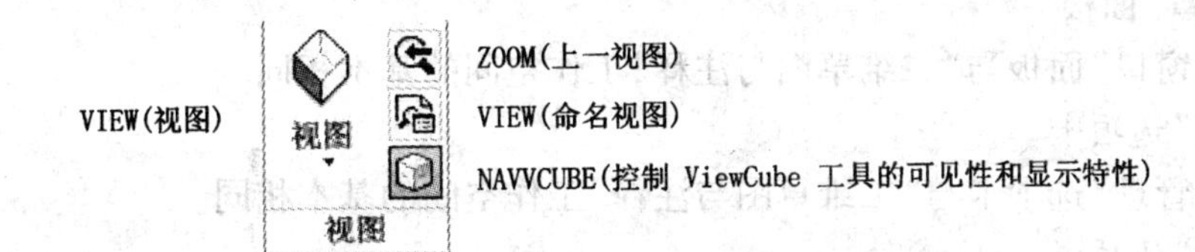

(3)"坐标"面板

这里的"坐标"面板与"二维草图与注释"工作空间的基本相同。

(4)"视口"面板

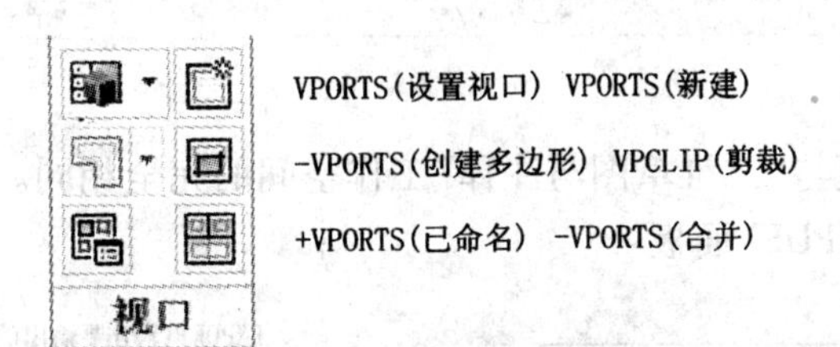

VPORTS(设置视口)展开按钮

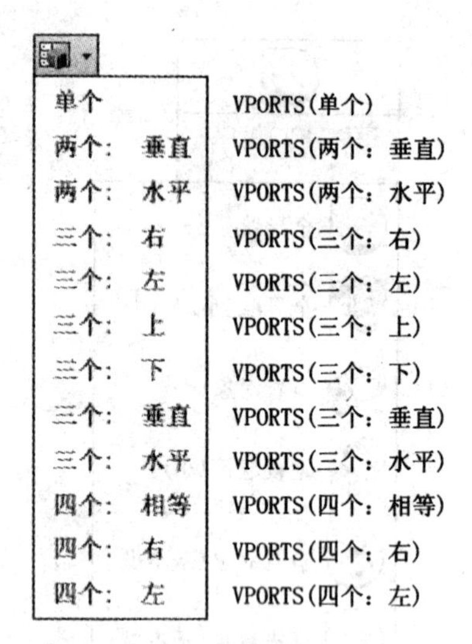

(5)“选项板”面板

这里的“选项板”面板与“二维草图与注释”工作空间的基本相同。

(6)“三维选项板”面板

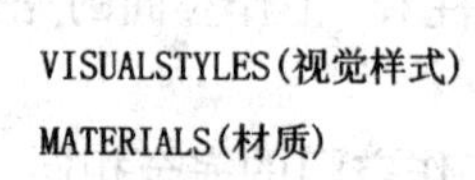

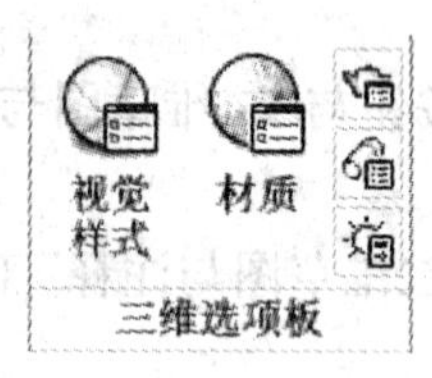

RPREF(高级渲染设置)
LIGHTLIST(模型中的光源)
SUNPROPERTIES(阳光特性选项板)

(7)“窗口”面板

这里的“窗口”面板与“二维草图与注释”工作空间的基本相同。

7.“管理”选项卡

这里的“管理”选项卡与“二维草图与注释”工作空间的基本相同。

8.“输出”选项卡

(1)“打印”面板

这里的“打印”面板与“二维草图与注释”工作空间的完全相同。

(2)“输出为 DWF/PDF”面板

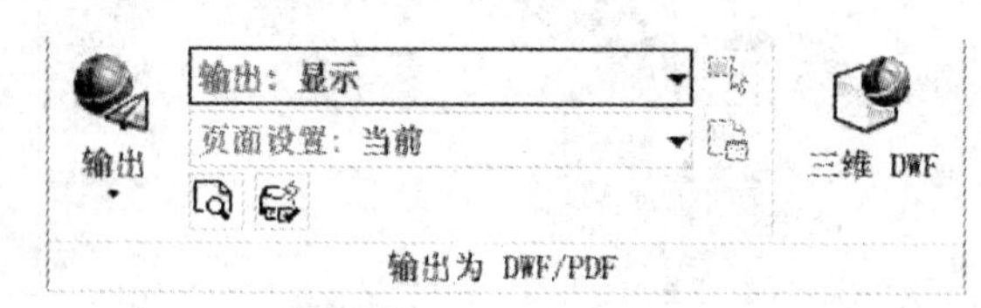

EXPORT(输出要输出的内容
窗口按纽3DDWF(三维 DWF)
页面设置页面设置按纽
EXPORTSETTINGS(预览)
EXPORTSETTINGS(“输出为DWF/PDF”选项板)

该面板比“二维草图与注释”工作空间的这个面板多出了“三维 DWF”按钮，其他选项全都一样。

(3)“输出至 Impression”面板

这里的“输出至 Impression”面板与“二维草图与注释”工作空间的基本相同。

(4)“三维打印”面板